Friedrich F. Ehn

Das PUCH *Automobil* Buch

Weishaupt Verlag

Coverfotos & Coverdesign: Gottfried Frais

ISBN 978-3-7059-0524-5
1. Auflage 2019

T +43 3151 8487, F +43 3151 84874
e-mail: verlag@weishaupt.at
e-bookshop: www.weishaupt.at

Druck und Bindung: Christian Theiss GmbH, A-9431 St. Stefan.
Printed in Austria.

Friedrich F. Ehn

Das PUCH *Automobil* Buch

Weishaupt Verlag

Inhalt

Vorwort des Autors zur Erstausgabe

Der Markenname Puch ist heute ein Teil des Firmenwortlautes der Steyr-Daimler-Puch AG. Eines Konzerns, der seit 1934 existiert und aus der Fusionierung dreier bedeutender österreichischer Firmen, die jede für sich bereits eine wechselvolle Geschichte hinter sich hatten, hervorgegangen ist. Die Thondorfer Puchwerke tragen nunmehr den Firmentitel „Steyr-Daimler-Puch-Fahrzeugtechnik Ges. m.b.H."

1928 fusionierte die Puchwerke Aktiengesellschaft mit der Automobilfirma Austro-Daimler in Wiener Neustadt. Sechs Jahre später kam es zum Zusammenschluss mit der oberösterreichischen Waffenfabrik Steyr, die seit 1920 ebenfalls Automobile baute.

Trotz dieser langjährigen Konzernzugehörigkeit hat sich Puch in Graz immer ein eigenständiges und unverwechselbares Image der Produkte aufgebaut und bewahrt. Seit neunzig Jahren gibt es Puch-Automobile. Und sie waren, ebenso wie die Zweiradprodukte von Puch, immer etwas ganz Besonderes.

Puch-Automobile waren niemals fade oder seelenlose Massenware. Schon in den frühen Jahren konnten Puch-Automobile große Siege bei internationalen Wertungsfahrten erringen. Und zwei der frühen Puch-Autos trugen dank ihrer großartigen Leistungen bei der wohl berühmtesten Wertungsfahrt der Welt, der „Internationalen Alpenfahrt", die Typenbezeichnung „Alpenwagen". Leider ist von diesen frühen Zeugen der Leistungsfähigkeit des österreichischen Automobilbaus kaum mehr etwas erhalten geblieben. Auch bringt fast niemand mehr, außer er ist belesener Oldtimer-Enthusiast, den Markennamen Puch mit den ältesten Automobilen der k.k. Monarchie in Verbindung.

Noch ziemlich stark ist jedoch die Erinnerung an den legendären Puch-Kleinwagen bei vielen Menschen vorhanden. Manchen, die nicht mehr zur ganz jungen Generation gehören, ist der Wagen noch als eine Art österreichischer Volkswagen oder gar als ihr erster motorisierter Untersatz in Erinnerung. Der herzige Kleinwagen nervte jedoch seinen Besitzer nicht, so wie viele seiner wesentlich weniger herzigen Konkurrenten, durch lähmende Kraftlosigkeit, sondern er zeigte beachtliches Temperament, vor allem in den Bergen. Auf den damaligen engen und vielfach nicht ausgebauten Straßen der Alpenrepublik ließ er wesentlich PS-stärkere Konkurrenten durch seinen Biss und seine Wendigkeit alt aussehen. Nicht von ungefähr kommt daher die Beliebtheit des „Pucherls" bei seiner ständig größer werdenden Fangemeinde unter den Klassik-Liebhabern. Auch Haflinger und Pinzgauer sind in die Jahre gekommen, dennoch scharen sich Enthusiasten um sie.

Jeder Puch G- oder Golf Country-Fahrer kann etwas wie Stolz auf seinen Wagen aus Graz empfinden. Denn – und das ist das Wichtigste bei all diesen Autos: Sie alle sind ein Stück österreichische Technikgeschichte.

Eggenburg, im Dezember 1990 Ing. Friedrich F. Ehn

Puch

Vorwort zur Neuauflage

Analog zu meinem im Vorjahr herausgebrachten „Neuen PUCH-Buch“ über die Zweiräder – vom Fahrrad bis zu den Motorrädern, Rollern und Mopeds dieses wichtigsten österreichischen Fahrzeugherstellers – ist mir auch bei den Automobilen dieser Firma die Freude zuteilgeworden, nach knapp dreißig Jahren eine komplette Neuauflage erarbeiten zu können. Basis war das Buch „Puch-Automobile von 1900–1990“, welches im Jahr 1990 auf den Markt gekommen ist.

Seither haben sich gewaltige Umwälzungen am Automobilsektor ereignet, welche vor allem dem heutigen Umweltbewusstsein und den damit verbundenen gesetzlichen Vorgaben und Auflagen für den Autobau geschuldet sind.

Ab dem Puch G, der von der Seite Puch aus der Konzeption des Haflinger 2 entstanden ist, war die Erkenntnis unumstößlich, dass es in der neuen globalisierten Welt kein eigenständiges „Puch-Automobil“ mehr geben wird. Der beschrittene Weg der Kooperationen mit den großen Automobilfabriken auf allen Ebenen – von der Komponentenforschung bis zur Fertigung von Komplettautos in teilweise großen Stückzahlen – hat sich als zukunftsträchtig erwiesen.

Dieses vorliegende Werk zeichnet die großartige und leider vielfach bereits aus dem kollektiven Gedächtnis der heutigen Generation gelöschte Geschichte der Puch-Autos in Wort und Bild nach. In der Frühzeit des Automobilismus waren Puch-Kraftfahrzeuge verkehrsprägend, nicht nur in der k.k. Monarchie. Puch-Autos wurden in die ganze Welt exportiert, sie errangen Rennsiege und sie leisteten auch während der dunklen Jahre des Ersten Weltkrieges zuverlässige Dienste als LKW, Sanitäts- und Transportfahrzeuge. Unvergessen in der heutigen Sammlerszene ist der Puch-Alpenwagen Typ VIII. Nach dem Krieg folgte der „kleine“ Alpenwagen Typ XII, dem leider aufgrund der knappen Kapitaldecke und der Konzernentscheidung zugunsten der Konkurrenz aus Steyr (ab 1934 mit Puch und Austro-Daimler fusioniert) nur eine kurze Bauzeit von 1919 bis 1923 beschieden war.

Wie ein Phönix aus der Asche und goldrichtig für diese heute als „Wirtschaftswunder-Jahre“ bezeichnete Zeit kam der Kleinwagen Steyr-Puch 500 mit seinen Abwandlungen bis zum Kleinkombi Steyr-Puch 700 auf den Markt. Der mit dem Triebwerk des Kleinwagens motorisierte Geländekraxler Steyr-Puch-Haflinger ist Generationen von Präsenzdienern bis heute ein Begriff, ebenso wie das Nachfolgemodell Steyr-Puch-Pinzgauer. Dieser war das letzte völlig eigenständige Puch-Automobil-Modell.

2019 ist für die Liebhaber von historischen Puch-Automobilen ein echtes Jubiläumsjahr, in dem es sich so vieler technischer Meilensteine zu erinnern gilt wie kaum jemals zuvor:

- Der „kleine" **Puch-Alpenwagen Typ XII**, konstruiert von Ing. Funke im Jahr 1919 ist **100**.
- Der Steyr-Puch-Kleinwagen erhält 1959 mit den Modellen **D** und **DL 500** sein typisches festes Dach. Damit ist er seit **60** Jahren ein österreichisches Automobil mit einer völlig eigenständigen und unverwechselbaren Erscheinungsform.
- Der Steyr-Puch-**Haflinger**, der kleine „Superkraxler", erblickte 1959 das Licht der Öffentlichkeit und ist **60**. Er wurde bis 1974 in 16.647 Exemplaren gebaut.
- Der **Puch G** ist **40**. 1979 erfolgte die Vorstellung des Puch und Mercedes G und der Verkaufsbeginn. Der Mercedes G wird bis heute in Graz gebaut. Und schlussendlich wurde der „Letzte echte Puch-Wagen", der Pinzgauer, im Jahr 1979 bei der IAA (Internationale Automobil-Ausstellung in Frankfurt) in seiner Zivilausführung vorgestellt.

Ein funkelndes Jubiläumsjahr und viele interessante Lektüre-Stunden wünsche ich meinen Lesern!

Ihr Friedrich F. Ehn
Sigmundsherberg, im Frühjahr 2019

Danksagung

Dieses umfassende Werk über die wechselvolle und heute zum Teil längst vergessene Geschichte der Puch-Automobile von Anbeginn bis zum Ende der Grazer Erzeugungsstätte wäre ohne die Hilfe von einzelnen Persönlichkeiten und Institutionen niemals in dieser Form zustandegekommen, wofür ich an dieser Stelle meinen herzlichen Dank aussprechen möchte.

Meine erste Dankadresse gilt der Kuratorin meines Museums, Frau Yvonne Lang, der es in genauester Kleinarbeit gelungen ist, wesentliche Detailinformationen in diversen Archiven zu entdecken, die es erforderlich machten, bisherige scheinbar unverrückbare Erkenntnisse über Puch-Automobile der Frühzeit neu zu bewerten.

Die Riege der ehemaligen Puch-Werksangehörigen trifft sich immer wieder im Puch-Museum in Graz, in den Räumlichkeiten des sogenannten „Einser Werkes", das Herr Karlheinz Rathkolb mit Herzblut und Akribie leitet. Da darf ich mich nicht nur bei ihm, sondern auch bei Herrn Franz Tantscher und insbesondere beim Doyen der „alten" Werks- und Versuchstechniker, Herrn Helmuth Krainz, sehr herzlich für die Beistellung von wesentlichen Informationen bedanken.

Herr Dr. Erich Mayer ist durch seine langjährige Tätigkeit bei Magna-Steyr, dem Nachfolgekonzern der ehemaligen Steyr-Daimler-Puch AG, ein profunder Kenner nicht nur der Hochtechnologie-Produkte dieser Firma, sondern auch der Firmen-Geschichte und der Puch-Produkte. Sein erfahrungsreiches Wissen hat er nicht nur in seinem eigenen Buch „PUCH Werk II – im Wandel der Zeit" zu Papier gebracht, sondern er hat in dieser vorliegenden Publikation die Erzeugnisse der neueren Zeit eingebracht und hochinteressante Aspekte beleuchtet, ohne welche die Geschichte der Puch-Automobile bis heute unvollständig wäre. Dafür danke ich ihm sehr!

Dass dieses Buch auch optisch dem Anspruch, das umfassende Werk über diese österreichische Marke zu sein, gerecht wird, dafür bin ich meinem langjährigen Freund, dem Fotografen, gelernten Grafiker und Automobil-Enthusiasten Gottfried Frais zu großem Dank verpflichtet.

Und last but not least gilt mein Dank dem Verleger Herbert Weishaupt, der dieses neue „Puch – Opus Magnum" in solch opulenter und umfangreicher Ausstattung wirtschaftlich überhaupt erst möglich machte.

Friedrich F. Ehn
Sigmundsherberg, im Frühjahr 2019

Bildnachweis und Dank

In alphabetischer Reihenfolge bedanke ich mich bei den nachfolgenden Personen und Institutionen für ihre Unterstützung des vorliegenden Werkes:

Dipl.-Ing. Ahlgrimm-Siess Heinz, Bild und Informationen
Dixon J., Archiv
Frais Gottfried, Fotos und grafische Mitgestaltung des Werkes, Titelbild
Ing. Kaan Richard MSc. MA., Informationen
Dr. Kiesling Constantin, Bild und Informationen
Klöckl Peter, Magna-Steyr, Bildmaterial, Archivzugang
Krainz Helmuth, Archiv- und Bildmaterial vom Haflinger bis zum VW-Syncro-Bus
Dr. Mayer Erich, Archiv- und Bildmaterial
Niessner Walter, Archiv- und Bildmaterial zum Steyr-Puch-Kleinwagen
Rathkolb Karlheinz, Direktor des Johann Puch-Museums Graz
Schilling Bernd, Bildmaterial
Tantscher Franz, Informationen
Ulreich Walter, Archiv- und Bildmaterial
Verkehrshaus der Schweiz, Luzern
Wikipedia-Bilderdienst

Danksagung für die Erstausgabe des Buches Puch-Automobile 1900–1990
Dipl.-Ing. Billicsich Thomas, Archiv- und Bildmaterial
Bisutti Kristian, Reprofotos
Erstes österreichisches Motorrad- und Technikmuseum – Sammlung Ehn, Sigmundsherberg
Niessner Walter, Archiv- und Bildmaterial zum Steyr-Puch-Kleinwagen
ÖAMTC, Archivmaterialien und besondere Unterstützung durch Frau Ilse Marton und die Herren Kurt Noé-Nordberg, Jürgen König und Walter Prskawetz
Österreichisches Puch-Zentralarchiv – Sammlung Ehn
Pöltinger Walter (Walter „Speedy“ Pöltinger), Bildmaterial
Dipl.-Ing. Rohr Friedrich, Puch G-Archivmaterial
Stadlinger Hans, Prok. SDP, Leiter der Pressestelle Wien, Foto- und Archivmaterial
Steyr-Daimler-Puch AG, Prof. Dipl.-Ing. Jürgen Stockmar, Ing. Karlheinz Behrendt, Ing. Karl Hotter, Dr. Ernst Krasser, Dr. Peter Resele, Dipl.-Ing. Harald Sitter, Ing. Hans Wolf
Steyr-Daimler-Puch-Fahrzeugtechnik Ges.m.b.H.
Teschl Herfried, Archivbilder von SDP

Der Bildnachweis wurde vom Autor nach bestem Wissen und Gewissen erstellt.
Sollte ein Bildnachweis übersehen worden sein, ersuchen wir höflich um Entschuldigung.

Vorwort von Obering. Johann Véghely-Puch

Ich möchte diese Gelegenheit gerne ergreifen, um ein wenig in Reminiszenzen zu jener Zeit zu schwelgen, als ich als Kundendienstleiter den Puch-Kleinwagen betreute. Und da, so wie im Eislaufsport, diese Tätigkeit quasi die Pflichtübung war, erinnere ich mich besonders gerne an die Kürübung, den Sport.

Der Einstieg in den Sport erfolgte mehr oder weniger zufällig durch unsere Testfahrer. Die wussten schon immer, dass der Wagen ging „wie die Pest“. Und mit etwas Tuning-Tätigkeiten konnten die Testfahrer Weingartmann und Krammer, schon aus Motorradfahrerzeiten bestens bekannt, mit reiner Privatinitiative sportliche Erfolge erringen. Dies war dann die Initialzündung für werksmäßige Beschäftigung mit dem Sport.

Selbstverständlich kam auch von Kundenseite der Wunsch, solche schnellen Puch-Autos erwerben zu können. Damit entstand von Anfang an eine delikate Konkurrenzsituation zwischen den Werksfahrern und den Privatfahrern, deren sich ja besonders der Kundendienst angenommen hatte. Damit entwickelte sich zwangsläufig eine Sportbetreuungsgruppe innerhalb des Kundendienstes, die wiederum nur mit Unterstützung der Versuchsabteilung tiefergreifende Weiterentwicklungen zustandebringen konnte.

Darüber hinaus gingen wir auf Talentsuche bei den Privatfahrern und fanden in Johannes Ortner den schnellsten Sprinter. Keiner konnte so wie er das kleine „Puch Schammerl“ um die Ecken schmeißen. Und in Sobieslaw Zasada, den wir bei der Rallye Monte Carlo auf einem schrottreifen Fiat 600 kennengelernt hatten, fanden Ernst Merinsky und ich den Puch-Langstreckenpiloten, der nicht nur der beste Mann für den Wagen war, sondern auch für unser sehr bescheidenes Budget passte. Der sich daraus entwickelnde freundschaftliche Kontakt mit den Österreichern brachte es übrigens mit sich, dass dieser bewährte Rallye-Haudegen heute österreichischer Staatsbürger ist und in Wien eine Firma betreibt.

Von der technischen Seite her erinnere ich mich mit Schmunzeln an die vielen Tricks, die notwendig waren, um der Konkurrenz die entscheidenden hundertstel Sekunden abzunehmen. So wurde beispielsweise erstmals beim Wurzenpassrennen die physikalische Tatsache des Dynastarters in der Weise ausgenützt, dass man vor dem Start bei laufendem Motor mit ungemeinem Geschick den Starterkeilriemen kappen musste und dann den Kühlventilator elektromotorisch antrieb. Brachte sicher über 1 PS. Oder der Einsatz von Sperrdifferenzialen, von denen ca. fünf bis sechs Stück von ZF spezialgefertigt wurden. Auch vor dem Einsatz von in unzähligen unbezahlten Überstunden selbstgebauten Fünfganggetrieben scheuten wir nicht zurück. Die zwei gebauten Exemplare wurden bei Rundstreckenrennen mit unserem stärksten Motor mit 57 PS eingesetzt. Dieser Motor erhielt seine Bärenkraft durch die Tuningarbeit von Heinz Liedl und dem Nockenwellen- und Auspuffspezialisten Haring. Fazit dieser Bemühungen: Zweiter Platz in der 1.000 cm^3-Klasse Grand Tourismo 1967 unter dem Piloten István Hollos in der Rundstrecken-Europameisterschaft. Und das gegen Wagen wie beispielsweise den Abarth 1000 Bialbero.

Rückblickend beschäftigt mich auch heute immer wieder die Frage, warum man rund 60.000 zufriedenen Kunden kein Nachfolgemodell bot und eine stark motivierte Händlerschaft mit einer ausgezeichneten Serviceorganisation teilweise an die Konkurrenz verschenkt hat. Doch diese Ereignisse sind ebenso wie die Stahlgewitter der Rennen Vergangenheit und zeitgeschichtliche Momentaufnahmen.

Für die Zukunft jedoch soll das vorliegende Werk ein Nachschlagewerk für diejenigen sein, die diese Zeit miterlebt haben. Und ebenso für jene, die sich für diese große und traditionsreiche österreichische Automobilmarke interessieren.

Obering. Johann Véghely-Puch
im Dezember 1990

Porträt von Johann Puch um 1910.

Johann Puch und sein Werk

Das ausgehende 19. Jahrhundert wurde in Europa von Industriellen-Persönlichkeiten vom Schlage eines Johann Puch geprägt. Die Voraussetzungen für Industriegründungen waren durch die zweite Generation von Maschinen – nach den Leonardo'schen Kraftumsetzungsmaschinen war durch die Erfindung der Dampfmaschine die Epoche der Energieumwandler in der Menschheitsgeschichte angebrochen – günstig und möglich. Trotz der starken sozialen Unterschiede und nahezu unüberwindbar scheinenden Abgrenzungen der sozialen Stufen in der Monarchie war gerade Johann Puch durch seinen immensen Unternehmungsgeist der schlagende Beweis dafür, dass es auch für einen in den ärmsten Bevölkerungsschichten zur Welt gekommenen Österreicher möglich war, den Aufstieg zu einem der mächtigsten Industriemagnaten zu schaffen. Mit seinem Lebenswerk steht Johann Puch in einer Linie mit den Pionieren der Kraftfahrzeugindustrie Österreichs und der ganzen Welt. Die Geschichte des Automobilismus nennt heute den Namen Puch würdig neben dem von Lohner, Daimler, Benz, Renault, Lancia oder Ford.

Das Geburtshaus von Janez Puh – wie Johann Puch in seiner Muttersprache genannt wurde – in Juršinci bei Sakušak wurde von den slowenischen Puch-Fans in der Nähe des ursprünglichen Standortes (auf dem sich heute ein privates Wohnhaus befindet) neu und originalgetreu rekonstruiert und beinhaltet ein sehenswertes Museum über Puch.

Johann Puch wurde am 27. Juni 1862 in Sakuschak bei St. Lorenzen im Landkreis Pettau in der Untersteiermark (heute Sakušak in Slowenien) geboren. Als einer der Spätgeborenen in der kinderreichen Keuschler-Familie Puch verließ er bereits mit acht Jahren das Elternhaus und trat im Jahre 1870 bei einem Müller an der Drau bei Friedau in den Dienst als Handlanger. Puch zeigte schon in diesem frühen Alter ein außergewöhnliches Interesse und eine gute Begabung für mechanische Dinge. So war es nicht weiter verwunderlich, dass sehr bald in ihm der Wunsch reifte, ein mechanisches Handwerk zu lernen. Sein Berufsziel war es, Schlosser zu werden.

Mit zwölf Jahren, damals durchaus kein ungewöhnliches Alter für den Lehrzeitbeginn, trat er beim Schlossermeister Johann Kraner in Pettau als Lehrling ein. Am 21. Februar 1877 erhielt er sein Lehrzeugnis über die absolvierte Lehrzeit (Grazer Stadtarchiv 29.419/1880, Fasz. 3) und begab sich dem damaligen Brauch gemäß auf Wanderschaft. Diese führte ihn 1878 zum Schlossermeister Anton Gerschak in Radkersburg, wo er sich bald heimisch fühlte. Die Johann Puch-Gedenkstätte befindet sich übrigens heute im Hause der ehemaligen Schlosserei in Radkersburg.

Seine Militärdienstzeit absolvierte Johann Puch ab 1. Oktober 1882 als Unterkanonier im aktiven Dienst des schweren Feldartillerie-Regiments Nr. 6. Nach der Grundausbildung wurde er am 26. November 1882 zum Grazer Artillerie-Ergänzungsdepot versetzt und infolge seiner außerordentlichen mechanischen Fähigkeiten und Kenntnisse als Regimentsschlosser eingesetzt. Nach seiner Versetzung in den Reservestand im Jahre 1885 arbeitete er kurzfristig in der Tischler- und Schlosserwarenfabrik der Brüder Friedrich und Daniel Lapp in Graz.

In jenen Jahren kam in Österreich sehr stark ein ganz neues Sportgerät auf und wurde vor allem von den begüterten Bürgern gerne benutzt: das Fahrrad. Und zwar in der Form des Hochrades. Das Fahren mit diesem Vehikel war gefährlich und faszinierend zugleich.

Für Johann Puch lag also nichts näher, als möglichst rasch sich als Mechaniker mit diesen Geräten zu beschäftigen, und so trat er als Mitarbeiter bei der Fahrrad-Reparaturwerkstätte Almer & Luchschneider ein. In Kürze hatte er sich in der Materie derart eingearbeitet, dass er in Radfahrerkreisen einen guten Ruf besaß.

Noch einmal wechselte Puch die Stellung als Unselbstständiger – und zwar ging er im Herbst 1888 zur Näh-, Walk- und Waschmaschinenfabrik Benedict Albl, die damals mit der Erzeugung von Fahrrädern begann. Aus diesem Unternehmen gingen übrigens im Jahr 1895 die „Meteor-Fahrradwerke" und zwei Jahre später die „Graziosa-Fahrradwerke" hervor, beide spätere Konkurrenzfabrikate für Puchs eigene Fahrräder.

Längst war in dem jungen Mechaniker der Plan gereift, eine eigene Werkstätte aufzumachen und nach eigenen unternehmerischen Richtlinien tätig zu werden. Im 27. Lebensjahr schaffte der Sohn armer Kleinbauern in der steiermärkischen Hauptstadt Graz den Sprung zum selbstständigen Unternehmer. Er mietete als Werkstattraum ein Glashaus in der Gärtnerei Maria und Karl Reinitzgruber in der Strauchergasse 18a und adaptierte dieses für seine Zwecke. Am 6. Februar 1889 richtete er an den Stadtrat von Graz das Ansuchen um Bewilligung der Betriebsstelle. Einen Monat später erhielt er vom Stadtrat einen abschlägigen Bescheid. Und hier zeigte Puch erstmals seine Konsequenz und seinen Ideenreichtum zur Meisterung von Schwierigkeiten. Einerseits ließ er durch seinen Rechtsfreund Dr. Emil Ritter von Gabriel einen geharnischten Einspruch gegen die Entscheidung des Stadtrates verfassen, der der Stadt dezidiert Eigeninteressen am Grundstück seiner gemieteten Werkstätte vorwarf, andererseits mietete er sofort die Werkstätte des Schlossers Heinrich Sax in Graz, Arche Noe 12, als Fahrrad-Reparaturwerkstätte an. Am 15. März 1889 meldete er den Beginn seines handwerksmäßigen Schlossergewerbes unter diesem Standort an. Dazu legte Puch sein Lehrzeugnis sowie vier Gesellenzeugnisse und sein Arbeitsbuch, das seine langjährige und einschlägige Beschäftigung als Geselle in diesem Gewerbe bestätigte, der Behörde vor. Diese musste ihm am 27. April 1889 die Eintragung seines Gewerbebetriebes mit Standort Arche Noe 12 (gegenüber dem Hotel Florian) in das Gewerberegister (Tom. IV, Fol. 183) bestätigen. Ebenso wurde Puchs Rekurs stattgegeben, und per 4. November 1889 konnte Puch seine Tätigkeit in vollem Umfang in der Strauchergasse aufnehmen.

Johann Puch heiratete die Tochter der Gärtnerfamilie Reinitzgruber, auf deren Grundstück sich sein erster eigener Betrieb befand. Diese Ehe war, wie es damals üblich war, weitgehend dem Interesse der Öffentlichkeit entzogen, soll aber glücklich gewesen sein.

Zur zufriedenen Kundschaft Puchs zählten vor allem die Mitglieder des Akademisch-technischen Radfahrvereines in Graz. Puch hatte damit eine gewisse Stammkundschaft sowie Zugang zu Kreisen mit einem doch weltoffenen Horizont. Und gerade diese Kunden ermutigten ihn, die bereits seit Langem gefassten Idee der fabriksmäßigen Herstellung von eigenen Fahrrädern umzusetzen. Und das trotz der Tatsache, dass die damals gebauten österreichischen Räder als minderwertig gegenüber den hochmodischen englischen Importfahrzeugen galten. *Mir werd me schon machen*, pflegte Puch mit dem leichten Akzent seiner Heimat zu sagen, den er zeitlebens nicht ablegte.

Victor Kalmann.

So suchte Johann Puch gemeinsam mit Victor Kalmann, einem Grazer Rentier und Geldgeber, am 6. Februar 1890 um den Gewerbeschein für das *freie Gewerbe der fabrikmäßigen Erzeugung von Fahrrädern in dieser Hauptstadt mit dem Standort Strauchergasse 18a* an. Die Bewilligung erfolgte am 17. Juni 1890 und wurde unter Tom. III, Fol. 179 in das Gewerberegister eingetragen. Als Betriebskapital war ein Betrag von 28.000 Gulden vorgesehen, die gewerberechtliche Prüfung durch den k.k. Gewerbeinspektor Dr. Valentin Pogatschnig ergab, … *dass der fragliche Gewerbebetrieb des Johann Puch zweifellos als fabriksmäßiger anzusehen ist, nachdem dort ein arbeitsteiliges Verfahren unter Anwendung von Werkzeugmaschinen praktiziert wird, ein Dampfmotor aufgestellt ist, mehr als zwanzig Arbeiter durchschnittlich zur Beschäftigung kommen und der Gewerbeinhaber lediglich die oberste technische Leitung führt, ohne selbst mitzuarbeiten.*

Victor Rumpf, neben Johann Puch und Victor Kalmann persönlich haftender Komplementär der Kommanditgesellschaft.

Johann Puch wird Fabrikant

Mit dem Jahr 1890 ist also aus technikgeschichtlicher Sicht eindeutig der Beginn der fabriksmäßigen Herstellung von Puch-Produkten festzusetzen. Eine Erweiterung der Fabrik Strauchergasse erfolgte am 16. Mai 1891 in eine Dependance in der Karlauerstraße Nr. 26, die aus einem Teil der dort befindlichen und Herrn V. Gerth gehörenden Fabrik bestand.

Juristisch wurde der fabriksmäßige Gewerbebetrieb am 1. Juli 1891 in eine Offene Handelsgesellschaft umgewandelt und am 17. Juli 1891 unter der Bezeichnung *Johann Puch & Comp., fabrikmäßige Erzeugung von Fahrrädern* in das Grazer Handelsregister eingetragen (Ges. 1/18). Im Juni 1892 wurden in der Karlauerstraße 34 Arbeiter beschäftigt.

Johann Puch erkannte schon früh den Wert der Reklame für seine Fahrräder durch Sportwerbung, und er verstand es geschickt, einerseits durch entsprechende – wie wir heute sagen würden – „Sponsorentätigkeit“ gute Fahrer für seine Maschinen zu gewinnen, andererseits die dabei erzielten Sporterfolge in Verkaufszahlen umzumünzen.

Der Markenname seiner Räder, nämlich „Styria“, wurde weit über die Grenzen Österreichs hinaus bekannt und Exporterfolge nach Deutschland stellten sich ein. Diese Aufwärtsentwicklung erforderte permanente Erweiterung und Perfektionierung der

Erstes *Styria*-Plakat, 1892. Das Sujet zierte auch das Deckblatt des damals aktuellen Kataloges.

Fabriksanlagen und damit zwangsläufig die Zufuhr von Kapital. Aus diesem Grund wandelte Johann Puch am 12. Oktober 1894 die OHG in eine Kommanditgesellschaft um, wobei die *Steiermärkische Escomptebank Graz* mit einer Kommanditeinlage von 150.000 Gulden eintrat. Die persönlich haftenden Komplementäre waren Johann Puch, Victor Kalmann und Victor Rumpf.

Infolge eines Herzleidens, das sich Johann Puch bei seinem zähen Kampf um den Aufbau seiner Firma unter Vernachlässigung seiner Gesundheit zugezogen hatte, musste er sich immer wieder aus der Geschäftstätigkeit zurückziehen. Auch gab es Kontakte zur *Bielefelder Maschinen-Fabrik, vormals Dürkopp & Co., Aktiengesellschaft* in Westfalen, die mit einer Kommanditeinlage von 600.000 Gulden bei Puch eintrat. Die bisherige Kommanditistin *Escomptebank Graz* und die beiden Komplementäre wurden im Handelsregister Graz gelöscht. Die reorganisierte Firma, die am 23. Februar 1897 unter dem Namen *Johann Puch & Comp., Styria-Fahrradwerke* ins Handelsregister Graz eingetragen worden war, bezog auch eine neue Betriebsstätte in der Baumgasse in Graz, in der großzügig zur Fabrik umgebauten ehemaligen Kastenbaum-Mühle.

Doch die neuen Firmenverhältnisse blieben nur vier Monate unverändert. Denn bereits am 13. Juli 1897 schied Johann Puch, zwar finanziell abgefertigt, aber infolge einer zweijährigen Konkurrenzklausel schwer gehandicapt, aus der von ihm gegründeten und aufgebauten Firma aus. Die Gründe für diesen schwerwiegenden Schritt lassen sich heute nicht mehr nachvollziehen. Doch ein wichtiger Grund dürfte wohl in der Tatsache der übermächtigen Kapitalbeteiligung von Dürkopp und der eingeschränkten Dispositionsfreiheit Johann Puchs bestanden haben.

Neugründung und zwei Johann Puch-Fabriken

Johann Puch stand also im 35. Lebensjahr vor der Entscheidung, sich ins Privatleben zurückzuziehen, oder noch einmal seinen Unternehmergeist in Form einer Firmenneugründung zu verwirklichen. Keine Frage für einen Mann seiner Dynamik und seines Ideenreichtums, weiterhin den steinigen Weg der Selbstständigkeit zu gehen. Diesem neuerlichen entscheidenden Schritt stand lediglich die Tatsache der hemmenden Konkurrenzklausel entgegen. Doch Johann Puch umging auch diese Hürde auf seine Weise. Er veranlasste seine langjährigen Mitarbeiter und Weggefährten Anton Werner und Martin Nöthig, die mit ihm aus der alten Firma ausgeschieden waren, mit dem Standort Graz, Laubgasse 8–10, die *Grazer Fahrradwerke Anton Werner & Comp.* zu gründen. Die Eintragung dieser Firma erfolgte am 17. Dezember 1897 ins Grazer Handelsregister.

Werbeplakat *Styria Original*-Fahrräder von Anton Werner & Comp.

Die Bezeichnung der Fahrräder lautete *Styria-Original,* und in der Werbung wurde darauf hingewiesen, dass die Fertigung auf den *Puch'schen Realitäten* erfolgt. Diese Tatsache rief natürlich die *Styria-Fahrradwerke* auf den Plan. Obwohl Johann Puch aus der

Fahrradfabrik Styria ausgeschieden war, war im Firmenwortlaut *Styria-Fahrradwerke Johann Puch & Comp.* unverändert sein Name enthalten. Aus dieser Tatsache begründete diese Firma auch ihr Feststellungsbegehren vom 27. April 1898 an den Stadtrat von Graz als oberste Gewerbeinstanz, dass ... *unter einem Styria-Rad nur ein solches verstanden wird, welches aus unserem Etablissement hervorgegangen ist und nicht etwa in irgendeiner Fabrik in Graz oder Steiermark erzeugt wird.*

Dies änderte jedoch nichts an der Tatsache, dass die Firma Werner unverändert ihre Fahrräder unter der Bezeichnung *Styria-Original* verkaufte. Die Löschung der Firma *Fahrradwerke Anton Werner & Comp.* erfolgte am 17. Mai 1899, da nämlich zu diesem Zeitpunkt Puchs Konkurrenzklausel ausgelaufen war. Johann Puch konnte nunmehr die Basis der nachmaligen Puchwerke gründen.

Am 27. September 1899 berief Johann Puch die Generalversammlung der Aktionäre ein und ließ sein neues Unternehmen mit dem Namen *Johann Puch – Erste steiermärkische Fahrrad-Fabriks-Actien-Gesellschaft in Graz* per 28. September 1899 in das Grazer Handelsregister eintragen. Als Betriebszweck wurde der Ankauf der Johann Puch-Fahrradwerke und ähnlicher Unternehmungen, sowie die Erzeugung und der Handel mit Fahrrädern und Fahrradbestandteilen jeder Art angegeben. Das Grundkapital betrug 800.000 Kronen, und zwar gestückelt in 2.000 Inhaberaktien zu je 400 Kronen. Der Verwaltungsrat setzte sich aus den Herren Emmerich Mayer, Johann Puch, Dr. Emil Ritter von Gabriel, Advokat, Georg Eustacchio, Kaufmann, alle in Graz, und Hans Berkovics, Rentier aus Wien, zusammen. Obwohl es damals keine gute Zeit für die Erzeugung von Fahrrädern war, da durch das Heraufdämmern der Epoche der Motorfahrzeuge die gesamte Fahrradbewegung im Rückgang war, konnte Johann Puch dank seines hervorragenden Namens gute Verkaufserfolge erzielen.

Interessant ist auch die Tatsache, dass bis zum 22. Juni 1909, dem Datum der Übernahme der *Styria-Fahrradwerke Johann Puch & Comp.* durch die *Vereinigten Styria-Fahrrad- und Dürkopp-Werke AG* (Grazer Handelsregister, Reg. B. I/33), in Graz zwei Unternehmungen bestanden, die den Namen Johann Puchs in ihrem Firmenwortlaut führten.

Der Weg zum Motorfahrzeug

Johann Puch half sein angeborenes Gefühl für mechanische Vorgänge und sein langjährig bewiesenes kaufmännisches Talent sehr, um auf dem neuen Sektor des Kraftfahrzeugwesens zu greifbaren Ergebnissen zu kommen. Ein typisches Beispiel dafür war unter anderem das Engagement von Vaclav Přitel, einem der besten damaligen Motorradfachleute, der früher bei Laurin & Klement gearbeitet hatte. Oder die Perfektionierung einer neuen Art der Anfertigung von Kolbenringen, die das damals übliche zeitaufwendige Einschleifen im Zylinder ersparte und gleichzeitig den damit vorprogammierten vorzeitigen Verschleiß. Denn bei der alten Methode blieben immer

Werksbild um 1909.

Schleifpastareste in den Gussporen hängen und zerstörten damit die mühsam geschaffene Oberfläche. Puch fand eine Methode des Feindrehens, die den Fertigungsablauf wesentlich verbilligte und gleichzeitig die Qualität anhob.

Mit der Gesundheit des Firmengründers ging es ständig bergab. 1911 hatte er bereits seinen ersten ernsthaften Herzanfall erlitten; er schrieb damals an Adolf Schmal-Filius, den Herausgeber der *Allgemeinen Automobil-Zeitung*, scherzhaft: *Der Motor in meiner Brust ist eben schon veralteter Konstruktion. Er lässt in der Tourenzahl nach.* Johann Puch nahm nach diesem Anfall kurze Zeit Urlaub, kehrte aber schon bald wieder in die Fabrik zurück, in der er wie gewöhnlich Tag und Nacht tätig war. Als im Frühjahr 1912 Oberleutnant Nittner, ein bekannter Aviatiker, seinen hervorragenden Fernflug von Wien nach Graz unternahm, fuhr Puch mit seinem Auto dem Flieger entgegen. Nittner landete mit einem sehr steilen Gleitflug, dessen Ende Puch durch eine Bergkuppe verdeckt wurde. Puch glaubte an einen Absturz und regte sich darüber derart auf, dass er eine neuerliche Herzattacke erlitt. Er gab schließlich dem Drängen des Arztes und seiner Freunde nach und schied im Jahr 1912 aus der aktiven Leitung der Firma aus. Dennoch war er immer noch unermüdlich für sein Unternehmen tätig. So ereilte ihn der Tod im Gespräch mit Geschäftsfreunden in Agram im Hotel Royal in den Abendstunden des 19. Juli 1914, wenige Tage vor Ausbruch des Ersten Weltkrieges. Die Ehe Johann Puchs war kinderlos geblieben, so dass es keine direkten Nachkommen des Firmengründers gibt.

Oberleutnant Eduard Nittner überflog am 3. Mai 1912 mit seiner Etrich-Taube *Kondor* als Erster den Semmering.

Martin Puch, der Bruder Johanns, der zeit seines Lebens mit Johann arbeitete und seit dem Beginn der Fahrrad-Reparaturwerkstätte in der Strauchergasse als Werkmeister tätig war, hatte jedoch Nachkommen. Sein Enkel, Ing. Johann Véghely-Puch, arbeitete nach dem Krieg als Inhaber einer Auto-Reparaturwerkstätte in Ungarn und kam dann nach Österreich, wo er in das Puch-Werk in Graz eintrat.

Zunächst arbeitete er als Kundendienst-Sachbearbeiter in der Puchstraße in Graz und wurde stellvertretender Leiter des Kundendienstes. In jener Zeit engagierte er sich für den werksmäßigen Einsatz der Puch-Kleinwagen und führte diese zum größten Triumph, dem Europameistertitel. Ing. Johann „Janci" Puch leitete dann durch Jahre das Puch-Avello-Zweiradwerk in Spanien, bis er als stellvertretender Leiter der Sparte „Motorisiertes Zweirad" wieder nach Graz kam.

Die Puchwerke nach dem Ersten Weltkrieg

Im Jahr 1914 beschloss die Generalversammlung der Aktionäre, die *Johann Puch – Erste steiermärkische Fahrrad-Fabriks-Actien-Gesellschaft* in die *Puchwerke-Aktiengesellschaft* umzubenennen, die Eintragung des neuen Firmenwortlautes erfolgte am 19. Mai 1914 ins Grazer Handelsregister.

Während der Kriegsjahre kam es immer wieder zu Kapitalaufstockungen durch den Verkauf junger Aktien. Dennoch wollten die Gerüchte nicht verstummen, dass es zu einer Fusionierung mit den Austro-Daimler-Werken in Wiener Neustadt kommen sollte. Trotz gegenteiliger Mitteilungen der Puchwerke in der *Allgemeinen Automobil-Zeitung* kam es infolge der geänderten wirtschaftlichen Verhältnisse nach dem Ersten Weltkrieg vor allem auch durch die Kapitalverflechtung, in der der Bankier Camillo Castiglioni eine entscheidende Rolle spielte, zu einer Interessengemeinschaft mit Austro-Daimler.

Der Tätigkeitsbericht der Generalversammlung der *Österreichischen Daimler-Motoren AG* in Wiener Neustadt wies auf diese Tatsache am 29. Mai 1923 hin:
Die Interessengemeinschaft mit der ‚Österreichischen Automobil-Fabriks AG', vormals ‚Austro-Fiat' und der ‚Puchwerke AG Graz', von welchen beiden Unternehmungen wir die Majorität des Aktienkapitals besitzen, wurde weiter ausgebaut und verschiedene wichtige Verwaltungszweige wurden zentralisiert, wodurch nebst anderen Vorteilen auch nicht unwesentliche Ersparnisse erzielt werden konnten.

Die logische Folge dieser losen Kooperation war – auch aufgrund der wirtschaftlichen Turbulenzen, in die Austro-Daimler geraten war – der Zusammenschluss beider Unternehmungen zur neuen Firma *Austro-Daimler-Puchwerke AG*. Die Eintragung ins Wiener Handelsregister erfolgte am 28. Dezember 1928. Zu diesem Zeitpunkt waren bei Puch Motorräder und Fahrräder in Produktion, die Automobilproduktion war 1923 eingestellt worden. Lediglich 1928 kam es infolge der erfolgreichen Motorradfertigung zu einem Intermezzo mit einem Kleinwagen.

Puch wird Teil der Steyr-Daimler-Puch AG

Mit Beschluss der Generalversammlung der Aktionäre kam es am 12. Oktober 1934 zur Fusion mit der *Steyr-Werke-AG*. Die neue Firma, die *Steyr-Daimler-Puch Aktiengesellschaft*, hatte als erste Aufgabe die Transferierung des bereits 1933 stillgelegten Maschinenparks der Austro-Daimler-Werke von Wiener Neustadt nach Steyr durchzuführen.

Ab 1941, also während der Jahre des Zweiten Weltkrieges, entstand am südlichen Stadtrand von Graz auf einem Areal von 500.000 m² das heutige Werk Thondorf. Zunächst wurden drei Werkshallen zu je 22.000 m² errichtet. Mit drei kleineren Hallen entstand eine verbaute Fläche von 120.000 m² mit eigenem Bahnanschluss, und so gehörten die Puchwerke bis weit in die 1950er-Jahre hinein zu den modernsten Zweirad-Produktionsstätten Europas.

Nach dem Zweiten Weltkrieg lag das Werk, baulich über die Hälfte von Bomben zerstört, in nahezu hoffnungslosem Zustand da. 3.000 wertvolle Werkzeugmaschinen waren verlorengegangen. Der Stand an Arbeitern betrug 300 Mann. Dennoch schaffte es diese Belegschaft, die Nachkriegsproduktion im Herbst 1945 mit Fahrrädern wieder in Gang zu setzen. Und schon 1946 verließen die ersten Nachkriegsmotorräder von Puch die Werkshallen. Die alten Exportmärkte wurden Land für Land zurückerobert, neue Werkzeugmaschinen konnten im Kompensationswege erworben werden, es nahmen die ersten Freilaufnaben, Lichtanlagen, Fahrradketten usw. ihren Weg in alle Welt. Die starke Nachfrage nach den Erzeugnissen der Grazer Werke machten eine Ausweitung der Produktion notwendig, für deren Umfang sich die Anlagen im Werk Puchstraße als zu klein erwiesen. Ein Werk musste entstehen, in welchem alle modernen Erfahrungen der Einrichtung und Fertigung verwirklicht werden sollten. 1952 war das inzwischen freigegebene Werk Thondorf nach einer Aufbauarbeit ohnegleichen wieder bezugsbereit.

Im Jahr 1964 hatte sich die Produktion gegenüber dem letzten Vorkriegsjahr verachtfacht, die Zahl der Beschäftigten war von 1937 bis 1964 von 1725 auf 5.000 angestiegen. Zu diesem Zeitpunkt exportierten die Puchwerke in rund 80 Staaten der Welt, an erster Stelle standen die USA. Das Jahr 1964 war deshalb von konzernaler Bedeutung, weil die Steyr-Werke das 100-Jahr-Jubiläum feierten. Bei Puch war bereits 1957 mit dem Modell Steyr-Puch 500, dem wohl bekanntesten Automodell aus Graz, die Automobil-Produktion wieder aufgenommen worden.

1986 erfolgte eine Umwandlung des Bereiches Graz der *Steyr-Daimler-Puch AG* in eine eigene Gesellschaft mit dem Titel *Steyr-Daimler-Puch-Fahrzeugtechnik Ges.m.b.H.* Schließlich wurde 1987 beschlossen, die Zweiradfertigung etappenweise bis 1989 zur Gänze einzustellen. Die Entwicklung auf dem Automobilsektor der Jetztzeit ist kommerziell erfolgreich und ein Stützpfeiler der heutigen „Magna-Steyr-Fahrzeugtechnik AG & Co KG" für die Zukunft.

Teil I:
Puch-Automobile von 1900–1928

Johann Puch und seine automobile Konkurrenz

Johann Puch war, wie aus seiner Biografie hervorgeht, am 13. Juli 1897 aus der von ihm gegründeten Styria-Fahrradfabrik ausgeschieden. Infolge der damit verbundenen zweijährigen Konkurrenzklausel musste er bis 1899 seine Ambitionen, ein neues Werk zu gründen, ruhen lassen. Nicht jedoch konnte man ihm die Planung eines neuen Unternehmens, nämlich der *Johann Puch – Erste steiermärkische Fahrrad-Fabriks AG* untersagen. Diese Firma gründete er am 28. September 1899 mit der Eintragung ins steirische Handelsregister nach der am Tag vorher erfolgten Zustimmung in der Generalversammlung seiner Aktionäre.

Das *Grazer Tagblatt* berichtete ausführlich über die Gründungszeremonie, bei der auch Frau Marie Puch, die alle Verträge mitunterzeichnet hatte, zugegen war: */…/ Redacteur Lichtblau begrüßte am Schlusse der Versammlung eine von Herrn Puch erdachte außerordentliche Automobilverbesserung und gab der Hoffnung Ausdruck, daß es Herrn Puch gelingen werde, das Automobil zu jenem Siege zu bringen, zu dem er dem steirischen Fahrrade zu Nutz und Frommen der heimischen Industrie verhalf.*
Sicher war mit dieser *Automobilverbesserung* der zweizylindrige Boxer-Motor gemeint.

Die tragende finanzielle Basis war nach wie vor – unabhängig von der Konstruktion als Aktiengesellschaft mit Aktionären als Geldgebern – das Fahrradgeschäft. Im April 1900 trat Puch jedoch mit einem fertigen, funktionstüchtigen und fahrbereiten Motorzweirad, ausgestellt bei der Firma Budicki in Agram, auf den Plan (vgl. *Agramer Zeitung,* 28. April 1900). Parallel dazu beschäftigte sich Johann Puch weiter intensiv mit dem Automobilbau. Und das in einem Umfeld, das in der k.k. Monarchie bereits dicht besetzt war. Gemeint ist der Markt der benzingetriebenen Automobile, wohlgemerkt. Es soll hier nicht von den Dampfwagen wie Stanley Steamer oder Serpollet sowie reinen Elektromobilen gesprochen werden. Neben den damals bereits verfügbaren ausländischen Importmarken, aus deren Vielzahl beispielhaft Daimler, Benz, Dion-Bouton oder Peugeot genannt werden sollen, gab es ja auch schon auf dem Gebiet der k.k. Monarchie produzierte Motorfahrzeuge.

Vom 7. Mai bis 1. Oktober 1898 fand anlässlich des 50. Jahrestages der Thronbesteigung Kaiser Franz Josephs I. die Jubiläums-Gewerbeausstellung auf dem Messegelände in Wien statt. Es war dies die erste Österreichische Automobilausstellung, zu der nur österreichische Wagen zugelassen waren und bei welcher der Marcus-Wagen sowie Lohner- und Schustala (Nesselsdorfer)-Automobile gezeigt wurden.

In Graz war Benedict Albl in seinem 1897 neu errichteten, über hundert Meter langen *Graziosa-Werk* in der Schönaugasse ab Ende 1898 bestens für den Automobilbau gerüstet. Einiges Aufsehen erregte im Spätsommer 1899 auch ein motorisiertes, vierrädriges Vehikel aus der *Meteor Fahrradfabrik*, die damals nicht mehr Albl, sondern schon Carl Franz & Sohn gehörte.

Das *Grazer Tagblatt* vom 17. September 1899 schreibt:
***Das modernste Fahrzeug der Gegenwart** ist wohl unbestritten das Automobil, dem allseits regstes Interesse entgegengebracht wird. Dieser Tage hatten Spaziergänger in den belebtesten Straßen unserer Stadt wiederholt Gelegenheit, ein solches Fahrzeug, einen zweisitzigen Vierrad-Motor neuester Bauart mit großer Sicherheit dahinsausen zu sehen. Dieses Motor-Vierrad, das Eigenthum der hiesigen ‚Meteor-Fahrradwerke' ist und nach dessen Typus genannte Fabrik die Erzeugung aufnahm, zeichnet sich außer der eleganten und bequemen Bauart durch besonders leichte Lenkbarkeit, ruhigen Lauf und, was für die allgemeine Sicherheit von besonders großem Vortheile ist, durch den Uebergang von der größten Schnelligkeit zum sofortigen Stillstande aus.*

Ludwig Lohner hielt am 22. Dezember 1899 im Niederösterreichischen Gewerbeverein den viel beachteten Vortrag *Die Entwicklung des Automobilismus* (nachzulesen in der *Allgemeinen Automobil-Zeitung* ab Jänner 1900). Darin nannte er für Graz folgende zwei, damals bereits produktive Motorfahrzeug-Firmen: die *Johann Puch Fahrradwerke* mit Motocycles und die Albl'schen *Graziosa-Fahrradwerke* mit Benzinwagen und Motocycles.

Benedict Albl – erster Automobilerzeuger in Graz

Johann Puch hatte, bevor er sich selbstständig machte, im Herbst 1888 kurz bei Albl gearbeitet. Zehn Jahre später scheint der gebürtige Kärntner Benedict Albl (1847 Althofen – 10.7.1918 Graz) seinem Konkurrenten Puch um einige Schritte voraus zu sein; Albl hatte sich seit den frühen 1880ern als Mechaniker über Handel und Reparatur von Näh-, Walk- und Waschmaschinen sukzessive zum Fahrrad-Erzeuger (Meteor, Graziosa Chainless) emporgearbeitet und produzierte in seiner 1897 mit einhundertfünfzig modernsten amerikanischen Werkzeugmaschinen und zwei Dampfkesseln ausgestatteten Fabrik ab 1899 nachweislich bereits Motorfahrzeuge. Mehrere bislang kaum beachtete zeitgenössische Quellen belegen allerdings, dass Albl seinen Innovationsvorsprung massiver Förderung aus Deutschland verdankte.

Als erste berichtet die *Oesterreichische Touring-Zeitung* in Heft 8 vom März 1899 über eine Kooperation Albl – Hille:
Wie uns der hiesige Vertreter der Graziosa-Fahrradwerke, Herr Paul Reich, Wien I., Opernring 19, mittheilt, hat die Gesellschaft ein Abkommen mit dem Generalvertreter der Motorenfabrik Moritz Hille, Dresden-Löbtau, Herrn Michael A. Mayer, Wien I., Eli-

sabethstraße 3, für die Erzeugung der Hille'schen Automobile für die österr.-ung. Monarchie getroffen und sind die ersten Wagen bereits in Arbeit begriffen. Die Musterwagen Dreier, Voiturette und Vierer sind in den nächsten Tagen bereits in der Wiener Niederlage I., Opernring 19, zur Ansicht ausgestellt.

In Heft 10 wird im Aviso zum 1. Exelberg-Rennen für Motocyclisten ein Fahrer namens Scheibek auf einem *Dreirad Graziosa – Hille 1 ¾ HP* zwar genannt, unter den Teilnehmern am 21. Mai findet er sich allerdings nicht mehr. Dafür bestätigt aber die *Allgemeine Sportzeitung* am 18.6.1899 die steirisch-sächsische Gemeinschaftsproduktion: *... haben die Graziosa-Fahrradwerke mit der altrenommirten Motorenfabrik Moritz Hille, Dresden-Löbtau, ein Uebereinkommen in der Weise getroffen, dass die Graziosa-Fahrradwerke ihre drei- und vierrädrigen Motorwagen für Oesterreich-Ungarn mit Hille-Motoren ausstatten. Die ersten Graziosa-Motorwagen haben die Fabrik bereits verlassen und functioniren zur vollsten Zufriedenheit der Besitzer.*

Weitere Erfolgsmeldungen liefert das *Grazer Tagblatt* vom 27. August 1899:
An die Wiener Niederlage der Graziosa Fahrrad- und Motorfahrzeug-Werke, Commanditgesellschaft Benedict Albl & Co, Graz, langte der drahtliche Auftrag ein, alle verfügbaren Kraft-Dreiräder der Manöverleitung der diesjährigen Kaisermanöver in Horn zu Recognoscierungs- und Nachrichtendienste zur Verfügung zu stellen.

Unter dem Titel *Das Motordreirad im Oesterreichischen Heeresdienst* folgt am 30. August ein ausführlicher Bericht über den militärischen Einsatz von Graziosa-Motordreirädern, die sich sogar auf dem hügeligen Terrain des Waldviertels bestens bewähren. Beim *Internationalen Automobil-Wettfahren*, veranstaltet vom Oesterreichischen Automobil-Club am 22. Oktober 1899 auf der Trabrennbahn im Wiener Prater, sind drei Graziosa-Tricycles mit den Fahrern Neumayer, Scheibeck und C. Riedl am Start. Tags darauf, am 23. Oktober 1899, bringt das *Grazer Tagblatt* das Ergebnis: *Rudolf Scheibek auf dem Graziosa Motor-Dreirad gewinnt den ersten Lauf im Vorgabefahren (5.500 Meter)*; und Benedict Albl schaltet in mehreren österreichischen Medien ein großformatiges Jubel-Inserat: Erster Start, erster Sieg!

Graziosa-Automobile 1899

Der wohl aufschlussreichste Bericht über die Graziosa-Motorfahrzeuge-Produktion von Benedict Albl findet sich Anfang Dezember 1899 in Heft 23 der *Mittheilungen des Oesterreichischen Automobil-Clubs* im Anhang zu Heft 21 der *Oesterreichischen Touring-Zeitung.* Zu den Abbildungen von sechs Modellen (Tourenwagen, Voiturette, Phaeton, Fiaker, Omnibus, Lastwagen) wird erklärt: ... *Die Firma hat sich mit wahrem Feuereifer auf die Fabrikation automobiler Vehikel geworfen. Wenn auch verschiedene Typen erst im Werden begriffen sind, so konnten wir doch kürzlich schon das erste Graziosa-Phaeton in Wien sehen und ein Graziosa-Dreirad war sogar auf der Traberbahn*

Das Automobilprogramm der Firma *Graziosa* des Benedict Albl wies 1899 eine umfangreiche Modellpalette auf. Doch bereits am 6. März 1901 begann das Liquidationskomitee mit der Auflösung der Firma.

siegreich. Vor allen Dingen sei constatiert, dass man in den Graziosa-Werken durchwegs nach modernen Principien arbeitet. Die Motocycles tragen einen Motor nach dem System Aster mit Kupferrippen und sind in allen ihren Teilen in Graz erzeugt. Die Wagen haben den Motor vorne placirt. Die Übertragung erfolgt ohne Riemen durch Zahnräder. Die Motore sind in den verschiedensten Stärken je nach ihrer Bestimmung gehalten. Sie haben stehende Cylinder und Glührohrzündung. Der Constructeur hat den Gefährten vier Schnelligkeiten und eine Rückwärtsfahrt gegeben. Ausser dem Eingangs erwähnten Phaeton ist eine Voiturette kürzlich fertig geworden. Dieselbe trägt zwei luftgekühlte Motore, welche an der Vorderseite des Wagens aufgestellt sind. Wir hoffen demnächst wieder Erfreuliches über die Firma berichten zu können.

Das neue Jahrhundert beginnt für Albl durchaus Erfolg versprechend. Der junge Steiermärkische Automobil-Club, der seine konstituierende Hauptversammlung am 14. Jänner 1900 im Hotel *Erzherzog Johann* in Graz abhält, nennt in der am 1. April in der *AAZ* publizierten Mitgliederliste an erster Stelle einer regelrechten Graziosa-Phalanx Herrn Benedict Albl, Fahrradfabrikant, Graz, Annenstraße 16, gefolgt von seinem Cheftechniker Ludwig v. Bernuth (Vicepräsident), Zivilingenieur, Graz, Glacisstraße 3; weiters Albert Dommes, Automobilbestandtheile, Graz, Schönaugasse 48H, der quasi unter der Albl-Firmenadresse die Wiener *Erste österreichische Motorfahrzeug-Fabrik August Braun & Comp.* vertrat; es folgt Albls Rechtskonsulent Dr. Wilhelm Edler von Kaan (Ausschußmitglied), Hof- und Gerichtsadvocat, Graz, Beethovenstraße 11; Franz Koneczny, Fabriksdirektor, zuvor bei Puch, später Prokurist bei Albl, Wiener Neustadt; sodann Theodor Schumy (Ausschussmitglied), der Albl-Kompagnon, Fabriksbesitzer, Jahngasse 5, und Heinrich Graf Taaffe, Investor, Kommanditist und später Graziosa-Liquidator, Elischau, Silberberg, Böhmen – und schließlich Johann Puch (Ausschussmitglied), Fabrikant, Graz, Strauchergasse 18.

1900: Automobilparade und Anfang vom Ende

Ins Jahr 1900 startet Benedict Albl mit einer Parade seiner Fahrzeuge. Das *Grazer Tagblatt* bringt am 28. Februar einen ausführlichen Bericht über die Teilnahme der *Graziosa Fahrrad- und Automobil-Werke* am Faschingsdienstag-Umzug über den Ring und durch einige Straßen von Graz: Voraus sechs Graziosa-Chainless-Radler, … *dann ein neuer siebenpferdekräftiger Jagdwagen, auf dem der Fabriksherr Benedict Albl und vier Damen vom Direktor der Werke, Herrn Geza Schönberg, geführt wurden. Die Damen, reizende Erscheinungen, erfreuten die entgegenkommenden Fußgänger durch zugeworfene Blumensträußchen. Dann folgte eine Voiturette für zwei Personen von einfacher, aber außerordentlich zweckmäßiger und gefälliger Bauart. Nebenbei bemerkt, erklomm kürzlich diese Voiturette nicht nur unsere steile Ries, sondern auch den Schlossberg anstandslos. Im Zuge befanden sich dann noch mehrere Motor-Drei- und Vierräder, theils mit einem ‚Avanttrain'* (geschobenen Sitzbänkchen)*, und den Schluss machte wieder eine Schar Radfahrer. Abends versammelten sich die Theilnehmer der Ausfahrt, einer Einla-*

dung des Herrn Directors Schönberg folgend, im Hotel ‚Stadt Triest' zu einer fröhlichen Faschingsdienstagsfeier, zu der auch die offenen Gesellschafter der ‚Graziosa'-Werke, die Herren Benedict Albl und Theodor Schumy, dann die Herren Freiherr v. Cordelli, Ingenieur Ludwig v. Bernuth, Dr. W. v. Kaan und die Beamten der Fabrik erschienen. Mancher Trinkspruch auf den neuen Sport und auf das Blühen der Automobil-Industrie wurde dabei ausgebracht.

Details zur Albl-Voiturette finden sich in einem Artikel, in dem das *Grazer Tagblatt* am 15. April 1900 auch vom weltweiten Versand des Graziosa-Katalogs in die Länder *Deutschland, Schweiz, Italien, Belgien, Schweden, Norwegen, Dänemark, Russland, Serbien, Bulgarien, Rumänien, Türkei, Ägypten, China, Südamerika und Transvaal* berichtet. *Um jedem Fahrer, sei er Automobilist oder Cyclist, Gelegenheit zu geben, sich von der genauen und exacten Präcisionsarbeit der Graziosa-Fabrikate zu überzeugen …* wurden sämtliche Modelle – durchwegs auf heimischen Straßen erprobte Fahrzeuge – dem interessierten Publikum auch in Albls Fahrschule in der Grazbachgasse vorgeführt: *So nimmt beispielsweise eine leichte Voiturette mit einem Motor von 3 ½ Pferdekräften mit Wasserkühlung unter voller Belastung eine fünfzehnprocentige Steigung, und auch der neunpferdekräftige Jagdwagen hat bereits den Schlossberg und auch die Ries wiederholt genommen.*

Mit den Albl-Fahrrädern geht's allerdings steil bergab. Im *Salzburger Volksblatt* taucht am 18. April 1900 ein Inserat, übertitelt mit „Enorm billig" auf, Original Graziosa-Fahrräder mit und ohne Kette werden in der Niederlassung R. Müller am Residenzplatz zu 75 fl. und 80 fl. abverkauft; Tiroler und Vorarlberger Händler werben in lokalen Medien ebenfalls mit Rabatten von 50% sowie Eintausch-Aktionen. Als dann im Verlauf des Jahres 1900 auch noch die Dresdener Hille-Werke ihr Personenwagen-Programm einstellen, rückt das Aus für den Automobil-Konfektionär Albl immer näher.

1901: Liquidation der Graziosa-Fahrrad- und Motorfahrzeugwerke

Bereits zu Jahresende 1900 formiert sich ein firmeninternes Liquidationskomitee, aus dem der Graziosa-Prokurist Victor Frankel im Jänner 1901 *wegen Uebersiedelung nach Wien,* wie es im *Grazer Tagblatt* vom 28. Jänner heißt, ausscheidet. Benedict Albls ältester Sohn Josef – ein in den 1890ern überaus erfolgreicher und als *der schöne Pepi* wohl auch umtriebiger Radrennfahrer – meldet dem Grazer Handelsgericht im Februar 1901 die Eröffnung seiner eigenen Fahrrad- und Automobilerzeugung in der Zeilergasse Nr. 100.

Nur wenige Tage später, am 6. März 1901, bringt das *Grazer Tagblatt* die offizielle Bestätigung für die Auflösung von Benedict Albls Firma: *Das Landesgericht in Graz, Abth. IV, gibt bekannt, dass bei der Firma ‚Graziosa-Fahrrad- und Motorfahrzeugwerke,*

Commandit-Gesellschaft Benedict Albl u. Comp., Graz die Eintragung der Auflösung dieser Gesellschaft und die Bestellung der Herrn Benedict Albl, Fabrikant in Graz, Annenstraße Nr. 18, Victor Frankel, Procurist in Graz, Isidor Hirschl, Großhändler in Wien I., Schmerlingplatz, Theodor Schumy, Hausbesitzer in Graz, Josefigasse Nr. 5, und Dr. Heinrich Graf Taaffe, Herrschaftsbesitzer in Ellischau, als Liquidatoren in das Handelsregister für Gesellschaftsfirmen verfügt worden ist.

Das *Grazer Tagblatt* kündigt am 18. Mai 1901 noch eine letzte Veranstaltung in einer Albl-Liegenschaft an: *Mitteilung der verbrüderten Radfahrvereine für Sonntag, den 19. um 2 Uhr nachmittags, dass in der Fahrschule des Herrn Benedict Albl in der Grazbachgasse eine gesellige Zusammenkunft mit Reigenfahren, Musik u.s.w. stattfindet. Die Mitglieder werden höflichst ersucht, samt Familien und Gästen recht zahlreich zu erscheinen. Mitglieder anderer Vereine sind willkommen. Club-Radpartien finden keine statt.*

Zwei Meldungen im *Grazer Volksblatt* am 14. und 23. Juni 1901 bestätigen die Teilnahme von Josef Albl an der 1. Grazer Automobilausstellung mit einem einzigen Wagen; dieser 4-sitzige *Bremak* (Anm.: sic!, gemeint war wohl der Karosserietyp *Break*), System Dion, aus *Albls Motorfahrzeug- und Fahrradfabrik, Graz, Zeilergasse Nr. 100* wird sogar mit einer *Silbernen Medaille* ausgezeichnet.

Bis zum Jahresende 1901 erscheinen dann österreichweit in diversen Medien Inserate zur Vermietung der Benedict Albl'schen Fabrikliegenschaften; am 4. Jänner 1902 schließlich bringt das *Neue Wiener Tagblatt* ein Inserat für einen großen *Occasionsverkauf aus der Liquidation der Graziosa-Automobil- und Fahrradfabrik um 50 Percent unter dem gewöhnlichen Preise: ein Automobil-Jagdwagen, 9pferdig, f. 6 Personen, compl., ein Phaeton 4pferdig, ein Rennwagen 28pferdig, ferner neue und überfahrene Graziosa-Herren- und Damen-Fahrräder, mit Kette und kettenlos bei Joseph Weiß, Wien I., Parkring 2.*

Im Frühling 1902 ist offensichtlich auch die Graziosa-Fahrrad-Erzeugung Geschichte, denn das *Grazer Tagblatt* vermerkt am 4. Mai 1902, dass der ehemalige Fabrikant Benedict Albl unter der Adresse seines Sohnes Josef in der Zeilergasse Nr. 100 das handwerksmäßige Mechaniker-Gewerbe angemeldet hat.

1902: Verwertung der Albl'schen Liegenschaften

Ab November 1902 berichten lokale Medien wiederholt über die zähen Verhandlungen mit dem *Verband landwirtschaftlicher Genossenschaften in Steiermark* bezüglich eines Ankaufs *der ehemaligen Graziosa-Werke (mit elektrischer Beleuchtung, Wasserleitung, Dampfheizung in allen Räumen, Maschinenhaus für etwaige Kühlanlagen, Aufzug bis in den 3. Stock) in der Schönaugasse 64 zwecks Einrichtung eines zentralen Verbands-Lagerhauses in Graz.* Trotz eines (unter der Hälfte des gerichtlichen Schätzgutachtens liegenden!) Kaufpreises von nur 165.000 Kronen plus 66.000 Kronen für anliegende Grundstücke samt einem kleineren Nachbarhaus lehnt der Verband ab.

Das *Grazer Volksblatt* meldet schließlich am 25. Dezember 1902: *Der katholische Pressverein in der Diözese Seckau hat nun tatsächlich die Fabriksgebäude der Graziosa-Fahrradwerke von Benedict Albl & Co. in Graz, Ecke der Schönau- und Steirergasse käuflich erworben. Es werden in dieselben die Buchdruckereien ‚Styria' und ‚Gutenberg', die Schriftleitung des ‚Grazer Volksblatt' und ‚Sonntagsboten', dann die Verlagsbuchhandlung ‚Styria', sowie die Anstaltsbuchbindereien und die Rastrieranstalt übersiedeln. …*

Im antiklerikalen Kärntner Blatt *Freie Stimmen* erscheint daraufhin am 31. Dezember 1902 ein polemischer Bericht über den Kauf der Graziosa-Fabrik, die erst 1897 um 400.000 Kronen errichtet und 1902 auf 300.000 K gerichtlich geschätzt worden war, durch den Grazer Katholischen Pressverein um 165.000 Kronen: … *Da die klerikalen Herren in Steiermark, wie sie sagen, kein Geld mehr für die Einrichtung des ausgedehnten Gebäudes haben, so schwingen sie den Klingelbeutel und bitten um Darlehen auf Schuldscheine oder, noch besser, um gütige Spenden. Auch kleine Gaben werden dankbarst angenommen. Also der ärmste Dienstbote soll sein Geldtäschchen aufthun, um für einen Zweck beizusteuern, der vom volkswirtschaftlichen wie politischen Standpunkte aus gleich verwerflich ist. Wenn die Klerikalen Geld genug hätten für den Ankauf des großen Gebäudes, wird es daran auch für Weiteres nicht mangeln. Bischof Dr. Kahn leiht es Ihnen gewiss gegen gute Verzinsung!*

Angeblich soll Josef Albl bereits 1903 – im Alter von nur 28 Jahren – verstorben sein. Die letzte Bestätigung für das definitive Ende der Fabrik seines Vaters Benedict ist eine Kurzmeldung in der *Österreichischen Nähmaschinen- und Fahrrad-Zeitung* vom 25. August 1904: *Graziosa-Fahrrad und Motorfahrzeugwerke Kommanditgesellschaft Benedict Albl & Comp., Graz in Liquidation ist infolge der Beendigung der Liquidation erloschen.*

Die Recherche in zeitgenössischen Medien (Nationalbibliothek – ANNO) bis zum Ende des Ersten Weltkriegs erbrachte keinerlei konkrete Hinweise auf die in Oldtimer-Sammlerkreisen kursierende Legende, Albl junior habe ab 1901 fast ein Dutzend eigene Automobile gebaut. Das ist eher unwahrscheinlich – in Anbetracht seines frühen Todes und kaum bis gar nicht vorhandener Quellen, die solches bestätigen könnten. Auch über Josefs Geschwister ist nur wenig überliefert; Aloisia Josefa (kurz: Luise), die eine der bekannten, Rad fahrenden Albl-Schwestern, heiratete im August 1909 den Grazer Philosophieprofessor Hans Witz; zu Mizzi Albls Biografie findet sich nichts; der jüngere Bruder Heinrich wurde als Soldat im Weltkrieg ausgezeichnet. Vater Benedict Albl hingegen lebte nach der Zurücklegung seines Mechaniker-Gewerbes 1905 in eher ärmlichen Verhältnissen bis Juli 1918; laut *Grazer Tagblatt* vom 15. Juli 1918 *entschlief am 10. d. der gewesene Fahrradfabrikant, Herr Benedict Albl im Alter von 70 Jahren;* seine Ehefrau Josefine überlebte ihn nur um einige Tage.

Unmittelbare Konkurrenten auf dem Sektor des Automobilbaues waren in Graz um die Jahrhundertwende also Benedict Albl, Carl bzw. Victor Franz und Johann Puch. Daneben gab es auch eine beträchtliche Anzahl von Automobilteile-Herstellern und Auto-Händlern mit Generalvertretungen, Werkstätten und Garagen. In Bruck an der Mur war ab 1904 noch Siegfried Schick in seiner Automobilfabrik *Kronos* produktiv, er schlitterte jedoch (laut *AAZ* vom 23.12.) bereits Ende 1906 in die Zwangsversteigerung.

1900: Johann Puch – österreichischer Pionier des Automobilbaues

Johann Puch konstruierte und baute seine ersten Kraftfahrzeuge zu einer Zeit, als der Automobilismus in Österreich – ebenso wie in den meisten anderen Ländern der Erde – in einer Art von Goldgräberstimmung war. Von überall her in der Monarchie wurde über automobilistische Leistungen, Rennen und Firmen berichtet, es gab Ausstellungen und Fernfahrten. Puch war also keineswegs ein Pionier im Sinne des experimentellen Beschreitens neuer, noch niemals begangener Wege mit unerprobten Konstruktionen, sondern ein Mann der Praxis mit dem richtigen Blick auf das, was zukunftsträchtig und technisch ebenso wie finanziell solide war. Ihm war es wichtig, qualitativ erstklassige Produkte zu erzeugen, die einen dauerhaften und störungsfreien Betrieb in Kundenhand ermöglichten. Darin bestand die Pionierleistung von Puch, zum Unterschied von vielen seiner Mitbewerber.

Johann Puch war vor allem derjenige, welcher in den Anfangsjahren des Automobils sich keineswegs auf andere verließ. Er baute seine eigenen Fahrwerke, Getriebe und Motoren. Darin unterschied er sich von vielen anderen Produzenten jener Jahre, die entweder Fremdfabrikate in Lizenz erzeugten, oder Konfektionäre waren – das heißt sie verwendeten wesentliche Bauteile, vor allem Motoren, von anderen Firmen. Oder überhaupt solche, die im weitesten Sinne Zweigwerke von großen Mutterfirmen im Ausland waren. In der konsequenten Umsetzung seiner eigenen Ideen in einem Umfeld dichter Konkurrenz und darüber hinaus oft als Erster in der k.k. Monarchie – darin bestand die Pionierleistung von Johann Puch.

Der erste Motor, den Johann Puch 1898 baute, diente in seiner Weiterentwicklung als Antriebsmotor für seine ersten Voituretten.

Eigener Voituretten-Motor

Johann Puch baute für seine Voiturette einen eigenen Motor. Es handelte sich dabei um einen luftgekühlten Zweizylinder-Boxermotor, der im Viertaktverfahren arbeitete. Eine Abbildung dieses Motors findet sich in der *Allgemeinen Automobil-Zeitung* vom 4. Juni 1911 im Rahmen des Artikels *Die ältesten Automobile in Österreich-Ungarn*: *Unsere nächste Abbildung in unserer Bildserie stellt nur einen Motor dar. Dieser stammt aus dem Jahr 1898 und ist ein Puch-Motor aus den Grazer Werken der Johann Puch AG. Es ist dies der erste Motor, den das Haus Puch erzeugt hat. Damals begann man sich in Graz bereits mit der Herstellung von Automobilen zu befassen, und dass man der Sache konstruktiv an den Leib ging, das lässt unsere Abbildung deutlich erkennen … Es war ein*

ganz kurioses Ding, dieser erste Puch-Motor mit seinen langen Schwinghebeln für die Ventile und mit der gegenläufigen Bewegung der Kolben. Doch die Maschine ging und sie ging sogar nicht schlecht… Johann Puch experimentierte eine Weile mit dem Motor und unterbrach dann für einige Zeit seine Automobilfabrikation, um sie erst auf dem Wege über das Motorrad mit großem Erfolg wieder aufzunehmen.
Im Jahr 1900 war es dann so weit, dass die ersten Voituretten der *Johann Puch – Erste steiermärkische Fahrrad-Fabriks AG.* gebaut wurden.

Jungfernfahrt des ersten Puch-Automobils
Die erste öffentliche Ausfahrt von Johann Puchs Voiturette am 15. März 1900 wurde nicht nur professionell unter stärkstem Medienecho inszeniert, sondern schlug ein wie eine Bombe in der gesamten Automobillandschaft der k.k. Monarchie. Die Meldungen über die sehr gelungene Jungfernfahrt des ersten Puch-Automobils überschlugen sich förmlich.

Das *Grazer Abendblatt* vom 16. März 1900 berichtete über diese Fahrt wie folgt:
Eine Automobil-Leistung. *Grosses Aufsehen erregte gestern nachmittags die Fahrt eines Automobils auf der Steilseite des Schlossberges. Herr Techniker Rosner fuhr nämlich mit einem noch im Rohbaue befindlichen Benzin-Motorwagen (Patent Johann Puch) vom Karmeliterplatz aus auf das Plateau des Schlossberges, und zwar ohne den geringsten Anstand. Die Leistung verdient umso mehr volle Beachtung der Sportfreunde und Fachleute, als das Automobil, das bei der Fahrt in Verwendung stand, nur dreieinhalb Pferdekräfte besitzt.*
Und am 17. März setzte das *Grazer Tagblatt* den Bericht über diese erste Puch-Voiturette fort:
Ein ausgeschriebenes Automobil-Match. *Die großartige Automobil-Leistung, von der wir im gestrigen Abendblatte meldeten, fand gestern nachmittags unter großem Andrange von Interessenten und Neugierigen eine Wiederholung. Herr Johann Puch, nach dessen Patent der 3½pferdekräftige Triebwagen, der vorgestern den Schlossberg die Steilseite hinanfuhr, gebaut wurde, veranstaltete nachmittags eine abermalige Bergfahrt auf den Schlossberg und lud dazu einen großen Kreis von Interessenten ein. Der Automobilwagen fuhr um halb 3 Uhr vom Karmeliterplatz in fünf Minuten auf das Plateau des Schlossberges, eine Leistung, die allseits neidlose Anerkennung fand. Die schlechte Beschaffenheit der Fahrstraße bot dem Triebwagen kein Hindernis. Auf die Bergfahrt folgte die Thalfahrt, die bei dem steilen Abfalle an die Bremsvorrichtungen des Wagens die größten Anforderungen stellte. Auch sie vollzog sich tadellos unter dem Beifalle der vielen Zuseher.*

Johann Puch war von der Qualität und Bergsteigfähigkeit seines neuen Produktes derart überzeugt, dass er sogar einen Preis auslobte, wenn ein Konkurrenzfabrikat die Leistungen seiner Voiturette übertreffen sollte:
Sportfreunde hatten sich hierauf in der Puch'schen Fahrradniederlage eingefunden, wo Herr Johann Puch die Erklärung gab, fünftausend Kronen für ein Automobil-Match zu deponieren. Jeder kräftige und gleich schwere Automobilwagen, der eine gleiche Leistung

Aus dem Archiv der Puchwerke AG stammt diese Fotografie des ersten Puch-Automobil-Prototyps (Voiturette), mit dem am 15. März 1900 die „Jungfernfahrten“ auf den Grazer Schlossberg absolviert wurden; neben dem Fahrer, Herrn Rosner (Cheftechniker in der Automobilabteilung), sitzt Johann Puch höchstpersönlich.

auszuführen in der Lage sei, gewänne das Match. Herr Puch wurde zu seinem jüngsten Sport-Erzeugnisse, das bereits in allen Staaten patentiert ist, von vielen Seiten beglückwünscht.

Kein Mitbewerber aus dem Gebiet der Monarchie meldete sich: weder die Firma August Braun & Comp. noch Bock & Hollender oder Arnold Spitz / Gräf & Stift, die zu diesem Zeitpunkt bereits Voituretten im Programm hatten. Auch der lokale Konkurrent Benedict Albl mit seiner Graziosa Voiturette blieb in Deckung…

Die *Illustrirte Sport-Zeitung*, erschienen am 18. März 1900, sah diese erste öffentliche Präsentation der Puch-Voiturette folgendermaßen:
Puch Voiturettes. *Man schreibt uns aus Graz, dass die Firma Johann Puch ihre neue Voiturette zum ersten Male ausprobirt hat. Zuerst wurde zweimal nacheinander die Ries, eine Anhöhe von 17% Steigung, gefahren. Dann versuchte man es, den Schlossberg von der Wickenburggasse aus zu befahren. Hier hat der Berg 20 Percent Steigung. Als auch diese Probe zur Zufriedenheit ausfiel, machte man noch einen Versuch auf der steilsten*

Strasse des Schlossberges, und zwar vom Karmeliterplatz aus (22 Percent Steigung). Auch dieser Versuch gelang ohne Schwierigkeit. Die neue Voiturette hat einen zweicylindrigen luftgekühlten Motor von 3 ½ Pferdekräften.
Die Anmerkung des *zweicylindrigen luftgekühlten Motors* weist eindeutig auf Puchs Boxermotor hin.

Allgemeine
Automobil-Zeitung
und
Officielle Mittheilungen des Oesterreichischen Automobil-Club.

Nr. 13. Band I. | Wien und Berlin, 1. April 1900. | I. Jahrgang.

Die erste PUCH-Voiturette
Die erste Ausfahrt ein Bombenerfolg!
befahr in Anwesenheit zahlreicher Zeugen den
Grazer Schlossberg · 22% Steigung!
JOHANN PUCH
GRAZ V., Laubgasse 6–14.
I. Steiermärkische Fahrrad-Fabriks-Actien-Gesellschaft.

Johann Puch war nicht nur ein genialer Techniker und Kaufmann, er verstand es wie kaum ein anderer seine Produkte öffentlichkeitswirksam zu bewerben, wie dieses Inserat am Titelblatt der *AAZ* am 1. April 1900 beweist.

Eine Fülle von Informationen zur ersten Voiturette und dem Motor bringt ein Artikel im *Pester Lloyd* am 15. April 1900 unter dem Titel ***Puch's neues Automobil***. So wurde berichtet, dass sich die Voiturette noch im „Rohbau" befand (d.h. mit einer einfachen Karosserie versehen war, Anm.), Lenker der Jungfernfahrten war Herr Rosner, der Betriebsleiter der Automobilabteilung. Es genügte nur eine kurze Kurbelumdrehung zum Starten, der Motor machte nur sehr geringe Geräusche. Der Wagen erwies sich bei der Talfahrt als überaus bremssicher.
Und Herr Puch lobte 10.000 (!) Kronen für den etwaigen Gewinner eines Konkurrenz-Matches aus. Weiters:
Der Wagen wird nun äusserlich elegant fertiggestellt, roth-weiss lackirt, erhält einen Vordersitz, um nach Bedarf drei oder vier Personen aufnehmen zu können, moderne Kothflügel und ein abnehmbares Dach nach Muster der hier bereits bekannten Dion-Bouton-Voiturette. Diese Ausgestaltung wird in kürzester Frist beendet sein und der Wagen wird dann lange Fahrten nach Wien, Budapest und später nach Paris unternehmen. Herr Puch hat noch gestern die Anmeldung seines Wagens auf allen diesjährigen Ausstellungen veranlasst. – Über die Konstruktion des Motors erfahren wir, soweit derselbe nicht als Fabriksgeheimnis behandelt wird, dass der Motor ohne Wasserkühlung arbeitet, 24 k° (Anm.: alte Abkürzung für kg) *ohne Schwungrad wiegt und 3 ¼ Pferdekräfte stark ist. Der Wagen hat doppelte elektrische Zündung, ein eigenes neues Ventil, vierfache Schnelligkeit bis zu 35 Kilometer die Stunde und Rückwärtsbewegung. Für die Bergabfahrt dienen zwei kräftig wirkende Bandbremsen mit Drahtseilverbindung. Die Lenkung geschieht ebenfalls ähnlich wie bei der vorgenannten Dion-Bouton-Voiturette mittels eines kleinen Hebels. Herr Puch hat bereits die Patente für diesen seinen Motor in allen Staaten angemeldet. Erwähnenswerth und für die Fachleute von besonderer Bedeutung ist die Thatsache, dass nach der anstrengenden Leistung, die den Motor mehr beansprucht, als die schnellste Fahrt auf langer Strecke, der Cylinder so wenig heiss geworden war, dass man diesen mit der blossen Hand angreifen konnte. In diesem Punkte liegt der Schwerpunkt der Leistungsfähigkeit des Motors ohne Wasserkühlung. … Die ersten Wagen, für die bereits die Vorarbeiten vollendet sind, werden mit einer Lieferzeit von acht bis zehn Wochen erscheinen.*

Auch aus dieser Beschreibung geht hervor, dass Puch bei den Voituretten des Jahres 1900 den von ihm entwickelten luftgekühlten Boxermotor mit automatischem Einlass- (Saug-) und gesteuerten Auslassventilen *(‚ein eigenes neues Ventil')* verwendet hat. Motoren mit automatischen Saugventilen waren damaliger Stand der Technik. Die V-Zweizylindermotoren, abgeleitet aus dem Motorradbau, standen erst später zur Verfügung.

Kleinserie 1900

1900 gab es bereits mehrere Puch-Voituretten, die einsatzbereit waren und auch an Kunden verkauft wurden, wie Originalquellen belegen. So berichtet der *Pester Lloyd* am 24. Juli 1900, dass die erste Puch-Voiturette im Juli 1900 nach Budapest geliefert wurde, und zwar für den Hotelier Rudolf Reinprecht, den Inhaber des Hotels „Fiume". Eine weitere Voiturette wurde nach einer Meldung der *Neuen Freie Presse* am 9. Juni 1900 sportlich eingesetzt. Telegramm: *Professor Höbel* (Anm.: gemeint war wohl Professor Goebel vom Wiener OeAC) *startete* (Anm.: um 10 Uhr in der Ortschaft Oyenhausen) *beim Automobilrennen Baden – Graz auf einer Puch-Voiturette.* Über das Ergebnis dieses Einsatzes gibt es keine Meldung.

Im Monat darauf erlitt die junge Grazer Automobilfabrikation allerdings einen herben Rückschlag. Die *Illustrirte Sport-Zeitung* berichtete am 29. Juli 1900 (so wie die am gleichen Tag erschienene *Illustrirte Modelle-Zeitung* nahezu wortgleich) folgendes:
Brand in einer Automobilfabrik. *In der Automobilabtheilung der ersten steiermärkischen Fahrradfabrik-Actiengesellschaft Johann Puch in Graz entstand Sonntag Mittags ein Schadenfeuer, das mit solcher Vehemenz um sich griff, dass binnen wenigen Minuten die genannte Localität in Flammen stand, doch konnte durch das ebenso energische als besonnene Eingreifen von etwa 200 Arbeitern des Fabrikspersonals der Brand auf eine Werkstätte localisirt und noch vor Eintreffen der rasch herbeigeeilten Feuerwehren unterdrückt werden. Das Feuer soll dadurch zum Ausbruche gekommen sein, dass ein Arbeiter eine Löthlampe einem grösseren Behältnis mit Gummilösung zu nahe brachte, wodurch diese stark benzinhältige Flüssigkeit sich sofort entzündete; die herausschlagenden Flammen griffen mit Blitzesschnelle um sich, und es wurde nur durch die seltene Geistesgegenwart des Leiters der Automobilabtheilung Herrn Rosner – der mit eigener Gefahr sofort das Benzinreservoir eines eben fertiggestellten und zur Abfahrt bereitstehenden grossen Automobils verschloss – ein grösseres Unglück verhütet, das eine etwaige Explosion des circa 20 Liter Benzin fassenden Reservoirs zur Folge hätte haben müssen. Erwähnenswerth ist, dass, obgleich die Flammen eben dieses Automobil bis auf das Gestell verzehrten, das hermetisch verschlossene Reservoir, beziehungsweise dessen Bezinfüllung, intact blieb. Der Schaden dürfte sich auf 8.000 bis 10.000 Kronen beziffern, da ausser dem erwähnten, erst tagszuvor auf eine seltene Leistungsfähigkeit ausgeprobten werthvollen Automobil auch zahlreiche Apparate, Werkzeuge und Modelle theils beschädigt, theils vernichtet wurden. Herr Rosner erlitt bei seinem thatkräftigen Einsatze nicht unerhebliche Brandwunden. Der Fabriksbetrieb erleidet keine Störung.*

Dieser Bericht beweist, dass Puch bereits in der ersten Hälfte des Jahres 1900 mehrere Voituretten erzeugt hatte. Ob es sich bei dem erwähnten „großen Automobil" um die Entwicklung eines Puch-Automobilmodells mit mehreren Zylindern oder um ein von der Puch-Aktiengesellschaft angekauftes Fremdfabrikat gehandelt hat, darüber gibt der Artikel keinen Aufschluss. Naheliegend ist, dass es sich bei diesem um die viersitzige Voiturette gehandelt haben könnte, die im Monat darauf der Trientiner Guido Monchen gekauft hat.

Puch-Katalog 1900. Fahrräder und Voituretten bestimmten das Verkaufsprogramm. Der Antrieb der Voiturette durch den an der Fahrzeugvorderseite angebrachten Puch-Boxermotor ist deutlich erkennbar. (Bild Libor Marcik)

Am darauf folgenden 5. August berichtete die *Allgemeine Automobil-Zeitung* über eine spektakuläre Fahrt dieses Herrn Monchen unter der Überschrift ***Eine Automobilfahrt auf den Schöckl:***

Eine der schwierigsten und steilsten Fahrstraßen der an Bergen so reichen Steiermark ist zweifellos der Schöckl in der Nähe von Radegund. Die Priorität, diese halsbrecherische Straße befahren zu haben, gebührt dem Trientiner Automobilisten Guido Monchen, der sich kürzlich ein Fahrzeug der ersten steiermärkischen Fahrradfabriks-Actiengesellschaft Johann Puch in Graz gekauft hatte. Um die Leistungsfähigkeit des zierlichen ***viersitzigen*** *Gefährtes zu erproben, wurde zuerst der Grazer Schlossberg mit 22 Perzent Steigung befahren. Als dieses Unternehmen geglückt war, versuchte Herr Monchen, die starke Steigung bei der Kirche in Mariatrost zu nehmen, was ebenfalls gelang. Sodann ging die Fahrt über das gebirgige Terrain nach Radegund, wo Herr Monchen den Entschluss fasste, den Schöckl zu befahren. Die Straße ist so steil, dass Gespanne auf ihr überhaupt nicht verkehren. Es gelang dem Chauffeur, zuerst nur die Bergeshöhe bis auf 1.500 m zu erreichen. Wenige Tage später versuchte Herr Monchen die Fahrt neuerlich, und er konnte diesmal den Gipfel des Schöckl ganz erklimmen. Während sich die Auffahrt nur schwierig gestaltete, war die Fahrt bergab geradezu gefährlich. Jedenfalls ist die Leistung eine wirklich glänzende zu nennen.*

Der automobilhistorischen Korrektheit halber sei hier noch eine wesentliche Anmerkung gemacht: In diesem aus der AAZ vom 5. August 1900 wortgetreu zitierten Artikel wird die Voiturette als „zierliches, **viersitziges**" Gefährt beschrieben. Hans Seper machte 1986 in seiner „Österreichischen Automobilgeschichte" (Seite 66) daraus ein „zierliches, **vierrädriges**" Gefährt und bringt ‚passend' dazu auf Seite 67 ein Bild des „ersten Puch-Automobils aus dem Jahre 1900" mit dem Käufer Guido Monchen „neben dem Chauffeur". Im Bildnachweis gibt Seper als Quelle die Puchwerke AG an.
Nachdem aber zwei Medien und zwei unterschiedliche Autoren 1900 (AAZ) und 1901 (Grazer Tagblatt) die Puch-Voiturettes als viersitzig beschreiben, ist das in Sepers Österreichischer Automobilgeschichte dargestellte Fahrzeug definitiv NICHT Guido Monchens Puch-Voiturette. Und wie die Quellen belegen, handelte es sich auch um kein „Einzelerzeugnis", sondern um das erste Exemplar einer Kleinserie von Voituretten, die dann mit verschiedenen Aufbauten ausgeliefert wurden. Das Foto zu dieser ersten und aufgrund von Originalquellen belegten Bildbeschreibung finden Sie auf S. 36.

Begriffserklärungen aus der automobilistischen Frühzeit:

Automobil: Automobil als Begriff (auch Automobilismus, automobilistische Veranstaltungen): Motorisierte **Dreiräder** (Dreier oder Tricycle) und **Vierräder** (Vierer oder Quadricycle) wurden in den Anfangsjahren oftmals nicht klar zugeordnet. Man bezeichnete diese Vehikel als Voituretten, als Motocycles oder auch als Motorfahrzeuge, eingeteilt nach unterschiedlichen Gewichtsklassen. Daher finden sich in frühen Medienberichten bis etwa 1906 immer wieder die für uns Heutige verwirrenden Bezeichnungen bei „Wagenrennen" und Tourenfahrten, in denen alle diese Fahrzeuggattungen angetreten sind.

Motorelemente: Automatisches Einlassventil, automatisches Saugventil: Darunter versteht man bei den frühen Viertaktmotoren ein Ventil im Ansaugtrakt über dem Brennraum, das nur von einer leichtgängigen Feder auf den Ventilsitz gedrückt wird. Wenn der Kolben auf dem Weg vom Oberen zum Unteren Totpunkt (OT zu UT) beim Ansaugtrakt ist, öffnet sich dieses Ventil durch den Saugtakt-Unterdruck von selbst (automatisch) und schließt sich, sobald der Ansaugtakt zu Ende ist.
Balancier, Balancierstange: Als Balancier wird in der Technik generell ein Hebel mit unterschiedlichem oder gleich langem Last- und Kraftarm bezeichnet, der zur Umlenkung und Weiterleitung der Kraft und/oder der Bewegung eingesetzt wurde.

Die frühen Zündsysteme der Verbrennungsmotoren: Niederspannungszündung, Abreißzündung. Dabei wird durch einen Generator, der vom Motor angetrieben wird, ein permanenter Stromfluss bis zu 180 Volt erzeugt und in den Zündkreislauf eingeführt. Wenn der Stromkreis unterbrochen wird, nämlich vor dem Oberen Totpunkt des Kolbens, kommt es zu einem Abreißfunken, der das Benzin-Luftgemisch (Arbeitsgemisch) zündet. Diese Unterbrechung erfolgte entweder durch den Kolben direkt oder mit einer von einem Zündnocken gesteuerten Stange zum Zündkontakt. Dieser konnte auch in einer Zündkerze sitzen.

Elektromagnetische Hochspannungszündung: Dabei wird durch einen vom Motor angetriebenen Generator, der infolge einer Sekundärspule am Anker einen hochvoltigen Strom erzeugt, dieser in das Zündsystem eingeleitet. Der an die Motorumdrehung gekoppelte Unterbrecher unterbricht im richtigen Moment vor (Vorzündung) oder nach (Nachzündung) dem OT den Stromkreislauf; der dadurch entstehende hochvoltige Stromschlag führt zwischen den beiden Elektroden der Zündkerze ohne weitere mechanische Einwirkung zu einem Funkenüberschlag geführt und zündet das Arbeitsgemisch.

Trembleur oder Batteriezündung: Ist eine Hochspannungszündung, die Energie kommt jedoch von einem galvanischen Element (Batterie), welches extern geladen werden muss. Diese Niederspannungsspule (mit wenigen Wicklungen) wird mittels einer Zündspule im Moment der Zündung unterbrochen und induziert in der Hochspannungsspule (mit vielen Wicklungen) einen Hochspannungsstromstoß, der zwischen den beiden Elektroden der Zündkerze ohne weitere mechanische Einwirkung zu einem Funkenüberschlag führt und das Arbeitsgemisch zündet.

Karosserieformen:
Break: aus dem Kutschenbau abgeleitete hoch aufragende Karosserieform.
Jagdwagen: Dabei handelte es sich üblicherweise um eine aus dem Kutschenbau abgeleitete mehrsitzige offene Karosserieform. Oftmals mit viel Platz für Gepäck. Der Begriff selbst hat nichts mit einer Jagd oder Jagdgesellschaft zu tun, sondern leitet sich aus einem Übersetzungsfehler aus dem Französischen ab, bei dem „Chassis" (Fahrgestell) mit „chasse" (Jagd) verwechselt wurde.
Landaulett: (Schreibweise auch Landaulet oder Landaulette) ist eine aus dem Kutschenbau übernommene Karosserieform, bei der das Verdeck ganz oder halb geschlossen werden konnte. Oftmals saßen der Fahrer im Freien und die Passagiere im geschlossenen Abteil. Etymologisch ist das Wort Landaulette (Kleine Landauerin) vom „Landauer Wagen" abgeleitet.
Limousine: vollkommen geschlossene Wagenform mit festem Dach, abgeleitet aus dem Französischen „limousine" (weiter, großer Schutzmantel).
Phaeton: noble und luxuriöse Karosserieform, bis Mitte des 20. Jhs. für Luxuslimousinen gebräuchlich.
Runabout: zweisitzige einfache offene Karosserie, meist konnte man zusätzlich zwei Sitze anbringen, mit Sitzrichtung nach vorne oder hinten, sodass sich Lenker und Passagiere entweder gegenüber oder Rücken an Rücken saßen (vis-à-vis oder dos-à-dos).
Sedan: klassische Limousinenform, also Wagen mit festem Verdeck.

Torpedo: Diese Karosserieform kam in etwa um 1908 auf und bezeichnet eine durch Absenkung der Motorhaube lange, gestreckte Linienführung. Ein einfaches Stoffdach ergab nur schlechten Wetterschutz, sodass die meisten Torpedos bereits in den 1920er-Jahren wieder verschwanden.
Tonneau: Karosserieform von zumeist viersitzigen offenen Aufbauten, wo die im Wagenfond sitzenden Personen von hinten einen Einstieg hatten. Abgeleitet aus dem Kutschenbau.
Voiturette: Klein- oder Leichtautomobile, welche zumeist von Motoren angetrieben wurden, wie sie abgeleitet vom Motorradbau um 1900 Verwendung fanden. Dazu gab es einen ausführlichen Bericht unter dem Titel ***Das Jahr der Voiturette*** in der *Allgemeinen Automobil-Zeitung (AAZ)* vom 29. Oktober 1905, der auch den wechselnden Publikumsgeschmack für diese Fahrzeugart ins Treffen führt (siehe Seite 48).

Die frühen Kraftfahrzeugkennzeichen:
Jedem Land wurde ein Buchstabe zugewiesen, die Polizeirayone Wien und Prag hatten jeweils ein eigenes Kennzeichen. Danach folgte mit arabischen Ziffern die fortlaufende Registrierung (max. dreistellig). War diese ausgeschöpft, wurden römischen Ziffern, mit I beginnend, vorgesetzt. Bis 1930 hatten die Kennzeichen schwarze Ziffern auf weißem Grund.

Wiener Polizeirayon	A	Dalmatien	M
Niederösterreich	B	Prager Polizeirayon	N
Oberösterreich	C	Böhmen	O
Salzburg	D	Mähren	P
Tirol	E	Schlesien	R
Kärnten	F	Galizien	S
Steiermark	H	Bukowina	T
Krain	J	Vorarlberg	W
Küstenland	K		

Nach dem Ende der Monarchie und dem Wegfall der Kronländer blieben diese Kennzeichen unverändert. Die Buchstaben der ehemaligen Kronländer wurden einfach weggelassen. Das neu zum Staatsgebiet der Republik gekommene Burgenland erhielt das Kennzeichen M. Ab 1930 wurden die Kennzeichen dahingehend geändert, dass die römischen Ziffern weggelassen wurden und die Nummerierung fortlaufend erfolgte. Neue Kennzeichenfarbe war schwarzer Grund und weiße Zeichen.

1901: Puch-Voiturette – Ausstellungsmagnet und Reisefahrzeug

In unternehmerischer Hinsicht war dieses Jahr für Johann Puch voll von richtungweisenden Entscheidungen mit wichtigen Weichenstellungen. Am 11. April 1901 fand die 1. Ordentliche Generalversammlung der Aktiengesellschaft statt, über deren Verlauf sogar das *Neue Wiener Tagblatt* vom 17. April 1901 ausführlich berichtete. Am 7. Mai 1901 wurde vom Grazer Landesgericht im Handelsregister für Einzelfirmen die Löschung des von Johann Puch in der Laubgasse Nr. 8 betriebenen Gewerbes der fabriksmäßigen Erzeugung von Fahrrädern verfügt und schon tags darauf ließ Puch das erste spektakuläre Inserat für seine junge Firma *Johann Puch, Erste steiermärkische Fahrrad-Fabriks-Actien-Gesellschaft in Graz – nur Joanneumring Nr. 20* veröffentlichen.

Das Puch-Fahrradgeschäft lief prächtig und in einem ausführlichen Artikel attestierte das *Neue Wiener Abendblatt* vom 26. März 1901 den neuen Modellen *Eleganz und racinglike Form.* Gemäß dem Grundsatz des *Altmeisters der österreichischen Fahrradindustrie Joh. Puch: ‚Die Qualität muß es machen, und nicht die Quantität‘* erweise sich *jeder Bestandtheil der Puch-Räder solid und aus einem Material, das allen Anforderungen gewachsen ist; diese Tendenz nach äußerster Güte verleugnet sich selbst bei der billigsten Type nicht.*

Johann Puch – eine Persönlichkeit in Industrie und Gesellschaft:

Dass Johann Puch ein bedeutender Industrieller in der k.k. Monarchie war, ist allgemein bekannt. Auch in den gehobenen Gesellschaftskreisen galt der erfolgreiche Grazer Fabrikant als profilierte Persönlichkeit. Mit seinem bei Traberderbys oft prämierten Stall von Rennpferden sowie seiner Rassehundezucht konnte er einen weiteren Teil der damaligen „High-Society" begeistern.
Die *Allgemeine Sport-Zeitung* vermeldete am 24. Februar 1901, dass beim 5. Österreichischen Traber-Tag am 16. Februar 1901 in den Räumen des Wiener Trabrennvereins, wo als wichtigstes Thema die Frage der Zweijährigenrennen debattiert wurde, Johann Puch selbstverständlich anwesend war.
Im *Neuen Wiener Tagblatt* vom 4. Mai 1901 war ein detailreicher Bericht über die Wiener Hunde-Ausstellung in den Sälen der Gartenbaugesellschaft am Parkring, veranstaltet vom Oesterreichischen Club für Luxushunde, zu lesen: *Ein prächtiger Bernhardiner ist der ‚Barry' von Johann Puch (Graz). Dieser ist heute neun Monate alt und ein solcher Koloß in Größe und Masse, daß sich wohl kaum ein zweites ähnliches Exemplar finden wird.*
Das *Grazer Volksblatt* vom 1. Oktober 1901 wiederum schildert die Teilnahme von Johann Puch am Herbsttrabwettfahren in Marburg: *Vom schönsten Wetter begünstigt und in Anwesenheit eines zahlreichen Publicums fand Sonntag (29.9.) nachmittags das Herbsttrabwettfahren des Marburger Trabrennvereines statt. Dasselbe nahm einen sehr interessanten Verlauf… Der erste Badener Preis (200 K) fiel dem Herrn Johann Puch aus Graz zu (Distanz 3.000 Meter in 5 Minuten 23 Secunden). /…/ Der erste Wiener Preis fiel Herrn … zu, Herr Puch war durch Bruch eines Rades an seinem Gigh in Nachtheil gesetzt.*
Laut *Grazer Tagblatt* gelang es Puchs Hengst „Muffti" in einer Zeit von 5 Minuten 34 Sekunden dennoch, den dritten Preis zu ertraben. Und schon am folgenden Sonntag lief der sechsjährige ungarische schwarzbraune Hengst von Johann Puch auch beim Grazer Trabwettfahren.

Doch leider widerfuhren dem Unternehmer Puch auch Unannehmlichkeiten infolge häufiger Diebstähle in seiner Fahrradfertigung. Das *Grazer Volksblatt* vom 5. April 1901 berichtete in einem ausführlichen Artikel über das Verschwinden einer hohen Anzahl von Fahrrädern bzw. Fahrradbestandteilen und mutmaßte geradezu bandenmäßig organisierten Diebstahl. Der Gerichtsprozess brachte schwere Kerkerstrafen für diebische Fabrikmitarbeiter sowie Haft für Hehler und Käufer der aus diesen Teilen zusammengebauten Fahrräder.

1. Grazer Automobil-Ausstellung

Johann Puch hatte bei dieser Ausstellung in der Industriehalle einen höchst öffentlichkeitswirksamen Auftritt. Im *Grazer Volksblatt* vom 14. Juni 1901 war darüber ein Bericht lesen, der ein interessantes Schlaglicht auf die damalige Motorfahrzeugszene wirft:
In der Automobilabtheilung, welche sehr gut beschickt ist, finden wir den vom Wiener Mechaniker Markus (sic!) *zu Anfang der Siebzigerjahre des vorigen Jahrhunderts schon gebauten Wagen als erstes mit Benzin betriebenes Automobil. Die erste österreichische Motorfahrzeugfabrik August Braun in Wien hat einen eleganten Doppel-Phaeton und zwei Voiturettes zur Ausstellung gebracht. Sämmtliche Wagen sind mit eigenen Motoren und mit magnetisch-elektrischer Zündung eigenen Systems versehen. Die Firma Engl und Hörde (Wien) hat einen Accumulatorenwagen mit Batteriepatent ‚Engl' ausgestellt. Sehr reichhaltig ist die Firma Co. des Transports Automobiles (Paris, System Jenatzy) vertreten. Sie zeigt elektromobile Luxus- und Nutzwagen, wie: Wagonette, Mylord, viersitziges Elektromobil und zwölfsitzigen Omnibus zerlegt. Herr Victor Franz (Graz) hat einen elektrisch betriebenen Motorwagen nach System Jenatzy zur Ausstellung gebracht, die österreichische Daimler-Motoren-Commandit-Gesellschaft einen Lastwagen und einen Luxuswagen; viel Interesse erregt die Ausstellung der Locomobile Co. of Amerika mit ihren beiden Dampfwagen, die ein sehr gefälliges Aeußeres besitzen. Ferner sehen wir*

von Laurin und Klement (Jungbunzlau) drei Motorzweiräder und ein Motor-Dreirad, dann von Albls Motor-Fahrzeug- und Fahrradfabrik einen viersitzigen Bremak (sic!), *System ‚Dion'.*
Die größte Exposition stellt die Erste Steiermärkische Fahrradfabriks- und Actiengesellschaft Johann Puch (Graz), 1 Voiturette, zweisitzig, Motor Original Dion-Bouton, 2 ¾ HP.; 1 Voiturette, viersitzig, mit vis-à-vis-Sitzen, Motor Puchs Patent, 7 HP., mit neuester magnet-elektrischer Zündung (zum Patent angemeldet) mit Steckdach; 1 Voiturette, viersitzig, Sitze hintereinander, Motor Puchs Patent, 12 HP., mit neuester magnet-elektrischer Zündung (zum Patent angemeldet) mit Lederdach; 1 Vierrad mit Vordersitz, Motor Original Dion-Bouton, 2 ¾ HP.; 1 Vierrad mit Vordersitz, Motor Original Dion-Bouton, 3 ½ HP.; 1 Vierrad ohne Vordersitz, Motor Original Dion-Bouton, 2 ¾ HP.; 1 Vierrad mit Vordersitz, ohne Motor; 1 Dreirad, Motor Original Dion-Bouton, 6 HP., für Rennbahn und Straße, ferner Fahrräder verschiedener Construction. Auch die Firma E. Bittner in Graz hat sich mit sechs verschiedenen Arten von Automobilwagen eingestellt. Die Firma Ph. Brunnbauer & Sohn aus Wien bietet den Besuchern der Ausstellung ein vorzüglich construiertes Peugeot-Automobil in einem auf 35 Kilometer Fahrzeit berechneten Tourenwagen. Die Fahrradindustrie ist durch die Firmen: Johann Puch, Cleß & Pleßing, Meteor-Werke, Dürkopp & Co. (Sorg), Styria Fahrradwerke Joh. Puch & Co, Johann Resch vertreten.

12. bis 23. Juni 1901.

I. Automobil-Ausstellung zu Graz

Automobile (Luxus-, Reise-, Geschäfts- und Lastwagen) u. deren Bestandtheile.
Ausrüstungsgegenstände für den Automobilismus u. verwandte Sportzweige.

in der **Industriehalle** mit grossem Park u. Rennbahn
veranstaltet vom **Steiermärk. Automobil-Club**
unter dem Ehrenvorsitze Seiner Excellenz
Manfred Graf von Clary u. Aldringen
Sr. Majestät wirklich geheimer Rath und Kämmerer, Minister a. D., Statthalter in Steiermark etc. etc.

Ausstellung der am Rennen Wien—Budapest theilnehmenden Wagen.
Corso- und Schaufahrten im Ausstellungsparke; Wettrennen.

Freier Bahntransport Wien—Graz u. zurück. Betheiligung der Aussteller am Reinertrage.

Ausstellungs-Kanzlei: Graz, V. Murplatz 11 (Hotel Elephant).
Sprechstunden: 5—7 Uhr Nachmittag. — Telephon: Nr. 306.

Auch das *Neue Wiener Tagblatt* berichtete am 14. Juni 1901 über die Automobil-Ausstellung: *… Laurin und Klement mit Motorzweirädern, und schließlich die Erste steiermärkische Fahrrad-Fabriksactiengesellschaft Johann Puch, die den größten Stand hat. Hier sind exponirt: zwei- und viersitzige Fahrzeuge von 2 ½ HP bis 12 HP und eine Anzahl eleganter Motocycles. Selbstverständlich fehlen Fahrräder nicht. …*

Die Vielfalt der Puch-Motorfahrzeuge auf zwei, drei und vier Rädern zeigt die Dynamik, mit der Johann Puch den Automobilbau betrieben hat. In dieser Phase waren mitunter auch Voituretten und drei-/vierrädrige Puch-Vehikel (Tricycles und Quadricycles) – offenbar wegen des hohen Bekanntheitsgrades – mit De Dion-Motoren erhältlich.

Johann Puch betrieb jedoch zielstrebig den Bau von Fahrzeugen mit Eigenmotor, welche in Kundenhand hervorragende Leistungen erbrachten, wie der nachstehende Artikel im *Grazer Tagblatt* vom 5. Juli 1901 belegt:

Automobilfahrt. *Herr Ernst Seibt aus Reichenberg begann heute früh die Reise von Graz über Wien, Znaim, Iglau, Kolin nach Reichenberg mit einem Automobil. Trotz des anhaltend strömenden Regens und aufgeweichter Straßen durchfuhr er ohne Störung um 8 Uhr 45 Min. Bruck, um 1 Uhr die Station Semmering, und um 5 Uhr 20 Min. Wr. Neustadt. Er benützt zu seiner Fahrt ein viersitziges Puch-Voiturette mit Puch-Patentmotor von sieben Pferdekräften, und zwar ist es jenes elegante Fahrzeug mit weiß-rother Carrosserie und rother Polsterung, das in der abgehaltenen Automobil-Ausstellung am Stande der Firma Johann Puch (Actien-Gesellschaft) mit anderen ausgestellt war und ungetheilten Beifall der Fachkreise fand.*

Diese außerordentliche Leistung der Puch-Voiturette über eine Entfernung von 625 km (!) wäre auch unter heutigen Verhältnissen mit guten Straßen und Autobahnen noch immer beachtlich. Wie abenteuerlich und nervenaufreibend muss diese Fahrt erst auf unbefestigten Karrenwegen voller Schlaglöcher – denn mehr waren die damaligen Reichsstraßen in der Monarchie nicht – noch dazu bei vom Regen aufgeweichten Straßenoberflächen gewesen sein!

1902: Konsolidierungsphase

In diesem Jahr gibt es nicht viel Neues in der Automobilabteilung. Die Produktion der Voituretten lief bestenfalls auf Sparflamme – es konzentrierten sich alle Aktivitäten der Firma auf das Fahrradgeschäft und auf die geplante Serienproduktion von Motorrädern. Aus wirtschaftlicher Sicht gab es eine interessante Meldung in der *Illustrirten Sport-Zeitung* vom 16. März 1902: *Carl Berthel, der bekannte ehemalige Amateur-Radrennfahrer, der sich als Kaufmann in Shanghai niedergelassen hat, übernimmt die Generalvertretung für Puch-Fahrzeuge in China und ganz Südost-Asien.*

Bei den Motorrädern wurde die Teilnahme am Semmeringrennen 1902 in der Kategorie Motorzweiräder vermeldet, gefolgt von einem weiteren Duell mit dem erbittertsten Konkurrenten am Motorradsektor, der Jungbunzlauer (heute Mladá Boleslav in Tschechien) Fabrik Laurin & Klement. Das *Grazer Tagblatt* vom 13. Oktober 1902 berichtete darüber: *Fredi Müller gewinnt auf einem Puch-Motorrad das ‚Kriterium der Motorzweiräder' über 50 km auf der Wiener Praterbahn mit 2 ½ Kilometer Vorsprung in der großartigen Rekordzeit von 49 Minuten; Geschwindigkeit 61 km/h. Beide Firmenchefs waren beim Rennen anwesend.*

In der Firmen-Chefetage ergab sich eine personelle Änderung: der alte Freund Anton Werner blieb zwar technischer Direktor und Prokurist, doch Friedrich Büchel (ehemaliger Prokurist der *Grazer Fahrradwerke Anton Werner & Comp.*), der seit der AG-Gründung 1899 kaufmännischer Direktor bei Puch gewesen war, wechselte im Mai zu den Dresdener *Panzercassen-, Fahrrad- und Maschinenfabriken, vormals H. W. Schladitz;* Büchel war dort Direktor sowohl im Dresdener Werk als auch im österreichischen

Werk in Bodenbach und fungierte wohl weiterhin als wichtiger Partner im unternehmerischen Umfeld der Puch-AG.

Johann Puch selbst arbeitete weiter an seiner Publizität sowie an einer nachhaltigen Präsenz in der gesellschaftlichen Elite der Monarchie. Als ehrgeiziger und erfolgreicher Unternehmer verstand er es auch, sich dem hedonistischen Zeitgeist entsprechend persönlich zu profilieren: unter lautem Medienecho wird seine Bernhardinerhündin „Lola" bei der Internationalen Luxushunde-Ausstellung in allen drei Kategorien mit dem ersten Preis ausgezeichnet; und das *Neue Wiener Tagblatt* kündigt bereits am 18. März an, dass am 22. März auf Initiative von Johann Puch der *Alpenländische Verein der Züchter und Liebhaber von Luxushunden* mit Sitz in Graz gegründet wird. Imageträchtiges Hauptziel: die Reinzucht von Bernhardinern.

Das *Grazer Volksblatt* vom 7. April 1902 berichtet, dass Johann Puch zum Ausschlussmitglied im Grazer Trabrennverein wiederbestellt wird. Die siegreichen Traber aus dem eigenen Rennstall tragen ebenso zu Puchs gesellschaftlicher Positionierung bei wie die großartigen Bernhardiner aus seiner Zucht, die fünf erste Preise bei der großen Internationalen Hundeausstellung erringen, wie das *Grazer Volksblatt* vom 19. September 1902 vermeldet.

1903: Puch-Automobil als Bühnenrequisit und Motorradboom

Das *Grazer Volksblatt* berichtet am 5. Februar 1903 über ein bevorstehendes Spektakel: *Im neuen Haus des Grazer Stadttheaters wird die Posse ‚Robert und Bertram oder die lustigen Vagabunden' der Faschingsstimmung entsprechend neu inszeniert. … das vierte Bild – ein großes Volksfest – wird zum ersten Male das Automobil bühnenfähig machen, und zwar hat sich die heimische Firma Johann Puch, erste steiermärkische Fahrradfabriks-Aktiengesellschaft, in liebenswürdiger Weise bereit erklärt, einen vierrädrigen Wagen neuester Konstruktion zur Verfügung zu stellen, welcher in diesem Aufzuge zur Verwendung gelangen wird.*

Diese Information lässt darauf schließen, dass die Automobilfertigung auf „kleiner Flamme" sehr wohl fortgeführt wurde, jedoch war der überwiegende Teil der Firmenkapazität der Motorrad- und Fahrradfertigung gewidmet. Bestätigt wird dies durch einen Artikel im *Neuen Wiener Tagblatt* am 15. März 1903 über die 3. Internationale Automobil-Ausstellung in Wien, wo die Johann-Puch-AG, Stand 36, lediglich die neu entwickelten Motor-Zweiräder zeigt: … *es sind sehr racinglike Fahrzeuge, diese Puch-Motorräder, lang gebaut, mit tief liegendem Motor und einer hübschen handlichen Anordnung. Der Motor hat 2 ¼ bis 2 ½ HP und wird von der Firma selbst hergestellt. Rippenkühlung ist nur für den Deckel und den oberen Teil des Zylinders vorgesehen, der untere Teil des Zylinders ist rippenlos. Die Zündung erfolgt auf magnet-elektrischem*

Dieses Puch Verkaufs-Katalogblatt zeigt die Voiturette mit dem vorne liegenden Puch-Boxermotor.

1903 kam der erste LKW von Puch auf den Markt: 9 HP und eine Tragkraft bis 500 kg ermöglichten Geschwindigkeiten bis 15 km/h. Es handelte sich dabei jedoch um ein deutsches Mulag-Produkt aus Aachen (gegründet 1900 als *Fritz Scheibler Motorenfabrik AG*) für das Johann Puch die Generalvertretung in der Monarchie übernommen hatte.

Wege, und zwar vermittels Zündspule und Zündkerze. Als Vergaser dient ein Spritzvergaser nach dem System Longuemare. Der Motor befindet sich zwischen Vorderrad und Kurbelgetriebe und ist mit Klauen aufgehängt, so daß er einen Teil des Rahmens bildet. Die Uebertragung erfolgt mittels eines sehr breiten Flachriemens, der durch eine Riemenspannrolle entsprechend verlängert oder verkürzt werden kann. Um das Oelen der Maschine ohne Zeitverlust vornehmen zu können, ist eine Oelpumpe vorgesehen. Die Pneumatiks sind sehr breit.

Puch-Automobile waren also kein Thema, auch nicht irgendein Automobil aus *Albl's Motorfahrzeug-Fabrik in der Zeilergasse Nr. 100,* deren Inhaber Josef Albl zu diesem Zeitpunkt möglicherweise schon gar nicht mehr existierte (laut Recherche von Wolfgang Wehap verstarb der Sohn von Benedict Albl 1903).

Weiter schrieb das Blatt: *Graz, das ‚österreichische Coventry', ist lediglich mit 5 Motorrädern von Puch (in verschiedenen Farben) und Cless & Plessing vertreten. Puchs größter Konkurrent Laurin & Klement präsentierte 12 Maschinen.*

Mit dem Cless & Plessing Motorrad – Markenname Noricum – war Puch zwar ein neuer Konkurrent in Graz erwachsen, aber die Fertigung dieser Motorräder wurde bald wieder eingestellt. Hingegen gab es einen wichtigen Hinweis darauf, dass die Johann Puch Aktiengesellschaft mit dem Standort in der Puchstraße aus allen Nähten platzte. Im *Neuen Wiener Tagblatt* vom 28. August 1903 kündigt Johann Puch nämlich den Bau eines neuen Fabrikations-Traktes an, da die erfolgreich angelaufene Motorrad-Produktion bereits den Großteil der Werksräumlichkeiten okkupierte.

Um seine Motorräder noch besser zu bewerben, ließ Johann Puch in der Zeitschrift *Die Zeit* am 25. Juni 1903 ein riesiges Puch-Inserat platzieren, welches einen 1.300 km Motorrad-Tourenbericht des Wiener Arztes Dr. Alexander Zeller zitiert und von diversen Rennerfolgen berichtet. Die *AAZ* bringt ein gleich lautendes Inserat in geändertem Layout am 26. Juli; die *Agramer Zeitung* vom 14. August kündigt eine Puch-Motorradreise über 6.000 km durch Europa an, unternommen von Ferdinand Budicki und einem zweiten Fahrer.

Auf gesellschaftlicher Ebene ist Johann Puch ebenfalls prominent vertreten, und zwar durch seine fünf Rasse-Bernhardiner, die laut einer Meldung im *Grazer Volksblatt* vom 14. Oktober 1903 bei der „Wiener Hundeausstellung" elf erste Preise, den Österreichischen Championatstitel und außerdem den Ehrenpreis der Stadt Wien erringen.

Ein großartiger Geschäftsabschluss gelingt Puch dann anlässlich der Leipziger Motor- und Fahrradausstellung, wie das *Neue Wiener Tagblatt* am 24. Oktober 1903 berichtet: *Einen sehr großen Erfolg hatte die Grazer Firma Johann Puch AG, die in einem Tage 400 Kraftzweiräder nach Berlin verkaufte, ‚das Objekt entspricht ungefähr einem Werte von 280.000 Mark'. Die Firma soll auch weitere ‚sehr bedeutende Lieferungsabschlüsse nach England, Rußland und Holland perfectionirt' haben.*

1904: Neue Steuer und Haftpflicht bedrohen das Automobilgeschäft

Die Wiener Puch-Niederlassung an der Adresse I. Bezirk, Kärntner Ring 6, erhält nun mit Sigmund Eckerl, dem bewährten „Sportsman", wie man damals die motorsportlich engagierten Fahrer nannte, einen neuen Leiter. Das *Neue Wiener Tagblatt* vom 18. April 1904 bringt eine ausführliche Beschreibung des Puch-Kataloges 1904, in dem Motoren, Motorräder und Fahrräder angepriesen werden.
Die Motoren entwickeln 2 ¾ HP und haben magnet-elektrische Zündung. Es werden folgende Motorzweirad-Typen gebaut: Spezial-Rennmaschine, leichte Tourenmaschine,

starke Tourenmaschine, Halbracer und Damenrad; ferner gibt es Vorsteckwagen, Beiwagen und Transportbeiwagen. Diese letzteren bilden eine Neuheit.

Im April 1904 erfolgt eine wichtige Patentanmeldung, nämlich eine *Vorrichtung zur Verstellung des Zündzeitpunkts bei Explosionskraftmaschinen: Der Schwingungspunkt des auf einer Nockenscheibe der Steuerwelle aufruhenden, die Abreissstange betätigenden Armes wird der Nockenscheibe genähert oder von derselben entfernt. Fabrikant Johann Puch in Graz.* Aus dieser Patentbeschreibung geht hervor, dass Johann Puch 1904 die Niederspannungs-Abreißzündung noch immer für zuverlässiger als die Hochspannungszündung hielt und daher an Verbesserungen dieses Systems arbeitete.

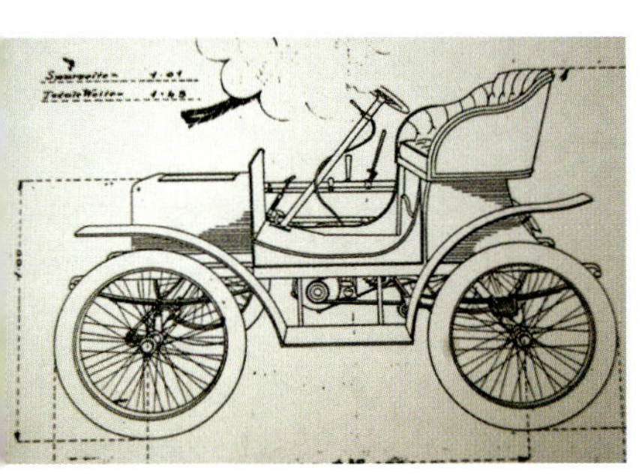

Dieses Bild zeigt die Maßskizze einer Mischform des Automobils mit dem Motorrad. Dabei dient als Antrieb ein Motorrad und der Chauffeur sitzt im „Beiwagen" in Voiturettenform. Eingereicht bei der k.k. Stadthalterei Graz im Februar 1906 als „Puch-Motorzweirad mit Seitenwagen Zweizylinder". Gesamtlänge 2,00 m, Gesamthöhe 1,35 m, Radstand 1,30 m, Höhe der „Motorhaube" 1,00 m, Spurweite 1,01 wm, größte Breite 1,45 m.

Das Motorradgeschäft läuft prächtig, die Erfolge häufen sich: So berichtet *Sport und Salon* am 23. April über eine *militärische Stafettenfahrt auf Motorzweirädern* der inländischen Firmen Laurin & Klement sowie Johann Puch, absolviert auf der 300 km langen Strecke von Wien über Kaumberg, Hadersdorf, Laa/Thaya nach Floridsdorf, im Beisein von Erzherzog Leopold Salvator und hohen Militärs; veranstaltet wurde dieses motorisierte Kräftemessen von der Motorcycle-Vereinigung des Österreichischen Automobil-Clubs. Im *Grazer Tagblatt* vom 27. April 1904 findet sich daraufhin ein Puch-Inserat mit dem Slogan *Das beste Motorrad der Gegenwart,* siegreich bei Rennen in Verona und Zürich, am Exelberg in Wien, in Frankfurt sowie am Semmering.

Inseratenschlacht mit Styria

Geradezu militärisch durchexerziert mutet auch die Inseraten-Schlacht an, welche die Puch AG und Styria-Dürkopp einander im Sommer 1904 liefern. Verteilt auf mehrere Zeitungen in Wien, Graz, Pettau und Vorarlberg erscheinen von Anfang Juni bis Ende Juli im Format immer größer werdende und in der Wortwahl immer aggressivere Werbeeinschaltungen, mit denen die beiden Zweirad-Kontrahenten sich gegenseitig zu übertrumpfen beziehungsweise niederzumachen versuchen. Seinen Höhepunkt erreicht der mediale Papierkrieg in Form von zwei riesigen, ganzseitig im *Grazer Tagblatt* (siehe 19. und 22. Juni 1904) publizierten Inseraten, wobei Styria ironischerweise versucht, Puch mit seinen eigenen Waffen, sprich: Formulierungen zu schlagen.

Im Herbst allerdings bedrohen dunkle, konfliktgeladene Wolken die gesamte aufstrebende Motorfahrzeug-Industrie: Die k.k. Behörden, die sich zunächst über die erstaunliche Dynamik der Motorrad- und Automobilentwicklung bloß gewundert hatten, wurden nach einer „Schreckstarre" von über fünf Jahren plötzlich aktiv und griffen gleich ins Volle: Das *Neue Wiener Tagblatt* vom 28. November 1904 schildert in einem *Grazer Brief* die dortige Situation und den heftigen Widerstand gegen die im Wiener Justizministerium ersonnene Automobilsteuer samt Haftpflichtgesetz.

Nichts konnte die Grazer Firma weniger gebrauchen als diese geplanten, massiv geschäftsschädigenden Maßnahmen der Behörden! Die Puch-Fabrikserweiterung war

abgeschlossen, die Auftragsbücher mit 3.000 bestellten Motorrädern für 1905 voll. Also entschloss sich Johann Puch persönlich zu einem *offenen Brief* gegen die zu erwartenden behördlichen Regelungen, nachzulesen im *Neuen Wiener Tagblatt* vom 1. Dezember 1904. Abgesehen von den exorbitant hohen Automobilsteuern, (die bis in die Zeit des Zweiten Weltkriegs ein Thema waren), ging es bei dem geplanten Haftpflichtgesetz darum, die „Autler“ (= so die damalige Bezeichnung) und Motorradler haftpflichtmäßig zu Schadenersatz heranzuziehen, selbst wenn sie das Fahrzeug angehalten und den Motor abgestellt hatten. Wenn jedoch bei einem entgegenkommenden Pferdefuhrwerk die Pferde scheuten und es zu einem Unfall kam, so wäre der Motorfahrer in die Pflicht genommen worden.

Eine grundsätzlich auch heute in vielerlei Hinsicht gültige, wichtige und richtige Passage lautete: *Während man anderwärts auf das lebhafteste bemüht ist, sich eine Industrie zu schaffen, während man denjenigen, welche Industrien ins Land bringen, Steuerfreiheit, oft sogar Subventionen gewährt, scheint man bei uns der Anschauung zu sein, daß man alle möglichen Mittel und Wege suchen müsse, um den Industriellen das Leben so schwer als möglich zu machen.*

Das Starten der Puch-Voiturette:

Als die Restaurierung der Puch-Voiturette aus dem Besitz der Steyr-Daimler-Puch AG vollendet war, musste sie auch in Betrieb genommen werden. Kein leichtes Unterfangen – 100 Jahre nach ihrer „Geburt".
Franz Tantscher, als langjähriger Mitarbeiter im Puchwerk (Beginn im Versuch, Entwicklung und Sportabteilung Zweirad bis 1986, danach Vierrad bis Audi V8 und Saab) und in der Wolle gefärbter Puchianer, berichtete über das Startprozedere:
Die Voiturette hat eine Niederspannungs-Abreißzündung mit Abreißkerze und einer Spannung von 180 Volt. Als Benzin sollte Superbenzin mit 98 oder 100 Oktan verwendet werden, dem Benzin ist auf 10 l 125 cm³ mineralisches Schmieröl beizumischen. Auch der Ölbehälter an der vorderen Spritzwand ist mit diesem Öl aufzufüllen.
Benzinhahn öffnen, Vergaser leicht überlaufen lassen, am Lenkrad Zündverstellhebel auf volle Nachzündung und Handgashebel auf wenig Gas stellen.
Mit der Handkurbel einige Male langsam und gleichmäßig durchdrehen, dann mit einem kräftigen Schwung durchdrehen – Motor läuft. Gas und Zündung für Fahrt regulieren, bei Fahrt für volle Leistung Auspuffklappe öffnen.

Auch der Steiermärkische Automobilclub, vertreten von Dr. E. Wilhelm von Kaan, nimmt protestierend Stellung. Nach monatelangen Debatten, zu denen auch Johann Puch regelmäßig ins Wiener Justizministerium eingeladen war, erlangt die neu ausverhandelte Kraftfahrzeugordnung mit ihren 48 Paragraphen (auszugsweise im *Grazer Volksblatt* vom 10.10.1905 nachzulesen) schließlich ab 7. Jänner 1906 in der ganzen Monarchie Gültigkeit. Für Automobilbauer dann besonders wichtig: die *Bestimmungen über vorgeschriebene Sicherheitsvorkehrungen bei dem Bau der Motorfahrzeuge, welche kommissionell überprüft werden.*

1905: Neuer Anlauf fürs Voiturettengeschäft

Dieses Jahr brachte einen weiteren Aufschwung in der Motorradproduktion. Die *Allgemeine Automobil-Zeitung* vom 8. Jänner 1905 berichtete, dass sich das neue zweizylindrige Puch-Motorrad bereits gut verkaufte. Viele Vorjahreskunden tauschten ihr einzylindriges Motorrad gegen das neue Modell um. Die Puch AG belieferte laut *Grazer Tagblatt* vom 14. Jänner auch das Österreichische Rote Kreuz mit neuen Motorrädern, da auf Ersuchen der Japanischen Gesandtschaft in Wien das gesamte bestehende RK-Fahrzeugkontingent für Sanitätsdienste im japanisch-russischen Krieg zum Einsatz kam. Und am 25. Februar 1905 berichtete die Zeitschrift *Sport und Salon*, dass die Johann Puch AG nur mit Motorrädern auf der V. Wiener Automobil-Ausstellung vom 16. bis 29. März vertreten sein werde. Auch bei der *1. Prager Automobil- und Motorzweiräder-Ausstellung* präsentierte Puch laut *Sport und Salon* vom 29. April 1905 ausschließlich Motorräder.

In einem ausführlichen Artikel der *AAZ* vom 29. Oktober 1905 wird bestätigt, dass die Puch AG bei der Automobilausstellung in Frankfurt am Main Geschäftsabschlüsse über Motorradverkäufe im Wert von 400.000,– Mark tätigen konnte. Der steirische Fabrikant wird weiter zitiert: *Dagegen werden wir jenen Kunden, die mit dem starken Motorrad mit Beiwagen nicht mehr zufrieden sind, durch den Bau einer sehr leichten, aber schnellen Voiturette entgegenkommen. Dieses Vehikel wird einige interessante Neuheiten aufweisen, über die ich vorläufig aber noch nicht sprechen möchte.*

Dass Johann Puch nach den Automobil-Erfolgen der Jahre 1900/01 sozusagen bis 1905 eine Flaute hatte und eher den Bau und Verkauf von Motorrädern forcierte, hatte laut seiner analytischen Marktprognose, die unter dem Titel *1906 – Das Jahr der Voiturette* in der *AAZ* am 26. November 1905 publiziert wurde, zur Folge, *daß … über Nacht gewissermaßen eine neue automobilistische Generation herangewachsen ist. Jene Motorzweiradfahrer, die allmählich zum Beiwagen übergegangen sind, … sie alle wollen jetzt ein wirkliches Automobil mit vier Rädern, mit einer schräg gestellten Volantlenkung und vorne befindlichem Motor haben, kurz sie sind auf dem Sprung Automobilisten zu werden … Das ist es nicht allein! Wir sind seither in technischer Sicht erheblich weiter gekommen. Vor sechs Jahren war es hundertmal schwieriger, eine Voiturette zu bauen als einen großen Wagen.*

1906: Beginn der Serienproduktion

Als mit Jahresbeginn die neue „Kraftfahrzeugordnung" in der ganzen Monarchie Gültigkeit erlangt, müssen die heimischen Automobilbauer eines ganz besonders genau beachten, nämlich die *Bestimmungen über vorgeschriebene Sicherheitsvorkehrungen bei dem Bau der Motorfahrzeuge, welche kommissionell überprüft werden* und bei deren Missachtung den in der Öffentlichkeit verkehrenden Kraftfahrzeugen der rechtliche Status versagt bliebe.

Wie das neu im Verkaufskatalog 1906 vorgestellte „Puch-Motor-Vierrad" zeigt, führte Johann Puchs Weg zu einer allen behördlichen Vorgaben entsprechenden Voiturette über die Standards, die sich bereits im Motorradbau bewährt hatten. Das unkarossierte Vierrad hatte seine Vorbilder in den damals üblichen „Quadricyclen", wobei die vor bzw. zwischen den Vorderrädern angebrachte Sitzgelegenheit für den Passagier nur eine Zwischenlösung war.

Anlässlich der Wiener Automobilausstellung im Frühjahr des Jahres 1906 widmete die *Allgemeine Automobil-Zeitung* am 25. März diesem neuen Puch-Serienautomobil einen ausführlichen Artikel:
So hat die Firma Johann Puch in Graz in aller Stille eine Voiturette gebaut, deren Chassis auf der Ausstellung zu sehen ist. Das Fahrzeug wird vorläufig noch in einer relativ kleinen Anzahl hergestellt und ist mehr oder minder eigentlich nur für die alten Kunden des Hauses bestimmt. Meisterhaft in der Werkmannsarbeit und sehr hübsch in der Anordnung bildet dieses Fahrzeug die Bewunderung zahlreicher Ausstellungsbesucher, insbesondere jener, die dem Motorzweirad mit Beiwagen adieu zu sagen beabsichtigen und mit der nächststärkeren Type kokettieren. Bei einem Chassisgewichte von 250 kg ist der 7 HP-Motor stark genug, die Voiturette im flotten Tempo vorwärts zu bewegen und selbst steile Berge gut zu nehmen.
Der Motor ist zweizylindrig und in V-Form gebaut, er stellt also gewissermaßen den vergrößerten Zweiradmotor dar, mit dem er auch sonst viel Ähnlichkeit aufweist; er hat magnet-elektrische Zündung mit Abreißvorrichtung. Wie ernst man es in Graz mit der Konstruktion nimmt, sieht man besonders, wenn man sich mit den nebensächlicheren technischen Details beschäftigt, die aber von sehr hoher Bedeutung für die Ausnutzung der motorischen Kraft und für die Betriebssicherheit sind. Das beweist zum Beispiel die Anordnung des Auspuffes. Die Rohre gehen, bevor sie zum Schalltopf selbst kommen, durch eine Art Vorraum, wo die Gase genügend Raum zur Expansion haben. Das ist Kraftgewinn. Dies kommt ferner auch dadurch zum Ausdrucke, dass durch eine sehr sinnreiche Vorrichtung die Ankurbelung wesentlich erleichtert wird. Der Magnetapparat hat, wenn man so sagen kann, zwei Schnelligkeiten. Will man den Motor ankurbeln und drückt man die Kurbel in die Klinkvorrichtung, so schaltet man die erste Schnelligkeit des Magnetapparates ein, das heißt, der Magnetanker dreht sich zweimal, wenn sich die Motorwelle einmal dreht. Daraus ergibt sich ein leichteres Ankurbeln des Motors, denn man wird selbst bei langsamem Ankurbeln sofort einen zündkräftigen Funken erzielen,

Dieses Quadricycle, im Verkaufskatalog als Puch-Motor-Vierrad bezeichnet, hat den Motor zwischen den Hinterrädern. Ob es sich dabei um ein Puch- oder De-Dion-Aggregat gehandelt hat, kann nicht mehr festgestellt werden.

Puch-Voiturette.

Interims-Preisliste.

Rahmen: Aus Stahl gepreßt mit Nebenrahmen für Motor und Getriebe.

Motor: Zweizylindrig, in V-Form, 7 bezw. 8 HP.

Kühlung: Wasserkühlung auf thermosiphonischem Wege, Lamellenkühler mit Ventilator.

Zündung: Magnetzündung mit Abreißvorrichtung, System „Puch".

Übertragung: Friktionskuppelung vom Motor auf den Schnelligkeitswechsel, von diesem Cardanwelle auf die Differenzialachse der Hinterräder.

Schnelligkeitswechsel: Drei Schnelligkeiten (die dritte im direkten Eingriff bei Stillstand der Nebenwelle) und Rückwärtsgang.

Bremsen: Fußbremse auf die Cardanwelle und Handbremse, auf die Hinterräder wirkend.

Räder: Holzräder mit Pneumatik 700×75.

Ölung: Handpumpe mit drehbarem Kolben für den Motor. Tropföler für Getriebslager. (Zentral-Schmierapparat unter Auspuffdruck wird auf Wunsch gegen Aufzahlung geliefert).

Carosserie: Zweisitzig mit geteilten Sitzen. Feinste Lacklederpolsterung.

Lackierung: Farbe nach Wunsch (weiß oder taubengrau mit K 50·— [Mk. 42·—] Aufschlag).

Leistungsfähigkeit: Bis 45 bezw. 50 *km* pro Stunde Schnelligkeit in der Ebene und Überwindung aller Steigungen bei normalen Straßenverhältnissen.

Preis des kompletten Wagens mit einer Garnitur Werkzeuge ohne sonstige Ausrüstung: *K* 4600·— (Mk. 3900·—).

Konditionen: Netto Kasse ohne Skonto. 1/3 Anzahlung, Rest bei Fertigstellung, ausschließlich Verpackung ab Fabrik Graz.

Unser Puch-Motor ist als konkurrenzloses Präzisionsfabrikat weltbekannt und repräsentiert auch unsere Voiturette das Produkt langjähriger Studien und Erfahrungen. Der Wagen ist in allen Teilen auf das sorgfältigste aus besten Spezialmaterialien gearbeitet, zeichnet sich durch elegante Ausführung und Ausstattung, sowie besonders durch absolute Betriebssicherheit und praktische Anordnung aller Organe, somit einfachste Handhabung aus. Er vereint als kleine Voiturette alle Vorteile eines großen Tourenwagens ohne dessen Nachteile zu haben.

Prospekt Puch-Voiturette, 1906.

weil sich ja der Magnet, wie gesagt, trotzdem sehr rasch dreht. Hat der Motor gezündet, so schaltet sich die erste Übersetzung des Magnets selbst aus, es tritt die normale Übersetzung in Tätigkeit, bei welcher die Magnetachse nur die halbe Zahl der Touren der Motorwelle macht. Während des Betriebes reicht dies vollständig aus, um einen Funken zu erzielen, der auch unter ungünstigen Umständen noch einen guten Zündeffekt garantiert.

Bemerkenswert ist auch das Getriebe. Es enthält drei Schnelligkeiten, die dritte im direkten Eingriff. Hat man die dritte im Eingriff, so tritt die Nebenwelle vollständig außer Funktion, was nach verschiedener Richtung hin als ein Vorteil bezeichnet werden muss, insbesondere, soweit es die Geräuschlosigkeit betrifft.

Die Kupplung ist eine Lederkupplung; ihre Bewegung wirkt im verkehrten Sinne, wodurch der den Konus führende Hebel wesentlich entlastet wird.

Sehr hübsch ist die gepresste Vorderradachse à la Mercedes. Die Hinterradfedern liegen außen vom Chassisrahmen wie bei großen, schnellen Wagen und sind sehr lang gehalten. Die Übertragung erfolgt durch einen Kardan auf die Hinterradachse. In sehr einfacher Manier ist das konische Zahnradgetriebe der Voiturette federnd versteift.

Der Rahmen ist selbstverständlich aus getriebenem Stahl hergestellt. Die Kühlung erfolgt in der bekannten Weise mittels eines Radiators in Bienenkorbform und mittels Pumpe.

Lederkupplung (auch Lederkonuskupplung):

Darunter versteht man eine in der Frühzeit des Automobils übliche Art der Kupplung, wobei die zwei Übertragungsteile der Kupplung (Schwungrad und Mitnehmerscheibe) konusförmig ausgebildet sind und der eine Teil mit einer dicken Lederschicht beschlagen ist. Werden die beiden Teile mittels Federdruck ineinander gepresst, so findet die Kraftübertragung vom Motor auf das Getriebe statt.

Konstruktionsprinzip der Puch-Automobile:

Ein Buch aus der Bibliothek der Puch-Werke AG über das „Entwerfen und Berechnen der Verbrennungsmotoren“ von Hugo Güldner, Oberingenieur und Direktor der Güldner-Motoren-Gesellschaft in München, aus dem Jahr 1905 wurde offenbar sorgfältig von Johann Puch und seinen Konstrukteuren gelesen und enthält folgende, in diesem Buch von einem aufmerksamen Leser – höchstwahrscheinlich von Johann Puch höchstpersönlich – rot angestrichene Textpassage:
Wenn irgendetwas für die Gesundung des gegenwärtigen Motorenbaues spricht, so ist es die Tatsache, dass das Haschen nach Neuerungen und nach dem Erfinden mehr und mehr aufhört. An seine Stelle ist eine planmäßige Durchbildung und Vervollkommnung derjenigen Ausführungsarten getreten, die sich … zu Grundformen entwickelt hat. Diese vereint mit den erprobten Elementen des allgemeinen Maschinenbaus von Fall zu Fall zweckmäßig zu verwerten und nach praktisch bewährten, aber auch wissenschaftlich geklärten Grundsätzen zu gestalten, ist die vornehmste Aufgabe des heutigen Motorenkonstrukteurs, und je weniger er dabei seinen Erfindergeist spielen lässt – desto besser für ihn und seine Sache. Dies zielt namentlich auf den jüngeren Konstrukteur, dessen noch gärender Schaffensdrang ihn leicht verleitet, das Erfinden gewissermaßen als eine Vorstufe … seiner Konstruktionstätigkeit anzusehen; er verkennt dabei den Endzweck einer jeden vernünftigen Ingenieurarbeit, praktisch Brauchbares und nach Möglichkeit betriebstechnisch Fortgeschrittenes zu liefern.

Diese Grundregeln beherzigend, sind ab 1906, als die Serienfertigung der Puch-Automobile begann, alle Automobile der Johann Puch AG ausgeführt und gebaut worden. Grundsolide, dem Wissen der Zeit gemäße moderne Automobile, ohne sich in Experimente zu verlieren.

Hinter dem Kühler befindet sich ein Ventilator. Der Fahrer hat zwei Bremsen zur Verfügung, die in der bekannten Art teils auf das Vorgelege, teils auf die Hinterräder wirken. Die Lenkung ist unverrückbar und nach dem bekannten System mittels einer Schnecke angeordnet. Die beiden Hebelchen für die Zündung und die Gaszufuhr liegen unterhalb des Lenkrades. Die Räder sind Holzräder.
Auf dem Stande der Firma Johann Puch ist die Voiturette nur im Chassis zu sehen, doch kann man sich ohne große Schwierigkeiten vorstellen, welchen hübschen Eindruck das zierliche Vehikel machen wird, wenn es mit einer leichten eleganten Voiturette-Karosserie versehen wird.

Puchwerke-Aktien-Gesellschaft

Das Entwerfen und Berechnen

der

Verbrennungsmotoren.

Handbuch für Konstrukteure und Erbauer
von Gas- und Ölkraftmaschinen.

Von

Hugo Güldner,
Oberingenieur.

Zweite, bedeutend erweiterte Auflage.

BERLIN.
Verlag von Julius Springer.
1905.

Dieses Buch von Hugo Güldner scheint Johann Puch aufmerksam gelesen zu haben. Darauf weisen einige rot angemerkte Stellen hin.

Aber Johann Puch ging mit seiner Automobilfertigung den Weg ins motorisierte Zeitalter nicht ohne „Fangnetz“: So befanden sich auf dem Ausstellungsstand Puchs nicht nur die Motorräder aus Graz, sondern auch deutsche Automobile. Es handelte sich um Fabrikate der Eisenacher Automobilwerke, die den Markennamen „Dixi“ trugen. Und sie wurden in der k.k. Monarchie von Puch als Generalvertreter vertrieben. Die Fahrzeugpalette dieser Firma war beachtlich: So gab es Zwei- und Vierzylindermodelle der Stärken 14/16 HP, 16/22 HP und 24/32 HP zu sehen. Auch war ein Chassis mit Vierzylindermotor ausgestellt.

Eine Bemerkung, die sich kurze Zeit darauf voll bewahrheitete, wirft in der *Allgemeinen Automobil-Zeitung* ein bezeichnendes Schlaglicht auf die Situation im damaligen Automobilgeschäft: *Wir gehen wohl nicht fehl, wenn wir annehmen, dass die Grazer Fabrik schon im nächsten Jahr mit Puch-Wagen dieser Stärken auf den Markt kommen wird.* Das heißt, schon in der Pionierzeit des Automobils kam es zu einem Wettrüsten um Leistung und technische Raffinesse sowie um die schnelle Übernahme aller jener Dinge in das eigene Produkt, die in der Käufergunst Punkte bringen konnten.

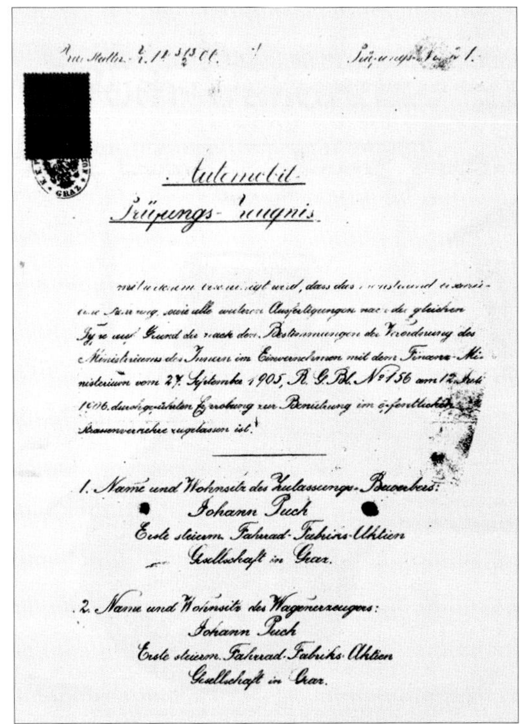

Zur Mattes. Z. 14 $\frac{513}{2}$ 06. Prüfungs-Zeugnis Nr. 1.

Automobil-
Prüfungs-Zeugnis

mit welchem bescheinigt wird, dass das vorstehend bezeichnete Fahrzeug, sowie alle weiteren Ausfertigungen nach der gleichen Type auf Grund der nach den Bestimmungen der Verordnung des Ministeriums des Innern im Einvernehmen mit dem Finanz-Ministerium vom 27. September 1905, R. G. Bl. Nr. 156 am 12. Juli 1906 durchgeführten Erprobung zur Benützung im öffentlichen Strassenverkehr zugelassen ist.

1. Name und Wohnsitz des Zulassungs-Bewerbers:
Johann Puch
Erste steierm. Fahrrad-Fabriks-Aktien
Gesellschaft in Graz.

2. Name und Wohnsitz des Wagenerzeugers:
Johann Puch
Erste steierm. Fahrrad-Fabriks-Aktien
Gesellschaft in Graz.

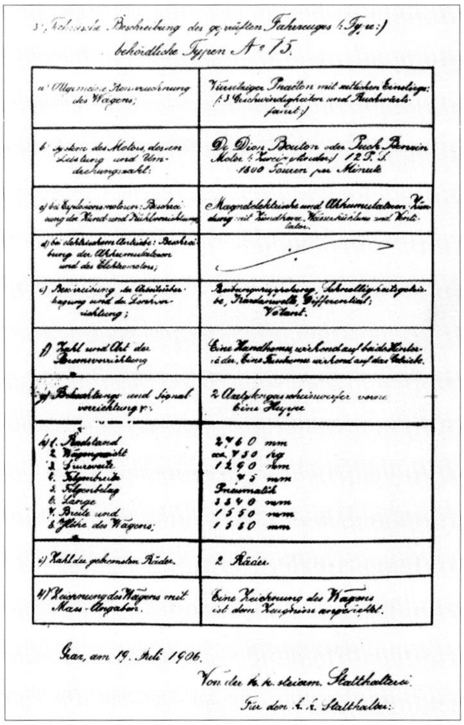

3. Technische Beschreibung des geprüften Fahrzeuges (Type:)
behördliche Typen Nr. 15.

a) Allgemeine Kennzeichnung des Wagens;	Viersitziger Phaeton mit seitlichen Einstiegen (3 Geschwindigkeiten und Rückwärtsfahrt.)
b) System des Motors, dessen Leistung und Umdrehungszahl:	De Dion Bouton oder Puch Benzin Motor (Zweizylinder) 12 P. S. 1800 Touren per Minute
c) bei Explosionsmotoren: Beschreibung der Zünd- und Kühlvorrichtung	Magnetelektrische und Akkumulatoren Zündung mit Zündkerze, Wasserkühlung und Ventilator.
d) bei elektrischem Antriebe: Beschreibung der Akkumulatoren und des Elektromotors;	―
e) Bezeichnung der Antriebsübertragung und der Lenkvorrichtung;	Reibungskupplung, Schnelligkeitsgetriebe, Kardanwelle, Differential; Volant.
f) Zahl und Art der Bremsvorrichtung	Eine Handbremse wirkend auf beide Hinterräder, Eine Fussbremse wirkend auf das Getriebe.
g) Beleuchtungs- und Signalvorrichtung:	2 Azetylengasscheinwerfer vorne eine Hupe
h) 1. Radstand 2. Wagengewicht 3. Spurweite 4. Felgenbreite 5. Felgenbelag 6. Länge 7. Breite und 8. Höhe des Wagens;	2760 mm ca. 750 kg 1290 mm 75 mm Pneumatik 3840 mm 1550 mm 1580 mm
i) Zahl der gebremsten Räder.	2 Räder.
4) Zeichnung des Wagens mit Mass-Angaben.	Eine Zeichnung des Wagens ist dem Zeugnisse angeheftet.

Graz, am 19. Juli 1906.

Von der k. k. steierm. Statthalterei:
Für den k. k. Statthalter:

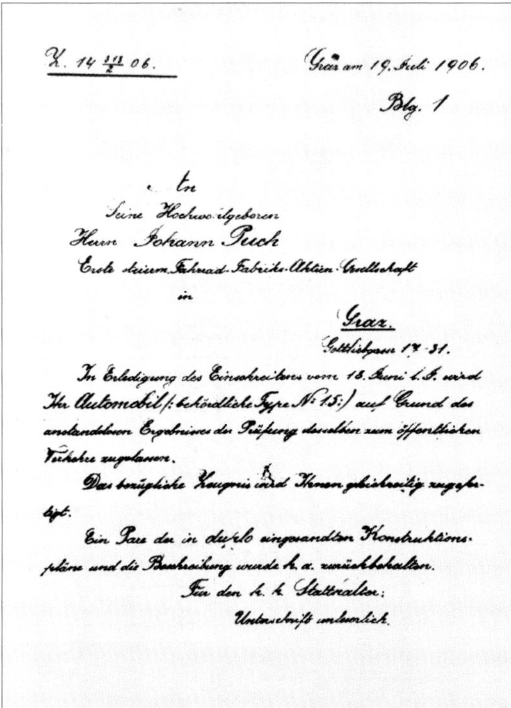

Z. 14 $\frac{513}{2}$ 06.

Graz am 19. Juli 1906.

Blg. 1

An
Seine Hochwohlgeboren
Herrn Johann Puch
Erste steierm. Fahrrad-Fabriks-Aktien-Gesellschaft
in
Graz.
Gottliebgasse 17-31.

In Erledigung des Einschreitens vom 18. Juni l. J. wird Ihr Automobil (: behördliche Type Nr. 15:) auf Grund des anstandslosen Ergebnisses der Prüfung desselben zum öffentlichen Verkehre zugelassen.

Das bezügliche Zeugnis wird Ihnen gleichzeitig zugestellt.

Ein Paar der in duplo eingesandten Konstruktionspläne und die Beschreibung wurde h. a. zurückbehalten.

Für den k. k. Statthalter:
Unterschrift unleserlich.

Automobil-Prüfungszeugnis Nr. 21 der Puch-Voiturette 1906.

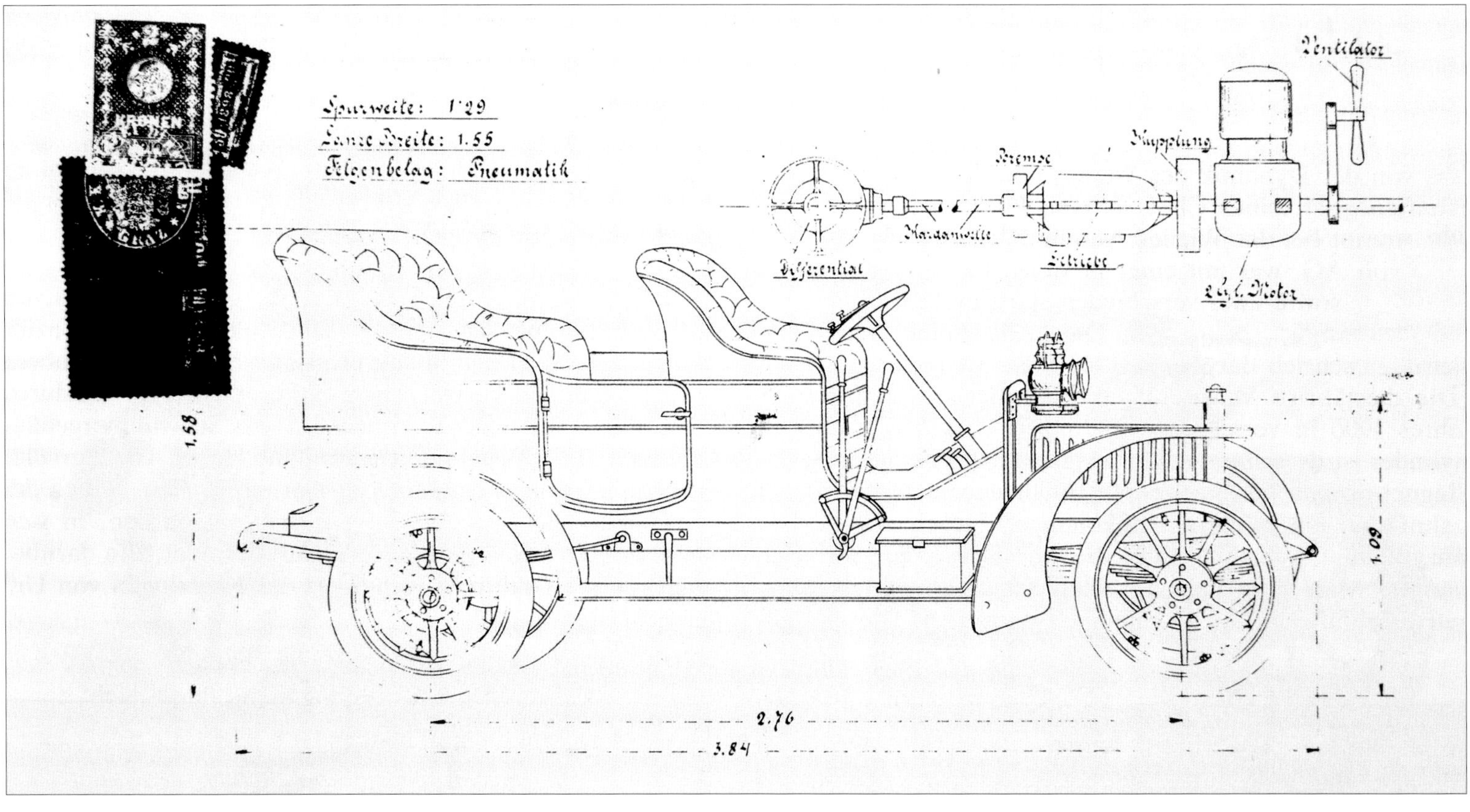

Spurweite: 1·29
Ganze Breite: 1.55
Felgenbelag: Pneumatik
Ventilator
Kupplung
Bremse
Kardanwelle
Differential
Getriebe
2 Zyl. Motor
1.58
1.09
2.76
3.84

Dieses Foto einer der ersten serienmäßig erzeugten Puch-Voituretten wurde in der *AAZ* vom 31. März 1907 veröffentlicht. Der originale Bildtext besagt, dass mehrere Exemplare dieser Voituretten bereits im Herbst 1906 nach Montevideo in Uruguay geliefert worden sind. Herr Eugenio Barth, der Besitzer des abgebildeten Automobils, schreibt, *... dass es sich bei täglicher Benützung unter schwierigen Verhältnissen ausgezeichnet bewährt und bisher nicht den geringsten Anstand ergeben hat.*

Links der Motor, rechts und unten das Chassis der Puch-Voiturette; Kupplung, Getriebe, Pedale; Modell 1906.

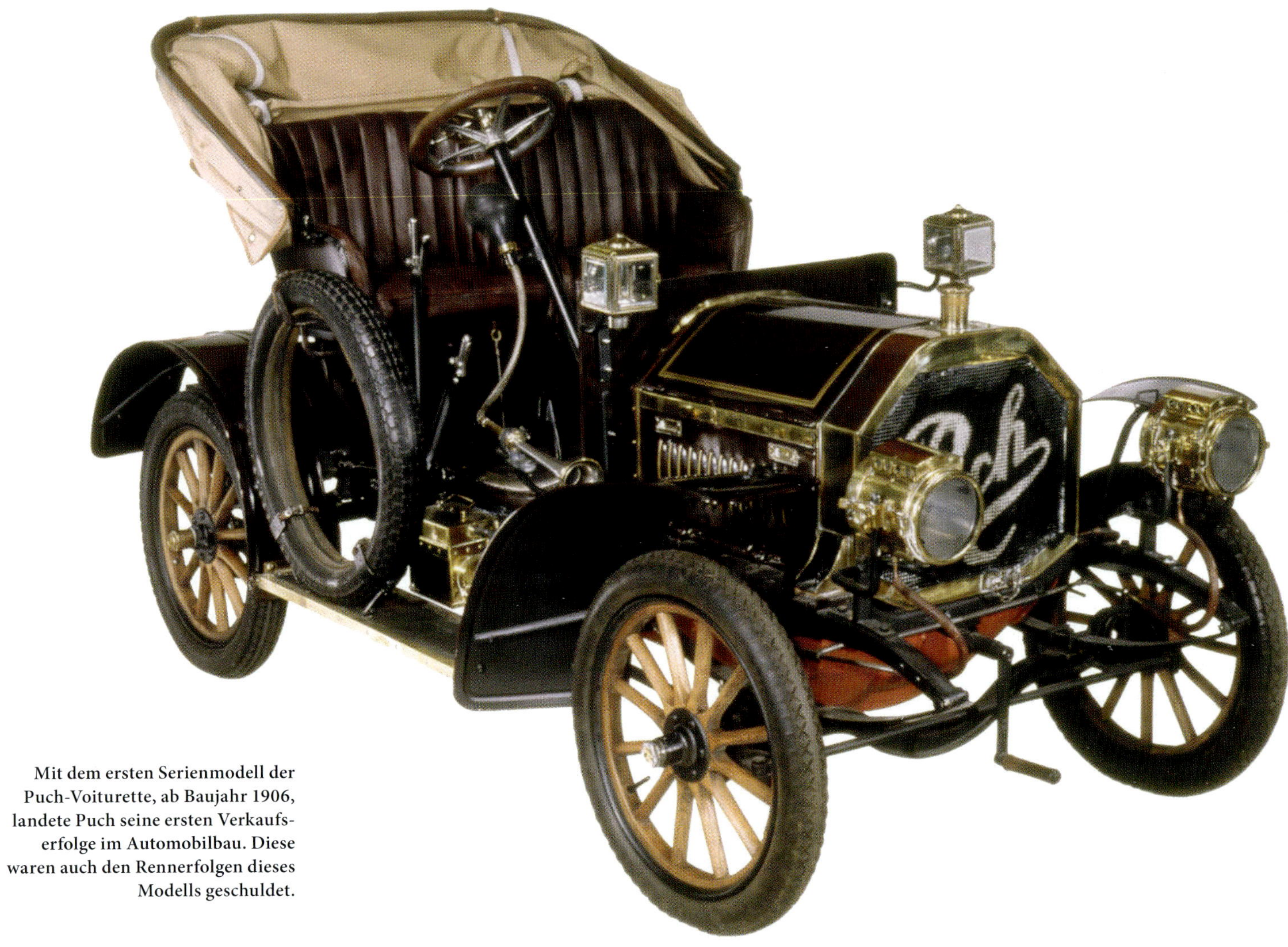

Mit dem ersten Serienmodell der Puch-Voiturette, ab Baujahr 1906, landete Puch seine ersten Verkaufserfolge im Automobilbau. Diese waren auch den Rennerfolgen dieses Modells geschuldet.

Die neue Voiturette von Puch hatte also zweifellos Vorbilder in der damaligen Automobilszene. Und der direkte Konkurrent Puchs auf dem Sektor Motorrad und Leichtautomobil war der böhmische Hersteller Laurin & Klement in Jungbunzlau. Beim Semmering-Rennen 1906 startete der bekannte deutsche Konstrukteur Karl-Joachim Slevogt (1876–1951) auf einer Voiturette von Laurin & Klement, bei welcher Firma er in diesem Jahr angestellt war. Bereits ein Jahr später wurde er von Puch abengagiert und arbeitete fortan bei den Grazern, 1910 ging er zu Ruppe & Sohn in Apolda, Deutschland, Automobilwerke „Apollo“.

1907: Der erste Puch-Vierzylinderwagen

Was von der Dynamik des Werkes und dem unermüdlichen Schaffensgeist seines Chefs Johann Puch zu erwarten war, traf prompt bei der Wiener Automobilausstellung 1907 ein: Die Puch AG war mit einer in vielen Punkten geänderten Voiturette sowie zwei verschieden stark motorisierten Vierzylindermodellen angetreten. Die *Allgemeine Automobil-Zeitung* schrieb darüber am 10. März 1907:

Die diesjährige Voiturette unterscheidet sich von der des Jahres 1906 in verschiedenen Punkten wesentlich. Der V-Zylinder ist derselbe wie im Vorjahre, dagegen hat man den Magnet praktischer placiert. Er erhält seinen Antrieb durch Zahnräder, die in einem vollkommen abgeschlossenen Gehäuse laufen. Sehr hübsch ist die Anordnung des Abreißgestänges. Man kann den Abreißmechanismus mittels Bajonettverschluss mit einem Handgriff entfernen. Die diesjährige Voiturette hat einen Dekompresseur, um das Ankurbeln zu erleichtern. Das Motorgehäuse ist verstärkt worden und seitwärts mit Rippen versehen.

Ganz neu umkonstruiert ist der Vergaser, der selbstverständlich automatisch arbeitet. Die Zuleitung des Benzins erfolgt nicht wie sonst üblich von unten, sondern von oben, vorher muss das Benzin einen Filter passieren. Dadurch erzielt die Firma eine Vereinfachung des Schwimmer-Gehäuses, denn der Schwimmer arbeitet ohne Hebel. Die Zerstäuberkammer zeigt in der Mitte ein Spritzröhrchen. Neben der Zerstäuberkammer sehen wir ein drittes Gehäuse, in welchem sich das Ventil für die Zusatzluft befindet. Ein darüber angeordnetes Drahtnetz verhindert das Eindringen von Unreinlichkeiten.

Auch in der Wasserzirkulation ist eine kleine Abänderung durchgeführt worden. Das alte Wasser tritt jetzt von unten direkt zu den Auspuffventilen, gelangt also dort zuerst hin, wo die Abkühlung am notwendigsten ist.

Das Getriebe läuft ebenso wie die Räder auf Kugellagern. Es sind drei Schnelligkeiten vorhanden. Beim Einschalten der Dritten, die direkt ist, bleibt die Nebenwelle vollständig unbeweglich. Die Kupplung ist breiter geworden, wodurch sie besser zieht. Es ist eine fünfte Querfeder angeordnet, um den Wagen besser zu federn. Ferner hat die Voiturette im Gegensatz zu der vorjährigen Schneckensteuerung (Anm.: Lenkung mit Schneckengetriebe).

Neben dieser Voiturette bringt das Haus Johann Puch einen kleinen vierzylindrigen leichten Wagen zur Schau, dessen Zylinder einzeln gegossen sind. Der Motor entwickelt 12 HP, arbeitet mit magnet-elektrischer Schwachstromzündung, Ventile rechts und links angeordnet und gesteuert. Drei verschiedene Schnelligkeiten und Rückwärtsgang, Übertragung auf die Hinterräder mittels Kardan.

Schließlich sehen wir noch den 20/25 HP Vierzylinder-Motor; er besteht aus zwei Gruppen von Zylindern. Einlass- und Auspuffventile sind symmetrisch zu beiden Seiten angeordnet, auswechselbar und mechanisch gesteuert. Die Zündflanschen tragen aufschraubbare Isolier-Zündstifte, so dass im Falle eines Specksteinbruches die Auswechslung eine sehr leichte ist. Der Vergaser dieses Wagens entspricht der Type, die wir bei der Voiturette beschrieben haben. Der Motor leistet bei 1.200 Touren 20 HP, bei 1.800 Touren 25 HP. Bei allen Typen der Firma Johann Puch erfolgt die Wasserzirkulation auf dem Wege des Thermosiphons. Selbstverständlich zeigen die Wagen automatische Ölung für alle Teile des Motors.

8/9 HP V-Motor der Puch-Voiturette, 1907.

Draufsicht aufs Chassis der 8/9 HP Puch-Voiturette, 1907.

Ähnlich wie bei den Fahrrädern und den Motorrädern war Johann Puch auch bei den Automobilen bemüht, mit Rekorden und Rennsiegen Werbung für seine Produkte zu machen. So setzte er im Jahr 1907 acht Fahrzeuge (Automobile und Motorräder) beim Internationalen Semmering-Bergrennen ein, wobei zwei Voituretten in der Klasse bis

12/18 HP Vierzylinder-Puch-Wagen, 1907.

Puch-Wagen bei den Kaisermanövern, 1907.

Die Puch-Voituretten im Semmering-Bergrennen, 1907.

1,5 Liter Zylinderinhalt den ersten und den zweiten Platz belegten. Werksfahrer Wetzka schlug mit seinem Siegeslauf den bisherigen Rekord um volle 4 ¼ Minuten. Für die hohe Qualität der Puch-Fahrzeuge sprach weiters die Tatsache, dass alle acht Fahrzeuge das Ziel auf den Platzierungen eins bis sechs erreichten.

Internationales Semmering-Bergrennen 1907.

Wieder ein **glänzender Erfolg** der Marke

PUCH!

Bei auserlesenster französischer, deutscher und österreichischer Konkurrenz auf der 10 km langen Strecke (Höhendifferenz 400 m)

siegt die PUCH-Voiturette

(Zylinderinhalt 1·5 Liter)

überlegen in 13:10 (Stundengeschwindigkeit 45¹/₄ km) · und **schlägt den bisherigen Rekord um volle 4¹/₄ Minuten!**

Auch den

zweiten Preis

gewann die

PUCH-Voiturette!

Ebenso bewies die Marke PUCH in Motorrädern ihre Leistungsfähigkeit, insbesondere bei

Leichtgewichts-Motoren

(Fahrrad mit eingebautem Motor).

Acht PUCH-Fahrzeuge starten, **acht** passieren das Ziel

in hervorragend guter Zeit und belegten die

ersten
zweiten
dritten
vierten
fünften und
sechsten
Plätze.

Johann Puch A.-G., Graz

Niederlage: Wien, I. Hegelgasse 17.

1908: Vier Modelle werben um die Käufergunst

Das Jahr 1908 brachte für die Johann Puch AG eine beachtliche Aufstockung des Aktienkapitals sowie einen weiteren Ausbau der Fabrikationsstätte mit sich. Es waren 550 Arbeiter allein in der Fertigung beschäftigt. Johann Puch selbst bezeichnete dieses Jahr als Meilenstein in der Entwicklung seines Werkes, denn anlässlich einer Werksführung erklärte er den Redakteuren der *Allgemeinen Automobil-Zeitung: Heute bin ich mit meinem Werk da, wo ich sein wollte.*

Es wurden die verschiedenen Automobilmodelle auf Bestellung gefertigt, eine Fabrikation auf Vorrat in der verkaufsschwachen Saison wie beim Fahrrad war nicht vorgesehen. Dennoch hatte bei der Chassisfertigung bereits die Serienfabrikation Fuß gefasst. Nahezu zwei Drittel der Produktion gingen damals über die schwarz-gelben Grenzbalken hinaus.

Die Modellvielfalt des Jahrganges 1908 war beachtlich. Es wurden Zwei- und Vierzylindermodelle der unterschiedlichsten Größenordnung gebaut. Alle Modelle waren jedoch nach der damaligen Diktion sogenannte Standardtypen, d. h., es gab an keinem Modell irgendwelche Details, die eine neue Richtung im Automobilbau beschritten hätten. Für den Geschäftsgang war diese Politik äußerst erfolgreich, da ja die Kunden in den Pioniertagen des Automobils durch besondere Konstruktionsraffinessen eher abgeschreckt als zum Kauf animiert wurden.

Auslieferungsfertige Puch-Autos, 1908.

Mechanische Werkstätte mit Automaten, die über Transmissionen angetrieben wurden, im Jahre 1908.

So wurden an den Automobilen etliche Detailverbesserungen durchgeführt, die alle der Steigerung des Gebrauchswertes, der Verbesserung der Bedienungsfreundlichkeit und der Erhöhung des Komforts dienten. So waren die hervorstechendsten Modellpflegemaßnahmen an den Fahrzeugen von 1908 folgende:

- Einführung eines vierten Kolbenringes am unteren Ende des Kolbenschaftes zwecks gleichmäßigerer Abnützung der Zylinderlauffläche. Dazu muss aus heutiger Sicht angemerkt werden, dass man aktuell bemüht ist, mit möglichst wenig Kolbenringen auszukommen, um die Innenreibung des Motors zu minimieren. Doch um die Jahrhundertwende hatten die Gusszylinder durch die darin laufenden Gusskolben einen sehr hohen Verschleiß.

Motormontage im Jahr 1908.

Die Bremsstation 1908 (Motorprüfstände).

- Die Kurbelwelle der Puch-Motoren wurde mit einem Ölschleuderring versehen, der das nach außen geschleuderte Öl fing und in das Pleuellager der Kurbelwelle drückte. Der dabei entstandene Druck entsprach etwa dem von „hochgespannten Auspuffgasen".
- Anwendung von auffällig breiten Gleitlagern zur Gewährung einer hohen Laufleistung.
- Motorkonstruktion unter Vermeidung von außenliegenden Ölleitungen und Vermeidung von Schrauben für die Befestigung der Aggregate. Es wurden statt dessen Bügel angebracht, beispielsweise für die Halterung des Zündgestänges und des Zündflansches. Auch die Abreißnockenwelle konnte ohne Motordemontage aus- und eingebaut werden.
- Neu gestaltete Motorhaube bei den Modellen 1908. Die neuen Modelle wurden von der *Allgemeinen Automobil-Zeitung* in Heft 14 von 1908 wie folgt beschrieben:

Die Voiturette hat einen zweizylindrigen 8/9 HP Motor in V-Form, 85 Bohrung und 110 Hub und entspricht ungefähr der Standardtype, die seitens der österreichischen Fabrikanten mit diesem Modell geschaffen worden ist. Es sind drei Schnelligkeiten und eine Rückwärtsfahrt vorhanden, die große ist in direktem Eingriff. Die Ansaugventile arbeiten automatisch und die Auspuffventile mechanisch. Der Motor hat Abreißzündung und Wasserkühlung. Bei dieser ist das System des Thermosiphons in Anwendung gebracht. Die Übertragung auf die Hinterräder erfolgt mittels Kardan.

Die Wagen haben Holzräder und geschmiedete Vorderradachsen. Sämtliche zur Bedienung des Motors nötigen Hebel befinden sich auf dem Lenkrad. Der Wagen wird im allgemeinen zweisitzig karossiert, er kann aber unter Umständen auch viersitzig mit Drehsitzen ausgestattet werden. Mitunter wird er auch so karossiert, dass hinter den beiden Frontsitzen ein aufklappbarer Notsitz angebracht wird.

Ventilmontage 1908 beim Puch-Vierzylindermotor.

Der leichte zweizylindrige 9/10 HP Puch-Wagen: Diese Type hat, wie wir schon eingangs erwähnt haben, zwei Ausführungsformen als Tourenwagen und als Sportwagen. Der prinzipielle Unterschied besteht darin, dass man beim Sportwagen das Chassis von vorneherein so gebaut hat, dass es nur zweisitzig karossiert werden kann. Der Wagen erhält in diesem Falle eine ausgesprochene Rennwagenform: tiefe kleine Sitze, großer Motorkasten, Benzinreservoir hinter den Sitzen und stark nach rückwärts geneigte Lenkstange.

Der Motor mit stehenden Zylindern, 90 Bohrung und 110 Hub, zeigt Abreißzündung, und zwar ist diese Abreißzündung derart konstruiert, dass man nach Abnahme einer Mutter das Gestänge und den Zündflansch zusammen abnehmen kann. Die Abreißer arbeiten derart, dass der bewegliche Hebel stets auf den Kopf des Zündstiftes schlägt, wodurch die Teile blank erhalten und der Kurzschluss vermieden wird. Die Kühlung erfolgt ebenfalls auf dem Wege der natürlichen Wasserzirkulation ohne Pumpe. Die Ventile sind durchwegs gesteuert. Das Getriebe enthält drei Schnelligkeiten und eine Rückwärtsfahrt; die große Schnelligkeit in direktem Eingriff. Die beiden Zahnräder des Getriebes, die in stetem Eingriff sein müssen, sind vorne im Schnelligkeitsgetriebe angeordnet und nicht hinten. Dies hat zur Folge, dass die Vorgelegswelle mit geringerer Tourenzahl läuft. Neu ist die Motorhaube, die sehr hübsch in der Form ist und besondere Scharniere hat, durch die sie außerordentlich leicht geöffnet werden kann. Die Übertragung auf die Hinterräder erfolgt mittels Kardan. Beim Sportwagen ist vorne noch ein Windschützer angebracht.

Die nächstfolgende Type ist bereits ein Vierzylinder in der Stärke von 14/16 HP, 84 Bohrung, 100 Hub. Auch hier hat die Firma Johann Puch AG die Zirkulation des Wassers auf natürlichem Wege noch für vollkommen ausreichend erachtet. Die Ventile sind an beiden Seiten symmetrisch angeordnet und gesteuert. Die Abreißzündung ist in derselben Art und Weise angebracht wie beim Zweizylinder. Es sind drei Schnelligkeiten vorhanden, von welchen die größte in direktem Eingriff ist. Der Wagen hat Kardanübertragung. Diese Type ist in erster Linie für Stadtzwecke gebaut, obgleich sie sich auch sehr wohl als Tourenfahrzeug ausstatten lässt; sie verfügt über einen elastischen Motor, der aber immerhin auch kräftig für Fahrten auf der freien Landstraße ist.

Schließlich baut die Firma gewissermaßen als große Type einen 20/25 HP Vierzylinder, der schon alle Kriterien des großen Wagens aufweist. Er hat Kulissenschaltung, Abreiß-

Karosseriebau und Lackiererei 1908.

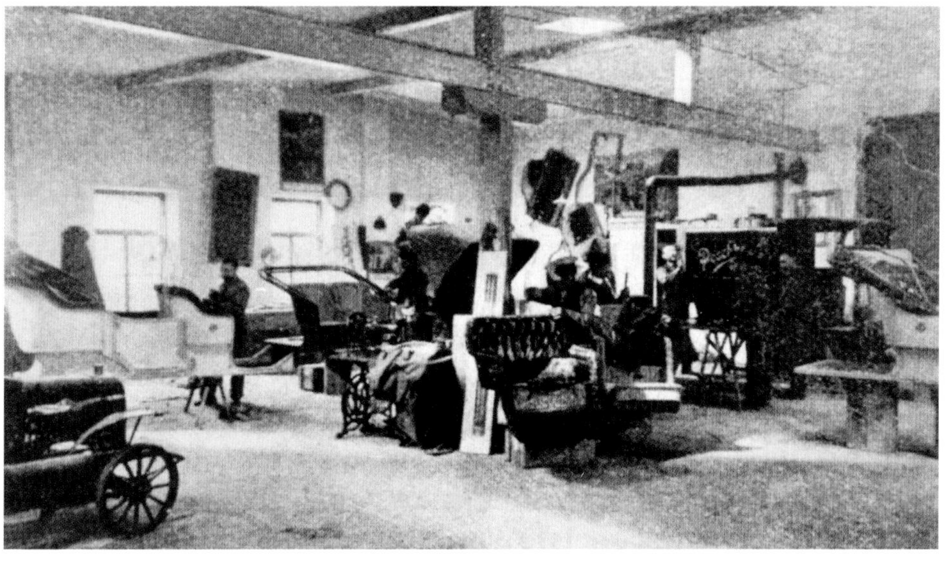

Die Tapeziererwerkstätte 1908.

zündung, ein besonderes Prinzip der Schmierung, die das Öl unter Saug- und Druckwirkung zu den Lagerstellen bringt; er besitzt vier Schnelligkeiten und Rückwärtsfahrt, Antrieb mittels Kardan. Alle übrigen Organe entsprechen dem Standardtypus, wie die geneigte Lenkung und die Regulierungshebel auf dem Volant.
Bei allen Wagentypen hat sich die Firma für die lederbeschlagene Konuskupplung entschieden, deren Vorzüge ja unverkennbare sind.

Dass man sich bei Puch neben der normalen Serienfabrikation der traditionellen Produkte Fahrrad, Motorrad und Automobil auch mit immer neuen Ideen beschäftigte, zeigt beispielsweise in diesem Jahr die Fertigung eines Motorbootes, das für Porto Re in Kroatien bestimmt war. Dabei wurde ein vom V-Zweizylinder abgeleitetes Bootsaggregat entwickelt.

Sportmodell des 9/10 HP Zweizylinder-Puchwagens, 1908.

Motormontage 1908, Vierzylinder mit paarweise gegossenen Zylindern.

Eine weitere außergewöhnliche Konstruktion wurde in diesem Jahr gezeigt, nämlich ein Reihen-Sechszylinder-Automobilmotor mit seitlich stehenden Ventilen. Diese Versuchskonstruktion entsprach in den Hauptabmessungen der des 20/25 HP Vierzylinders, dem, vereinfacht dargestellt, zwei weitere Zylinder „angehängt" worden waren. Es spricht für den Geschäftssinn von Johann Puch, dass er diesen Motor, eingebaut in einem eigenen Automobil, an den Grafen Siegfried Wimpffen verkauft hatte. In diesem Zusammenhang ist die Tatsache erwähnenswert, dass es in der Firmengeschichte des Hauses Puch von Anfang an immer wieder Kunden gegeben hat, die in einem besonderen Naheverhältnis zur Firma standen und dabei Sondermodelle oder Spezialanfertigungen kaufen konnten. Diese Wechselbeziehung zwischen besonders interessierten Kunden und dem Werksversuch hatte für beide Seiten Vorteile. Einerseits konnte das Werk einen Bruchteil der hohen Entwicklungskosten an den Kunden weitergeben, andererseits kamen Puch-Enthusiasten zu den bei allen Fahrzeugliebhabern so sehr gefragten „Specials".

1909: Feuer, Rekord und Sieg

Das Jahr 1909 begann unter den schlechtesten Vorzeichen: Ein Brand äscherte einen großen Teil der Werkshallen in Graz ein. Dennoch wurde in diesem Jahr der sportlichste Wagen in der ersten Ära des Puch-Automobilbaues geschaffen und damit ein österreichischer Rekord aufgestellt. Doch der Reihe nach:

Ende März berichtete die *Allgemeine Automobil-Zeitung* über einen Besuch im Grazer Puch-Werk:

Der Brand. Unsere Leser erinnern sich der sensationellen Nachrichten über den Brand der Fabrik von Johann Puch AG. Freilich stellte es sich bald heraus, dass diese Nachrichten sehr übertrieben waren. Nur ein großes Gebäude, in dem sich Magazins- und Bureauräumlichkeiten befanden, war den Flammen zum Opfer gefallen. Wenn wir sagen ‚nur', so ist das im relativen Sinn gemeint, denn es ist ein ganz gehöriges Stück der Fabrik abgebrannt. Noch stehen die kahlen Mauern mit den eingefallenen Plafonds, und innerhalb der Mauern befinden sich halb und ganz verbrannte Fahrräder und Automobile. Diese Haufen verbogener Felgen, starrender Speichen, geknickter Rahmen, halbverkohlter Pneumatiks usw. zeigen die Größe des Schadens an. Besonders Fahrräder sind in Menge zugrunde gegangen, aber jetzt, da die Fabrik Tag und Nacht arbeitet, wird der Verlust mit Riesenschritten wieder eingeholt.

Der 18/22 HP Vierzylinder-Puchmotor von der Seite des Magnets.

Und zum Modellprogramm 1909 schrieb das Blatt unter anderem:
Puch strebt nicht nach Sensationen, sondern man will einen haltbaren, betriebssicheren, soliden Wagen bauen. Das ist die sicherste Gewähr für das Renommee der Firma. Die Typen, die sie erzeugt, sind folgende:
10/12 HP Zweizylinder, 95 Bohrung, 110 Hub (1.560 cm³)
12/14 HP Vierzylinder, 76 Bohrung, 100 Hub (1.815 cm³)
16/18 HP Vierzylinder, 84 Bohrung, 110 Hub (2.438 cm³)
18/22 HP Vierzylinder, 85 Bohrung, 135 Hub (3.064 cm³)
28/32 HP Vierzylinder, 95 Bohrung, 135 Hub (3.828 cm³)

Der Puch-Blockmotor, Baujahr 1909, in der Ansicht von oben.

Die drei erstgenannten Typen haben Lederkonus, die anderen Typen sind mit der Metallplattenkupplung ausgestattet.

Alle Puchschen Automobile, ohne Ausnahme, sind mit Kardanantrieb versehen. Johann Puch AG bevorzugt die Blockmotoren. Mit Ausnahme des 16/18 HP Vierzylinders, der paarweise gegossene Zylinder hat, zeigen die anderen Typen die Anordnung des Blocksystems.
Gehen wir an die Beschreibung der hauptsächlichsten Merkmale der Puch-Maschinen: Der Puch-Motor stellt sich als ein hübsches, geschlossenes Ganzes dar, dem Eleganz der Konstruktion nicht mangelt. Die Ventile, sowohl Ansaug- wie auch Auspuffventile, liegen an einer Seite des Motors und werden durch eine einzige Nockenwelle betätigt. Die Ventile selbst sind sehr groß gehalten, wodurch die Kraft des Motors wesentlich beeinflusst wird.

Puch-Vierzylindermotoren, Programm 1909: Die drei wichtigsten Typen 28/32 HP, 18/22 HP und 12/14 HP.

Der 28/32 HP Puch-Vierzylinder, 1909. Links die Seite des Vergasers, rechts die Seite der Verteilerräder.

Sowohl die Auspuffleitung wie auch die Saugleitung zeigten breite Dimensionen, ebenfalls aus dem Grunde, weil dadurch der Motor an Kraft gewinnt. Die Kurbelwelle ist aus Chromnickelstahl; sie ist geschliffen, um die Haltbarkeit zu vergrößern und den Gang des Motors leichter zu machen. Die Welle selbst läuft in Weißmetallagern.
Die Nockenwelle, die zur Beorderung der Ventile dient, ist aus einem einzigen Stück gemacht. Die Form jeder Nockenwelle ist auf ein hundertstel Millimeter genau mit der Kopierfräsmaschine hergestellt. Dadurch, dass die Nocken nicht extra auf der Welle aufgekeilt sind, ist natürlich auch jede Verschiebung der Nocken unmöglich, so dass Störungen dieserthalben gänzlich vermieden werden.
Die Schmierung des Motors ist vollkommen zwangsläufig. Die Firma hat für ihre Motoren einen bewährten Apparat akzeptiert, nämlich den Friedmann-Öler, der seinen Antrieb durch eine Welle vom Motor aus erhält. Der Öler ist an der Spritzwand unter der Motorhaube angebracht; er befindet sich also innerhalb des geschützten Raumes der Motorhaube und wird von der ausstrahlenden Wärme des Motors umstrichen, so dass das Öl auch im Winter dünnflüssig bleibt. Die Nähe des Ölapparates beim Motor ermöglicht kurze Schmierleitungen. An der Spritzwand, den Augen des Lenkers sichtbar, ist ein Ölstandszeiger angebracht. Solange dieser Zeiger, den Bewegungen des Pumpenkolbens entsprechend, hin und her pendelt, kann man sicher sein, dass die Maschine in Ordnung

28/32 HP Vierzylinder-Puch-Wagen als Doppelphaeton karossiert, 1909.

ist. Übrigens ist dies bei dieser Art der Schmierung selbstverständlich. Da aber die Schmierung eine so bedeutende Rolle für das gute Funktionieren des Motors spielt, ist ein Ölstandszeiger immer eine ‚nervenberuhigende' Einrichtung für den Automobilisten. Das Wesen der Friedmann-Ölung brauchen wir wohl kaum zu erklären. Das Öl wird durch eine Pumpe angesaugt und dann durch Pumpen, also unter Druck, den verschiedenen Schmierteilen zugeführt.

Der Puch-Vergaser ist ein Kolbenschieber-Vergaser. Er hat selbstverständlich automatische Nebenlufteinlassöffnungen. Im Gegensatz zu den meisten anderen Vergasern tritt das Benzin nicht von unten in das Schwimmer-Gehäuse ein, sondern von oben. Hier befindet sich denn auch der Filter, der den Zweck hat, Unreinlichkeiten, die sich eventuell im Benzin befinden, aufzufangen. Wenn der Automobilist hin und wieder diesen Filter reinigt, ist er davor gesichert, dass Unreinlichkeiten zu der Spritzdüse gelangen und diese verstopfen.

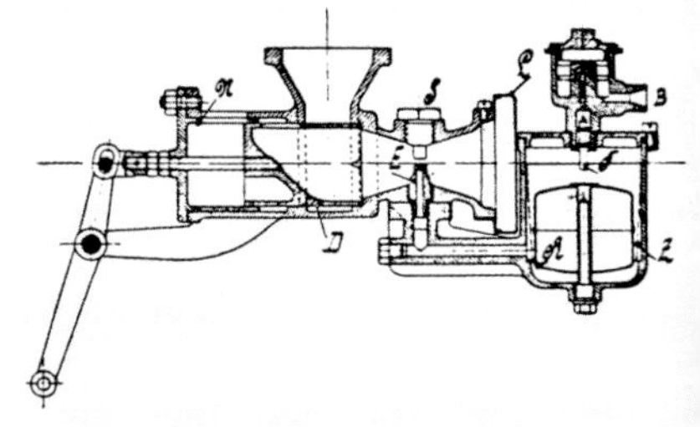

Schnitt des Kolbenschieber-Vergasers. N = Nebenluftöffnung, D = Drosselschieber, E = Spritzdüse, S = Stellschraube, B = Benzinzutritt, F = Drosselstift, R = Schwimmer, Z = Separatfilter im Schwimmer-Gehäuse, um Unreinlichkeiten des Benzins aufzufangen.

Oberhalb der Düse befindet sich eine Stellschraube, die man derart verstellen kann, dass sie der Benzinaustrittsöffnung näher oder entfernter ist. Wie unsere Abbildungen zeigen, ist der Vergaser ziemlich hoch am Motor angebracht. Die Firma Johann Puch tut dies aus folgenden zwei Gründen:

Die Saugleitungen werden auf diese Weise sehr kurz und der hochplacierte Vergaser ist naturgemäß leichter zugänglich als ein tiefer im Chassis angebrachter. Eine Eigenart der Puchschen Konstruktion ist es, dass das Benzin dem Vergaser unter Druck zugeführt werden kann, aber nicht zugeführt werden muss. Beide Systeme, Druck der Auspuffgase sowie Zuströmen infolge der natürlichen Schwere des Benzins, haben Nachteile und Vorteile. Um die ersteren zu eliminieren, hat man bei Puch folgende Anordnung getroffen: Das Benzinreservoir befindet sich unterhalb des Lenkersitzes, so dass das Benzin zu dem tiefer gelegenen Vergaser zuströmen muss. Will man die Puch-Maschinen in Bewegung setzen, so braucht man nicht erst mit einer Luftpumpe Druck in das Benzinreservoir zu pumpen. Die Sache ändert sich aber, wenn der Wagen steil bergauf fährt. In diesem Falle hat gewöhnlich das unter natürlichem Druck zum Vergaser tretende Benzin des Reservoirs eine so tiefe Lagerung, dass sich das Niveau des Vergasers höher befindet und der Motor verdurstet. Diesen Fall hat die Firma Johann Puch AG vorgesehen. Fährt man im Gebirge, so öffnet man den Hahn der Druckleitung, ein Teil der Abgase tritt in das Benzinreservoir und befördert das Benzin jetzt in der bekannten Weise zum Vergaser. Das ist eine einfache und praktische Lösung.

Der Puch-Kolbenschieber-Vergaser, 1909.

Trotzdem die Ventile alle an einer Seite liegen, sind sie doch leicht zugänglich. Durch die kompakte Masse der zusammengegossenen vier Zylinder erhält das Kurbelgehäuse eine willkommene Versteifung, so dass die Kurbelwelle nicht vibrieren kann. Es ist daher eine der häufigsten Ursachen des Klopfens des Motors verhindert.

Die Firma Johann Puch AG verwendet für alle ihre Motoren Bosch-Zündapparate. Die Magnetmaschine liegt an der dem Vergaser entgegengesetzten Seite des Motors, wodurch eine Anhäufung der Nebenorgane vermieden wird. Besonders einfach ist das Demontieren des Magnetapparates. Durch einen einzigen Bügel wird dieser an seiner Stelle gehalten. Man öffnet eine Schraube und kann den Apparat wegnehmen.

Vorsichtige Automobilisten, die der Zündung nicht trauen, können also auch einen Reser-

vemagnetapparat mitnehmen, der sich leicht an Stelle des alten befestigen lässt. Freilich wäre dies bei der Betriebssicherheit der Bosch-Magnete wohl eine überflüssige Vorsicht. Erwähnenswert ist die feine Zahnung der Kupplung, die den Magnet mit seiner Antriebswelle verbindet. Dadurch ist ein genaues Einstellen der Zündung möglich. Die Beorderung des Motors geschieht entweder durch die auf dem Lenkrad befindlichen Handhebel (Handgas) *oder durch einen Akzelerator* (Gaspedal). *Einer der Handhebel ist der Drosselhebel, der dem Motor mehr oder weniger Gasgemisch zuführt; der andere dient der Verstellung des Zündzeitpunktes. Die Kombination beider Hebel ermöglicht es, die Tourenzahl der Maschine von 200 auf 1.200 Touren zu steigern. Mit der großen Schnelligkeit vermag man also nahezu im Schritt zu fahren. Die Firma legt besonderen Wert darauf, dass der Motor infolge des großen Hubes auch mit geringer Tourenzahl bei starker Belastung noch tadellos ‚durchzieht'.*

Die Kühlung erfolgt ohne Pumpe. An der Frontseite befindet sich ein sehr wirksamer Röhrenkühler mit der bekannten Anordnung des Ventilators. Das Wasser strömt infolge seiner natürlichen Schwere zu den Zylindern des Motors. Die Kanalisierung bei den Zylindern ist derart angeordnet, dass das Wasser alle Zylinder gleichmäßig umspülen muss, um dann, wenn es sich erwärmt hat, durch das breite Ablaufrohr wieder zum Kühler zurückzukehren.

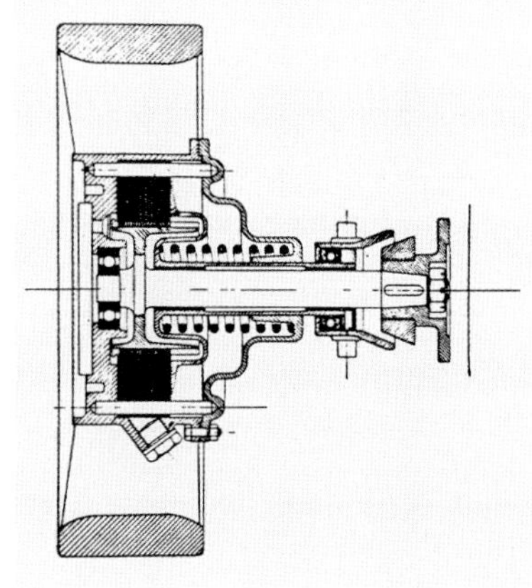

Die Puch-Plattenkupplung in schematischer Darstellung, 1909.

Eine Besonderheit der Puch-Fabrikate ist die Aufhängung des Motors. Das Kurbelgehäuse wird von gepressten Stahlträgern gehalten. Dies aus dem Grunde, weil sich die gepressten Stahlarme jederzeit wieder gerade biegen lassen, wenn sie verbogen sein sollten, was bei Aluminium bekanntlich nicht möglich ist. Selbstverständlich verbiegen sich die Aufhängungen eines Motors nicht bei normalem Gebrauch, sondern nur dann, wenn der Wagen mit einem Hindernis karamboliert.

Johann Puch AG haben sich bei ihren neuen Modellen für die Lamellenkupplung entschieden, die nach ihren Erfahrungen die beste ist. Bekanntlich werden bei der Lamellenkupplung Metallplatten gegeneinander gedrückt, die ein allmähliches Kuppeln ermöglichen, und – einmal eingekuppelt – unverrückbar halten. Die Puchschen Kupplungsplatten sind aus Stahl hergestellt, und sie werden überdies geschliffen. Dadurch erhöht man die Haltbarkeit und gleichzeitig auch die Adhäsion. Der Nachteil mancher Plattenkupplungen, der darin besteht, dass das Einschalten der kleinen Schnelligkeit Schwierigkeiten bereitet, ist durch einen kleinen Bremskonus an der Kupplung behoben worden. Selbstverständlich liegt zwischen der Kupplung und dem Getriebe noch ein kardanisches Gelenk, um eventuelle Spannungen zwischen beiden Organen auszugleichen.

Die Plattenkupplung Johann Puch, 1909.

Die Lenkung funktioniert mittels einer Schraube; sie ist nachstellbar. Sowohl Schraube wie auch Schraubenmutter sind gehärtet, und die Abnutzungsflächen sind sehr groß, damit kein toter Gang entsteht. Die Lenkstange ist geneigt und geht durch das Spritzbrett. Bei den Sportmodellen ist die Neigung der Lenkung eine etwas größere als bei den normalen Wagen. Sämtliche Steuerungselemente sind als Kugelgelenke ausgebildet, die nachstellbar sind. Auf diese Weise hat man die Möglichkeit des toten Ganges der Lenkung vollkommen aufgehoben.

Die Pedale sind beweglich und verstellbar, das heißt, sie schmiegen sich unter der Sohle der Stellung des Fußes an. Außerdem können sie mittels weniger Handgriffe der Bein-

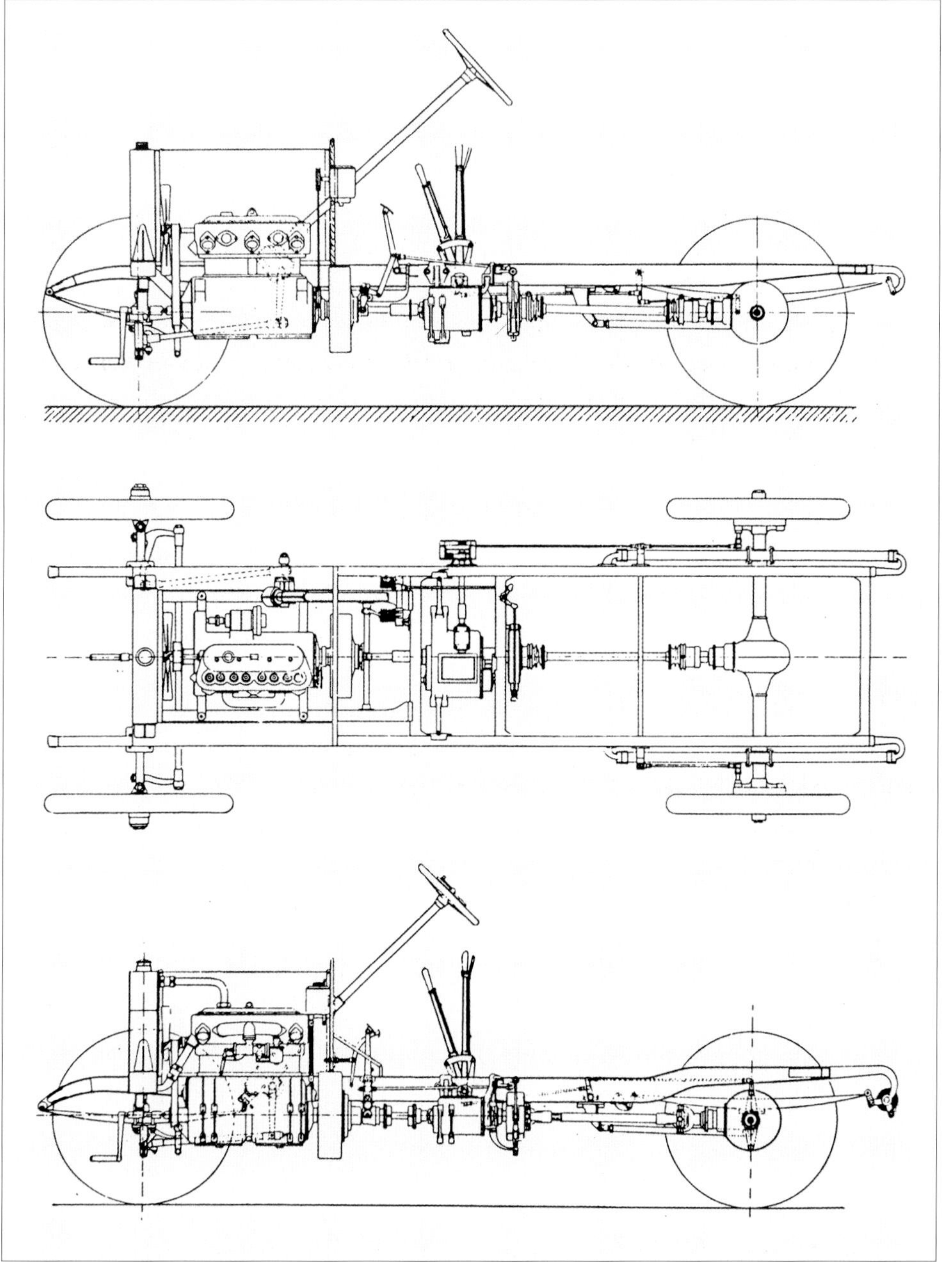

Der 18/22 HP Puch-Wagen im Aufriss, Modell 1909 (oben).
Der 18/22 HP Vierzylinder-Puch-Wagen im Plan, Modell 1909 (Mitte).
Der 28/32 HP Vierzylinder-Puch-Wagen im Aufriss, Modell 1909 (unten).

länge des Fahrers entsprechend eingestellt werden. Als modernes Fahrzeug hat der Puch-Wagen selbstverständlich Kulissenschaltung. Von den drei Geschwindigkeiten ist die große in direktem Eingriff. Ist die große Schnelligkeit eingeschaltet, dann bleibt die Nebenwelle des Getriebes vollkommen unbeweglich, weil überhaupt keine Zahnräder des Getriebes im Eingriff sind. Die Zahnräder des Getriebes sind breit und kräftig, desgleichen ist die Bremsscheibe des Getriebes sehr breit gehalten, um sie möglichst wirksam zu machen. Die Anordnung der gepressten Stahlträger, die wir bei der Aufhängung des Motors besprochen haben, finden wir auch beim Getriebe wieder. Die Kulissenschaltung ist eingekapselt, so dass sie vor Wasser und Schmutz geschützt ist.

Puch-Motordreirad mit wassergekühltem Motor, zwei Übersetzungen und Leerlauf aus dem Jahr 1909. 300 kg Transportfähigkeit.

Ein Teil der Wagenmontage im Jahr 1909.

Die Übertragung auf die Hinterräder erfolgt mittels Kardan. Es sind zwei Kardangelenke vorgesehen, weil die Konstrukteure von der Ansicht ausgehen, dass dadurch der Gang des Wagens geschmeidiger wird; sie wollen Klemmungen vermeiden, die entstehen könnten, wenn eine der Wagenfedern mehr nachgibt als die andere. Auch der Pneumatikverbrauch soll dadurch reduziert werden. Von Bedeutung ist schließlich auch, dass die Demontage durch den doppelten Kardan gefördert wird. Die Schmierung des Kardans zeigt ebenfalls eine Spezialität. Innerhalb des Kreuzkopfes des Kardans befindet sich ein Hohlraum. Dieser wird mit Konsistenzfett oder Öl gefüllt. Durch kleine Öffnungen tritt das Öl während der Fahrt zu den reibenden Stellen des Kardans und schmiert diese. Eine Ölfüllung hält tausend Kilometer vor.

Die Hinterradbrücke ist sehr stark gehalten. Jeder der beiden Teile der Hinterradachse

Der durch das Feuer zerstörte Trakt der Firma Johann Puch AG im Jahr 1909.

18/22 HP Vierzylinder-Puch-Wagen als Doppelphaeton karossiert, 1909.

läuft auf zwei Kugellagern, die große Kugeln aufweisen. Die Hinterradachse ist also an vier Stellen gelagert, und zwar deshalb, um Spannungen zu vermeiden und einen möglichst leichten Gang des Motors zu erzielen. Die Naben der Hinterräder haben ihre Lagerung genau im Druckmittelpunkt des Rades, das heißt, die Basis des Rades fällt mit dem Lager in eine Linie zusammen. Außer dem Kugellager haben die Hinterräder noch gewöhnliche Metallgleitlager. Sollte also einmal durch Zufall eine Kugel des Lagers brechen, so treten die Gleitlager in Funktion, die zerbrochene Kugel kann weiter keinen Schaden anrichten. In der Garage kann man dann den Defekt in Ruhe beheben. Die Hinterräder sind nicht mittels eines Vierkantes aufgesteckt, sondern befinden sich auf Mitnehmern, die direkt in die Achse eingefräst sind.

Die Kardanverspreizung ist derart angeordnet, dass die Hinterradachse bei allen Schwin-

Eine Serie von Automobilen, die aus den Puch-Werken in Graz an zwei Tagen, und zwar am 16. und 17. November 1909 zur Auslieferung gelangten.

gungen und Stößen stets in gleicher Entfernung vom Getriebe bleiben muss. Das ist wichtig für den glatten Lauf des Wagens.
Die Wagenfedern sind breit und flach. Für die Federaufhängung sind Bronzebuchsen vorgesehen, die mit Schmieröffnugen ausgestattet sind. Um den Lauf des Wagens möglichst elastisch zu machen, ist nebst der normalen Federung bei den 28/32 HP Wagen noch eine spezielle Hebelabfederung vorgesehen. Diese Hebelabfederung kann auf spezielles Verlangen des Käufers auch bei anderen Typen angewendet werden.
Der Rahmen ist aus getriebenem Stahl und hinten nach auswärts gekröpft. Diese Anordnung ist hauptsächlich deshalb getroffen, um eine gute Durchfederung des Wagenkastens zu ermöglichen.

Die Rekordfahrt auf der Landscha-Allee

Die *Offiziellen Mitteilungen des Steiermärkischen Automobil-Clubs* enthielten am 22. August 1909 folgendes Protokoll:
Über die am 11. August 1909 auf der Landscha-Allee von Kilometer 41–42 der Triester Reichsstraße zwischen ½ 9 und ¼ 10 vormittags stattgehabten Rekordfahrt bei fliegendem Start der Firma Johann Puch AG.
Wagen: Vierzylinder, 86 mm Bohrung; Motornummer 4409; 2 Mann Besatzung (Fahrer Ing. Karl Slevogt, Begleiter Gyulya Diescher).
Straße: mittelmäßig.
Fahrt: Kilometer 41–42.
8 Uhr 46 Minuten 4 $^{3}/_{5}$ Sek., Ankunft: 8 Uhr 46 Min. 32 $^{1}/_{5}$ Sek., gefahrene Zeit: 27 $^{3}/_{5}$ Sek., das sind 130,435 Stundenkilometer.

Hinter diesen dürren Angaben verbirgt sich das aufregendste sportliche Abenteuer der Firma Johann Puch bis zu diesem Zeitpunkt. Der deutsche Techniker, Rennfahrer und

Am 11. August 1909 stellte Ingenieur Karl Slevogt, Betriebsleiter der Johann Puch AG, mit seinem Vierzylinder-Puch-Wagen (86 mm Bohrung und 172 mm Hub) in der Landscha-Allee bei Graz einen neuen österreichischen Rekord über einen Kilometer mit fliegendem Start auf.

Konstrukteur Ing. Karl Slevogt wollte für das Werk den österreichischen Geschwindigkeitsrekord über den „fliegenden Kilometer" vom Erzrivalen Laurin & Klement zurückerobern. Die *Allgemeine Automobil-Zeitung* berichtete darüber im Heft 34 von 1909:

Am 11. d. wurde unter offizieller Kontrolle des vom Österreichischen Automobil-Club hiezu delegierten Steiermarkischen Automobil-Club in der Landscha-Allee bei Graz durch Ingenieur Slevogt, Betriebsleiter der Johann Puch A. G., auf seinem vierzylindrigen 86 mm Bohrung-Puch-Wagen der von der Firma Laurin & Klement im Vorjahre in der Neunkirchner Allee aufgestellte Rekord von 31 1/5 Sekunden mit 27 3/5 Sekunden geschlagen. Die Rekordfahrt erfolgte auf der Strecke Kilometer 41 bis 42 der Reichsstraße Wien – Triest, südlich von Graz, bei fliegendem Start. Der Kraftwagen ist von der Prinz Heinrich-Type und wird bei dem in diesem Jahre in Frankfurt am Main stattfindenden Automobilrennen von Slevogt gesteuert werden.

Herr Anton Pichler auf seinem imposanten Itala-Wagen fuhr mit der Leitung der Strecke auf und nieder, alle Fahrgrößen der Puchwerke: Lanner, Wolf, Pritl hatten großen Dienst und dazwischen huschten flinke Motorräder auf und nieder. Mitten durch den in eifriger Bewegung befindlichen Wagenpark zog der 28/32 HP Puch-Wagen des Herrn Rudolf Payer seine Bahn, der sich in den Dienst der Presse gestellt hatte und mit nimmermüder Liebenswürdigkeit Volant und Steuerung den Wünschen der ihres Amtes waltenden Journalistik anpasste.

Die Strecke war vielleicht eine Nuance zu feucht, sonst aber, abgesehen von den aufragenden Steinköpfen, in guter Verfassung. Die frische Morgentemperatur konnte nur der Kühlung zustatten kommen. Als abzustoppende Strecke wurde der Kilometerraum zwischen 41 und 42 und umgekehrt gewählt. Je ein Kilometer vor und nach waren für den Anlauf und Auslauf freigelassen. Oben bei Kilometer 40 hielt Slevogt mit seinem Wagen.

Das kleine flinke Ding und sein Lenker waren natürlich Zielpunkte allseitigen und lebhaftesten Interesses. Slevogt fuhr seinen Prinz Heinrich-Wagen, ein Vierzylinder mit 86 mm Bohrung, zweisitzig karossiert und in rennmäßiger Adjustierung. Neben dem Lenker hatte Herr Diescher, Beamter der Puchwerke, seinen Platz. Endlich war alles fertig. Die Streckenbesetzung war eine musterhafte. Die Behörde hatte in sportfreundlicher Weise genügend Gendarmeriemannschaft zur Verfügung gestellt, die Herr Leutnant Hadrboletz, der Leibnitzer Abteilungskommandant, persönlich unter sein Kommando nahm. Die Zeitnehmer bezogen ihre Plätze. Bei Kilometer 41 fungierte Herr Gaisser, bei 42 Herr Greiner als solcher. Beiderseits kennzeichneten weiße Bänder Anfang und Ende der Rekordstrecke.

Nun ist alles klar. 8 Uhr 40 Minuten: Der Itala-Wagen mit der Leitung durchfährt als Vortrain die Rennstrecke. Er signalisiert: In zwei Minuten Start! – Alles blickt nach Norden. Die Strecke ist blank. Die Uhr weist 8 Uhr 45 Minuten. Nur ein blaues Wölkchen, wo die Straße perspektivisch zusammenläuft. Ein fernes Surren, und nun donnert es heran, das kleine pfauchende Ungetüm. Slevogt sitzt wie eine Erzstatue am Volant, Diescher ist unter der Verschalung. Ein Sekundenbruchteil, und es ist vorüber. In der Ferne das entschwindende Rauchwölkchen, verhallende Auspuffdonner und eine Nase voll Penetranz …

Nur einen Moment noch sah man den Wagen. Er wiegte sich in den Achsen, die Steine werfen ihn, ein Hinterreifen scheint eine Nuance schwächer dimensioniert. Dann ist alles vorüber. Wie rasch er fuhr? Keine Ahnung. Doch da kommt ein Ordonnanzwagen. Er wechselt die Zeitnehmer. Kommt retour. Im Vorüberfliegen ruft Gaisser: ‚130 Kilometer!' – Damit war die Spannung gelöst. Das bedeutete haushohen Sieg. Doch der zweite Start erfolgt. 8 Uhr 58 Minuten. Wieder donnert der Wagen vorüber, in umgekehrter Richtung. Seine Beobachter merken eine Nuance langsameres Tempo. Oder war es Ideenzwang, weil man den Gegenwind fühlte, den der kühne Fahrer nun in der Front hatte? Doch auch diesmal ist das Ergebnis glänzend. 125 Kilometer lautete das erste Aviso.

Der Sieg ist errungen. Die offiziellen Ergebnisse sind: Erste Fahrt 27 3/5 Sekunden, das ist, auf die Stundengeschwindigkeit umgerechnet, ein Stundentempo von 130,434 Kilometer, ein Tempo welches genügen würde, den Wagen, ebene, freie Bahn vorausgesetzt, in einer Stunde von Graz bis über Gloggnitz hinauszutragen.

Bei der zweiten Fahrt nach der Wende wurden 28 4/5 Sekunden abgestoppt, die einer Stundengeschwindigkeit von 125 Kilometer entsprechen. Ingenieur Slevogt wurde natürlich auf das Herzlichste beglückwünscht. Sein Sieg war insoferne sozusagen improvisiert, als er auf dem Wagen außer einem Reservemantel nichts an Werkzeugen und Ersatzteilen mit sich führte.

Interessant ist die Schilderung Slevogts über seine Empfindungen während der mörderischen Fahrt. Er sagte: ‚Ich bin ganz ruhig. Ich überblicke alles, sehe alles, auch die Leute zur Seite, nur zu erkennen ist natürlich bei diesem Tempo niemand. Alles konzentriert sich in mir auf den Motor, und wenn ich ihn vollkommen sicher und intakt surren höre, dann – wäre ich ruhig, wenn sich nicht eine andere Empfindung meiner bemächtigen würde. Vom Moment des Passierens des Startbandes an erscheint mir die Fahrzeit endlos. Der Kilometer dünkt mir ungemeine Länge zu besitzen, der Wagen geht mir zu langsam,

Slevogts Rekordfahrt lockte zahlreiche Offizielle und Zuschauer in die Landscha-Allee.

die Zeit rinnt bleiern dahin. Erst als ich das Zielband passierte und als man mir meinen Erfolg mitteilte, löste sich in mir die Spannung in Freude auf. Das sind meine Empfindungen während der Fahrt.‘

Die *AAZ* lieferte anlässlich der Rekordfahrt aber auch einige höchst bemerkenswerte Aussagen zum Thema Geschwindigkeit und Werbung:
Ein Rekord wurde durch eine bessere Leistung über den Haufen geworfen. Rekordleistungen über kurze Distanzen sind zwar nicht das Um und Auf der Leistungsfähigkeit eines Automobils, aber die Schnelligkeit ist ganz gewiss eines der Hauptterfordernisse eines modernen Wagens von Klasse. Das Stehvermögen, die Betriebssicherheit sind Eigenschaften, die wir allen aus bekannten österreichischen Automobilfabriken hervorgegangenen Erzeugnissen zusprechen können, denn auf unseren österreichischen Straßen bei unseren Terrainverhältnissen würde ein Automobil, das kein Stehvermögen hätte, das nicht betriebssicher wäre, auf dem Markt überhaupt keinen Absatz finden.
Ein Automobil muss aber auch schnell sein können; man muss nicht immer wie ein Wahnwitziger fahren, wohl aber muss man das Bewusstsein haben, gegebenenfalls schnell fahren zu können. Das haben die Puch-Wagen schon zu wiederholten Malen in Rennen gezeigt. Der Rekord von der Landscha-Allee ist ein neuer Beweis dafür, was man heute aus einem Automobil von 86 mm Bohrung und 172 mm Hub herausholen kann.
Man ist heute nicht mehr so zimperlich, dass man sich bekreuzigt, wenn man das Wort Reklame ausspricht. Alle Welt benötigt diese Reklame, und derjenige, der die Reklame am geschicktesten macht, hat gewöhnlich den meisten Erfolg.
Die Rekordfahrt von Johann Puch war ohne Frage äußerst geschickt mit dem nötigen

Ing. Karl Slevogt am Steuer seines Puch-Rekordwagens am 11. August 1909 nach gelungener Fahrt. Der Rekord wurde auf einer Sandstraße aufgestellt, wie die Kotspritzer an der Karosserie deutlich beweisen.

Präambulum inszeniert. Die Grazer und steiermärkischen Blätter haben darüber ausführlich berichtet. Diese Nachricht geht nicht nur durch die österreichische Presse, sondern auch hinaus nach Deutschland, wo ja Puch eine sehr bekannte Marke ist. Die Rekordfahrt hat also den Zweck erreicht, den sie erreichen sollte. In einer Zeit, wo man fast gar keine Gelegenheit hat, vom Automobilismus zu sprechen, war damit ein interessanter Gesprächsstoff gegeben.

Aber Ing. Slevogt lieferte noch weitere Extremleistungen mit Puch-Automobilen. So berichtete die *Grazer Tagespost* vom 9. August 1909:
Herr Ingenieur Slevogt fuhr gestern mit seinem 18 HP Puch-Wagen von Rein durch den Mühlbachgraben auf den Pleschkogel zum Pleschwirt. Wer die Steigungsverhältnisse und die Straßenzustände auf dieser Seite des Pleschkogels kennt, wird die Leistung des Fahrers wie die seines Wagens als eine ganz außerordentliche anerkennen. Die Talfahrt ging über Hanselwirt und Hühnerleiten auf elendester, kotgefüllter, lehmiger Straße, in der die Räder einmal bis an die Achsen einsanken (hier musste das Auto mit Hilfe von zwanzig Burschen wieder flott gemacht werden), nach St. Pongratzen, wo man zum ersten Mal ein Automobil sah. Über Großstübing wurde dann die Reichsstraße erreicht. Es war dies, wie Herr Slevogt erklärte, die schwierigste Fahrt, die er je durchgeführt hat.
Über eine weitere Leistung des Puch-Wagens wird aus Graz vom 16. d. berichtet: Herr Ingenieur Slevogt ist gestern im Automobil vor dem Stubenberghaus auf dem Schöcklplateau erschienen. Ungeheures Aufsehen unter der gesamten auf der Höhe versammelten Touristen- und Sportwelt. Eine Schöcklpartie per Automobil, das war jedenfalls ein Novum. Herr Ingenieur Slevogt und sein Begleiter, technischer Beamter Herr Diescher, wurden fast mit Begeisterungsstürmen begrüßt. Es war auch eine mörderische Fahrt. Auf Hohlwegen, über Felsgeröll, kaum Platz für die Räder, musste der Wagen (ein 18/22 HP, zweisitzig karossiert) die Höhe erkämpfen. Zum Schutze der Pneus wurden die Räder mit Ketten umwickelt. Erst wurde der Versuch mit dünnen Gliederketten gemacht, dann

mussten aber schwere Fuhrketten angelegt werden. Eine besonders schwierige Stelle musste dreimal angefahren werden. Trotz Steigung, elendem Weg und regendurchweichter Bahn wurde die Schöcklpartie per Auto doch in zirka 29 Minuten erledigt. Auch der Abstieg ging glücklich von statten. Von Radegund aus fuhren Slevogt und Diescher nach Ligist, um dem dort auf Sommerfrische weilenden Firmenchef, Altmeister Puch, Kunde von dem geglückten Wagestück zu geben. Es illustrierte wieder so recht die Leistungsfähigkeit der Puchschen Wagen. Von diesem Standpunkte aus müssen auch derlei Experimente beurteilt werden. Es fällt im Ernst ja keinem vernünftigen Menschen ein, seinen Wagen auf derlei ungangbaren Wegen auf- und abzuschinden. Für den Ingenieur jedoch, der den Wagen erdacht, bieten solche Fahrten, bei denen Motor und Getriebe das Äußerste hergeben müssen, eine Fülle von Gelegenheiten, Erfahrungen zu sammeln. Von diesem Standpunkte, sowie als sportliches Husarenstücklein, an das sich nicht jeder wagen darf, werden Fahrten, wie die Slevogts, allzeit auf reges Interesse stoßen.

Slevogt trat mit seinem Rekordwagen wie geplant am 22. August 1909 zum Kilometerrennen in Frankfürt/Main an und siegte in der Klasse IV (bis 16 HP nach der Steuerformel) gegen starke Konkurrenz von Opel und Adler mit einer Geschwindigkeit von 122,4 km/h. Drittplatzierter in dieser Klasse war übrigens Heinrich Opel/Rüsselsheim, einer der Firmeninhaber dieses bedeutenden deutschen Autowerkes.

In der Klasse II (Wagen bis 6 HP nach der Steuerformel) war die Situation umgekehrt, hier verwies Dr. Fritz Opel (ebenfalls einer der fünf Opel-Brüder) den Puch-Fahrer Otto Wolf auf Platz 2. Und auf Platz 6 in dieser Klasse schien Ettore Bugatti aus Mühlheim am Rhein mit einem Deutz auf. Bugatti begann im selben Jahr mit dem Bau seiner eigenen, weltberühmten Bugatti-Automobile.

15. August 1909: Bewältigung eines Steilstücks mit dem Puch-Wagen auf der Fahrt auf den Schöckl durch Ing. Slevogt (Beifahrer Diescher). Beachtenswert sind die Ketten auf den Antriebsrädern zur Bewältigung der Steigung mit losem Geröll.

Ankunft des Wagens beim Stubenberghaus am Schöckl.

Die Fahrt eines Puch 18/22 HP-Wagens auf den Schöckl am 15. August 1909.

Auf der Rückfahrt vom Schöckl am 15. August 1909.

Ing. Karl Slevogt, 2. in der Tourenwagenklasse bis 22 HP, beim Semmering-Rennen am 19. September 1909.

Otto Wolf, auf dem Puch-Spezialrennwagen des Grafen Platen-Hallermund, Sieger der Kategorie Rennwagen mit vierzylindrigem Motor bis 75 mm Bohrung, beim Semmering-Rennen am 19. September 1909.

Emil Medinger, Sieger in der Klasse der Grand-Prix-Voituretten, auf seinem Puch-Wagen beim Semmering-Rennen am 19. September 1909. Emil war der Bruder des erfolgreichen Puch-Motorrad-Rennfahrers Robert Medinger.

Otto Wolf siegte beim Ries-Rennen 1909 in der Kategorie Rennwagen 4–5 Liter.

Zum Saisonende siegte am 19. September 1909 beim traditionellen Semmering-Rennen Emil Medinger in der Klasse der Rennwagen, die den Propositionen des Grand Prix der Voituretten 1908 entsprachen. In der Klasse der vierzylindrigen Rennwagen bis 75 mm Bohrung siegte Otto Wolf auf einem Puch-Wagen. Und Ing. Slevogt wurde mit seinem Rekordwagen in der Tourenwagenklasse bis 22 HP von einem Adler-Wagen auf Platz 2 verwiesen.

1910: Vierzylinder von 10–40 PS

Im Produktionsjahr 1910 lief der Bau von Voituretten mit dem V-Motor aus. Trotz des ausgezeichneten Rufes dieser Modelle und der regen Nachfrage nach dieser Antriebsquelle hatte man sich endgültig von diesem bei Puch sowie anderen Herstellern auch für Motorräder bewährten Motorkonzept abgewandt. Die Puch-Automobile des Jahrganges 1910 wurden ausschließlich mit Reihenmotoren ausgestattet.

Es waren dies die Modelle:

Typ K: (Kleiner Vierzylinder) 10/12 HP, Bohrung/Hub 68 × 102 mm (1.482 cm^3).

Typ B1: (Vierzylinder) 16/18 HP, Bohrung/Hub 76 × 120 mm (2.177 cm^3), Leistung auf der Bremse 27 HP.

Typ F: (Vierzylinder) 24 HP, Bohrung/Hub 85 × 140 mm (3.178 cm^3), Leistung auf der Bremse 40 HP.

Typ S: (Vierzylinder) 40 HP, Bohrung/Hub 100 × 140 mm (4.398 cm^3), Leistung auf der Bremse 60 HP.

12 HP Vierzylinder-Puchmotor, 1910. Links von der Seite des Ringschwimmer-Vergasers, rechts von vorne gesehen.

Links: Karosseriemontage bei Puch, 1910.
Rechts: Motorblöcke und Differenzialgehäuse, 1910.

Alle Modelle wiesen einheitlich folgende Baumerkmale auf:

- Stahlhauptrahmen und Hilfsrahmen für Motor und Getriebe.
- Kraftübertragung auf die Hinterräder mittels Kardan.
- Lange Wagenfederung mittels Halbelliptik-Blattfedern.
- Motorblöcke in einem Block gegossen.
- Thermosiphon-Kühlung.
- Bosch-Lichtbogenkerzenzündung.
- Seitlich stehende Ventile, untereinander austauschbar.
- Dreiganggetriebe mit einem Retourgang.

Die wichtigsten Neuerungen des Modell-Jahrganges 1910 waren:

- Einführung eines Hilfsrahmens zur Aufnahme von Motor, Kupplung und Getriebe.
- Verstärkte Federung.
- Neue Lagerung der Kardanwelle und der Federung in nachstellbaren Buchsen.
- Benzinförderung beim Typ F und S mit einer pneumatischen Benzinpumpe.
- Neuer Ringschwimmervergaser am Typ K.

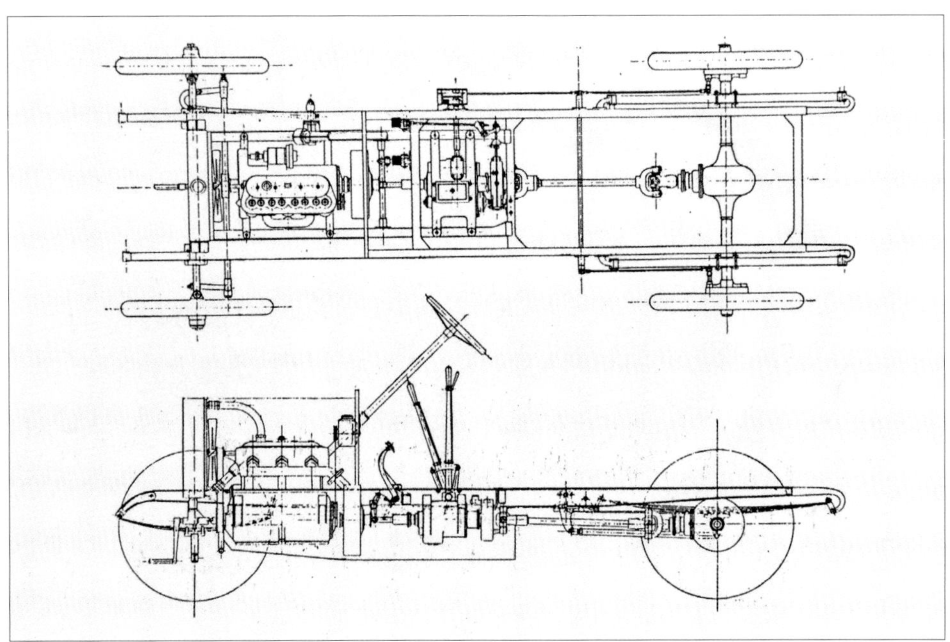

24 HP Puch-Chassis, im Plan und im Aufriss.

Die Besonderheiten der einzelnen Modelle waren:

Typ K:

- Zweifach gelagerte Kurbelwelle, zum Unterschied von den größeren Typen, welche eine Dreifachlagerung aufwiesen.
- Die Ventilstößel waren in einem sogenannten Ventilstößelblock gelagert, wodurch eine einfache Montage und Demontage bei Ventilreparaturen möglich war.
- Radstand 2.450 mm, Spurweite 1.180 mm, Chassislänge 1.980 mm, Chassisbreite 730 mm, Raddimension 700/80 mm.

Typ B1:

- Lederkonuskupplung für besonders weiches Anfahren.
- Auspuffklappe in der Auspuffleitung.
- Außenbacken-Kardanbremse direkt am Getriebe-Gehäuse angeflanscht, selbstschmierendes öldichtes Kardangelenk.
- Holzräder mit gestützten Speichen.
- Radstand 2.620 mm, Spurweite 1.180 mm, Chassislänge 2.220 mm, Chassisbreite 730 mm.

Typ F:

- Zündmagnet mittels Schnellmontagebügel montiert.
- Doppelzündung auf extra Bestellung erhältlich.
- Lamellenkühler.
- Unterbringung des Schmierapparates innerhalb des Motorraumes.
- Lamellenkupplung, im Ölbad laufend. Radstand 2.820 mm, Spurweite 1.200 mm, auf Wunsch vergrößerbar auf 1.320 mm, Chassislänge 2.400 mm.

Typ S:

- Im Aufbau identisch mit dem Typ F, jedoch in verschiedenen Details verstärkt.
- Dimensionsgleich mit Typ F.

16/18 HP Puch-Halbsportwagen, 1910.

16/18 HP Puch-Sportwagen, 1910. Beachtenswert ist der große Suchscheinwerfer.

16 HP Puch-Sportwagen, Type Semmering, 1910.

40 HP Puch-Wagen, Type S, als Doppelphaeton, 1910.

Oben: Der Puch-Kühler der 40/45 HP-Type, 1910. Dieses Bild zeigt die leichte Demontage dieses in den frühen Automobiltagen doch recht anfälligen Bauteiles.
Rechts: 24/30 HP Puch-Landaulett, 1910.

40 HP Vierzylinder-Puchmotor, 1910. Links Magnetseite, rechts Vergaserseite.

40 HP Puch-Limousine, 1910.

40/45 HP Puch-Wagen,
Prinz Heinrich-Type, 1910.

Katalogbild Puch-Automobil,
Baujahr 1910.

PUCH-WAGEN

Puch

Nr. 17.
Vierzylinder, Type II, 16/18 HP, mit Lieferungskarosserie (Spezialtype).

Anlässlich eines Besuches des Präsidenten des Österreichischen Automobil-Clubs in den Grazer Werken fand eine Führung durch Johann Puch persönlich statt, bei der neben den einzelnen Abteilungen auch die neuen Modelle mit zwei und vier Rädern präsentiert wurden. Die *Allgemeine Automobil-Zeitung* berichtete darüber hinaus, dass ein Flugmotor der Puchwerke in Arbeit sei:
Der Zug ins Aviatische fehlt auch der steiermärkischen Automobilfabrik Johann Puch AG in Graz nicht. Das große Interesse an der Flugtechnik sowie die rege Nachfrage nach Flugmaschinen veranlasste die Firma Puch, einen Blériot-Eindecker in Paris zu bestellen, der demnächst in Graz eintreffen wird. Die Firma beabsichtigt vorderhand nicht Aeroplane, sondern nur die Motoren hiezu zu bauen.

Die Pläne zum Flugmotorenbau zerschlugen sich in der Folge jedoch, es kam zu keinem Serienbau dieser Triebwerke.
1910 wurde jedoch auch noch ein anderes Projekt in Angriff genommen, das sich als zukunftsträchtig erwies, nämlich die Lastwagenproduktion. Dazu schrieb die *Allgemeine Automobil-Zeitung:*
Und jenseits des Mühlbaches, dessen Kraft die Maschinen der Puch'schen Fabrik treibt, wies Herr Puch auf eine weite Wiese hin; sie ist von der Gesellschaft gekauft. In nächster Zukunft soll sich hier eine neue Fabriksanlage erheben, die einem ganz neuen Teil der Fabrikation, nämlich der Lastwagenerzeugung bestimmt ist. Alles ist bereits in die Wege geleitet, um diese wichtige Abteilung der Puchwerke ins Leben zu rufen.

Es war dies in der Geschichte des Hauses Puch der zweite Anlauf, LKW anzubieten. Erst die komplette Neuentwicklung und Eigenfertigung eines eigenständigen LKW-Programmes war zielführend.

1911: Ende des Rennsports

Das Jahr 1911 brachte das offizielle „Aus" für die Beschickung von rennsportlichen Konkurrenzen seitens des Werkes. Die offizielle Begründung dafür lautete, dass, wie die *Allgemeine Automobil-Zeitung* meldete, *... die Fabrik so außerordentlich beschäftigt ist, dass sie unmöglich Zeit findet, besondere Rennwagen herzustellen. Außerdem glaubt das Haus, durch die vielen Siege und Erfolge in den verschiedensten Rennen die Qualität der Puch-Wagen zur Genüge bewiesen zu haben. Diese offizielle Mitteilung der Firma Johann Puch AG bezieht sich, wie das Haus ausdrücklich konstatiert, nur auf Rennen. Tourenfahrten, die mit normalen Tourenwagen bestritten werden können, werden stets auch Puch-Wagen am Start sehen.*

Dieses Jahr war also gekennzeichnet von vollen Auftragsbüchern und einem kontinuierlichen Ausbau des Vertriebs- und Werkstättennetzes. So wurde in Wien eine neue Reparaturwerkstätte in der Süßmayergasse im X. Wiener Gemeindebezirk eingerichtet. Und zwar in den ehemaligen Fabriksräumen der Firma Wyner, Hüber & Reich. Die

Johann Puch A.-G.

EINGELANGT
3 JUN. 1911

Graz, am 2.6.1911.

Sehr geehrter Herr Lohner!

Ich besitze Ihr Geehrtes vom 31. vor. M. und nachdem ich sehe, dass Sie sich in den vielen industriellen Verbänden, Vereinigungen und Organisationen etc. ebenso wenig wie ich auskennen, so will ich Sie diesethalb nicht weiter belästigen, nur möchte ich Sie bitten, mir mitzuteilen, ob die von Ihnen in Ihrem letzten Schreiben erwähnte Hauptstelle industrieller Arbeitgeber-Vereinigungen mit der Hauptstelle industrieller Arbeitsgeber-Organisationen identisch ist oder ob dies zwei verschiedene Verbände sind. Ich will nämlich diesem deshalb auf den Grund gehen, weil Siein Ihrem letzten Schreiben erwähnt haben, dass es anlässlich unseres szt. Sattlerstreikes zwischen dem Bund Oest. Ind. und der Hauptst. ind. Arbgb.-Verein. zu einem Konflikt gekommen sei, weil wir nicht Mitglied der letzten Vereinigung wären und zwar angeblich aus dem Grunde, da uns der Beitrag zu hoch gewesen wäre. Dies ist aber nicht richtig, sondern sind wir noch dazu ohnedies Mitglied der Hauptstelle industrieller Arbeitgeber-Organisationen und zahlen auch schon seit Jahren den entsprechenden Beitrag.

Sie sagen, dass die Sattler auch dort ein wunder Punkt sind. Wenn wir nur jammern und nichts unternehmen, werden wir aus der Misere nie herauskommen. Ich sehe schon, dass uns da weder ein Bund oder Verband, noch eine Vereinigung oder Organisation etwas helfen kann, weil die Herren alle zu wenig ausdauernd und unternehmend sind. Wir werden uns also schon selbst helfen müssen. Wenn es alle Wiener Fabriken so machen würden wie wir, sich nämlich einen N a c h w u c h s heranziehen (wir haben seinerzeit nur mit einem einzigen Mann und zwar mit dem Meister -und das war noch dazu ein Wagenbauer- und mit Lehrlingen angefangen, wenn Sie heute unsere Tapeziererarbeiten ansehen; es sind nicht solche von den schlechtesten), so wären dies gleich 100 neue Sattler. Auch heuer werde ich wieder Ausmusterung halten und können Sie dann diese Leute alle haben, wir werden uns neue erziehen.

Ich begrüsse Sie hochachtungsvoll:

Johann Puch pflegte zu den Industriellen und Mitbewerbern seiner Zeit durchaus rege und professionelle Kontakte, wie dieses Schreiben vom 2. Juni 1911 an Ludwig Lohner, den Wiener Automobilfabrikanten beweist. Darin geht es zunächst um die Interessenvertretung der Autoindustrie, gefolgt von einer aufschlussreichen Passage zur angespannten Situation beim Fachpersonal in der Automobil-Endausfertigung, hier speziell um die Sattler. Puch, der in Industriellenkreisen als „Macher" galt, gibt auch hier die Linie vor: Selbsthilfe und firmeneigenen Nachwuchs ausbilden.

Räumlichkeiten waren großzügig und boten Platz für eine gute Ausstattung mit Werkzeugmaschinen und für Büros. Daneben gab es einen ausreichend großen Hof, der, wie eine Pressemitteilung vom 14. Mai 1911 lautete, ... *eine sehr schätzenswerte Beigabe war, besonders deshalb, weil hier die Wiener Kunden des Hauses Johann Puch ihren ersten Unterricht in der Kunst des Automobillenkens erhielten.*

Emil Medinger im Puch-Wagen der Rennleitung beim Riederberg-Rennen, 1911.

In der Puch-Niederlassung im I. Wiener Gemeindebezirk, Stubenring 16, wurde der 28/32 HP Puch-Wagen des Erzherzogs Franz Salvator ausgestellt. Dieser als Limousine-Landaulett karossierte Wagen trug auf den Laternen kleine goldene Kaiserkronen und war in dunkler, weinroter Farbe lackiert. Die Innenausstattung war in Grau gehalten. Besondere Komfort-Details waren verstellbare Fußbänke, zwei aufklappbare Notsitze im Wagenfond, sowie ein Reise-Necessaire und ein Raucherservice. Die technische Ausstattung beinhaltete Doppelzündung. Erzherzog Leopold Salvator bekundete ebenfalls Kaufabsichten für so einen Wagen.

Puch-Annonce, 1911.

Die Mitglieder des österreichischen Kaiserhauses, die Erzherzöge Leopold Salvator und Josef Ferdinand, statteten dem Puch-Werk in Graz anlässlich des Ries-Rennens einen Besuch ab. Erzherzog Josef Ferdinand wurde von Johann Puch persönlich in Leoben mit einem Puch-Automobil abgeholt. Er bestellte aus Begeisterung einen Puch-Wagen Type 24/30 HP, nachdem Erzherzog Leopold Salvator zuvor einen Typ 45/50 HP geordert hatte.

Für die Gemeinde Wien bauten im Jahr 1911 die Firmen Johann Puch AG und die Maschinenfabrik Parsche & Weiße in Liesing auf dem Chassis eines Puch-Mulag-Lastwagens einen Straßensprengwagen zur Reinigung und Wäsche der Wiener Straßen auf.

Die 28/32 HP Puch-Limousine-Landaulett von Erzherzog Franz Salvator Habsburg-Lothringen, 1911.

Der Wiener Bürgermeister Dr. Neumayer und der Bürgermeister von Bukarest, Dimitrie Dobrescu, im Fond eines Puch-Wagens im Jahr 1911.

Der bekannte Volksschauspieler Alexander Girardi am Steuer eines Puch-Wagens im Sommer 1911.

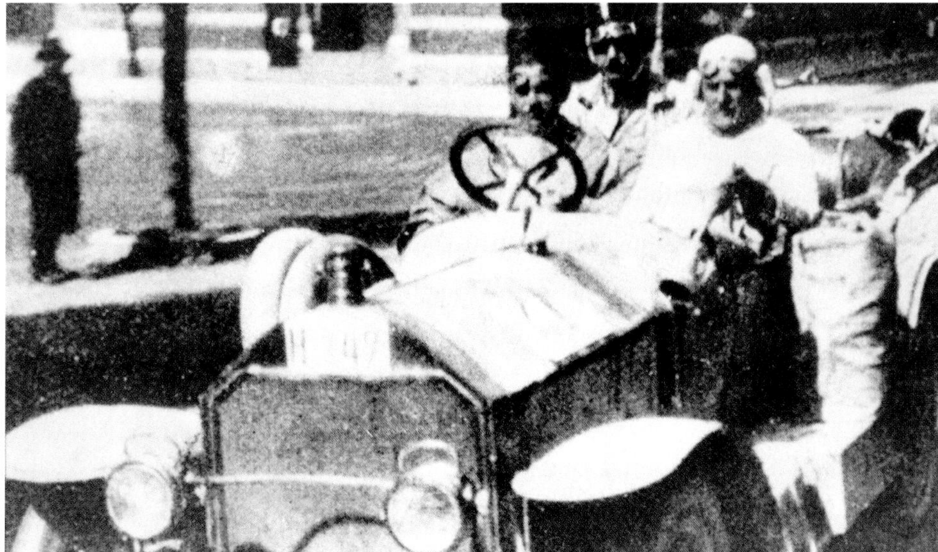

Internationale Alpenfahrt 1911: Der Puch-Wagen von Deutsch (Fahrer Krisch) beendete die Fahrt ohne Strafpunkte.

Die Reparaturwerkstätte Johann Puch AG in Wien, Frühjahr 1911. Das Unternehmen in der Süßmayergasse Nr. 56 war eines der größten seiner Art in Wien.

Straßen-Waschwagen (Besprengungswagen), 1911.

Trotz der offiziellen Nichtbeteiligung bei Geschwindigkeitskonkurrenzen mit Puch-Rennwagen konnten Puch-Serienautos beste Resultate erzielen. So beispielsweise beim Ries-Rennen in der Nähe von Graz, das am 21. Mai 1911 vom Steiermärkischen Automobilclub abgehalten worden war. In der Kategorie 6 der Wagen mit einem Gesamthubraum bis 4 Liter und einem Mindestgewicht von 900 kg siegte Otto Wolf vor Viktor Krisch, beide auf Puch. In der Kategorie 7 der Wagen mit einem Gesamthubraum bis 5 Liter und einem Mindestgewicht von 1.000 kg siegte wieder Wolf auf demselben Wagen wie in der kleineren Kategorie vor Ferdinand Lanner, ebenfalls auf Puch. Bei diesem denkwürdigen Rennen schlug übrigens Dr. Ing. Robert Medinger auf seiner Puch-Rennmaschine den schnellsten Wagen der Konkurrenz, den 200 HP Benz von Theodor Dreher (Fahrer Heim) und stellte mit einer Zeit von 4:09 $^{2}/_{5}$ den Ries-Rekord 1911 auf.

Die Internationale Alpenfahrt war 1911 die bedeutendste Automobil-Dauerprüfungsfahrt am Kontinent. Sie führte vier Tage nonstop über 1.400 Kilometer und schwierige Alpenpässe. Von den rund 100 Konkurrenten, die diese schwere Fahrt unter die Räder nahmen, kamen nur 12 Teilnehmer strafpunktelos ans Ziel. Der für diese besten Konkurrenten gestiftete Geldpreis im Wert von 4.000 Kronen wurde in Form einer wertvollen, künstlerisch gestalteten Plakette verliehen. Robert Deutsch (Fahrer Viktor Krisch) errang auf seinem Puch-Wagen diesen Ehrenpreis.

Unter den punktelosen Siegesfahrern war neben dem damaligen Austro-Daimler-Direktor Ferdinand Porsche und dem Konstrukteur der Nesselsdorfer Automobile (später Tatra) Hans Ledwinka auch der bekannte Wiener Automobilist Severin Schreiber gewesen. Und Schreiber war auch der motorsportliche Mentor des berühmten Volksschauspielers Alexander Girardi, mit dem er auch automobile Fahrten unternahm. Girardi blieb jedoch als Selbstfahrer dem Fahrrad und dem Motorrad (ebenfalls einer Puch-Maschine) treu.

1912: Modernisierung, Zweigniederlassung in Wien und Vereinheitlichung der Typen

Die augenfälligste Veränderung in den Puchwerken Graz war der Neubau einer Maschinenhalle, wo die mechanische Bearbeitung aller Teile für die Motoren und Fahrwerke erfolgte. Auch die laufende Ausstattung mit den modernsten Werkzeugmaschinen sowie der Materialfluss in einer Art von Fließbandsystem brachten es mit sich, dass die Produktivität im Automobilbau um 40% gesteigert werden konnte. Konkret bedeutete dies die Produktion mindestens eines Wagens pro Tag, diese Produktion konnte jedoch durch Mehrarbeit zu Beginn der Verkaufssaison noch gesteigert werden.

Das Modellprogramm wurde weitergeführt, es kam lediglich zu konstruktiven Vereinfachungen und Leistungssteigerungen.

Wiener Puch-Werkstätte, 1912.

Ein neuer Wagentyp wurde jedoch eingeführt, der Puch-Knight-Wagen. Dabei wurde zur Befriedigung des damals hochmodischen Käuferwunsches nach dem nahezu geräuschlos laufenden Knight-Schiebermotor der Originalmotor bei der englischen Daimler-Motor-Company in Coventry gekauft und in ein eigens für diesen Wagen gefertigtes Puch-Chassis eingebaut.

Johann Puch gab damals auch ein ausführliches Interview, das den Zustand der Automobilindustrie in der Monarchie treffend charakterisierte und auch bezeichnende Schlaglichter auf den Automobilismus in Österreich warf:
Das erfreulichste Zeichen der gegenwärtigen Entwicklung ist wohl das Erstarken der heimischen Industrie. Das österreichische Publikum hat nach den vielen großen Siegen der österreichischen Industrie Vertrauen zu unserer Fabrikation gewonnen und kauft einen österreichischen Wagen nicht minder gerne als einen fremden. Das gleiche gilt übrigens auch von dem Export. Unsere Wagen gelten im Auslande mit Recht als Qualitätsmarke. Diese Entwicklung ist aber noch keineswegs abgeschlossen. Den Platz an der Sonne haben wir zwar schon erobert, aber wir werden nach und nach wohl alle Plätze an der Sonne bei uns in Anspruch nehmen. Das ist übrigens der natürliche Entwicklungsgang der Dinge, und es kann nur im Interesse der Volkswirtschaft gelegen sein, wenn die vielen Millionen, die jetzt alle Jahre ins Ausland gehen, der heimischen Industrie zugute kämen. Man müsste demnach also annehmen, dass die staatlichen Faktoren das lebhafteste Interesse an der Förderung der österreichischen Automobilindustrie hätten, doch es ist kaum zu glauben, welche Hindernisse gerade unsere Industrie auf dem Wege zum Erfolg hat.
Ich will nicht sprechen von dem Haftpflichtgesetz und von der bevorstehenden Besteuerung, das scheinen unabwendbare Dinge zu sein. Aber die kleinlichen fiskalischen

Puch-Wagen 1912: 1) 16/18 HP Puch-Sportwagen, 2) 18/22 HP Puch-Wagen mit Prinz Heinrich-Karosserie, 3) 30/35 HP Puch-Tourenwagen, vorne geschlossen, 4) 45/50 HP Puch-Wagen mit Prinz Heinrich-Karosserie.

Bestimmungen, die oft von der größten Tragweite für eine Fabrik sind, könnte man der Industrie ersparen.

Da ist beispielsweise das Benzin. Ein billiger Benzinpreis ist natürlich von großer Bedeutung für den Automobilismus und fördernd für dessen Entwicklung. Im vorigen Jahre zahlten wir noch 27 Kronen pro 100 Kilogramm, jetzt bezahlen wir inklusive Fracht 40 Kronen. Der Staat ist hier allerdings an dem hohen Preise selber beteiligt. Das Hinauf-

schnellen der Preise ist dadurch möglich geworden, dass man von Staatswegen die Lieferung der Vacuum Oil Company unterbunden und dadurch das Kartell unterstützt hat. So kommt es, dass unser österreichisches Benzin in der Schweiz mit 28 Heller gekauft werden kann, wogegen wir es mit 40 Heller inklusive Fracht zahlen müssen!

Durch die Kartelle sind die Grundpreise für Materialien so hoch, dass sich die für die Automobilindustrie unbedingt notwendigen Hilfsindustrien nicht so wie anderwärts entwickeln können. Demzufolge sind unsere Hilfsindustrien gegen die ausländische Hilfsindustrie nicht konkurrenzfähig. Wir beziehen zum Beispiel aus Deutschland viele Schmiedeteile, trotz Zoll und Fracht, bedeutend billiger als in Österreich. Auch die Preise für Alteisen sind durch die Kartelle festgesetzt. Hat eine Automobilfabrik Alteisen abzugeben, so kann sie nur einen bestimmten, dafür festgesetzten Preis erzielen. Wie niedrig dieser Preis ist, mag daraus hervorgehen, dass dieses Alteisenkartell seinen weiteren Bedarf an Alteisen, den es in Österreich nicht bekommen kann, aus Deutschland bezieht und hiefür einen um 35 Prozent höheren Preis bezahlen muss.

Also auch hierin ist die österreichische Automobilindustrie wie in so vielen anderen Dingen im Nachteile.

Schwer lastet auch der Steuerdruck auf jedem industriellen Unternehmen. Unsere Steuern sind horrend. Wir zahlen nahezu 40.000 K und für Pension, Krankenkasse und Unfallversicherung etwa das gleiche. Diese Summen wachsen alljährlich.

Dabei wird unser Absatz eigentlich durch die Steuerbehörden selbst noch stranguliert. Es gibt eine Menge Geschäftsleute, die einen Wagen für rein geschäftliche Zwecke äußerst dringend brauchen würden, sich aber nicht getrauen, einen Wagen anzuschaffen, weil sie dadurch Gefahr laufen können, mit neuerlichen Steuern belegt zu werden. Statt den Konsumenten alle Wege zu ebnen, die dazu führen können, die Entwicklung zu fördern und das eventuell angesammelte Geld wieder unter die Leute zu bringen, bedroht man sie förmlich mit einer Strafe, die in Form eines höheren Steuermaßes zur Geltung kommt. Das ist natürlich wenig industriefördernd.

Die Hilfsindustrien, die in anderen Ländern so reichlich zu finden sind, mangeln aus vorerwähnten Gründen uns fast ganz. Wir sind in vielen Dingen direkt auf den Bezug des Auslandes angewiesen. Es klingt beinahe wie ein Hohn, wenn man sagt, dass der Zylinderguss inklusive Fracht und Zoll aus Deutschland und Belgien weitaus billiger zu haben ist, als in Österreich.

Anderwärts erfährt die Industrie intensive Förderung. Man gibt den Industriellen von seiten der Stadtgemeinden große Bauplätze, man gewährt ihnen Steuerfreiheit, ja selbst Subventionen sind nichts Seltenes, kurz, im Ausland ist das ein Kinderspiel, was bei uns eine schwere und undankbare Arbeit bedeutet.

Wenn man all dies bedenkt, und wenn man sieht, dass die österreichische Industrie trotzdem eine so hervorragende Stellung einnimmt, dann, so glaube ich, muss man wohl Respekt vor ihr haben, und vor dem, was die österreichische Automobilindustrie leistet.

In erster Linie wäre es wohl notwendig, dass der Staat selbst in diese Verhältnisse einige Besserung brächte. Der Nutzen würde nicht nur dem Produzenten, sondern auch dem Konsumenten zugute kommen und im hauptsächlichsten Maße in volkswirtschaftlicher Beziehung auch dem Staate selbst.

Was die Automobilfabrikation selbst betrifft, so muss ich wohl konstatieren, dass sie lebhafter ist denn je. Die Fabrikation ist insoferne leichter geworden, als das Publikum jetzt genau weiß, was es will. Man tappt mit den Typen nicht mehr im Dunkeln herum, sondern man weiß genau, was man den Käufern bieten muss. Allerdings ist der österreichische Käufer wesentlich verschieden von dem des Auslandes. Wagen, die in Deutschland und selbst in Frankreich großen Erfolg hatten, würde man bei uns nicht kaufen, denn unser Publikum ist im Allgemeinen sehr gut informiert und verlangt besonders in Bezug auf Eleganz und Schönheit das Äußerste, sieht aber trotzdem sehr auf den Preis.

Durch unsere neue Hallenanlage ist die Fabrikation bei uns eine viel rationellere geworden, als sie es früher war. Die Pläne für eine zweite Halle dieser Art sind bereits ausgearbeitet, und im nächsten Frühjahre wird auch diese schon in vollem Betriebe sein.
Dem Zuge der Zeit folgend, haben wir uns entschlossen, unseren Kunden auch Schiebermotoren zu bieten. Zu diesem Zwecke haben wir Original-Schiebermotoren in England gekauft.

Anordnung des Steuermechanismus mittels Schneckenradantrieb beim 9/25 HP Puch, 1912.

Oben und unten: Der neue 22/58 HP Puch-Motor mit obengesteuerten Ventilen (ohv), 1912.

Schiebermotor:

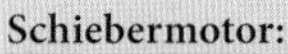

Eine mechanische Schwachstelle bei frühen Automobilmotoren waren die Ventile, die vor allem beim Übergang vom Schaft in den Teller brachen und damit schwere Motorschäden hervorriefen. Die Suche nach anderen Steuerelementen für den Gaswechsel wurde von den Schieberelementen der Dampfmaschinen inspiriert und führte zur Konstruktion von Schiebermotoren.
Bei diesen wird ein System von beweglichen Rotations-(Walzen- oder Dreh-) oder Zylinder-(Hülsen-)Schiebern angewendet, welche den Gaswechsel an Stelle von Ventilen bewerkstelligen.
Als Schieber-Viertaktmotoren erwiesen sich solche mit Hülsenschiebern des Systems Charles Yale Knight oder mit Walzenschieber von Argyll als praxistauglich. Die von Johann Puch verwendeten waren englische Knight-Motoren (u.a. auch von der belgischen Automobilfabrik Minerva verwendet), welche mit einem System von zwei ineinander gleitenden Zylindern den Gaswechsel steuerten.
Durch die Problematik des mit der Motordrehbewegung größer und kleiner werdenden Ein- bzw. Auslassquerschnitts und damit des ungenügenden Füllungsgrades sowie der schweren hin- und hergehenden Masse der Schieber und der heiklen Schmierung der ineinander gleitenden Zylinder-Mantelflächen stießen diese Motoren bald an die Grenze ihrer Leistungsfähigkeit. Auch Johann Puch beendete sehr schnell das Schiebermotor-Experiment.

Knight-Schiebermotor

Die Modellpalette war, wie bereits erwähnt, bis auf Detailänderungen gleich geblieben. Sie erfuhr infolge der effektiven Leistungssteigerung der einzelnen Modelle lediglich eine Umbenennung:

Das bisherige Modell 16/18 HP hieß ab sofort 9/25 HP (76 mm Bohrung, 120 Millimeter Hub, 2.177 cm^3).
Bisher 18/20 HP, jetzt 11/32 HP, 84 × 125 mm (2.771 cm^3).
Bisher 24/30 HP, jetzt 13/38 HP, 85 × 140 mm (3.178 cm^3).
Bisher 30/35 HP, jetzt 17/44 HP, 100 × 140 mm (4.398 cm^3).
Bisher 45/50 HP, jetzt 22/58 HP, 110 × 150 mm (5.702 cm^3).

Ein Puch-Wagen in Singapur auf der malayischen Halbinsel, 1912.

Neu ab 1912:
16/40 HP Knight, 101 × 130 mm (4.166 cm^3).
27/60 HP Knight, 124 × 130 mm (6.279 cm^3).

Technische Merkmale der Typen 1912: Weitgehende Normung der Bauteile für alle Typen, damit vereinfachte Lagerhaltung und Verbilligung der Produktion. Hilfsrahmen für die Antriebseinheit Motor, Kupplung und Getriebe. Seitlich angeordnete Nockenwelle und Antrieb derselben, außer beim kleinsten Modell 11/32 HP, mittels Schnecken- bzw. Schraubenrädern. Die Ventilsteuerung erfolgte bei allen Modellen auf der dem Vergaser gegenüberliegenden Seite.

Die *Allgemeine Automobil-Zeitung* berichtete am 24. März 1912 unter anderem über die Puch-Autos Folgendes:
Zylinder und Zylinderkopf sind jetzt aus einem Stück gegossen, hauptsächlich deshalb, um Undichtigkeiten zu verhindern, die leicht bei einer aufgesetzten Wasserkappe entstehen. Der Schmierapparat ist direkt in den Motor eingebaut. Dies ermöglicht einen leichteren Antrieb und hat den Vorteil, dass das Öl angewärmt wird. Alle praktischen Automobilisten werden es gewiss als einen Vorteil empfinden, dass das Reservoir fünf Liter Öl fasst, was für eine Fahrt von 600 Kilometern ausreichend ist. Es ist ein Ölstandzeiger vorgesehen.
Die Lager sind breit, alle Wellen und Zapfen sind hochglanz geschliffen. Bei den Ventilen ist darauf geachtet, dass sie einer möglichst guten Kühlung ausgesetzt sind. Der Explosionsraum ist kugelig ausgebildet, um den Explosionsdruck möglichst auf den Zylinderkolben zu konzentrieren.
Die Wasserrohre vom und zum Motor sind groß. Bei den kleineren Typen ist die Wasser-

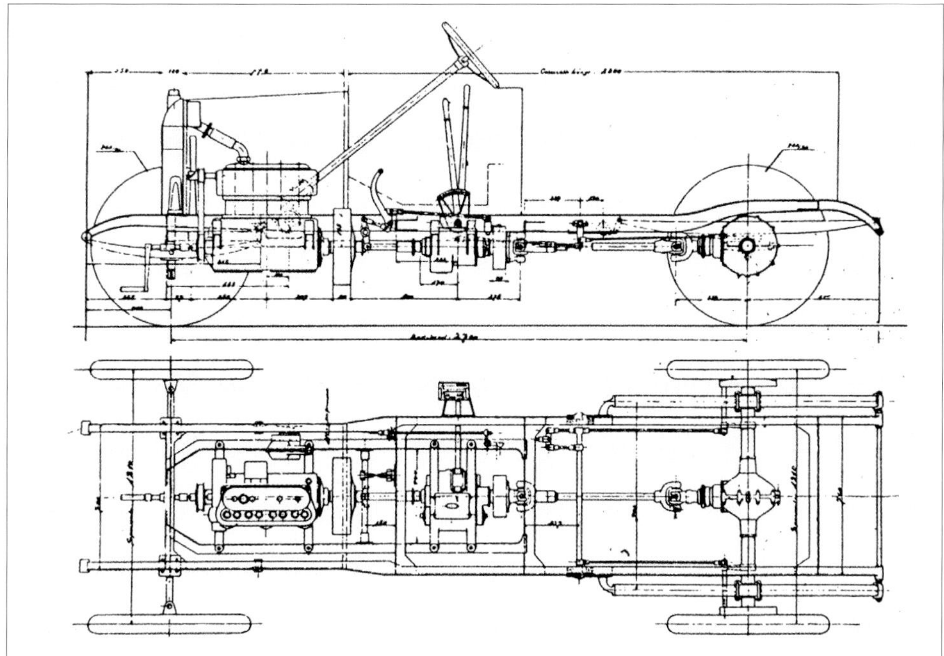

Halbachse der Puch-Personenwagen mit Differenzialgehäuse und Innenbackenbremsen, 1912.

11/32 HP Puch-Wagen im Plan und Aufriss.

zirkulation mittels Thermosiphon angewendet, bei den größeren Typen finden wir die Pumpe.
Alle Puch-Motoren mit Ausnahme der 22/58 HP Type zeigen die Zylinder in einem Block gegossen. Die erwähnte große Type hat die Zylinder paarweise zusammengegossen. Die Maximaltourenzahl ist mit 1.700 Touren festgesetzt worden. Die Massenbeschleunigung wurde erhöht durch Verminderung der hin- und hergehenden Masse. Um einen möglichst ausgeglichenen Gang zu erzielen, werden Pleuelstangen und Zylinder genauest abgewogen, so dass nicht ein Kolben schwerer ist als der andere, wodurch Unregelmäßigkeiten des Laufes entstehen können. Wie großer Wert auf einen erschütterungsfreien Lauf gelegt wird, geht daraus hervor, dass man den neuen Motor zuerst in ein Chassis mit ganz leichten empfindlichen Federn steckt. Läuft der Motor hier ohne Erschütterungen, dann ist er in Ordnung, andernfalls muss er in die Werkstätte zurück. Als Zündung verwendet man in den Puchwerken die Hochspannungs-Magnetzündung mit Regulator. Der Motor wird mit Zenith-Vergaser ausgestattet. Als Kühler dient der Lamellen-Kühler, dessen Lötstellen reduziert worden sind. Die Kupplung ist bis zu der 11/32 HP Type eine Lederkonuskupplung, darüber hinaus wird die Lamellenkupplung angewendet.
Das Getriebe ist ein modernisiertes, um das Geräusch zu unterdrücken. Selbstverständlich laufen alle Wellen auf Kugellagern. Der 9/25 HP hat drei Schnelligkeiten, alle anderen Typen haben deren vier. Der Kardan findet bei allen Wagen Anwendung. Auch in diesem Falle ist die Verbesserung auf Geräuschlosigkeit gerichtet. Die Rahmen sind versteift, ohne dadurch schwerer geworden zu sein.
Auf Wunsch der Käufer werden die Fahrzeuge mit Drahtspeichenrädern ausgerüstet, welche die Fabrik selbst erzeugt. Die Steuerung ist eine Schraubensteuerung. Auch die Karosserien werden, wenigstens teilweise, von der Firma Puch hergestellt. Man sieht auf glatte, schöne Linien, und besonderer Wert wird auf eine gute Polsterung gelegt.

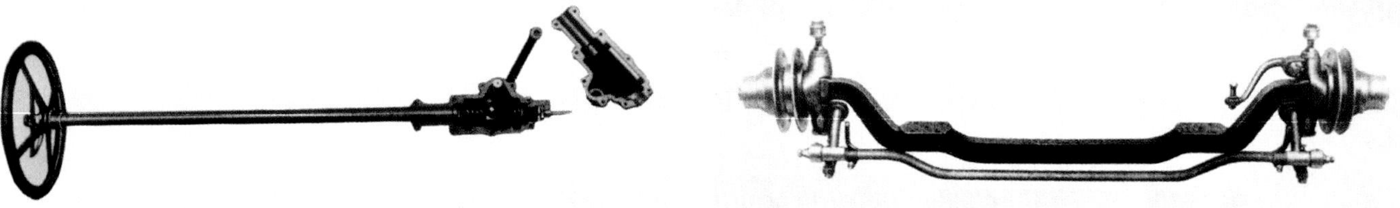

Links: Puch-Spindellenkung mit geöffnetem Getriebe, 1912.
Rechts: Puch-Vorderradachse mit den Lenkschenkeln und der Zugstange der Lenkung, 1912.

Das augenfälligste Merkmal der PKW-Modelle 1912 war der neu gestaltete Kühler, einer der signifikanten Bauteile der damaligen Automobile. Man darf nämlich nicht außer Acht lassen, dass ja ein großer Teil der Wagen von den Käufern erst mit einer Karosserie nach Wunsch versehen wurde.

Der neue Puch-Kühler, 1912.

Es waren also durchaus optisch idente Aufbauten bei völlig verschiedenen Automobilmarken anzutreffen. Dies vor allem, da ja die einzelnen Aufbauvarianten wie beispielsweise „offener Tourenwagen", „Sportwagen" und in der Frühzeit „Tonneau", „Landaulett" sowie Baumerkmale wie „Allwetterverdeck" geradezu eine Art von Normung darstellten. Daher ist auch der große Geschäftserfolg und der hohe Bekanntheitsgrad der verschiedenen Karosseriefirmen zu verstehen. Die bekanntesten Namen von Karosseriebaufirmen in der Monarchie waren Armbruster und Kaibl in Wien.

Noch ein Automobilzweig der Firma Puch wurde im Jahr 1912 weiter forciert, nämlich der Bau von Lastkraftwagen. Dabei bediente man sich auch wieder der Lizenz des deutschen LKW-Herstellers Mulag. Die Stückzahlen erreichten jedoch bei den nach Mulag-Lizenz gefertigten – man müsste korrekterweise sagen „Schwer-LKW" – keine bedeutende Höhe, ja es gab von den extrem schweren Ausführungen nur Einzelstücke.

Puch-Taxi beim Tanken in der Puch-Werkstätte, Wien X, 1912.

Wiener Puch-Werkstätte, 1912.

Diese Anmerkung ist insofern wichtig und soll in zeitgeschichtlichem Kontext auch richtig eingeordnet werden, da ja viele Chassis der Puch-PKW entweder von Haus aus oder im Laufe der Zeit mit Nutzaufbauten versehen und in allen Bereichen der Wirtschaft sowie im kommunalen und öffentlichen Bereich eingesetzt wurden. Insbesondere sei in diesem Zusammenhang auf die Sanitätsaufbauten verwiesen, welche vor allem im Laufe des Ersten Weltkrieges zur traurigen Notwendigkeit wurden.

1912 wurde auch in der *Allgemeinen Automobil-Zeitung* die größte Zweigniederlassung der Puch AG in Wien vorgestellt, die erst im Vorjahr gegründet worden war. Diese wurde von einem Neffen Johann Puchs, Direktor Igo Belletz, geleitet und umfasste die Abteilungen Garagen, Reparaturen und eine eigene Puch-Autotaxi-Abteilung. Die Reparaturwerkstätte war in eine Spenglerei, Lackiererei, Tischlerei, Tapeziererei und Schmiede unterteilt. Dazu kamen noch die Magazine für Ersatzteile sowie eine Bremsstation zur Feststellung der Leistungsfähigkeit der Wagen. Der Tapeziererei im Besonderen sowie den anderen Abteilungen kam eine wichtige Position bei der Entlastung der Fabrik in Fertigungsangelegenheiten zu, so dass das Blatt von einer „Wiener Puch-Fabrik“ mit 125 Beschäftigten sprach. Die Taxi-Abteilung hatte 20 Mietwagen laufen und firmierte unter dem Namen „Puch Autotaxi G.m.b.H.“. In diesem Jahr hatte sich Johann Puch auch aus der operativen Geschäftsführung der Johann Puch AG zurückgezogen.

Kraftzentrale der Johann Puch AG, 1912. Ein 120 PS Dieselmotor trieb einen Drehstromgenerator.

Dampfturbine mit E-Generatoren zur Stromerzeugung der Puchwerke, 1912.

24/30 HP Puch-Landaulett von Erzherzog Franz Salvator Habsburg-Lothringen, 1912.

Oben: Puch-Mulag-Lastwagen und -Omnibusse, 1912.
Links: Teil der Karosserie-Abteilung, 1912.

1913: Steter Fortschritt in Qualität und Komfort

Puch-Kühlerausführungen und Radnaben der Modelle 1913.

Vierganggetriebe der Puch-Personenwagen, 1913.

Oben und unten: 11/30 HP Puch-Motor, 84 mm Bohrung, 125 mm Hub, 1913.

Anlässlich der Generalversammlung der Firma Puch am 14. März 1913 wurde von Generaldirektor Dr. Strauß der Rücktritt von Johann Puch aus der Geschäftsleitung im abgelaufenen Geschäftsjahr verlautbart. Es wurde die Ausschüttung einer siebenprozentigen Dividende sowie eine Aufstockung des Aktienkapitals um 2 Mio. Kronen auf 6 Mio. Kronen einstimmig genehmigt. Ebenso wurde einstimmig die Änderung des Firmenwortlautes auf „Puchwerke-Aktiengesellschaft" beschlossen.

Der Ausbau der Fabrik war in diesem Jahr weiter fortgeschritten. Das Werk war am Weg zur modernsten Automobilfabrik der Monarchie. Die Fabrikshallen wurden Schritt für Schritt erneuert und die Fertigung der Automobile, Motorräder und Fahrräder nach den modernsten Gesichtspunkten der damaligen Zeit ausgerichtet.

Die Modellpalette der Wagenfabrikation wurde keinen sensationellen Neuerungen unterworfen, man ging den bewährten Weg konsequent weiter. Zum „Verkaufsschlager" hatte sich der 11/30 HP-Wagen entwickelt. Er erfreute sich als Reisewagen ebenso großer Beliebtheit wie in der Karossierung als zweisitziger Sportwagen, wie ihn Graf Palffy-Daun fuhr. Auch als Autotaxi hatte sich dieser robuste 2,7 (2.771 cm^3) Liter-Wagen einen festen Kundenkreis geschaffen.

Der Typ 9/25 HP hatte sich vor allem wegen seiner Schnelligkeit einen Liebhaberkreis unter den sportlich ambitionierten Automobilisten gesichert. Mit 2.177 cm^3 war dieses kleinste Puch-Modell allerdings nach heutigen Begriffen keineswegs unter „Kleinwagen" einzureihen.
Ganz wesentlich für die Typologie der Puch-Modelle jener Jahre ist die Feststellung der neuerlichen Umbenennung der Modellpalette, und zwar wie folgt:
Bisher 9/25 HP, jetzt 9/23 HP, 76 × 120 mm (2.177 cm^3).
Bisher 11/32 HP, jetzt 11/30 HP, 84 × 125 mm (2.771 cm^3).
Bisher 13/38 HP, jetzt 13/35 HP, 85 × 140 mm (3.178 cm^3).
Bisher 17/44 HP, jetzt 17/42 HP, 100 × 140 mm (4.398 cm^3).
Bisher 22/58 HP, jetzt 22/58 HP, 110 × 150 mm (5.702 cm^3).

Die *AAZ* beschäftigte sich in Nummer 30/1913 ausführlich mit Puch und zeigte verschiedene Ausführungs- und Karosserieformen der Puch-Wagen. Dabei wurde ein Wagen als „Alpentype" apostrophiert. Dabei handelte es sich um den sogenannten „großen" Alpenwagen (zum Unterschied vom „kleinen" Alpenwagen, Typ XII).

Aus den Verkaufsmitteilungen der Zweigniederlassung der Firma Johann Puch in Wien geht neben den Verkäufen an den bekannten Komponisten Bruno Granichstaedten und den berühmten Flieger Freiherrn Franz von Berlepsch (heute sind nach beiden Gassen in Wien benannt) auch der Verkauf eines 11/30 HP Alpenwagens an Baron Ernst Josef von Plener (österreichischer Staatsmann und Schriftsteller) hervor. Dass der Begriff

Subventionslastzug:

Erzherzog Leopold Salvator, der selbst einen militärischen Zugwagen konstruiert hatte, war der Schirmherr seitens des Kaiserhauses über die militärische Kraftfahrt in der Monarchie. Ziel war die verlässliche Nutzung des Lastkraftwagens im Militärdienst. Dazu fand die k.k. Armee mit dem *Subventionslastzug* eine Lösung für 5–7 Tonnen Lastzüge, die sowohl für den zivilen als auch für den militärischen Bereich vorteilhaft war. Wer einen LKW der Subventionstype anschaffte, dem subventionierte das Militär mit 10.000,– Kronen den Ankauf. Dafür musste der Besitzer den Wagen samt Fahrer stets einsatzbereit halten, durfte ihn nicht über 4 plus 3 Tonnen belasten und musste ihn zu Waffenübungen samt Treibstoff für 300 Kilometer stellen. Im Kriegsfall jedoch wurde der Subventionslastzug zur Gänze vom Militär beansprucht.
Das Militär hatte damit immer modernstes und gewartetes Wagenmaterial zur Verfügung, der Unternehmer, der so einen Lastzug besaß, ersparte sich immerhin bei einem Ankaufspreis von 34.000,– bis 36.000,– Goldkronen 10.000,– Kronen. Die Typen jener LKW, die von den einzelnen Herstellerfirmen ins Subventionsprogramm aufgenommen wurden, ermittelte man bei sogenannten Subventionsfahrten, deren erste vom 13. Oktober bis 7. November 1911 stattgefunden hatte. Bei diesen mussten die LKW ihre Steigfähigkeit, Robustheit im Gelände sowie ihre Zuverlässigkeit beweisen.

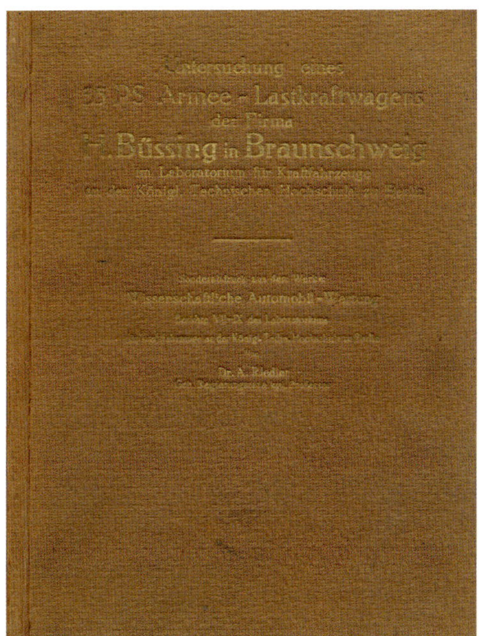

Johann Puch hatte sich zwar schon 1912 aus der Geschäftsleitung und somit aus dem operativen Geschäft der Puch Aktiengesellschaft zurückgezogen, war aber noch immer hoch aktiv mit der Fahrzeugentwicklung der Firma beschäftigt. Die Bilder zeigen ein Buch aus der ehemaligen Bibliothek der Puchwerke-Aktien-Gesellschaft über die Untersuchung eines 35 PS Armeelastkraftwagens der Firma H. Büssing in Braunschweig im Laboratorium für Kraftfahrzeuge an der königlich technischen Hochschule in Berlin aus dem Jahr 1913. In diesem Bericht werden nicht nur die Mess- und Prüfmethoden für den Subventionslastwagen nach den Richtlinien in Deutschland in Wort und Bild dargelegt, sondern es findet sich auch eine Passage über den Betrieb mit Benzol an Stelle von Benzin. Diese ist mit dem Kommentar „Für Deutschland!" gekennzeichnet. Der Schriftvergleich mit anderen handschriftlichen Vermerken von Johann Puch lässt mit hoher Wahrscheinlichkeit darauf schließen, dass diese Anmerkung aus seiner Feder stammt. Im letzten Friedensjahr war somit der Bau einer Puch-Subventions-LKW-Type für Deutschland angedacht.

Laboratorium für Kraftfahrzeuge
an der
Königl. Technischen Hochschule
zu Berlin

Berichte VII—IX

Berichte über die Untersuchung
des
35 PS-Büssing-Armeelastzuges
(nach den Subventionsvorschriften für 1913)

umfassend:

Bericht VII: Wagentechnische Untersuchung des 35 PS-Armeelastzuges. Von G. Becker.

Bericht VIII: Untersuchung des 35 PS-Büssing-Motors.

Bericht IX: Allgemeines über Lastkraftwagen. — Bauart der Büssing-Lastkraftwagen. — Versuchsergebnisse des Armeelastzuges.

Puchwerke-Aktien-Gesellschaft

Büssing-Motor. — 22 — Bericht VIII.

Obwohl die Motorleistung und Brennstoffausnutzung bei Verwendung von Benzol ungünstiger ist, so muß doch auf Grund der Versuchsergebnisse das Benzol als geeigneter Brennstoff für Automobilmotoren angesehen werden. Denn die thermische Ausnutzung und Betriebsbrauchbarkeit ist für die Verwendung eines Brennstoffs nicht allein entscheidend. Hier spielen auch Marktpreis, Kaufgelegenheit und für Militärfahrzeuge insbesondere Unabhängigkeit vom Auslande, sowie Vorhandensein ständigen Vorrats eine wichtige Rolle. Das Benzin ist Auslandsprodukt und sein Preis fast willkürlicher Monopolherrschaft unterworfen.

Hiermit verschiebt sich die Brennstoffrage für Militärfahrzeuge vollständig zugunsten des im Inland gewonnenen Benzols.

Die Verwertung des Benzols im Kraftwagenbetriebe ist ohne Schwierigkeit möglich. Das übliche Handelsbenzol ist auf Grund mehrjähriger Versuche den Betriebsbedingungen der Automobilmotoren gut angepaßt. Die Verteerung der Maschinen, die anfänglich auftrat, ist im wesentlichen beseitigt.

Für Deutschland!

Verschiedene Puch-Typen mit offenen Karosserien, 1913. Links oben: Alpenwagen-Type, rechts: Rennwagen, vier Liter Zylinderinhalt (Ostrauer Rekordwagen, nach Amerika verkauft), Mitte links: 11/30 HP Spezialwagen, rechts: 9/23 HP leichter zweisitziger Sportwagen, unten links und rechts: Exportwagen.

„Alpenwagen" sich ursprünglich nur auf die Karosserieform bezog und erst später zur Modellbezeichnung wurde, ist auch aus diesen Verkaufsmitteilungen zu entnehmen, denn derselbe 11/30 HP wurde an einen Grafen Guido della Stalla mit viersitziger Prinz Heinrich-Karosserie geliefert.

Mit den original Knight-Schiebermotoren wurden die Typen 16/40 HP und 27/60 HP unverändert gebaut. Und die Lastwagentypen (für die es selbstverständlich auch Omnibusaufbauten gab) gab es als leichte Lastwagen 30/42 HP bis 1.500 Kilogramm Nutzlast und die schwere Ausführung 35/60 HP bis zwei Tonnen.

Die Beschreibung zu den einzelnen Typen lautete:
Die Motortype 9/23 HP hat 76 mm Bohrung und 120 mm Hub. Diese Type hat sich bereits so eingebürgert, dass immer wieder neue Serien in derselben bisher bewährten Ausfüh-

rung und Konstruktion gebaut werden müssen. Der Wagen hat drei Geschwindigkeiten, und es hat sich gezeigt, dass man mit denselben reichlich auskommt.
Thermosiphonkühlung. Es ist ein genügend großer Kühler gewählt, dass bei unserem gebirgigen Terrain an den Wagen die größten Anforderungen gestellt werden können.
Die Type 11/30 hat 84 mm Bohrung und 125 mm Hub. Diese Wagentype ist bedeutend modernisiert, hat vier Geschwindigkeiten und ist zur Zeit der am meisten verlangte Wagen. Verwendung findet er als Droschke, als Sport-, Stadt- und auch als sechssitziger Tourenwagen; er wird mit und ohne Wasserpumpe ausgeführt. Der Motor hat eingekapselte Ventile, Zweifunkenzündung, der Vergaser liegt an der entgegengesetzten Seite der Ventile. Die Schmierung ist derartig ausgeführt, dass der Wagen sowohl bei Steigungen als auch in der Ebene immer die gleiche Ölmenge erhalten muss. Die Leistungsfähigkeit und Elastizität ist sehr groß. Die Kupplung ist eine neue Lederkonuskupplung.
Type 22/58 hat 110 mm Bohrung und 150 mm Hub. Diese Type wird jetzt fast ausnahmslos für große Tourenwagen verwendet. Es ist die altbewährte Konstruktion. Sie wurde in jüngster Zeit modernisiert.
Type 17/42 hat 100 mm Bohrung und 140 mm Hub. Diese Type hat oben gesteuerte Ventile und wird nur für sehr große Reisewagen verwendet, weil sie außerordentliche Leistungsfähigkeit aufweist.
Die Schieber-Puch-Wagen. Bei sehr großen Tourenwagen zieht man jetzt immer mehr und mehr den Schiebermotor, original Daimler-Knight, vor. Die Puchwerke verwenden von den Schiebermotoren nur die größeren Typen, und zwar die Motoren von 16/40 HP, 101 mm Bohrung und 130 mm Hub und 27/60 HP mit 124 mm Bohrung und 130 mm Hub. Bei diesen Wagen wird in den meisten Fällen die elektrische E.A.B.-Beleuchtung eingebaut.

Als besondere Neuerung des Jahres 1913 ist die Ausführung des abnehmbaren Drahtspeichenrades anzuführen. Diese wurden von Puch nicht nur für die eigenen Automobile gefertigt, sondern auch für andere Firmen geliefert. Die abnehmbaren Puch-

Ein 30 HP Puch-Wagen von Erzherzog Heinrich Ferdinand, 1913. Beachtenswert sind die abnehmbaren, stromlinienförmigen Scheinwerferverkleidungen. Diese dienten weniger der Aerodynamik, sondern zur Verhinderung von Steinschlag-Schäden der Scheinwerfergläser.

17/42 HP Puch-Landaulett des Fürsten Ivanenko, 1913.

58 HP Puch-Sportwagen, geliefert an Herrn G. Perschin in Prag, 1913.

Stahlspeichenräder zeichneten sich durch einfachen Aufbau und Robustheit aus. Sie konnten sich bei Fahrt niemals selbstständig lösen und waren durch die Verwendung eines Puch-Spezialschlüssels weitgehend diebstahlsicher. Ein weiteres Kennzeichen der Modelle 1913 war die serienmäßige Beigabe eines gut ausgestatteten Werkzeugkastens am Trittbrett des Wagens.

Im Frühjahr 1913 hatten die Puchwerke der Grazer Rettungsgesellschaft einen Rettungswagen mit etlichen auf diesem Spezialgebiet neuen Details geliefert. Auf Basis des leichten Lastwagens bis 1.500 Kilogramm war ein verstärktes Chassis ausgeliefert worden, der 30/42 HP Motor leistete effektive 36 Brems-PS. Der Aufbau des Wagens unterschied sich, wie die *AAZ* in Heft 10 anerkennend bemerkte, durch ein ... *von allen bisher gesehenen Typen vorteilhaft abweichendes Äußeres, eine bedeutend elegantere und vornehmere Form von besonderer Eigenart.* Das Innere des Wagens wurde als *lichtes, freundliches, fahrbares Krankenzimmmer* beschrieben. Und zur Schonung des Patienten wurde von Puch eine eigene, mit ... *eigenartiger Federung, einer bisher noch nie gesehenen sinnreichen Kombination von Blatt- und Spiralfedern* entwickelt.

Lieferungswagen, Omnibus und Lastwagen der Puchwerke AG, 1913.

Ein ähnlicher Spezial-Sanitätswagen wurde auf Basis des Typs 13/35 HP für den Zweigverein des Roten Kreuzes in Komotau aufgebaut. Aber auch für Spezialwünsche hatte die Puchwerke AG immer ein offenes Ohr. So präsentierte die *AAZ* beispielsweise am 24. August 1913 einen Puch-Sportwagen für Herrn G. Perschin in Prag mit dem 58 HP-Motor und einer erreichbaren Spitzengeschwindigkeit von 110 km/h.

In diesem Jahr wurde auch in den Medien ein Umstand vermerkt, der die weitblickende Einstellung der Firmenleitung zum Thema des Facharbeiternachwuchses hervorhob: Die Puchwerke hatten eine gut funktionierende und von der Produktion abgetrennte Lehrlingswerkstätte, in der der Facharbeiternachwuchs von morgen herangebildet wurde!

Verschiedene Wagentypen der Puchwerke AG, 1913. Zweiter Wagen von unten: der 16/40 HP Puch-Wagen mit Knight-Schiebermotor, ganz unten: Graf Palffy-Daun mit seinem 11/30 HP Puch-Sportwagen mit Benzinreservoir für 500 km Langstreckenrennen, 1913.

Puch-Wagen bei der Tatra-Adria-Fahrt, 1913.

Das Puch-Rettungsautomobil der Grazer Rettungsabteilung, 1913.

Pferdestärken HP – PS und Kilowatt:

Die technische Bedeutung dieser Abkürzungen ist dieselbe. HP, also Horse Power, steht englisch ebenso wie deutsch PS als Bezeichnung für Pferdestärke. Die technische Definition für PS ist eindeutig, nämlich jene Leistung, welche erforderlich ist, um 75 kg Masse in einer Sekunde einen Meter hoch anzuheben.
In diesem technikhistorischen Werk gibt HP bzw. PS auch die Typenbezeichnung für das jeweilige Automobil an. Dabei handelt es sich beispielsweise beim Typ VIII Alpenwagen beim ersten Wert der Bezeichnung 14/38 HP um keine tatsächliche Leistungsangabe, sondern um sogenannte Steuer-PS. Diese wurden von Staat zu Staat nach unterschiedlichen Steuerformeln berechnet. Zweck war die Einstufung zur Abgabenzahlung des Fahrzeuges, ähnlich der heutigen motorbezogenen Versicherungssteuer.
Der zweite HP- oder PS-Wert entsprach in etwa der tatsächlichen Leistung des Wagens. Gemessen wurde diese in der Frühzeit des Automobils am Bremsprüfstand, oder mit einem Prony'schen Zaum (eine Art Außenbackenbremse mit Drehmomenthebel).
Die korrekten Messwerte der heute noch immer gebräuchlichen bhp (brake horsepower) im englischen Maßsystem und die DIN-PS, gemessen in metrischen Einheiten, verhalten sich wie folgt:

	PS	hp	kW
1 PS =	1	0,98632	0,735499
1 hp =	1,01387	1	0,74570
1 kW =	1,35962	1,34102	1

Es gab weiters CUNA-PS (Italien, Leistungsmessung ohne Luftfilter und Schalldämpfung), CV in Frankreich (entsprechen dem metrischen System), SAE-PS (USA, England, Leistungsmessung ohne Lüfter, Wasserpumpe, Lichtmaschine, Luftfilter und Schalldämpfer. Extrem praxisfern, daher gab es auch Netto SAE-PS). Die PS-Angaben der Vergangenheit für identische Fahrzeuge waren daher oftmals extrem unterschiedlich. Heute wird vorwiegend nach ISO-Norm (International Standard Organisation) gemessen, die PS-Angabe wurde durch kW (Kilowatt) ersetzt. 1 kW = 1,35962 PS.

Mitteilung in der *Allgemeinen Automobil-Zeitung* vom 28. Juni 1914.

1914–1918: Die Puch-Wagen im Ersten Weltkrieg

Kriegsjahr 1914

Das Jahr 1914 begann noch als Friedensjahr. Johann Puch war wenige Tage nach den verhängnisvollen Schüssen von Sarajevo, die den Auslöser für den Ersten Weltkrieg bildeten, am 19. Juli 1914 gestorben. Sein Unternehmen jedoch war inzwischen zu einer Größe herangewachsen, die es zu einem der größten Automobilproduzenten der Monarchie machte.

Im Frühjahr 1914 hatten die Puchwerke ein Chassis der Type 17/42 (100 × 140 mm) an die Linzer Feuerwehr geliefert. Diese ließ eine als Rüstwagen entsprechende Karosserie durch die Firma Drobil in Linz/Urfahr aufbauen. Der Wagen bot neben den Gerätschaften wie Leitern, Pumpe, Schläuche und Handwerkszeug auch Platz für zehn Mann Besatzung.

Eines der letzten international bedeutenden Rennen vor dem Weltkrieg, das Bergrennen Königsaal-Jilowischt, das am 5. April 1914 zur Austragung kam, sah keinen Puch-Wagen am Start. Doch der ehemalige Puch-Konstrukteur Slevogt, der inzwischen zu den deutschen Apollo-Werken gewechselt war, siegte in der Kategorie Tourenwagen.

Puch-Rüstwagen der Linzer Feuerwehr, 1914.

Bei den letzten großen Wertungsfahrten im Jahr 1914, der Karpatenfahrt des Clubs der Alpenländischen Automobilisten, legte der einzige gestartete Puch-Wagen, ein normales Serienerzeugnis, die schwierige Strecke über 2.500 Kilometer als überlegener Sieger gegen 32 Konkurrenten zurück und erwies sich auch nach der Konditionsprüfung strafpunktefrei. Und in der durch Witterungsunbilden besonders schwierigen Wertungsfahrt des Clubs der Alpenländischen Automobilisten nach Bosnien und Herzegowina errangen zwei gestartete Puch-Wagen den 1. und 2. Preis.

Das erste Feuerwehr-Automobil in der Untersteiermark, geliefert für die Freiwillige Feuerwehr Marburg im Jahr 1914.

Der Puch-Alpenwagen

Puch-Kühleremblem mit „Zuckerhut"-Kühlerverschluss beim Alpenwagen, 1914. In diesem Verschluss befand sich das Überlaufrohr. Beachtenswert ist auch das neue Kühleremblem mit stilisiertem Doppeladler.

Den größten Erfolg errang Puch jedoch mit dem neuen Alpenwagen, Typ VIII, einem Vierzylindermodell 14/38 PS mit Bohrung 90 und Hub 140 mm, bei der Alpenfahrt 1914. Dieser Wagen wurde während der nun folgenden Kriegsjahre das Hauptmodell der automobilen Produktion. Der Typ VIII schnitt gegen internationale Konkurrenz derart hervorragend ab, dass die in- und ausländischen Pressestimmen unisono in Anerkennung für den neuen Wagen einstimmten. Das *Neue Wiener Tagblatt* jubelte am 16. Juni 1914: *Die Puchs zählen zu den besten Bergsteigern der Konkurrenz.*

Die Hoffnungen, die man damals an die Zukunft dieser Wagentype geknüpft hatte, bewahrheiteten sich zur Gänze. Doch leider in einem anderen Sinn als ursprünglich gedacht. Denn der bedeutende Absatz, den man diesem Wagen vorausgesagt hatte, kam fast ausschließlich Kriegsbedürfnissen zugute.

Die *AAZ* schrieb noch im Jahr 1922 rückblickend über den seit acht Jahren gebauten Alpenwagen, Typ VIII:
Betrachten wir einmal den schönen Wagen und öffnen wir die Motorhaube. Da liegt der Vierzylinder-Blockmotor in der noblen Einfachheit, der die ausgereiften Konstruktionen überhaupt kennzeichnet. Die Zylinder haben 90 Millimeter Bohrung und 140 Millimeter Hub. Die Ventile sind auf einer Seite angeordnet und von der unten liegenden Nockenwelle gesteuert, die ihrerseits mittels geräuschloser Kette angetrieben wird. Der Motor hat Hochspannungs-Kerzenzündung, Type Eisemann, mit selbsttätiger Zündverstellung. Ein spitzer Lamellenkühler sorgt im Verein mit der Wasserpumpe und einem durch spannbaren Flachriemen angetriebenen Ventilator für den nötigen Wärmeentzug. Die Umlauf-

Oben: 40 HP Puch-Wagen von Erzherzog Heinrich Ferdinand Habsburg-Lothringen, Mitte: 40 HP Puch-Wagen von Erzherzog Josef Ferdinand, unten: 40 HP Puch-Wagen von Erzherzogin Alice Habsburg-Lothringen, 1914.

ERSATZTEILE

FÜR

KRAFTWAGEN-TYPE VIII · 14/38 PS

Deckblatt der Ersatzteilliste des Puch-Alpenwagens, Type VIII, aus dem Jahr 1915. Es weist das neue Firmenlogo mit dem „sitzenden" Doppeladler auf.

PUCHWERKE-AKTIEN-GESELLSCHAFT · GRAZ

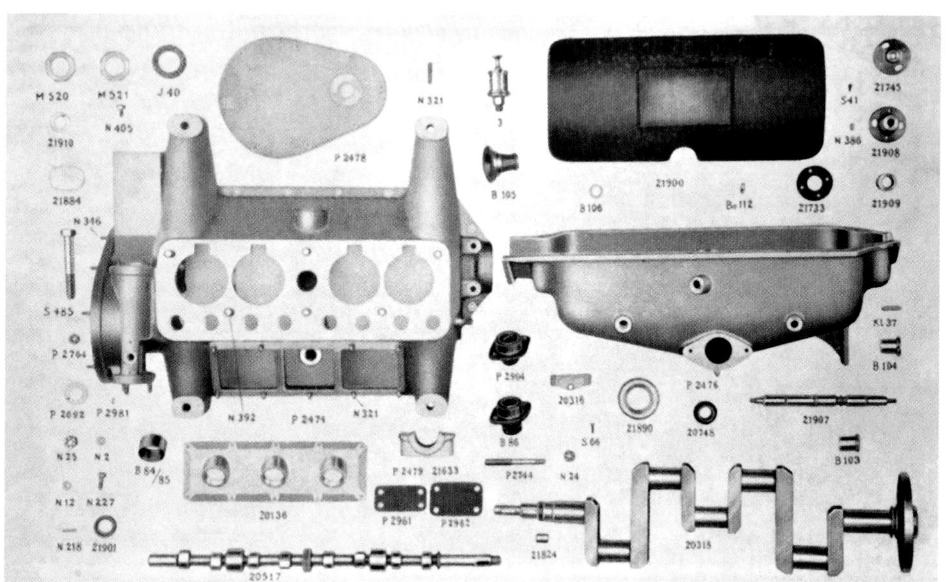

Oben: Ersatzteilliste für die Puch-Alpenwagen, Typ VIII.
Links: Motor-Ersatzteile des Puch-Alpenwagens, Typ VIII, 14/38 PS.

Herr Dr. Hermann Kneschaurek, Graz, der Präsident des Clubs Alpenländischer Automobilisten, an der Lenkung seines neuen 30 PS Puch-Wagens, 1914.

Links: Der berühmteste Puch-Wagen-Motor der 1. Automobil-Epoche, der Typ 14/38 PS von der Auspuffseite. Dieser Motor wurde von 1913 bis 1923 gebaut. Rechts: Typ 14/38 PS, Vergaserseite.

schmierung steht unter dem Druck einer Zahnradpumpe; es kommt Frischölschmierung zur Anwendung, der Ölstand ist von Hand aus einstellbar. Als Vergaser kam ein Horizontal-Zenith zur Anwendung; der Gasregulierhebel befindet sich am Steuerrad, die Beschleunigung erfolgt durch Betätigung eines Pedals. Die Federn sind flach und weich, die Vorderradachse ist in Doppel-T-Form im Gesenke geschmiedet. Die Spindellenkung ist stoßfrei. An den Motor schließt die Lamellenkupplung und das Getriebe mit Kulissenschaltung. Der Wagen hat natürlich seine vier Geschwindigkeitsstufen und einen Rückwärtsgang. Die Hinterachse ist voll entlastet. Der Rahmen besteht aus gepresstem Stahlblech, und auch die abnehmbaren Räder sind aus demselben Material (System Kapezet). Als Bremsen kommen eine Vorgelegebremse mit Außenbacken zur Verwendung, die durch Pedal zu betätigen ist, und eine Hinterradbremse mit Innenbacken, die durch Handhebel in Aktion gesetzt wird. Der Benzinbehälter (zirka 90 Liter fassend) ist am hinteren Rahmenende aufgehängt. Die Brennstoffförderung erfolgt durch Druck der Auspuffgasse.

Die Erfolge der Alpenwagentype 14/38 PS in der Österreichischen Alpenfahrt 1914 und ihre großen Leistungen während des Krieges, die durch zahlreiche Zuschriften aus dem Felde anerkannt worden sind, haben den guten Ruf dieses Puch-Erzeugnisses fest begründet.

Puch VIII-Alpenwagen, Baujahr 1915. Aufnahme eines restaurierten Exemplares in den 1970er-Jahren.

Von 1914 bis zum Ende des Ersten Weltkrieges hatte der Typ VIII-Alpenwagen einen Flachkühler mit dem jeweils aktuellen Firmenemblem. Erst 1920 ersetzte der neue Spitzkühler die alte Form. *Die Puch-Alpenwagen 14/38 PS VIII, für eine harte Erprobung konstruiert, sind hervorragende Tourenwagen und Bergsteiger,* so stand es auch in einem Prospekt der Puchwerke AG zu lesen.

Während der Kriegsjahre wurden also die Typ VIII-Wagen fast ausschließlich an das Heer geliefert, und nur wenige Wagen waren für private Käufer freigegeben worden. Umso mehr Bedarf bestand nach diesem beliebten Fahrzeug in Friedenszeiten, und der „große" Alpenwagen wurde parallel zum „kleinen", von Ing. Funke konstruierten Alpenwagen bis zur Einstellung des Automobilbaues in Graz im Jahr 1923 gebaut.

Im November des ersten Kriegsjahres 1914 haben die Puchwerke eine Kriegsunterstützung durch die kostenlose Lieferung von fünf Kranken-Automobilen an das Rote Kreuz geleistet, sowie die Abgabe von fünf weiteren Sanitätswagen gegen eine geringe Leihgebühr durchgeführt.

Annonce der Puchwerke in der *AAZ* vom 8. August 1915.

Kriegsjahr 1915

Im Februar 1915 berichtete die *AAZ* über die Lieferung von Puch-Krankenwagen für den Kriegseinsatz:

Auch die Puchwerke AG in Graz hat in dieser Zeit eine Anzahl Krankenwagen gebaut, und zwar aufgrund jener Erfahrungen, die das Haus seit Jahren zu sammeln in der Lage

Puch-Sanitätswagen, 1915.

Puch-Annonce in der *AAZ* vom 3. Oktober 1915.

war. Das stets verfolgte Ziel, ein für den Krankendienst in vollem Umfange des Sinnes brauchbares Fahrzeug zu schaffen, ist jetzt natürlich von großem Nutzen und kommt nun in der Güte der Krankenautos zum Ausdruck.
Aus der Zahl der in den letzten Monaten durch die Puchwerke AG gelieferten Krankenwagen seien diesmal der für die k.k. Landesregierung in Troppau mit zwei Tragbahren und der für den Landes- und Frauenhilfsverein vom Roten Kreuz für Kärnten in Klagenfurt mit vier Tragbahren ausgestattete Krankenwagen hingewiesen. Das Chassis, eine bewährte Puch-Type, mit einem Vierzylindermotor von 14/38 PS ist bei beiden Fahrzeugen das gleiche. Besondere Beachtung hat sowohl das gefällige Aussehen der Wagen als auch die innere Ausstattung erfahren. Auf beiden Seiten der Karosserie befinden sich Türen, die entweder mit festen oder herablassbaren geräuschlosen Fenstern versehen sind. Auf der Hinterseite der Wagen ist eine doppelte Klapptür mit festen Fenstern angeordnet, durch die die Bahren eingebracht werden. Alle Seitenfenster, sowie die hinteren Fenster sind aus Eisglas hergestellt, wogegen die Scheibe hinter dem Führersitz, durch die der vorn beim Führer sitzende Wärter die Kranken beobachten kann, aus Spiegelglas besteht.

Kriegsjahr 1916

Im Jahr 1916 hatten die kriegerischen Auseinandersetzungen bereits Auswirkungen auf das Alltagsleben in Österreich. Und so merkte die *AAZ* Nr. 25 vom 12. Juni 1916 anlässlich eines Werksbesuches in Graz folgendes an:
Graz ist erweitertes Kriegsgebiet. Wer der steirischen Metropole einen Besuch abstatten will, muss passbewehrt sein. Womit keineswegs gesagt sein soll, dass man den Pass bei der Grenzüberschreitung auch vorweisen muss. Mit solch einem Pass in Kriegszeiten hat es

Puch-Sanitätswagen, 1916.

Puch-Militär-Krankenwagenkolonne vor dem Abgehen ins Feld, 1916.

seine besondere Bewandtnis. Er nutzt einem nicht viel, wenn man ihn hat, aber er schadet einem ungeheuer, wenn man ihn nicht hat. Durch den Passzwang ist die Grenze zwischen Niederösterreich und Steiermark markiert worden.
Die grüne Steiermark Kriegsgebiet! Ob sie deswegen anders aussieht? Ein wenig ja. Auf den Bahnhöfen sehr viel Militär, wartende Labedamen und rauchende Feldküchen. Und in den Zügen selbst Offiziere, Mannschaften, die von und nach den Kriegsschauplätzen fahren, oder Personen, die zwar im Zivilstande sind, aber doch in irgendeiner Beziehung zum Krieg stehen. Das Gesprächsthema: Krieg, Krieg und wieder Krieg! In den Industriewerken herrscht die fieberhafte Tätigkeit des Kriegszustandes.
Seitdem wir zuletzt über diese wichtige steirische Automobilfabrik geschrieben haben, hat sich so manches geändert. Damals schaffte und wirkte noch der Gründer dieses Unternehmens, Johann Puch, eine der populärsten Persönlichkeiten im österreichischen Automobilismus. Wird einmal die Geschichte der österreichischen Automobilindustrie geschrieben, so wird der Name des Gründers der Styria-Fahrradwerke und der Puchwerke darin mit goldenen Lettern verzeichnet sein.

Der 14/38 PS Puch-Wagen, Type VIII, in verschiedenen Ausführungen: Alpenwagen, eingesetzt als Ordonnanzwagen im Ersten Weltkrieg (oben). Mitte: als offener Tourenwagen. Unten: als Landaulett. Aufnahmen 1916.

1916 wurden die Fabrikationsanlagen auf ein Flächenmaß von 15.000 m² ausgebaut. Das gesamte Areal für den Ausbau der Fabrikationsanlagen betrug 38.000 m². Die Maschinen und maschinellen Anlagen waren für dieses Jahr weiter aufgestockt worden. Der Produktionsfluss in den beiden großen Hallen des Werkes wurde von elektrischen Dreimotor-Laufkranen bewerkstelligt. Auch auf dem Wege zur rationellen Fließfertigung war man ein gutes Stück weitergekommen. Und zwar hatte man die Zwischenkontrolle, also die Kontrolle der Maß- und Fertigungstoleranzen, nach jedem größeren Arbeitsgang perfektioniert. Die *AAZ* Nr. 25 von 1916 lobte diese Tatsache:

38 PS Puch-Tankwagen für den österreichischen Heeresdienst, 1916.

14/38 PS Puch-Landaulett-Limousine, 1916.

38 PS LKW-Fahrgestelle vor der Auslieferung, 1916.

Bilder aus den Puchwerken, 1916.

Oben: Puch-Automobile im Feld.
Links: Der 38 PS Puch-Lastwagen im Heeresdienst, 1916. Diese LKW-Type hatte den Vierzylindermotor des „großen“ Alpenwagens als Antriebsquelle.

Das hat verschiedene Vorteile, besonders den, dass die Ersparnisse in der Fabrikation nicht unbedeutend sind, da auf ein fehlerhaftes Stück keine überflüssige Arbeit verwendet wird. Eine weitere Besonderheit der Puch-Automobilfertigung bestand darin, dass auch die Kühler in der eigenen Werkstätte hergestellt wurden. Das war für die damaligen Verhältnisse besonders bedeutungsvoll, da zugekaufte Kühler oftmals Mängel aufwiesen. Und Kühlerdefekte waren für die frühen Automobilisten eine ebenso unangenehme wie übliche Pannenursache.

Die *AAZ* stellte dazu fest: *Die von ihnen erzeugten Kühler haben eine ganz besonders gute Eigenschaft: sie werden nicht so leicht undicht. Die Lamellen federn nämlich. Selbst bei Zusammenstößen, die jeden starren Kühler arg mitnehmen, kommt der Puch-Kühler zumeist ohne Beschädigung davon. Das ist ein Vorzug, der vor allem im Krieg nicht zu unterschätzen ist.*
Und zur Produktpalette lautete der fachkundige Kommentar:
Im Automobilbau ist heute die wissenschaftlich-konstruktive Arbeit in den Vordergrund gerückt. Sie konnte sich erst aufbauen auf den praktischen Erfahrungen des Sports. Diese wurden in erster Linie in Rennen und Wettbewerben gewonnen, und die Fahrzeuge mancher Fabrik lassen noch heute erkennen, ob sie von allem Anfang an in sportlichen Veranstaltungen hart erprobt wurden oder nicht. Die Firma Puch war stets rennfreudig. Bei fast allen großen Veranstaltungen in Österreich-Ungarn und bei vielen des Auslandes wurden Puch-Maschinen genannt, und mit berechtigtem Stolz weist die Firma auf eine Reihe von Siegen in den verschiedensten Wettbewerben hin. Dieser harten Erprobung auf der Landstraße hat sich die wissenschaftlich-konstruktive Arbeit zugesellt, die besonders in Einzelheiten zum Ausdruck kommt. Die Puch-Fabrikate von heute sind sorgsam durchgerechnete und gewissenhaft ausgearbeitete Maschinen, die auch der wissenschaftlichen Prüfung standhalten. Das erst macht den guten, schnellen, ökonomischen Wagen: praktische Erprobung und wissenschaftliche Berechnung.

Das Hauptmodell des Fabrikationsjahrganges 1916 war der Typ VIII, 14/38 PS. Dieser Wagen wurde auf der Basis des Personenwagen-Fahrgestelles karossiert, der Vierzylindermotor fand jedoch auch Anwendung im 2 ½ Tonnen-Fahrgestell des vor allem im militärischen Bereich verwendeten Lastwagens.

Die *AAZ* Nr. 25 aus 1916 berichtete über eine Probefahrt mit diesem LKW:
Der 2½ Tonnen-Lastwagen ist zur Vereinheitlichung der Fabrikation mit dem gleichen Motor, der gleichen Kupplung und dem gleichen Wechselgetriebe wie der vorerwähnte 14/38 PS Personenwagen ausgerüstet; das vereinfacht die Fabrikation.
Während unserer Anwesenheit in Graz konnten wir mit einem ablieferungsbereiten 2 ½ Tonnenwagen, der voll belastet war, eine Probefahrt auf die Ries machen. Es ist wohl unnötig zu sagen, dass er diese sehr steile Bergstraße in guter Fahrt nahm und dass der Motor sich auch nicht weigerte, wieder anzuziehen, als der Lenker auf der steilsten Stelle der Straße absichtlich anhielt. Dabei fiel besonders die Geschmeidigkeit auf, mit der die Kupplung arbeitete. Ferner überraschte angenehm das außerordentlich ruhige, geräusch-

38 PS LKW für die österreichische Armee, 1916.

Puch-Personenwagen auf dem südwestlichen Kriegsschauplatz im Jahr 1916.

lose Fahren des Wagens und die sanfte Federung. Von dem sonst bei Lastwagen auftretenden Rattern und Klappern der Gestänge und ihrer Gelenke war nichts zu bemerken, weil alle Gestänge und Gelenke unter Federspannung gelegt sind. Die mit festen Federlagern ausgerüstete Hinterachse macht einen sehr soliden Eindruck; sie ist mit Differenzialsperrung versehen, die vom Führersitz aus betätigt werden kann.
Jeder Lastwagen ist mit zwei Benzingefäßen, einem großen unter dem Führersitz und einem kleinen unter der Haube des Führersitzes ausgestattet. Von beiden Gefäßen fließt das Benzin dem Wagen durch natürliches Gefälle zu. Das kleine Ersatzgefäß reicht für eine Strecke von etwa 30 Kilometer aus, schützt also den Fahrer vor unerwartetem Benzinmangel … Das Lastwagen-Untergestell hat Stahlgussräder, wiegt zirka 2.200 Kilogramm und erreicht bei Vollbelastung eine Fahrgeschwindigkeit bis zu 30 Kilometer in der Stunde.

Kriegsjahr 1917

Kalenderblatt des Puch-Kalenders, 1917.

Das Jahr 1917 brachte durch die Kriegsbewirtschaftung bereits beträchtliche Materialnot, die auch die Puchwerke voll traf. So gab es bereits bei der Beschaffung von Stahl größte Schwierigkeiten, Gummi hingegen war absolute Mangelware, und alle Erfinder unternahmen größte Anstrengungen, um federnde Räder aus Metall oder Holz herzustellen. Die ausgelieferten Wagen von Puch waren, ebenso wie die Autos der anderen Fabriken, mit Holzstücken, die an den Felgen befestigt waren, versehen. Erst im Einsatzfall wurden die Fahr-Pneumatiks aufgezogen.

Der Puch-Wandkalender 1917 zeigte das Sujet eines Puch-Wagens auf dem Marktplatz von Durazzo. Der Wagen fährt dem Betrachter auf schlechtem Pflaster entgegen, eine Kolonne von Puch-Sanitätswagen ist im Hintergrund zu sehen.

Am 8. Juli 1917 beschloss die außerordentliche Generalversammlung der Puchwerke, das Aktienkapital von 4,5 Mio. auf 8,1 Mio. Kronen zu erhöhen. Diese Maßnahme war durch die beginnende Geldwertverdünnung durch die Kriegsereignisse notwendig geworden und führte in der Folge nach dem Krieg nahezu zum „Aus“ für Puch, als der spätere Puch-Direktor Giovanni Marcellino als Liquidator des Puchwerkes für den Hauptgläubiger, Camillo Castiglioni, die Versilberung der Werks-Aktiva vornehmen sollte. Marcellino verwirklichte jedoch an Stelle der Liquidation den Bau eines neuen Zweitakt-Motorrades, das 1923 den Weiterbestand der Firma sicherte (siehe dazu „Das neue PUCH-Buch“ vom selben Autor im Weishaupt Verlag).

Trotz der harten Kriegszeiten hatte man bei Puch den bereits 1913 eingeschlagenen Weg der schulischen Lehrlingsbildung nicht mehr verlassen. Die *AAZ* berichtete im

Lehrling der Puchwerke bei der Arbeit an einem Typ VIII, 1918.

Trotz der Notzeit des Ersten Weltkrieges bildete Puch Lehrlinge aus. Hier ein Lehrling des 1. Jahrganges bei Arbeiten am Motor im Jahr 1918.

bitterkalten und von lähmenden Mangelerscheinungen geprägten Kriegswinter 1918 in Heft 7/1918 über das Fortbildungsschulwesen der Puchwerke, die, und das war die eigentliche Pioniertat, im Tagesschulunterricht die Ausbildung der Lehrlinge betrieben.

Das im letzten Kriegsjahr 1918 erschienene Fachbuch mit dem Titel „Das Fahrgestell von Gaskraftwagen“ von Dr.-Ing. Lutz und Dipl.-Ing. von Loewe, verlegt im deutschen M. Krayn Verlag, benennt nachfolgende Puch-Automobile als typische Vertreter ihrer Art.
In der Tabelle „Reisewagen mit 4 Cyl.-Motoren“ werden im Reigen der europäischen PKW drei Puch-Wagen aufgelistet. Es werden keine Typenbezeichnungen genannt, jedoch Bohrung × Hub sowie Spur und Achsstand des jeweiligen Modells. Es handelte sich um folgende Modelle: 124 × 130, somit der 6.279 cm³ Knight-Wagen als Sechssitzer mit 1.440 mm Spurweite und 3.345 mm Radstand (gebaut ab 1912), 84 × 125, somit 2.771 cm³, Modell 11/32 HP als Viersitzer mit 1.200 mm Spurweite, 2.700 mm Radstand (gebaut ab 1912) und der 76 × 120, somit 2.177 cm³, Typ 17/18 HP B1 als Zweisitzer mit 1.210 mm Spurweite und 2.700 mm Radstand (gebaut ab 1910). Bei den Nutzwagen mit 4 Cyl.-Motoren wurde der Puch VIII, 3.562 cm³, als Lastwagen mit 1.400/1.320 mm Spurweite und 4.100 mm Radstand genannt. In der wissenschaftlichen Fachliteratur waren die Puch-Automobile ebenso angekommen wie bei den Kunden. Puch war in der Zeit des Ersten Weltkrieges eine internationale Automarke geworden.

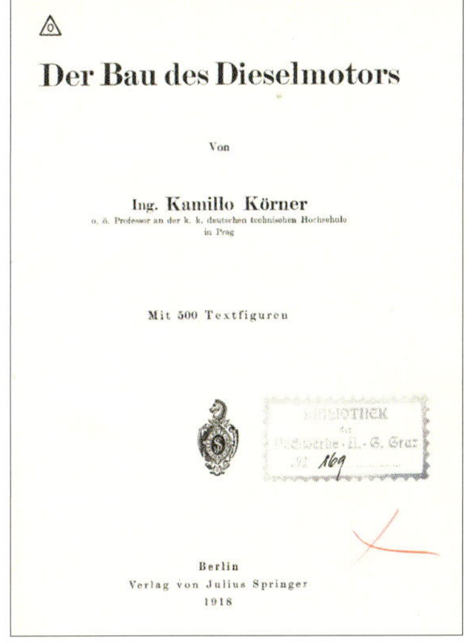

Der Bau des Dieselmotors

Von

Ing. Kamillo Körner
o. ö. Professor an der k. k. deutschen technischen Hochschule in Prag

Mit 500 Textfiguren

Berlin
Verlag von Julius Springer
1918

Auch dieses Buch fand sich im Fundus der ehemaligen Bibliothek der Puchwerke AG. 1918 war der Fahrzeugdieselmotor so weit entwickelt, dass er für LKW bereits einsetzbar war. Ein mögliches Indiz dafür, wie es bei Puch mit der Automobilfertigung nach dem Ersten Weltkrieg hätte weitergehen sollen.

Mit dem „Ausbruch des Friedens“ und der Abspaltung der ehemaligen Kronländer war der Zusammenbruch der k.k. Monarchie besiegelt. Puch versuchte eine Produktion von Motorfahrzeugen sicherzustellen und kam auf die Fertigung des „Excelsior-Motorpfluges“, den in ähnlicher Form bereits 1914 die konkurrierenden Laurin & Klement-Werke in Jungbunzlau gebaut hatten. Diese Fabrik war jetzt in einem anderen Land, und die

Zu Ende des Ersten Weltkrieges schalteten die Puchwerke in der *Allgemeinen Automobil-Zeitung* noch ganzseitige Inserate.

Grazer mussten versuchen, den Pflug in der Republik Österreich zu verkaufen. Die *AAZ* meldete darüber am 3. November 1918:

Puch-Excelsior-Motorpflug. Die Puchwerke AG in Graz haben die Erzeugung von Motorpflügen aufgenommen, die unter der Bezeichnung Puch-Excelsior-Pflug auf den Markt gebracht werden. Der Pflug hat einen Vierzylindermotor in der Stärke von 35/40 PS mit drei Scharen. Der Motorpflug pflügt in der Stunde bei einer Arbeitsbreite von 1.200 Millimeter und einer Höchstgeschwindigkeit von 2,4 bis 4,5 Kilometer eine Fläche von ungefähr 0,3 bis 0,5 Hektar, die Furchentiefe beträgt bis zu 340 Millimeter. Bei der Konstruktion ist besonders auf einfache Bauart und Bedienung, auf leichte Zugänglichkeit und Wirtschaftlichkeit des Betriebes Rücksicht genommen worden. Die Bedienung des neuen Pfluges geschieht durch einen Mann.

1919–1928: Alpenwagen, Feldbahn, Motorpflug, Roll- und Kleinwagen

Das erste Friedensjahr, 1919, brachte umfassende Veränderungen in den Puchwerken, vor allem bei der Besetzung des Verwaltungsrates, mit sich. An dessen Spitze stand jetzt Franz Graf zu Hardegg, Vizepräsidenten und leitende Verwaltungsräte waren die Herren Camillo Castiglioni und Paul Goldstein. Castiglioni war nicht nur einer der leitenden Finanzleute der damaligen österreichischen Wirtschaft, sondern auch ein begnadeter Flugtechniker. Paul Goldstein war Direktor der Allgemeinen Depositen-Bank, des Hauptgläubigers der Puchwerke.

Als technischer Direktor wurde Ing. Paul Funke bestellt. Die *AAZ* merkte dazu am 6. April 1919 an:

Das neue Regime kommt bereits überall in der Fabrik zum Ausdruck: In der Größe der Fabrikshallen, in den Arbeitsmaschinen, in den Grundstücken, in den Fabrikationsobjekten und in den Plänen für die Zukunft. Es ist wahr, die Fabrik steht immer noch an der alten Stelle in der Gottliebgasse, aber sie ist anders geworden, man erkennt sie kaum wieder. Alte Bauten sind gefallen, neue erstanden, andere erweitert worden.

Die bebaute Fläche beträgt das Doppelte dessen, was sie noch vor zwei Jahren umfasste. Es sind zirka 20.000 Quadratmeter von Gebäuden belegt. Erst in der letzten Zeit wurden 120 der modernsten Werkzeugmaschinen aufgestellt.

Im Wesentlichen besteht die Fabrik aus zwei großen Haupthallen. Die eine dieser Hallen, die schon vor dem Kriege gebaut wurde, ist hundert Meter verlängert worden. Sie ist fünfzig Meter breit und macht in ihrer jetzigen Ausdehnung einen sehr imposanten Eindruck. Die Fläche, die von Maschinen besetzt ist, umfasst 8.000 Quadratmeter. Von dem Ende des Krieges ist hier nichts zu spüren, man arbeitet mit Volldampf weiter, ja stellt neue Arbeiter in den Betrieb ein.

Die Fabriksgründe sind arrondiert worden, das heißt, man hat weitere Gründe, die bis zur Mur reichen, dazugekauft, wodurch für eine zukünftige Erweiterung bereits vorgesorgt ist. Die Gründe sind übrigens schon jetzt für die Fabrik wertvoll, denn sie sind von einem Netz schmalspuriger Schienenstränge bedeckt, auf denen vom frühen Morgen bis zum späten Abend die kleinen Motorfeldbahnen rattern, die gegenwärtig einen der wichtigsten Fabrikationszweige des Unternehmens bilden. Und schon geht man daran, auf diesen Gründen eine eigene Rennbahn anzulegen, auf der die Puch-Fabrikate, bevor sie den Händen der Käufer übergeben werden, ihre Schnelligkeitsprüfung bestehen sollen.

Der Motor des kleinen Alpenwagens 6/20 PS, 1919. Deutlich zu sehen ist der „Hand-Kickstarter", der vom Fahrersitz aus zum Starten des Motors betätigt werden konnte. Er griff über ein Zahnsegment in die obenliegende Nockenwelle ein.

Der „kleine Alpenwagen", Typ 6/20 PS

Von den Erzeugnissen der großen Grazer Fabrik wird die Leser dieses Blattes in erster Linie der neue kleine Alpenwagen 6/20 PS interessieren, der zu der erfolgreichen Alpenwagen-Type 14/38 PS hinzutritt. Seine Schaffung steht schon ein wenig unter dem Einfluss des neuen demokratischen Geistes: Preiswert in der Anschaffung, billig in der Erhaltung und so einfach, dass auch derjenige, der nicht allzuviel vom Automobilismus versteht und aus Ersparungsrücksichten auf die Haltung eines Chauffeurs verzichtet, ihn selbst lenken und betreuen kann. Es ist ein Mann der Praxis am Werke gewesen, der diesen Wagen entworfen hat. Wir haben in Nr. 5 mitgeteilt, dass der technische Direktor, Herr Ing. Funke, lange Jahre in Amerika in leitenden Stellungen tätig gewesen ist, und hier hat er zum ersten Mal den Gedanken gefasst, dass das Automobil in der Behandlung so einfach sein muss, dass eigentlich jeder damit fahren kann, denn in Amerika ist ja der Mann mit Chauffeur die Ausnahme, der ohne Chauffeur die Regel.

Der kleine Puch-Alpenwagen wird als 6/20 PS dem Publikum angeboten. Der Motor leistet aber etwas mehr, denn er ergibt über 22 Bremspferde. Der Vierzylinder-Motor hat 74 Millimeter Bohrung und 90 Millimeter Hub (Anm.: 1.548 cm^3). *Der verhältnismäßig kurze Hub wird vielleicht auffallen; er wurde gewählt, um den Motor weich und elastisch in der Arbeitsweise zu machen. Der Motor hat oben gesteuerte Ventile, die ölgekühlt sind. Das ist auch eine Neuheit, auf die man hinweisen muss. Das Öl wird durch die Pumpe zuerst zu den Ventilen im Zylinderkopf geführt, kühlt diese und schmiert dann die die Ventile bewegende Nockenwelle. Ferner strömt ein Teil des Öls durch besondere Leitungen zu den Lagern der Kurbelwelle, fließt durch die Kurbelwelle in ihrer Gänze, wird durch einen Ölfilter gereinigt und gelangt wieder zur Pumpe. Die Ventile sind in Körben untergebracht, sehr leicht erreichbar und leicht auswechselbar. Die oberhalb des Zylinderkopfes gelagerte Nockenwelle wird durch eine geräuschlos arbeitende Kette von breiten Abmessungen angetrieben. Auf der Nockenwelle befindet sich auch der Ventilator, der mit einer Rutschkupplung versehen ist, um bei einer plötzlichen Veränderung der Tourenzahl des Motors Beschädigungen der Ventilatorflügel zu verhindern. Der Kühler ist ein Spitzkühler in sehr eleganter Form. Die Wasserzirkulation erfolgt auf dem Wege des Thermosiphons. Die Zündung geschieht durch einen Hochspannungsapparat mit selbsttätiger Zündverstellung. Das Benzin befindet sich in einem Behälter hinten unterhalb der Karosserie, es bedarf also des Druckes, um es von dort zum Vergaser zu befördern.*

Annonce für den großen und kleinen Puch-Alpenwagen im Jahr 1919.

Diesem Zwecke dient eine kleine Luftpumpe, die von der vertikalen Welle der Ölpumpe aus angetrieben wird. Man sieht schon aus diesen Einzelheiten, dass der Konstrukteur die beiden Kardinalpunkte, Einfachheit der Konstruktion und Einfachheit der Bedienung, immer als oberste Leitsätze betrachtet.

Der Vergaser ist nach dem Mehrdüsensystem hergestellt. Er wird sowohl durch einen Gashebel auf dem Steuerrad als auch durch den Fußbeschleuniger betätigt. Die Federung erfolgt durch eine Cantilever-Feder, ein Detail, worauf der Konstrukteur viel Scharfsinn aufgewendet hat. Die Vorderachse ist in Doppel-T-Form im Gesenk geschmiedet, die Lenkung ist eine stoßfreie Spindellenkung. Der Wagen hat Konuskupplung, und zwar ist der Kupplungsbelag aus unverbrennbarem Material hergestellt und leicht auswechselbar. Von den vier Geschwindigkeiten ist die vierte im direkten Eingriff. Der Wagen hat natürlich Rückwärtsgang sowie Kulissenschaltung. Der Kardan ist vollkommen eingekapselt und selbstschmierend. Bemerkenswert sind die Bremsen, von welchen sowohl die Fußbremse als auch die Handbremse auf die Hinterräder wirken, und zwar mittels eines Ausgleichers. Um die Wirksamkeit des Bremsens zu sichern, sind die Bremstrommeln sehr groß gehalten. Durch die Konzentrierung oder durch die Verlegung beider Bremsen auf die Hinterräder ist das Differenzialgetriebe entlastet. Die abnehmbaren Räder sind aus Stahl gepresst. Die karossable Länge des Wagens beträgt etwa 2.420 Millimeter, die Spurweite 1.240 Millimeter, der Radstand 2.750 Millimeter.

Als Besonderheit dieses Wagens ist die Ankurblung zu nennen. Das Ankurbeln erfolgt nicht in der gewöhnlichen Weise, indem man vor den Wagen tritt, sondern vom Lenkersitz aus. Es ist eine Art Kick-Starter vorgesehen, der durch ein Zahnradsegment und ein Zahnrad mittels einer Kette die Kurbelwelle in Bewegung setzt. Eine Bewegung des Kick-Starters dreht die Kurbelwelle einmal. Auch hierbei wurde der Konstrukteur von dem Gedanken geleitet, den Wagen für den Selbstfahrer bequem zu machen, denn das Ankurbeln vom Lenkersitz aus werden gerade die ohne Chauffeur fahrenden Besitzer von Wagen als Vorzug empfinden. Um das Ankurbeln zu erleichtern, sind Kompressionshähne vorgesehen, die im oberen Drittel des Zylinders angebracht sind. Öffnet man diese Hähne, so ist das Andrehen ein Kinderspiel, der Motor läuft mit geöffneten Kompressionshähnen, die natürlich dann, wenn die Maschine einmal in Bewegung ist, geschlossen werden müssen. Der Motor selbst macht mit seiner glatten Außenfläche einen ausgezeichneten Eindruck.

Um die Behandlung des Wagens zu vereinfachen, ist die Schmierung so angeordnet, dass möglichst wenig Schmierstellen zu betreuen sind. Man braucht beim Schmieren nicht um den Wagen herumzukriechen, sondern schmiert, um sechs Stellen mit Öl zu versehen, nur eine Schmierstelle. Das gilt für die Schmierung der Hinterachse, der Federaufhängung und der Bremsbetätigung. Die Vorderräder haben nur je eine Schmierstelle an den Achsschenkeln.

Der Wagen hat ein ganz ungewöhnliches Detail für europäische Fahrzeuge, die Lenkung links. Der Konstrukteur begründet diese Anordnung mit technischen Vorteilen und mit dem Hinweis darauf, dass die Karosserie schnittiger und glatter wird. Die Schalt- und Bremshebel gelangen durch die Anordnung des Sitzes links logischerweise in die Mitte zwischen den beiden Vordersitzen; man erhält auch für beide Vordersitze besondere Ein-

stiege, das Gestänge von Schnelligkeitsgetriebe und Bremse wird vereinfacht, und es befinden sich in der Tat keine Hebel außerhalb des Wagens. Herr Ingenieur Funke war es, wie wir ermittelten, der dem Lenkersitz links auch in Amerika zur Anerkennung verholfen hat. Er baute den ersten amerikanischen Wagen mit dem Lenkersitz links.
Fügen wir noch hinzu, dass das Gewicht des Fahrgestelles für diesen Wagen nur etwa 650 Kilogramm beträgt, so dass der vollständig karossierte Wagen etwa 850 Kilogramm offen und etwa 950 Kilogramm geschlossen wiegt, dass die größte Geschwindigkeit in der Ebene offen 65 bis 70 Kilometer, geschlossen 50 bis 55 Kilometer in der Stunde ausmacht, so haben wir alles gesagt, was über den Wagen zu sagen ist. Besonders das leichte Gewicht des Wagens wird den Beifall des Publikums finden, denn Gewicht und ökonomischer Betrieb stehen in einem nur zu bekannten Verhältnis, jedes Kilogramm Mehrgewicht des Wagens bedeutet raschere Abnutzung der Pneumatiks und größeren Verbrauch an Benzin und Öl. Den Benzinverbrauch gibt die Firma mit sieben bis acht Liter für hundert Kilometer an, Ölverbrauch 0,8 Liter für 100 Kilometer.
Auf ein rassiges Aussehen des Wagens wurde besonders Wert gelegt. Die Karosserie ist in der modernsten Ausführung gehalten, wobei nicht nur erfahrene Karosseriebauer, sondern auch Künstler von Ruf zu Rate gezogen wurden. Der Wagen wird als Zweisitzer, als viersitziges Sportphaeton, als viersitzige Limousine und als viersitziges Landaulett gebaut.

Die Puch-Motor-Feldbahn

Der zweite zur Zeit wichtigste Fabrikationszweig in den Puchwerken sind die Motor-Feldbahnen. Im Sommer 1917 baute die Fabrik die ersten Probewagen; sie bewiesen ihre Verwendbarkeit im Felde, und im März 1918 war bereits die Fabrikation im großen Stil eingerichtet. Es wurden monatlich etwa 173 Stück gebaut. Die ganze Fabrikationseinrich-

Ein Blick in die Montagehalle der Puchwerke. Das Bild zeigt auslieferungsbereite Motor-Feldbahnwagen, 1919.

tung musste erst geschaffen werden. Sie wurde aber von Haus aus so angelegt, dass auch minderbegabte Arbeiter tadellose Arbeit leisten können. Die Erzeugung der Feldbahnen wurde, als der Krieg zu Ende war, keineswegs unterbrochen, ihre Fabrikation taugt auch für die Friedenszeit. Die Puch-Feldbahnaggregate werden von verschiedenen Staatsbahnen gekauft, die sie in normalspurige Lorries sowie in Draisinen einbauen. Da die Feldbahnen unabhängig von Straßen und Wegen und ohne einen besonderen Unterbau, wie ihn die alten normalspurigen Haupt- und Lokalbahnen erfordern, auf Feldern, Wiesen, in Wäldern und überall dort benutzt werden können, wo die Benutzung von Wagen und Automobilen ausgeschlossen ist, so sind sie für Land- und Forstwirtschaft, für Zuckerfabriken, Straßen- und Bahnbauten, für Bergwerke, Ziegeleien, Baubetriebe und alle Industriefirmen von größerer Ausdehnung ganz ausgezeichnet zu verwenden. Besonders auf den großen Rüben- und Kartoffelgütern und in den ausgedehnten Waldwirtschaften erweisen sie sich als das brauchbarste Transportmittel zu jeder Jahreszeit. Jedes einzelne Feldbahnaggregat ersetzt unter Berücksichtigung seiner Tragfähigkeit und Geschwindigkeit ungefähr sieben Zugtiere und ist dabei doch überaus billig im Betrieb.

Das vollständige Puch-Feldbahnaggregat besteht aus Motor, Kupplung, Schnelligkeitsgetriebe, Benzinbehälter und den Armaturen und kann auf der kleinen Platte eines Feldwagens, wie man ihn für den Zugviehbetrieb verwendet, aufmontiert werden. Die Plattform ist mit einer Schutzwand eingefasst. Dort befindet sich ein bequemer Sitz für den Führer. Der luftgekühlte Zweizylindermotor entwickelt über vier Pferdekräfte und vermag trotz seiner bescheidenen Abmessungen in der Ebene bis zu 4.000 Kilogramm Nutzlast und bei Steigungen bis 10 Prozent 2.000 bis 2.500 Kilogramm Nutzlast zu befördern. Der Ölvorrat im Gehäuseunterteil reicht nach jedesmaliger Füllung für eine Fahrt von ungefähr 100 Kilometer. Es sind Vorkehrungen getroffen, Schnelligkeitsexzesse des Führers hintanzuhalten, und zwar durch einen Regulator, der den Vergaser selbsttätig derart beeinflusst, dass der Motor die für seine Leistung günstigste Drehzahl nicht überschreitet. Das

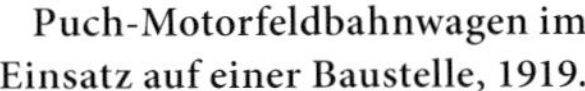

Puch-Motorfeldbahnwagen im Einsatz auf einer Baustelle, 1919.

Puch-Motorfeldbahnwagen, 1917–1922.

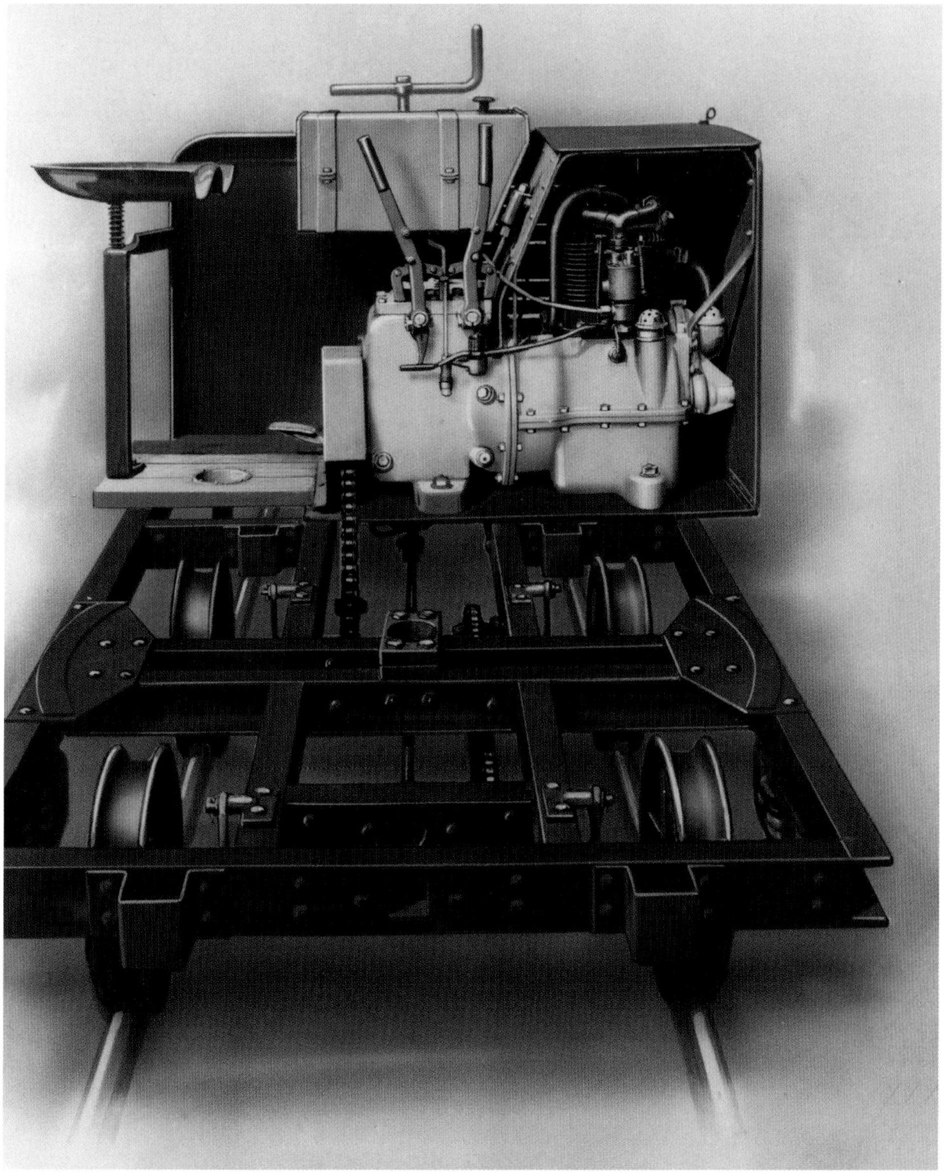

Puch-Motorfeldbahnwagen.

Getriebe enthält zwei Geschwindigkeiten nach vorne und rückwärts. Von den beiden Schalthebeln betätigt der vordere die Vor- und Rückwärtsfahrt, der hintere die erste langsame und die zweite schnelle Geschwindigkeitsstufe. Um Beschädigungen der Zahnräder zu verhindern, ist darauf Bedacht genommen, dass ein Schalten ohne vorheriges Auskuppeln unmöglich ist. Die Schalthebel sind solange verriegelt und rühren sich nicht, bis das Auskuppeln vollzogen ist. Um eine möglichst hohe Adhäsion zu erzielen, sind die vier Räder des Zugwagens angetrieben.

Am 20. Juli 1919 würdigte die *Allgemeine Automobil-Zeitung* den kleinen Alpenwagen mit einem weiteren Artikel unter dem Titel *Der kleine Puch-Alpenwagen in Wien.* Hier wurden abermals die bereits beschriebenen Vorzüge der neuen Motorkonstruktion erwähnt, denn diese waren für die damalige Zeit durchaus sensationell:

- ohc-Vierzylindermotor mit vollständig gekapselten und ölgeschmierten Ventilen.
- Betätigung der obenliegenden Nockenwelle mittels vollständig gekapselter, im Ölbad laufender Kette.
- Relativ kurzhubiger Motor mit einem für damalige Verhältnisse sehr kurzen Pleuelstangenverhältnis.
- Der Ventilator war an der Nockenwellenachse mit einer Rutschkupplung angebracht.
- Hand-Kickstarter im Wageninneren an Stelle der damals üblichen Andrehkurbel am vorderen Ende des Wagens.
- Besonders weich ansprechende Cantilever-Federung und geringes Gewicht des Wagens von nur 650 kg Chassisgewicht und 850 kg mit Karosserie.
- Getriebe mit vier Vorwärtsgängen und drei Rückwärtsgängen.
- Kompakte Abmessungen: karossable Länge 2.420 mm, Spurweite 1.240 mm, Radstand 2.750 mm.

Allgemeine
Automobil-Zeitung.
Allgemeine Flugmaschinen-Zeitung.
Nr. 22. Band I. Wien, 1. Juni 1919. XX. Jahrgang.

Der Puch-Excelsior-Motorpflug in der *AAZ* vom 1. Juni 1919.

Der Puch-Excelsior-Motorpflug

Ein weiteres außergewöhnliches Fahrzeug wurde 1919 bei Puch in Graz erzeugt: der Excelsior-Motorpflug. Es war dies eine Lizenzfertigung des Motorpfluges der Firma Laurin & Klement. Der Motorpflug war als Geräteträger nach dem erst viele Jahrzehnte später wiederum aufgegriffenen Prinzip des Lanz-Alldog-Geräteträgers ausgeführt. Beim Puch-Motorpflug wurden die Geräte zur Bodenbearbeitung in einen festen Rahmen eingespannt. Die beiden Vorderräder dienten als Triebräder, das einzelne Hinterrad war sowohl Lenkrad als auch das Einstellrad für die Furchentiefe.
Auch über dieses außergewöhnliche Gefährt gab die *Allgemeine Automobil-Zeitung* am 1. Juli 1919 eine ausführliche Beschreibung, die folgendermaßen lautete:
Der Motor ist vierzylindrig, hat 100 Millimeter Bohrung und 150 Millimeter Hub. Bei zwölfhundert Touren in der Minute beträgt seine Leistung 35/40 PS. Die Zylinder sind in einem Block gegossen; die Saug- und Auspuffventile, die an der linken Seite angeordnet sind, sind groß und mit einem Deckel verschlossen. Die Kurbelwelle ruht auf drei breiten

Puch-Excelsior-Motorpflug.

Gleitlagern, die im oberen Kurbelgehäuse befestigt sind; man kann also in der bekannten Weise den Unterteil des Gehäuses entfernen und so zu allen beweglichen Teilen des Triebwerkes des Motors gelangen, ohne dass weitere Demontagen nötigt sind.

Der linksseitig befestigte Vergaser ist ein Mehrdüsenvergaser, die Regulierung erfolgt durch einen Fußbeschleuniger und automatisch durch einen Regulator. Dieser wird durch die Nockenwelle angetrieben und ist auf eine bestimmte Tourenzahl eingestellt, die nicht geändert werden darf. Die richtige Arbeit des Regulators ist eine Gewähr für den guten Gang des Pfluges und schützt den Motor vor schweren Beschädigungen. Seine Wirkung erfolgt auf die Drosselklappe des Vergasers vermittels eines kurzen Gestänges. Die Auspuffleitung des Vergasers dient zur Vorwärmung der erforderlichen Luft; dieser Teil der Anlage ist regulierbar, und zwar vermittels einer Klappe, die bei warmem Wetter offen gelassen werden kann. Je nach der Temperatur der Außenluft und der Schwere des Betriebsstoffes kann man hier Veränderungen hervorrufen.

Eine Hochspannungszündung mit automatischer Zündzeitpunktverstellung ist rechtsseitig angeordnet. Die Schmierung erfolgt auf automatischem Wege. Man füllt das Öl durch einen Einfülltrichter in das Gehäuse ein, bis es aus dem geöffneten Kontrollhahn tropft. Man erkennt daran, dass der Motor genügend Öl hat und schließt den Kontrollhahn wieder. Eine Nachfüllung ist erst nach fünf Stunden notwendig. Eine Zahnradpumpe drückt das Öl zu einem Verteiler, von wo es durch Rohre zu den Muscheln der Pleuelstangen, beziehungsweise zu den Nockenwellenkammern geführt wird. Von dort gelangt es durch Kanäle zu den Hauptlagern. Die Kolben und Kolbenbolzen werden durch das abgeschleuderte Öl der Pleuelstangenlager hinreichend geschmiert. Um auch die Zahnräder des Motors mit Schmierung zu versorgen, ist das vordere Nockenwellenlager durchbohrt. Alles überschüssige Öl rinnt durch das Ölsieb zur Ölpumpe zurück, um neuerlich verwendet zu werden. Ein Lamellenkühler, unterstützt durch eine Wasserpumpe und einen Ventilator, dient zur Rückkühlung des Kühlwassers.

Annonce über den Puch-Excelsior-Motorpflug in der *AAZ* vom 2. Februar 1919.

Der runde Benzinbehälter ist hoch gelagert. Der Brennstoff gelangt durch sein Eigengewicht zum Vergaser. Ein Filter zwischen Benzinleitung und Vergaser hält Unreinlichkeiten ferne. Das Einfüllen des Benzins erfolgt durch eine am Rahmen des Pfluges befestigte Handpumpe. Um die Menge des vorhandenen Brennstoffes im Behälter feststellen zu können, ist eine Schwimmervorrichtung vorgesehen.

Die Puch-Alpenwagen im Alltag und Sport

Der neue „kleine" Puch-Alpenwagen war, so wie der „große" Alpenwagen, Typ VIII, ein hervorragender Bergsteiger und bewährte sich auch bei sportlichen Wettbewerben. Am 24. September 1922 nahmen zwei Typ XII-Alpenwagen beim Semmering-Rennen unter den Fahrern Rupert Weiß und Franz Kircher teil und siegten. Sie starteten in der Klasse der Wagen mit Serienchassis und einem Zylinderinhalt bis 1.600 cm^3. Das Minimalgewicht betrug 650 kg. Dies wurde von beiden Wagen gebracht, und zwar durch die Verwendung einer Spezialkarosserie mit zwei Plätzen, was nach dem damals geltenden Reglement zulässig war.

Mit dem neuen Alpenwagen hatte Puch wiederum ein Fahrzeug im Programm, das die Herzen des Publikums im Sturm eroberte. Und die *AAZ* nahm sich in Heft 43/44 des Jahrgangs 1922 noch ein letztes Mal des Wagens unter dem Titel *Zwei aus der Steiermark* gemeinsam mit seinem noch immer gebauten „Bruder", Typ VIII, in einem ausführlichen Aufsatz an:

Den gegenwärtigen Zeitverhältnissen entsprechend und vielfachen Wünschen Rechnung tragend, hat nun die Puchwerke AG eine neue Type auf den Markt gebracht, und zwar den kleinen Alpenwagen 6/20 PS, der die Typennummer XII trägt. Bei der Konstruktion dieses Wagens kamen den Werken nicht allein ihre langjährigen reichen Erfahrungen zugute, vielmehr haben sie auch die Erzeugnisse des In- und Auslandes eingehend studiert. Die Qualität des ganzen Ensembles ergab sich logisch aus dem Grundsatz, nur vollkommen einwandfreies Material zu verwenden, mit aller Sorgfalt Gewähr für die Sicherheit und Zuverlässigkeit im Betrieb zu schaffen und für Fahrer und Insassen die größte Bequemlichkeit bereitzustellen, ohne dabei die Gesichtspunkte hohe Leistung, niedere Betriebskosten aus dem Auge zu verlieren. Hätte es die Type XII schon im Jahre 1914 gegeben, so hätte sie die Möglichkeit gehabt, wie ihre größere Schwestertype ihre Qualität in dieser großen und schweren Konkurrenz zu erweisen. Aber tempi passati, die Alpenfahrten sind vorbei. Indes hat der kleine Puch-Alpenwagen vor kurzem Gelegenheit gehabt, sich hervorzutun, und zwar im Semmering-Rennen des Oe.A.C., indem sie ihre Kategorie in splendid condition gewannen und in der allgemeinen Klassifizierung sich vor weit stärkeren Wagen an zehnter und elfter Stelle zu placieren vermochten. Es erwies sich, dass der Wagen trotz seiner Kleinheit als hervorragend leistungsfähiger Sport- und Tourenwagen auch den schwierigen Straßenverhältnissen des Gebirges gewachsen ist. Natürlich stellt er auch in der Ebene seinen Mann, wenn man das von einem Auto sagen darf. Bei seiner großen Leistungsfähigkeit überwindet der Wagen, mit vier Personen belastet, jede Steigung bis zu 25 Prozent, es können also selbst die schwierigen Alpenpässe

Der Puch-Alpenwagen Typ VIII, Ausführung mit Spitzkühler ab 1919; hier auf dem Grazer Hauptplatz im Winter 1921/22.

Der 14/38 PS Puch-Alpenwagen, Type VIII, Modell 1922.

schönen Angedenkens wie Turracher Höhe, Katschberg, Loiblpass, Niederalpl usw. ohne die geringste Gefahr einer sportlichen Blamage befahren werden. Dass dieser kleine Puch-Alpenwagen vier Personen befördert, wird gleichfalls dazu beitragen, ihm Freunde zu sichern. Und da er außerdem ohne besondere technische Vorkenntnisse leicht gesteuert und bedient werden kann, so ist er nicht nur zum Fahrzeug für Herrenfahrer prädestiniert, sondern wird auch für Damen die angenehmsten Eignungen erweisen, um so mehr, als die Andrehvorrichtung vom Sitz aus betätigt wird. Besonders hervorzuheben ist die Ökonomie des Fahrzeuges. Der Verbrauch an Benzin beträgt laut Prospekt nur zehn bis

Ein wirksames Reklamebild für Puch mit dem „kleinen" Alpenwagen, Type XII, 6/20 PS, vor dem Grazer Schlossberg-Uhrturm.

zwölf Liter für hundert Kilometer, und der Verbrauch an Öl 0,8 Liter für dieselbe Strecke bei offenem Wagen auf guten ebenen Straßen.

Mit der erstklassigen Konstruktion geht ein schönes, rassiges Aussehen Hand in Hand. Er ist schnittig und behaglich gebaut, alles Störende und unnötige Beiwerk wurde vermieden, und es wurden für Bau und Ausführung nicht allein erfahrene Karosseriebauer, sondern auch bekannte Wiener Künstler zu Rate gezogen, deren kunstgewerbliche Erfahrungen und Farbengefühl wichtige Anregungen und Verbesserungen der Form und Innenausstattung zu verdanken ist. Auch dieser Vierzylinder ist ein Blockmotor; seine

Puch-Wagen beim Semmering-Rennen, 1922. Das Puch-Team mit Rupert Weiß und Franz Kircher.

Franz Kircher auf Puch-Type XII (kleiner Alpenwagen 6/20 PS), Sieger der Klasse Serienwagen bis 1,6 Liter beim 11. Semmering-Rennen am 24. September 1922.

Rupert Weiß auf Puch-Type XII, 2. der Kategorie Serienwagen bis 1,6 Liter beim 11. Semmering-Rennen am 24. September 1922.

Zylindermaße sind 74 Millimeter Bohrung und 90 Millimeter Hub. Die Ventile sind im Zylinderkopfe hängend angeordnet und von einer oben liegenden Steuerwelle gesteuert. Die Leistung beläuft sich auf etwa zwanzig Bremspferde, respektive sechs PS nach der deutschen Steuerformel. Die Zündung ist ebenso wie bei der Type VIII eine Hochspannungs-Kerzenzündung mit selbsttätiger Zündverstellung. Die Wirkung des spitzen Lamellenkühlers wird durch einen Ventilator verstärkt. Die unter Druck arbeitende Umlaufschmierung läuft vollständig selbsttätig. Der Vergaser ist eine Mehrdüsentype, der Gasregulierhebel befindet sich am Steuerrad, die Beschleunigung erfolgt durch Nie-

Der 6/20 PS Puch-Alpenwagen, Type XII, vor dem Grazer Rathaus im Jahr 1922.

derdrücken des Pedals. Die Federung ist flach und weich, die Hinterfedern sind nach dem Cantilever-System gebaut. Die Vorderachse ist in Doppel-T-Form in Gesenk geschmiedet, die Spindellenkung stoßfrei, die Konuskupplung zeigt einen Belag aus unverbrennbarem Material, der sehr leicht auswechselbar ist; das Getriebe hat vier Stufen, die vierte in direktem Eingriff und Rückwärtsgang. Die ganze Kardanübertragung ist staubsicher eingekapselt und selbstschmierend. Beide Bremsen, sowohl die Fuß- als auch die Handbremse wirken auf die Hinterräder. Die Räder sind abnehmbar und aus Stahl gepresst. Der Benzinbehälter fasst 65 Liter, eine Quantität, die für fünfhundert Kilometer Fahrt ausreichend ist. Der Inhalt des am hinteren Rahmenende aufgehängten Tanks steht unter Druck, welcher durch eine vom Motor angetriebene Luftpumpe und durch eine Handluftpumpe erzeugt wird.

Puch-Alpenwagen Typ VIII mit Franz Tantscher am Volant.

Im Jahr 1923, dem letzten Baujahr der ersten Epoche der Automobilerzeugung von Puch, siegte beim Semmering-Rennen am 16. September Fritz von Zsolnay auf einem Puch-Alpenwagen, Type XII, in der Klasse der Wagen mit Serienchassis bis 1,6 Liter Hubraum und einem Minimalgewicht von 650 kg. Der kleine Alpenwagen hatte sich alle sportlichen Meriten verdient, die einem Wagen dieser Bauart damals offenstanden. Aber leider blieb der erwartete kommerzielle Erfolg aus. So musste mit Ende des Jahres der Automobilbau eingestellt werden. Inzwischen hatte das Motorrad wieder von den Grazer Werksanlagen voll Besitz ergriffen. Doch eine letzte weitere Vierradkonstruktion gab es noch aus Graz für das arme Nachkriegs-Österreich: den Puch-Rollwagen bis 1.500 kg Nutzlast. Dieser mit dem Aggregat der Feldbahn motorisierte Transportwagen sollte den Handkarren in den damals langsam wieder auf Touren kommenden Industriebetrieben ersetzen, also kann man sagen eine Art Vorläufer der heutigen Hubstapler.

Typisierungsfoto eines Puch VIII Alpenwagens (mit Spitzkühler 1919–1923) anlässlich des Umbaues als LKW mit offener Ladefläche.

Oben: Puch-Annonce, 1923.
Rechts: Im Jahr 1923 wurde der Puch-Feldbahnmotor für einen motorisierten Transportwagen auf Vollgummirädern eingesetzt.

Der Puch-Rollwagen als Transportmittel für Langware, 1923.

Der Puch 500-Kleinwagen, 1929.

Das Zwischenkriegsauto: der Puch 500-Kleinwagen 1929

Nach dem Ende der Automobilfertigung im Jahre 1923, als die letzten Puch-Alpenwagen gebaut wurden, wurde aufgrund der Einschätzung des Käuferpotenzials im klein gewordenen Österreich seitens der Puchwerke keine Chance für ein neu entwickeltes Puch-Automobil gesehen. Dies umso mehr, als ja die Steyr-Werke in Oberösterreich mit der Fertigung von konventionellen Mittelklasse-Automobilen jene Kaufkraft abschöpften, die sonst unweigerlich an ähnliche Automodelle ausländischer Erzeuger gegangen wäre. Auch gab es in den Jahren unmittelbar nach dem Ersten Weltkrieg in Österreich eine große Zahl von Erzeugern sogenannter Cyclecars sowie von Klein- und Leichtautomobilen. Die bekanntesten Fabrikate waren beispielsweise der Sascha des Grafen Alexander „Sascha“ Kolowrat, der Grofri, Gloriette oder Austro-Grade.

Umso verwunderlicher und unmotivierter erscheint der Versuch der Puchwerke, ausgerechnet 1929, also im Jahr nach der Fusionierung mit dem Nobelautomobil-Erzeuger Austro-Daimler in Wiener Neustadt, welche am 28. Dezember 1928 erfolgt war, einen eigenen Kleinwagen zu kreieren. Zwar fiel dieser Versuch, der nur zu einer Kleinstserie von 12 Exemplaren führte, genau in die Zeit der größten Kreativität des Zweirad-Versuches in Graz unter Direktor Giovanni Marcellino, leider jedoch auch in die Zeit der beginnenden Depression. Es wurden damals in den Bemühungen um eine weitere Leistungssteigerung des Doppelkolben-Zweitakters eine Unzahl von Versuchskonstruktionen ausgeführt, so auch Drei- und Vierzylindermotoren mit Luft- und Wasserkühlung.

Die überlieferten technischen Daten zu diesem Fahrzeug sind mehr als spärlich. So wurde der Doppelkolben-Zweizylinder mit Wasser gekühlt, die Zylinder standen in

Austro-Daimler-Puch-Reparaturwerkstätte in Wien X, 1931. Im Vordergrund rechts ein Puch 500-Kleinwagen, links Puch 500-Motorräder mit Beiwagen.

Reihe. Die Motorkonzeption scheint damit ähnlich der des im Jahr 1931 auf den Markt gekommenen Motorradmodelles Puch 500 Typ Z gewesen zu sein. Nur wiesen die Motorräder dieser und der folgenden Fünfhunderter-Doppelkolben-Baureihe luftgekühlte Zylinder auf.

Der Puch 500-Kleinwagen, Baujahr 1929, hatte einen Hubraum von 510 cm^3, die Leistung soll bei beachtlichen 16 PS gelegen sein. Der Antrieb erfolgte in konventioneller Weise vom vorne liegenden Motor über Kupplung, Dreiganggetriebe (kein Retourgang!), Kardanwelle zur Hinterachse.

Ungewöhnlich war lediglich für einen Kleinwagen von damals die Einzelradfederung der Räder mit Schwingachsen, doch die hatte Prof. Hans Ledwinka bereits mit dem Tatra-Kleinwagen vorweggenommen. Die Höchstgeschwindigkeit des Wagens betrug rund 75 km/h. Die Karosserie war konventionell und entsprach im äußeren Erscheinungsbild dem der damals üblichen Karosserien. Der Wagen konnte als zweisitziger offener oder geschlossener Tourenwagen geliefert werden.

Teil II: Puch-Automobile ab 1957

Steyr-Puch-Kleinwagen

Männer, Ideen, Prototypen: Der Weg zum Steyr-Puch-Kleinwagen

Der Puch-Kleinwagen fiel in die Ägide des Werksdirektors Ing. Dr. techn. h. c. Wilhelm Rösche. Dieser wurde am 18. Juli 1897 in Bielitz in Schlesien geboren. Er trat 1917 als Ingenieur bei den Puchwerken in Graz ein und arbeitete auch nach Ende des Ersten Weltkrieges unter Direktor Giovanni Marcellino.

Prototyp „U3" auf Erprobungsfahrt in Steyr, OÖ. Am Steuer Dipl.-Ing. Erich Ledwinka.

1927 wurde Rösche zum Betriebsleiter des gesamten Fahrrad- und Motorrad-Werkes ernannt. Im Jahr 1941 wurde er technischer Direktor des neuerbauten Werkes Thondorf, das unter seiner Leitung nach den Bombenzerstörungen wieder aufgebaut wurde und die Nachkriegsproduktion bereits im Herbst 1945 mit dem Bau des Puch 125 Motorrades neuerlich aufnahm.

1954 wurde Rösche Ehrendoktor der Technischen Hochschule in Graz, ab 1956 war er Vorstandsmitglied der Steyr-Daimler-Puch AG. Direktor Rösche war ein wahrhaft schöpferischer Techniker, unter dessen Wirken eine ganze Reihe von Errungenschaften das Erscheinungsbild der Puch-Produkte entscheidend prägten.

So sei an die Einführung der Schalenrahmen-Bauweise erinnert, die von Ing. Erwin Musger, einem der bedeutendsten österreichischen Flugzeugbauer, erfunden und dem Werk angeboten wurde. Rösche erkannte die revolutionäre Bedeutung dieser Bauweise und gab damit den Puch-Motorrädern der 1950er-Jahre ihre charakteristische Form. Auch der Puch-Motorroller, federführend von Ing. Walter Kuttler konstruiert (ebenso wie die Puch TF, das erste neue Puch-Motorrad nach dem Zweiten Weltkrieg), wurde von Rösche richtig als der Wegbereiter zu neuen Käuferschichten erkannt und eingeführt. Und schließlich legte er mit dem Bau des ersten Puch-Mopeds MS 50 (ebenfalls mit Kuttler) den Grundstein für die letzte erfolgreiche Phase des Zweiradbaues im Werk Thondorf. Vor allem entsprang die neue Phase des Automobilbaues mit dem Puch-Kleinwagen seiner Initiative und tätigen Mithilfe. Direktor Rösche verstarb am 26. August 1963 an den Folgen eines schweren Verkehrsunfalles.

Anlässlich eines Interviews im Jahr 1989, das der Autor mit Ing. Walter Kuttler führte, erinnerte sich dieser zu Rösches Automobil-Ambitionen:

Gegen Ende des Krieges, als der Zusammenbruch des Deutschen Reiches bereits absehbar war, sprach Rösche zum ersten Mal mit mir über das Projekt eines kleinen, leichten Lastwagens, der nach Ende der Kampfhandlungen sicher für den Wiederaufbau gebraucht werden würde. Es kam jedoch nie zur Verwirklichung dieses Projektes, da ja die LKW des Konzerns in Steyr gebaut wurden.
Als Vorstandsmitglied der Steyr-Daimler-Puch AG hatte Rösche natürlich laufend Einblick in die Projekte und Absichten der Konzernleitung und machte sich ab 1950 für den Bau eines kleinen PKW als Kaufobjekt für die Motorrad-Auf- und Aussteiger stark. Rösche hatte mit seinem analytischen Verstand, der nicht nur die technischen Aspekte eines Projektes, sondern auch die kommerziellen Seiten berücksichtigte, bereits damals erkannt, dass das Motorrad in naher Zukunft als Transportmittel vom Kleinwagen abgelöst werden würde.

Aber noch waren bedeutende Widerstände zu überwinden. Vor allem galt es in jener Phase des Wiederaufbaues, als Österreich in vier Besatzungszonen geteilt war und es an Kapital gleichermaßen wie an Rohstoffen mangelte, eine Automobilfertigung mit geringsten Mitteln aufzuziehen. Überhaupt musste Rösche ja die Konzernleitung davon überzeugen, dass der Bau des geplanten Kleinwagens in der Fertigungsstätte Graz-Thondorf und nicht am Standort Steyr stattfinden sollte. Die logische Begründung dafür hatte zukunftsweisende Dimensionen: Der zu bauende Kleinwagen hatte wesentlich mehr Berührungspunkte in fertigungstechnischer und technologischer Sicht mit dem Motorrad als mit dem Lastwagen oder Traktor. Darüber hinaus wollte Rösche, da er den nicht mehr aufzuhaltenden Niedergang des Motorrades als Volksverkehrsmittel klar erkannt hatte, auch die Weiterbeschäftigung der Mitarbeiter in Graz sicherstellen.

Es kam weiters der Umstand zum Tragen, dass im Werk Steyr keine Fertigungskapazitäten zur Erzeugung eines Steyr-Puch-Kleinwagens frei waren. Und so war 1954 im Vorstand des Konzerns der Beschluss gefasst worden, den Bau eines Kleinwagens in Graz in Angriff zu nehmen. Dazu wurde eine eigene Konstruktionsgruppe gegründet, die werksintern als „Gruppe Vierrad“ geführt wurde. Mit der Parallelität zur Sparte Zweirad gab es später Überschneidungen bei den Arbeiten an künftigen Motorradprojekten mit Viertaktmotor. Daher wurde aus der inzwischen eigenständig gewordenen „Sparte Vierrad“ eine „Viertaktgruppe“ ausgegliedert.

Ledwinka übernimmt

In Steyr arbeitete seit Ende der 1940er-Jahre Dipl.-Ing. Erich Ledwinka, der Sohn des berühmten österreichischen Automobilpioniers Prof. Hans Ledwinka. Dieser hatte bereits zu Ende des Ersten Weltkrieges in Steyr die Typen Steyr II und Steyr IV geschaffen, ehe er wieder (so wie zu Beginn dieses Jahrhunderts) nach Nesselsdorf zu den Tatra-Automobilwerken ging. Erich Ledwinka hatte ursprünglich seinen Arbeitsplatz in

Steyr. Mit der Konzernentscheidung für den Kleinwagen ging er nach Graz und wurde Leiter des Kleinwagen-Projektes.

Schon der erste Prototyp, der im Jahre 1954 von der Konstruktionsgruppe Steyr-Puch gebaut wurde, zeigte die Kostengrenzen des Projektes auf. Die Einrichtung einer eigenen Karosseriefertigung würde die Finanzierung des gesamten Projektes in Frage stellen. Und so schien nichts logischer, als die Verbindung des Konzernes zu Fiat auszunützen. Obendrein gab es da den Assembling-Vertrag, der die Abnahme von Fiat-Teilen verbindlich vorschrieb.

In der Werkszeitung für die Mitarbeiter der Steyr-Daimler-Puch AG, *aktuell im betrieb,* erschien in Heft 4/1985 der Leserbrief von Ing. Hagen, eines Mitarbeiters der Konstruktionsgruppe. Für diesen Zeitzeugen stellte sich die damalige Situation wie folgt dar:
Bekanntlich konnte damals aus Gründen fehlender Fertigungskapazität dieses Projekt im Werk Steyr nicht realisiert werden, und so wurde das Steyr-Konstruktionsteam, Dipl.-Ing. Ledwinka, Ing. Wagner, Ing. Krousky, Ing. Hagen, Ing. Springer und ich, im Juni 1955 vom Vorstand zur Übergabe der Konstruktionsunterlagen und des Prototyps zeitweise in das Werk Graz beordert. Anlässlich des seinerzeit mit Fiat abgeschlossenen Assembling-Vertrages war jedoch bei Fertigung eines eigenen PKW die Steyr-Daimler-Puch AG gezwungen, einen bestimmten Fahrzeug-Anteil (Karosserie-Rohteile und einige Teile des Fahrwerkes) von Fiat zu übernehmen, wobei es aber erwähnenswert ist, dass aufgrund der in härtesten Versuchen bewährten Steyr-Konstruktionen (Motor, Schaltgetriebe, Pendelhinterachse) der Steyr-Puch 500, Modell Fiat mit diesen in ungeändertem Konzept komplettiert und 1957 zur Serienfertigung freigegeben wurde.

So war also die Implantation der eigenen Antriebseinheit in die Rohkarosserie des Fiat 500 nur der logische Start- und Konzentrationspunkt des gesamten Projektes. Wie gelungen diese Synthese war, ist den entsprechenden Kapiteln dieses Buches zu entnehmen.

In diesem Zusammenhang sei noch eines Mannes gedacht, der leitender Konstrukteur des Zweizylinder-Boxermotors war: Ing. Nowak. Er schuf die eigentlichen Grundlagen für das kerngesunde Innenleben des Motors. Ihm ist auch eine der elegantesten Motorrad-Viertaktkonstruktionen zu verdanken, nämlich ein Paralleltwin für den Schalenrahmen der Puch SGS, Typ Nr. 240, Spitzname „zweihöckriges Kamel“. Leider kam diese Arbeit über einen lauffähigen Prototyp nie hinaus.

Die Weiterentwicklung des Zweizylinder-Boxermotors des Puch-Kleinwagens war der Start zur Entwicklung des Steyr-Puch-Haflingers. Federführend bei dieser Arbeit war wiederum Konstruktionschef Ledwinka.

Puch S, Prototyp mit Motor-Typ 752 (luftgekühlter 1,3 l 4-Zylinder-Boxer) mit 56 PS bei 5.500 U/min. Baujahr 1967. Besitzer Dipl.-Ing. Heinz Ahlgrimm-Siess.

Variationen des Puch-Boxermotors

Doch der Zweizylinder hatte in der Ausführung als Sportmotor (siehe Steyr-Puch 650 TR und TR II) seine leistungsmäßigen Grenzen erreicht. Es lag also nahe, die Weiterentwicklung dieses Motors in Richtung eines größeren Straßenfahrzeuges mit der Verdoppelung der Zylinderanzahl zu versuchen. Es entstanden die Motor-Typen 750 und 752. Ein solcher Motor wurde in eine Sportwagen-Kabrio-Karosserie eingebaut und befindet sich heute in Privatbesitz.

Die Arbeiten der Versuchsabteilung am bewährten Zweizylindermotor führten einerseits zur Entwicklung des Stabilmotors ST 600 im Jahr 1963, der auch in Serie ging, andererseits zum Bau des Motor-Typs 706 im Jahr 1972, der über das Prototypstadium, ähnlich den beiden Vierzylindermodellen, nicht hinauskam.

Der Vierzylinder-Reihenmotor des Pinzgauers trägt mit seinen einzeln stehenden luftgekühlten Zylindern wiederum deutlich die Handschrift Ledwinkas. Doch im Konstruktionsteam fand der spätere Leiter der Viertaktgruppe, Dipl.-Ing. Karl Sitter, eine Lösung zur optimalen Brennraumgestaltung für dieses Aggregat in Form der patentierten Doppelquetschkante. Mit dieser Brennraumform konnte der Pinzgauer auch besonders niederoktaniges „Klingelwasser“ schadlos verarbeiten. Dipl.-Ing. Ledwinka reichte im Jahr 1974 seine Dissertation unter dem Titel *Probleme des Geländefahrzeuges unter besonderer Berücksichtigung der österreichischen Entwicklungsbeiträge* ein und erhielt dafür die Doktorwürde. Das Werk ist leider nie in Buchform erschienen. Es stellt heute noch ein Standardwerk der österreichischen Geländewagenproduktion von den

Uranfängen der Dampf- und Elektromobile bis zum Pinzgauer dar. Ledwinka arbeitete noch lange nach seiner Pensionierung als Konsulent für das Werk und war auch bei der Konstruktion für den Puch G tätig.

Motor-Typ 750, Baujahr 1967

Vierzylinder-Boxermotor, luftgkühlt mittels Kunstoffgebläse, Drehstromlichtmaschine. Linkslaufende Ausführung für den Einbau in den Fiat 850, rechtslaufende Ausführung für den Einbau in den BMW 700.
Gebaute Stückzahl: 12 Prototypen
Bohrung/Hub (mm): 70/64
Hubraum (cm^3): 985
Leistung (PS bei U/min): 45/5.500
Drehmoment (mkp bei U/min): 6,8/2.500
Vergaser: Weber 32 ICS

Motor-Typ 752, Baujahr 1967

Vierzylinder-Boxermotor, gleicher Aufbau wie Typ 750, jedoch mit 1.300 cm^3 Hubraum, für den Einbau in einen vergrößerten Haflinger.
Gebaute Stückzahl: 5 Prototypen
Bohrung/Hub (mm): 80/64
Hubraum (cm^3): 1.286
Leistung (PS bei U/min): 56/5.500
Drehmoment (mkp bei U/min): 8,8/2.500
Vergaser: Zenith 32 NDIX

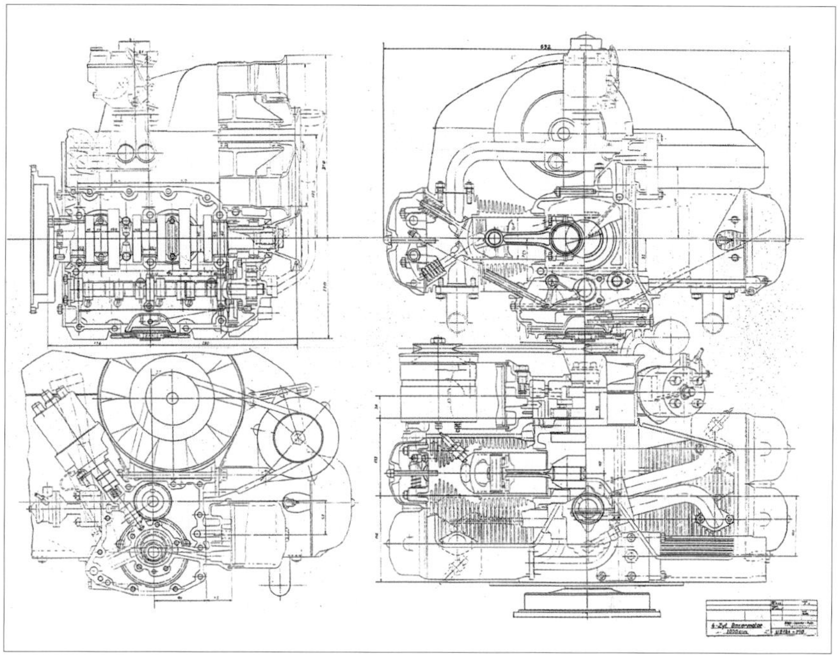

Motor-Typ 750.

Motor-Typ 706, Baujahr 1972

Letzte Weiterentwicklung des Zweizylinder-Boxermotors für den Haflinger, von dem nur einige Prototypen gebaut wurden.
Wesentlichste Änderungen: Auf 750 cm^3 vergrößerter Hubraum, neuer Brennraum, verbesserte Ventilsteuerung, Kunststoffgebläse, Ritzelstarter.
Bohrung/Hub (mm): 85/66
Hubraum (cm^3): 749
Leistung (PS bei U/min): 38/6.000
Drehmoment (mkp bei U/min): 5,2/3.000
Vergaser: Zenith 32 NDIX

Die Entwicklungsgeschichte des Steyr-Puch-Kleinwagens

Nach dem Auslaufen der Automobilproduktion wurden seitens der Puchwerke in Graz keinerlei Anstrengungen zum Bau eines neuen Automobilmodelles mehr unternommen. Ab 1934 war Puch ein Konzernbetrieb der Steyr-Daimler-Puch AG und hatte die Produktion von Motorrädern und Fahrrädern inne. Die einzige Ausnahme war

Heimatverbunden präsentierte der Steyr-Daimler-Puch-Konzern den neuen Kleinwagen mit einem großformatigen Farbprospekt.

der Bau des Kleinwagenprototyps mit dem Doppel-Doppelkolbenmotor, ähnlich der Motorradtype 500 im Jahr 1929. Für den Bau eines beachtlichen und international anerkannten Personenwagenprogrammes sorgten bis zum Beginn des Zweiten Weltkrieges die Steyr-Werke in Oberösterreich. Auch während der Jahre, als Österreichs Eigenstaatlichkeit verlorengegangen war und der Zweite Weltkrieg tobte, gab es im Bereich Graz keinerlei Anzeichen und auch keine Möglichkeiten für die Konstruktion und den Bau eines Automobiles.

Nach dem Ende des Zweiten Weltkrieges fiel in der Konzernleitung der Entschluss, den Bau von Personenkraftwagen weder im Werk Steyr noch in einem anderen zum Konzern gehörenden Betrieb aufzunehmen. Dafür entschloss man sich ab dem Zeitpunkt der Normalisierung der wirtschaftlichen Verhältnisse im damaligen Nachkriegsösterreich im Jahre 1948, das Personenwagenprogramm der Turiner Fiat-Werke als Generalimporteur für das gesamte Bundesgebiet zu vertreiben. Und zwar wurden die Fiat-Automobile in den Steyr-Werken fertig zusammengebaut, die Grundlage dafür war ein sogenannter Assembling-Vertrag. Diese Autos trugen dann den Namen *Steyr-Fiat*. Wobei, mit einer einzigen Ausnahme, die originalen Turiner Automobile angeboten wurden. Die Ausnahme ist der Steyr-2000, der in einer modifizierten Karosse des Typs 1400 den eigenentwickelten und in Steyr gebauten 2-Liter-Vierzylinder als Antriebsquelle aufwies.

Nun war aber, wie schon erwähnt, in Graz bereits im Jahre 1954 der Entschluss gefasst worden, wieder eine eigene PKW-Produktion auf die Beine zu stellen, und die Vorarbeiten waren bereits ziemlich weit abgeschlossen. Dass dieser Wagen natürlich nur ein Kleinwagen sein konnte, lag aufgrund der damaligen wirtschaftlichen Verhältnisse, ebenso wie aufgrund der Tatsache, dass man vor allem die „Motorradauf- und Aussteiger" als Käufer gewinnen wollte, auf der Hand. Eine ähnliche Entwicklung war ja bei vielen europäischen Motorradfirmen zu beobachten. So sei in diesem Zusammenhang an die deutsche Firma NSU, 1953 und 1954 noch Motorradweltmeister und größte Motorradfabrik der Welt, erinnert.

Ebenfalls zum Kleinwagen über gingen in Deutschland die Zweiradfabriken Zündapp mit dem Modell Janus, BMW mit der Isetta, Heinkel mit dem Kabinenroller oder Maico mit dem Maico MC 500/4-Kleinwagen. Aber auch Vespa-Piaggio in Italien brachte in jener Zeit des Kleinwagenbooms in Europa einen winzigen Viersitzer auf den Markt.

Nun hatte man also bei Puch einen fast fertig entwickelten Kleinwagen, aber die wirtschaftlichen Probleme der Produktionseinrichtung waren so gewaltig, dass man nach einer anderen Möglichkeit der Kleinwagenproduktion Ausschau hielt. Man hatte bereits in Graz-Thondorf für die Kleinwagenproduktion Investitionen von rund 100 Millionen Schilling getätigt, aber es wären noch rund 50 weitere Millionen in eine eigene Karosseriefertigung zu investieren gewesen. Diese Investition konnte man sich dank des Nahverhältnisses des Konzerns zu Fiat ersparen, und zwar durch die Übernahme der Rohkarosserie des Fiat 500-Kleinwagens. Dieser Wagen, als noch kleineres, einfacheres und billigeres Schwestermodell zum Fiat 600 (der als Steyr-Fiat 600 völlig identisch mit dem italienischen Modell in Österreich angeboten wurde), erfreute sich größter Beliebtheit am italienischen Markt und wurde daher in entsprechend großen Stückzahlen produziert. Was lag also näher, als sich dieser relativ preisgünstigen Gelegenheit der Rohkarosse zu bedienen?

Das eigentliche Problem für die „Adaptierung" des mit einem Paralleltwin als Antriebsquelle ausgestatteten Fiat 500 lag nicht nur in der kompletten Umänderung des Motor-Getrieberaumes, sondern auch in der Schaffung günstigerer Raumverhältnisse für die Fondpassagiere. Bei einer prognostizierten Produktion von 15.000 Puch-Kleinwagen pro Jahr lohnten sich also diese Umbauarbeiten und erforderten keine eigene Karosseriefertigung. Aus dieser Tatsache resultiert auch die etwas umständliche vollständige Bezeichnung des neuen Wagens: *Steyr-Puch 500, Modell Fiat.*

Die Technik der Steyr-Puch-Kleinwagen. Die Karosserie – eine Art von Kabriolett

Die Karosserie des Puch 500 stammte im Rohbau aus Turin und war identisch mit der des Modells Fiat 500 mit Ausnahme der nachfolgend beschriebenen Umbauten. Der Grund dafür, sich im Jahre der Markteinführung des neuen Wagens, nämlich 1957, für die Ausführung als Kabriolett zu entscheiden, obwohl man zu diesem Zeitpunkt bereits ein Hardtop, sprich einen festen Dachaufbau hatte, lag vor allem in der Überlegung, dass man in erster Linie als Käuferpublikum ehemalige Motorradfahrer ansprechen wollte. Die waren ja die frische Luft gewohnt und es sollte daher infolge des Faltverdeckes daran nicht mangeln. Obendrein zeigten die Marktanalysen, dass ein relativ großer Anteil von Autofahrern seine Limousine mit Falt- oder Stahlschiebedach orderte. Dafür waren diese Käufer auch bereit, zusätzliche Kosten in Kauf zu nehmen. Allerdings wurde damit die Vergleichbarkeit erschwert, denn man konnte keine klare Marktanalyse treffen, und zwar in dem Sinne, dass man nicht genau wusste, ob die Käufer von Standardwagen das Schiebedach nicht mochten oder den Aufpreis scheu-

Schematische Darstellung des Steyr-Puch 500 mit den mechanischen Elementen.

ten. In Graz fiel jedenfalls die Entscheidung, dass die Puch 500-Kunden nicht für die Frischluft extra bezahlen sollten und erhob die Kabrio-Konstruktion zum Standard.

Die Verkaufserfahrungen zeigten jedoch bald, dass ein eher überwiegender Teil der Kundschaft ein festes Dach wünschte. Obwohl diese Tatsache relativ rasch feststand, konnte man produktionsmäßig nicht sofort reagieren. Einerseits galt es ja, die hohen Investitionen für den Kleinwagen an sich zu amortisieren, andererseits sollte die überaus rege Nachfrage nach dem Puch-Wagen befriedigt werden. Erst im Jahre 1959 kam es mit dem Modell Steyr-Puch 500 D zu der gewünschten Modellvariante mit festem Dach.

Dennoch gab es bis zur Ausführung des Steyr-Puch-Kleinwagens als „500" und „500 S" (mit den äußeren Kennzeichen der vorne angeschlagenen Türen sowie der Faltdachausführung über den Vordersitzen und dem hinteren festen Dachteil) sowie Fiat 126 mit Steyr-Puch-Motor immer die Option *Ausführung als Limousine, wahlweise mit Stahlblechdach oder Faltdach.*

Bei allen Modellen fand ein torsionssteifer Plattformrahmen Anwendung, der mit dem Aufbau zu einer selbsttragenden Karosserie verschweißt worden war. Die Karosserien wurden als Rohbaukarosserien von Turin nach Graz geliefert und dort für die Verwendung im Puch-Wagen adaptiert. Die Modifikationen bezogen sich auf folgende Details:

- Umbau des Armaturenbrettes zur Aufnahme eines Handschuhfaches (ab Modelljahrgang 1959).
- Änderung des gesamten Heckteiles zur Aufnahme der Puch-Motor-Getriebeeinheit.
- Herstellung einer eigenen Heckklappe.
- Herstellung eines eigenen Daches bei den Modellen mit festem Dach.

Dieses Dach mit der charakteristischen Hutze über dem bemerkenswert großen Heckfenster ergab nicht nur eine besonders große Kopffreiheit für die Fondpassagiere, sondern darüber hinaus prägte es das Erscheinungsbild des Steyr-Puch-Kleinwagens entscheidend mit.

Geniale Einfachheit: Das Fahrwerk des Steyr-Puch-Kleinwagens

Gerade die Auslegung des Fahrwerkes ist bei einem Kleinwagen das Maß der Dinge für Straßenlage und Komfort. Die Väter des Puch-Wagens haben hier von Anfang an eine glückliche Hand bewiesen, denn es gelang ihnen die Optimierung der Fiat-Großserienteile mit den hauseigenen Komponenten. Diese Kombination sah in allen Modellen die Verwendung der Fiat-Vorderachse mit den oberen Dreieckslenkern und der unteren Querblattfeder vorne, sowie der Puch-eigenen Radaufhängung hinten vor.

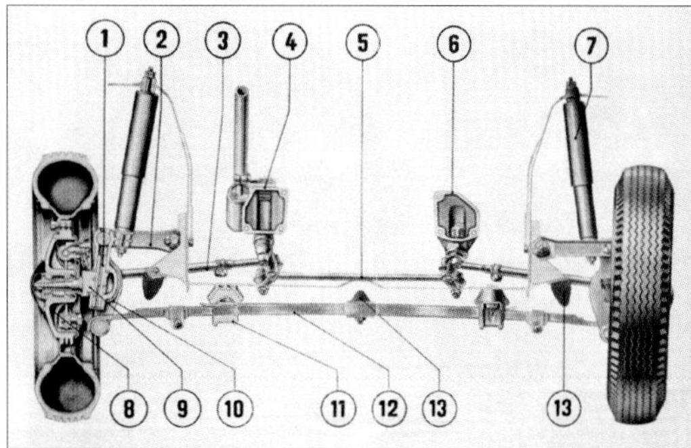

Schnittbild der Vorderradaufhängung und Lenkung:

1 Achsschenkelbolzen
2 Querlenker
3 Lenkspurstange
4 Lenkgehäuse
5 Lenkverbindungsstange
6 Lager zum Lenkzwischenhebel
7 Stoßdämpfer
8 Vorderradnabe
9 Achsschenkel
10 Achsschenkelträger
11 Federlager
12 Blattfeder
13 Gummipuffer

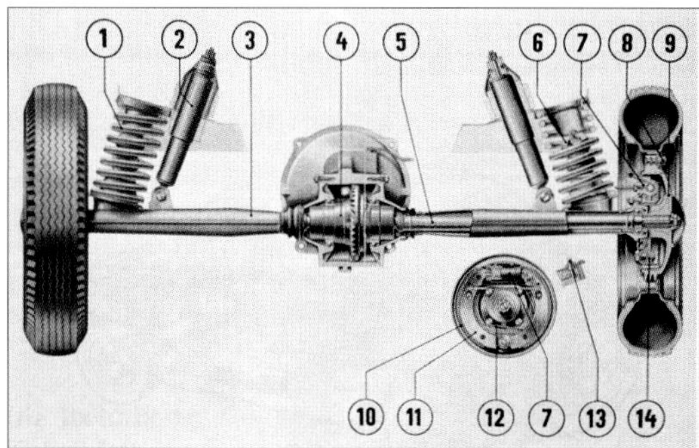

Schnittbild der Hinterachse und Bremse:

1 Schraubenfeder
2 Stoßdämpfer
3 Halbachse
4 Ausgleichsgetriebe
5 Differenzialwelle
6 Gummihohlfeder
7 Radbremszylinder
8 Radmutter
9 Hinterradnabe
10 Bremsbelag
11 Bremsbacke
12 Seilzug der Handbremse
13 Einstellexzenter zur Bremsbackeneinstellung
14 Bremsbackenabstützung

Die hintere Radaufhängung sah als Zweigelenks-Pendelachse die Verwendung der am Getriebe mittels Bolzen angelenkten, die Antriebswellen voll umhüllenden „Trompetenrohre“ vor. Die Hinterräder wurden mittels Schraubenfedern und innenliegenden Gummihohlfedern zur Erreichung einer hohen Progressivität gefedert. Zur Dämpfung wurden an allen vier Rädern doppelt wirkende, hydraulische Stoßdämpfer verwendet.

Ein Kapitel für sich sind die Puch-Bremsen, die nicht nur ein augenfälliges äußeres Merkmal des Steyr-Puch-Kleinwagens darstellten, sondern darüber hinaus einen in dieser Klasse bis dahin unbekannten Bremskomfort und eine Fadingresistenz aufwiesen, die Maßstäbe im Bau von Personenwagen-Trommelbremsen setzte.

Die Bremstrommeln waren aus Leichtmetall mit Einschluss der Reibflächen aus Stahl im Verbundguss gegossen. Konstruktiv waren sie gleichzeitig als Radnabenkörper ausgebildet und hatten einen Durchmesser, der die Verwendung von Radfelgen mit vier Radbolzen erlaubte. Die Leichtmetalltrommeln waren außen kräftig verrippt und trugen eine zentrale Chrom-Abdeckkappe. Ab Modelljahrgang 1969 musste man aus kommerziellen Überlegungen diese exklusive Bauart aufgeben und es kamen die gegossenen Serienbremsen von Fiat zur Anwendung.
Die Bremsbacken waren selbstnachstellend ausgeführt und wurden beim Modell 126 mit Puch-Motor als Zweikreisbremsanlage ausgeführt. Die Puch-Bremsanlage war mit einer Hydraulik von Teves (ATE) ausgestattet. Der Bremstrommeldurchmesser der Puch-Bremsen betrug 180 mm; die wirksame Gesamtbremsfläche hatte beachtliche 452 cm^2 aufzuweisen. Die Handbremse wirkte mit Seilzug und Waagbalkenausgleich auf die Hinterräder.

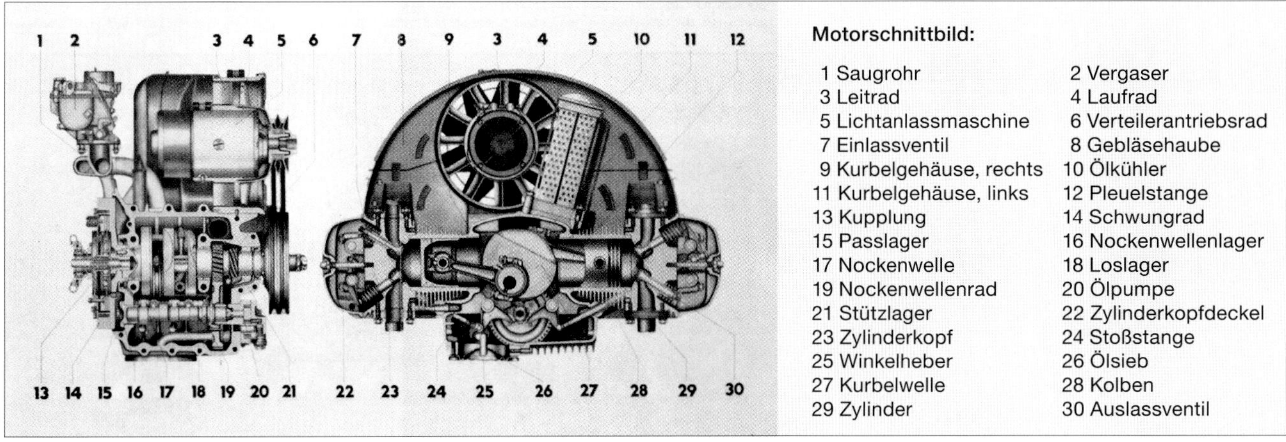

Die Position der Lenkung war, wie im europäischen Raum üblich, als Linkslenkung serienmäßiger Standard, es gab aber auf Wunsch und für bestimmte Exportmärkte auch die Möglichkeit der Rechtslenkung. Die Lenkung selbst war als Schneckenlenkung mit Segment und einer Untersetzung von 2,26 ziemlich direkt ausgelegt.

Die Räder waren als Stahlscheibenräder mit einer Felgengröße von 3½ × 12″ ausgelegt. Die Bereifung hatte die Dimension 125–12″. Erst beim Typ 126 kamen Felgen mit 4 × 12″ zur Anwendung, ebenso eine größere Reifendimension, ausgebildet als Radialreifen der Größe 135 SR–12″.

Superboxer: Der Motor des Steyr-Puch-Kleinwagens

Der Motor des Steyr-Puch-Kleinwagens war von Haus aus die eigentliche Sensation dieses Automobils. Thermisch kerngesund und von Konstruktion und Materialauswahl her mit allem ausgestattet, was gut und teuer war, tat er seine Dienste klaglos und über viele Jahre in allen Ausführungen von 16 PS bis zu den heißesten, frisierten Versionen mit 50 PS, sei es im PKW, Kombiwagen oder im Haflinger. Grund genug, um dieses außergewöhnliche Triebwerk genau zu betrachten.

Der Motor war sowohl in seiner Erstversion mit 500 cm^3 als auch in der Weiterentwicklung für das Hubvolumen von 643 cm^3 auf höchste Betriebssicherheit und lange Lebensdauer ausgelegt. Die Kurbelwelle wurde zur Verbesserung der Biegesteifigkeit im Nitrierverfahren gehärtet. Diese aus dem Flugzeugbau kommende Methode der Härtung von Kurbelwellen wurde bei Puch erstmals im Kleinwagenbau angewendet. Als Material wurde Chromstahl 20 Cr Mo 5 verwendet, aus welchem die Kurbelwelle im Gesenk geschmiedet und auf 80–90 kp/cm^2 vergütet wurde. Die fertigen Wellen wurden 45 Stunden im Ammoniakgas bei 600° C nitriert. Durch Zuführung von Stickstoff erhielt die Oberfläche eine harte Schicht von ca. 0,3–0,4 mm Stärke. Die Härte dieser Schicht betrug HV = 70 kp/mm^2 Vickershärte. Schwingungsversuche mit der

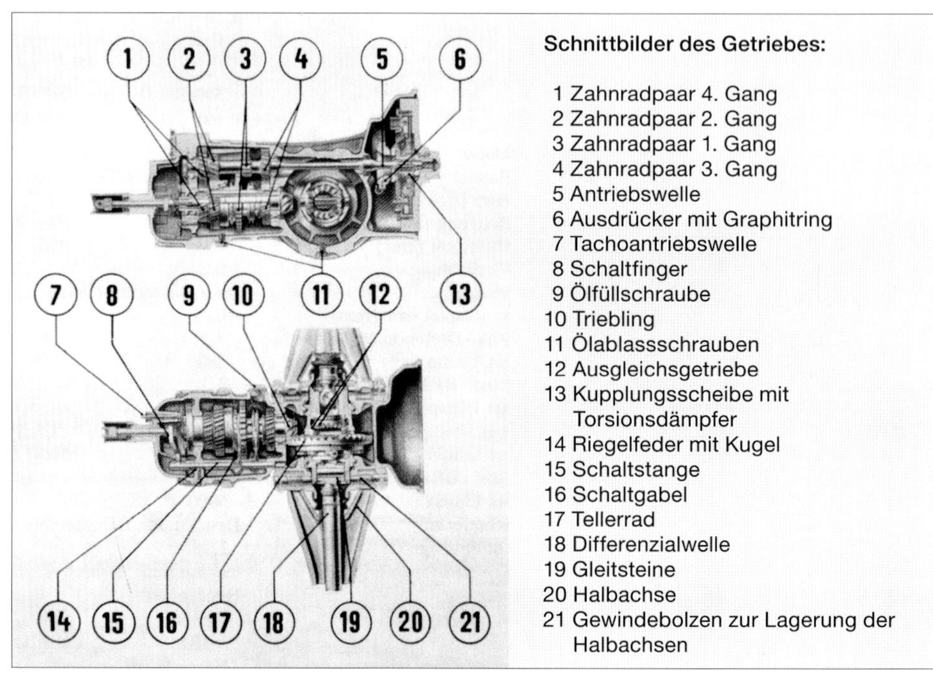

Schnittbilder des Getriebes:

1 Zahnradpaar 4. Gang
2 Zahnradpaar 2. Gang
3 Zahnradpaar 1. Gang
4 Zahnradpaar 3. Gang
5 Antriebswelle
6 Ausdrücker mit Graphitring
7 Tachoantriebswelle
8 Schaltfinger
9 Ölfüllschraube
10 Triebling
11 Ölablassschrauben
12 Ausgleichsgetriebe
13 Kupplungsscheibe mit Torsionsdämpfer
14 Riegelfeder mit Kugel
15 Schaltstange
16 Schaltgabel
17 Tellerrad
18 Differenzialwelle
19 Gleitsteine
20 Halbachse
21 Gewindebolzen zur Lagerung der Halbachsen

neuen Methode der Kurbelwellenhärtung ergaben eine Erhöhung der Wechsel-Dauerfestigkeit um fast 50 Prozent gegenüber den vergüteten Wellen.

Das Kurbelgehäuse war zweiteilig ausgeführt und aus Leichtmetall im Druckgussverfahren hergestellt. Die Lagerung der Kurbelwelle erfolgte in zwei Bleibronze-Dreistofflagern. Zur Dämpfung der Biegeschwingungen wurde am dünnen Ende der Kurbelwelle ein weiteres Aluminium-Buchsenlager vorgesehen. Die Ölversorgung der Kurbelwelle erfolgte durch Kanäle im Kurbelgehäuse sowie durch entsprechende Ölbohrungen in der Kurbelwelle.

Die Zylinder und Zylinderköpfe wurden durch lange Dehnschrauben direkt am Kurbelgehäuse befestigt. Die Ausbildung der Graugusszylinder, deren Wandstärkenverlauf, die Kühlrippenform und die Kühlrippenteilung nahmen Bedacht auf gleichmäßigen Temperaturverlauf und gute Kühlwirkung.

Als Kolben fanden Aluminium-Regelkolben mit eingegossenem Stahlstreifen Anwendung, die infolge der Bimetall-Wirkung bei Erwärmung die Zylindrizität wahrten, ein geringes Spiel sowohl in warmem als auch kaltem Zustand aufwiesen und für guten Wärmeübergang sorgten. Begünstigt wurden diese Verhältnisse durch eine optimale Ölzufuhr zu den Zylinderlaufflächen und zum inneren Kolbenboden. Diese erfolgte mittels eines aus einer Bohrung im großen Pleuelauge intermittierend herausspritzenden Ölstrahles.

Der engverrippte Zylinderkopf bestand aus einer warmfesten Aluminium-Legierung, welche im Druckgussverfahren hergestellt wurde. Der halbkugelförmige Brennraum

Antriebseinheit des Steyr-Puch-Kleinwagens mit Motor, Getriebe und Pendelachsen.

bot alle Vorteile dieser Brennraumform, von der Unterbringung großer Ventile bis zur optimalen Durchflammung des Gasgemisches. Die Ventile wiesen eine Neigung von 60° zueinander auf und hatten Graugussführungen. Die Ventilschäfte waren verchromt, das Auslassventil hatte eine Hartmetallpanzerung, die aus Spezialguss bestehenden Ventilsitzringe waren im Zylinderkopf eingeschrumpft.

Die Ventilbetätigung erfolgte über Stoßstangen und Kipphebel von der Nockenwelle aus, welche im Ölsumpf unterhalb der Kurbelwelle lag. Nockenform und Ventilfedern waren für eine Drehzahl bis 6.500 U/min ausgelegt. Die Aluminium-Stoßstangen bewirkten einen thermischen Ventilspielausgleich und dadurch einen geräuscharmen Ventiltrieb. Der Antrieb der einsatzgehärteten Nockenwelle erfolgte mittels Zahnrädern von der Kurbelwelle aus. Das große Zahnrad auf der Nockenwelle bestand aus Aluminium, wodurch Einbauspiel und Geräusch vermindert wurden.

Die Ölversorgung des Motors erfolgte mittels einer Druckumlaufschmierung mit einer Zahnradölpumpe; Ölfeinfilter und Ölkühler lagen im Hauptstrom. Der Ölkühler ragte in den Gebläsekasten und gewährleistete durch seine Lage im Kühlluftstrom ausreichende Ölkühlung.

Das Kühlluftgebläse war am Motorgehäuseoberteil befestigt, der Antrieb erfolgte durch zwei Gummikeilriemen von der Kurbelwelle aus mit doppelter Motordrehzahl. Die Förderleistung des Kühlluftgebläses war mit 21 m^3/min bei einem statischen Druck von 120 cm Wassersäule bemessen. Der Leistungsaufwand betrug ca. 1,9 PS, das sind rund 8 Prozent der Motorleistung.

Oben: Eröffnung der Puch 500-Produktion 1957.
Rechts: Steyr-Puch 500, Baujahr 1957.

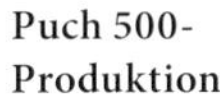

Puch 500-Produktion.

Die Metamorphose des Boxermotors: Technische Daten der Steyr-Puch-PKW-Kleinwagenmodelle

	Technische Daten	500 / 500 D	500 S / 500 DL	650 T	650 TR	650 TR II
Motor	Bauart	2-Zylinder, 4-Takt-Boxermotor, angeordnet im Heck des Fahrzeuges				
	Hub (mm)	64	64	64	64	64
	Bohrung (mm)	70	70	80	81	81
	Hubraum (cm³)	493	493	643	660	660
	Verdichtung	6,8		7,2	8,8	10,5
	Ventile	im Zylinderkopf hängend, über Stößelstangen und Kipphebel betätigt				
	Ventilspiel kalt (mm)	0,15				
	max. Drehmoment (mkp bei U/min)	3,2 / 2.800	3,4 / 3.200	4,1 / 2.800	4,2 / 3.500	
	Ausführung BRD (mkp bei U/min)	3,3 / 3.000	–	4,1 / 3.500	–	
	max. Nutzleistung (PS bei U/min)	16 / 4.600	19,8 Typ DL / 5.000 (4.600)	19,8 / 4.800	27 / 5.500	
	Ausführung BRD (PS bei U/min)	18,9 / 5.000	–	22,8 / 4.800	–	
	Schmierung	Druckumlaufschmierung mittels Zahnradpumpe mit Ölkühler und Ölfeinstfilter				
	Ölfüllmenge (l)	1,75	–	–	–	
	Kraftstoffförderung	mechanische Kraftstoffpumpe (Weber oder Solex)				
	Vergaser	Fallstromvergaser				
	Vergasertypen	Weber 28IBMS	Solex 40PID	Weber 32ICS6	Solex 40PID	Pallas-Zenith 32NDIX
	Vergasereinstellung	Normalausführung				
	Lufttrichter	22	–	20	23	2 × 27
	Hauptdüse	125	–	112	107,5	2 × 130–140
	Leerlaufdüse	45	–	55	g 50	2 × 45
	Luftkorrekturdüse	270	–	270	100	2 × 250–270
		Deutschland-Ausführung				
	Lufttrichter	–	25	22	27	
	Hauptdüse	–	117,5	130	135	
	Leerlaufdüse	–	g 60	50	55	
	Luftkorrekturdüse	–	100	270	70	
	Kühlung	Luft, mittels Axialgebläse, das mit doppelter Motordrehzahl läuft				
	Elektrische Anlage	12 V				
	Zündung	Batteriezündung				
	Unterbrecher	einfach / Kontaktabstand 0,4 mm				
	Zündverteiler	Bosch				
	Zündverstellung	Fliehkraftverstellregler				
	Zündeinstellung	4–10 mm vor OT, gemessen an der Doppelriemenscheibe			4–5 mm vor OT	
	Zündkerze	Bosch W 225 T1 oder gleichwertige				
	Anlasser und Lichtmaschine	Bosch-Lichtanlasser (Dynastarter)				
	Batterie	12 V 32 Ah				

Technische Daten		500 / 500 D	500 S / 500 DL	650 T	650 TR	650 TR II
Kraftübertragung	Kupplung	Fichtel & Sachs				
	Kupplungsart	Einscheiben-Trockenkupplung				
	Schaltgetriebe (nicht 500 S)	Steyr-Puch				
	Schaltgetriebeart	mechanisches Stufengetriebe, sperrsynchronisiert, 1. Gang unsynchronisiert				
	Übersetzungen					
	1. Gang	3,73	3,700	3,73	3,08	
	2. Gang	2,18	2,067	2,18	1,79	
	3. Gang	1,30	1,300	1,30	1,30	
	4. Gang	0,89	0,875	0,89	0,89	
	Retourgang	5,48	5,140	5,48	3,70	
	Ausgleichsgetriebe	Kegelradgetriebe mit Spiralkegelrädern				
	Übersetzung					
	Schaltgetriebe-Hinterrad	i = 5,14 (8:41)				
Räder und Bereifung	Reifengröße	125–12" Diagonalbauart, ab 1970 Radialreifen 135–12" SR				
	Felgendimension	3,50 × 12" bzw. 4,00 × 12"				
Fahrwerk	Radaufhängung vorne	oben Dreieckslenker, unten Querblattfeder				
	Federung vorne	Blattfeder, quer zur Fahrzeuglängsachse				
	Radaufhängung hinten	Pendelachse (500 S: Dreieckslenker)				
	Federung hinten	Schraubenfedern mit progressiv wirkenden Gummihohlfedern				
	Radsturz	4–7 mm				
	Spreizung	6°				
	Vorspur	0–2 mm				
	Nachlauf	9°				
	Lenkung	Schneckenlenkung als Einzelradlenkung mit geteilten Spurstangen				
	Wendekreisradius	4,3 m				
Bremsanlage	Fabrikat (500 S: Fiat)	Puch-Teves (ATE)				
	Wirkungsweise Betriebsbremse	hydraulische Innenbacken-Vierradbremse				
	Wirkungsweise Handbremse	mechanisch auf die Hinterräder				
Fahrgestell	Radstand (mm)	1.840				
	Spurweite vorne (mm)	1.120				
	Spurweite hinten (mm)	1.135				

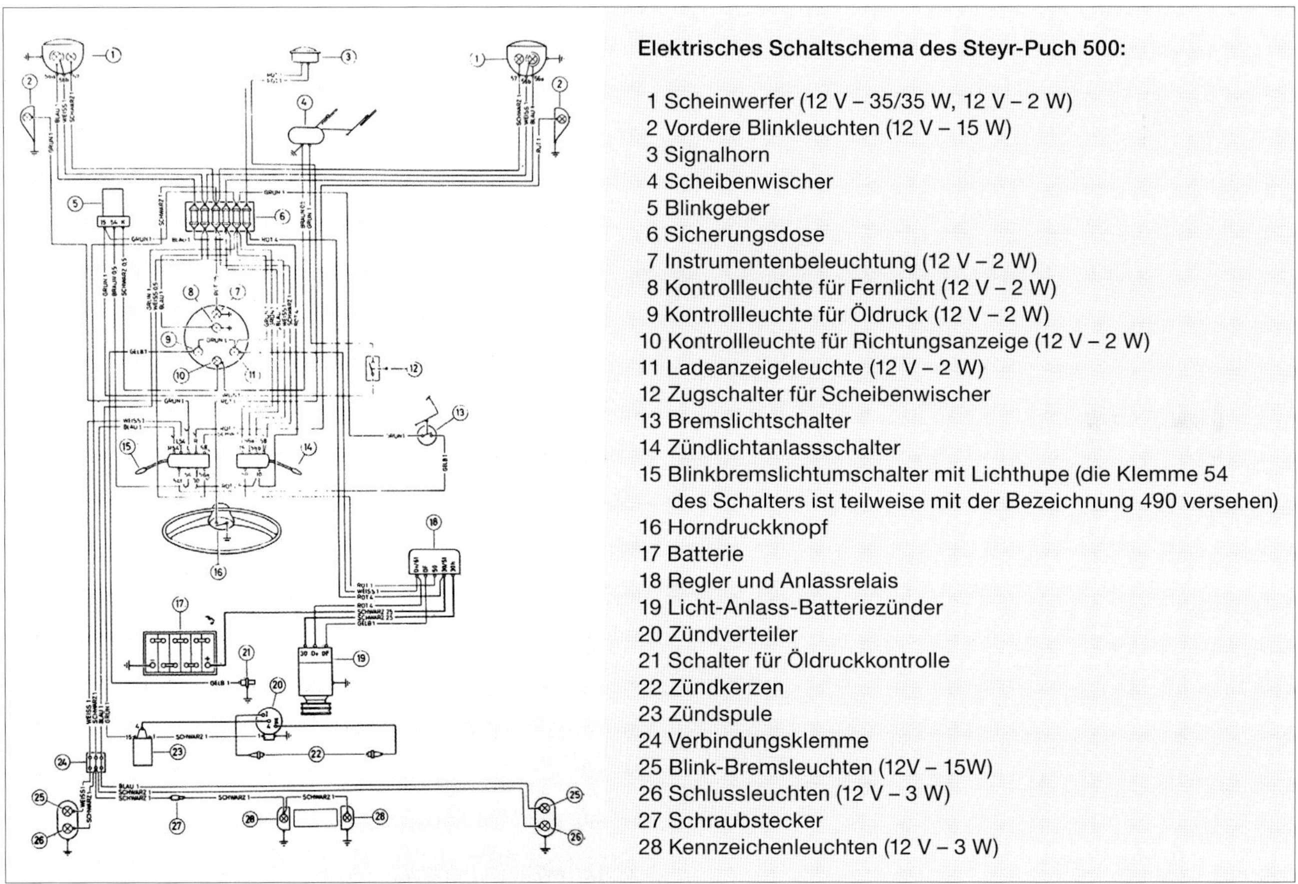

Elektrisches Schaltschema des Steyr-Puch 500:

1 Scheinwerfer (12 V – 35/35 W, 12 V – 2 W)
2 Vordere Blinkleuchten (12 V – 15 W)
3 Signalhorn
4 Scheibenwischer
5 Blinkgeber
6 Sicherungsdose
7 Instrumentenbeleuchtung (12 V – 2 W)
8 Kontrollleuchte für Fernlicht (12 V – 2 W)
9 Kontrollleuchte für Öldruck (12 V – 2 W)
10 Kontrollleuchte für Richtungsanzeige (12 V – 2 W)
11 Ladeanzeigeleuchte (12 V – 2 W)
12 Zugschalter für Scheibenwischer
13 Bremslichtschalter
14 Zündlichtanlassschalter
15 Blinkbremslichtumschalter mit Lichthupe (die Klemme 54 des Schalters ist teilweise mit der Bezeichnung 490 versehen)
16 Horndruckknopf
17 Batterie
18 Regler und Anlassrelais
19 Licht-Anlass-Batteriezünder
20 Zündverteiler
21 Schalter für Öldruckkontrolle
22 Zündkerzen
23 Zündspule
24 Verbindungsklemme
25 Blink-Bremsleuchten (12V – 15W)
26 Schlussleuchten (12 V – 3 W)
27 Schraubstecker
28 Kennzeichenleuchten (12 V – 3 W)

Die Sensation am Kleinwagenmarkt: Der Steyr-Puch-Kleinwagen im Spiegel der Presse

Kaum ein anderer österreichischer Wagen war von der Presse derart aufmerksam und genau beobachtet und beschrieben worden, wie der neue Steyr-Puch-Kleinwagen. Dabei gab es ja nach dem Zweiten Weltkrieg bereits etliche Möglichkeiten, über österreichische Automobile bzw. Kleinwagen zu berichten. Die bekanntesten Nachkriegsschöpfungen waren bei den „ausgewachsenen" Wagen beispielsweise der in Gmünd/Kärnten gefertigte Porsche sowie der ebenfalls auf Basis des VW in Wien gefertigte WD-Equipment, den die Firma Denzel ab 1949 in Kleinserie herstellte. Aus der Kooperation mit Fiat entsprangen außer den *Assembling-Modellen* der Fiat-Palette unter dem Markennamen *Steyr-Fiat* auch der österreichische *Steyr 2000.* Bei den „Kleinen" gab es etliche beachtliche Versuche, deren bekanntester außer dem Puch-Wagen wohl der dreirädrige Kabinenroller der Firma Felber war. Doch das „Pucherl" hatte das Zeug zur Massentauglichkeit.

Nun, der neue Puch-Kleinwagen schlug wahrlich wie eine Bombe im Pressewald ein. Keine Zeitung oder Zeitschrift, die auf sich hielt, kam an dem kleinen Viersitzer aus

So sahen die Produktionshallen Ende der 1950er-Jahre in Graz-Thondorf aus.

Graz vorbei. Die erste vollständige Rezension über den Puch-Wagen brachte die österreichische Fachzeitschrift *Motorrad* am 5. Oktober 1957. Die interessantesten Passagen dieser Beschreibung lauteten:

Bereits in Produktion: Der österreichische Kleinwagen. Steyr-Puch 500 Mod. Fiat vorgestellt – Platz für 4 Personen – 16 PS-Motor – 100 km/h.

Als in den ersten Julitagen dieses Jahres der neue Fiat 500 der Öffentlichkeit vorgestellt wurde, war es ein offenes Geheimnis, dass nun in absehbarer Zeit auch der sagenhafte Puch-Kleinwagen folgen würde. War es doch schon seit einiger Zeit bekannt, dass der Steyr-Daimler-Puch-Konzern seine Verbindungen mit Fiat-Turin für den Kleinwagen ausnutzen werde.

Immerhin hat es noch ganze drei Monate gedauert, bis nun endlich dieser erste österreichische Kleinwagen fertig dasteht und der Öffentlichkeit vorgestellt werden konnte. Warum es so lange gedauert hat, ist leicht erklärt: Puch stellte den Steyr-Puch 500 erst vor, nachdem die Serienproduktion bereits angelaufen ist.

Der Steyr-Puch ist also kein Prototyp, er ist auch über die Vorserie längst hinaus gediehen. Aus dem Werk in Graz rollen bereits täglich rund 20 fertige Wagen zu den Händlern in ganz Österreich! Bis Ende 1957 sollen es dann 50 im Tag sein!

Der erste Eindruck: Der Steyr-Puch 500 ist ein ausgesprochen gefälliger Kleinwagen, er erinnert in seiner äußeren Linienführung etwas an den Fiat 600, in seinen Außenabmessungen ist er natürlich kleiner. Raumausnutzung wurde ganz groß geschrieben, wollte Puch doch schließlich Platz für vier Erwachsene bieten. Puch war hierbei an die Grundkonzeption des Fiat 500 gebunden, der ja ausdrücklich als Zweisitzer mit zwei Kindersitzen bzw. Gepäckraum gebaut wurde. Puch hat aus dem Zweisitzer immerhin einen

Viersitzer gemacht – ohne dass vielleicht wesentliche Änderungen an Fahrgestell oder Karosserie vorgenommen wurden – der Radstand blieb wie die ganzen Hauptabmessungen unverändert. Die Möglichkeit war gegeben durch den geringeren Platzbedarf des Boxermotors gegenüber dem Reihenmotor und die andere Hinterachse bzw. Abfederung: das erbrachte runde 5 cm in der Längsrichtung, aber auch ein Tiefersetzen der hinteren Sitzbank war ermöglicht.
Das Fahrgestell: weist im Gegensatz zur landläufigen Meinung eine Reihe recht interessanter Abweichungen vom Schwestermodell, dem Fiat 500, auf. Wie überhaupt festzustellen ist, dass der Steyr-Puch 500 eine durchaus eigentümliche Konstruktion ist, die nur die Karosserie des Fiat 500 verwendet.
Vorne Einzelradaufhängung mit oberen Dreiecksquerlenkern und unterer Querblattfeder. Der Stoßdämpfung dienen hydraulische Teleskop-Stoßdämpfer. Die vordere Querblattfeder ist nicht in der Mitte, sondern an zwei Federlagern seitlich befestigt, sie wirkt dadurch als Kurvenstabilisator. Während beim Fiat 500 (wie beim 600er) die hinteren Schwingarme als Dreiecklenker ausgebildet sind, die um eine von der Wagenaußenseite zum Anlenkpunkt am Getriebe führende Achse schwingen, sind beim Steyr-Puch 500 hohle Halbachsen vorgesehen, die am Getriebe-Gehäuse beiderseits der Antriebswellen gelagert sind: die Antriebswelle wird in den Halbachsen geführt. Man erspart sich bei dieser Schwingachskonstruktion ein elastisches Zwischenglied.
Alles in allem weist der Steyr-Puch 500 leer und betriebsfertig 460 kg auf. Sein Leistungsgewicht von 28,75 kg/PS ist als durchaus günstig zu bezeichnen, es entspricht etwa dem des Lloyd 600 und ist nur unwesentlich schlechter als das des Renault 4 CV oder des Fiat 600. Der Steyr-Puch 500 wird also ein recht lebendiges Auto sein.
Der Motor: Bevor wir auf die Fahrleistungen eingehen, müssen wir uns zunächst mit dem Motor befassen. Dieser Motor ist nämlich in seiner Konstruktion und Ausführung geradezu ein Gustostückerl; er ist von A bis Z eine eigene Schöpfung der Puch-Konstrukteure. Man geht wohl nicht fehl in der Annahme, dass Puch seinerzeit bei der Konstruktion dieses Motors den Bau eines völlig eigenkonzipierten Kleinwagens verfolgte. Dass es dann, in Anlehnung an die Bindungen mit dem Fiat-Konzern zu einer Zusammenarbeit Puch – Fiat kam, kann sicherlich nur als Vorzug angesprochen werden. Denn schließlich hat sich dazu Puch sicherlich manche überaus kostspielige Investitionen erspart, konnte aber doch in diese Ehe eigenes Gedankengut für einen für Österreich tauglichen Kleinwagen mitbringen.
Zusammengefasst kann man nur seine Freude über diesen wohlgelungenen Wurf der Steyr-Puchwerke aussprechen. Dieser neue österreichische Kleinwagen verspricht, zu einer der interessantesten Lösungen auf diesem so problemreichen Gebiet zu werden.
Der Preis von S 23.800,– ab Werk Graz scheint zudem geeignet, dem Wagen einen großen Käuferkreis zu sichern. Puch will schließlich 15.000 Einheiten im Jahr erzeugen und auch – nur in Österreich – verkaufen.

Soweit also die wichtigsten Passagen aus dem ersten kompetenten Fachblatt Österreichs über den neuen Wagen, wobei etliche interessante Aspekte angerissen wurden. Das waren in erster Linie die Eigenständigkeit des Einsatzes durch die Karosseriemodi-

fikationen als Viersitzer zum Unterschied vom italienischen Fiat 500 sowie die Verwendung eines eigenständigen Motor-Getriebe-Antriebsblockes. Ebenso wurde auf die Eigenständigkeit der Entwicklung verwiesen.

Auslieferung des Steyr-Puch 500 mit Eisenbahnwagen. Bis Jänner 1958 waren 1.200 Exemplare ausgeliefert worden. Die Tagesproduktion betrug 30–35 Stück.

Exzellenter Motor

Im nachfolgenden ausführlichen Testbericht über den Steyr-Puch 500 vom 12. und 26. April 1958 merkte das *Motorrad* in einer Zwischenbilanz nach 10.000 km an:
Das Hervorstechendste an diesem Fahrzeug ist ganz sicherlich der Motor. Dass man in Graz und Steyr Motoren bauen kann, ist eine alte Sache. Aber beim Motor des Puch 500 hat man vom ersten Augenblick den Eindruck, dass hier der Techniker den Kaufmann überrundete. Man hat beim Motor den alten Grundsatz verwirklicht, dass nämlich das Teuerste am Ende doch das Billigste ist.

Dieser Motor ist geradezu unglaublich elastisch, der gleiche Motor ist aber auch unwahrscheinlich drehfreudig! In den Gängen kann man glatt bis auf 6.200, ja 6.300 U/min hochdrehen, selbst dann flattern die Ventile noch immer nicht, der Motor steht nur mit der Drehzahl an, wohl weil Füllung und Unterbrecher nicht mehr mitkönnen.
Ein derart elastischer Motor in einem Kleinwagen ist bestimmt etwas ganz Außergewöhnliches – aber genau das Richtige für ein Fahrzeug, das zu einem hohen Prozentsatz von Leuten gefahren wird, die noch wenig oder gar keine Erfahrung haben, die also diesen Motor bei niedrigen Drehzahlen ackern und schuften lassen: er hält es klaglos aus.
Müssen wir noch erwähnen, dass Bergfahrten mit diesem Motor geradezu ein Vergnügen sind? Das weite Überdecken der einzelnen Gangbereiche, das relativ hohe Drehmoment schon bei niedrigen Drehzahlen wirkt sich hier besonders aus. Wie bei den Puch-Motorrädern kann man am Berg den Motor selbst aus niedrigen Drehzahlen hochackern lassen. Versäumt ein ungeübter Fahrer einmal ein rechtzeitiges Zurückschalten, so ist ein Hängenbleiben trotzdem nicht zu befürchten.

Prospekttext: *Keine Angst vor Bergen und schlechten Straßen! Steyr-Puch 500 bringt Sie sicher an jedes Ziel.*

Der Motor ist zudem absolut vollgasfest. Wir sind auf der Autobahn bedenkenlos Vollgas gefahren, solange es die Verkehrssituation zuließ: die Höchstgeschwindigkeit von knapp über 100 km/h kann daher als Dauergeschwindigkeit angesehen werden. Die üblichen Autobahnsteigungen nimmt der Wagen auch vollbesetzt im vierten Gang und singt – so wie es eben wird – sofort wieder hoch. Zugegeben, der Motor ist nicht ausgesprochen leise, aber die Geräuschentwicklung hält sich durchaus in erträglichen Grenzen.
Das schwierigste Problem bei jeder Kleinwagenkonstruktion ist sicherlich immer die Federauslegung. Bei einem üblichen Mittelklassewagen mit 1.000 kg Eigengewicht entspricht eine Besetzung mit vier Personen einer Zuladung von 30 Prozent, beim Steyr-Puch 500 aber macht die gleiche Zuladung 65 Prozent des Wagengewichts aus.
Man muss nun den Konstrukteuren bescheinigen, dass sie dieses Problem in wohl idealer Weise gelöst haben. Die Federung ist nicht extrem weich, doch stößt sie nicht, wenn der

Prospekttext: *Bauen Sie jetzt schon für Ihren Urlaub vor, denn Steyr-Puch 500 ist ein Wagen für gute Laune.*

Fahrer allein im Wagen sitzt, noch schlägt sie bei Vollbesetzung durch. Es ist wirklich erstaunlich, wie wenig man an der Federung die Belastung des Wagens spürt. Verstärkt wird der positive Eindruck, den man von der Federung erhält, noch durch die ausgezeichnete Dämpfung: Der Steyr-Puch 500 kennt nämlich keine Nickschwingungen, kein Aufschaukeln, kein langes Nachschwingen; die Kurvenneigung bleibt in engen Grenzen.
Die Lenkung ist ziemlich direkt (2,8 Lenkradumdrehungen von Anschlag zu Anschlag, Wendekreis 8,5 m), doch ist die Geradeaus-Führung tadellos, der Wagen schwänzelt auch auf nassem, glattem Asphalt oder bei Seitenwind nicht.
Die Straßenlage: Das Fahrwerk des Steyr-Puch 500 ist sicherlich für weit größere Motorleistungen, für weit höhere Geschwindigkeiten gut, als sie tatsächlich in diesem Wagen realisiert wurden.

Karosserie-Modifikation und Superbremsen

Und noch zwei ganz wesentliche Kapitel werden umfassend abgehandelt. Die Karosserie und die Bremsen, beides ebenfalls österreichspezifische Charakteristika dieses Kleinwagens:
Die Karosserie stammt von Fiat, man musste sich bei Puch daher mit den einmal gegebenen Verhältnissen abfinden. Immerhin war es gelungen, durch ‚Zentimeterarbeit' den Platz für vier Erwachsene herauszuholen. Damit sind wir aber schon bei einer Frage, die immer wieder an uns herangetragen wird: ist der Puch ein Viersitzer oder nicht?
Bleiben wir objektiv: die beiden Vordersitze bieten ausreichend Platz – selbst für Hundert-Kilo-Männer, man sitzt bequem und ist selbst nach langer Fahrt nicht übermäßig ermüdet. Man kann die Beine genügend ausstrecken, man kann den Hut aufbehalten. Hinten hingegen werden sich zwei Hundert-Kilo-Männer auf längerer Fahrt nicht sehr wohl fühlen.

Damit umschrieb man also elegant die Tatsache, dass der Wagen wohl eine Zulassung für vier Personen hatte, dass diese Verwendung allerdings nur eingeschränkt erfolgen konnte. Diese Tatsache führte ja später zur speziellen Form des Puch-Daches.

Ein schon optisch erkennbares Merkmal des österreichischen Kleinwagens waren die großvolumigen, verrippten Leichtmetall-Bremstrommeln. Dazu schrieb *Motorrad – Internationale Fachzeitschrift, Kleinwagen – Roller – Moped* am 26. April 1958:
Bremsen zum ‚Kopfstehen'. Bei Puch hat man schon ausreichend dimensionierte Bremsen gebaut, als andere Motorradfabriken noch an den althergebrachten Dosendeckelbremsen festhielten. Das ist schließlich kein Wunder, denn Graz liegt in Österreich und die Bergstraßen bei Puch schließlich vor der Haustür.
Alle Erfahrungen mit Motorradbremsen hat man beim Puch 500 mitverwertet, das Ergebnis sind Bremsen, wie man sie sich nicht besser wünschen kann: ohne übermäßigen Pedaldruck werden Bremsverzögerungen von 7,5 m/sec^2 erreicht. Auch bei Dauerbremsversuchen konnten wir diesen Bremsen nicht das geringste Fading nachweisen. Erfreulich schließlich noch, dass der Wagen auch beim schärfsten Zusammenbremsen keine Neigung zum Ausbrechen zeigt, man kann das Lenkrad ruhig loslassen.

Doch trotz aller positiven Seiten zeigte der neue Kleinwagen auch Schwachstellen, die ebenfalls von der Zeitschrift aufgelistet wurden. Es waren dies die Seitenwindempfindlichkeit, die Vorderachse (Unruhe bei über 100 km/h), die Karosserieausführung (wunder Punkt des Puch 500, geräuschvoll, Türen undicht und flattern, dünnes Blech), die primitiven Türschlösser, die schlechte Sicht nach oben für Fahrer ab 1,80 m Körpergröße, der scharfkantige Rückblickspiegel, der verkehrt laufende Tachometer, die leise Hupe sowie der mickrige Türschlüssel. Die inzwischen als „Selbstmördertüren" bezeichneten, nach vorne zu öffnenden Türen, störten damals niemanden. Alles in allem beurteilte die Zeitschrift den Wagen jedoch als *eine gelungene Lösung des Kleinwagenproblems.*

Prospekttext: *Berge werden mit Temperament genommen. Mit Steyr-Puch 500 hat man gut Lachen, denn er schafft vollbelastet mühelos 30%.*

Die *Südost-Tagespost* aus Graz merkte am 20. Oktober 1957 unter dem Titel *Ein Meisterwerk aus Thondorf* Folgendes an:

Der Zeitpunkt, zu dem Puch den neuen Kleinwagen vorstellte, war insoferne günstig gewählt, als die knapp davor stattgefundene Frankfurter Automobilausstellung gerade auf dem Kleinwagensektor einen guten Überblick über das deutsche Programm schuf. All den in Frankfurt gesehenen Fahrzeugen der 500–600 cm³-Klasse haftet ein großer Schönheitsfehler an, der unserer Meinung nach sehr verkaufshemmend wirken dürfte. Es ist dies die Tatsache, dass sie sich preislich im allgemeinen sehr nahe am VW-Standard bewegen oder ihn sogar überschreiten, wodurch sie mehr oder weniger uninteressant werden. Der Puch 500, der bekanntlich 23.800,– Schilling kostet, bewegt sich vor allem in Österreich in bezug auf seinen Preis nicht einmal in der Nähe des VW-Standards und ist alleine schon dadurch interessant. Die Puchwerke gingen bei der Schaffung ihres neuen Typs den einzig richtigen Weg, und zwar jenen, ein Fahrzeug zu schaffen, das auch in bezug auf seine Lebensdauer etwas zu bieten hat. Wenn man die Bemühungen um die Schaffung dieses Kleinwagens kennt und weiß, wieviel Überlegung und Versuchsarbeit darin steckt, dann gewinnt man allein schon deshalb Vertrauen zu diesem Fahrzeug.

Der gute Name – beste Reklame. Puch hat beim Start seines Kleinwagens den großen Vorteil, einen sehr guten Namen mit in die Waagschale zu werfen. Man hat bei der Herstellung des Puch 500 wirklich mit nichts gespart und die teuersten Materialien und Fertigungsmethoden, ganz zu schweigen von der Konstruktion und Versuchsarbeit, gerade für gut genug befunden, um hier wirklich etwas auf den Markt zu bringen, das erfolgversprechend ist und für sich selbst Reklame macht.

Der Fahrversuch erstreckte sich auf feuchte, lehmige und unebene Landstraßen ebenso wie auf nasse Asphaltstraßen mit engen Kurven. Unter allen Voraussetzungen ist das Fahrzeug auch mit hoher Geschwindigkeit absolut sicher zu fahren und zeigt keinerlei Tendenz zu schleudern. Die Ursache hiefür liegt unter anderem in der ausgezeichneten

Links: Armaturenbrett des Steyr-Puch-Kleinwagens 1957. Nur ein Kombi-Instrument musste genügen.
Rechts: Das Triebwerk des neuen Kleinwagens.

Links: Der neue Steyr-Puch-Kleinwagen im ersten Produktionsjahr 1957 von vorne. Mit rechteckigem Frontemblem in „Grilloptik".
Dahinter verbarg sich die Hupe. Rechts: Das „Pucherl" 1957 mit Faltdach.

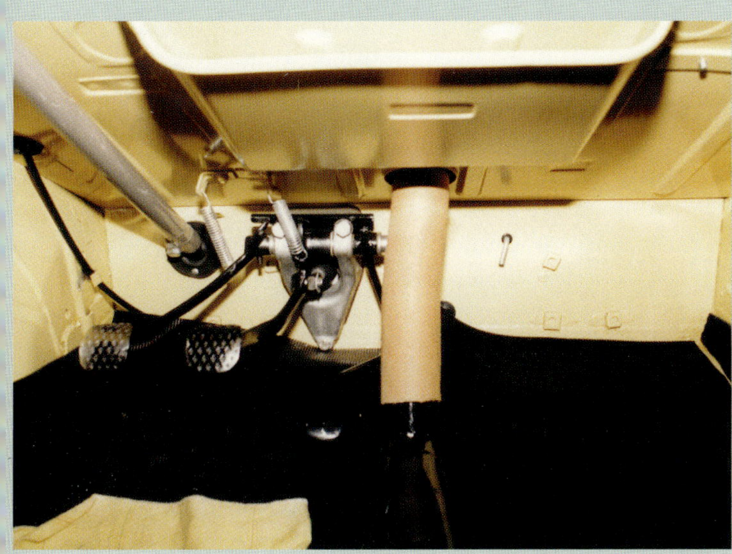

Links: Fahrer- und Beifahrer-Fußraum ohne jede Tapezierung. Im linken Teil des Beifahrer-Fußraums ist der Benzinhahn zu sehen.
Rechts: Innenausstattung der ersten Serie 1957.
Mitte rechts: Modell 1958 mit zweifarbiger Kunststoff-Tapezierung und Kurbelfenster.

Oben: Blick ins Wageninnere bei zurückgeklapptem Faltdach, Modell 1958. Rechts: Puch 500, Modell 1958 mit seitlichen Zierleisten.

Gewichtsverteilung sowie der fein abgestimmten Federung und Stoßdämpfung ... Die Bremsen sind groß dimensioniert, sprechen weich an und ergeben Verzögerungswerte, wie man sie besser auch nicht bei großen Wagen findet.

Bemängelt werden in diesem Testbericht lediglich die eingeschränkten Sichtverhältnisse durch den oberen Windschutzscheibenrand. Weiters merkt das Blatt an, dass die Sitzverhältnisse für die Fondpassagiere eher beschränkt sind.

Das Linzer *Tagblatt* stellte am 9. November 1957 zum neuen Puch-Kleinwagen fest:
Bei den Probefahrten konnten wir uns selbst überzeugen, welche hervorragenden Eigenschaften dieser Kleinwagen besitzt. Die im Prospekt angegebene Spitzengeschwindigkeit konnte, obwohl der Wagen erst einige Kilometer gelaufen war, anstandslos erreicht werden. Eine sehr gute Kurvenlage, große Beschleunigung und das Gefühl völliger Sicherheit machen den Steyr-Puch 500 begehrenswert.
Interessant ist noch zu wissen, dass durch die Erzeugung des Steyr-Puch 500 allein im Grazer Gebiet 5.800 Menschen Arbeit und Brot finden. Für die Produktion des Kleinwagens wurden Investitionen in der Höhe von 100 Millionen vorgenommen. Zudem ist der Steyr-Puch 500 ein Inlandserzeugnis und man wird bei eventuellen Karambolagen keine Schwierigkeiten bei der Beschaffung von Ersatzteilen haben.
Und die Grazer *Neue Zeit* berichtete am 16. November 1957 über eine Extrem-Bergfahrt des neuen Wagens:
Kärntner Rigi mit Puch 500 bezwungen. Im Kleinauto über abenteuerlichen Karrenweg auf den 2.168 m hohen Dobratsch. Der Dobratsch wurde in der Höhe seiner Wetterstation (2.168 m) vor einigen Tagen mit den 16 PS eines Steyr-Puch 500 bezwungen. Es ist das erste Mal, dass dieses schwierige Gebiet der Villacher Alpen von einem Kleinauto gemeistert wurde. Über einen abenteuerlich felsen- und geröllschrundigen Karrenweg führte diese Fahrt, die in 78 Minuten von Bleiberg bis zum Dobratsch-Gipfel gelang. Die ‚Strecke über Stock und Stein' wird selbst von Pferdefuhrleuten nach Möglichkeit gemieden, und die Einheimischen erzählen gar manche Unglücksgeschichte, die sich auf diesem holprigen Karrenweg im Laufe der Jahrzehnte ereignete. Spielend leicht nahm der Puch 500 die schweren Hindernisse. Dabei handelte es sich um ein Serienmodell, dessen Motor nicht ‚auffrisiert' war. Außerdem wurde Normalbenzin getankt und mit serienmäßiger Semperit-Bereifung gefahren.

Die Bewährung des neuen Steyr-Puch-Kleinwagens im Alltag wurde von fast allen Zeitungen ganz besonders stark hervorgehoben. Es ging dabei vor allem um die Verwendung des Wagens in den Berggebieten des Landes und dem damit verbundenen hohen Gebrauchswert des Wagens unter allen Witterungsbedingungen und zu allen Jahreszeiten. Natürlich wurden wie in dem vorhin zitierten Testbericht vor allem Extremtouren herangezogen, so auch im folgenden Bericht der *Neuen Zeit* vom 28. Jänner 1958:
Die Koralpe wurde erstmals im Winter von einem Kraftfahrzeug befahren, wobei man bis auf eine halbe Wegstunde an den Gipfel, den Großen Speik (2.141 m), herankam. Am 2. Jänner 1958 startete Herr Ingenieur Kurt Schweighofer mit zwei Begleitern mit einem

Serienwagen Puch 500 um 13 Uhr zu einer Fahrt auf die Koralpe. Sie führte über Schwanberg – St. Anna – Brendlhütte (1.640 m) und von dort bis zum Fraualmkogel (1.977 m). Der kleine Wagen hat Erstaunliches geleistet. Willig und tapfer überwand er alle Schwierigkeiten, alle Steigungen, Geröll, Unterholz und Almboden. Es war eine richtige Geländefahrt, und die Koralpe dürfte schon lange nicht mehr von dieser Seite, schon gar nicht von so einem kleinen Fahrzeug, bezwungen worden sein.

Das Wiener Wochenblatt *Samstag* meinte sogar in einer Testbericht-Überschrift:
Der Puch 500 müsste ‚Gemse' heißen. Erstaunliche Bergfreudigkeit des Fahrzeuges – Testfahrt über den Pötschenpass.

Die wichtigsten Passagen über die Bergfreudigkeit des Wagens lesen sich dann wie folgt:
Es ist erstaunlich, welche Bergfreudigkeit dieses Fahrzeug hat. So konnten wir den Pötschen von der Bad Ischler Seite her, auf der er bekanntlich über mehrere hundert Meter 23 Prozent Steigung aufweist, in seiner ganzen Länge von vier Kilometern ausschließlich mit dem zweiten Gang in sechs Minuten befahren und dies bei einer Belastung mit 240 Kilogramm. Die Durchschnittsgeschwindigkeit betrug hier 40 km/h. Auf dem Berg zeigt es sich so recht, wie elastisch dieser kleine Motor ist, und vor allen Dingen, wie wenig empfindlich gegen höchste Beanspruchung.
Den Präbichl und den Seeberg, die bis zu 24 Prozent Steigung aufweisen, konnten wir teilweise allerdings nur mit dem ersten Gang befahren, jedoch muss dazu gesagt werden, dass beide Passstraßen durch langanhaltendes vorheriges Tauwetter eine sulzähnliche Konsistenz aufwiesen, wodurch der Rollwiderstand naturgemäß wesentlich größer war als dies sonst der Fall ist. Bei einem Anfahrversuch aus dem Stand auf einer 20-prozentigen Steigung ergaben sich ebenfalls keine Schwierigkeiten. Besonders hinweisen müssen wir aber auch auf die beachtliche Motorbremswirkung, die gerade für österreichisches Terrain von großer Wichtigkeit ist. So konnten wir den Pötschenpass von der Pötschenhöhe nach Bad Ischl, also die steilere Strecke, ausschließlich mit dem zweiten Gang talwärts fahren, ohne dass es notwendig gewesen wäre, einmal die Radbremse zu benützen.

Ing. Alfred Buberl, der bekannte Historiker und Fachschriftsteller, beschrieb in der *Furche* ebenfalls die hervorragenden Bergeigenschaften des Wagens wie folgt:
Mit dem Puch 500 auf den Berg – Ergebnis einer Testfahrt.
Dass heute jedes moderne Auto über Steigungen bis zu 25 Prozent hinwegkommt, ist keine Sensation. Die Frage ist nicht mehr, ob sie es können, sondern wie sie es tun. Mit entsprechender Übersetzung des Getriebes lässt sich viel erreichen. Man kann den ersten Gang als ausgesprochenen Klettergang auslegen und wird dann vermutlich auch auf steilen Passstraßen keine allzu großen Schwierigkeiten mit dem Fahrzeug haben. Wie souverän jedoch der Puch 500 Steigungen bis zu 23 Prozent bewältigt, ist geradezu erstaunlich. Mehrere Wagen größerer Klassen können entweder nicht viel mehr, in verschiedenen Fällen allerdings nicht einmal das.

In der *Wiener Zeitung* vom 20. April 1958 wird der Puch 500 als großer „Steiger" bezeichnet:

Der österreichische Kleinwagen bewährt sich auf Bergstrecken.

Deutsche Touristen, die auf der Pötschenhöhe beobachteten, wie die einzelnen Fahrzeuge diese Passhöhe erreichten, waren einhellig der Meinung, dass sie ein Kleinfahrzeug dieser Leistung einfach noch nicht zu Gesicht bekommen hätten … Die Maschine ist absolut vollgasfest, denn selbstverständlich wurde der gesamte Pötschen mit Vollgas gefahren, wobei noch erwähnt werden soll, dass die Lufteinlassschlitze geschlossen blieben. Die Öltemperatur betrug auf der Pötschenhöhe 80° C, während die Außentemperatur um plus 8 bis 10° C lag. Man braucht bei diesem Fahrzeug also wirklich keine Sorge zu haben, wenn man in der warmen Jahreszeit Bergstraßen befährt. Das ganze Fahrzeug ist in seiner Konzeption, besonders aber was die Maschine betrifft ein ausgesprochenes Erzeugnis für österreichisches Terrain. Dies offenbart sich, wenn man schlechte Straßen oder große Steigungen befährt. Trotzdem stellt er aber auch auf Fernverkehrsstraßen, also in der Ebene, durchaus zufrieden, denn seine Dauer- und Spitzengeschwindigkeit liegt etwas über 100 km/h, und es spielt für die Maschine überhaupt keine Rolle, lange Zeit unter Vollgasbedingungen betrieben zu werden. Was den Puch deshalb ausschließlich zum Kleinwagen stempelt, sind seine Ausmaße …

Auch die Grazer *Südost-Tagespost* würdigt in der Wochenend-Beilage vom 3. Mai 1958 noch einmal die Leistung des Wagens als Bergsteiger:

Puch 500 – der Bergsteiger … Ein äußerst robustes Fahrwerk, gepaart mit einer hervorragenden Maschine, ergeben eine Kombination, die vergessen lässt, dass man es mit einem Kleinwagen zu tun hat. Die Maschine ist von einer Robustheit, wie man sie bei einem Fahrzeug dieser Kategorie nicht erwartet. Die Leistungsfähigkeit ist nicht nur ausreichend, sondern erstaunlich. Der Puch 500 passt sich durch seine Fahreigenschaften in Verbindung mit dem anzugsfreudigen Motor dem Straßenverkehr ausgezeichnet an, und man fühlt sich auch auf Überlandstraßen nie als Verkehrshindernis oder ‚Externist', da man ohne Schwierigkeiten mithalten kann! Sicherlich gibt es wesentlich schnellere Fahrzeuge. Der Überlandverkehr wickelt sich jedoch namentlich in Österreich in Geschwindigkeitsgrenzen zwischen 70 und etwa 90 km/h ab. Für den Puch 500, der gestoppt 100 km/h geht, ist es kein Problem, innerhalb rasch fahrender Kolonnen seinen Platz zu behaupten. Kommt man mit dem Fahrzeug auf kurvenreiche Strecken, dann wird man bestimmt sehr oft schneller sein als andere Fahrzeuge, denn die Wendigkeit in Verbindung mit den hervorragenden Fahreigenschaften, mit der großen Kurvensicherheit und ausgezeichneten Straßenlage erlauben ein überdurchschnittlich zügiges Tempo. Aber nicht nur in der Ebene ist der Grazer Kleinwagen stärkeren Fahrzeugen ebenbürtig. Auch auf den Bergstraßen leistet er Beachtliches. So hatten wir vor kurzem Gelegenheit, ihn auf einigen österreichischen Pässen zu fahren. Wir kamen zu Ergebnissen, die sich in bezug auf Berggängigkeit und Steigleistung sehen lassen!

Schließlich lieferte das *Salzburger Volksblatt* noch einen Beitrag zum Thema Bergfreudigkeit des Puch 500. In der Rubrik *Hier schreibt die Jugend* stand unter dem Titel *Mit 16 PS in die Berge* am 31. Oktober 1959 Folgendes zu lesen:

Wir fünf, darunter meine ich Karl, einen guten Hundert-Kilo-Mann, dann Helmut, der ganze 186 cm zusammenbringt, mein Bruder Gerhard und ich, beide auch keine Kleinen, und Mucki, von uns allen der Stärkste, waren das Team, das diesmal der Venedigergruppe zu Leibe rücken wollte. Beinahe hätte ich vergessen, dass Mucki, unser Puch 500, mit ganzen 16 PS war … Um eine Kurve trat nun in Form eines ausgetrockneten Wildbaches das erste Hindernis auf. Die Fahrbahn war sehr ausgewaschen und wir mussten einen ‚Aufsitzer' befürchten. Nun kam das ärgste Stück. Sieben Steilkehren waren zu nehmen. Es schaute höllisch aus und die Tour wäre fast zum Scheitern gekommen, hätte der Wagen nicht so eine phantastische Steigfähigkeit und einen so großartigen Einschlag. Hier konnte man mit ruhigem Gewissen behaupten, dass es sich um Millimeterarbeit handelte. Auf der Postalm angekommen, wurden wir gleich von der Hüttenwirtin begrüßt. Sie versicherte uns, dass wir die ersten waren, die mit einem Personenwagen auf die Postalm gekommen waren. Dies bestätigte uns auch der Hüttenwirt von der Kürsingerhütte. Nun hatten wir es doch geschafft. Es war nicht ganz einfach, aber es ist vielen gegenteiligen Meinungen zum Trotz geglückt.

Ganz besonderes Augenmerk schenkte Kurier-Tester Hans Patleich, alias „Christmann", dem Motor des Wagens. Er merkte am 11. Jänner 1958 im *Neuen Kurier* das Folgende an:

Klein, aber oho: Steyr-Puch 500. Der erste ausführliche Bericht über die Fahreigenschaften und Leistungen des österreichischen Autos.

Es ist noch kein Meister vom Himmel gefallen und es wurde noch kein Automobil erzeugt, das frei von allen Kinderkrankheiten gewesen wäre. Deswegen muss ich es den Steyr-Puch-Leuten hoch anrechnen, dass sie mir einen Testwagen übergaben, der am ersten Tag der Serienerzeugung als siebenter Wagen vom Band lief. Sicherlich, man wusste in Graz,

Der neue Steyr-Puch-Kleinwagen wurde auch als Kleinlieferwagen angeboten. Bezeichnung: 500 Combi. Die Modifikationen betrafen den Fondraum ohne Sitze sowie ein Trenngitter hinter dem Fahrersitz.

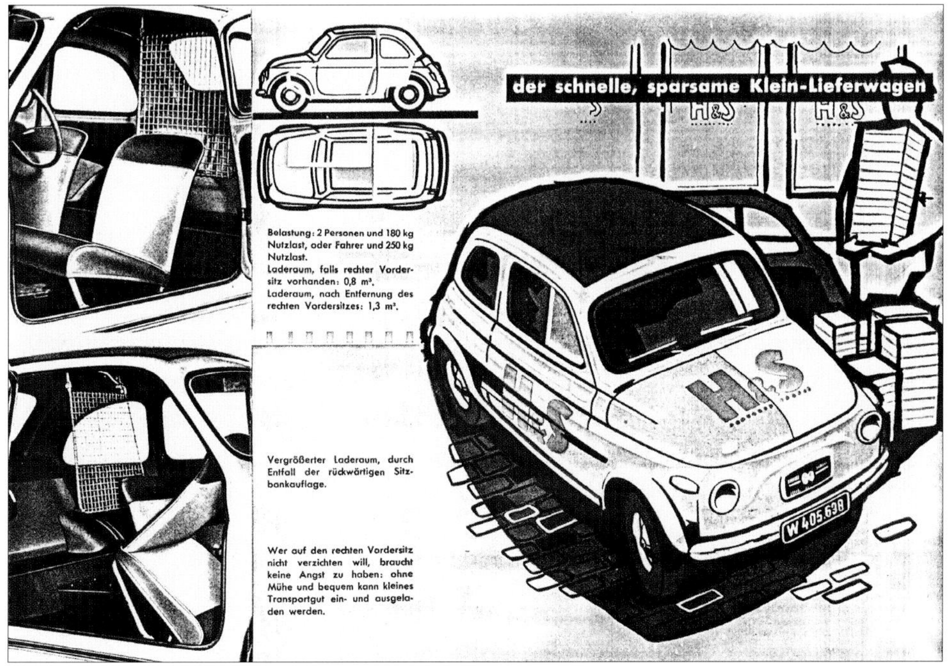

dass dieser Wagen keine erschütternden Kinderkrankheiten hatte. Man war vollkommen überzeugt, dass man Qualitätsarbeit geleistet hatte, aber trotzdem, es gehört für eine Automobilfirma viel Mut dazu und viel Glaube an das eigene Fabrikat. Mittlerweile bin ich mehr als 5.000 Kilometer kreuz und quer durch die europäischen Lande gefahren. Ich fand viel Sonne, sehr viel, und nur wenig Schatten.
Und unter dem Titel *Qualitätsmotor* fasste er zusammen, welche – für die damalige Zeit in der Kategorie der Kleinwagen durchaus unüblichen – Qualitätsmerkmale diese Maschine aufwies: *Gehärtete Kurbelwelle, Bleibronzelager, gepanzerte Mehrstoffventile, verchromte Ventilschäfte, gehärtete Nockenwelle, im Ölbad laufend, gehärtete Kipphebel, Ölkühler, direkt im Luftstrom liegend, Axialluftgebläse, Feinstölfilter im Hauptstrom.*

Christmann lobte des Weiteren die ausgezeichneten Kaltstarteigenschaften, die hervorragende Synchronisation der drei oberen Gänge sowie den günstigen Verbrauch und die ausgezeichneten, fadingfreien Bremsen. Kritik wird an den Raumverhältnissen unter der Überschrift *kein echter Viersitzer* geübt, auch meinte er, die 16 PS des Drosselmotors dürften ruhig bis zu 25 PS ansteigen, womit er die ausgezeichneten Reserven dieser Maschine ansprach.

Die Presseabteilung des Werkes reagierte auf die monierten Platzverhältnisse des Wagens durch ein Schreiben an Hans Patleich, der damals als wichtigster österreichischer Motorjournalist galt, am 21. Jänner 1958 wie folgt:
In einem Punkt sind wir mit Ihnen jedoch nicht ganz einer Meinung. Unser Herr Direktor Rösche hat dies schon am Telefon kurz erwähnt, und zwar ist dies die Frage der Viersitzigkeit. Es ist ja selbstverständlich, dass man in einem Kleinwagen mit 500 cm³ bezüglich der Raumverhältnisse für vier Personen nicht die gleichen Ansprüche stellen kann, wie bei einem Wagen der Liter-Klasse. Wir glauben aber – und haben dies schon von vielen Seiten bestätigt erhalten, dass es uns heute gelungen ist, das Problem der zwei Rücksitze zu lösen. Selbstverständlich werden zwei sehr große oder sehr starke Personen rückwärts nicht Platz finden, aber im Durchschnitt gesehen können rückwärts zwei erwachsene Personen auch auf großen Strecken tadellos mitfahren. Sie wissen ja, dass wir gegenüber der Fiat 500er-Karosserie sowohl die Sitze tiefer gelegt, als auch die Rückwand wesentlich nach rückwärts erweitert und das Dach gehoben haben.
Wir hatten gerade in letzter Zeit Gelegenheit genommen, verschiedene Kleinwagen, welche in großen Serien heute in Europa verkauft werden, bezüglich der Raumverhältnisse mit unserem Wagen zu vergleichen – und der Vergleich ist nicht schlecht ausgefallen. Die Käufer unseres Wagens kommen aus den Kreisen der Motorradfahrer, und verschiedene Rundfragen bei unseren Abnehmern haben uns die vorstehend angeführte Beurteilung durchaus bestätigt. Dazu kommt noch, dass der Kleinwagen ein ausgesprochenes Familienfahrzeug ist, vorne die Eltern und rückwärts die Kinder, und dann geht es auch auf Urlaubsreisen und größeren Touren ganz ausgezeichnet mit dem Platz aus.

Weitere interessante Aussagen zum Steyr-Puch-Kleinwagen wurden in dem Bericht des Linzer *Tagblattes* unter dem Titel: *Der Steyr-Puch 500 im grauen Alltag* am 23. Jänner

Prospekttext über den neuen Kleinwagen 1957: *Steyr-Puch 500 ist der Wagen für den Vertreter, denn er bietet Raum für viele Koffer. Die aufklappbaren Sitze gestatten leichte Zugänglichkeit.* Das erste Modell hatte noch keine Kurbelfenster.

1960 getroffen. Dieser Bericht wurde ausdrücklich als *Kein Test – ein Erlebnisbericht mit einem Kleinwagen, der weniger kostet als er leistet* angekündigt.

Als wesentlichstes Kriterium kam es dem Autor, der mehrfach versicherte, auf automobiltechnischem Gebiet absoluter Laie zu sein, auf die Zuverlässigkeit des Wagens an. Eine Eigenschaft, die man in jenen Jahren oftmals bei den Kleinwagen vergeblich suchte.
Zu jeder Zeit bereit. Und darauf, liebe Leser dieser Seite, kommt es meiner Meinung einzig und allein an. Ein Auto muss nicht die schönste Form, muss nicht das meiste Chrom oder ein eingebautes Radio haben – ein Auto muss fahren, zu jeder Tages- und Nachtzeit, bei jedem Wetter, im Winter und im Sommer. Das Auto soll also nicht Selbstzweck allein, sondern vornehmlich Mittel zum Zweck sein. Ich habe den Steyr-Puch 500 nun 22.000 km weit, fast über alle Straßen Österreichs und über die großen Routen in Deutschland und Italien kutschiert. Auf den 22.000 Kilometern hat mich der kleine Steirer nicht ein einziges Mal im Stich gelassen. Das einzige, was er mir bisher antat, war, dass er seiner Batterie frühzeitig den Todesstoß versetzte. Aber das tat ein jeder aus jener Serie. Seit fast einem Jahr hat man in Graz den Fehler behoben und baut andere Batterien ein; seither hört man nichts mehr von solchen Störungen … Ich kann nicht sagen, dass ich mein Fahrzeug geschont habe. Das war mir schon wegen meiner anfänglichen Unerfahrenheit unmöglich. Ich beging alle Fehler, die einer macht, wenn er vom Gehsteig direkt auf das Auto umsteigt. Ich schaltete, dass mir selbst die Passanten kopfschüttelnd nachschauten und ich fuhr sorglos mit angezogener Handbremse. Ich quälte den Wagen untertourig in großen Gängen und marterte ihn, den Bergsteiger, unbeholfen über jeden Hügel, anstatt den schönen Schwung zu nutzen. Dass der Wagen heute noch lebt, kerngesund und so schön wie ein neuer ist – das verdankt er nicht mir, sondern seiner Qualität.

Der Steyr-Puch 500 im Dienste der Behörden

Ende der fünfziger Jahre bedienten sich viele Großfirmen, Behörden und Organisationen für ihren Fuhrpark noch immer der traditionellen Gepäcksdreiräder, Beiwagenmaschinen oder Solo-Motorräder. So hatte sich beispielsweise aus Deutschland vom ADAC kommend das Pannenservice durch patroullierende Straßenwachtfahrzeuge durchgesetzt. Bei den österreichischen Kraftfahrerorganisationen ARBÖ und ÖAMTC waren Puch 250-Beiwagenmaschinen im Einsatz. So war es eigentlich nur logisch, dass man sofort nach der Markteinführung des neuen Puch-Kleinwagens diesen in Betrieb nahm und auf seine Tauglichkeit als Straßenwachtfahrzeug für die Clubs hin untersuchte. Das Ergebnis einer dieser Untersuchungen wurde in einem *Erfahrungsbericht über Steyr-Puch 500 des ÖAMTC* an die Werksdirektion weitergeleitet. Es waren drei Wagen geprüft worden. Und zwar ein Wagen als Dienstfahrzeug der Reise-Grenzabteilung über 12.057 km, ein Wagen als Straßenwachtfahrzeug im reinen Stadtbetrieb über 6.930 km und ein Straßenwachtwagen auf der Wechsel-Etappe über 6.211 km. Die durchschnittlichen Verbrauchswerte der Wagen betrugen im Überlandbetrieb bei schonender Fahrweise 5,1 l/100 km, bei scharfer Fahrweise 6,2 l/100 km und im Stadtbetrieb wurde ein Maximalwert von 7,5 l/100 km (Stadtzentrum Wien) gemessen.

Im Vergleich zur Beiwagenmaschine wurde festgestellt, dass ... *es mit dem Steyr-Puch 500 gelungen ist, einen robusten und leistungsfähigen österreichischen ‚Volkswagen' in den kleinstmöglichen Dimensionen zu schaffen, der rein verwendungsmäßig ein weit günstigeres Fahrzeug darstellt als die bisher verwendeten Beiwagenmaschinen. Dabei fällt ins Gewicht, dass der Verbrauch an Treibstoff gering, an Öl weit niedriger ist, dass die Wartungszeiten auf ein Drittel gesenkt werden konnten, dass Kleinreparaturen fast wegfallen und dass die Straßenwachtfahrer weit weniger ermüden ... Für die innerstädtische Pannenhilfe hat sich eine um Vielfaches höhere Verkehrssicherheit ergeben, da der Wagen schmäler und temperamentvoller als die Maschine ist, sowie eine nahezu doppelt so hohe Bremsverzögerung wie diese aufweist.*

Weiterhin merkte dieser Prüfbericht noch an:
Sitze bequem, Einstieg bei zurückgeschobenen Vordersitzen ausreichend, Startverhalten einmalig, Geräuschkulisse im Hinblick auf Güte und Preis zufriedenstellend, Leistung in Dauersteigung und Gefälle verblüffend, Straßenlage vortrefflich, Bedienung leicht, Federung steif – sicher.
Die Reparaturanfälligkeit: Bei allen drei Wagen sind die insgesamt fünf Batterien (Wagen 1 eine, Wagen 2 und 3 je zwei) innerhalb von drei Monaten ausgefallen. Wagen 2 und 3 werden zur Zeit mit Varta-Batterien, einer Spezialanfertigung nach Tropentest mit den Lade- und Temperaturverhältnissen des Steyr-Puch-500-Motorraumes, zur vollen Zufriedenheit betrieben (je 2 × 6 Volt mit sehr teuren Scheidern und erhöhtem Säurevolumen). Bei Wagen 1 und 2 sind die Kupplungs-Rückholfedern (alte Ausführung) gebrochen. Bei Wagen 3 hat sich der Antrieb des Verteilers verfressen. Bei Wagen 2 und 3 musste das Ventilspiel anfangs vergrößert werden, der Elektrodenabstand der Zündkerze

Steyr-Puch 500-Flottenauslieferung an die Post.

wurde durch Versuch auf 7–8/10 mm eingestellt. Bei allen drei Wagen wurde die Reglereinstellung reduziert, Wagen 2 und 3 sollen jedoch bei großer Zahl von Kaltstarthilfen wieder schärfer geladen werden.

An echten Bemängelungen gab es lediglich die Kritik, dass sich der erste Gang im Stand nur schwer einlegen ließ, sowie die anfänglich harte Gangarretierung. Auch gab es Karosseriemängel, und zwar drang bei allen drei Wagen Wasser in die Reserveradmulde ein, bei Wagen 2 drang Wasser seitlich bei der Tür bei peitschendem Regen ein. Konstruktionsbedingt waren die Kritik an der schlechten Sicht nach oben und seitlich durch die dicken Türsteher, sowie die schlechte Erreichbarkeit des Benzin-3-Weghahnes.

Das Resümee des Clubs bescheinigte dem Steyr-Puch 500 ebenso wie die Testberichte und die Rückmeldungen der Kunden an das Werk eine hervorragende Stellung im damaligen Kleinwagenmarkt. Dies liest sich im Originalton so:
Die Wagen haben sich sowohl als kleines ziviles Dienstfahrzeug wie als Straßenwachteinheit bestens bewährt und die in sie gesetzten Erwartungen bei weitem übertroffen. Nach Lösung der Batteriefrage bleiben praktisch nur untergeordnete Wünsche offen.
Im Heft 10 des Jahres 1967 berichtete die Fachzeitschrift *Austro-Motor*, dass auch der ARBÖ einen Pannendienst eingerichtet hat. In dieser Flotte von 37 Pannendienstfahrzeugen gab es 14 Puch-Automobile.

Kleiner Wagen auf großer Fahrt: Expeditionen und Fernfahrten mit den Steyr-Puch-Kleinwagen

Bereits kurz nach der Markteinführung des neuen Kleinwagens der Puchwerke kam es zu einem Expeditionseinsatz des Wagens, der die damaligen Einsatzmöglichkeiten eines Kleinwagens bei Weitem überschritt. Und zwar fuhr das Kärntner Ehepaar Erwin und Gretl Holzmann mit dem Steyr-Puch 500 der Länge nach durch Afrika, von Kairo bis Kapstadt. Diese Art des Einsatzes eines Fahrzeuges aus dem Steyr-Daimler-Puch-Konzern hatte beinahe Tradition. Denn bereits im Jahre 1935 wurde der damals neu auf den Markt gekommene Steyr 100 ebenfalls im Rahmen einer Fahrt rund um die Welt von Max Reisch und Hans Hahmann aufs Äußerste gefordert.

Die Holzmann-Expedition

Die Fahrt des kleinen Puch-Wagens durch die unwegsamsten Strecken Afrikas war eine ganz große Bewährungsprobe. Sie dauerte 109 Tage, vom 6. Jänner bis 6. Mai 1958. Davon entfielen 73 Fahrtage mit einer Kilometerleistung von rund 25.000 km auf die Fahrt durch den schwarzen Kontinent. Die Belastung des Wagens betrug rund 300 kg (2 Personen und 150 kg Gepäck), der Durchschnittsverbrauch belief sich auf 5,8 l/100 km. Auf Straßen und straßenähnlichen Wegen lag der Verbrauch bei 5 Liter und teilweise sogar darunter.

Die interessantesten Passagen der Fahrtbeschreibung sind heute bereits ein Stück Verkehrshistorie und lesen sich wie folgt:
Eine Erlaubnis zur Befahrung der Nubischen Wüste war leider nicht zu erhalten, doch wir begaben uns unerlaubterweise auf eigener Achse nach Khartum. Die Strecke war allerdings weitaus schlechter als die Nubische Wüste es gewesen wäre. Von Khartum ging es in den südlichen Sudan; auf Äthiopien musste verzichtet werden, da an der Grenze ein enormer Betrag als Kaution gefordert wurde.
In Kenia kamen wir in die Regenzeit. Man kann sich keine Vorstellungen machen von den Wassermassen, die sich da auf das Land ergießen. Die Piste war verheerend. In steter Steigung ging es ins Hochland. Die Straßen waren ein Meer von Schlamm.
In Nairobi wurde ein neuer Ölfilter montiert, sonst war außer den wenigen Handgriffen für die normale Wartung des Wagens nichts notwendig. Einige Tage waren wir Gäste der Puch-Vertretung in Johannesburg. Bei einer großen Auffahrt, die einem großen Motorrad- und Autorennen voranging, mussten wir mit dem kleinen Steyr-Puch der ganzen Parade voranfahren. Der Wagen fand allseits freundliche Beurteilung. Es gab wieder Regen und die Fahrbahn wurde zum Schlammbad. In einem zähen Lehmbrei von ¼ Meter Tiefe und etwa 500 Meter Länge blieben wir einmal hängen, doch mit den mitgeführten Drahtgittern wurde der Wagen wieder flott, und in einem Zug zog der Motor durch das Hindernis. Andere Wagen mussten ausgeschaufelt werden, und nur mit Hilfe von 20 ‚Schwarzen', die schieben mussten, kamen die großen Wagen durch. Am 4. März erreich-

Die Holzmann-Expedition am Äquator.

ten wir Kapstadt nach rund 10.000 km Fahrt in Sand, Regen und Schlamm. Der kleine Puch 500 hat seine Feuertaufe bestanden. Nun stand die Rückfahrt vom südlichsten Zipfel Afrikas und als Schwierigstes wohl die Durchquerung der Sahara mit dem Ziel Casablanca oder Oran bevor. Es ging über Salisbury, Elisabethville, Stanleyville, Fort Lamy nach Gao unmittelbar am Beginn der Sahara. Die Fahrt durch den Kongo mit seiner herrlichen Landschaft, seinen hohen Bergen, den richtig tropischen Wäldern, Vulkanen und eisgekrönten Gipfeln des Ruwenzori zählte zu den schönsten Teilen der Tour. Büffel, Elefanten, Antilopen, Warane, Gazellen waren ganz nahe an der Piste zu bewundern. Auch die 2.500 km Saharastrecke mit Sand bis zu 40 cm Höhe konnten dem Wagen nichts anhaben. Fast 300 km der Saharastrecke mussten bei fürchterlichem Sandsturm bewältigt werden. Der mit großer Wucht durch die Gegend sausende Sand hat der Windschutzscheibe arg zugesetzt, man konnte sich nur durch schmale Spalte der Seitenfenster zur Not orientieren und musste mehr vermuten, als man sehen konnte…

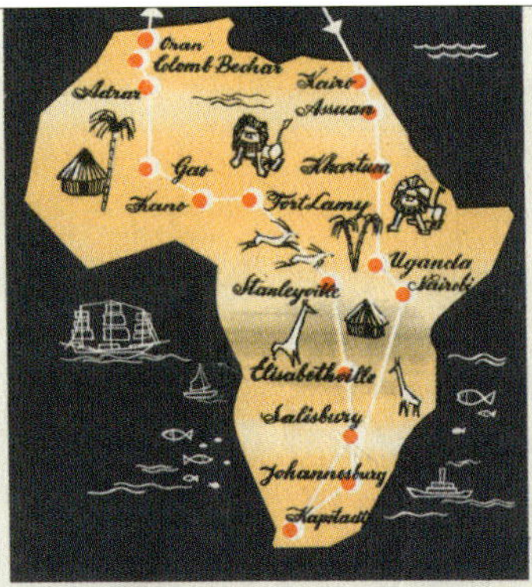

STEYR-PUCH hat seine erste große Bewährungsprobe bestanden: ein vollständig normaler Serienwagen wurde vom Montageband genommen und fuhr ohne jede Abänderung 25.000 Kilometer quer durch Afrika – von Norden nach Süden, von Süden wieder nach Norden. Eine Fahrt voll enormer Strapazen und Hindernisse.

500
Mod. Fiat

Nach seiner Rückkehr in den Ausgangsort St. Veit an der Glan merkte dem Wagen kein Mensch an, was er auf seiner ersten großen Fahrt mitgemacht hatte. Wir waren stolz darauf, denn wir wußten aus Berichten: Vieles und Schweres hat er durchgestanden, Schwierigkeiten, die hier in Europa gar nicht zu ermessen sind. Wo gibt es hier noch Straßen voll Schlamm, der an den Rädern klebt wie Zement? Wo gibt es hier Sandstürme und viele hunderte Kilometer Wüste, die einen die Welt vergessen lassen? Wo gibt es hier Straßen, die einer tagelangen Querfeldeinfahrt entsprechen? Wo gibt es hier Temperaturschwankungen größten Ausmaßes und Höhenunterschiede bis 3.000 m? Und nie der Rückhalt: im nächsten Ort ein Mechaniker.

25.000 km Afrika entsprechen rund 100.000 km in Europa. Man denke nur an die Route des Ehepaares Holzmann:

St. Veit/Glan – Triest – Alexandrien – Kairo – Luxor – Khartum – Nairobi – Johannesburg – Kapstadt – Salisbury Elisabethville – Stanleyville – Fort Lamy – Kano – Gao – durch die Sahara – Colomb-Bechar – Oran – Genua – St. Veit/Glan.

Die Erfahrungen des Ehepaares Holzmann in Afrika bestätigen, was den österreichischen Käufer interessiert! Mit dem Bau von STEYR-PUCH 500, Mod. Fiat, wurde ein in jeder Hinsicht vollwertiges Automobil geschaffen; durch die Robustheit seines Motors ist es ungewöhnlichsten Anforderungen gewachsen; durch die hervorragende Wirkungsart seiner Gebläsekühlung überwindet es auch extreme Temperaturschwankungen ohne Leistungsminderung; der Verbrauch auf diesen unerhört schweren Straßen war durchschnittlich 5,8 Liter für 100 km, auf normalen Straßen lag er bei 5 Liter für 100 km.

Afrika-Durchquerung mit dem Steyr-Puch 500 durch das Ehepaar Holzmann vom 9. Jänner bis 6. Mai 1958.

Die Steyr-Daimler-Puch AG gab anlässlich dieser Prüfung des Puch-Wagens etliche Pressemeldungen heraus, die ein sehr gutes Echo im heimischen Pressewald auslösten. Auch die Wochenschau berichtete über diese Gewalttour des österreichischen Kleinwagens. Aus Afrika zurückgekehrt, machte Erwin Holzmann mit seinem Expeditionswagen eine weitere Gewalttour, und zwar nonstop von St. Veit/Glan nach Nizza und retour. Er berichtete darüber am 6. April 1959 unter anderem an die Puchwerke:
Ich möchte hier über die Rückfahrt berichten, es war eine Nonstop-Fahrt über 902 km, die ich in 14-stündiger Fahrzeit zurücklegte, und dabei ergab sich ein Durchschnitt von 64 km/h, eine beachtliche Leistung des Kleinwagens. Die vielen Kurven der 200 km langen Küstenstrecke zwangen zu vorsichtigem, langsamem Fahren; auch gab es verschiedene Aufenthalte durch Straßenbaustellen. Ab Genua aber konnte der Motor richtig laufen und der Tacho zeigte stets um 90–100 km. Und das über 1.000 Kilometer, ohne dass der Motor einmal Müdigkeit zeigte.

Die Kastenhofer-Expedition

Eine weitere Afrika-Expedition führte der aus St. Veit/Glan stammende Student Gerhard Kastenhofer im Sommer 1961 mit einem völlig serienmäßigen Steyr-Puch 500 DL durch. Sein Bericht ans Werk vom 29. Juli 1962 umfasste unter anderem folgende Anmerkungen:
Würde dieses kleine Auto, völlig serienmäßig und von mir bisher unter normalen Bedingungen 11.500 km gefahren, den enormen Anforderungen dieser Fahrt standhalten können? Ursprünglich hatte ich die Absicht, die Sahara auf einer der beiden einzigen Nord-Süd-Pisten zu durchqueren, die beide von Algerien ausgehen. Ungünstiger konnte der Zeitpunkt dazu nicht gewählt werden. Die Algerienkrise war auf ihrem Höhepunkt angelangt, das ganze Land war Kriegsschauplatz. In Tunesien war gerade der Kampf um den französischen Flottenstützpunkt Bizerta ausgebrochen, die Grenzen waren gesperrt.

Kastenhofer fuhr dann über Marokko durch die Westsahara:
Da der Offizier der Wachmannschaft nicht lesen konnte, schlüpfte ich mit einer List durch und hatte danach wenig Schwierigkeiten, im scheinbar völlig menschenleeren Wüstengebiet in die Piste de Mauretanie einzuschwenken, die seit Jahren für jeden Verkehr gesperrt ist. Längst gibt es keinen Asphalt mehr, Flugsand wechselt mit Stein- und Felswüste ab und bei 25 km/h wird man fast aus dem Auto geschüttelt. Dazu die gefährlichen und schwierigen Passagen durch die Felswirren des Ueds, ausgetrocknete Flussläufe, und den ganzen Tag eine mörderische Hitze von 60 Grad Celsius im Schatten bei tiefsten Nachttemperaturen von 4–5 Grad. Meine Sorge gilt neben dem schrecklichen Durst und dem Finden des Weges dem Motor, doch erstaunlicherweise erträgt er auch diese extremen Temperaturen, bei denen europäische, wassergekühlte Wagen längst versagen, und die ungeheuren Sandmengen, die überall hindringen, ohne die geringste Beeinträchtigung. In dieser menschen- und wasserlosen Gegend hängt ja das Leben wirklich vom klaglosen Funktionieren des Fahrzeuges ab.
Noch zweimal fuhr ich in die Sahara, zuerst in die Oasen des Ued Dra bis M'Hamid, wo das Trinkwasser 30 km weit hergebracht werden muss und wo es vor fünf Jahren den letzten Regentropfen gab. Und später geht es ins Tafilalet bis Rissani. Dazwischen, auch über schlechteste Pisten, folgten Abstecher in die grandiose Gebirgslandschaft des Hohen Atlas mit seinen fast 3.000 Meter hohen Pässen, und nach Marrakesch, der Metropole des Südens, mit Sommertemperaturen über 50 Grad. Durch das Rifgebirge geht es zurück nach Tetuan, Tanger und endlich Ceuta. Nach 6 Wochen, in denen ich fast 8.000 Kilometer in Afrika, teilweise auf schwierigsten Pisten in der Sahara und im Atlasgebirge, durch Flugsand und Sturzfluten nach Gebirgsgewittern, unter extremsten klimatischen Bedingungen zurückgelegt hatte, brachte die Tarifa mein Auto und mich wieder zurück nach Europa.
Neben Instandhaltungsarbeiten wie Öl- und Filterwechsel, Ventil- und Zündkontrollen, Abschmieren usw. hatte ich nicht die geringste Reparatur, von den mitgeführten Ersatzteilen benötigte ich nur eine Glühbirne. Der Benzinverbrauch betrug über die gesamte Strecke gemittelt 6,3 l/100 km. Äußerlich hatte der brave Puch einige Beulen, da mancher Berber oder Beduinenjunge ihrer Abneigung gegen Europäer durch wohlgezielte Steinwürfe Ausdruck verlieh.

Begeisterung und Lob: Der Steyr-Puch-Kleinwagen im Spiegel der Kundenpost

Allen sach- und fachkundigen Testberichten der Tages- und Fachpresse zum Trotz ist die Aussage der Kunden dem Werk gegenüber ein wichtiges Indiz für die Akzeptanz des Produktes und dessen tatsächlichen Gebrauchswert in Kundenhand. Und von diesen Aussagen hängt es ganz entscheidend ab, wie eine verantwortungsvolle Firmenleitung das Produkt weitergestaltet. Gerade der Steyr-Puch-Kleinwagen war – rückblickend betrachtet – ein Fahrzeug, dessen Weiterentwicklung in engem Kontakt mit den Käufern betrieben wurde.

Frontemblem des Puch 500 ab 1959.

Die neue, besser sichtbare Blinkerleuchte beim Steyr-Puch-Kleinwagen ab 1959.

Ein großer Teil der Kundenpost weist darüber hinaus noch ein Detail auf, das heute so gut wie nicht mehr in derartigen Schreiben anzutreffen ist: Eine sehr starke, nahezu menschliche Bindung zum Weggefährten Auto. Diese Einstellung der damaligen Kunden ist aus der Situation zu erklären, da ja ein eigenes Automobil durchaus keine Selbstverständlichkeit war, sondern dass das Ereignis des Autokaufes und das Erlebnis der eigenen plötzlich gewonnenen Mobilität euphorische Gefühle auslöste, die heute, da ja schon der Jugendliche mit und im Automobil aufwächst, nahezu unverständlich sind.

Am 6. März 1959 teilte ein querschnittgelähmter Kunde dem Werk unter anderem Folgendes mit:
Mit Ihrer freundlichen Mithilfe habe ich aus der ersten Serie Ihres Kleinwagens Typ 500 ein solches Fahrzeug geliefert erhalten, welches Herr Mechanikermeister Wölfl, Graz, für mich, der ich als Querschnittgelähmter schwerstens gehbehindert bin, besonders adaptiert hat, so dass ich beweglich war wie alle meine gesunden Mitmenschen … Jedenfalls hat der kleine Wagen meinem Leben wieder Sinn und Zweck gegeben und es fällt mir – ehrlich gestanden – direkt schwer, mich jetzt, nachdem der Wagen mir durch 31.500 Kilometer beste Dienste geleistet hat, von ihm zu trennen. Aber im Leben ist es einmal so: das Gute wird vom Besseren abgelöst und so habe ich mich zum Ankauf Ihres neuesten Modelles, des Typ 500 D entschlossen, der mit seinen verbesserten Raumverhältnissen und den verschiedenen Verfeinerungen leistungs- und ausstattungsmäßig jedem Mittelklassewagen ebenbürtig ist. Ich freue mich schon unbändig auf meinen neuen, vierrädrigen Freund und kann die Anschaffung eines Steyr-Puch-Kleinwagens Typ 500 jedem Invaliden und Körperbehinderten nur wärmstens empfehlen … Wir dürfen allesamt auf dieses Produkt österreichischer Arbeit stolz sein …

Weitere Auszüge aus der Kundenpost lesen sich wie folgt: 17. März 1959:
Ich möchte auf diese Art und Weise meine Freude über den 500er-Puch (den ich seit Mai vorigen Jahres fahre) kundtun und sie wissen lassen, dass ich mit dem Wagerl in der letzten Woche sechsmal den Radstädter-Tauernpass von Untertauern weg, belastet mit 4 Personen (290 kg), gefahren bin. (Mit Sommerreifen!) Was der 500er leistet und wie günstig die einzelnen Gänge abgestuft sind, kann man erst wirklich nach einer langen Berg- und Talfahrt schätzen lernen …

8. Juni 1959: *Ich habe den ersten Puch 500 DL-Wagen auf einer 700 km langen Nonstopfahrt vor einigen Tagen eingefahren und muss Ihnen sagen, dass ich von dem Wagen ganz einfach begeistert bin. Begeistert nicht allein über den ruhigen, weichen Lauf des Fahrzeuges und seine bekannt gute Straßenlage, sondern vor allem über die ganz besondere Beschleunigungsfähigkeit und die vorzügliche Leistung, die man dem Wagen schon während der Einfahrzeit anmerkt …*

17. Juni 1959: *Nachdem wir drei Jahre einen Puch-Roller Typ RL 125 mit größter Freude und zur vollsten Zufriedenheit fuhren, sind wir seit April 1958 glückliche Besitzer eines Steyr-Puch 500.*

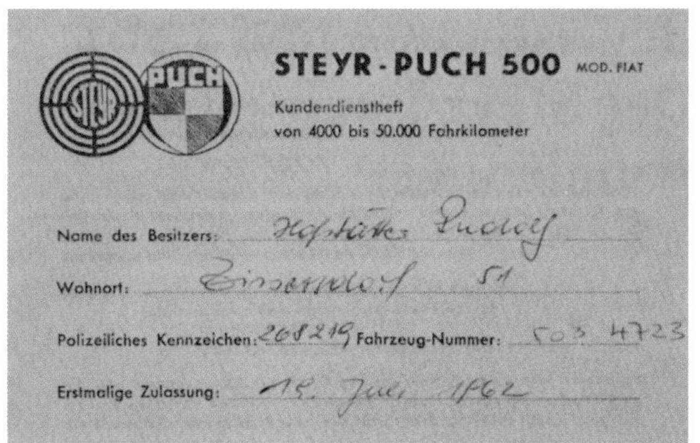

STEYR-PUCH 500 MOD. FIAT

Kundendienstheft
von 4000 bis 50.000 Fahrkilometer

Name des Besitzers:

Wohnort:

Polizeiliches Kennzeichen: Fahrzeug-Nummer:

Erstmalige Zulassung:

KUNDENDIENST

Überprüfungen
von 4000 bis 50.000 Fahrkilometer

STEYR-PUCH 500

MOD. FIAT

AUSGABE 1960/2

STEYR-DAIMLER-PUCH AKTIENGESELLSCHAFT
WERKE GRAZ

Kundendienstheft des Steyr-Puch 500-Kleinwagens für die ersten 50.000 km.

Die Urlaubsparole hieß auch heuer wieder: ‚Mit dem Kraftfahrzeug in die Bergwelt'. Auf unserer Reise, die mit einem Kilometerstand von 12.505 begann, kamen wir nach Bayern, Liechtenstein, in die Schweiz, nach Südtirol und in sämtliche Bundesländer Österreichs. Wir fuhren über 13 Pass- und Bergübergänge, davon den Hochtannbergpass in Vorarlberg und den Flüelapass in der Schweiz (2.389 m) bei Schneematsch ohne Winterreifen! Der Scheitel des Grödner Jochs in Südtirol war wegen 10 m Schneelage (Lawinen) leider unpassierbar. Die Bergfreudigkeit des Steyr-Puch begeisterte uns immer wieder aufs Neue, und wir konnten nicht genug staunen, was er im dritten Gang zu leisten vermag. Ebenso beachtlich sind seine 95–100 km/h auf der Autobahn … Startschwierigkeiten gab es trotz größter Temperaturunterschiede nie und auch sonst keine wie immer geartete Störung im Betrieb. Der Steyr-Puch 500 hält wirklich, was er verspricht!

24. Juli 1959: *Der kleine und doch so geräumige Wagen ist wirklich ein ideales Fahrzeug und hat mir während der kurzen Zeit, in der er mein Eigentum ist, schon sehr viel Freude und Schönes gebracht. Wenn er auf den Straßen Österreichs immer häufiger aufscheint, so ist dies für Ihr Werk wohl das beste Qualitätsgutachten. Vielleicht aber wissen Sie trotz des erzielten Verkaufserfolges nicht so genau, wie seine Besitzer sich über dieses Fahrzeug freuen und wie sie sich irgendwie zu einer Familie gehörig fühlen.*
Zu einer Familie ‚frischer, fröhlicher Fahrer' (wie in einem Rollerprospekt geschrieben steht), die sich auf offener Landstraße durch zwei kurze Blinkzeichen oder ein munteres Handzeichen begrüßen. Wir ‚500er-Besitzer' gehören nicht dem reichen Personenkreis an und … müssen eben auf den Besitz eines Autos, auch wenn es verhältnismäßig billig ist, doch richtig sparen, und es ist uns daher der Besitz keine nebensächliche Selbstverständlichkeit. Als ehemaliger RL 125- und jetziger Puch 500-Besitzer wünsche ich Ihrem Werk auch weiterhin recht viel Erfolg. Ihre Werke tragen sicherlich ein Gutteil bei, dass der Österreicher von der Illusion abgeht, nur das Ausland liefert qualitativ erstrebenswerte Waren, und sich langsam darauf besinnt, dass unser heutiger Lebensstandard letzten Endes vom Absatz unserer heimischen Produkte abhängt.

7. August 1959: *Am Berg hängen wir fast alle größeren Wagen mit Leichtigkeit ab und unsere letzte Tour über den Loiblpass mit seinen 33 Prozent hat gezeigt, dass der Wagen von seiner Leistungsfähigkeit trotz der 20.000 km nicht das Geringste eingebüßt hat.*

21. September 1959: *Als ich heuer im Juni meinen 500 DL von Ihrem Vertreter abholte, da gab es für mich von vorneherein nur ein Ziel für den heurigen Urlaub: den Balkan bis Istanbul. Was mir voriges Jahr mit einem schweren Motorrad einer sehr bekannten ausländischen Marke nicht gelang, das sollte nun der kleine Puch schaffen. Und er hielt, was ich mir von ihm versprochen habe, ja meine Erwartungen wurden weit übertroffen … Zuerst jagten wir unseren ‚Puchi' mit Vollgas über die fast 400 km lange Autobahnstrecke Zagreb – Belgrad, sehr zum Verdruss vieler Leute, die weit größere Kaliber durch die Gegend lenkten. Obwohl wir laut Tachometer Spitzen über 115 km/h erreichten, auf leicht abfallenden Strecken sogar 120 km/h, wurde der Motor kaum bemerkenswert heiß und ließ auch nicht den geringsten Leistungsabfall erkennen.*

2. Mai 1962: *Als im Jahre 1957 die ersten Puch-Wagen ausgeliefert wurden, habe ich mich für meine Arztpraxis sofort zum Kauf eines solchen Wagens entschlossen.*
Inzwischen fahre ich bereits den fünften Puch-Wagen, und ich muss sagen, ich bin schwerstens begeistert von diesen leistungsfähigen und braven Fahrzeugen.
Sommer und Winter, bei Regen und Schnee bin ich gezwungen, oft äußerst schlechte und schmale Bergbauernwege zu befahren. Noch nie wurde ich von einem der Wagen im Stich gelassen. Ich könnte mir für diese Zwecke keinen besseren Wagen vorstellen und wünschen. Ich habe jetzt von der Type 650 T gehört und diesen Wagen bereits bestellt. Ich freue mich schon auf das stärkere Modell und hoffe, dass es wiederum ein so braver und treuer Helfer für mich wird.

28. Juni 1962: *Es freut mich außerordentlich, Ihnen mitteilen zu können, dass ich mit dem Steyr-Puch-Wagen Typ 500, Fahrzeugnummer 5101023, den ich am 21. Dezember 1957 gekauft habe, 100.000 Kilometer ohne Reparatur zurückgelegt habe. Auf dieser, für eine Autofahrerin recht ansehnlichen Strecke, hat mich der Steyr-Puch 500 nicht ein einziges Mal im Stich gelassen und hat mir immer treue Dienste geleistet, weshalb ich mit ihm auch stets zufrieden war. Infolge meiner guten Erfahrungen wird auch mein nächster Wagen, den ich mir zulegen werde, nur wieder ein Steyr-Puch 500 sein. Sie können auf die wohlgelungene Konstruktion dieses Wagens in jeder Hinsicht stolz sein!*

19. Juni 1962: *Ich kaufte mir am 20. März 1960 von Ihrem Vertreter in Lienz den Kleinwagen ‚Puch 500 DL' mit der Motornummer 5152688, Fahrgestell-Nummer 5216995. Da ich als Organisationsleiter dauernd in ganz Österreich reisen muss, habe ich in der Zeit, da ich den Wagen kaufte, bereits 100.400 km zurückgelegt. Ich hätte nie gedacht, dass man mit diesem Fahrzeug solch gute Erfahrungen machen könnte. Jeder, der meine Reiseroute kennt und weiß, wie angestrengt der kleine Wagen täglich eingesetzt wird und ich dauernd Pässe fahren muss, ist über diese enorme Leistung Ihres Fahrzeuges erstaunt.*

Die oben zitierten Leserbriefe fanden sich in alten Akten des Werkes und wurden bislang noch nirgends veröffentlicht. Hingegen brachten die Puchwerke im Herbst 1962 einen Massenprospekt unter dem Titel *Beifall und Erfolg* heraus, in dem die positiven Kundenmeinungen zum Steyr-Puch-Kleinwagen veröffentlicht wurden. Auch in den

Steyr-Puch 500 D, 1959.

Steyr-Puch-Nachrichten wurden immer wieder Zuschriften von zufriedenen Puch-500-Fahrern veröffentlicht. Diese lesen sich beispielsweise so:

Karl Strobl, Wien XVII: *… bis zum heutigen Tage über 126.000 km gefahren. Falls ich in ferner Zukunft einen neuen Wagen anschaffen müsste, würde ich dank dieser guten Eigenschaften wieder ohne Zögern die Marke Steyr-Puch vorziehen.*

H. Dichand & Co. Zeitungsverlag, Wien I: *… nunmehr 100.045 km erreicht haben. Es ist uns eine besondere Genugtuung, die Feststellung zu treffen, dass das Fahrzeug diese Zeit klaglos funktionierte und uns sehr wesentliche Dienste geleistet hat … während dieser Zeit bei dem Wagen keine nennenswerten Reparaturen und war auch mit der Betreuung des Puch 500 durch Ihre Firma zufrieden.*

Blechdach mit Hutze: Die Steyr-Puch 500 D- und DL-Modelle

Die erste entscheidende Modellpflege, die der Steyr-Puch-Kleinwagen erfuhr, wurde mit der Bauserie 500 D (wobei D für Dach steht) verwirklicht. Das augenfälligste Merkmal dieser Wagen war die Tatsache, dass an die Stelle des durchgehenden Faltverdeckes ein festes Dach getreten war. Am auffälligsten bei diesem von den Puchwerken entwickelten „Hardtop", denn um ein solches handelte es sich nach den Richtlinien des Karosseriebaues (wiewohl dieses Dach etliche Schraubarbeit zu seiner Entfernung benötigte und als Blechpressteil ausgebildet war), war die Hutze über dem Rückfenster. Diese charakteristische Dachform gab allen weiteren Modellen der Steyr-Puch-Kleinwagen bis zum Modell-Jahrgang 1970 ihre unverwechselbare Silhouette. Diese Hutze war nicht nur optisch genial, sondern erhöhte auch die Kopffreiheit für die Fondpassagiere.

Nach rund 10.000 verkauften Exemplaren des Puch 500 wurde im Frühjahr 1959 das neue Modell präsentiert, dessen wesentlichstes Merkmal – wie bereits erwähnt – das feste Dach war. Dieses kam durch seine charakteristische Form der Besetzung des Wagens mit vier Personen besonders entgegen. Denn durch die Neugestaltung der Dach-Rückwand-Partie konnte die Kopffreiheit für die Fondpassagiere gegenüber der Kabrio-Ausführung wesentlich erhöht werden. Hand in Hand damit entstand ein gegenüber der Faltdach-Ausführung wesentlich vergrößertes Heckfenster und eine kleine Ablagefläche zwischen der Rücksitzlehne und dem Fenster. Vor allem die verbesserte Sicht nach hinten infolge des relativ großen Heckfensters trug den Puch 500-Modellen etliches Lob bei den zeitgenössischen Testberichten ein. Und so gering der Platzgewinn der Ablagefläche auch erscheinen mag, er wurde ebenfalls in den einschlägigen Testberichten gewürdigt.

Weitere Detailänderungen der 500 D-Modelle gegenüber dem 500er waren:

- Anbringung eines Handschuhfaches im Armaturenbrett. Dieses Handschuhfach war serienmäßig offen. Deckel zum Schließen des Handschuhfaches wurden jedoch sehr bald im Zubehörhandel angeboten.
- Verbesserte Heizung durch die Anbringung einer zweiten Heizpatrone im Wärmetauscher des Auspuffsystems.
- Neues Markenzeichen an der Wagenfront, es stellte nunmehr das Steyr-Puch-Zeichen inmitten zweier geschwungener Seitenteile dar.
- Geänderte Belüftung des Motorraumes. Und zwar befanden sich nur mehr zwei Gruppen horizontaler Lufteinlassschlitze im Motorraumdeckel; die Belüftungsschlitze an der hinteren Karosserieunterkante unter dem Dachansatz entfielen.

Elegantes Designmodell: Die Heckleuchte des Modells DL war aus Leichtmetall (original in Wagenfarbe lackiert) und durch die großen Leuchtflächen ein echtes Sicherheitselement.

Nachfolgende Änderungen und Ergänzungen waren werksseitig nur gegen Aufpreis lieferbar. Das wichtigste Merkmal war wohl der

- verstärkte Motor, dessen ursprüngliche Bezeichnung Typ 500 D_1 lautete, und der 20 PS (exakt 19,8 PS) bei 4.600 U/min leistete. Dieser Motor begründete eine neue Modellvariante, den Typ „Steyr-Puch 500 DL".

Für alle D-Modelle gab es noch folgende Extras:

- Scheibenwaschanlage mit Doppelstrahl und Handballen aus Gummi.
- Asymmetrisches Abblendlicht.
- Sonnenblenden für Fahrer und Beifahrer.
- Liegesitze vorn.
- Frischluftzufuhr ins Wageninnere durch zwei Kühlschlitze an der Wagenstirnwand mit Schlauchleitungsführung.
- Innenbeleuchtung in Kombination mit dem Rückspiegel.
- Versperrbarer Motorraumdeckel mit Absperrschloss im Verschlussgriff.
- Dachgepäckträger.
- Größere Blinkleuchten für die Stirnseite und kombinierte Rückleuchten im Aluminiumgehäuse (beim DL serienmäßig).
- Luftschlitzabdeckung aus hochglanzpoliertem Leichtmetall.
- Verchromte Radzierkappen.

Die Fahrleistungen des Steyr-Puch 500 D mit dem bisherigen 16 PS-Motor wichen nicht von denen des bekannten Modelles 500 ab, und daher bezogen sich die meisten Tests auf das Modell mit dem neuen, starken Motor, den Steyr-Puch 500 DL. Der Vollständigkeit halber muss noch angemerkt werden, dass es selbstverständlich die neue Serie auch mit dem Kabrio-Dach zu kaufen gab.

Oben: Frontansicht des Steyr-Puch 500 DL mit zwei Lufteinlassöffnungen und neuem Emblem.
Unten: Heckansicht des Steyr-Puch 500 DL. Hinter der neuen Heckklappe ist der 20 PS-Motor im Einsatz. Beachtlich auch die neuen großen Heckleuchten.

Der Steyr-Puch 500 DL im Spiegel der zeitgenössischen Testberichte

Die österreichische Fachzeitschrift *Motorrad – Kleinwagen* widmete am 28. November 1959 dem DL einen ausführlichen Testbericht, dessen Grundlage 10.000 km mit diesem 20 PS starken Kleinwagen durch dick und dünn waren:

Die ersten Kilometer vergingen ohne besondere Vorkommnisse und auch ohne besondere Eindrücke. Auch von den 4 Mehr-PS war zunächst nicht viel zu merken, jedenfalls im Vergleich zu unserem seinerzeitigen Wagen, den wir ja in der Blüte seiner Jahre abgegeben hatten. Natürlich vermerkte man die bessere Ausstattung mit Freude, man konstatierte die bessere Heizleistung durch den zweiten Topf (wenn wir auch während der Testdauer keine wirklich tiefen Temperaturen zur Hand hatten), die Beschleunigungspumpe machte sich schon bei dem ‚jungen' Wagen durch bessere Eigenschaften beim Kaltstart und vielleicht auch im Übergang positiv bemerkbar.

Was kann der 20-PS-Motor? 4 PS mehr, oder anders ausgedrückt, 25 Prozent Mehrleistung müssen sich irgendwie bemerkbar machen. Zum einen in der Beschleunigung: der 16-PS-500er erreichte vom Stillstand die

Oben: Vier Personen, ein Auto: Steyr-Puch 500 D. Rechts: Puch 500 D, Modell 1961 beim Amphitheater in Carnuntum/Petronell, Niederösterreich.

80 km/h in 22,7 Sekunden, der Wagen mit dem 20-PS-Motor braucht dazu 17 Sekunden, unser Testwagen bei einem km-Stand von genau 10.000 sogar nur 16,7 Sekunden. Dann in der Spitze: der Wagen mit 16-PS-Motor erreichte eine Spitze von ziemlich genau 100 km/h (unsere seinerzeitige Messung: 101,1 km/h); mit dem 20-PS-Motor aber liegt die Spitzengeschwindigkeit eindeutig höher: wir konnten zunächst eine Spitze von 107,9 km/h, am Ende des Tests sogar eine solche von 110,5 km/h ermitteln.

Diese objektiven Messwerte erfahren aber ihre Untermauerung in der Fahrpraxis. Mit dem 500 DL bindet man auf der Straße mit jedem VW oder mit anderen Wagen dieser Klasse an. Selbst bei Wagen der Eineinhalbliter-Klasse muss schon ein ausgezeichneter Fahrer am Lenkrad sitzen, will er einen voll ausgefahrenen Puch 500 distanzieren. Und das Fahrgestell? Wir hatten schon seinerzeit die Meinung vertreten, dass das Fahrgestell des Puch 500 für weit höhere Motorleistungen gut sei, als sie im 16-PS-Wagen verwirklicht waren. Diese Meinung fand im jetzigen Test ihre eindeutige Bestätigung.

Man muss allerdings dem Fahrgestell des Puch 500, nützt man die 20 PS wirklich voll aus, mehr Aufmerksamkeit schenken, als bei der zahmeren Ausführung. Es ist schließlich verständlich, dass die beiden Pendelachslagerungen nun schon eher Luft haben werden: die wirksame Federung und Stoßdämpfung verführt schließlich geradezu, auch auf ausgesprochen schlechten Straßen mit hoher Geschwindigkeit zu fahren – und das nagt an der Lebensdauer vor allem der Stoßdämpfer (bei jedem Wagen, bitte!). Und die ausgezeichnete Straßen- und Kurvenlage des Puch 500 leidet sofort merkbar, wenn die Pendelachslagerungen mehr als zulässige Luft haben, oder wenn die Stoßdämpfer ihren Dienst aufsagen.

Unsere Beanstandungen: Der Motor ist wirklich ein Gedicht. Natürlich können wir nach 10.000 km nichts über seine Lebensdauer aussagen, aber wir hatten während des ganzen Tests nie Kummer mit ihm. Man muss allerdings immer auf genaue Zünd- und Ventileinstellung achten, will man die 20 PS auch ständig versammeln können.

Laut ist der Motor leider nach wie vor, besonders, wenn man die Heizung in Betrieb setzt. Der Abdichtung des Fahrgastraumes gegen die Motorgeräusche müsste also noch etwas mehr Aufmerksamkeit geschenkt werden. Die Nebenaggregate des Motors gaben genau so wenig Anlass zur Klage wie der Motor selbst.

Mit dem Licht waren wir jetzt mehr zufrieden, ein klarer Erfolg des asymmetrischen Abblendlichtes, das nun beim DL serienmäßig ist. Doch nach wie vor glauben wir, dass dem Puch 500 größere Scheinwerfer gut täten.

Heizung und Lüftung sind nun ok. Die Kombination Kurbelfenster und Ausstelldreiecke reicht selbst für Hitzeperioden, die Luftzufuhr durch die beiden Lüftungsschläuche

Puch 500 D vor dem Flughafen in Schwechat.

Links: Ab 1959 gab es ein Handschuhfach beim Steyr-Puch-Kleinwagen. Rechts: Neue Blinkerleuchten und zweifarbige Innenausstattung beim Steyr-Puch 500 DL.

Parade von Steyr-Puch-Kleinwagen bei einer zeitgenössischen Oldtimer-Veranstaltung.

Motorraumdeckel eines Steyr-Puch 500 DL mit reichlicher Patina.

vermerkt man besonders bei Regen als angenehm, und nimmt gerne in Kauf, dass der eine Schlauch den Gepäckraum etwas einengt.

Nichts geändert hat sich daran, dass der Benzintankverschluss Puch-üblich schwergängig ist, dass der Motorraum serienmäßig nicht sperrbar ist, dass man drei Schlüssel braucht, dass der Blinker nicht automatisch in die Ruhestellung zurückkehrt. Nur der Scheibenwischer hat es mittlerweile gelernt. Und erfreulich ist es, dass die Ausführung DL nun auch serienmäßig eine gut funktionierende Scheibenwaschanlage hat (von SWF).

Wozu 20 PS? Die bessere Ausstattung ist ein Merkmal des Modells DL, hat aber mit der Motormehrleistung nichts zu tun, denn man kann die DL-Ausführung genau so mit dem 16-PS-Motor kaufen, das ist eine Frage für sich.

Aber wozu 20 PS? Sicherlich verleiht auch der 16-PS-Motor dem Wagen eine gute Beschleunigung, sicherlich ist für viele Fahrer eine Spitze von 100 km/h voll ausreichend. Und trotzdem plädieren wir für den 20-PS-Motor!

Und zwar vor allem wegen der wesentlich besseren Beschleunigung. Bei dem heutigen dichten Verkehr kommt es doch vor allem darauf an, einen Überholvorgang möglichst schnell zu beenden. Typisch für unseren Verkehr aber sind die mit etwa 70 km/h ziemlich schnell fahrenden Lastwagen. Von 70 auf 80 km/h aber beschleunigt der 16-PS-Motor den Wagen in rund 7 Sekunden, der 20-PS-Motor hingegen schafft es in rund 4 Sekunden. Und diese drei Sekunden, die man weniger lang auf der linken Fahrbahnseite sein muss, können lebenswichtig sein.

Schematische Darstellung der Heizung und Frischluftanlage des neuen Puch 500 D/1959. D_1 war die ursprüngliche werksmäßige Bezeichnung für den 500 DL.

Prospekt-Titelbild des Steyr-Puch 500 D/DL im Jahr 1961.

In der Stadt schätzt man die Beschleunigung vom Stand weg ganz besonders: an jeder Kreuzung ist man als erster weg. Die Wendigkeit des Wagens, seine kleinen Außenabmessungen machen den Puch 500 DL zusammen mit der Beschleunigung, die ihm der 20-PS-Motor verleiht, zum Stadtfahrzeug par excellence – wir kennen kein vierrädriges Fahrzeug, mit dem man gleich schnell auch im dichten Stadtverkehr vorwärts kommt.

Insgesamt gesehen sind wir der Überzeugung, dass der Puch 500 in den zwei Jahren seit Beginn der ersten Lieferungen in vielen Details weiter ausgereift ist, und nun, mit dem 20-PS-Motor auch einen Motor mit jener Leistung hat, die selbst im heutigen Verkehr allen Ansprüchen genügt. Wir haben den Puch 500 seinerzeit als gelungene Lösung des Kleinwagenproblems bezeichnet – nun wollen wir dieses Urteil dahin gehend ergänzen, dass wir den Puch 500 DL als die derzeit beste und betriebsbilligste Lösung eines Wagens mit den kleinstmöglichen Dimensionen definieren.

Der damalige Leiter der Vierradsparte, Dipl.-Ing. Erich Ledwinka, griff persönlich zur Feder, um am 15. Juli 1959 in der Zeitschrift des ÖAMTC, *Auto-Touring*, unter dem Titel *Puchwagen-Motor mit 19,8 PS* die Entwicklung vom Typ D zum Typ DL zu beschreiben.

Zu dem bewährten Kleinwagen-Modell ‚Steyr-Puch 500' gesellt sich das neue Modell 500 DL, gekennzeichnet durch seinen an Leistung erhöhten Motor. Mit diesem Wagen wurde dem Automobilisten ein besonders leistungsfähiges Fahrzeug in die Hand gegeben, mit welchem er nicht nur seiner Freude am sportlichen Fahren huldigt, sondern auch die Erkenntnis bestätigt sieht, dass ein leistungsfähiger Wagen die Fahrsicherheit wesentlich erhöht.

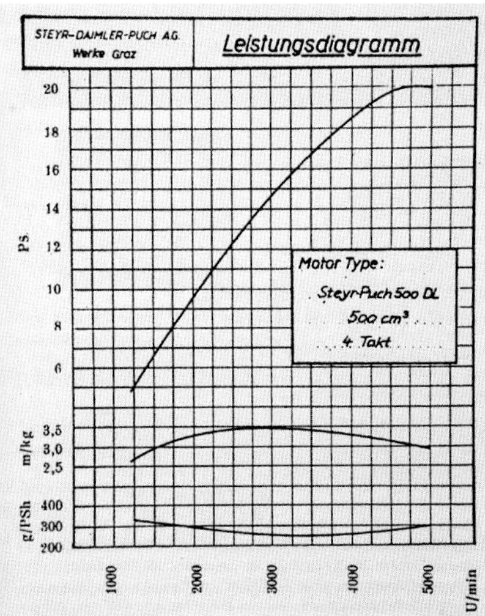

Die Leistung des im DL vorgesehenen Motors wurde auf 19,8 PS, ebenfalls bei 4.600 U/min erhöht. Wie üblich bei Puch, hat sich die Leistungssteigerung auch bei diesem Modell nach verhältnismäßig geringen konstruktiven Änderungen ergeben, weil eine höhere Leistung schon beim Entwurf dieses Motors vorgesehen worden war. Die getroffenen Maßnahmen der Leistungssteigerung basieren auf der Umarbeitung einiger wesentlicher Motorteile wie Zylinderkopf, Vergaser, Saug- und Auspuffleitung. Unter Beibehaltung der gleichen Verdichtung von 6,7, wodurch der Betrieb mit normalem Benzin sichergestellt ist, wurde der Zylinderkopf derart umgestaltet, dass alle den Gasfluss hemmenden Widerstände wesentlich verringert wurden. Weiters wurde der Durchlassquerschnitt des Vergasers erhöht, durch Einbau eines Vergasers mit 32 mm Durchlass an Stelle des bisherigen mit 28 mm. Vorgesehen ist zum Beispiel der 32er-Solex-Fallstromvergaser mit Beschleunigerpumpe und Kaltstarteinrichtung.

Form und Durchmesser der Ansaugleitung wurde dem Vergaser entsprechend angepasst. Die Gemischvorwärmung kann nach Bedarf reguliert werden. Durch Ein- oder Ausschrauben eines Bolzens in das Rohr der Abgasheizleitung kann die Heizwirkung verringert oder verstärkt werden. Im Sommer und bei Überlandfahrt wird man die Aufheizung des Gemisches verringern, um bessere Zylinderfüllung und damit höhere Motorleistung zu erhalten. In den Wintermonaten, insbesondere bei Stadtfahrten, bewirkt eine intensive Gemischvorheizung ein rasches Warmlaufen, saubere, lochfreie Leistungsübergänge und gute Beschleunigungsverhältnisse bei noch kaltem Motor. Dieser Zustand wird noch dadurch verbessert, dass das Brennstoffgemisch durch Betätigung der am Vergaser montierten Beschleunigerpumpe mit Benzin angereichert wird.

Die mittels der geschilderten Maßnahmen erzielte Leistungssteigerung auf 19,8 PS wirkt sich auf die Fahrleistung des Wagens sehr günstig aus.

Der reichlich verrippte Leichtmetall-Zylinderkopf mit halbkugeligem, kompaktem Brennraum und schräg hängenden Ventilen ist bestens geeignet, dem Motor hohe Leistung und günstige thermische Verhältnisse zu geben. Die steife, an den Laufzapfen gehärtete Kurbelwelle, in Bleibronzeschalen gelagert, in Verbindung mit den ebenfalls in Bleibronzeschalen gelagerten Pleuelstangen und leichten Alu-Kolben, bei reichlicher Ölumlaufschmierung gewährleistet hohe Betriebssicherheit und Lebensdauer auch bei hohen Drehzahlen.

Dipl.-Ing. Edwin Kordik schrieb in der deutschen Fachzeitschrift *Das Rad,* welche in

der Ravensburger Verlagsanstalt in Bielefeld erschien, am 15. März 1960 Folgendes über die D-Modelle:
Steyr-Puch 500 D und 500 DL. Seit einiger Zeit ist es den österreichischen Puchwerken möglich, ihren Kleinwagen vom Typ Puch 500 D und DL in die Bundesrepublik einzuführen. Karosserie und Interieur: Der torsionssteife Plattformrahmen ist mit den Seitenwänden zu einer selbsttragenden Ganzstahlkarosserie verschweißt. Die serienmäßige Ausführung wird entweder als Kabriolimousine mit Faltdach oder als Limousine mit innen gepolstertem Stahldach und überhängender Hinterkante, zwei Türen mit Kurbel- und dreieckigen Ausstellfenstern, zwei vorklappbaren, verstellbaren Vordersitzen sowie einer hinteren Sitzbank mit abnehmbarer Polsterung gebaut. Beim Typ DL (DL = Dach-Luxus) sind die Sitzlehnen ebenfalls verstellbar und können bis in Liegestellung umgeklappt werden. Die überhängende hintere Dachkante hat die Aufgabe, eine Strömungsablösung zu bilden, die möglichst weitgehend verhindert, dass Regenwasser, Schneeflocken, Schmutz usw. direkt auf die hintere Scheibe fallen und so die Rückwärtssicht vermindern bzw. behindern.

In der Grazer *Kleinen Zeitung* wurde auf der Sonderseite *Technik* am 5. Dezember 1959 Folgendes angemerkt:
Auf allen Straßen zu Hause: 2.500 Kilometer mit dem Steyr-Puch 500 DL. Zunächst ist ja die Absicht, neben dem Motor mit 16 PS einen solchen von rund 20 PS einzubauen, auf geteilte Gegenliebe gestoßen. Die einen begrüßten die Maßnahme wegen des ausgezeichneten Fahrgestelles, das für wesentlich höhere Fahrleistungen gut war, als sie mit den 16 PS zu erreichen waren, die anderen lehnten den stärkeren Motor wegen des zu

Steyr-Puch 500 D, Baujahr 1960, Front- und Heckansicht.

sportlichen Einschlages ab. Nun, meine Überzeugung geht nach den 2.500 Kilometern schlicht und einfach dahin, dass man mit dem Zwanzig-Pferder genauso sanft und tourenmäßig fahren kann wie mit dem Sechzehner, dass man aber eben im Falle des Falles doch noch vier Pferdchen vorspannen kann. Und das ist sowohl für flotte Bergfahrt als auch beim Überholen keineswegs ein Nachteil.

Und abschließend soll auch der Bericht von Dipl.-Ing. Dr. techn. Gerhard Seidel, dem damaligen Leiter des Technischen Dienstes des ÖAMTC, in seinen wesentlichsten Passagen zitiert werden:

Der Fußraum für die Fondpassagiere im Steyr-Puch-Kleinwagen war trotz der Fußwannen begrenzt.

Für vier Personen reicht der Platz aus. Man wird die beiden größeren vorne, die kleineren nach hinten setzen. So geht es recht ordentlich, unter Bedachtnahme darauf, dass es sich um einen Kleinwagen handelt. Erstaunlicherweise bietet der Steyr-Puch 500 auf den Hintersitzen wirklich mehr Raum als der später auch zum Viersitzer gewachsene Fiat 500! Alles in allem größer und bequemer als man es von außen vermuten würde.

Die Fahreigenschaften des kleinen Puch zeigen sich gerade auf schnell gefahrenen Bezirksstraßen und Karrenwegen in ihrem besten Licht. Es ist fast nur mit Mutwillen möglich, eines der vier Räder auf Schlaglochserien zum Abheben zu bringen, es gelingt praktisch nicht, die Federung aufzuschaukeln.

Das Kurvenverhalten ist frappant, der Steyr-Puch läuft auch mit sehr viel Dampf noch spurtreu die Kurve aus. Für einen Heckmotorwagen ist dieses fast neutrale Verhalten eine Überraschung.

Zu den Fahreigenschaften gehören auch die Bremsen. Ich hatte während der 10.000 km keinerlei Sorgen und auch bei jenen Wagen, die unter meiner direkten Kontrolle stehen und von welchen die ersten an die 50.000 km herankommen, gab es keinerlei Sorgen oder gar Reparaturen. Die Bremsen greifen weich, arbeiten gleichmäßig, es war mir (mein Hupferl ist ein Nutz- aber kein Testfahrzeug!) im normalen Umfang nicht möglich, sie heiß zu machen oder zum Fading zu bringen. Am Pedaldruck merkt man, ob der Wagen nur eine oder vier Personen als Belastung hat, das ist aber bei kleinen und leichten Fahrzeugen kaum verwunderlich.

Ich stehe auf dem Standpunkt, dass der Hauptvorteil des ‚DL' mit 19 PS in der ‚längeren Dritten' liegt, die ihm der höher drehende Motor verleiht. Der kräftigere Motor beschleunigt im dritten Gang bis über 90. Wenn man noch ein kräftiges Horn dazukauft, ist die Sicherheit beim Überholen unvergleichlich größer als mit einem ‚D'.

Die Leistung: Der Steyr-Puch 500 DL bietet, wenn man die Drehzahlfreudigkeit des Motors voll ausnutzt, eine verblüffende Leistung. Nach entsprechendem Anlauf pendelt der Tacho zwischen 110 und 120 km/h, bergab auf der Autobahn ohne beunruhigendes Gefühl bis 130 km/h. Die Beladung des Wagens nimmt grob 5 km/h weg. Die Drehzahlgrenzen meines DL liegen jeweils beim roten Punkt für den nachsthöheren Gang!

Der Ölverbrauch ist minimal. Die Reifen sollten 40.000 km erreichen, wer weniger erreicht, ist ein Sportler oder fährt falsch. Die Hinterachs-Pendellagerung, ein Sorgenkind mancher ähnlicher Bauweise, bekommt nach 15.000 km etwas Spiel, stabilisiert sich dann aber, jedenfalls dürften noch weit mehr Kilometer als bei den Reifen mitgeliefert werden. Die Vorderachsaufhängung ist überdimensioniert; wird voraussichtlich die glei-

che Laufstrecke durchhalten wie die Hinterachs-Pendellagerung. Stoßdämpfersorgen kennt der DL nicht. Insgesamt: Alles in allem scheint mir der DL durchaus günstig im normalen Mittelklassefeld zu liegen, obwohl er doch ein ganz Kleiner ist. In kurzem: Der Steyr-Puch 500 ist mit Fug und Recht der Volkswagen des ‚kleinen' Österreichers. Wenn man bescheidene Ansprüche an Raum und Komfort stellt, wird man sobald kein Auto finden, das billiger, treuer und lebendiger seinen Dienst tut!

Auch die deutsche Fachzeitschrift *hobby* widmete dem Puch 500 D unter dem Titel *Steirerbua mit Bergsteigerherz: Puch 500 jetzt mit 18,9 PS* einen ausführlichen Testbericht. Die interessantesten Passagen, vor allem aus zeitgeschichtlicher Sicht, lesen sich wie folgt:

Motor wie ein halbierter VW. Der Puch-Motor ist ein luftgekühlter Zweizylinder-Viertakt-Boxer, der äußerlich wie ein halbierter VW-Motor aussieht und mit diesem auch die Eigenschaften eines Drosselmotors mit relativ geringen Drehzahlen und beachtlichen Leistungsreserven gemein hat. Mit hängenden Ventilen, großen Ein- und Auslassöffnungen im halbkugeligen Verbrennungsraum, einer überdimensionierten Kurbelwelle und ebensolchen Hauptlagern, mit Ölkühler, Ölfilter und synchronisiertem Vierganggetriebe bietet er einen technischen Komfort, von dem sich auch größere Triebwerke eine Scheibe abschneiden können.

Die geringe Baulänge des Motors, der hinter der Hinterachse keinen Nutzraum beansprucht, hat es möglich gemacht, dass Puch gleich zwei Fliegen mit einer Klappe schlug: Der Wagen gewann nicht nur an Bergtüchtigkeit, sondern auch einige kostbare Zentimeter Innenraum. Die hintere Sitzbank ist geschickt geformt, aber nach Lage der Dinge

Front- und Heckansicht des Steyr-Puch 500 D, Baujahr 1961. Sonderausrüstung Abarth-Auspuffanlage und Zusatzscheinwerfer.

doch recht schmal und hart, so dass sich zwei erwachsene Personen nach langer Fahrt leicht gerädert vorkommen dürften, trotz ausreichender Breite, einiger Beinfreiheit und Fußwannen im Bodenblech. Aber für Kinder ist auch der Fond ein bequemer Aufenthaltsort, weshalb man den Puch mit gutem Gewissen als Familienwagen ansprechen darf, oder als Zweisitzer mit zwei Notsitzen und sportlicher Note, oder auch als beides. Diese Mehrzweck-Eigenschaft ist wichtig in einem Land, in dem das ‚Zweitwagen-Problem' noch zur schönen Utopie gehört, und sie war es wohl auch, die ihm eine große Verbreitung sicherte, wobei der Kundenkreis vom jugendlichen Sportfan über den reisenden Kaufmann, bis zum Familienvater mit Wochenendambitionen reicht.

Eine weitere Passage dieses Testberichtes beschäftigt sich mit der – für den deutschen Exportmarkt serienmäßigen – Ausstattung:
Die Ausstattung mutet zunächst – am Preis gemessen – spartanisch an; aber bei näherem Zusehen kommt allerlei zusammen: ein Kunststoffhimmel, Ausstell- und Kurbelfenster in den Türen, zwei Sonnenblenden, gepolsterte Armaturenbrett-Unterkante, Getriebe-Sperrschloss für den lieben Gesetzgeber, Rückspiegel kombiniert mit automatischer Innenbeleuchtung, ein Handschuhfach, eine Kartenablage unterm Armaturenbrett, versenkter Aschenbecher, ein Tacho gut im Blickfeld. Er zeigt seltsamer- und (Verzeihung!) blödsinnigerweise von rechts nach links an. Scheibenwascher mit Druckknopfbedienung, Winker mit Rückstellung, Kippschalter für Licht und Scheibenwischer (dieser mit großem Wischfeld, aber recht langsam laufend), Kontrollleuchten für Ladestrom, Öldruck, Fernlicht, Blinker und (sehr gut) zur Neige gehendem Benzinvorrat sind schon mittelklassemäßig. Die – neu entwickelte – Heizung ist mehr als ausreichend, obwohl sie nach oben statt in den Fußraum bläst.

Und wie bei allen Testberichten wird auch hier die unglaubliche Bergfreudigkeit des kleinen Puch beschrieben:
Dabei ist so ein Paradepaß (Pötschenpass) *noch gar nicht nach seinem Geschmack. So etwas wie die Radstädter Tauern liegen ihm viel besser. Auf zernarbten Straßen, in engen Kehren kann er neben und mit der motorischen Bergfreudigkeit auch noch seine Straßenlage an den Mann bringen. Der Puch bockt nicht, nickt nicht, schaukelt sich auch auf langen Wellen nicht auf, schluckt aber auch die Kleinstöße, verliert nie die Haftung und kennt keine Seitenneigung. Sehr gut sind die Öldruckbremsen, weich angreifend, dann mit schneller Steigerung hart zupackend, wobei der Wagen genau in der Spur bleibt. Nächst der motorischen Leistung sind sie die auffälligste Verbesserung gegenüber dem Vorgängermodell.*
Die 26.500,– Schilling, die er in Österreich kostet, ergeben in Mark umgerechnet 3.750,– DM, einen Liebhaberpreis und nicht den Preis eines vergleichbaren Halbliterwagens. Es sei denn, er käme zu uns als Vorbote künftiger EWG-Entwicklungen und sein Preis würde etwas davon vorwegnehmen.
Trotz seiner mit Temperament und Gutwilligkeit gepaarten Wirtschaftlichkeit wird er in Deutschland ein Wagen für spezielle Liebhaber bleiben, die sich just so etwas Unauffälliges und dennoch Draufgängerisches wünschen.

Steyr-Puch-Kleinwagen im Einsatz bei heutigen Oldtimer-Veranstaltungen.

Edelbastler am Werk: extrem kurzer Puch-Kleinwagen.

Neckar-Steyr-Puch 500

Der Puch-Kleinwagen hatte sich innerhalb kurzer Zeit in der damals sehr großen Gemeinde der Kleinautomobile einen hervorragenden Platz erobert. Sein guter Ruf hatte auch die rot-weiß-roten Grenzbalken überschritten, so dass seitens jener ausländischen Automobilhersteller, die sich ebenfalls dem damaligen lukrativen Kleinwagengeschäft verschrieben hatten, großes Interesse an einer eventuellen Lizenzfertigung des Wagens herrschte.

Große Hoffnungen auf eine Kooperation, die sich leider nicht erfüllten.

Zum Zug kam die Neckar-Automobilwerke-Aktiengesellschaft, jene Fabrik in Heilbronn in Deutschland, die vormals den Namen NSU-Automobil-Aktiengesellschaft trug. Diese Fabrik war aus dem traditionellen Motorradhersteller NSU (Neckarsulmer Motorradfabrik) hervorgegangen. NSU hatte bereits um die Jahrhundertwende begonnen, Motorräder zu bauen und war mit den Siegen in der Motorradweltmeisterschaft in den Jahren 1953 und 1954 (in welchem Jahr auch der unvergessene und bislang einzige österreichische Straßenrennsport-Weltmeister Rupert Hollaus in der 125 cm^3-Klasse siegte) zum größten Motorradhersteller der Welt geworden.

Doch dann trafen im Zuge des allgemeinen Niederganges der Verkaufszahlen von Motorrädern die NSU-Manager die Entscheidung, in den Kleinwagenbau mit dem „Prinz“ einzusteigen. Diese Autos der Baureihe vom „Prinz“ bis „Prinz IV“ hatten einen luftgekühlten Zweizylinder-Paralleltwin im Heck mit der aus den Motorrädern von NSU abgeleiteten „Ultramax“-Schubstangensteuerung der obenliegenden Nockenwelle. Es folgten dann an eigenständigen Entwicklungen die 1.000- und 1.200 cm^3-Modelle TT und TTS sowie der NSU-Wankelmotor, zunächst als Einscheibentriebwerk im „Sportprinz“ eingebaut, und als Zweischeibenaggregat im „Ro 80“, den heute Automobilhistoriker als Meilenstein der europäischen Autogeschichte einstufen. Die letzte NSU-Entwicklung war übrigens der K 70, der dann bereits mit dem VW-Emblem von den Heilbronner Bändern lief.

1960 setzen die Neckar-Automobilwerke jedenfalls auf den Puch 500 D. Dabei muss noch festgestellt werden, dass NSU ja schon eine längere „Italien-Connection“ mit dem NSU-Jagst, einem Lizenzbau des Fiat 600, eingegangen war. Somit gab es auch keine Probleme bei der Beschaffung der Rohkarosserie für den 500er aus Italien.

Der deutsche Kunde konnte also einen Puch 500, assembliert in Heilbronn/Neckar, kaufen. Die technischen Daten entsprachen denen des Puch 500 DL mit einer Motorleistung von 19,8 PS bei 4.600 U/min. Wie stark die Verbindung nach Graz war, geht auch aus der Tatsache hervor, dass die Betriebsanleitung für den Wagen in Graz bei der Firma L. Kunath gedruckt worden war. Trotz der steigenden Wirtschaftsleistung Deutschlands sowie des damit verbundenen Wohlstandes der Käufer kam es zu keinen nennenswerten Verkaufszahlen des „Neckar-Puch“-Wagens.

Mehr Hubraum, mehr Kraft: Steyr-Puch 650 T

Für den Modelljahrgang 1962 präsentierte die Steyr-Daimler-Puch AG den Kleinwagen mit einem hubraumgrößeren und stärkeren Motor unter der Bezeichnung Steyr-Puch 650 T, wobei das T für Thondorf, die Grazer Erzeugungsstätte der Puch-Kleinwagen, gestanden sein dürfte.

Im Prinzip unverändert, wies das neue Triebwerk vor allem einen größeren Hubraum mit einem Bohrungs-/Hubverhältnis von 80/64 mm auf gegenüber dem 500er mit 70/64 mm; der Hubraum war damit von 493 cm^3 auf 643 cm^3 angestiegen. Infolge der Erhöhung der Verdichtung von 6,8 auf 7,2 kam es zu einer Drehmomentzunahme von

Der Steyr-Puch 650 T im Werbeprospekt 1962.

3,2 mkp auf 4,1 mkp bei 2.800 U/min. Bei der Deutschland-Ausführung lauteten die Werte 3,3 mkp bei 3.000 U/min auf 4,1 mkp bei 3.500 U/min. Die Leistung betrug nunmehr 19,8 PS bei 4.800 U/min gegenüber dem Modell 500 mit 16 PS bei 4.600 U/min. Deutschland: 22,8 PS bei 4.800 U/min zu 18,9 PS bei 5.000 U/min.

Die Tageszeitung *Neues Österreich,* die einen ansehnlichen Motor-Wochenendteil unterhielt, berichtete über den Wagen am 26. Jänner 1963 unter anderem:
Obwohl der Steyr-Puch 500 als Kleinwagen durchaus vollendet ist und mit seinem Gespann von sechzehn Pferden so gut wie überall mithalten kann, hat man es sich im vergangenen Frühjahr im Thondorfer Werk nicht nehmen lassen, neben dem Verkaufsschlager des Hauses eine Kleinwagenvariante aus der Taufe zu heben: den 650 T. Äußerlich dem 500er völlig gleich, besitzt dieser Neue mit 643 cm³ Hubraum den gleichen Zylinderinhalt wie der wesentlich größere, kombiähnliche 700 C, ist aber natürlich beträchtlich leichter vom Gewicht, weshalb man seine maximale Leistung auf 19,8 PS drosseln und dafür mehr Kraft in den unteren Drehzahlbereich stecken konnte. Das Resultat ist ein ‚Super 500', der seine beiden Brüder – den kleineren wie den größeren – in den Beschleunigungszeiten deutlich übertrifft, dabei aber einen typisch unterbeanspruchten Motor aufweist, weshalb wir die Bezeichnung ‚Super' auch sofort wieder streichen wollen. Der Steyr-Puch 650 T ist, das geht aus dem bisher Gesagten hervor, gewissermaßen das ‚beste Stück' aus der derzeitigen Fabrikationsreihe der Steirer – und das Redaktionsteam des ‚Neuen Österreich' hat sich daher redlich bemüht, den kleinen Flitzer sorgfältig unter die Lupe zu nehmen.
Die Kupplung ist gewohnt leichtgängig. Der Schalthebel lässt sich – kurz und gedrungen, wie er sich anbietet – präzise und gut schalten, und auch der merkbar bulligere Motor setzt prompt und kräftig ein. Die einzelnen Gänge erweisen sich als gut abgestuft, und es gibt weder Lücken noch ‚Anschlussschwierigkeiten'. Der Zweizylinder erweist sich im schonungslosen Gebrauch als enorm drehfreudig, erträgt es aber gelassen, wenn man es vorzieht, ihn schaltfaul und untertourig durch die Gegend zu quälen. Es soll allerdings nicht verschwiegen werden, dass das vom Fahrer mit Familie misshandelte Exemplar des 650 T bis zum mittleren Drehzahlenbereich eine gewisse Schwäche zeigte, erst darüber setzte er wie eine Turbine ein. Womit gesagt werden will, dass man bei rasantem Beschleunigen über einen robusten Gasfuß verfügen muss. Wie aber schon vermerkt: es geht hier um einen reinen Gebrauchstest, und der Fahrer mit Familie vermutet eher, dass die Vergaserregulierung nicht ganz hundertprozentig war.
Fahrgestell und damit Straßenlage liegen folgerichtig auf der von Puch eingeschlagenen Linie. Die vorderen Federn dürften jetzt langhubiger ausgelegt sein und damit größere Federwege ergeben. Die Federung als solche mutet nach wie vor sportlich hart an, und es verblüfft, wie ausgewogen und ruhig das Wägelchen auch auf Schlaglochstraßen sich gebärdet. Es kommt kaum ein Stoß durch, und Bodenunebenheiten werden fühlbar, aber optimal geschluckt. Auf regennasser Fahrbahn wie auf Straßenbahnschienen wird der Puch jedoch zum Erlebnis. In einem Satz: Trotz echter Bemühung ist es dem Fahrer (diesmal ohne Familie) nicht gelungen, den Kerl aus einer Kurve zu werfen oder auch nur ein mulmiges Gefühl zu bekommen. Das ist große Klasse!

Der ab 1962 erhältliche Steyr-Puch 650 T Kleinwagen war der insgesamt bestausgestattete und drehmomentstärkste Serienwagen aus Graz. Konkret 4,1 mkp bei 2.800 U/min. Die Sportversion TR leistete nur 4,2 mkp, allerdings bei 3.500 U/min.

Links: Innentapezierung mit Kunstleder-Stoffausstattung. Rechts: Armaturenbrett.

Technische Daten:
Motor: Zweizylinder-Viertakt-ohv-Boxermotor, luftgekühlt, im Heck des Fahrzeuges, Hubraum 643 cm³, Hub 64 mm, Bohrung 80 mm, Verdichtung 7:1, max. Dauerleistung 19,8 PS bei 4.800 U/min (nach DIN), größtes Drehmoment 4,1 mkg bei 2.800 U/min, Druckumlaufschmierung mit Ölkühler und Ölfeinstfilter, Ölinhalt 1,75 l, mechanische Kraftstoffpumpe, Fallstromvergaser Weber 32 ICS mit Beschleunigerpumpe, Luftkühlung durch Gebläse, Batterie 12 V 32 Ah.
Kraftübertragung: Einscheibenkupplung, vier Vorwärtsgänge, ein Rückwärtsgang, 2., 3. und 4. Gang synchronisiert, Übersetzungsverhältnisse: 1. Gang: 3,73:1, 2. Gang: 2,18:1, 3. Gang: 1,30:1, 4. Gang: 0,89:1; Rückwärtsgang: 5,48:1. Hinterachse: 5,14:1. Ölinhalt des Triebwerksgehäuses: 1,5 l.
Fahrwerk: Einzelradaufhängung, vorne querliegende Blattfeder, hinten Schraubenfedern mit progressiv wirkenden Gummihohlfedern, doppelt wirkende hydraulische Teleskopstoßdämpfer, Schneckenlenkung, Lenkradumdrehungen von Anschlag zu Anschlag: 2,6, Scheibenräder mit Tiefbettfelgen 5,30–12, Niederdruckreifen 125–12, hydraulische Vierradbremse, Gesamtbremsfläche 452 cm², Handbremse mechanisch auf die Hinterräder, selbsttragende Karosserie, Plattformrahmen.
Maße, Gewichte: Länge 2.965 mm, Breite 1.320 mm, Höhe 1.370 mm, Radstand 1.840 mm, Spur vorne/hinten 1.120/1.135 mm, Leergewicht 480 kg, Nutzlast 300 kg, zulässiges Gesamtgewicht 780 kg.
Geschwindigkeitsbereiche und Steigfähigkeit: 1. Gang: 0–25 km/h, 38%; 2. Gang: 0–45 km/h, 21%; 3. Gang: 10–75 km/h, 11%; 4. Gang: ab 22 km/h.
Höchstgeschwindigeit: 108,5 km/h. Beschleunigung: 0–40 km/h in 4,9 sec, 0–60 km/h in 9,6 sec, 80 km/h in 16,5 sec, 0–100 km/h in 34,4 sec.
Verbrauch: Normverbrauch 5,2 1/100 km, Reiseverbrauch je nach Fahrweise und Belastung 4,3–6,8 l/100 km.

Kraftzwerg: Vom Steyr-Puch 650 T zum TR

Die großen Erfolge der vom Werk eingesetzten Wettbewerbswagen führten zwangsläufig zu einer großen Nachfrage der Privatfahrer nach den schnellen Teilen für die Motor- und Fahrgestellkur beim Steyr-Puch-Kleinwagen. So bot vor allem der stärkste serienmäßige Puch, der Typ 650 T, eine ideale Basis für das Tuning. So veröffentlichte die Hauszeitschrift der Steyr-Daimler-Puch AG, *Steyr-Aktuell,* in Heft 4 von 1964 eine genaue Beschreibung aller Änderungen des 650 TR gegenüber dem 650 T:

Die serienmäßigen Motoren, wie sie der 500er oder der 650er T haben, sind bei relativ großem Hubraum nur auf eine verhältnismäßig geringe PS-Anzahl ausgelegt. Mit voller Absicht sind nicht hohe Leistung bei entsprechenden Drehzahlen ihr Hauptmerkmal, sondern Standfestigkeit und lange Lebensdauer: es sind Drosselmotoren. Diese Qualitäten werden auch von der überwiegenden Mehrzahl der Fahrer geschätzt. Einige Fahrer wünschen jedoch, diese typischen Puch-Merkmale gerne mit etwas mehr Motorleistung verbunden zu sehen. Nun hat das Grazer Werk Anfang 1962 bekanntlich gleichzeitig mit dem Steyr-Puch 650 T auch eine schnellere Variante als TR für die Polizei, Gendarmerie und andere Behörden herausgebracht. Natürlich sprachen sich die Fahrleistungen dieser schnellen Steyr-Puch sehr bald in Sportkreisen herum, so dass die Abnehmerzahl ständig wuchs und sich Graz im Dezember 1963 dazu entschließen musste, diese Ausführung als eigenes Modell zu führen und auszuliefern.

Umbausatz für 650 T auf 650 TR, Ausführung A (27 PS)		
Stück	**Benennung**	**Puch-Bestellnummer**
	Gruppe I – Motor	
1	Nockenwelle	504.2.05.004.0
2	Zylinder ø 81	503.1.04.207.4
2	Kolben ø 81	503.2.03.201.7
2	Pleuel	503.1.03.002.0
1	Zylinderkopf links	503.1.04.205.2
1	Zylinderkopf rechts	503.1.04.206.2
2	Ansaugventile	503.1.05.204.1
2	Auspuffventile	503.1.05.205.1
2	Federunterlagsscheiben e.	503.1.05.201.1
2	Federunterlagsscheiben a.	503.1.05.202.1
4	Ventilteller e.	503.1.05.203.1
4	Ventilfedern außen	503.1.05.005.1
4	Ventilfedern innen	503.1.05.004.1
1	Vergaser	503.1.08.034.0
1	Drosselklappenhebel	503.1.08.061.1
1	Lasche zur Rückzugfeder	503.1.08.062.1
1	Isolierflansch zum Vergaser	700.1.08.016.1
2	Dichtungen zum Vergaser	700.1.08.017 .1
1	Luftfilter	503.1.08.045.2
1	Schelle	503.1.08.059.2
1	Schraube	700.2.08.078.2
1	Ansaugrohr	503.1.08.210.2
2	Dichtungen zum Ansaugrohr	503.1.08.204.1
1	Ölkühler	700.1.07.022.2
1	Kupplungsscheibe mit Mintexbelag	503.1.16.001.2
1	Starthilfeseilzug	700.2.27.037.0
1	Tragrohr	503.1.13.001.2
1	Dichtungssatz komplett	501.2.01.084.0
1	Motorgehäusebelüftung, bestehend aus:	
2	Zylinderkopfdeckel	503.1.04.007.1
4	Schlauchnippel	503.1.04.008.1
1	Öleinfüllstutzen	503.1.07.003.2
1	Unterdruckschlauch	501.1.16.063.1
1	Unterdruckschlauch	501.1.16.064.1
1	Auspuffrohr mit Krümmer	503.1.12.022.2
1	Auspuffkrümmer	503.1.12.021.8
	Gruppe II – Getriebe	
	a) Normalgetriebe	
1	Antriebswelle 13/19	501.1.22.064.1
1	1. Gang Z = 40	501.1.22.065.1
1	2. Gang Z = 34	501.1.22.066.1
1	Retourlaufrad Z = 19/23	501.1.22.069.2
1	3. Gang Z = 23*	501.1.2203
1	3. Gang Z = 30*	501.1.2213
1	4. Gang Z = 25*	501.1.22.014.0
1	4. Gang Z = 28*	501.1.2204
* Diese Übersetzungen entsprechen dem Getriebe des Steyr-Puch 500 sowie des Steyr-Puch 650 T		
	b) Rallye-Getriebe	
	1. Gang, 2. Gang, Retourlaufrad (wie unter a)	
1	Zahnrad 3. Gang Z = 23	501.1.22.094.1
1	Zahnrad 3. Gang Z = 31	501.1.22.095.1

Umbausatz für 650 T auf 650 TR, Ausführung A (27 PS)		
Stück	**Benennung**	**Puch-Bestellnummer**
1	Zahnrad 4. Gang Z = 26	501.1.22.070.0
1	Zahnrad 4. Gang Z = 27	501.1.22.071.1
	c) Berg-Getriebe	
	1. Gang, 2. Gang, Retourlaufrad (wie unter a)	
1	Zahnrad 3. Gang Z = 21	501.1.22.050.1
1	Zahnrad 3. Gang Z = 31	501.1.22.051.1
1	Zahnrad 4. Gang Z = 25	501.1.22.097.1
1	Zahnrad 4. Gang Z = 28	501.1.22.098.0
1	Tellerrad mit Triebling	503.1.32.004.0
1	Tellerrad mit Triebling	503.1.32.007.0
1	Zahnrad III. Gang 24 Z	501.1.22.067.0
1	Zahnrad KP 29 Z	501.1.22.068.0
	Gruppe III – Fahrgestell und Bremsen	
1	Achsschenkel links	504.1.41.004.0
1	Achsschenkel rechts	504.1.41.003.0
2	Kegelrollenlager	900.6905
1	Unterschutzblech	501.1.01.094.2
8	Bremsbacken mit Belag	
2	Stoßdämpfer	504.1.54.001.0
	Stabilisator hinten, bestehend aus:	
1	Führungsstab	503.1.13.003.2
2	Gummibüchsen	504.1.13.012.1
5	Scheiben	504.1.13.013.1
1	SK-Schraube	901.1016
2	SK-Muttern	900.2006
2	Federringe	29193
1	Lasche zur Führungsstabbefestigung	503.1.13.004.2
	Stabilisator Mitte, bestehend aus:	
1	Führungsstab vollständig	503.1.13.005.2
1	Konsole zum vorderen Führungsstab vollständig	503.1.13.006.2
2	Gummibüchsen	504.1.13.012.1
4	Scheiben	504.1.13.013.1
2	Sechskantschrauben M 12 × 65 DIN 931 – 8 G	901.1016
2	Sechskantmuttern M 12 DIN 934 – 6 S	900.2006
2	Federringe B 12 DIN 127	29193
4	Abstandrohre	
4	Sechskantschrauben M 8 × 45 DIN 931 – 8 G	22856.1
1	Konsole für Führungsstab (am Aufbau angeschweißt)	503.1.13.008.2
	Stabilisator vorne, bestehend aus:	
1	Führungsstab vollständig an der Vorderfeder	503.1.41.001.2
2	Silentblöcke	364.1.30.035.2
1	Halteplatte vollständig an der Vorderfeder	503.1.41.003.2
1	Strebenbock vollständig (am Aufbau anzuschweißen)	503.1.41.005.2
1	Sicherungsblech 10,5 DIN 93 verzinkt	900.3611
2	Federringe B 8 DIN 127	26819
2	Sechskantschrauben M 8 × 35 DIN 931 – 8 G	900.1048

Puch 650 TR, Rallye-Siegerfahrzeug von Zasada.

Für den Besitzer eines Steyr-Puch 650 T, der sich vielleicht mit dem Gedanken trägt, seinen Wagen in einen TR umzubauen, seien hier die wesentlichsten Änderungen noch einmal kurz zusammengefasst: Beim Motor wird die Drosselung von 19,8 PS aufgehoben und eine Leistung von 27 DIN-PS bei 5.000 U/min herausgeholt; diese Leistungssteigerung wird durch Zylinder mit 81 mm Bohrung (Hubraum damit 660 cm³) sowie durch eine höhere Verdichtung erzielt, ferner durch ein größeres Ansaugrohr, einen Doppelfallstromvergaser (Zenith 32 NDIX) sowie etliche Massenerleichterungen der Steuerungsteile und stärkere Ventilfedern für höhere Drehzahlen. Die Kraftübertragung bleibt im Prinzip unverändert. Nur die Kupplungsscheibe bekommt einen Mintexbelag, und beim Getriebe sind für sportliche Zwecke neben dem Normalgetriebe noch weitere Abstufungsvarianten als Rallye- und Berggetriebe lieferbar. Beim Fahrgestell werden kürzere Spezialfedern verwendet, die einen negativen Radsturz ergeben, sowie Stoßdämpfer und Achsschenkel verstärkt. Außerdem sind vorn, hinten und in der Mitte eigene Stabilisatoren und ein spezielles Unterschutzblech für den Motor erforderlich. Karosserie- und ausstattungsmäßig bleibt der 650 T auch als TR unverändert.

Rein äußerlich gesehen ist nach dem Umbau bis auf die X-Haxen des negativen Radsturzes keinerlei Veränderung am Wagen zu bemerken – und dennoch sind rund 130 Einzelteile ausgewechselt bzw. neu installiert worden. Laut Werksangabe sind bei einem kompletten Umbausatz allein 57 Einzelteile für den Motor, je 8 Teile für die verschiedenen Getriebe, 17 für das Fahrgestell und insgesamt 47 für die drei Stabilisatoren vorgesehen.

Puch 500 im Rallye-Sport.

Steyr-Puch 650 TR: Sportkanone im Anzug

Der Steyr-Puch 650 TR hatte bei seinem ersten Auftreten im Jahre 1963 natürlich auch ein entsprechendes Medienecho. Johannes Czernin merkte im Heft Nr. 192 *Auto-Touring* vom 15. Dezember 1963 unter anderem an:
Aus dem 500 cm³-Boxermotor entwickelte man bald die 643 cm³-Maschine für den Haflinger. Zu Beginn des Jahres 1962 ist man darangegangen, diesen Motor auch in den Personenwagen einzubauen. Doch die Techniker in Graz gaben sich damit nicht zufrieden. Es dauerte nicht lange, und bei motorsportlichen Veranstaltungen tauchten Puch-Wagen auf, die wesentlich schneller waren, als man dies für möglich gehalten hatte. Man erzählte sich Wunderdinge von Doppelvergasern und ähnlichen leistungssteigernden Hilfsmitteln. Nunmehr jedoch tritt die Steyr-Daimler-Puch AG mit ihren Rallye-Wagen ganz offiziell an die Öffentlichkeit. In Graz wurde vor wenigen Tagen der Typ Steyr-Puch 650 TR vorgestellt.

Als besonderes Leistungssteigerungsmittel ortete Czernin vor allem den Doppelfallstromvergaser, denn äußerlich waren ja zwischen dem 650 T und dem TR keine Unterschiede festzustellen. Er schrieb:
Mit Doppelfallstromvergaser. Der 650 TR weist einen Doppelfallstromvergaser Zenith 32 NDIX auf. Für jeden der beiden Zylinder ist also eine eigene Mischkammer vorhanden. Dieser Vergaser sitzt auf einem Ansaugrohr mit größerem Querschnitt. Auch hier erfolgt eine Gemischvorwärmung mit Hilfe der Auspuffgase. Im Zylinderkopf sind die Ventile größer geworden. Die Einlassventile messen 38 mm im Durchmesser (statt 35 mm beim 650 T), die Auspuffventile 34 mm statt 32 mm. Zum Schließen der Ventile dienen dop-

Mit diesem Prospekt warb die Steyr-Daimler-Puch AG für den neuen 650 TR.

pelte Federn. Auch an den Steuerungsteilen wurden einige Massenerleichterungen vorgenommen, um das Erreichen höherer Drehzahlen zu ermöglichen.
Der 650 T hat 80 mm Bohrung und 64 mm Hub, woraus ein Hubvolumen von 643 cm³ resultiert. Für das Modell TR werden Kolben und Zylinder von größtmöglichem Übermaß verwendet. Der TR hat also 81 mm Bohrung, was mit dem gleichgebliebenen Hub von 64 mm ein Hubvolumen von 660 cm³ ergibt. Das Verdichtungsverhältnis wurde von 7,2 auf 8,8 erhöht.
Am Motor des TR findet man weiterhin eine zusätzliche Belüftung des Kurbelgehäuses in Form einer Schlauchverbindung zwischen den Zylinderkopfdeckeln einerseits und dem Öleinfüllstutzen andererseits. Im Getriebe liegen die einzelnen Gänge etwas näher beieinander als beim Modell 650 T. Für sportliche Zwecke sind darüber hinaus noch andere Abstufungsvarianten lieferbar. Am Fahrwerk des Wagens findet man verstärkte Achsschenkel, ein Unterschutzblech unter dem Motor-Getriebeblock, verstärkte Stoßdämpfer sowie Bremsbacken mit Spezialbelägen.
In dieser Ausführung bietet der 650 TR eine Höchstleistung von 27 DIN-PS bei 5.000 U/min. Die Höchstgeschwindigkeit, die der serienmäßige TR erzielen kann, beträgt rund 120 km/h. Bei der Beschleunigung vom Stand kann man, laut Werksangabe, 80 km/h in 14 Sekunden erreichen. Für den Kilometer mit stehendem Start werden 40 Sekunden benötigt.
Der Verkaufspreis des Steyr-Puch 650 TR beträgt 31.950,– Schilling. Das Modell 650 T, das 28.280,– Schilling kostet, bleibt selbstverständlich auch weiterhin unverändert bestehen.
Ein erstes Auskosten … Es erwies sich schon bei dieser Gelegenheit, dass es sich hier um einen Kleinwagen mit ganz überraschend hohen Fahrleistungen handelt. Trotz dem außergewöhnlich guten Beschleunigungsvermögen des Wagens ist es jedoch auch anstandslos möglich, im Bummeltempo zu fahren und den Motor in den oberen Gängen zu ‚schinden', eine Eigenschaft, die insbesondere für den Stadtverkehr von unschätzbarem Wert ist.

Steyr-Puch 650 TR, Baujahr 1964, in originalem Auslieferungszustand.

Bessere Ausstattung für den Export

Auch die deutsche Fachzeitschrift *mot* widmete sich im Heft 3 von 1965 ausführlich dem Puch 650 TR:

Der 650 TR ist ein interessantes Miniauto für sportliche Fahrer und Wettbewerbssportfahrer, denn er hat serienmäßig in der Kategorie der Serien-Tourenwagen gute Chancen. Inzwischen gibt es den kleinen Steyr-Puch in drei Versionen: 500 D, mit 18,9 PS, 650 T

mit 22,8 PS, 650 TR mit 27 PS. Dazu kommt noch der Kombi 700 C mit der 650 T-Maschine.
Ausstattung und Aufmachung sind (im Export) bei allen drei Versionen gleich. Im Export serienmäßig: Radzierkappen, asymmetrische Scheinwerfer, die Blinkleuchten vorn und hinten statt seitlich, Zündschloss mit Lenkschloss kombiniert, Luftschacht im Motorraum mit Moltopren ausgestattet, Bodenbeläge original Fiat, dadurch Abdeckung des Mitteltunnels am Motorraumdeckel, Konsole passend für deutsche Nummernschilder, Sonnenblenden, Gummibeläge auf Kupplungs- und Bremspedal, Außenspiegel links. Die Motoren der Export-Ausführungen bieten einige Vorteile: der 500 D hat 18,9 PS statt 16 PS, der 650 T hat 22,8 PS statt 19,8 PS. Der 650 TR wird in Österreich wie im Export nur mit 27 PS geliefert.
Wohnlicher Gesamteindruck durch helle Kunstlederbezüge und gemusterte Stoffsitze. Abwaschbarer Kunstlederdachhimmel. Besonders die Dachpartie ist sauberer und sympathischer verarbeitet als von Fiat bei den kleinen Modellen gewohnt. An unserem Testwagen vibrierte die Fahrertür im oberen Teil bei hohen Drehzahlen beängstigend stark. Sie sprang zwar nie auf, aber daran wird unter anderem deutlich, dass die Fiat-Karosserie nicht für die hohe Leistung des Steyr-Puch-Motors gebaut ist.
An die Sitzposition auf der stark nach hinten geneigten Sitzfläche muss man sich erst gewöhnen. Man fährt aber ermüdungsfrei über weite Strecken. Trotz hoher Aufpolsterung geben die Sitze guten seitlichen Halt, ebenso die schalenartig geformten Lehnen. Die Rücksitzbank ist ebenfalls gut gepolstert, aber nicht klappbar wie beim Fiat 500. Durch hohe Sitze (ca. 30 cm über dem Wagenboden) wird Raum in der Länge gespart.

Prospektblatt des Steyr-Puch 650 TR mit der stilisierten Wagen-Vorderansicht.

In dieser Passage des Testberichtes werden einige wichtige Punkte geklärt. Zunächst einmal wird hier die dezidierte Aussage über die Verschiedenartigkeit der Österreich-Version zu den Exportmodellen aufgelistet, und das sowohl bei den Motorleistungen als auch bei der Ausstattung. Und auf dem Exportmarkt Deutschland, der sowohl mit Original-Fiat-500-Modellen als auch mit Steyr-Puch-Modellen beliefert wurde, wurden direkte Vergleiche gezogen und beinhart im Test herausgestellt. Doch weiter im Text des *mot*-Tests zum 650 TR:
Wer einen Steyr-Puch fährt, ist für Krach oder er muss sich daran gewöhnen. Besonders im 650 TR. Die Motorgeräusche klingen zwar sportlich und sympathisch, aber besonders auf langen Strecken können sie zur Qual werden. Dämpfungsmaßnahmen wie Schaumgummi in den Dachholmen, Filzmatten unter dem Rücksitz und an der Motorraumwand sowie Einlagen unter den hinteren Seitenbezügen bringen beim 500 und 650 T leichte Verbesserungen. Beim 650 TR ist wohl alle Mühe vergebens.
Fahren macht Spaß. *Im Gegensatz zur Karosserie sind selbst beim 650 TR Fahrwerk, Lenkung und Bremsen hundertprozentig auf die Motorleistung abgestimmt. Das heißt, man fährt schnell und sicher, denn die Fahreigenschaften sind problemlos. Die Fiat-Lenkung führt bekannterweise ruhig und exakt. Auch in viel zu schnell gefahrenen Kurven kann man leicht korrigieren oder abfangen. Der Steyr-Puch hat im Gegensatz zum Fiat 500 hinten leider Pendelachsen, nicht Schräglenker. Beim 650 TR ist jedoch die positive Auswirkung der tiefergesetzten Hinterradführung zu spüren: Er liegt besser als*

der Fiat, der niedrige Boxermotor, die straffe Hinterradführung und die leicht negativ eingestellten Hinterräder beugen der Übersteuerungstendenz vor. Die Federwege sind kurz, die Abstimmung ist aber gut. Kurze Stöße werden einwandfrei geschluckt, der Gesamtcharakter ist nicht hart. Schnell aufeinanderfolgende Bodenwellen können den 650 TR zum Springen und Bocken bringen. Das kann man bei so viel Motor in so wenig Auto nicht anders erwarten.

Die Bremsen sind gut und standfest, auch bei harter Belastung im Gebirge. Der Boxermotor des 650 TR mit 27 PS aus 660 cm³ ist äußerst kraft- und temperamentvoll. Er ist ein Wunder an Robustheit und Drehzahlfestigkeit. Am Berg ist er erstaunlich tüchtig. Ein richtiges Gebirgstriebwerk, das vielen größeren Autos das Leben sauer machen kann. Im Gegensatz zum Fiat 500-Motor ist der Steyr-Motor (auch 500 und 650 T) völlig vollgasfest. Man kann ihn Hunderte von Kilometern mit Vollgas jagen, ohne um das Triebwerk fürchten zu müssen.

Und in der ARBÖ-Zeitung *Freie Fahrt* merkte Cheftester Erwin Foehst unter dem Titel *Kraftpaket* an:

Selbst bei extrem schneller Kurvenfahrt ist der TR 650 nicht aus der Spur zu bringen. Um den Wagen jedoch in Grenzwerten bewegen zu können, muss man einen sauberen und sehr exakten Fahrstil beherrschen. Beim vollen Beschleunigen setzt sich das Ansauggeräusch nachhaltig in dem ohnehin nicht leisen Wagen durch. Die Werte dieses nur 500 kg schweren Wagens können sich jedoch sehen lassen. 0 bis 60 km/h: 6,8 sec; 0 bis 80 km/h: 11,4 sec; 0 bis 100 km/h: 18,6 sec; 0 bis 120 km/h: 35,1 sec; 1.000 m stehend: 30,4 sec.

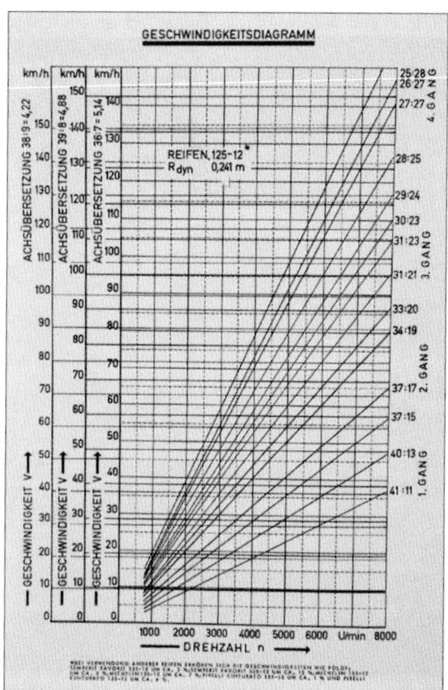

Diese Werte waren auch für einen Wagen dieser Kategorie selbst gegen Ende der 1980er-Jahre nicht schlecht, wie sensationell sie aber Anfang der 1960er-Jahre lagen, geht aus einem Vergleich hervor (0–100 km/h): Morris 850: 37,1 sec; Fiat 850: 25,5 sec; VW 1300: 26,0 sec; Renault R 10: 19,1 sec; Ford Cortina 1200: 21,8 sec; VW 1600: 21,2 sec; Opel Rekord 1700: 21,1 sec.

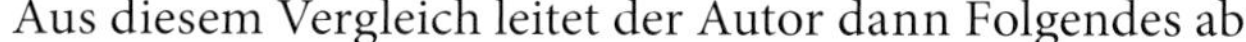

Aus diesem Vergleich leitet der Autor dann Folgendes ab:

Wie man sieht, befindet sich der kleine rote Teufel in einer illustren Gesellschaft. Und unzähligen, weitaus stärkeren Wagen zeigt er den Auspuff.

Mit einer Höchstgeschwindigkeit von gestoppten 128,9 km/h erreicht er mit der normalen Übersetzung einen ansehnlichen Wert. Wer noch schneller fahren will, kann eine andere Übersetzung wählen, die bis auf rund 150 km/h hinaufgeht.

Der 650 TR ist ein quicklebendiges, temperamentvolles Fahrzeug für alle jene, die hohe Fahrleistungen zu schätzen und auszunutzen wissen – der sportliche Kleinwagen schlechthin!

Und die Fachzeitschrift *Austro-Motor*, Heft 1/1964, berichtete über den Wagen wie folgt:

Steyr-Puch 650 TR, der schnellste der Familie. Noch sind die Ereignisse der Sportsaison 1963 in frischer Erinnerung, die vor allem Fahrer auf Steyr-Puch-Wagen erringen konnten. Der sportliche Steyr-Puch 650 T wurde bereits Anfang 1962 vorgestellt, gleichzeitig wurde aber auch eine schnelle Variante, der Steyr-Puch 650 TR, in Produktion genom-

men, die allerdings zunächst nur an Polizei, Gendarmerie und einige andere Behörden geliefert wurde. Doch sehr bald entdeckten auch die Sportfahrer diesen ‚schnellen Puch', der Kreis der Abnehmer wurde immer größer, so dass man sich nunmehr entschlossen hat, diese Ausführung nicht mehr als Variante, sondern als besonderes Modell zu führen und zu liefern.
Die Änderungen gegenüber der ‚Normal-Ausführung' 650 T sind erstaunlich gering. Im Prinzip wurde beim 650 TR nur die Drosselung des 643 cm³-Motors aufgehoben.
Unverändert blieben Fahrgestell, Karosserie und Ausstattung, lediglich die Unterseite erhielt zusätzlich ein Motorschutzblech (Unterschutz) und das Federsystem verstärkte Stoßdämpfer. Ebenso unverändert ist die Kraftübertragung, also auch das Getriebe, nur wird im 650 TR eine Abstufung verwendet, bei der die Gänge etwas näher beieinander liegen. Mit diesem Steyr-Puch 650 TR lassen sich nun Fahrleistungen erzielen, die weit über dem liegen, was man bisher Kleinwagen zugestehen wollte. Dennoch handelt es sich beim Steyr-Puch 650 TR um einen serienmäßigen Tourenwagen. Der Steyr-Puch 650 TR ist ja nicht nur ein Wagen für Sportfahrer, er ist vor allem ein Fahrzeug für jene, die bei schmaler Brieftasche einen kleinen, nichtsdestoweniger aber temperamentvollen Wagen haben wollen.

Außer der serienmäßigen Übersetzung konnten noch folgende Getriebevarianten geliefert werden:

	Straßengetriebe, Ausführung D	Berggetriebe, Ausführung F	Rallye-Getriebe, Ausführung G
1. Gang	3,08	3,08	3,08
2. Gang	1,79	2,18	2,18
3. Gang	1,30	1,65	1,65
4. Gang	0,96	1,21	1,21
Retourgang	3,72	3,72	3,72
Hinterachse	4,88	4,88	4,22

Die Fahrleistungen dieses Wagens betrugen dann:

	Serienauspuff	Monte Carlo-Auspuff
Höchstgeschwindigkeit	130 km/h	140 km/h
Beschleunigung 0 auf 80 km/h	11 sec	9–10 sec
Beschleunigung 0 auf 100 km/h	39 sec	36 sec
Bergsteigfähigkeit voll besetzt	33%	33%

Mit dieser letzten Ausführung des Steyr-Puch 650 TR konnten die Autosportler jener Tage ein optimales Wettbewerbsgerät für ihre Klasse kaufen, ohne mit den leider heute üblichen horrenden Kosten rechnen zu müssen. Denn selbst für damalige Verhältnisse waren die Tuningteile der Puchwerke durchaus in einem auch für Normalverdiener erschwinglichen Rahmen. Als Beispiel dafür seien im Nachfolgenden die Umbauteile des Motors vom 650 TR I auf den 650 TR II vom Dezember 1965 in Schilling-Preisen angeführt:

Teil	Teilnummer	Preis
1 Nockenwelle (P 92)	503.2.05.013.0	525,–
2 Zylinder 81 0	503.1.04.208.4/03	250,–
1 Zylinderkopf links	503.1.04.201.2	1.323,–
1 Zylinderkopf rechts	503.1.04.202.2	1.323,–
2 Ansaugventile	503.2.05.204.2	117,–
2 Auspuffventile	503.2.05.205.2	168,–
4 Winkelhebel	503.1.05.018.1	123,–
1 Schwungrad	503.1.02.201.1	162,–
1 Doppelriemenscheibe	503.1.02.202.2	223,–
1 Vergaser (Lufttrichter 27 ø)	503.1.08.201.0	1.252,–
Dazu konnte man dann noch die Auspuffanlage Type „Burgess“ ordern:		
1 Auspuffrohr links	503.1:12.003.2	263,–
1 Auspuffrohr rechts	503.1.12.004.2	263,–
1 Auspufftopf Burgess links	503.1.12. 009.0	357,–
1 Auspufftopf Burgess rechts	503.1.12.010.0	357,–

Steyr-Puch 650 TR II: Dr. Jekyll and Mr. Hyde

Mit der Modellvariante TR II erreichte der Steyr-Puch-Kleinwagen seine höchste sportliche Vollendung. Hier wurden all die reichen Erfahrungen des Werksversuches und die im Stahlgewitter internationaler Wettbewerbe gewonnenen Erkenntnisse auf dem Motoren- und Fahrwerkssektor in diesem Wagen verwirklicht. Der TR II war absolut wettbewerbstauglich und stellte für einzelne Tuner und Motorenspezialisten die Basis für noch heißere „Minutenbrenner“ dar. Über diese Modelle gibt es jedoch keinerlei allgemeingültige Angaben.

Steyr-Puch 650 TR-Motor mit Monte Carlo-Auspuffanlage.

Der serienmäßige TR II hatte jedenfalls als Basis den TR I, und der Umbauumfang war vom Teileaufwand her, im Vergleich zum Umbau des T auf den TR, geradezu eine Kleinigkeit.

Englischsprachiger Prospekt des Steyr-Puch 650 TR II. Den Vertrieb für Großbritannien hatte die ambitionierte Ryders Autoservice Ltd. in Liverpool übernommen.

Die Feinheiten und der eigentliche Aufwand steckten jedoch im Detail der Motor-Teilebearbeitung sowie der Fahrwerksabstimmung. Die Hauszeitschrift der Steyr-Daimler-Puch AG, *Steyr-Aktuell,* berichtete zu diesem Thema:

Es gilt nur, die PS, die in dem gedrosselten Motor stecken, durch einige Kniffe und Tricks vollends loszulassen, und der Motor dreht auf 7.000 Touren und mehr. – Welche Handgriffe sind nun im einzelnen erforderlich, um aus 27 PS die gewünschten 42 zu machen? Der Umbau ist keineswegs so kompliziert und kostspielig wie der vom normalen 650 T zum 650 TR, weil beim TR die erforderlichen Änderungen schon zum größten Teil vollzogen sind und zumindest in bezug auf Fahrgestell und Kraftübertragung bestehen bleiben können. Was darüber hinaus noch zu tun wäre, sind lediglich einige Änderungen am Motor, am Vergaser und an der Auspuffanlage.

Zunächst die Änderungen am Motor: Die Ein- und Auslasskanäle der Zylinderköpfe müssen dem Ansaugrohrdurchmesser bzw. dem Auspuffkrümmerdurchmesser angepasst werden. Außerdem müssen alle von der Serienbearbeitung zurückgebliebenen Grate entfernt und der Übergang zu den Ventilstutzen abgerundet werden. – Die Teile des Ventiltriebes, wie Winkelhebel, Stoßstangen, Kipphebel und Ventile, können bei einiger Geschicklichkeit wesentlich erleichtert werden, damit sich auch bei hohen Drehzahlen noch brauchbare Steuerzeiten ergeben. Die Erleichterung der einzelnen Teile erreicht man am besten durch Aufbohren und durch Abschleifen der für die Festigkeit nicht sonderlich maßgeblichen Teile.

Für den TR stehen zwei verschiedene Nockenwellen zur Verfügung, und zwar die Nockenwelle P 82 und die Nockenwelle P 92. Diese beiden Nockenwellen unterscheiden sich lediglich durch ihre verschiedenen Steuerzeiten, wobei die Welle P 92 die längeren Steuerzeiten hat. Beide Nockenwellen sind für sportliche Zwecke verwendbar, und beide haben ihre Vor- und Nachteile. Mit der Nockenwelle P 92 erreicht man zwar die höchstmögliche Leistung von 42 PS bei zirka 6.000 U/min sowie eine maximale Tourenzahl von 7.500 U/min und mehr, doch hat ihr gegenüber die Nockenwelle P 82 mit ihren 38 PS bei 6.000 Umdrehungen wieder den Vorteil, dass der Motor auch im unteren Drehzahlbereich noch sehr elastisch ist und damit auch niedertourig gefahren werden kann. Diese Nockenwelle wird bekanntlich serienmäßig beim TR verwendet, der für sein gutes Durchzugsvermögen aus niederen Drehzahlen ja hinreichend bekannt ist. Dagegen muss man bei der Verwendung der Nockenwelle P 92 mit in Kauf nehmen, dass der Motor im unteren Drehzahlbereich kein überwältigendes Temperament zeigt, sondern erst ab 4.000 U/min richtig zieht. Diese Nockenwelle empfiehlt sich also für ausgesprochene Wertungsfahrer. Schließlich wird noch die Verdichtung des Motors von 1:8,8 auf 10,5 erhöht, was man durch Abdrehen der Zylinder an der Zylinderkopfseite erreicht. Dabei müssen zur Erreichung des oben genannten Verdichtungsverhältnisses ungefähr 1 bis 1,2 mm vom Zylinder abgedreht werden. Vor der Montage ist es jedoch erforderlich, die Dichtungsrille neu einzudrehen.

Umbauteile 650 TR I auf 650 TR II, Rallye-Ausführung (Stand Dezember 1965)		
Stück	**Benennung**	**Puch-Bestellnummer**
	Gruppe I – Motor	
1	Nockenwelle (P 92)	503.2.05.013.0
2	Zylinder 81 ø	503.1.04.208.4/03
1	Zylinderkopf links	503.1.04.201.2
1	Zylinderkopf rechts	503.1.04.202.2
2	Ansaugventile	503.2.05.204.2
2	Auspuffventile	503.2.05.205.2
4	Winkelhebel	503.1.05.018.1
1	Schwungrad	503.1.02.201.1
1	Doppelriemenscheibe	503.1.02.202.2
1	Vergaser (Lufttrichter 27 ø)	503.1.08.201.0
1	Auspuffanlage Type „Monte Carlo". Für TR I und TR II, Erzeuger Firma Rudolf Moser, Wien XVII, Jörgerstraße 22 (serienmäßig mit dem Fahrzeug bestellbar)	
1	Auspuffanlage Type „Burgess" besteht aus:	
1	Auspuffrohr links	503.1.12.003.2
1	Auspuffrohr rechts	503.1.12.004.2
1	Auspufftopf Burgess links	503.1. 12.009.0
1	Auspufftopf Burgess rechts	503.1.12.010.0
	Alle übrigen Motorteile entsprechen der Ausführung TR I. Mitteilung KD/4/64 Ausgabe 1965	
	Gruppe II – Getriebe	
	Alle drei Getriebeausführungen entsprechen der Ausführung TR I (siehe KD/4/64), Ausgabe Oktober 1965	
	Mögliche Hinterachsübersetzungen:	
	1.) 36/7 Triebling – Tellerrad	501.1.32.032.9 (wie TR I)
	Ausgleichsgehäuse	501.1.3233 (wie TR I)
	2.) 39/8 Triebling – Tellerrad	503.1.32.007.0
	Ausgleichsgehäuse	501.1.3233 (wie TR I)
	3.) 38/9 Triebling – Tellerrad	503.1.32.004.0
	Ausgleichsgehäuse	504.1.32.002.1
	Gruppe III – Instrumente: Wunschausrüstung	
1	Öldruckmanometer	VDO DKr. 60/10 Bin 12 V, Anschluss M 12 × 1,5
1	Ölthermometer	VDO FK 60/120 Bin 12 V, Kapillarlänge 4 m, Blockanschluss M 14 × 1,5
1	Transistor-Drehzahlmesser	VDO EZ Dra/Tr: 0–8.000 U/min, ø 80 mm, 2-Zylinder-4-Takt, Pol an Masse 12 V
1	Amperemeter	VDO ± 30 A AM 60/30
1	Ölfiltergehäusedeckel mit Anschlussmöglichkeit für Öldruckmanometer und Ölthermometer	503.1.07.005.2
1	Konsole für Ölthermometer und Ölmanometer	503.1.86.021.1
1	Konsole für Ölthermometer und Ölmanometer sowie Amperemeter	503.2.86.021.1
1	Unterlagering für Drehzahlmesser	503.1.86.024.1
3 m	Druckschläuche, ø innen 6 mm	503.1.86.025.1
4	Klemmen zum Druckschlauch	503.1.86.026.1

Die Änderungen am Vergaser sind verhältnismäßig einfach: Die serienmäßigen Lufttrichter von 22 mm ø müssen auf 27 mm ø geändert werden. Bei der Eindüsung bleibt die Leerlaufdüse unverändert, während die Hauptdüse auf 130 bis 140 und die Luftkorrekturdüse auf 250 bis 270 ausgewechselt werden müssen.
Die Änderungen an der Auspuffanlage sind ziemlich radikal. Der serienmäßige Auspuff ist natürlich nicht günstig; er muss zunächst einmal von den beiden Gusskrümmern am Zylinderkopf demontiert werden. Für Rennzwecke verwendet man eine separate Burgess-Anlage mit einer jeweiligen Rohrlänge von 80 bis 90 cm, wozu konische Burgess-Dämpfer montiert werden müssen, die als Ersatzteile bestellt werden können.
Für Rallyezwecke wird hingegen eine Expansionsanlage verwendet, die ebenfalls mit einem doppelten Auslass versehen ist. Diese Anlage kann jedoch sehr leicht im Eigenbau angefertigt werden, wobei die erforderlichen Maße auf Anfrage vom Puch-Kundendienst in Graz selbstverständlich mitgeteilt werden. Im Werk selbst werden diese Auspuffanlagen nicht erzeugt, doch werden sie in Österreich von einzelnen Firmen im Zubehörhandel angeboten.

Mit der Kraft des Meistertitels: Steyr-Puch 650 TR Europa

Im Jahre 1966 errang Puch mit einem Werks-TR den Europameistertitel für Tourenwagen der Gruppe II aller Klassen sowie den Bergmeistertitel der DDR und den österreichischen Staatsmeistertitel. Grund genug für die Steyr-Daimler-Puch AG, für die Verkaufssaison 1967 den TR unter der Bezeichnung *650 TR Europa* anzubieten. Die technischen Merkmale dieses Wagens waren:
„Neue" Karosserie mit vorne angeschlagenen Türen und kurzem Faltdach.
Motor: Bohrung/Hub 81/64 mm, Hubraum 660 cm^3, Verdichtung 1:8,8, Leistung 30 DIN-PS bei 5.500 U/min. Max. Drehmoment 4,6 mkg bei 3.500 U/min.
Getriebe: Die serienmäßige Ausführung „E" wies bei den vier Vorwärtsgängen, deren erster unverändert wie bei allen Kleinwagenmodellen der 500er-Serie unsynchronisiert war, folgende Übersetzung auf: 3,08 / 1,79 / 1,30 / 0,89 / R 3,72.
Der Hinterachsantrieb erfolgte in bekannter Weise mittels eines spiralverzahnten Kegelradgetriebes mit Kegelradausgleichsgetriebe über Schwingachsen auf die Hinterräder, Übersetzungsverhältnis: i = 4,88. Als Zubehör wurde werksseitig gegen Aufpreis ein Ölmanometer, ein Ölthermometer, ein Transistor-Drehzahlmesser sowie ein zweiter Kraftstoffbehälter mit 24 Litern, zusammen also 48 Litern, geliefert.

Steyr-Puch 650 TR II Europa

Der *TR Europa* konnte auch in einer dem Anhang „J" der nationalen Sportgesetze – Gruppe II Tourenwagen – entsprechend weiterentwickelten Form geliefert werden, nämlich als *TR II-Europa:* Motor: Bohrung/Hub 81/64 mm, Hubraum 660 cm^3, Ver-

Der Steyr-Puch 650 TR Europa, Baujahr 1968.

dichtung 1:10,5. Leistung und max. Drehmoment mit Serien-Auspuffanlage: 34 PS bei 5.800 U/min, 5 mkg bei 3.700 U/min. Leistung und max. Drehmoment mit Monte Carlo-Auspuffanlage: 40 PS bei 5.800 U/min, 5 mkg bei 4.700 U/min.
Die Leistungssteigerung gegenüber der 30 PS-Ausführung wurde erzielt durch: Verdichtungserhöhung auf 10,5, weitere Kanalbearbeitung, Vergaser mit größeren Lufttrichtern, hohlgebohrte Ventile, Super-Sport-Nockenwelle, Auspuffventile mit Natrium gefüllt, Kipphebel und Winkelhebel erleichtert, Schwungmasse erleichtert (abgedreht). Auf Wunsch Hochleistungs-Auspuffanlage, dabei entfällt die Heizung.

Auch die *autorevue* widmete dem neuen Wagen anlässlich der Modellvorstellung 1967 einen Artikel:
Der 650 TR, der nunmehr die Zusatzbezeichnung ‚Europa' trägt und der drei Pferdestärken mehr hat als sein Vorgänger. Statt 27 sind es nun 30 deutsche (weil DIN) beziehungsweise österreichische (weil Thondorfer) Rösser. Bei gleicher Tourenzahl (5.500 U/min). Das Drehmoment beträgt nun 4,5 mkg. Bisher waren es 4,2 mkg. Auch hier blieb die Tourenzahl gleich (3.500 U/min). Detto die Verdichtung (8,8:1). Da ist ein Lob für Thondorfs Techniker am Platze.
Drehmoment und Leistung verbessern, ohne Drehzahl und Verdichtung anzuheben, ist ein rühmenswertes Beginnen. Auch in anderen Details unterscheidet sich der Europa-TR vorteilhaft von seinem Vorgänger: Der Tacho reicht bis 160 km/h (damit auch noch ‚Frisuren' möglich und deren Effekt ablesbar sind). Die Reifen haben die größere Dimension 135–12 (bisher 125–12). Sie bringen eine Verbesserung der Straßenlage und des Komforts. Vom neuen TR darf man bessere Fahrleistungen erwarten. Das Werk gibt folgende Werte bekannt: Beschleunigung 0–80 km/h in 11,5 Sekunden (bisher 12,7); stehender Kilometer in 39,5 Sekunden (39,8). Die Spitze wird bescheiden mit 125–130 km/h angegeben. So wie bisher bekommt man die TR-Ausführung nur mit knallroter Lackierung. Ein kleiner Nachteil bei all diesen Positiva: der Preis ist um 1.100,– Schilling auf 33.850,– gestiegen.

Ratgeber vom Werk: Puch 650 TR-Rallye-Frisieranleitung für Privatfahrer

Am 6. März 1967 gab die Steyr-Daimler-Puch AG, Werk Graz, eine Anleitung zur „Frisur“ des 650 TR heraus. Als Autor zeichnete unter dem Kürzel Vers.DIng.Ru/b der spätere Leiter der Sparte Vierrad, Dipl.-Ing. Dr. Egon Rudolf.

In diesem Kompendium wurden vor allem die in den bisherigen Kapiteln festgehaltenen Fakten über den Aufbau des Wagens und die konstruktiven Grundsätze des Boxermotors beschrieben:
Aufgrund seiner Konzeption wurde schon in den ersten Produktionsjahren an uns immer wieder die Frage gestellt, inwieweit ein Frisieren des Motors möglich ist bzw. welche Leistungen zu erwarten sind. Das Werk hat sich daher entschlossen, in gewissen Grenzen ins Sportgeschehen einzugreifen, wobei aber großer Wert darauf gelegt wurde, dass auch Privatfahrer – sofern sie sich ernst mit der Materie befassen – zum Erfolg kommen.
Das Fahrzeug wurde daher homologiert und ist derzeit in die Gruppe II, Tourenwagen, eingestuft. Nach dem Anhang ‚J‘ der internationalen Sportbestimmungen ergaben sich daher bestimmte Möglichkeiten, ein Fahrzeug zu verbessern und die Ausnutzung dieser Möglichkeiten steht jedem offen.

Verbesserungen am Motor:
Nachstehend wird zusammengefasst, welche Arbeiten notwendig sind, um den Motor wettbewerbsfähig zu machen. Bei den einzelnen Aggregaten wird in diesem Zusammenhang auch auf die Tendenzen, welche sich durch Veränderung gegenüber der Serie ergeben, eingegangen.

Vergaser und Saugrohr:
Durch Vergrößerung des Saugrohres im Durchmesser kann eine wesentliche Anhebung der Leistung im oberen Drehzahlbereich erreicht werden. Voraussetzung hiefür ist natürlich, dass auch alle anderen leistungsfördernden Maßnahmen zur Anwendung kommen. Im Falle des 650 TR waren keine Änderungen am Saugrohr laut dem Sportgesetz möglich. Durch Veränderungen am Vergaser (Vergrößerung des Lufttrichters) bzw. Abstimmung der Saugwege vor dem Vergaser (z. B. Filter oder Trichter) wurden Leistungssteigerungen erreicht (siehe Bild 1).

Zylinderkopf-Ventile:
Die Verwendung von großen Ventilen, welche für den TR II auch mit Natrium zwecks besserer Wärmeabfuhr gefüllt sind, sowie günstige Kanalformen im Zylinderkopf ergeben ebenfalls einen wesentlichen Leistungszuwachs. Besonderer Wert muss bei der Nacharbeit der Saug- bzw. Auslasskanäle auf reibungslosen Gasdurchsatz gelegt werden, wobei eine Abrundung sämtlicher Kanten und sorgfältiges Polieren der Kanäle notwendig ist. Im Bild 2 ist dieser Einfluss dargestellt, wobei aber auch noch besonders auf den Unterschied der Auspuffanlagen hingewiesen wird.

Sport-Ersatzteile Puch 650		
Stück	**Benennung**	**Puch-Bestellnummer**
1	Ansaugrohr	503.1.08.051.2
1	Ansaugrohr	
1	Auspuffkrümmer	503.1.12.201.2
1	Auspufftopf Burgess links	503.1.12.009.0
1	Auspufftopf Burgess rechts	503.1.12.010.0
1	Auspufftopf links	503.1.12.211.2
1	Auspufftopf rechts	503.1.12.212.2
1	Blattfeder gekröpft	
1	Düse Pallas-Zenith	
1	Benzinleitung (Hedinger)	
1	Gebläsehaube	501.2.06.040.2
1	Kolben komplett 70.5	503.1.03.020.6
1	Kolben komplett 81 D	
1	Kolben komplett 80 ø	
1	Kupplungsbelag Mintex	Garnitur
1	Luftkorrekturdüse	
1	Nockenwelle P 92	
1	Nockenwelle Gianini	
1	Ölfiltertopf mit Anschluss	503.1.07.005.2
1	Ölkühler	700.1.07.022.2
1	Pleuelstange Sport	503.1.03.002.0
1	Radbremszylinder 17,46 mm	504.1.36.001.0
1	Unterschutz	501.1.01.094.2
1	Ventil/Auslass	503.1.05.205.1
1	Ventil/Einlass	503.1.05.204.1
1	Ventilfeder außen	503.1.05.005.1
1	Ventilfeder innen	503.1.05.004.1
1	Ventilfederteller	503.1.05.203.1
1	Ventilfeder-Unterlage E	503.1.05.019.1
1	Ventilfeder-Unterlage A	503.1.05.020.1
1	Ventilfeder-Unterlage E	503.1.05.202.1
1	Ventilfeder-Unterlage A	503.1.05.201.1
1	Winkelhebel	503.1.05.018.1
1	Zahnrad 25 Z IV.G	501.1.22.097.1
1	Zahnrad 28 Z IV.G	501.1.22.098.0
1	Zylinder 70.5	501.4.04.017.1
1	Zylinder 81	700.1.04.004.1
1	Zylinderkopf links	503.1.04,201.2
1	Zylinderkopf rechts	503.1.04.202.2
1	Tellerrad mit Triebling	503.1.32.007.0
1	Schwungmasse, leicht gewuchtet	503.1.02.201.1
1	Kolbenring	700.2.03.013.1
	Auspuffanlage Monte Carlo	
1	Kupplung/Druckplatte	700.2.16.301.0
1	Felge verst.	501.1.53.103.2/29
1	Ölabstreifring	700.2.03.008.4
1	Ansaugrohr	503.1.08.210.2
1	Minutenring	700.2.03.007.4
1	Felge/Sport	501.1.53.103.2
1	Zylinder-Kopfdeckel	503.1.04.007.9
1	Öleinfüllstutzen	503.1.07.003.2

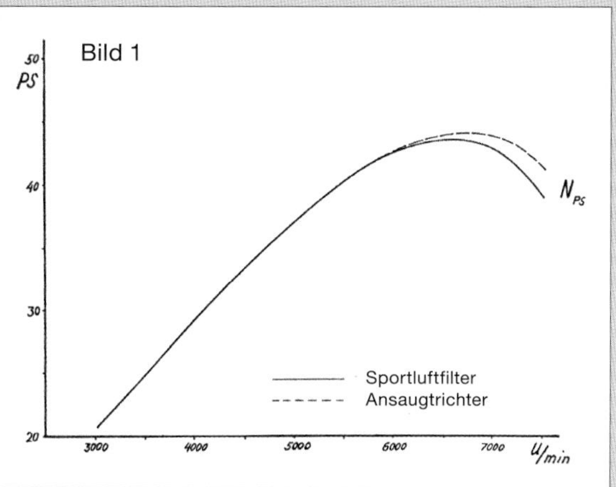

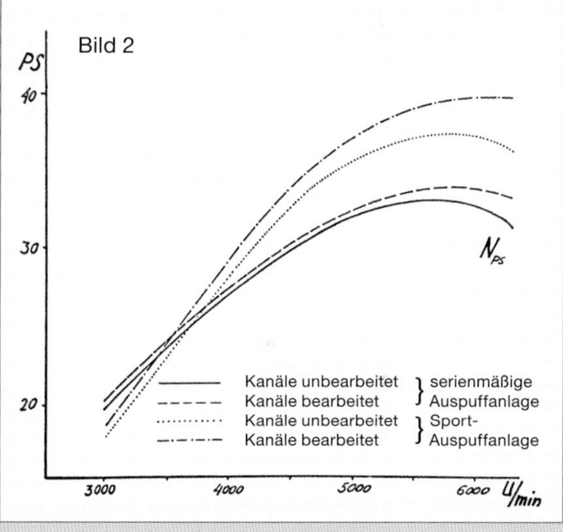

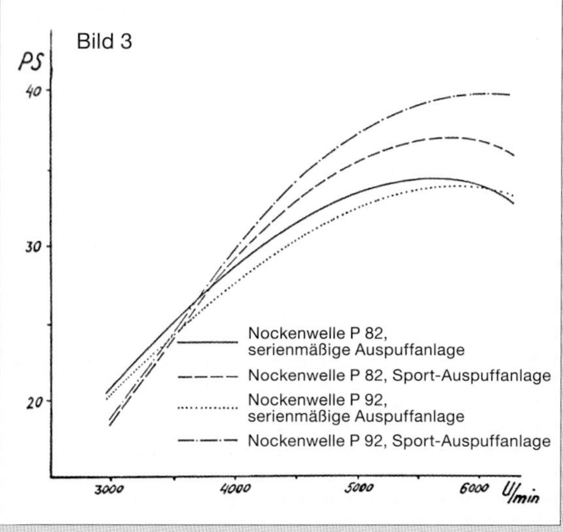

Kolben und Zylinder:

Nachdem die Verdichtung freigestellt ist, wird durch veränderte Kolben, die auch wesentlich erleichtert sind, eine höhere Verdichtung erreicht. Werte von 1:11,5 bis 1:11,8 können bei Verwendung von handelsüblichem Treibstoff (Super) angestrebt werden. Höhere Verdichtungen bis 1:12,5 sind nur mehr mit hochoktanigem Treibstoff (ROZ 100) verwendbar. Hiebei ist aber auch auf die Form des Verbrennungsraumes Rücksicht zu nehmen, da unter Umständen eine Erhöhung der Verdichtung keinen wesentlichen Leistungsgewinn mehr bringt, weil durch die andere Kolbenform der Verbrennungsablauf gestört wird. Das diesbezügliche Optimum kann nur durch Versuche ermittelt werden. Die Zylinderbohrung wird entsprechend den Bestimmungen vergrößert und im Falle des 650 TR I/II mit 81 mm ø festgelegt. Damit ergibt sich eine Vergrößerung des Hubvolumens auf 659,58 cm³.

Nockenwelle und Steuerung:

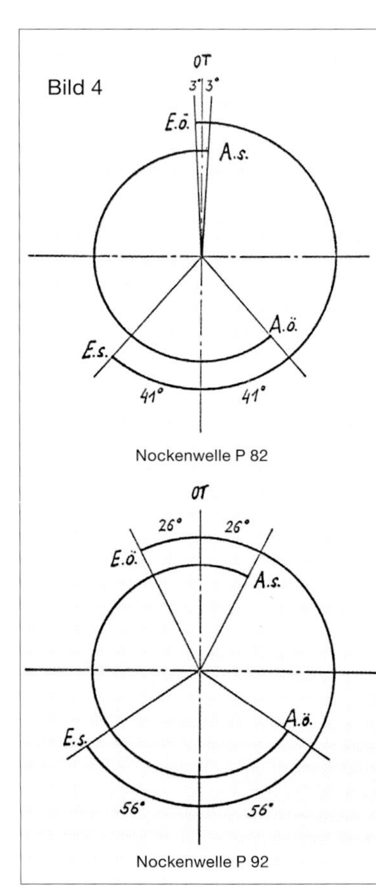

Nockenwelle P 82

Nockenwelle P 92

Durch Veränderung der Nockenwelle (welche aber, wie schon einmal angeführt, keinesfalls allein variiert werden darf, Auspuff und Zündung sowie Vergaser und Ansaugwege sind hiezu unbedingt abzustimmen) wird ebenfalls die Charakteristik der Kennlinie weitgehendst verändert. Die Abänderung der Nockenwelle setzt sich im Wesentlichen aus Änderung der Nockenform, Veränderung des Ventilhubes sowie der Nockenstellungen zueinander (Überschneidung) zusammen. Auf Bild 3 ist der Einfluss verschiedener Nockenwellen bzw. Auspuffanlagen festgehalten. Im Bild 4 wird das Steuerungsdiagramm der beiden Nockenwellen P 82 und P 92 dargestellt.

Die Nockenwelle P 82 wird serienmäßig im 650 TR/TR I eingebaut, während die P 92 als ‚scharfe' Nockenwelle für die Wettbewerbsfahrzeuge 650 TR II verwendet wird. Die Nockenwelle P 92 hat gegenüber der P 82 u. a. eine wesentlich größere Überschneidung bzw. einen größeren Öffnungswinkel, d. h., das Einlassventil öffnet wesentlich früher und schließt auch später. Da bekanntlich bei hohen Drehzahlen die einströmenden Gase am unteren Totpunkt noch eine größere kinetische Energie besitzen, wird trotz Beginn des Kompressionstaktes noch Gas in den Zylinder gepresst. Der Motor hat daher in diesem Drehzahlbereich ein höheres Drehmoment bzw. einen höheren Mitteldruck. Bei niederen Drehzahlen ergibt sich aber leider ein geringeres Drehmoment, da der Kolben bereits einen kleinen Teil der Luft wieder durch das Einlassventil herausschiebt. Dieser Nachteil wird aufgrund des Leistungsgewinnes bei höheren Drehzahlen in Kauf genommen.

Bei Verwendung der serienmäßigen Auspuffanlage ergibt sich mit einer ‚scharfen' Nockenwelle eine wesentliche Verschlechterung bis 6.000 U/min. Erst ab hier ist ein Anstieg gegenüber der zahmen Nockenwelle (wesentlich höhere Flattergrenze) zu erkennen. Es ist daher vollkommen sinnlos, durch Einbau einer ‚scharfen' Nockenwelle eine Leistungssteigerung im normalen Drehzahlbereich zu erwarten. Mit der hiezu abgestimmten Auspuffanlage tritt aber im oberen Drehzahlbereich ein großer Leistungszuwachs ein, wobei sich aber das Drehmoment-Maximum nach oben verschiebt. Motoren dieser Art sind daher für Stadtbetrieb und langsame Fahrweise nicht sehr gut geeignet.

Auf Bild 5 wird im vorgenannten Zusammenhang versinnbildlicht, welchen Einfluss nur eine Verdrehung der Nockenwelle, bezogen auf den oberen Totpunkt (keine Änderung der

Überschneidung) hat. Selbstverständlich darf in diesem Zusammenhang vor allem wegen der möglichen Drehzahlerhöhung auf die Erleichterung sämtlicher Steuerungsteile, wie Kipphebel, Winkelhebel und Ventile nicht vergessen werden. Dadurch lässt sich ebenso wie durch die Nockenform die Flattergrenze wesentlich nach höheren Drehzahlen hin verschieben. Drehzahlen von 7.500 bis 8.000 U/min sind daher auch mit einem Stoßstangenmotor kurzzeitig erreichbar.

Zündung:

Maßgebend für das Leistungsverhalten von hochverdichteten Motoren ist auch im besonderen die Zündanlage. Einerseits muss im gesamten Drehzahlbereich ein starker Zündfunke vorhanden sein, andererseits ergibt sich bei den verschiedenen Drehzahlen teilweise eine sehr beträchtliche Verschiebung des Zündzeitpunktes. Bei sehr wesentlicher Erhöhung der Drehzahl über 8.000 U/min oder bei Mehrzylindermotoren wird heute sehr stark von der Möglichkeit der Verwendung von trägheitslosen Zündanlagen Gebrauch gemacht, wie sie allgemein als Transistorzündung bekannt sind. Bei unseren Motoren haben Überprüfungen ergeben, dass mit dem normalen Batteriezündsystem noch einwandfreie Zündfunken erzielt werden können und die Verwendung einer Transistorzündung keine nennenswerte Leistungsverbesserung bringt. Wie schon angedeutet, benötigt jede Drehzahl und auch jeder Lastzustand einen bestimmten Zündzeitpunkt. Zu diesem Zwecke werden mit verstellbaren Verteilern die optimalen Zündkurven aufgenommen und auch jeweils die Klingelgrenze bestimmt. Der günstigste Bereich ist, wie aus Bild 6 ersichtlich, relativ schmal, und es muss daher besonderes Augenmerk auf die Anpassung der Zündverstellung gelegt werden. Die Verstellkurve wird daher entsprechend geändert. Selbstverständlich sind auch hier Kompromisse notwendig, und man wird im Wesentlichen darauf Bedacht nehmen, die Drehzahlen, bei denen Leistung vorhanden ist, zugunsten eines schlechteren Leerlaufverhaltens zu bevorzugen. Aus Bild 7 ist der Leistungsgewinn durch Zündverstellung ersichtlich.

Kühlung:

Das serienmäßige, am 650 T verwendete Gebläse besitzt sieben Schaufeln und benötigt am Auslegepunkt (das ist der Schnittpunkt zwischen der Widerstandskennlinie der Kühlluftführung mit der Gebläsekennlinie) eine Leistung von 1,8 PS. Durch Verwendung eines neunschaufeligen Gebläses, bei welchem die För-

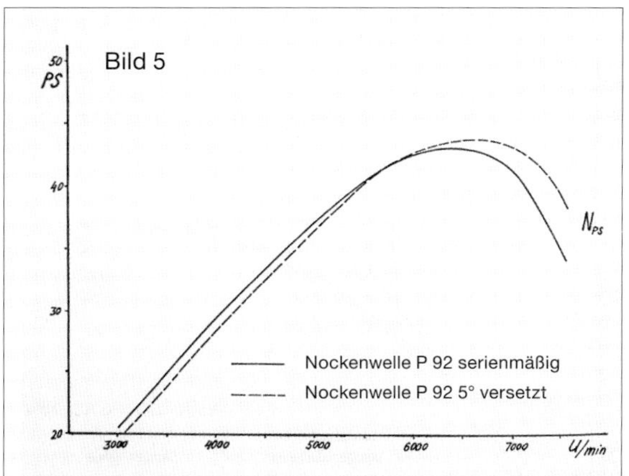

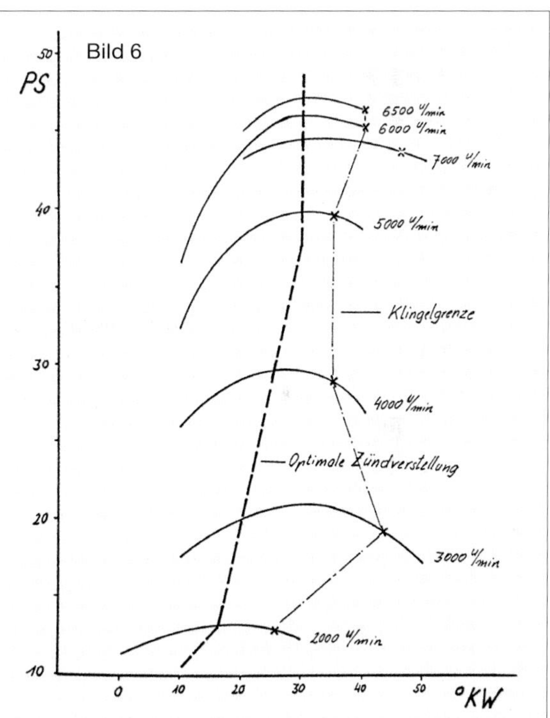

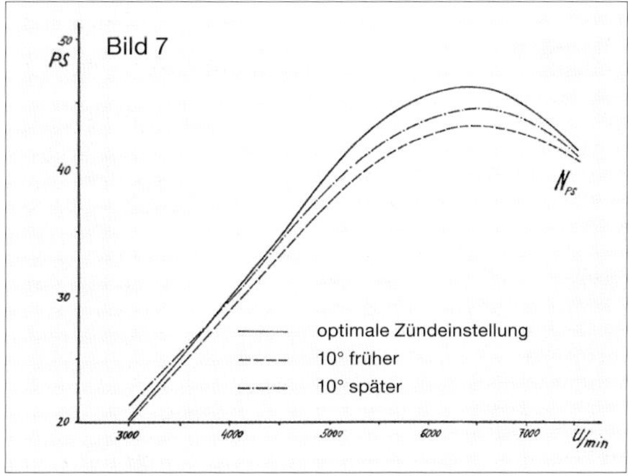

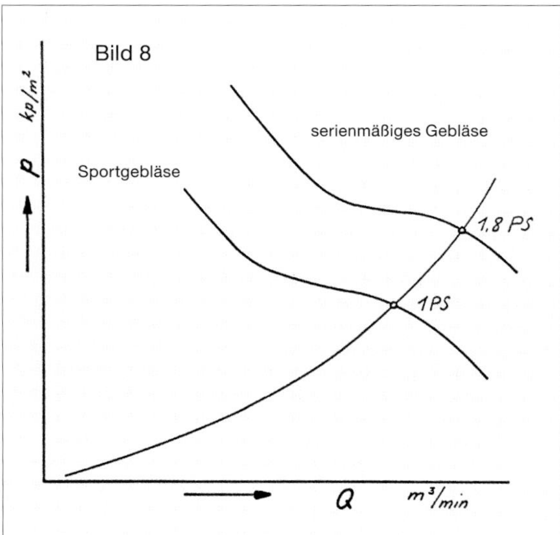

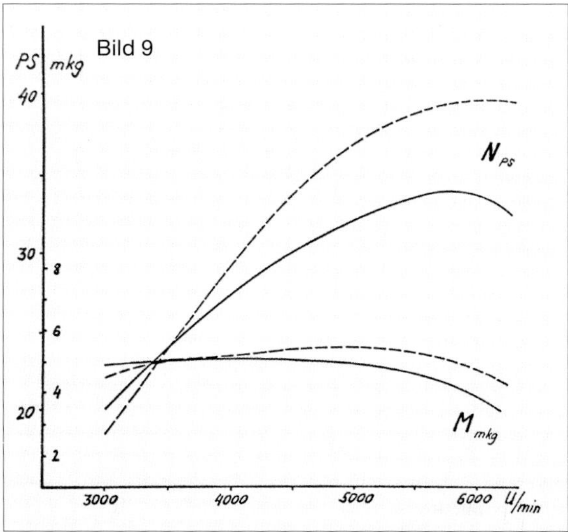

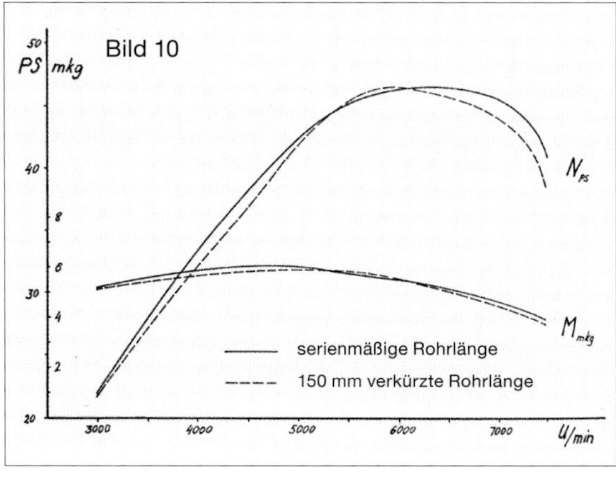

derleistung kleiner ist (siehe Bild 8), wird aber nur rund 1 PS benötigt. Selbstverständlich ist die Verwendung des schwächeren Gebläses nicht generell möglich, wird aber z. B. grundsätzlich bei Bergrennen eingesetzt. Desgleichen kann durch Verwendung einer verkleinerten Keilriemenscheibe die Drehzahl des Gebläses noch weiter gesenkt und damit Leistung gewonnen werden. Bei allen diesen Maßnahmen muss aber natürlich beachtet werden, dass die Öltemperatur in vernünftigen Grenzen bleibt (max. 115 bis 120° C).

Auspuffanlage:

Unter der Voraussetzung einer dementsprechend abgestimmten Nockenwelle (P 92) kann durch die Variation der Auspuffanlage wesentlich Leistung gewonnen bzw. das Leistungs- und Drehmoment-Maximum an den für die Rennstrecke bzw. die vorhandene Getriebeübersetzung richtigen Punkt verschoben werden. Auf Bild 9 ist an Hand eines 650 TR II der vorhin genannte Einfluss dargestellt. Voll ausgezogen sind Leistungs- und Drehmoment mit Serien-Auspuffanlage, strichliert dasselbe für die sogenannte Monte Carlo-Anlage aufgetragen. Sämtliche Kenndaten wie Verdichtung (ε = 1:10,5) usw. wurden bei dieser Vergleichsmessung nicht verändert.

Es ist hier ein bedeutender Leistungsgewinn bei der ungefähr gleichen Drehzahl vorhanden (rund 30 Prozent). Dieser Leistungsgewinn wirkt sich selbstverständlich auch in einer Erhöhung des Drehmomentes aus, doch ergibt sich zwangsläufig eine Verschiebung des Drehmoment-Maximums nach höheren Drehzahlen. Dies muss, wie angedeutet, bei der Auslegung der Getriebeabstufung berücksichtigt werden. Auf Bild 10 ist dargestellt, wie sich bei einem wettbewerbsmäßig ausgerüsteten Fahrzeug durch eine Veränderung z. B. der Rohrlängen (Beeinflussung der Gasschwingungen) eine sehr wesentliche Verschiebung von Leistung und Drehmoment erzielen lässt. Einen bedeutenden Einfluss hat auch eine grundsätzliche Veränderung des Auspuffsystems, wie im Bild 11 dargestellt (Reflexion bzw. Absorptionsanlage). Die konsequente Verfolgung aller hier angeführten Maßnahmen – wenn sie auch teilweise nur einen kleinen Gewinn bringen – ergibt die im Bild 12 dargestellte Leistungskurve. Die spezifische Leistung des Motors hat sich dadurch von 31 PS/l auf rund 75 PS/l erhöht. Dies bedeutet eine Leistungserhöhung gegenüber dem Serienmotor von 245 Prozent.

Verbesserungen am Fahrgestell:
So wie am Motor sind auch am Fahrgestell verschiedene Verbesserungen gestattet; dieselben werden nachstehend beschrieben.

Aufhängung:
Das Fahrzeug besitzt einen Hecktriebsatz und ist mittels drei Gummilagern an der Karosserie befestigt. Durch dementsprechende Abstimmung derselben lässt sich das Fahrverhalten weitgehendst beeinflussen. Die Möglichkeiten bei der Sportausführung sind jedoch größer, nachdem auf die Geräuschdämmung keine so große Rücksicht genommen werden muss.
Ein Optimum an Fahrverhalten lässt sich aber erreichen, wenn das Aggregat durch zwei Panhardstäbe, welche vorne und rückwärts montiert werden, an einer seitlichen Bewegung (ausgelöst durch die Seitenführungskraft) behindert wird. Die gleiche Maßnahme wird auch an der Vorderachse angewendet, wobei die Querblattfeder ebenfalls durch einen Panhardstab zusätzlich gegen die Karosserie abgestützt wird. Auf der Zeichnung 13 ist ein Ausschnitt einer Messung dargestellt, bei welcher der Einfluss der Aggregatbewegungen mit und ohne Panhardstab auf das Fahrverhalten ermittelt wurde.
Aus der Zuordnung der Aggregatbewegungen (gegenüber der Karosserie) zum Lenkradeinschlag kann auf das Steuerungsverhalten geschlossen werden. Man sieht sehr deutlich, dass bei scharfer Kurvenfahrt (kleiner Krümmungsradius) das Aggregat eine Schwingbewegung ausführt, welche das Fahrverhalten beeinflusst.
Zur weiteren Verbesserung der Fahreigenschaften dienen Stabilisatoren bzw. Ausgleichsfedern, wobei im Falle des genannten Fahrzeuges ein Stabilisator an der Vorderachse und eine Ausgleichsfeder an der Hinterachse verwendet werden. Bei einer nicht veränderbaren Gesamtkonzeption eines Fahrzeuges ergibt sich zwangsläufig bei Steigerung der Motorleistung relativ bald eine Grenze der Kurvengrenzgeschwindigkeit.
Die im Schwerpunkt des Fahrzeuges angreifende Fliehkraft erzeugt ein Wankmoment des Fahrzeuges, wobei als Hebelarm der Abstand Momentanzentrum zu Schwerpunkt gilt. Das kurvenäußere Rad wird daher zusätzlich belastet, das kurveninnere Rad entlastet. Wenn nun die Seitenführungskraft am kurvenäußeren Rad nicht mehr ausreicht (das Innere überträgt durch die geringere Radlast auch nur eine dementsprechend kleinere Seitenführungskraft), tritt der Schleudervorgang z. B. an der Hinterachse durch Ausbrechen des Heckes ein.

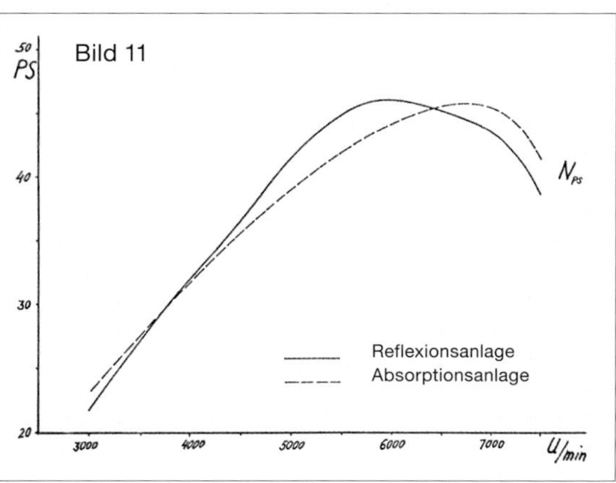

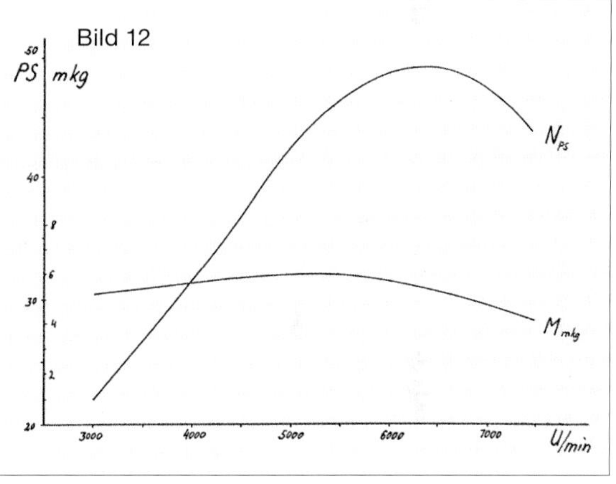

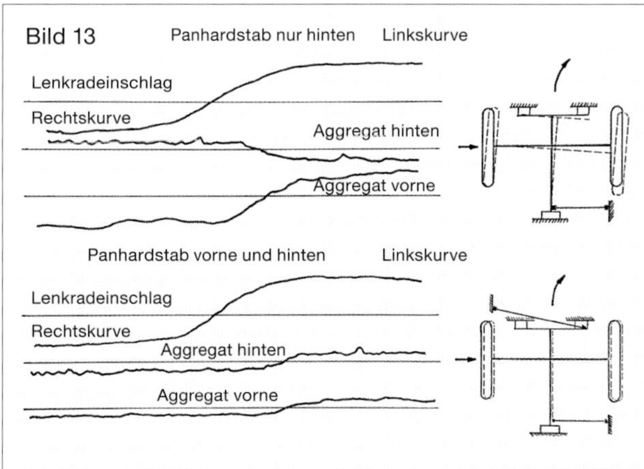

1) **Ausführung E,**
wie TR-Europa-Serie:

1. Gang:	3,08
2. Gang:	1,79
3. Gang:	1,30
4. Gang:	0,89
Retourgang:	3,72
Hinterachse:	4,88

2) **Ausführung F,**
Berggetriebe
(nur für Bergrennen):

1. Gang:	3,08
2. Gang:	2,18
3. Gang:	1,65
4. Gang:	1,21
Retourgang:	3,72
Hinterachse:	4,88

3) **Ausführung D,**
Straßengetriebe mit stark sportlichem Charakter:

1. Gang:	3,08
2. Gang:	1,79
3. Gang:	1,30
4. Gang:	0,96
Retourgang:	3,72
Hinterachse:	4,88

4) **Ausführung G,**
Rallye-Getriebe:

1. Gang:	3,08
2. Gang:	2,18
3. Gang:	1,65
4. Gang:	1,21
Retourgang:	3,72
Hinterachse:	4,22

Technische Begriffe:

Die üblichen Reifen zu Produktionszeiten des Steyr-Puch-Kleinwagens waren Textil-Diagonalreifen, die ab den 1970er-Jahren aus der Produktion genommen wurden. Heute gibt es nur mehr „Gürtelreifen“ = Radialreifen.
Beleuchtung:
Jodlampen = Halogenlampen.

Durch Erhöhung der Radlast bis zu gewissen Grenzen wird auch eine Erhöhung der Seitenführungskraft und damit ein späteres Ausbrechen des Fahrzeuges erreicht. Auf Bild 14 ist der Zusammenhang zwischen Seitenführungskraft und Radlast aufgetragen. Es ist aber hierauf auch zu sehen, dass bei Größerwerden der Radlast (z. B. bei größer werdender Belastung des kurvenäußeren Rades) die Seitenführungskraft wieder abnimmt.

Nachdem nun im besonderen bei Heckmotorwagen die Achslast an der Hinterachse größer ist, wäre es naheliegend, durch geeignete Maßnahmen eine dynamische Achslastverschiebung zu erreichen, also z. B. die vordere Achse stärker zur Seitenführung heranzuziehen. Statisch besteht die Möglichkeit, Gewicht von rückwärts nach vorne zu verlegen, also z. B. die Batterie bzw. einen zweiten Tank vorne einzubauen. Dynamisch wird dies nun dadurch erreicht, dass man – einen steifen Wagenkasten vorausgesetzt – an der Vorderachse einen Stabilisator einbaut, welcher einer Neigung des Wagenkastens bei Kurvenfahrten entgegenwirkt. Dadurch wird die Federsteifheit des kurvenäußeren Rades erhöht und ein größerer Anteil des Wankmomentes, das durch die bei Kurvenfahrt auftretende Fliehkraft hervorgerufen wird, aufgenommen. Die Radlastveränderungen an dieser Achse werden somit größer. Wenn nun noch zusätzlich an der Hinterachse eine ähnliche Einrichtung (wie z. B. bei uns eine Querblattfeder) eingebaut wird (welche grundsätzlich die gegenteilige Wirkung des vorhin genannten Stabilisators hat), können die Hinterachsfedern weicher gemacht werden, wodurch eine stärkere Neigung des Wagenkastens durch den Hinterachsanteil des Wankmomentes erreicht wird. Hiedurch wird aber in vermehrtem Ausmaß die Vorderachse zur Aufnahme von zusätzlicher Seitenführungskraft herangezogen. Diese Maßnahmen bewirken eine beträchtliche Heraufsetzung der Kurvengrenzgeschwindigkeiten. Wie schon vorher angedeutet, gehört dazu auch eine neue Abstimmung der Federkennwerte, wobei vor allem an der Hinterachse kürzere Federn, welche auch weicher gemacht werden können, eingebaut werden. Hiedurch ergibt sich eine größere Federweichheit und ein wirksamer negativer Sturz an der Hinterachse. Bekanntlich übertragen Räder mit negativem Sturz größere Seitenführungskräfte bzw. wird auch der Aufrichteffekt der Pendelachse weitgehendst vermieden.

Stoßdämpfer:

Zu dem bis jetzt behandelten Fragenkomplex gehört selbstverständlich auch der Stoßdämpfer und die Kennlinie desselben muss auf die geänderte Achscharakteristik abgestimmt werden. Um hier vor allem auch dem subjektiven Gefühl des Fahrers entgegenzukommen, werden keine einheitlichen Dämpfercharakteristika festgelegt, sondern durch verstellbare Dämpfer eine Anpassung an die Strecke wie auch an den Fahrer erreicht.

Reifen und Felgen:

Um die größere Motorleistung auf die Straße zu bringen, aber auch um die Fahrstabilität zu verbessern, werden größere Reifen und breitere Felgen verwendet. Nachdem im allgemeinen Gürtelreifen eine größere Seitenführungskraft bei gleichem Schräglaufwinkel aufweisen, werden Gürtelreifen montiert. Im Bild 15 ist die Seitenführungskraft über der Radlast für verschiedene Reifenarten aufgetragen und der vorhin genannte Vorteil hieraus ersichtlich. Daraus ist auch eine wichtige Voraussetzung für die Auswahl der Reifen erkennbar, da grundsätzlich bis zum Erreichen der Grenze der Haftreibung die Seitenführungskraft nicht absinken darf. Wenn nämlich das Maximum der Seitenführungskraft noch unterhalb der höchsten erreichbaren dynamischen Radlast liegt und dann plötzlich absinkt, bricht das Fahrzeug aus. Dies ist vor allem bei Verwendung von Gürtelreifen zu beachten. Aber auch die Einflüsse des Rollwiderstandes dürfen nicht vernachlässigt werden; sie ergeben mit Erhöhung des Luftdruckes bzw. auch bei Verwendung von Gürtelreifen geringere Rollwiderstandsbeiwerte.

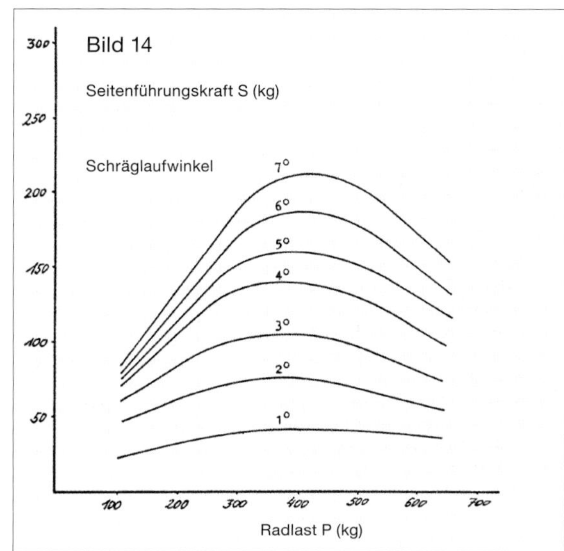

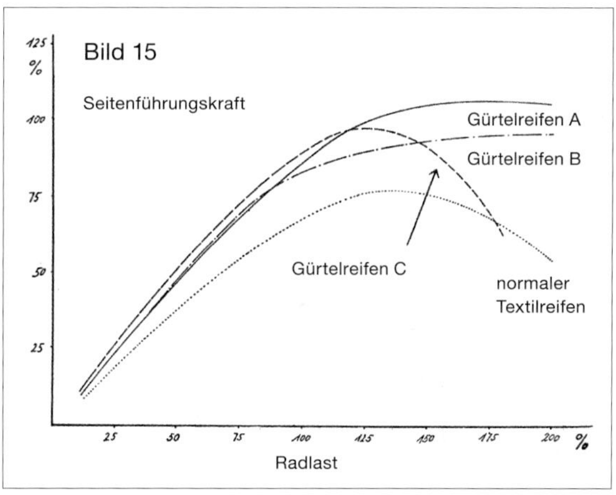

Getriebe:

Um die gegebene Motorleistung auf die verschiedenen Einsatzmöglichkeiten anzupassen, ist es notwendig, Reifengröße, Hinterachs- sowie Getriebeübersetzung zu variieren. Als Richtlinie sind die Übersetzungen, wie man sie für verschiedene Verwendungszwecke (z. B. Rallyes oder Bergrennen usw.) verwenden würde, hervorgehoben.

Karosserie:

Die Ausstattung der Karosserie wird so weit wie möglich dem Verwendungszweck angepasst. Besonderes Augenmerk wird auf eine gute Beleuchtung (Montage bis zu vier Zusatzscheinwerfern, welche auch mit Jodlampen ausgerüstet sein können) gelegt. Die dementsprechenden Kontrollinstrumente wie Drehzähler, Öldruckmesser, Ölmanometer sowie Amperemeter können montiert werden.

Zusammenfassung:

Aus der nachfolgenden Tabelle ist ersichtlich, welche Maßnahmen notwendig sind, um die einzelnen Verbesserungsstufen zu erreichen bzw. welche Leistungen hierbei zu erwarten sind.

	650 T	650 TR I-E	650 TR II-E serienmäßiger Auspuff	650 TR II-E Monte Carlo-Auspuff	650 TR II nach Anhang „J“
Leistung	20/4.800	30/5.500	34/5.800	40/6.000	49/6.500
Drehmoment	4,2/3.500	4,6/3.500	5/3.700	5,5/4.700	6,1/5.000
Hubraum	643	660	660	660	660
Verdichtung	7,2	8,8	10,5	10,5	12
0–80 km/h	17	11,3	11	9-10	8,5
0–1.000 m	45	40,2	39	36	34,8
Vmax. je nach Übersetzung	110	125	130	140	>155
Änderungen		Umbausatz	Vergaser, Nockenwelle, Ventile, Verdichtung	Auspuffanlage	optimale Nacharbeit nach Anhang „J“
			Erleichterung sämtlicher Teile, Nacharbeit der Zylinderköpfe		

Ob Kabrio oder Kombi, er ist ein Tourenwagen: Der Steyr-Puch-Kleinwagen aus der Sicht der Sporthoheit der FIA

Ein schneller Puch-Kleinwagen, gefahren bei einer Oldtimerveranstaltung.

Bereits 1957, also mit Beginn des Serienanlaufes des Puch-Kleinwagens, reichten die Grazer bei der FIA (Fédération Internationale de l'Automobile), dem internationalen Dachverband des Automobils bzw. der Autofahrer mit Sitz in Paris, die Homologation des neuen Wagens ein. Diese wurde im Jahr 1959 erneuert. Und als der Steyr-Puch 700 C auf den Markt kam, wurde 1961 auch für diesen Kombi ein Homologationsblatt eingereicht. In allen Fällen wurden die „Pucherln" in die Kategorie der Tourenwagen eingereiht.

Im Sommer 1962 kam es aufgrund der geänderten Sportgesetze abermals – und letztmalig – zu einer Homologierung der Puch-Wagen, welcher ein interessanter Schriftverkehr von Dr. Ing. Seidel, dem damaligen Leiter des Technischen Dienstes des ÖAMTC, und der Sportabteilung des Grazer Werkes zugrunde lag. Dr. Seidel schrieb:
Betrifft Homologierung der Steyr-Puch-Wagen 500, 500 D, 500 DL, 650 T, 700 C und 700 E.
Bezugnehmend auf Ihre Anfrage haben wir uns direkt an die FIA gewandt und von dieser folgendes Fernschreiben erhalten:
Wir betrachten die Modelle Steyr-Puch 500 und 650, Derivat Fiat, mit geschlossener oder zu öffnender Karosserie als homologiert in der Kategorie Tourenwagen, aber es ist unabdinglich, ein Homologierungsblatt für ***jedes*** *dieser Modelle herzustellen.*
Wie Sie wissen, hat die FIA unseren Antrag auf Erstellung einer geschlossenen Homologierungsmappe, beinhaltend alle Steyr-Puch-Typen, obwohl dies zu einer wesentlichen Vereinfachung führen würde, abgelehnt. Wir ersuchen Sie daher, das vorliegende Muster,

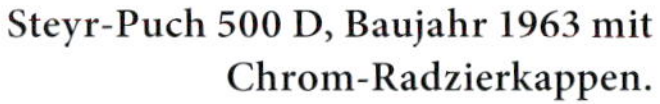

Steyr-Puch 500 D, Baujahr 1963 mit Chrom-Radzierkappen.

so wie es in sieben Exemplaren bei der FIA deponiert ist, wieder in einzelne Blätter zu zerhacken und in Druck zu geben.
Wir hoffen, Ihnen mit unserer Antwort gedient zu haben und zeichnen hochachtungsvoll Österreichischer Automobil-, Motorrad- und Touring-Club, Technischer Dienst, Dr. Ing. Gerhard Seidel.

Die im Anschluss an dieses Schreiben gedruckten und bei der FIA eingereichten Homologationsblätter haben auch heute noch für die Puch-Kleinwagen Gültigkeit in den nunmehr so beliebten historischen Rennkategorien, in denen die Puchs ihren zweiten Frühling erleben.

Heiße Ware: Sporterfolge der Steyr-Puch-Kleinwagen

Der legendäre Ruf der kleinen Raketen aus Thondorf begründete sich, wie in den bisherigen Kapiteln ausführlich beschrieben, nicht nur auf die hohe Betriebssicherheit und Alltagstauglichkeit, sondern gleichermaßen auf die sportliche Potenz des Zweizylinder-Boxers im Heck des Wagens.

1959, bei der 3. Semperit-Rallye, war die Klasse der Tourenwagen ein „Fressen" für die „Pucherln". So gewann der ehemalige Motorradrennfahrer Helmut Volzwinkler vor Johann Krammer (ebenfalls bekannt auf Puch-Motorrädern) und Richard Cancola. Erst am 8. Platz unterbrach ein Trabant aus der damaligen DDR die Puch-Siegesserie. Darüber berichtete die Zeitschrift *Austro-Motor* in der Nummer 6/1959:

2. Eisenstädter Bergprüfung am 22. März 1959. Pöltinger belegte auf dem 4 km langen Kurs mit 35 Kurven den 2. Platz.

F.I.A. HOMOLOGATION NR.:

FEDERATION INERNATIONALE DE L'AUTOMOBILE

Testblatt gemäß den Bestimmungen des Anhangs "J"
zum
INTERNATIONALEN AUTOMOBIL-SPORTGESETZ

Erklärung

Dieses Testblatt (Homologierungs-Baltt) stellt eine Zusammenfassung aller bisher von der Steyr-Daimler-Puch AG serienmäßig gelieferten Tourenwagenmodelle mit der Typerbezeichnung "Steyr-Puch, mod. Fiat" dar. Es ersetzt die Homologierungsblätter für den Steyr-Puch 500 (1957 und 1959) und für den Steyr-Puch 7oo C (1961).
Die "Steyr-Puch, mod. Fiat" Typen entstehen im Grazer Werk der Steyr-Daimler-Puch AG, indem in zwei verschiedenen Karosserien ein eigener Motor-Getriebeblock eingebaut wird. Dieser Block stammt aus der Serienfertigung eines kleinen Spezial-Geländefahrzeuges Type "Haflinger", welches für die Armeen verschiedener Länder und zivile Interessenten erzeugt wird. Dieser Block ergibt mit zwei verschiedenen Bohrungen und verschiedenen Ausstattungen die Aggregate, welche in den beiden Fiat-Karosserien eingebaut werden. Bisher wurden in Graz auf diese Art rund 35.500 Personenfahrzeuge hergestellt, und fast ausschließlich am österreichischen Markt abgesetzt.

BAUMUSTER	MOTORNUMMER	FAHRGESTELLNUMMER	BAUJAHR
1. 500 D mod.Fiat	ab 510.0001	ab 510.0001	ab 1957
2. 500 DL mod.Fiat	ab 515.0001	ab 510.0001	ab 1959
3. 650 T mod.Fiat	ab 520.0001	ab 510.0001	ab 1962
4. 700 C mod.Fiat	ab 518.0001	ab 504.0001	ab 1961
5. 700 E mod.Fiat	ab 520.0001	ab 504.0001	ab 1962

Art des Aufbaues der Karosserie: Limousine oder Cabrio-Limousine (1,2,3)
Combi-Limousine oder Cabrio-Combi-Limousine (4,5)

Achtung: Die Modelle 650 und 700 unterscheiden sich nicht durch das Hubvolumen, beide haben bei Auslieferung 643 ccm! Die verschiedene Bezeichnung ergibt sich ab 1962 aus verkaufstechnischen Gründen.
Im Nachstehenden werden alle Einzelteile genau beschrieben, jeweils in Klammer ist vermerkt für welche der oben genannten Typen die betreffende Angabe gilt. So z.B.

Ansicht des Wagens von hinten links (1,2,3) oder
Motor 643 ccm (3,4,5) etc.

Damit bietet dieses Test-Blatt (Homologierungs-Baltt) nicht nur genaue Angaben über die Teile, welche serienmäßig hergestellt wurden, sondern auch die Auskunft darüber, welche Ausführung in wlcher Wagentype einzig und allein serienmäßig erzeugt und verkauft wurde. Alles was diesen Angaben nicht entspricht muß als nicht serienmäßig gelten!

Wien, 19.3.1962

OSK des ÖAMTC

Die Einstufung ist Gültig ab: In der Kategorie: Serien-Touren-Wagen

F.I.A.-Stempel

(1,2,3)

(4,5)

-2-

BESCHREIBUNG DER FAHRZEUGE

Ansicht des Wagens von hinten links (1,2,3)

Ansicht des Wagens von hinten links (4,5)

Innenansicht durch die Fahrertür (1,2,3)

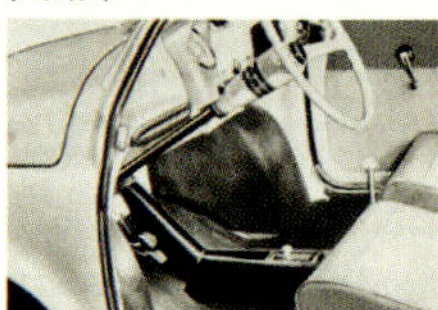

Innenansicht durch die Fahrertür (4,5)

Motor mit Aggregaten von rechts (1,2,3,4,5)

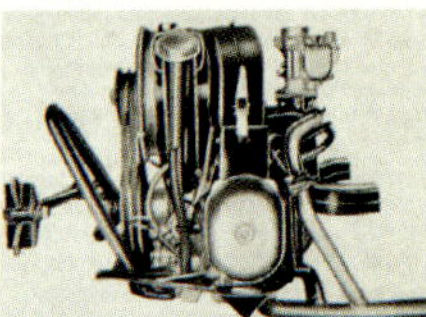

Motor mit Aggregaten von links (1,2,3,4,5)

Vorderachse komplett ohne Räder (1,2,3,4,5)

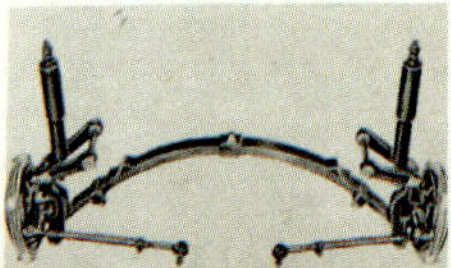

Hinterachse komplett ohne Räder (1,2,3,4,5)

Testblatt gemäß den Bestimmungen des Anhangs „J" zum Internationalen Automobil-Sportgesetz.

-3-

MOTOR

Zylinder Anzahl: 2 (1,2,3,4,5) Bauart: Boxer (1,2,3,4,5)

Motorkühlung: Luft (1,2,3,4,5) Zündfolge: 1 - 2 (1,2,3,4,5)
Arbeitsweise: 4 - Takt (1,2,3,4,5) Ventilatorantrieb: Durch Keilriemen (1,2,3,4,5) .

Gesamthubraum: 492 ccm (1,2) 643 ccm (3,4,5)
Zylinderbohrung: 70 mm ø (1,2) 80 mm ø (3,4,5)
Kolbenhub: 64 mm (1,2,3,4,5)
Höchstmaß für das Ausschleifen: 71 mm ø (1,2) 81 mm ø (3,4,5)
Daraus entstehender Hubraum: 506,8 ccm (1,2) 659,6 ccm (3,4, 5)

Für alle Typen (1,2,3,4,5) :

Werkstoff des Motorgehäuses: Silumin Werkstoff der Zylinder: Gußeisen
Entfernung von der Mittellinie der Kurbelwelle, bis zur Oberkante der Zylinder, an der Mittellinie der Zylinder: 189,00 mm
Verdichtungsverhältnis: 7,0 : 1 oder 9,5 : 1

Inhalt einer Verdichtungskammer

Bei 492 ccm Hubraum (1,2) 41,0 ccm oder 29,0 ccm
Bei 643 ccm Hubraum (3,4,5) 53,6 ccm oder 37,8 ccm

Für alle Typen (1,2,3,4,5) :

Werkstoff der Kolben: Leichtmetall Anzahl der Kolbenringe: 3

Entfernung zwischen der Mittellinie des Kolbenbolzens und dem höchsten Punkt der Zylinderkrone: 37,0 mm

Lager:

Werkstoff der Kurbelwellenlager: Bleibronze mit Laufschicht
Durchmesser der Kurbelwellenlager: 49,0 mm ø

Werkstoff der Pleuellager: Bleibronze mit Laufschicht
Durchmesser der Pleuellager: 45,0 mm ø

Gewichte:

Schwungrad: 5,22 kg
Kurbelwelle: 5,15 kg
Pleuel: 0,41 kg
Kolben mit Ringen: 0,26 kg (1,2) 0,36 kg (3,4,5)
Kolbenbolzen: 0,07 kg (1,2) 0,10 kg (3,4,5)

Ventile (1,2,3,4,5)

Anzahl pro Zylinder 1 Einl / 1 Ausl
Anzahl der Nockenwellen: 1
Lage der Nockenwelle: Im Motorgehäuse
Art des Nockenwellenartriebes: Schräg verzahnte Zahnräder

Durchmesser der Ventile (1,2,3,4,5)

Einlaß 36,0 mm ø oder 38,0 mm ø
Auslaß 32,0 mm ø oder 34,0 mm ø

Durchmesser der Ventilsitze (1,2,3,4,5)

Einlaß 33,0 mm ø oder 35,0 mm ø
Auslaß 29,0 mm ø oder 31,0 mm ø

Ventilspiel zum Prüfen der Ventilzeiten: Einlaß: 1,0 mm Auslaß: 1,0 mm

Ventile öffnen: Einlaß 3° vor OT Auslaß 41° vor UT
Ventile schließen: Einlaß 41° nach UT Auslaß 3° nach OT

Maximale Erhebung der Ventile: Einlaß 8,2 mm Auslaß 8,2 mm

Anzahl der Grade der Kurbelwellenumdrehung von Null bis

zur höchsten Ventilerhebung Einlaß 112° Auslaß 112°
zu 3/4 der Höchsterhebung Einlaß 85° Auslaß 85°

-4-

Ventilfedern (1,2,3,4,5):

		Einlaß		Auslaß
Typ:		Zylinderfeder		Zylinderfeder
Anzahl pro Ventil:		1 oder 2		1 oder 2
Einfachfeder:	Drahtstärke	3,6 mm ø	oder	3,8 mm ø
	Länge eingespannt	32,0 mm	oder	32,0 mm
	Länge ungespannt	40,0 mm	oder	42,0 mm
Doppelfeder:	Drahtstärke	3,4 mm ø	und	3,6 mm ø
	Länge eingespannt	31,5 mm	und	33,5 mm
	Länge ungespannt	41,0 mm	und	45,0 mm

Vergaser:

Prinzip: Fallstrom (1,2,3,4,5) Anzahl: 1 (1,2,3,4,5)
Fabrikat: Weber, Solex oder Zenith
Modelle: Weber 28 IBMS (1)
Weber 32 ICS (2,3,4,5)
Solex 32 PCI (2,3,4,5)
Zenith 32 NDIX (2,3,4)

Größe der Vergaserbohrung am Befestigungsflansch: 28 mm ø, 32 mm ø oder 2 x 32 mm ø

Durchmesser der Mischkammern:

Weber	28 IBMS	(1)	22 mm ø
Weber	32 ICS	(2,3,4,5)	19 mm ø, 22 mm ø, 25 mm ø, 27 mm ø
Solex	32 PCI	(2,3,4,5)	25 mm ø, 27 mm ø
Zenith	32 NDIX	(2,3,4)	2 x 22 mm ø, 2 x 25 mm ø, 2 x 27 mm ø, 2 x 29 mm ø

Größe der Hauptdüsen:

Weber	28 IBMS	(1)	130
Weber	32 ICS	(2,3,4,5)	97, 100, 110, 120, 130, 135, 140
Solex	32 PCI	(2,3,4,5)	110, 115
Zenith	32 NDIX	(2,3,4)	2 x 105, 2 x 110, 2 x 115, 2 x 120, 2 x 125, 2 x 130

Luftfilter:

Typ: Papier-, Draht-, oder Ölbadfilter Anzahl: 1

Ansaugrohr:

Typ "A" (1,2,3,4,5)

Lichte Weite an der Vergaserseite: 28 mm ø, 32 mm ø oder 34 mm ø
Lichte Weite an der Motorseite: 25 mm ø, 27 mm ø, 29 mm ø oder 32 mm ø

Typ "B" (2,3,4)

Lichte Weite an der Vergaserseite: 2x 32 mm ø
Lichte Weite an der Motorseite: 27 mm ø, 32 mm ø, 35 mm ø oder 37 mm ø

Ansaugrohr Typ "A"

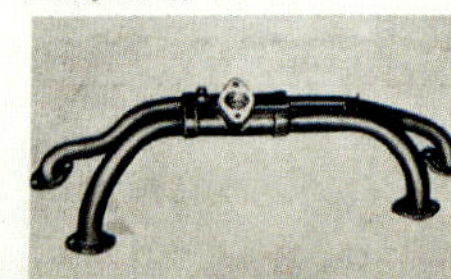

Ansaugrohr Typ "B"

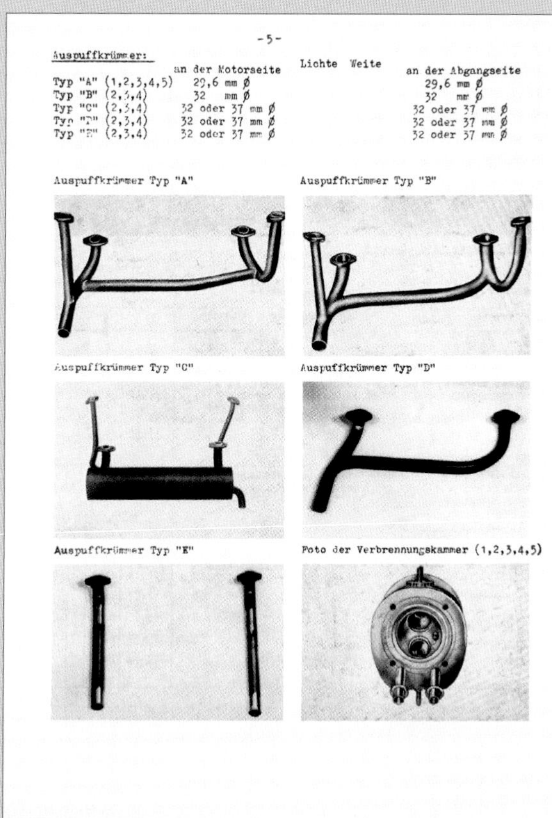

-5-

Auspuffkrümmer:

	Lichte Weite an der Motorseite	Lichte Weite an der Abgangseite
Typ "A" (1,2,3,4,5)	29,6 mm ∅	29,6 mm ∅
Typ "B" (2,3,4)	32 mm ∅	32 mm ∅
Typ "C" (2,3,4)	32 oder 37 mm ∅	32 oder 37 mm ∅
Typ "D" (2,3,4)	32 oder 37 mm ∅	32 oder 37 mm ∅
Typ "E" (2,3,4)	32 oder 37 mm ∅	32 oder 37 mm ∅

Auspuffkrümmer Typ "A"

Auspuffkrümmer Typ "B"

Auspuffkrümmer Typ "C"

Auspuffkrümmer Typ "D"

Auspuffkrümmer Typ "E"

Foto der Verbrennungskammer (1,2,3,4,5)

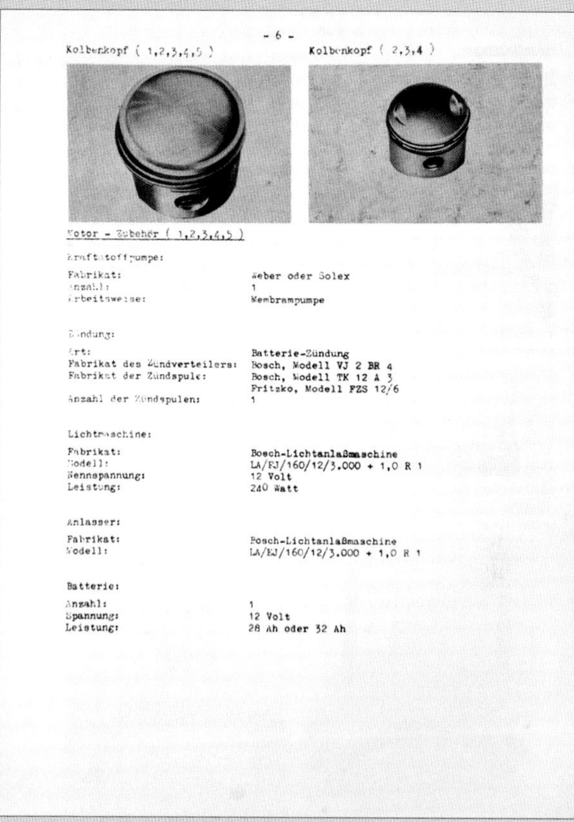

- 6 -

Kolbenkopf (1,2,3,4,5)

Kolbenkopf (2,3,4)

Motor - Zubehör (1,2,3,4,5)

Kraftstoffpumpe:

Fabrikat: Weber oder Solex
Anzahl: 1
Arbeitsweise: Membrampumpe

Zündung:

Art: Batterie-Zündung
Fabrikat des Zündverteilers: Bosch, Modell VJ 2 BR 4
Fabrikat der Zündspule: Bosch, Modell TK 12 A 3
Fritzko, Modell FZS 12/6
Anzahl der Zündspulen: 1

Lichtmaschine:

Fabrikat: Bosch-Lichtanlaßmaschine
Modell: LA/EJ/160/12/3.000 + 1,0 R 1
Nennspannung: 12 Volt
Leistung: 240 Watt

Anlasser:

Fabrikat: Bosch-Lichtanlaßmaschine
Modell: LA/EJ/160/12/3.000 + 1,0 R 1

Batterie:

Anzahl: 1
Spannung: 12 Volt
Leistung: 28 Ah oder 32 Ah

- 7 -

K R A F T Ü B E R T R A G U N G

Kupplung (1,2,3,4,5):

Fabrikat: Fichtl & Sachs, MABEG, Häusermann
Art: Einscheiben-Trocken
Durchmesser der Kupplungsscheibe: 160 mm ∅

Getriebe:
Fabrikat: PUCH
Typ "A" (1,2,3): Synchrongetriebe
Typ "B" (3,4,5): Vollsynchrongetriebe
Anzahl der Gänge (1,2,3,4,5): 4 Vorwärts, 1 Rückwärts
Schaltungsart: Knüppelschaltung
Schnellgang: Nicht vorgesehen

Übersetzungsverhältnisse Typ "A", Synchrongetriebe (1,2,3)

	Getriebe-Übersetzung		Wahlweise lieferbare Übersetzungen							
	Verhältnis	Anzahl der Zähne	Verhältnis	Anzahl der Zähne	Verhältnis	Anzahl der Zähne	Verhältnis	Anzahl der Zähne	Verhältnis	Anzahl der Zähne
1	3,73	41:11	3,73	41:11	3,08	40:13	3,08	40:13	3,73	41:11
2	2,18	37:17	2,18	37:17	1,79	34:19	1,79	34:19	2,47	37:15
3	1,30	30:23	1,48	31:21	1,48	31:21	1,48	31:21	1,48	31:21
4	0,89	25:28	1,00	27:27	1,00	27:27	1,21	29:24	1,00	27:27
Rückwärts	5,48	41:17 / 25:11								

Übersetzungsverhältnisse Typ "B", Vollsynchrongetriebe (3;4,5)

	Getriebe-Übersetzung		Wahlweise lieferbare Übersetzungen							
	Verhältnis	Anzahl der Zähne	Verhältnis	Anzahl der Zähne	Verhältnis	Anzahl der Zähne	Verhältnis	Anzahl der Zähne	Verhältnis	Anzahl der Zähne
1	3,73	41:11	3,08	40:13	3,73	41:11				
2	2,18	37:17	1,84	35:19	2,18	37:17				
3	1,30	30:23	1,41	31:22	1,35	31:23				
4	0,89	25:28	0,96	26:27	0,93	25:27				
Rückwärts	3,55	39:24 / 24:11								

Art der Antriebsachse (1,2,3,4,5): Pendelachse
Typ des Differentials (1,2,3,4,5): Spiralverzahntes Kegelrad-Getriebe
Übersetzungen der Antriebachse: (1,2,3,4,5):

Verhältnis	Zähnezahlen
1-4,22	38 : 9
1-4,88	39 : 8
1-5,14	36 : 7

- 8 -

RÄDER UND BEREIFUNG (1,2,3,4,5):

Räderart: Scheibenrad — Gewicht: 7,85 kg, incl. Bereifung
Befestigungsart: Stehbolzen mit Mutter
Felgenart: Tiefbett — Felgengröße: 3,50 x 12
Reifengröße: Vorne 125 - 12 oder 135 - 12
Hinten 125 - 12 oder 135 - 12

B R E M S E N (1,2,3,4,5):

Wirkungsweise der Fußbremse: Hydraulisch
Anzahl der Hauptbremszylinder: 1
Bohrung der Hauptbremszylinder: 15,87 mm ∅
Bohrung der Radbremszylinder vorne: 17,46 mm ∅ oder 19,05 mm ∅
Bohrung der Radbremszylinder hinten: 15,87 mm ∅
Bremstrommel vorne: 180 mm Innendurchmesser
Bremstrommel hinten: 180 mm Innendurchmesser
Bremsbacken pro Rad vorne: 2
Bremsbacken pro Rad hinten: 2

Abmessungen der Bremsbeläge pro Backe:	Vorne	Hinten
Länge:	188 mm	188 mm
Breite:	30 mm	30 mm
Gesamtbremsfläche pro Rad:	10.700 mm²	10.700 mm²

R A D A U F H Ä N G U N G (1,2,3,4,5):

	Vorne	Hinten
Art der Aufhängung:	Einzelradaufhängung	
Art der Federung:	1 Querfeder	2 Schraubenfedern
Art der Stoßdämpfer:	Teleskop	Teleskop
Zahl der Stoßdämpfer:	2	2

L E N K U N G (1,2,3,4,5):

Bauart: Schnecken-Zahnsegment
Spurstange: Dreiteilig
Kleinster Wendekreis (1,2,3): 8,5 m
Kleinster Wendekreis (4,5): 8,6 m
Anzahl der Lenkradumdrehungen von Anschlag zu Anschlag: 2,8

FASSUNGSVERMÖGEN UND ABMESSUNGEN:

Kraftstoffbehälter: 24 Liter Inhalt
Ölwanne: 1,75 Liter Inhalt
Gesamtlänge des Wagens: 269,5 cm (1,2,3), 318,2 cm (4,5)
Gesamtbreite des Wagens: 132 cm (1,2,3,4,5)
Gesamthöhe des Wagens: 135,4 cm (1,2,3), 137 cm (4,5)
Entfernung vom Boden bis zum oberen Rand der Windschutzscheibe:
Höchster Punkt: 119 cm (1,2,3), 122 cm (4,5)
Niedrigster Punkt: 114 cm (1,2,3), 117 cm (4,5)
Breite der Windschutzscheibe (1,2,3,4,5) Maximum 97 cm, Minimum 91 cm
Innenbreite (1,2,3,4,5): 114 cm+)
Höhe (1,2,3,4,5) 110 cm
Anzahl der Sitzplätze (1,2,3,4,5) 4
Spurweite vorne (1,2,3,4,5): 1.120 mm
Spurweite hinten (1,2,3,4,5): 1.135 mm
Radstand (1,2,3): 1.840 mm
Radstand (4,5): 1.940 mm
Bodenfreiheit (1,2,3,4,5): 250 mm
Leergewicht, einschl. Öl und bereiftem Reserverad, jedoch ohne Kraftstoff: 480 kg (1,2,3), 560 kg (4,5)

+) Diese Breite muß in einer Senkrechten, den hintersten Punkt des Lenkrades tanggierenden und lotrecht zur Längsachse des Fahrzeuges verlaufenden Ebene gemessen und auf einer Mindesthöhe von 0,25 m eingehalten werden!

Schwierige Zuverlässigkeitsprüfung über 1.600 Kilometer. Vor dem Krieg gab es eine Langstreckenprüfung unter dem Namen ‚Balaton – Bodensee'. Diese wurde vor nunmehr drei Jahren vom Österreichischen Automobil Sport-Club in Zusammenarbeit mit der Reifenfirma Semperit in etwas geänderter Form wieder ins Leben gerufen. Zum ersten Mal im Westen am Start waren die ostdeutschen ‚Trabanten', kleine Sputniks mit 500 cm³-Motoren, die dem großen Goggomobil etwas ähnlich sahen, in ihrer Leistung mit dem Steyr-Puch 500 aber nicht ganz mithalten konnten.
Und die Bildunterschrift unter dem Siegerwagen Volzwinklers lautete:
Helmut Volzwinkler, der ehemalige Motorradrennfahrer aus Salzburg, gewann überlegen die 500 cm³-Klasse gegen die scharfe Konkurrenz der Puch-Werksmannschaft.

1959: Sieg bei der Alpenfahrt

Doch die Puch-Werksfahrer schlugen bei der Internationalen Österreichischen Alpenfahrt, die vom 11. bis 14. Juni 1959 stattfand, zurück und verwiesen Volzwinkler auf den 5. Platz. 1. Cancola, 2. Krammer, 3. Weingartmann und 4. Hoch, alle auf Puch 500. Erst am 9. Rang unterbrach Ribar auf Goggomobil die Puch-Siegesserie. Die Alpenfahrt 1959, die Start und Ziel in Velden/Kärnten hatte, sah von den 67 Teilnehmern am Start nur 48 am Ziel, die Steyr-Puch-Mannschaft belegte den 3. Platz in der Teamwertung hinter Škoda-Motokov und BMW.
Den Puch-Hattrick gab es bei der Tauernfahrt 1959 für Krammer, Mettenheimer und Schoßleitner und ebenso bei der 26. Internationalen Berglandfahrt, wo der Zieleinlauf in der 500 cm³-Automobilklasse Krammer vor Mettenheimer und Volzwinkler lautete. Die Strecke der Berglandfahrt ging über 350 Kilometer und führte über einen Teil der Oststeirischen und Hartberger Wertungsfahrt.

Anlässlich des Internationalen Wurzenpass-Rennens am 27. September 1959 waren 150 Fahrer aus neun Nationen am Start. Bei den kleinen Tourenwagen siegte der Kärntner Mettenheimer auf seinem Puch 500 gegen stärkste Konkurrenz in 4:06,2 vor dem Puch-Werksfahrer Walter Krammer, ehemals Beiwagenmatador bis 250 cm³ bei den schwersten internationalen Wertungsfahrten. Volzwinkler wurde diesmal nur Dritter. Walter Krammer wurde auf seinem Puch 500 auch Staatsmeister im Wertungssport des Jahres 1959. Die Staatsmeister des Jahres 1962 hießen in der Tourenwagenklasse bis 500 cm³ Johannes Ortner (Villach) und Walter Krammer (Graz).

1963: Rallye Monte Carlo – Homologationsdesaster

Bereits im Jahr 1963 griffen die Puch-Fahrer nach der Krone im Wertungssport, dem Sieg in der legendären Rallye Monte Carlo, und verloren nur knapp. Sie waren jedoch die moralischen Sieger dieser Fahrt. Die Zeitschrift *Austro-Motor* berichtete darüber:
Wieder ist eine Rallye Monte Carlo vorüber, eine Veranstaltung, die heuer schwierig war,

32. Internationale Rallye Monte Carlo 1963. Pöltinger/Merinsky am Col de Turini.

32. Rallye Monte Carlo 1963. Abfahrt aus dem Le Palais. 322: Pöltinger/Merinsky, 314: Walter Roser/Horst Frener.

Pöltinger/Merinsky bei der ersten Internationalen Dreistädte-Rallye München – Wien – Budapest am Start. Links Ernst Merinsky, rechts Walter Pöltinger.

wie schon lange nicht. Deshalb ärgert es uns Österreicher umso mehr, dass eines österreichischen Versehens wegen der Klassensieg der verbesserten Serientourenwagen bis 700 cm³ schließlich ins Ausland ging, nur weil man vergessen hatte, ein Fahrzeug, das man seit Monaten im österreichischen Straßenbild sieht – den Puch 650 T –, auch homologieren zu lassen. Streng genommen waren damit sämtliche Erfolge und Siege, die mit diesem Fahrzeug errungen wurden, ungültig, und der österreichische Staatsmeister hieße Maitz und nicht Krammer. Nun, wahrscheinlich wird man bei den Veranstaltungen des Vorjahres nun auch nachträglich ein Auge zudrücken, aber die Internationale Konkurrenz bei der Rallye Monte Carlo tat es nicht. Fazit: Das führende österreichische Team Walter ‚Speedy' Pöltinger/E. Merinsky sowie das zweitplacierte Walter Roser/Horst Frener (RRC 13) scheinen im offiziellen Endklassement gar nicht auf. Zwar hat man noch nicht alle Hoffnung aufgegeben, aber die Chancen auf Revision sind gering, sehr gering.
Was nützt es, wenn die begeisterten Zuschauer während des Rundstreckenrennens am Grand-Prix-Kurs von Monte Carlo unsere kleinen rot-weiß-roten Autos anfeuerten und Mannschaften inoffiziell als Sieger gefeiert wurden und dabei so viele Einladungen zu ausländischen Veranstaltungen bekamen, dass sie – wenn sie alle annehmen würden – auf Jahre versorgt wären? Sogar die zuständigen Funktionäre machten bedauernde Bemerkungen und schüttelten den Kopf über uns Österreicher, die wir zwei ausgezeichnete Puch-Teams geschickt und auch durchgebracht hatten, aber dabei leider auf jene unumstößliche Homologierungs-Kleinigkeit vergessen hatten.

Eine lustige und Puch-spezifische Episode erlebte Walter Roser bei der Internationalen Dreistädte-Rallye München – Wien – Budapest, über die Peter Nidetzky im *Austro-Motor* folgendes berichtete:

Bei der Premiere 1963 führte München – Wien – Budapest auch durchs Waldviertel. Hier Pöltinger/Merinsky bei der Sonderprüfung auf den Nebelstein. Gesamtlänge der Fahrt: 1.308 km.

Gert König, Gesamtsieger der VII. Internationalen Semperit-Rallye 1963.

Rosers Puch hatte knapp vor München (einen Tag vor der Veranstaltung) seinen Geist aufgegeben. Der Motor war leider ‚zerfallen'. Walter wollte aber nicht gleich wieder zurückfahren und schlief in München. Am nächsten Morgen sah er sich den Start an, und plötzlich traute er seinen Augen nicht: da fuhr ein Puch ohne Beifahrer. Der junge Steirer Rudolf Rirsch fuhr mit Ballast. Das nun folgende Gespräch war kurz, jedoch sicher eindringlich. Fazit: Roser fuhr mit Rirsch diese Rallye, aber nicht etwa als Beifahrer, sondern als erster Mann im Auto. Rosers Staatsmeisterschaft war gerettet, Rudolf Rirsch hatte als echter Sportskamerad gehandelt.

Was den beiden frischgebackenen Teamkameraden allerdings alles bis Budapest passierte, würde ein Buch füllen. Es sei nur kurz erwähnt, dass Rirschs Auto bereits in München gute 130.000 km auf dem Buckel hatte und außerdem ein ehemaliger Totalschaden-Puch war. Die ‚Spezialfrisur' bestand aus einem Spezialvergaser und einem Abarth-Auspuff. Roser fuhr wie um sein Leben, stets in der letzten Minute langte er im Etappenziel ein. Nach und nach machte sich Teil um Teil des kleinen Wagens selbständig. Die Batterie riss aus der Halterung, das Gasseil klemmte, die Lichtmaschine zerlegte sich in ihre Bestandteile und die Spitzengeschwindigkeit sank bis Budapest auf 50 km/h. Dennoch gab es für das Team Roser/Rirsch eine Silbermedaille. Bravo Walter Roser für die großartige Leistung, bravo Rudi Rirsch für den bewiesenen Sportlergeist.

Welcher andere Kleinwagen hätte diese Tortur mit 130.000 km am Buckel wohl noch überstanden?

Und bei der VII. Internationalen Semperit-Rallye des Jahres 1963 stellte Puch mit Gert König auf dem 650 T den Hauptsieger. Die Fahrt, die über 1642 Kilometer durch Regen, Nebel und Schnee führte, hatte bei den Konkurrenten der anderen Marken, insbesondere bei BMW in der kleinen Tourenwagenklasse, bereits zu einem regelrechten „Puch-Syndrom" geführt. So berichtete Peter Nidetzky in *Austro-Motor* 6/1963:

Auch die BMW-700-Fahrer Alfred Grögler und Horst Frener hatten kein Glück. Während der Grögler Fredl (unter der Devise: ‚I muaß die Puch einihaun') seiner Maschine den Gnadenstoß versetzte, gab Horst Freners Lichtmaschine schon nach halber Fahrt ihren Geist auf.

Der Villacher Gert König reihte sich mit diesem glänzenden Erfolg in die ewige Bestenliste dieser längst nicht mehr ausgetragenen Fahrt neben Karl Orthuber auf Porsche Carrera, Loisl Wiener auf Glas TS 1004, Heinz Rhomberg auf Austin Cooper S oder Wilfried Gass auf Porsche 911 ein.

1963: Und wieder Sieg bei der Alpenfahrt

Die Wertungsfahrt des Jahres 1963, die Internationale österreichische Alpenfahrt (23. bis 26. Mai), sah in den Kategorien Tourenwagen bis 500 cm³ und bis 700 cm³ jeweils Puch-Wagen auf den Plätzen eins, zwei und drei. Bis 500 cm³ siegte G. Schorn (Gold, Edelweiß) vor R. Cancola (Gold) und T. Lafenthaler (Gold). Bei den 700ern sah die Sache so aus: Sieger H. Weingartmann (Gold) vor G. König (Gold) und W. Pöltinger (Gold). Und in der Ergebnisliste der Kategorie 3/c-Sportwagen bis 1.300 cm³ belegte K. F. Gingl auf Puch-IMP Platz 2 bei zehn gewerteten Konkurrenten. Bei den Bergprüfungen, dem „Salz in der Suppe" der Alpenfahrt, platzierten sich die Puch-Piloten wie folgt: Črnivec-Pass (Slowenien): 3. Ortner auf Puch 650, Koralpe: 1. Ortner, 3. König auf Puch 650, Klippitztörl: 2. Ortner. Und auf dem Pyramidenkogel holte sich Ortner den Klassensieg.

Johannes Ortner, Villach, war 1963 einer der schnellsten Puch-Treiber. Hier bei der Voralpen-Wertungsfahrt.

Die überaus beliebte Martha-Journalistenrallye fand in Italien unter dem Namen Rallye Internazionale dei Giornalisti ihr Gegenstück. 1963 konnte der Chefredakteur der österreichischen Fachzeitschrift *Motorrad* und nachmalige Steyr-Daimler-Puch-Pressechef Hans Stadlinger auf Puch 650 T den zweiten Platz unter den ausländischen Journalisten belegen.

Bei der zur Staatsmeisterschaft zählenden Voralpenwertungsfahrt des ZV-St. Pölten gab es in der Klasse bis 500 cm³ der verbesserten Serientourenwagen ein hartes Ringen um den Besten. Schließlich gewann Günther Schorn vor Walter Roser und Fritz Schlögl, der mit diesem dritten Platz wieder die Führung in der Staatsmeisterschaft vor Tusch an sich reißen konnte. Gerhard Tusch/Radenthein siegte zum Ausgleich dafür in der Tourenwagenklasse bis 500 cm³ beim ersten Koralpenrennen am 26. Juni 1963.

Beim Internationalen Vierstundenrennen in Budapest holte Walter „Speedy" Pöltinger auf dem Puch 500 in seiner Klasse einen ehrenvollen zweiten Platz gegen den BMW-Werksfahrer Hubert Hahne, auf BMW 700, nachdem Ortner mit Pleuelschaden ausgeschieden war.

1964: Deutsche Tourenwagen-Bergmeisterschaft

Die Sportsaison 1964 brachte eine ansehnliche Serie von Puch-Erfolgen: Heinz Liedl wurde Deutscher Tourenwagen-Bergmeister aller Klassen. Die deutsche Bergmeisterschaft wurde für Wagen aller Klassen ausgetragen, gleich welchen Hubraumes. Für jeden der über die ganze Saison verteilten Läufe wurden für die jeweilige Platzierung Punkte vergeben; wer am Ende die höchste Punktezahl aufwies, war Meister. Und so konnte Liedl den auf BMW-fahrenden Heinz Eppelein um zwei Punkte auf den zweiten Platz verweisen. Eine weitere sensationelle Platzierung schafften die Wiener Walter Roser und Gerhard Tusch, die bei der Rallye Monte Carlo einen knappen und umso mehr international beachteten Klassensieg bis 1.000 cm³ herausfuhren. Die Entscheidung fiel erst beim Rundstreckenrennen mit knapp 10 Sekunden Vorsprung. Roser/Tusch waren in der Klasse der GT-Wagen gestartet, was ihren Erfolg umso eindrucksvoller machte. Erst nach dieser Rallye Monte Carlo wurde der Puch 650 TR als Serientourenwagen homologiert.

Bei der Raid-Polski, der 24. Polen-Rallye, hieß der Gesamtsieger Sobieslaw Zasada auf Puch vor Eric Carlsson auf Saab und Pat Moss (der Schwester von Stirling Moss, nachmals verehelichte Pat Moss-Carlsson).

Bei den Formel-Baby-Rennwagen, jener 500 cm³-Klasse kleiner Monoposti, gewann der Südtiroler Batter mit einem Schnitt von 115,714 km/h vor Tonino Ascari (jüngster Spross der berühmten Rennfahrer-Dynastie Ascari), ebenfalls auf Prinoth-Steyr-Puch auf der Monza-Bahn. Der Wagen wurde von dem Bozener Ernesto Prinoth gebaut, das Triebwerk war ein frisierter Puch 500-Motor.

Weitere Erfolge des Jahres 1964 waren der Gesamtsieg bei der Donau-Castrol-Rallye, der Wartburg-Rallye in der DDR, der Vltava-Rallye in der ČSSR, der Cordatic-Rallye in Ungarn und bei der Osttiroler Wertungsfahrt. Bei der Semperit-Rallye über 1.000 Meilen gab es für Puch zwei Klassensiege, weitere vier Klassensiege bei der Internationalen Alpenfahrt sowie vier Edelweiß. Klassensiege fuhren die Thondorfer Raketen bei München – Wien – Budapest, der Sardinien-Rallye (Italien), bei der Dolomiten-Rallye (Italien), der 1.000-Minuten-Rallye, der Avus-Rallye (Deutschland) und dem Donau-Cup (Ungarn) heim.

Staatsmeister wurden im selben Jahr Günther Schorn, PKW bis 500 cm³, Gert König, PKW bis 700 cm³, in Österreich sowie Sobieslaw Zasada in Polen in der Klasse PKW bis 700 cm³. Johannes Ortner aus Villach profilierte sich im Puch-„Rennstall" als einer der zuverlässigsten Leute, wenn es um die Erprobung neuer Tuningmaßnahmen am „Puchernen" ging.

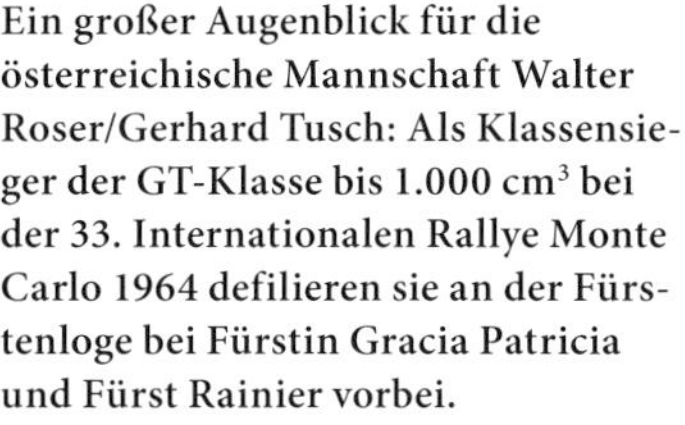
Ein großer Augenblick für die österreichische Mannschaft Walter Roser/Gerhard Tusch: Als Klassensieger der GT-Klasse bis 1.000 cm³ bei der 33. Internationalen Rallye Monte Carlo 1964 defilieren sie an der Fürstenloge bei Fürstin Gracia Patricia und Fürst Rainier vorbei.

33. Internationale Rallye Monte Carlo 1964: Hektik vor der Nachtetappe. Startnummer 2: Pöltinger/Merinsky auf Puch 650 TR.

Sobieslaw Zasada bei der 34. Internationalen Rallye Monte Carlo 1965, bei der er mit Beifahrer Kazimirz Osinski den Klassensieg der Tourenwagen bis 700 cm³ errang.

1965: Rallye Monte Carlo-Klassensieg

1965 setzte sich die Siegesserie der Puch-Wagen fort. Heinz Liedl wurde abermals Deutscher Bergmeister. Staatsmeister wurden bei den 500er-Tourenwagen Manfred Lieskonig aus Neumarkt/Steiermark und der Grazer Günther Schorn in der Klasse bis 700 cm³. Österreichs schnellster Puchfahrer Johannes Ortner siegte bei vielen Berg- und Rundstreckenrennen mit Zeiten, die ihm nicht nur den Klassen-, sondern auch den Gesamtsieg brachten.

Die wichtigsten Erfolge des Jahres 1965 in chronologischer Reihenfolge: Bei der 34. Rallye Monte Carlo holte sich die polnische Mannschaft Sobieslaw Zasada/Kazimirz

9. Internationale Semperit-Rallye 1965: Pöltinger/Merinsky am Start vor einer Sonderprüfung. Klassensieg GT bis 1.000 cm³.

Osinski für Puch den Klassensieg in der Klasse Tourenwagen bis 750 cm³ auf ihrem Puch 650 TR, mit dem sie in Warschau gestartet waren. Dieser Klassensieg war sozusagen „konkurrenzlos", da die anderen Teilnehmer ausgefallen waren. Dennoch erzielten sie im Gesamtklassement einen beachtlichen 18. Platz. Die Härte dieser Fahrt wird aus der Tatsache ersichtlich, dass von den 237 gestarteten Wagen nur 35 gewertet wurden und nur 22 im Endklassement aufschienen.

Bei der 9. Semperit-Rallye vom Bodensee zum Neusiedlersee holte sich das Team Walter Pöltinger/Ernst Merinsky in der GT-Klasse bis 1.000 cm³ auf dem werksgetrimmten 650 TR den Sieg.

Der erste österreichische Staatsmeisterschaftslauf des Jahres 1965, die Voralpenfahrt, fand am 25. April statt und sah in der Kategorie der Tourenwagen bis 500 cm³

Lafenthaler (Gold) auf seinem schnellen Puch 500 als Sieger. In der Klasse bis 700 cm^3 siegte König vor Schorn, beide Gold.

Ebenso gab es bei der VI. Internationalen Martha-Goldpokal-Testwertungsfahrt am 8. Mai 1965 bei den verbesserten Tourenwagen bis 500 cm^3 einen Sieg von Lafenthaler auf Puch 500 mit einem Schnitt von 126,7 km/h. In der 700 cm^3-Klasse legte der Sieger Schorn auf Puch 650 TR mit 147,5 km/h die Latte ziemlich hoch. Es folgten König, Janger und Plenk, alle ebenfalls auf Puch TR. Dass die „Puchernen" nicht nur bei den Bewerben der „wilden Runde" durch ihre überragende Leistung und ihre hervorragende Straßenlage zuhauf Siege heimkarren konnten, sondern sich darüber hinaus auch der Tugend der Sparsamkeit befleißigten, bewies Johann Krammer auf seinem Puch 650 T bei der „Mille Miglia der Sparsamen", dem 6. Internationalen Mobil Economy-Run vom 9. bis 12. Juni 1965. Er erzielte mit 3,69 Litern auf 100 km den niedersten Verbrauch aller Teilnehmer vor Johann Weingartmann, ebenfalls auf Puch 650 T mit 3,72 l/100 km.

Heinz Liedl, der mehrfache deutsche Bergmeister auf Steyr-Puch 650 TR in voller Aktion. Beachtenswert das Klebeband über dem Spalt der Kofferraumhaube sowie über dem Dachansatz zur Verringerung des Luftwiderstandes.

Nach dreijähriger Pause wurde am 27. Juni 1965 die 11. Oststeirische Wertungsfahrt gefahren, die vor allem über schmale Schotterstraßen führte und drei Bergwertungen aufwies. Bei den Automobilen bis 700 cm^3 siegte Janger vor Kremmel und Ludwig, alle auf Puch und mit Goldmedaille.

1966: Europameister!

1966 war das erfolgreichste Jahr für die „Pucherln", denn in diesem Jahr errang Sobieslaw Zasada auf Puch 650 TR den Europameistertitel bei den Gruppe II-Tourenwagen im Rallyesport.

Die Geschichte dieses Sieges liest sich wie ein spannender Krimi: Erster Lauf in Schweden vom 9. bis 13. Februar, Zasada nirgends. Zweiter Lauf in Italien, Rallye de Fiori vom 24. bis 27. Februar: Klassensieg bis 1.000 cm^3, 5. Gesamtrang, EM-Stand: Fünfter, Tulpen-Rallye vom 25. bis 30. April in Holland: „Sobek" Zasada mit neuem Beifahrer, seiner Ehefrau E. Zasada: Klassensieg bis 700 cm^3, EM-Führung mit 23 Punkten. Rallye Akropolis vom 26. bis 29. Mai in Griechenland, 5. Gesamtrang, Ausbau der Führung nach der Deutschland-Rallye vom 14. bis 17. Juli durch Klassensieg bis 1.000 cm^3 und den 4. Gesamtrang. Beim Raid Polski spitzte sich die Lage zu: Nach dem Ausfall von zwei Werkswagen unter Bednarsky/Sczek, die in einem fürchterlichen Unfall den Puch regelrecht zerlegten, selbst aber nahezu unverletzt blieben, fällt die Mannschaft Wodnicki/Wedrichowski mit Motorschaden aus. Zasada ist der einzige Hoffnungsträger der knallroten Renner aus Thondorf. Die letzte Nacht bricht an, die Entscheidung muss fallen. Was Zasada mit dem maschinell unterlegenen Puch leistet, ist großartig, immer wieder ist er in der Spitzengruppe zu finden. Nur mehr zwanzig Fahrzeuge sind im Rennen. Nur noch lächerliche 600 Kilometer sind es bis ins Ziel, aber jede Besatzung

Pöltinger/Merinsky auf der Startrampe zur 3. Internationalen Rallye di San Martino di Castrozza vom 1. bis 3. September 1966.

muss all ihre Kräfte und ihre Konzentration aufbieten, um diese letzte Etappe ohne Fahr- oder Navigationsfehler zu schaffen. Endlich das Ziel!

Als Erste fahren Makinen/Easter in Krakau ein, dann folgen Clark/Melia, gefolgt von der polnischen Volvo-Mannschaft Karel/Weiner. Als Zasadas Puch durchs Ziel fährt, braust Beifall auf – der kleine Puch wird zum großen Helden. Mit dieser Platzierung ist dem Polen und dem österreichischen Werk der Europameistertitel bei den Gruppe II-Tourenwagen nicht mehr zu nehmen. In der Endabrechnung ist Zasada auf Steyr-Puch 650 TR mit 50 Punkten vor dem Finnen Timo Makinen auf BMC-Cooper und dem Schweden Trana auf Volvo Europameister 1966!

Die Dezember-Nummer der *autorevue* zierte als Titelblatt Zasadas siegreicher Puch und der Leitartikel unter dem Titel *Ein zweiter Johann Sobieski* wies unter anderem folgende Passagen auf:
Sobieslaw Zasada hat zwei Saisonen lang für den kleinen Steyr-Puch 650 TR – und damit für Österreich – Ehre eingelegt. Im Vorjahr schnappte ihm die geballte Kraft von BMC die Meisterehren im letzten Moment vor der Nase weg, heuer ging das Pokerspiel zwischen Zasada und Makinen zugunsten des Polen und zugunsten der Steyr-Daimler-Puch AG aus. Ganz knapp. Nachdem Puch den Rückzug aus dem internationalen Rallyesport verkündet hatte.

Fahrstudien des Puch 650 TR von Pöltinger/Merinsky auf der 3. Internationalen Rallye di San Martino di Castrozza vom 1. bis 3. September 1966.

Finthen 1966: Der deutsche Steyr-Puch-Fahrer Franz Eichhammer hält einen NSU-Sport-Prinz in Schach.

Die Europa-Rallyemeisterschaft der Tourenwagen, Tummelplatz der Weltelite. Die Steyr-Daimler-Puch AG hatte mit Zasada auf eine Karte gesetzt, die – fahrerisch – wohl höher einzuschätzen war, als alles, was Graz-Thondorf werksseitig bieten konnte. Der Entschluss, sich mit hohen Kosten im internationalen Rallyesport zu engagieren, selbst wenn man mit einem Kleinwagen konkurriert, der keine sensationellen Produktionsziffern mehr zu erwarten hat, verdient Anerkennung. Dass diese durch einen großen Prestigeerfolg auch eintraf, war nicht so klar vorauszusehen.
Das mag ein Trost für die vierrädrige Brigade sein, die mit Bedauern vernimmt, dass die Steyr-Daimler-Puch AG im kommenden Jahr das Schwergewicht auf den Sporteinsatz der Kleinmotorräder legen wird, weil dies die wirtschaftliche Lage auf den Exportsektor erfordert. Doch die Zweiradphase dürfte nur ein Intermezzo sein. In Graz-Thondorf denkt man nicht daran, wieder völlig auf das Motorrad zurückzuschalten. Dazu war und ist der wirtschaftliche und sportliche Erfolg des Steyr-Puch-Zweizylinders zu groß. Der Kleinwagen mag zur Zeit eine Krise durchmachen, doch als Stadt- oder Zweitwagen dürfte er in gewandelter Form eine Zukunft haben.
Dieser großartige internationale Erfolg war auch der Grund für die Einführung des neuen Steyr-Puch 650 TR „Europa".

1967: Vize-Europameister

Am 12. März 1967 wurde das 1. Bergrennen für Autos und Motorräder in Bad Mühllacken gefahren. In der Klasse Automobile bis 700 cm³ siegte der Linzer Bremel auf Puch mit einer Zeit von 4:52,5 und war damit auf der 4.070 Meter langen Strecke schneller als der Zweitplatzierte der Klasse bis 1.000 cm³, der auf Austin-Cooper eine Zeit von 4:52,6 erzielte. Bei den Rennwagen ging Egger auf einem Prinoth-Puch Formel

Heinz Liedl beim Flugplatzrennen 1967 auf Steyr-Puch 650 TR matcht mit angehobenem Vorder- und Hinterrad gegen die Konkurrenz aus dem eigenen Stall.

Baby-Junior an den Start und erzielte hinter Gerhard Krammer (Sollenau) auf Brabham und Ullrich auf Formel V mit 4:28,6 den dritten Platz.

Beim Braunsbergrennen gab es bei den Tourenwagen bis 850 cm³ auf den Plätzen eins bis vier nur Puch-Autos, und zwar siegte Walter Makovec vor Weiß, Schenzl und Ludwig. Bei diesem Rennen trat erstmals ein Eigenbau von Karl-Heinz König unter dem Namen „König-Puch" in Erscheinung, blieb aber unplatziert.

Bei der Eisenstädter Bergwertung 1967 waren in der kleinsten Hubraumklasse der Automobile sieben Puch 500 unter sich. Es siegte Günter Ludwig. Auch bei den 700ern dieselbe Situation. *Austro-Motor* 5/1967 berichtete:

Auch bei den 700ern waren die Puch unter sich. Die überragende Erscheinung in dieser Klasse war ohne Zweifel der vom ASC 18 genannte Walter Makovec, der den von Bernd Brodner erworbenen 650 TR optimal den Berg hinaufdriftete: Bei 3:24,2 blieben die Stoppuhren stehen. Man wird sich gerade nach dieser Leistung von Makovec im heurigen Jahr einiges erwarten dürfen. Mit über 18 Sekunden folgte auf Platz zwei Werner Schwarz.

Karl-Heinz König auf dem interessant geformten König-Puch, 1967.

Beim Großen Bergpreis von Österreich auf dem Gaisberg am 3. September 1967 siegte bei den Tourenwagen bis 700 cm³ der Österreicher Fink vor dem Münchner Eichhammer, beide auf Puch 650 TR. Zum Saisonausklang 1967 holten sich bei der 1. Internationalen PAM-Rallye-Styria Janger/Pixner auf Puch 650 TR den Klassensieg bei den Tourenwagen und belegten nur knapp den zweiten Platz hinter Dr. Fischer/Dr. Palm auf MGB in der Gesamtwertung. Und bei der 8. Neumarkter Wertungsfahrt, die am 10. September stattfand, wurde Manfred Lieskonig auf Puch 650 TR Tagessieger. In der Tourenwagen-Europapokalwertung der 1. Division wurde Steyr-Puch am 2. Platz gewertet; nach dem Europameistertitel im Vorjahr eine Bestätigung der Überlegenheit der kleinen Thondorfer Geschosse.

1968: Seriensiege

Schlaglichter der Sportsaison 1968 waren u. a. die Siege beim 1. Martha-Slalom des ÖAMTC am 15. September, bei dem bei den Tourenwagen bis 500 cm^3 Malat vor Richter und Wiesenthal, alle auf Puch 500, siegte. In der Klasse bis 700 cm^3 räumten die Puch mit Falusy, Steinmann und Hartmann ebenfalls ab.

Ebenso gab es Seriensiege für die Puch-Wagen bei der Badener Herbstwertungsfahrt am 6. Oktober. Die Strecke bestand aus drei Sprintetappen auf Sandstraßen und dazwischen Asphaltstrecken zum Tempobolzen. Klasse bis 500 cm^3: Barbach (Gold) vor Wiesenthal (Silber) und Meister (Silber). Auch die Klasse bis 700 cm^3 war eine eindeutige Puch-Sache: Ludwig vor Ing. Mikesch und Neumayer. Am 20. Oktober traf sich die Amateur-Automobilszene abermals beim Slalom auf dem Verkehrsübungsplatz des ÖAMTC in der Südstadt zum 1. Martha-Goldpokal-Slalom. Klasse bis 500 cm^3: Richter vor Höfler und Wiesenthal, sowie in der Klasse bis 700 cm^3 Falusy vor Barbach jun. und Willenbacher lauteten dort die Platzierungen der Puch-Fahrer in der Serientourenwagen-Klasse.

1969: Abgesang mit Lorbeer

Die Sportsaison 1969 begann leider mit einem Misserfolg. Bei der 38. Rallye Monte Carlo schied das einzige teilnehmende Puch-Team Steinmann/Bradner wenige Kilometer nach dem Start in Monte Carlo mit Maschinenschaden aus. Doch beim 1. Lauf zur österreichischen Staatsmeisterschaft, der ARBÖ-Nachtwertungsfahrt am 19. April 1969, siegte Nake in der Tourenwagenklasse bis 850 cm^3 auf Puch 650. Und beim ersten Parallelslalom in Kottingbrunn am 1. Mai waren in der 500 cm^3-Tourenwagenklasse drei Puchs unter den Fahrern Richter, Reisenbichler und Leitner in Front. Bei den 700 cm^3-Wagen war die Reihung Wiesenthal vor Niessner und Decker.

Bei der 3. Seiberer-Testwertungsfahrt siegte Makovec vor Malat und Günther in der Tourenwagenklasse bis 850 cm^3, alle mit Goldmedaille auf Steyr-Puch 650 TR. Bei der 10. Martha-Goldpokal-Rallye vom 3. bis 4. Mai 1969 lag die beste Puch-Besatzung, das Team Sessitsch/Grund, am 23. Gesamtrang. Die Strecke war 640 Kilometer lang und hatte zehn Sonderprüfungen. Die Rallyes waren verdammt schnell geworden und die großvolumige Konkurrenz hatte endlich Fuß gefasst. So siegte Gass auf Porsche 911, und dann folgte eine Armada von BMW 2000 TI. Die kleinen Thondorfer Flitzer hatten endgültig ihr Terrain verloren, sie waren sozusagen von der Zeit überrollt worden.

In den Jahren darauf folgten immer wieder gute Einzelplatzierungen, aber die „goldene Zeit“ war endgültig vorbei. Der dreifache österreichische Staatsmeister Pöltinger war ebenso wie andere Puch-Piloten längst auf Konkurrenzfabrikate umgestiegen.

Rundstreckenrennen Wunstorf 1967: W. Fuge auf Steyr-Puch 650 TR, hart bedrängt von einem BMW 700. Dahinter ein NSU-Sport-Prinz.

Die „Puchernen“ waren bei Slaloms gut für Klassensiege wie beispielsweise 1970 beim 3. Internationalen Martha-Slalom des ÖAMTC bei den Spezial-Tourenwagen, wo in der Klasse bis 500 cm³ Johannes Husar vor Ing. W. Vascovich und August Reisenbichler siegte. Oder bei den 700ern, wo Walter Niessner Gerhard Wiesenthal und Reinhard Decker (alle Steyr-Puch 650 TR) auf die Plätze verwies. Und 1972 gab es noch einmal bei einem Bergrennen, und zwar in Bad Mühllacken, für Martin Koplinger in der Klasse Tourenwagen bis 850 cm³ einen Klassensieg.

Überschlag beim Bergrennen Bad Mühllacken.

Boxerkraft im Monoposto: Formel Baby-Junior

Im Jahre 1962 wurde in Italien als Nachwuchs-Formel in Anlehnung zur „Formel-Junior“, welche sich preislich immer weiter von der ursprünglichen billigen Nachwuchsformel entfernt hatte, die neue Formel Baby-Junior als Basis für den Einstieg in den Monoposto-Rennsport geschaffen. Die Fachzeitschrift *Austro-Motor* beschrieb in Heft 9/1963 diese Formel und den vom Südtiroler Ernesto Prinoth geschaffenen kleinen Rennwagen, dessen Antriebsaggregat ein frisierter Puch 500-Motor war:

Die vor einigen Jahren noch als billige Nachwuchsfahrer-Rennformel gedachte ‚Formel Junior‘ erfüllt in letzter Zeit durchaus nicht mehr ihren ursprünglichen Zweck. Fahrzeuge dieser Kategorie sind für den Nachwuchsmann unerschwinglich geworden und stehen leistungsmäßig kaum mehr den Formel I-Rennwagen nach.

In Italien hat man sich im vergangenen Jahr ernstliche Gedanken um die Schaffung einer neuen preiswerteren und leistungsmäßig nicht zu anspruchsvollen Rennwagenkategorie speziell für den jungen Rennfahrernachwuchs gemacht. In Anlehnung an das Junior-Reglement verfiel man dabei auf die Bezeichnung ‚Formel Baby-Junior‘. Für Fahrzeuge dieser Kategorie dürfen nur frisierte Tourenwagen-Motoren von 500 cm³ Hubraum Verwendung finden. Von den zwei in engere Konkurrenz getretenen Antriebsaggregaten hat

Prinoth Formel Baby-Junior mit Boxermotor Steyr-Puch.

sich der österreichische Puchmotor seinem italienischen Halbbruder bezüglich Leistung als beträchtlich überlegen gezeigt. Erstmals in der Motorsportgeschichte ist also ein österreichischer Motor dazu ausersehen, im Formel-Rennwagensport eine gewichtige Rolle zu spielen.

Der auch in österreichischen Motorsportkreisen gut bekannte Frisierkünstler Ernesto Prinoth aus Ortisei (St. Ulrich) bei Bozen hat sich der Formel Baby-Junior verschrieben und einen äußerst leistungsfähigen Monoposto modernster Konstruktion mit einem Steyr-Puch-Motor gebaut. Aller Voraussicht nach wird dieser Wagen die Baby-Junior-Rennen in Italien beherrschen. Bei diesem ‚Baby-Prinoth' handelt es sich um den ersten in Österreich gezeigten Monoposto der neuen Formel.

Der Wagen ist eine technisch sehr interessante Neukonstruktion. Der Rahmen besteht aus zwei durch eine Bodenplatte verbundenen kastenförmigen Leichtmetallträgern, die gleichzeitig als Treibstofftanks dienen. Die Elektronräder sind vorn unabhängig mit ungleich langen Querträgern aufgehängt. Die Stoßdämpfer werden von Schraubenfedern umschlossen. Bei der rückwärtigen Aufhängung finden ebenfalls Querlenker, Schraubenfedern und Teleskop-Stoßdämpfer Verwendung.

Der Steyr-Puch-Motor ist gegenüber dem Serienwagen verkehrt eingebaut, d.h., der Motor liegt bei der Prinoth-Konstruktion vor der Hinterachse, das Getriebe dahinter. Die PS-Leistung dieses kleinen Grazer Wundermotors ist aus Gründen der Standfestigkeit mit 35 PS bewusst nieder gehalten. Immerhin erreicht das Fahrzeug im direkten Gang eine Geschwindigkeit von über 170 km/h. Der Wagen ist extrem nieder gebaut und entspricht gewichtsmäßig genau dem vorgeschriebenen Mindestgewicht von 280 kg.

Vorerst ist die Baby-Junior-Formel national noch auf Italien beschränkt. Da Österreich aber mit dem Steyr-Puch-Motor das derzeit beste Antriebsaggregat für einen Baby-Junior-Wagen stellt, wäre es erstrebenswert, wenn diese neue Formel auch in Österreich Eingang fände und in weiterer Zukunft international ausgeschrieben würde. Die Kosten

Tonino Ascari 1964 in Monza auf Prinoth Formel Baby mit Motor Steyr-Puch belegte in diesem Rennen den 2. Platz hinter dem Südtiroler Botter, ebenfalls auf Prinoth.

für diesen durchaus ernstzunehmenden Rennwagen sind durch den preisgünstigen österreichischen Motor und seine billigen Ersatzteile stark herabgemindert. Als Richtpreis wurden 1,5 Mill. Lire (d. s. rund öS 60.000,– bis 65.000,–) genannt.

Prinoth-Baby-Junior, technische Daten

Motor: Steyr-Puch 500 cm^3, Zweizylinder-Boxer mit Gebläsekühlung. Bohrung/Hub 70/68 mm (523,4 cm^3), Höchstleistung 35 PS. Getriebe: Steyr-Puch mit vier vollsynchronisierten Gängen. Untersetzungsverhältnisse: 1. Gang 37:15 = 2,47:1, 2. Gang 34:19 = 1,79:1, 3. Gang 30:23 = 1,31:1, 4. Gang 26:27 = 0,96:1.

Bremsen: Hydraulische Trommelbremsen vom Fiat 600.

Radaufhängung: Unabhängige Vorderradaufhängung mit ungleich langen Querlenkern. Teleskop-Stoßdämpfer umschlossen von Schraubenfedern. Hinterrad: Querlenker, Schraubenfedern und Teleskopstoßdämpfer.

Rahmen: Zwei kastenförmige Längsträger mit Bodenteil verbunden. Die Karosserie ist windschlüpfig und minimal in der Breite. Der Fahrersitz besitzt Schalenform und besteht aus Polyesterharz.

Räder: Räder aus Elektronguss, Durchmesser 12 Zoll. Reifendimension vorn 125 × 12, hinten 5.20 × 12 (eventuell auch 6.50 × 12).

Elektroanlage: 12 Volt-Batterie im Vorderteil des Wagens untergebracht.

Gewicht: Entspricht dem durch die Baby-Junior-Formel vorgeschriebenen Mindestgewicht von 280 kg, fahrfertig ohne Treibstoff.

Höchstgeschwindigkeiten: Mit Reifen der Dimension 6.50 × 12 ergeben sich bei einer Motordrehzahl von 7.000 U/min folgende theoretische Geschwindigkeiten: 1. Gang 67 km/h, 2. Gang 94 km/h, 3. Gang 130 km/h, 4. Gang 173 km/h.

Instrumente: Transistor-Drehzahlmesser, Ölthermometer, Öldruck-Kontrolllampe, Zünd- und Anlassschalter, Batterie-Ladekontrolllampe.

Die Kleinen mit dem hübschen Kleid: Puch-Kleinwagen mit Sonderkarosserie

Die Konzeption des Steyr-Puch-Kleinwagens sprach nicht nur die motortechnisch Interessierten zur Leistungssteigerung an, sondern war auch von der Karosserieseite her ein beliebtes Designobjekt. Wobei vor allem Sportkarosserien auf der Bodengruppe des Wagens aufgebaut wurden, diese vorwiegend als Zweisitzer ausgelegt.

Eines der ersten Puch-Sondermodelle kam aus Italien und war das gemeinsame „Kind" des Kanadiers Frank A. Reisner und des Thondorfer Kundendienstleiters Johann „Janci" Puch und hörte auf den Namen Imp. Das bedeutete zwar im englischen Sprachgebrauch „Kobold", hatte aber seine Wurzeln in den Initialen von „Intermeccanica" und Puch. Reisners Turiner Unternehmen North-East Engineering beschäftigte sich nämlich mit dem Vertrieb von Frisiersätzen unter diesem Namen. North-East Engineering Ltd. bezog aus Graz Bodenplatte, Fahrwerk und Antriebsblock und ließ bei Fratelli Corda in Turin das zweisitzige GT-Coupé fertigen. Die Karosserieform lehnte sich stilistisch an Ugo Zagatos Abarth 750 GT-Sestriere an. Der fertige Wagen war trotz der Alukarosse nicht leichter als der serienmäßige Thondorfer mit flexiblem Dach. Besonders die Türen bereiteten Schwierigkeiten. Und wegen der langen Fronthaube und der zurückgesetzten Windschutzscheibe musste der Fahrer eine stark zurückgeneigte Haltung wie in einem englischen Sportwagen einnehmen.

Die *autorevue* schrieb in Heft 2/65 über den Wagen:
Das Fiat-Assembling-Abkommen beschränkte die Verkaufschancen des kleinen Puch-Coupés auf Österreich. Trotz des hohen Preises (je nach Motorvariante 54.000,– bis

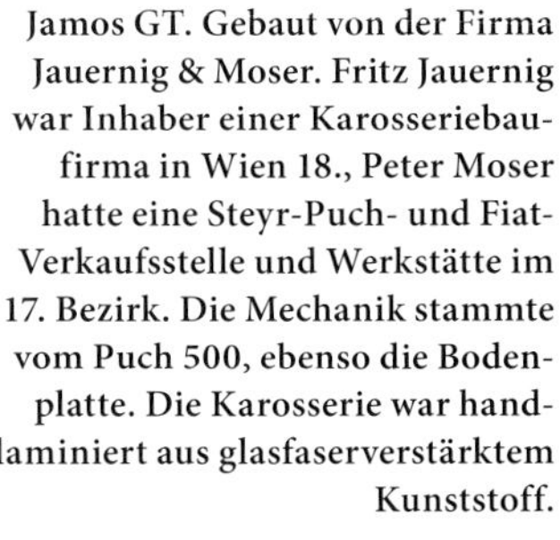
Jamos GT. Gebaut von der Firma Jauernig & Moser. Fritz Jauernig war Inhaber einer Karosseriebaufirma in Wien 18., Peter Moser hatte eine Steyr-Puch- und Fiat-Verkaufsstelle und Werkstätte im 17. Bezirk. Die Mechanik stammte vom Puch 500, ebenso die Bodenplatte. Die Karosserie war handlaminiert aus glasfaserverstärktem Kunststoff.

62.000,– Schilling) fanden sich elf Imp-erialisten. Die Schöpfer des Imp haben sich durch den Bau des Wagens jedoch in einer Weise große Verdienste erworben: denn als der Imp im Sommer 1961 durch die österreichische Presse ging, löste der Wagen einige Impulse aus. So ist es zweifelsohne auf den Imp zurückzuführen, dass in der Folge weitere Spezialkarosserien auf Steyr-Puch-Basis entstanden. So z. B. der Jamos GT von der Firma Moser/Wien oder der Adria TS von Werner Hölbl.

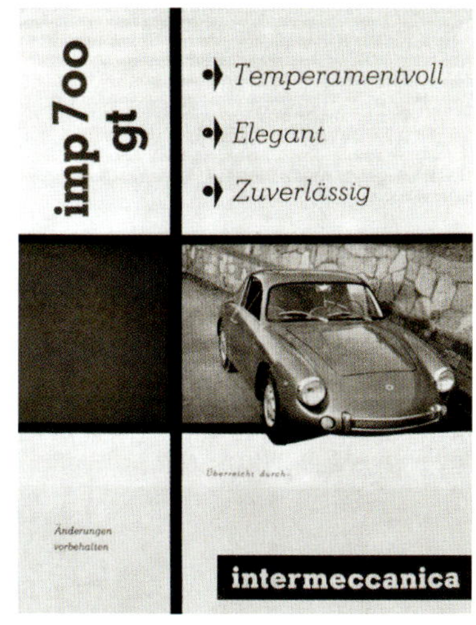

Prospekt Imp 700 GT der Firma Intermeccanica.

Des Pucherls neue Kleider: 1967 – Facelifting beim Steyr-Puch-Kleinwagen

Der Puch-Kleinwagen war in die Jahre gekommen. Die automobile Landschaft veränderte sich rasant, der Wagen wurde in der Werbung vor allem als Zweitwagen angepriesen. Und auch die Verkehrssicherheit wurde als Verkaufsargument immer wichti-

Das Facelifting des Steyr-Puch-Kleinwagens brachte auch neue Heckleuchten.

Ab 1967 waren die Türen vorne angeschlagen und das Dach mit vorderem Faltverdeck wurde Standard. Die Türschlösser stammten vom Fiat 850.

Steyr-Puch 650 T, Modell 1967.

ger. So waren die aufgrund der Unfall-Forschungsergebnisse als „Selbstmördertüren“ angeprangerten hinten angeschlagenen Türen des Puch nicht mehr zeitgemäß. Es galt also, hier schleunigst Abhilfe zu schaffen. So wurde für den Modelljahrgang 1967 der „neue“, facegeliftete Puch der Öffentlichkeit vorgestellt. Aber außer den Türen kam es zu weiteren tiefgreifenden Konstruktionsänderungen. So musste das berühmte „Hutzendach“ des 500 D und der Nachfolgemodelle einem glatten Blechdach weichen, dessen vorderer Teil ein klappbares „Fetzendachl“ aufwies. Für jene Kunden, die auf dieses Weichdach verzichteten, wurde als Zubehör ein aus Kunststoff gefertigter fester vorderer Dachteil angeboten.

Schöne Rücken des Steyr-Puch-Kleinwagens: Karosserie bis 1967 links, rechts ab 1967.

Die *autorevue* merkte zum Modelljahrgang 1967 unter anderem an:

Thondorf – vertagte Häutung: Steyr-Puch wartet mit längst erwarteten Neuerungen auf: die kleinen zweitürigen Sedans der Serie 500 D/650 T/650 TR erhielten die ‚Haut' des Fiat 500. Diese Karosserie mit vorne angeschlagenen Türen und größeren Fensterflächen baut man in Turin schon seit 1965. Steyr-Puch hatte offensichtlich noch alte Bestände aufzuarbeiten. Das dauerte länger als vorgesehen, denn die Produktion der kleinen Thondorfer musste infolge schwindender Nachfrage gedrosselt werden. Die Häutung wurde vertagt. Aufgeschoben ist nicht aufgehoben. Nun ist es soweit: Die kleinen Thondorfer haben sich äußerlich gewandelt. Innerlich blieben sie die alten braven Pferde. Dies trifft wörtlich auf die Typen 500 D und 650 T zu.

Die vorne angeschlagenen Türen haben den Vorteil, dass sie nicht vom Fahrtwind aufgerissen werden können, wenn man sie nicht gut geschlossen hatte. Auch bei Kollisionen sind sie den hinten angeschlagenen vorzuziehen. Dies trifft im vermehrten Maße auf die neuen Puch-Türen zu, die nun auch über bessere Schlösser verfügen. Schlösser und Verriegelungssystem wurden vom Fiat 850 übernommen. Beide Türen sind von außen sperrbar. Das ist (leider) heute selbst bei wesentlich größeren und teureren Wagen keine Selbstverständlichkeit.

Sehr zu begrüßen ist die größere Windschutzscheibe, die sowohl an Breite als auch an Höhe gewonnen hat. Man sieht besser auf hochliegende Verkehrsampeln und hat eine bessere Umsicht. Anstelle der bisherigen Varianten, Limousine und Kabrio-Limousine, tritt nunmehr nur eine Karosserieausführung, die nach Art des Fiat 500 eine Kabrio-Limousine mit kleinem Klappdach darstellt. Es hat (angenehmerweise) einen Zentralverschluss. Ansonsten weist die Karosserie Detailretuschen auf: Verschiedene Zierleisten sind erfreulicherweise verschwunden. Man trägt das heute nicht mehr. Die vorderen Blinker haben nun gelbes Glas; hinten gibt es eine neue Leuchteinheit. Auch innen geschah etwas: Die Polsterung der Unterkante des Armaturenbrettes wurde verstärkt; das Ablagefach wurde abgeändert und Licht- sowie Blinkerhebel haben eine andere Form als bisher. Nicht sichtbar ist eine wesentliche Änderung der Karosserie: Seitenteile und Dach erhielten versteifte Innenbleche, die der Karosserie eine größere Festigkeit verleihen. Der 500 D und 650 T sind nur in Weiß und Sandbeige lieferbar.

1969 – Boxermotor und Tapezierung aus Graz

Für den Modelljahrgang 1969 gab es eine weitere entscheidende Zäsur beim Steyr-Puch-Kleinwagen. Infolge der katastrophalen Abstürze der Verkaufszahlen sowie der Einführung der zehnprozentigen Sondersteuer auf PKW suchte man in Thondorf nach einem Weg zur weiteren Kostenreduzierung. Diese fand man in der Übernahme der kompletten Karosserie des Fiat 500 und der Einführung der gesamten Antriebseinheit desselben Modelles – mit Ausnahme des Motors. Vereinfacht gesprochen: Man hängte mit einem Zwischenflansch den Puch-Boxer an die Fiat-Mechanik. Das war allerdings in einigen Punkten ein technischer Rückschritt. So war beispielsweise das Fiat-Getriebe völlig unsynchronisiert zum Unterschied vom Teilsynchrongetriebe der bisherigen Steyr-Puch-PKW-Kleinwagen und dem Vollsynchrongetriebe der 700-Kombitypen. Auch die hervorragenden Leichtmetall-Verbundguss-Bremstrommeln des Puch gehörten ab sofort der Vergangenheit an, denn der neue 500er hatte die selbstzentrierenden Fiat-Innenbackenbremsen aus Gussmaterial. Ein Fortschritt hingegen war die Fiat-Hinterradaufhängung mit Dreieckslenkern, die eine verbesserte Straßenlage des Wagens gegenüber der Doppelgelenks-Pendelachse bot. Die Tapezierung wurde jedoch unverändert von Puch gefertigt.

Steyr-Puch 500 S

Neben dem bekannten 16 PS-Motor des 500er gab es ab sofort eine neue Motorvariante im Modell Steyr-Puch 500 S mit einer Leistung von 19,8 PS. Der Puch 500 war nun zu einem echten Derivat des Fiat 500 geworden und er brachte infolge des total veralteten unsynchronisierten Getriebes in Kundenhand mehr Ärger als einer Automobilmarke zuträglich ist. Bemerkenswert ist auch die Tatsache, dass sich die Kunden, die einen „Puchernen“ wollten und sich nur mehr zwischen dem 500 mit 16 PS und dem

Hauptmerkmale Puch 500/500 S ab 1969

Motor	Modell 500	Modell 500 S
Bauart	2-Zylinder-4-Takt-Boxermotor im Heck des Fahrzeuges	
Hubraum	493 cm^3	
Bohrung	70 mm	
Hub	64 mm	
Verdichtungsverhältnis	1:6,7	
Maximale Dauerleistung	16 PS bei 4.600 U/min	19,8 PS bei 5.000 U/min
Größtes Drehmoment	3,3 m/kg bei 2.800 U/min	3,4 m/kg bei 3.200 U/min
Ventile	hängend	
Ventilspiel	Einlass 0,15 mm, Auslass 0,15 mm	bei kalter Maschine einzustellen
Schmierung	Druckumlaufschmierung (Zahnradpumpe) mit Ölkühler und Ölfeinfilter	
Ölinhalt	1,75 l	
Kraftstoff-Förderung	mechanische Kraftstoffpumpe Weber	
Vergaser	Fallstromvergaser Weber 28 IBMS	Solex 40 PID
Einstellung	Hauptdüse 125	130
	Leerlaufdüse 50	65
	Korrekturdüse 270	130
	Mischrohr F 5	K 18296
Kühlung	Luftkühlung durch Gebläse	
Batterie	12 V 32 Ah	
Starter	Fiat 0,5 kW	
Lichtmaschine	spannungsregelnd, Type: Fiat 230/320 W	
Zündverteiler	Bosch mit Fliehkraftverstellung	
Zündzeitpunkt-Einstellung	6–10 mm vor O.T., gemessen an der Keilriemenscheibe	
Unterbrecherabstand	0,4 mm	
Zündkerzen	Bosch W 225 T 1 oder gleichwertige	
Elektrodenabstand	0,6–0,7 mm	

Kraftübertragung: Kupplung: Einscheiben trocken (Fichtl & Sachs), Leerweg des Kupplungspedals: 15–20 mm. Wechsel- und Ausgleichsgetriebe: Übersetzungen im Wechselgetriebe: 1. Gang: 3,700, 2. Gang: 2,067, 3. Gang: 1,300, 4. Gang: 0,875, Rückwärtsgang: 5,140; Untersetzungsverhältnis Triebling/Tellerrad 8/14. Ausgleichsgetriebe und Achsantrieb im Wechselgetriebegehäuse eingeschlossen. Radantrieb durch zwei über Gleitsteine mit dem Ausgleichsgetriebe gekoppelte Achswellen.

Bremsen: Betriebsbremse: hydraulische Vierrad-Trommelbremse mit selbstzentrierenden Bremsbacken. Betätigung durch Hauptzylinder und je einen Radbremszylinder.
Hilfs- und Feststellbremse: mechanisch auf die Hinterräder wirkende Handbremse. Selbsttätige Nachstellvorrichtung des Bremsbackenspiels.

Lenkung und Räder: Lenkung: Normalerweise Linkslenkung, auf Wunsch Rechtslenkung. Unabhängig für jedes Rad angeordnete Lenkspurstangen. Lenkgetriebe aus Schnecke und Segment, Untersetzung 2/26. Wendekreisradius 4,30 m. Sturz der Vorderräder, an der Felge gemessen (vollbelastet): 5–6 mm. Vorspur der Vorderräder, zwischen den Felgen gemessen (vollbelastet): 0–2 mm. Räder und Bereifung: Scheibenräder mit Felge 3½ × 12", Niederdruckreifen 125–12.

Radaufhängung: Vorderradaufhängung: Einzelradaufhängung mit hydraulischen, doppelt wirkenden Teleskop-Stoßdämpfern. Querliegende Blattfeder, an der Karosserie an zwei Stellen unter Zwischenlegung je einer elastischen Einlage eingespannt und seitlich mit den Achsschenkelträgern verbunden. Bei asymmetrischen Radschwingungen dient die Blattfeder gleichzeitig als Stabilisator. Hinterradaufhängung: Einzelradaufhängung an Dreieckslenkern mit Schraubenfedern und hydraulisch doppelt wirkenden Teleskop-Stoßdämpfern.

Elektrische Anlage: Spannung 12 V, Lichtmaschine (Typ Fiat). Dauer- bzw. Höchstleistung: 230/320 W; Sammlerladungsbeginn (bei ausgeschaltetem Licht): Motordrehzahl ca. 1.200 U/min; Fahrgeschwindigkeit (4. Gang) 25 km/h.
Batterie: Kapazität (bei 20 h Entladezeit): 32 Ah. Anlasser (Typ Fiat) Leistung 0,5 kW.

Karosserie: Limousine mit selbsttragender Karosserie. Klappverdeck mit Vinylkunstleder-Bezug. Zwei Türen, vorn angeschlagen, mit je einer drehbaren und einer durch Kurbel versenkbaren Scheibe. Beide Türschlösser mit Sicherheitsverriegelung, damit die Türen bei Unfällen nicht aufgehen. Seitliche Fondfenster und Rückenwandfenster mit fester Glasscheibe. Vordere Haube hinten mit Scharnieren angelenkt, zur Unterbringung von Ersatzrad, Batterie, Bremsflüssigkeits- und Scheibenwascherbehälter, Werkzeugkästchen und Gepäck. Das Triebwerk ist durch den hinteren, abnehmbaren Deckel zugänglich.
Verstellbare und nach vorne klappbare Vordersitze. Abnehmbare hintere Sitzbank mit klappbarer Rückenlehne zur Erweiterung des Gepäckraumes im Wagenfond. Bordablage unter dem Armaturenbrett. Innere Zuziehgriffe an den Türen. Rückblickspiegel mit Lampe für Innenbeleuchtung; zwei innere, verstellbare Sonnenblenden. Aschenbecher in der Mitte des Armaturenbrettes.

Glühlampen:

Verwendung	Lampenausführung	Leistung in W (bei 12 V)
Fern- und Abblendlicht	Zweifaden-Kugellampe für Scheinwerfer mit asymmetrischem Abblendlicht	45, 40
Vordere Stand- und Blinkleuchten	Zweifaden-Kugellampe	21
Hintere Schluss- und Bremsleuchten	Zweifaden-Kugellampe	5
Hintere Blinkleuchten	Kugellampe	21
Kennzeichenleuchten	Soffittenlampe	3
Innenleuchte	Soffittenlampe	5
Seitliche Blinkleuchten		
Beleuchtung für Kombiinstrument		
Kontrolllampe für Scheinwerfer-Fernlicht		
Ladeanzeigeleuchte der Lichtmaschine		
Blinkeranzeigeleuchte	Röhrenlampe	3
Anzeigeleuchte für zu niederen Schmieröldruck		
Anzeigeleuchte der Kraftstoffreserve		
Anzeigeleuchte für Standlicht		
Reifendruck:		
Bei niedriger Belastung, atü (kg/cm²)	vorne 1,30	hinten 1,60
Bei Vollbelastung, atü (kg/cm²)	1,30	1,90

Gewichte: Gewicht des fahrbereiten Wagens mit Betriebsstoff, Ersatzrad, Werkzeug und Zubehör: 520 kg. Nutzlast: 4 Personen plus 40 kg. Zulässiges Gesamtgewicht: 840 kg

Betriebsleistungen:	**Modell 500**	**500 S**
Höchstgeschwindigkeit im 4. Gang	95 km/h	100–105 km/h
Steigfähigkeit im 1. Gang	30%	32%
Treibstoffverbrauch (Norm)	4,5 l/100 km	4,7 l/100 km
Füllmengen:		
Kraftstoffbehälter	22 l Normalbenzin	
Motor	1,75 l Motoröl (ca. 2 l bei Erstfüllung)	
Wechsel- und Ausgleichsgetriebe	1,1 l Hypoid-Getriebeöl	
Lenkgehäuse	0,12 l Getriebeöl SAE 90	
Hydraulische Bremsanlage	0,22 l Bremsflüssigkeit	
Vordere Stoßdämpfer	0,13 l Fiat-Öl S.A.I.	
Hintere Stoßdämpfer	0,11 l Fiat-Öl S.A.I.	

500 S mit 20 (exakt 19,8) PS entscheiden konnten, überwiegend der stärkeren Version den Vorzug gaben. Manche Kunden erinnerten sich allerdings mit Freude, dass man bei Kenntnis der Tricks der unsynchronisierten Fahrweise (blitzschnelles Zwischengas beim Herunterschalten, Zwischenkuppeln beim Hinaufschalten) mit dem neuen S (stand für Sport) bessere Fahrwerte als mit dem ehemaligen 650 T erzielen konnte …
Anlässlich der Einführung der zehnprozentigen Sondersteuer für PKW am 1. September 1968 und der gleichzeitigen Präsentation des Modelljahrganges 1969 meldete sich die österreichische Fachzeitschrift *Austro-Motor* zum neuen Puch 500 zu Wort:
Seit dem 1. September kosten alle Autos um 10% mehr. Für den Steyr-Puch 650 T, der bisher um S 29.970,– angeboten wurde, müssen jetzt S 32.967,– ausgelegt werden. Um aber jenen Kraftfahrern, die den praktischen Kleinwagen als Stadt- oder Zweitwagen in Erwägung ziehen, weiterhin ein preiswertes, das Budget nicht allzusehr belastendes Auto anbieten zu können, hat die Steyr-Daimler-Puch AG eine Neuvariante des altbewährten Puch-Wagens entwickelt. Das Rezept des neuen Puch 500 ist recht unkompliziert: Karosserie und komplette Innenausstattung werden mit kleinen Modifikationen direkt von Fiat – Turin bezogen. Auch das Getriebe ist made in Italy. Das Herz des Wagens aber ist nach wie vor original Puch: der bewährte und leistungsfähige Puch-Motor mit einem Hubraum von 500 cm³ und 20 PS (bzw. auf Wunsch mit 16 PS) Leistung.
Aber nicht nur als Stadtfahrzeug, auch bei zügiger Überlandfahrt oder fullspeed-Reise auf der Autobahn, der Benzinkonsum des Puch 500 bleibt immer bescheiden. Trotz großer Sparsamkeit können sich die Fahrleistungen sehen lassen: mit gut 100 km/h Spitze und entsprechender Beschleunigung ist er selbst dichtem Verkehr gewachsen. Der Puch-Wagen findet immer eine Parklücke: überaus wendig und leicht zu handhaben stellt er das ideale Kleinfahrzeug für vier Personen dar. Ein Faltschiebedach macht ihn im Sommer luftig. Für alle jene, die ein sparsames, in der Anschaffung billiges Kleinauto wollen, ist der neue Puch genau das richtige Fahrzeug. Erst recht seit dem 1. September. Denn nirgends in Österreich erhält man sonst einen Wagen mit 20 PS zum Preis von S 27.200,– + 10% = S 29.920,–. Das sind sogar um S 50,– weniger als 20 PS bisher kosteten.

1974 – Alpen-Mini: Der Fiat 126, Motor Steyr-Puch

Mit dem Modelljahrgang 1974 brachte Fiat den Nachfolger des Fiat 500, genannt Fiat 126, auf den Markt. Das war automatisch das „Aus" für den legendären Puch mit seiner unverwechselbaren Silhouette. Hatte ihn vorher schon das facegeliftete „Kastl" mit den vorne angeschlagenen Türen viel Sympathien gekostet, so war der Einbau des Puch-Motors in den Fiat 126 nur mehr ein letztes Rückzugsgefecht der Grazer, das im Jahre 1975 mit der Auslieferung des letzten *Fiat 126 – Motor Steyr-Puch* sein Ende fand.
Die *autorevue* berichtete in Heft 11/73 kurz über den Neuen:
Neuer Puch: Im Kleid des Fiat 126 wird Steyr-Daimler-Puch einen in Graz entwickelten Zweizylinder-Boxer mit 645 cm³ Hubraum und 25 DIN-PS Leistung bei 4.800 U/min unterbringen. Das Triebwerk gibt sich mit Normalbenzin zufrieden und bringt den Steyr-Puch 126 auf eine Spitze von 117 km/h.

Fiat 126 mit Motor Steyr-Puch, Modell 1974.

Puch-Prospektext: *Im Motorraum gibt es keine Schwierigkeiten: Alle wichtigen Aggregate sind leicht zugänglich und laden fast zum Selbstservice ein. Rechts die Eberspächer-Standheizung.*

Das Heft 1/74 der *autorevue* zierte das Bild des neuen Fiat 126 Puch mit dem beziehungsvollen Titel *Test Fiat 126 Puch – passend für die Krise?* In einem 7-Seiten-Test widmeten sich Chefredakteur Herbert Völker sowie Franz Stehno und Bronislaw Zelek dem neuen Wagen, der genau das richtige Fahrzeug für die damalige erste große „Benzinkrise" und den „Benzinschock" zu sein schien:

Teil 1: Überlänge. Ich bin 187 cm groß und hätte mir eigentlich ausrechnen können, dass dieses herzige Auto nicht für meinesgleichen gebaut worden ist … Und da ist immerhin der Preis des Fiat 126: 45.850,– Schilling deuten darauf hin, dass dieses Modell als vollwertiges Auto angesehen werden will. Vielleicht werden in einer kommenden Anti-Auto-Gesellschaft die modernen Fortbewegungsmittel eines reglementierten Individualverkehrs Größennummem tragen – auf die Art, wie heute Schuhe angeboten werden … Ich habe die alten Zeiten der auf Schleifsteinen sitzenden Affen nicht erlebt, ihre Sitzposition dürfte aber der meinigen ähnlich gewesen sein … Vielleicht, wenn die allgemeine Krise anhält oder sich verschärft, wird Autos dieses Typs die Zukunft gehören. In dieser Zukunft werde ich wenig zu lachen haben …

Teil 2: Mittelmaß. Ich bin 1,79 m groß und saß vor nunmehr vier Jahren zum letzten Mal unter einem Puch-Dach am Lenkrad. Mein damaliger Fünfhunderter hinterließ in mir einen derart positiven Eindruck in punkto Wirtschaftlichkeit, Robustheit und Fahrvergnügen (was man eben, wenn man jung ist, so unter Fahrvergnügen bezeichnet), dass ich auf den neuen ‚Puch', auch wenn er jetzt Fiat heißt, recht gespannt war. In einer Beziehung ist er nicht der alte: Sein Preis liegt um fast vierzehn Blaue über dem seiner Vorfahren. Die Gründe hiefür seien gleich vorweggenommen: Die serienmäßige Standheizung, die sich mit rund 7.000,– Schilling zu Buche schlägt, der von einem halben Liter auf 645

Steyr-Puch-Kleinwagen: Heckansichten bei einer Oldtimerparade.

Kubikzentimeter vergrößerte Motor, die Schräglenkerachse hinten und der gehobene Ausstattungsstandard (Gürtelreifen, Ablagefächer in den Türen).
Geblieben sind die wesentlichen Puch-Charakterzüge: Der robuste, wartungsfreundliche Motor, der unmoralisch enge Innenraum, die erdverbundene Fortbewegung, das in allen Bereichen stets präsente Motorgeräusch, das lebensnotwendige Minimum an Kofferraum. Und obwohl man dem Neuen in den Begleitpapieren einen ‚gewaltigen Gewinn an Innenraum' attestiert, kann ich mich des Eindrucks nicht erwehren, in meinem alten Fünfhunderter lockerer und entspannter gesessen zu sein. So war mir ehedem unbekannt, den Schalthebel unter dem rechten Fuß hervorholen zu müssen, auch die Radkästen störten damals, soweit ich mich erinnere, nicht sehr.
Ein echter Fortschritt ist die serienmäßige Benzinstandheizung von Eberspächer, denn in den alten Puch-Wagen wurde es bei kurzen Fahrten im Stadtgebiet nie richtig warm. Leider verlangt die 24-Stunden-Schaltuhr nach einem Aufpreis, die Anlage von rund 1.000,– Schilling für dieses nützliche Gerät kann jedoch nur empfohlen werden.
Nach den ersten Kurven zeigt man sich vom stark verbesserten Fahrverhalten überrascht: Durch die Schräglenker-Hinterachse stellt sich das Auto in schnellen Kurven nicht mehr auf, die Pirelli-Gürtelreifen übertragen die dank der direkten Lenkung meist geringfügigen Lenkradausschläge präzise auf die Fahrbahn. Diese Charaktereigenschaften sind für

Der *Fiat 126 Motor Steyr-Puch*, wie der lange behäbige Name für den kurzen Flinken aus Turin mit dem Sportherz aus Österreich lautete, errang nie mehr die Popularität der Vorgängermodelle und wurde von 1973 bis 1976 2.069 Mal gebaut.

ein Stadt-, Zweit- oder eventuell Drittauto wie den 126 ein absolutes Muss, und wenn man die – relativ gesehen – enorme Drehfreudigkeit des spritzigen Motors ausnutzt, schlängelt man sich mit dem nur knapp 1,40 Meter breiten Auto bald in Zweiradmanier durch die Rushhour. Und hier liegt des Pudels Kern: Wenn man bereit ist, an den Fahrkomfort Zugeständnisse zu machen, wenn man bereit ist, statt neben- fast aufeinander zu sitzen, und wenn man die Betriebskostenrechnung seines Wagens als wesentliche Entscheidungsgrundlage beim Neuwagenkauf wertet, wenn man auf der anderen Seite wieder Spaß an dem infernalischen Geheul des hochdrehenden Zweizylinders hat und die geringen Außenabmessungen schätzen gelernt hat, und wenn dann noch eine gehörige Portion Patriotismus mit im Spiel ist, dann kann man sich schon für den Fiat 126 interessieren.

Teil 3: Unterlänge. Die Karosserie ist nach den bewährten Rezepten des Fiat 127, Peugeot 104 und Renault 5 geschneidert, passt in die modernen Konfektionsmaßstäbe dieser Klasse, aber der 126 ist noch ein gutes Stück kleiner als seine Artkollegen. Gerade durch diese Kleinheit erweckt er gewisse Sympathien, die Blicke der anderen Verkehrsteilnehmer sehen eindeutig nach ‚liab' und ‚süaß' aus, kein Mensch würde ihn von vornherein verdammen. Und selbst wenn er einmal nicht gleich anspringen sollte, wie es mir auf meiner Stammtankstelle passiert ist, hilft jedermann dem Alpen-Mini gerne auf die Sprünge.

Auf den ersten Kilometern beeindruckt der laute Motor, der jenseits von 4.000 Umdrehungen die Unterhaltung der Passagiere unterbindet, sowie die enorme Wendigkeit des Zwerges. Im Stadtverkehr flitzt man mit Ausdrehen der ersten drei Gänge recht flott herum, zwängt sich durch kleinste Lücken, findet mit ziemlicher Sicherheit überall einen Parkplatz. Der unsynchronisierte erste Gang erfordert eine gewisse Gewöhnungszeit, im dritten Gang wirkt der Wagen nicht mehr so spritzig wie in den unteren Gängen, dafür ist er auch etwas leiser. Im vierten Gang säuselt der Boxermotor nur mehr kaum hörbar vor sich hin, durch die lange Übersetzung fällt das Temperament nochmals deutlich zurück.

Flotte Fahrweise bedingt kräftiges Ausdrehen der Maschine, eine Maßnahme, die zur Realisierung des vollen Schubes notwendig ist. Trotzdem fühlt sich der Motor nicht so an, dass man sich vor deftigem Hinaufdrehen zu scheuen braucht.

Der 126 mit dem Puch-Herz verlangt von seinem Fahrer viele Charaktereigenschaften: Man muss zu jener Kategorie fröhlich-junger Lebenskünstler gehören, die sich von kleinen Schwierigkeiten im Leben nicht zurückwerfen lassen, Ohren haben, die sich an dem sonoren Motorgeräusch delektieren können, in punkto Körpergröße etwas unter dem Durchschnitt liegen, um angenehm sitzen zu können, trainierte Beinmuskeln besitzen, um mit der hart zu bedienenden Pedalerie fertigzuwerden und für den Fall der Fälle, dass die Heizung ausfällt, immer einen dicken Pullover in der kalten Jahreszeit mithaben – für dieses Kleidungsstück ist im Kofferraum genug Platz. Kann man sich auf alle diese Merkmale des kleinen Italo-Österreichers einstellen, dann kann man, so wie ich, das Auto richtig lieb gewinnen.

Die direkten Konkurrenten des *Fiat 126 – Motor Steyr-Puch* waren damals die ZAZ-Eliette, der Citroën 2 CV Targa, der Škoda 100, der Mini 850, der Fiat-Seat 850, der Simca 1000, der Renault 4, der Moskwitsch 408 L, der VW 1200, der Citroën Ami 8, der Sunbeam 1250 sowie der Toyota 1000. Die Gemeinsamkeit all dieser Konkurrenten? Sie kosteten im Jahr eins des Benzinschocks unter 50.000,– Schilling …

Der Puch 500, das preisstabilste Kleinauto am Markt: Die Preisentwicklung der Steyr-Puch-Kleinwagen

Von 1957 bis 1969 waren die Steyr-Puch-Kleinwagen durch ihre moderate Preisgestaltung zum „Volkswagen der Österreicher" geworden. Der Puch 500 war an der unteren Grenze der 20.000,– angesiedelt. Er kostete am Ende seiner Produktionszeit, also 17 Jahre später (!), mit vielen technischen und ausstattungsmäßigen Änderungen und auch Verbesserungen versehen, um 9.100,– Schilling mehr als zu Beginn. Dabei ist zu beachten, dass ab 1970 die „schleichende Inflation" ihren Anfang nahm und der Wagen sich ab September 1970 laufend verteuerte. In den ersten 13 Jahren, also vom September 1957 bis zum Sommer 1970, war der Puch 500 nur um 4.000,– Schilling teurer geworden.

Annonce Steyr-Puch 500, Modell 1969.

Puch-Kleinwagen am Montageband im Werk.

Baujahr	Modell	Verkaufspreis in Schilling	
1957	500	23.800,–	
1958	500	23.800,–	
1959, Stand 15. Juli	500 D (Falt- oder festes Dach)	24.200,–	
	500 DL (Falt- oder festes Dach)	25.000,–	
1960, Stand November	500 D	25.500,–	
	500 DL	26.400,–	
	Aufpreis für Liegesitze	240,–	
1961, Stand Mai	500 D	25.500,–	
	500 DL	26.400,–	
	Aufpreis für Liegesitze	240,–	
	700 C	29.500,–	
1962, Stand Jänner	500 D	25.940,–	
	500 DL	26.860,–	
	Aufpreis für Liegesitze	245,–	
	700 C	30.450,–	
	Aufpreis für Saxomat	2.300,–	
1963, Jänner bis Dezember	500 D	27.070,–	
	650 T	28.280,–	
	Aufpreis für Liegesitze	250,–	
	700 E	31.100,–	
	700 C	31.100,–	
	700 AP Haflinger, Grundausführung	52.250,–	
	700 AP Haflinger, Polyesterfahrerhaus	57.600,–	
	700 APL Haflinger	54.000,–	
1964, Jänner bis Dezember	500 D	27.610,–	
	650 T	28.850,–	
	650 TR	31.950,–	
	Aufpreis für Liegesitze	255,–	
	700 C	31.720,–	
	700 E	31.720,–	
1965		1. Jänner	1. September
	500 D	27.610,–	28.300,–
	650 T	28.850,–	29.570,–
	650 TR	31.950,–	32.750,–
	700 C	31.720,–	32.410,–
1966, Stand März	500 D	28.300,–	
	650 T	29.570,–	
	650 TR	32.750,–	
	700 C	32.410,–	
1967, Stand April	500 D	28.800,–	
	650 T	29.970,–	
	650 TR Europa	33.580,–, ab September 33.850,–	
	650 TR II	34.700,–, nur bis März	

	700 C	32.510,–, im Angebot	
1968, Stand März	500 D	28.800,–	
	650 T	29.970,–	
	650 TR Europa	33.850,–	
	700 C	32.510,–	
Stand September (Einführung der 10% Sondersteuer)			
	500 S	27.200,–, plus Sondersteuer	
1969, Stand März	500 S	27.200,–	
1970, Stand Jänner	500 S	27.800,–	
1970, Stand September	500 S	29.700,–	
1971, Stand Dezember	500 S	31.900,–	
1972, Stand Jänner	500	31.900,–	
1972, ab April	500	32.900,–	
1973, Stand Jänner	500	32.900,–	
1973, Stand März	500	ausgelaufen	
	700 AP Haflinger	81.954,–	
	703 AP Haflinger	87.954,–	
	703 AP 1800 Haflinger	84.158,–	
	700 APL Haflinger	84.390,–	
	703 APL Haflinger	86.594,–	
	703 APK 1800 Haflinger	110.200,–	
1974, Stand Mai	126	44.500,–, Motor Steyr-Puch	
1974, Preise Haflinger	wie 1973		
1975, Stand Mai	126	44.500,–, Motor Steyr-Puch	
1975, Preise Haflinger	wie 1973		

Auslieferungsbereite Puch-Kleinwagen vor den Werkshallen in Graz-Thondorf.

Der 40.000ste Puch-Kleinwagen verlässt das Werk.

Der Steyr-Puch-Kleinwagen in Deutschland

Schon von der ersten Stunde des kleinen Puch-Wagens an dachten die Manager natürlich über die Landesgrenzen hinweg an einen Export des Wagens. Diesen Interessen standen anfangs die Schwierigkeiten des Lizenzübereinkommens mit Fiat entgegen. Das Turiner Werk hatte eine Sperrklausel für den aus Graz stammenden Wagen mit der Steyr-Daimler-Puch AG vereinbart, die ja in Österreich auch Generalimporteur der Produkte des Turiner Hauses war (siehe auch Kapitel Neckar-Steyr-Puch 500, S. 198).

Im Laufe der Jahre lockerte sich diese Haltung der Turiner, da sie auf den wichtigsten Exportmärkten, vor allem auf dem deutschen Markt, erkannt hatten, dass der Puch-Kleinwagen nur eine spezielle Kundschaft ansprechen konnte, insbesondere das sportlich orientierte Publikum, das man mit dem Fiat 500 nicht erreichen konnte. Ein eigentliches Konkurrenzverhältnis war schon deswegen nicht gegeben, weil die Preisdifferenz zwischen dem Turiner Fiat und dem Grazer Puch für diese Preisklasse im Exportgeschäft erheblich war. So war es dann auch weiter nicht verwunderlich, dass über den regen deutschen Haupthändler Liedl in Graßlfing bei Regensburg vor allem sportlich aufgemachte Modelle den deutschen Markt erreichten.

In den Jahren 1959 bis 1975 wurden insgesamt offiziell 2.595 Steyr-Puchs von Österreich nach Deutschland exportiert. Diese Angabe beinhaltet ab 1969 auch die Steyr-Puch-Typen, die nicht mehr komplett in Graz aufgebaut wurden, sondern nur noch den Puch-Motor eingebaut bekamen, sowie den Fiat 126 mit Puch-Motor.

Prospekt des Puch 500, Modell 1969.

Nicht in der Aufzählung angeführt sind die Puchs, die die Firma Liedl aus fertigen Karosserien inklusive Getriebe aus Italien bezog und mit importierten 500/650-Motoren aus Österreich komplettierte. Dadurch konnte seinerzeit der Wagen unter Vermeidung der hohen Zollabgaben in Deutschland billiger angeboten werden.

Liedl baute in diesen Jahren auch einige TR-Modelle mit Fiat-Getrieben und Hinterachsen. Am Anfang wurden die Puchs auch als Ausgleich für Lieferschwierigkeiten beim Fiat 500 importiert. In der Auflistung wird nicht zwischen den einzelnen Modellvarianten 500/650 T/650 TR unterschieden.

Jahr	1959	1960	1961	1962	1963	1964	1965	1966	1967	1968	1969	1970
Stück	811	504	111	276	432	167	138	8	26	13	17	52
Jahr	1971	1972	1973	1974	1975							
Stück	11	0	0	19	10							

Kühler Kopf in heißer Sonne: Die Tropenkühlung des Steyr-Puch-Kleinwagens

Die praktischen Fahrerfahrungen des Puch-Wagens in tropischen Gebieten bzw. in Südeuropa zeigten sehr bald, dass bei forcierter Fahrweise und großer Belastung unzulässig hohe Öltemperaturen auftreten konnten. Es wurde deshalb aufgrund dieser Erfahrungen in Thondorf mit dem Haflinger eine Tropenausführung für den 500 und 650 T herausgebracht und mit Kundendienstmitteilung KD/4/62 den Werkstätten kundgemacht. Diese besagte im Originalton:
Wir empfehlen allen jenen, die Fahrten in vorgenannte Gebiete unternehmen, sich diese Ausrüstung nachträglich einbauen zu lassen. Der nachträgliche Einbau ist sehr einfach und kann von jeder Vertragswerkstätte durchgeführt werden.

Die Tropenausführung besteht aus nachstehenden Teilen:	
1 Gebläsehaube	700.1.06.021.2
1 Feder zur Gebläsehaube	700.1.06.026.1
1 Ölkühlerabdeckblech	700.3.07.016.2
1 Feder zum Ölkühlerabdeckblech	700.1.07.023.1
1 Gummianschlussstück	700.1.07.019.1
1 Gummibalg	700.1.06.031.1
1 Zwischenstück	700.1.06.027.1
1 Spannfeder	700.1.06.028.1
1 Anschlussstück zur Karosserie	700.1.06.030.2

Motorraum mit Tropenkühlung

Die Kombiversion des Kleinwagens – Große Klappe, tiefer Motor: Steyr-Puch 700 C und E

Als die Italiener den Fiat *Giardiniera* auf den Markt brachten, war es für die Thondorfer gar keine Frage, auch diesen Kombiwagen mit Lastesel-Eigenschaften, versehen mit den hauseigenen Komponenten, auf den Markt zu bringen. Durch die Unterbringung

Steyr-Puch 700 ab 1961.

Steyr-Puch 700 C, die Kombiversion des beliebten Kleinwagens, hatte ein vollsynchronisiertes Viergang-Getriebe und hinten angeschlagene Türen (1961–1968).

Puch 700 der Firma Herba.

der Motor-Getriebe-Achseinheit im Heck war – ebenso wie beim Fiat-Paralleltwin – zwangsläufig eine relativ hohe Ladekante entstanden. Puch baute vom 700er zwei Versionen: „C" stand für Combi, „E" bei der gleich ausgestatteten, jedoch schwächer motorisierten und mit einem „kürzeren" Getriebe versehenen Version war das Kürzel für „Economy". Obwohl der Kombi eine ganze Reihe von Ähnlichkeiten mit dem PKW hatte, war er dennoch eine eigenständige Entwicklung, die genau maßgeschneidert für den damals neu aufkeimenden Kombiwagenmarkt mit Freizeit-Touch passte.

Der 700 C kam offiziell im Jahr 1961 auf den Markt, obwohl – und das war typisch für die Marktpolitik von Puch in jenen Jahren – die ersten Modelle, noch mit Schiebedach, bereits 1959 ausgeliefert worden waren. Er hatte in einer ganz anderen Automobillandschaft zu bestehen als der knapp fünf Jahre früher entstandene Puch 500. Die Autos waren stärker, schneller, größer und komfortabler geworden. Der Kleinwagenboom war vorüber, die Kundenansprüche stiegen von Jahr zu Jahr. Und in diesem Licht müssen auch die einschlägigen Presseberichte und Testurteile gesehen werden. Doch eines sei gleich vorweggenommen: Der Steyr-Puch 700 C schlug sich in seiner Klasse hervorragend und erntete überwiegend positive Kritiken.

Am 1. Juni 1961 erschien in der deutschen Fachzeitschrift *Das Rad* ein Testbericht von Ing. E. Kordik:
Rund um den Puch 700 C. Die mit Riesenschritten in breitesten Bevölkerungsschichten um sich greifende Motorisierung hat es mit sich gebracht, dass Kleinwagen mit großer Leistungsfähigkeit nach wie vor große Bedeutung haben. Dieser Entwicklung hat man kürzlich auch bei Puch in Graz Rechnung getragen und, als Weiterentwicklung der seit dem Spätherbst 1957 in über 25.000 Exemplaren ausgelieferten 500er-Typen, den Kombiwagen 700 C herausgebracht. Er ist in direkter Linie von dem Fiat ‚Giardiniera' abgeleitet worden, weist jedoch diesem gegenüber eine Reihe von Änderungen auf, die durch den stärkeren Motor bedingt sind. Der OHV-Heckboxermotor hat 25 PS-Nutzleistung an der Kurbelwelle bei 4.800 U/min und ermöglicht eine Höchstgeschwindigkeit im Bereich von 120 km/h. Gegenüber den 500er-Modellen hat man ferner um 4 cm mehr Kopffreiheit … Alles an diesem Wagen verbindet das Zweckmäßige mit dem Gefälligen. Als kleiner Lieferwagen ist der Steyr-Puch 700 C durch seine Wendigkeit ideal für Eiltransporte. Mit aufgestellter Rückbank ist er ein erstklassiger Reisewagen, in dem man das Gepäck vernünftig unterbringen kann. Zur Verbesserung des Komforts für die Rücksitzpassagiere sind im Karosserieboden muldenförmige Vertiefungen eingelassen, die auch zur Versteifung der Karosserie dienen. Die Lenkung ist leichtgängig und fast stoßfrei, und die Federung muss sowohl für volle Belastung als auch für Alleinfahrt als bemerkenswert gut abgestimmt bezeichnet werden.

Neues Getriebe, temperamentvoller Motor

Hans Weingartmann, der bekannte Puch-Versuchs- und Wertungsfahrer, hat uns wiederholt eindrucksvoll die gute Kurvenlage demonstriert, und wir konnten uns schließlich selbst als kühne Powerslider produzieren. Noch etwas zeigte uns Weingartmann, nämlich was die Versuchsabteilung dem Fahrwerk abverlangt. Er fuhr mit teilweise 100 km/h am Tacho über einen von Schlaglöchern übersäten Feldweg, der besser einem Puch-Haflinger vorbehalten geblieben wäre. Das Fahrwerk benahm sich dabei sehr ordentlich und zeigte, was es in dieser extremen Situation zu leisten vermag. Man kann sich nun leicht vorstellen, welches Maß an Fahrsicherheit der 700 C im Alltagsbetrieb gewährleistet, wenn er in ungünstigen Situationen ein so hohes Maß an Fahrsicherheit beweist. Die Bremsen tragen hierzu übrigens das ihrige bei. Erstaunlich ist auch, wie sehr das Temperament des Motors durch die Hubraumsteigerung auf 643 cm³ gewonnen hat … Der höheren Motorleistung entsprechend besitzt der 700 C ein vollkommen neues Getriebe. Vom ersten bis

Der Steyr-Puch-Kombiwagen, Typ 700 C, bei einer Oldtimer-Veranstaltung, 55 Jahre nach seiner „Geburt" in voller Fahrt.

vierten Gang sind alle Gänge durch eine sehr kräftig bemessene Synchronisiereinrichtung nach dem ZF-System zwangssynchronisiert … Alle Vorteile der Schwingachsen und der unabhängig aufgehängten Vorderräder kommen beim 700 C in der Kombination des Federungssystems und der Stoßdämpfer richtig zur Geltung, in hervorragender Straßenlage und höchster Sicherheit!

Die österreichische Tageszeitung *Neues Österreich* widmete in ihrer Sonntagsbeilage vom 12. November 1961 dem neuen Wagen volle vier Seiten Test. Die bemerkenswertesten Passagen daraus lesen sich wie folgt:
Der Fahrer mit Familie … kann dem Steyr-Puch 700 C das Zeugnis ausstellen: In der großen Familie der kleinen Autos ist es zweifellos einer der an Leistung Größten. Zur Kritik fordern lediglich die Türen heraus, die nicht immer gut schließen wollten.

Sportlich und fahrsicher – mit Andrehkurbel

Der Sportfahrer … ihn interessierte am Steyr-Puch 700 C ja nur, was sich aus diesem Kleinwagen mit dem bescheidenen Äußeren motorisch und fahrdynamisch herausholen ließ. Fazit: Der Sportfahrer war vom Steyr-Puch 700 C hellauf begeistert. Schon die Sitzposition – höchst erfreulich. Oder: Man sieht vor sich auf kurvenreicher Straße einen dicken Brocken von PKW, auf den man von hinten aufgelaufen ist. Jetzt kommt eine übersichtliche Kurve, in der überholen erlaubt ist. Der Vordermann bremst. Der Steyr-Puch-700 C-Fahrer aber gibt Gas! Und mit herrlichem Brummen, die ganze Kraft des dritten Ganges auf die Straße bringend, zieht das Baby bombensicher an dem protzigen Rivalen vorbei, die Kurve nehmend wie auf Schienen!

Der Seniorfahrer ... bereitete dem Kleinwagen die härteste Prüfung auf der Strecke Kiew – Odessa. Während dieser 500 km langen Fahrt bei Temperaturen um 35° C Hitze gab es nur eine Tankpause und die Tachometernadel tanzte um die 100 km-Marke. Als der Seniorfahrer in Odessa den Motor abstellte, gab es keine Glühzündungen. Das ist mehr als Leistung, das ist ein kleines Wunder.

Die Frau auf dem Nebensitz ... ließ sich vorsichtig auf den Vordersitz des Steyr-Puch 700 C nieder, versuchte die Beine ein bisschen auszustrecken, ein bisschen noch und noch ein bisschen ... und siehe da, auf einmal saß sie ausgesprochen bequem und entspannt in dem ‚Klein'-Auto. Ausgezeichnet! Die Ausstattung ist verständlicherweise alles andere denn luxuriös. Aber sie ist recht sauber und praktisch. Über die gute Lüftung freut man sich, die Heizung ist zweifellos auch im tiefen Winter ausreichend, die Sitze samt Rücklehnen bieten Halt, ohne zu ermüden.

Heckansicht des Steyr-Puch 700 C, Baujahr 1968.

Der ‚Do-It-Yourself-Mademan' freute sich vor allem über eine gute Tradition, die bei Puch beibehalten wurde: die Andrehkurbel. Ungewohnt, aber sehr wirkungsvoll, ist die Mechanik des Wagenhebers. Mit Hilfe der Verklemmungseinrichtung hutscht er bei jedem Hebeldruck den Wagen rasch und zielstrebig in die Höhe. Sehr gut zugänglich sind der Benzintank, der Behälter für das Bremsöl und die Scheibenwaschanlage. Das Werkzeug hingegen ist sehr karg bemessen. Eine Kombizange, ein Schraubenzieher, vier Maulschlüssel und ein Radmutternlöser – das ist alles.

Die Frau am Volant ... lobt den Wagen als Auto, in dem man Fußgänger und Kraftfahrer in einem ist. Tupft man aufs Gas, macht der Wagen einen Schritt nach vor – genau, als ob man diesen Schritt selbst getan hatte. Ich gebe zu: er ist nicht elegant, er hat keine Zierleisten, keinen Make-Up-Spiegel, er ist ausgesprochen spartanisch. Er ist, genau besehen, überhaupt kein Auto für Frauen. Glaubt die Welt. Aber ich, ich glaube das Gegenteil! Dem Routinier blieb nach alledem noch hinzuzufügen, dass der Steyr-Puch 700 C mit seinem kompakten Unterflurmotor (der jetzt beim VW 1500 als Entdeckung gefeiert wird) eine technisch hervorragende Kleinwagenlösung, ja eine Zukunftslösung überhaupt ist.

Und schließlich nahm sich der *Motor-Kurier* am Samstag, dem 10. Februar 1962 des Wagens an:

Es ist Jahre her, seit ich den österreichischen Kleinwagen, den Steyr-Puch 500 fuhr. Als ich nun diesmal den Steyr-Puch 700 C, den größeren Bruder dieses Wagens übernahm, konnte ich mich nur mehr recht vage an damals erinnern – wen sollte es wundern, denn inzwischen hatte ich Dutzende anderer Wagen gefahren, große, kleine, schnelle und lahme – wie das eben bei einem passionierten Tester der Fall zu sein pflegt. Doch als ich eines Tages in den 700 C stieg, der mir vor die Haustür gestellt worden war, erinnerte ich mich blitzartig an den damaligen Steyr-Puch 500. Erinnerte mich, wie ich beeindruckt, ja begeistert von diesem Wagen war, von seiner Wendigkeit, seinem Temperament, erinnerte mich an die vortreffliche Straßenlage, die ausgezeichneten Bremsen, die exakte und direkte Lenkung ... Die üblichen Kombi, wie sie in vielfacher Variation auch bei uns angeboten werden, sind zumeist nur Karosserievarianten des entsprechenden PKW-Modells, mechanisch wird kaum jemals etwas geändert, höchstens dass die hinteren Federn verstärkt und die Übersetzung reichlicher gemacht wird. Der Steyr-Puch 700 C hingegen unterscheidet sich recht beträchtlich vom Puch 500, er ist nicht nur um 22 cm

länger, auch der Radstand ist um 10 cm verlängert, der hintere Überhang größer, der Wagen wiegt zudem um 80 kg mehr. Außerdem hat er einen anderen Motor und ein anderes Getriebe, auch die Ausstattung unterscheidet sich in vielen Details von jener des Puch 500 …
Die Hecktür nimmt die ganze Karosseriebreite ein; sie reicht oben weit ins Dach hinein, so dass auch sperrige Güter verladen werden können … Man darf schließlich nicht vergessen, dass bei einem Kombi das Verhältnis zwischen Eigengewicht und Nutzlast meist wesentlich ungünstiger ist als beim PKW, also gilt es, einen sehr weiten Bereich federungsmäßig zu beherrschen. Das erklärt es auch, warum Kombi häufig dann, wenn nur der Fahrer im Wagen sitzt, weder federungsmäßig noch in ihren Fahreigenschaften befriedigen. Und das war eigentlich die größte Überraschung beim Steyr-Puch 700 C: er fährt sich leer wie vollbeladen sehr gut. Seine Fahreigenschaften gefielen mir vielleicht noch besser als jene des Puch 500. Der längere Radstand hat ihm eine gewisse stärkere Betonung der Richtungsstabilität gebracht; dazu ist er lenkungsmäßig praktisch neutral, er beginnt mit einer kaum merklichen Untersteuerung, die in eine Übersteuerungstendenz im Grenzwert übergeht. Diese Tendenz ist gerade so gering, dass der Wagen zwar ausgesprochen kurvenwillig ist, ohne aber jemals abrupt auszubrechen. Das macht er nicht einmal in extremen Fahrsituationen. Die Grenze kündigt sich nur durch ein leichtes, eben merkbares Wandern des Hecks an.
Recht skeptisch war ich anfänglich, als behauptet wurde, die Motorgeräusche wären im Inneren des Fahrzeuges nie aufdringlich oder gar unangenehm. Die eigene Erfahrung aber hat mich eines Besseren belehrt: tatsächlich ist beim 700 C der Geräuschpegel im Inneren des Fahrzeuges eher niedriger als beim 500er.
Es bleibt noch, meinen Gesamteindruck vom Steyr-Puch 700 C zusammenzufassen: Ein Kleinwagen in seinen Außenabmessungen, der aber eindeutig vier Erwachsenen und ihrem Gepäck Platz bietet, ideal als Lieferfahrzeug. Fahrleistungen, die jenen viel gefahrener Mittelklassewagen nicht nachstehen, aber so wirtschaftlich, wie es eben nur ein Kleinwagen sein kann. Man hat mit dem Steyr-Puch 700 C in Graz wieder einmal ein prächtiges Pferd im Stall …

Steyr-Puch 700 C auf großer Fahrt

Es blieb auch dem Puch 700 der „schwarze Kontinent" nicht erspart, und so berichtete ein – leider namentlich nicht mehr erfassbarer – Puch-Kunde in einem vierseitigen Schreiben ans Werk über seine Fahrt nach Kairo:
Wien, 28. April 1962 – 20 Uhr – Kilometerstand 3409. So beginnt das Bordtagebuch meines 700 C und damit begann auch das große Abenteuer für uns und den Wagen. Es begann ganz harmlos. Mit einem Luftpostbrief flatterte die Einladung nach Ägypten ins Haus, und nach kurzer Beratung entschlossen wir uns, diese Einladung anzunehmen. Wir, das sind meine Gattin, Oma (trotz ihrer 64 Jahre), Helga, unsere Tochter, mein Puch 700 C und nicht zuletzt ich als Fahrer.

Der Steyr-Puch 700 C auf Fernfahrt in Ägypten.

Die Fahrt ging dann durch Jugoslawien und Griechenland über Athen an den Hafen von Piräus. Die Ankunft in Alexandrien war – zum Unterschied von der europäischen Kälte – in warmem Sonnenschein.

In einem Land, wo nur Straßenkreuzer das Straßenbild des Alltags beherrschen, mag sich mein Puch 700 wie ein Spielzeug ausgenommen haben. Trotz eifrigsten Bemühens war es dem arabischen Zollbeamten nicht möglich, den Namen Puch nachzusprechen, und so wurde aus meinem ‚Pucherl' glücklich ein ‚Busch-Auto', wobei dieser phonetische Ausdruck höchst zollamtlich festgehalten wurde. Von Alexandrien, wo wir schon erwartet wurden, ging die Fahrt weiter durch die 250 km lange Wüstenstraße bei 45 Grad Hitze. Ich glaube, der einzige, den diese Temperatur nichts ausgemacht hat, war mein Puch 700, denn ohne Zwischenfall kamen wir nach vier Stunden Wüstenfahrt in Kairo an. Nachdem wir unseren Bestimmungsort Helwan, einen Vorort Kairos, am Nil gelegen, erreicht hatten, war die erste Etappe unserer Reise erreicht. Von hier aus unternahmen wir dann in der weiteren Folge Autoreisen ans Rote Meer, nach El Alamein, zum Nildelta, nach Memphis und Sakkara, nach Alexandrien und Port Said. Innerhalb von drei Wochen haben wir etwa 4.000 Straßenkilometer zurückgelegt und einen unvergesslichen Urlaub verlebt.

Zumeist musste sich der Puch 700 C allerdings mit profaneren Fahrten herumschlagen und vor allem im Dienste von Kleingewerbetreibenden tagein, tagaus Lasten schleppen. Dies durch viele Jahre und ungeachtet der jeweiligen Witterung. Durch seine „Hecklastigkeit" spielte der Puch-Kombi vor allem bei nassen und glatten Straßen seine Stärken der ausgezeichneten Bodenhaftung der Antriebsräder aus. Und aufgrund seiner Einstufung als „Arbeitstier" wurde er im hohen Alter noch emotionsloser dem Schrotthändler übergeben als sein PKW-Pendant. So ist es nicht weiter verwunderlich, dass es heute nur mehr sehr wenige Puch 700 C und E in Sammlerkreisen gibt.

Im Zuge von Zeitungs-Testfahrten kam der Puch-Kombi sogar bis Moskau.

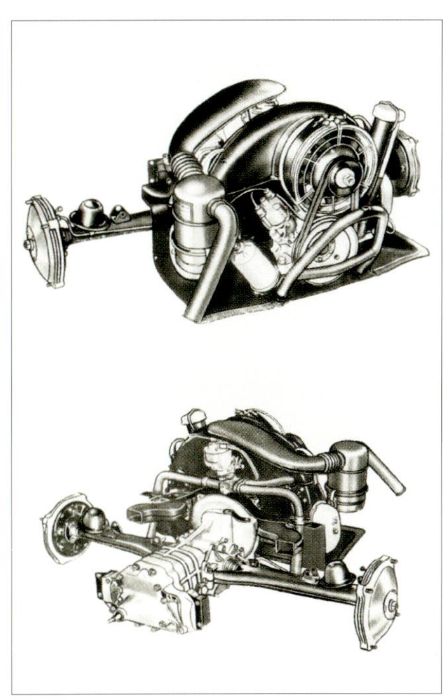

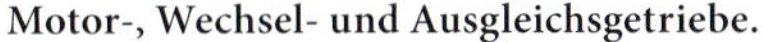

Motor-, Wechsel- und Ausgleichsgetriebe.

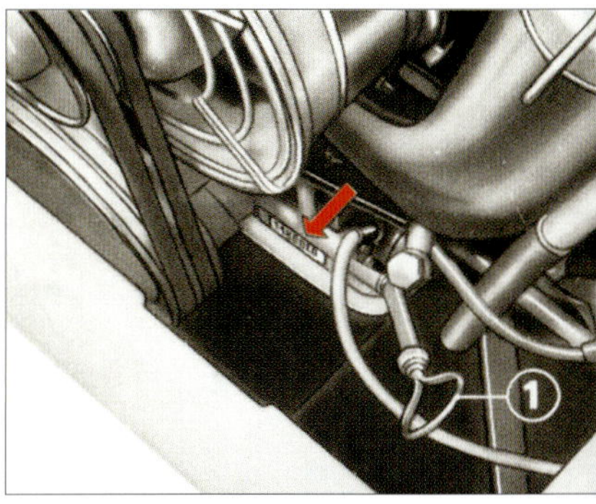

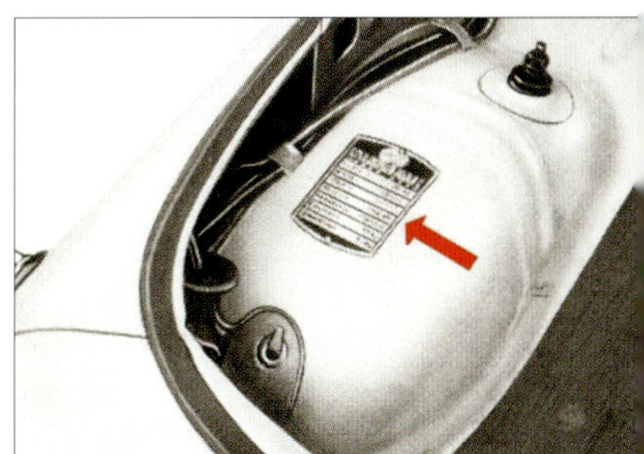

Kennnummern des Fahrzeuges: Die Motornummer des Wagens finden Sie lt. Abb. oben im Gehäuse eingeschlagen (Pfeil; 1 = Ölmessstab). Die Fahrgestellnummer und das Baumusterschild mit allen übrigen technischen Daten finden Sie in der Abb. darunter.

Die Technik des Steyr-Puch 700 C und E		
Die angeführten technischen Werte sind der offiziellen Betriebsanleitung des Werkes TS 50.1/1 – 67.7d entnommen		
Motor	**700 C**	**700 E**
Bauart	2-Zylinder-4-Takt-Boxermotor, luftgekühlt im Heck des Fahrzeuges	
Hubraum	643 cm^3	643 cm^3
Hub	64 mm	64 mm
Bohrung	80 mm	80 mm
Verdichtungsverhältnis	7,2	7,2
Ventile	hängend im Zylinderkopf	
Ventilspiel	Einlassventil 0,15 mm, Auslassventil 0,15 mm, bei kaltem Motor einzustellen	
Maximale Dauerleistung	25 PS bei 4.800 U/min (nach DIN) bzw. 28 PS, nach SAE (Handbuch 1967)	19,8 PS bei 4.800 U/min
Maximales Drehmoment	4,2 mkg bei 3.000 U/min	
Schmierung	Druckumlaufschmierung (Zahnradpumpe) mit Ölkühler und Ölfeinfilter	
Ölinhalt	1,75 l	
Kraftstoff-Förderung	mechanische Kraftstoffpumpe	
Vergaser	Fallstromvergaser mit Beschleunigerpumpe, Typ Weber 32 ICS	Typ Solex 40 PID
Lufttrichter	27	27
Hauptdüse	135	125
Korrekturdüse	250	50
	Typ Weber 32 ICS	Typ Solex 40 PID
Mischrohr	F18	K18296
Leerlaufdüse	1,75	1,6
Leerlaufluftdüse	50	50
Beschleunigerdüse	60	–
Rücklaufdüse	70	–
Luftfilter	Ölbadluftfilter	
Kühlung	Luftkühlung durch Gebläse	
Batterie	12 V 32 Ah, spannungsregelnd, 240 Watt, Bosch	
Lichtanlassmaschine	Type LA/EJ 160/12/3000 + 1 = R1	
Zündverteiler	Bosch mit Fliehkraftverstellung	
Zündpunkt-Einstellung	4°30' vor OT = 7 mm vor OT, gemessen an der Doppelriemenscheibe	
Unterbrecherabstand	0,4 mm	
Zündkerzen	Bosch, W 225 T1 oder gleichwertige	
Elektrodenabstand	0,6 bis 0,7 mm	
Kraftübertragung		
Kupplung, Bauart	Einscheibentrockenkupplung	
Wechselgetriebe	ZF-Vierganggetriebe, 4 Vorwärtsgänge, 1 Rückwärtsgang; wahlweise mit Kupplungsautomat „Saxomat"; alle Vorwärtsgänge zwangssynchronisiert; 2., 3. und 4. Gang geräuscharm	3. und 4. Gang kürzer übersetzt
Übersetzungsverhältnis	1. Gang: 1:3,73; 2. Gang: 1:2,18; 3. Gang: 1:1,30; 4. Gang: 1:0,89; Rückwärtsgang: 1:3,55	
Hinterachsantrieb	Kraftübertragung durch spiralverzahntes Kegelradgetriebe mit Kegelradausgleichsgetriebe über die Schwingachsen auf die Hinterräder.	
Übersetzungsverhältnis	1:4,88	

Ölinhalt des Triebwerkgehäuses	2 l Getriebeöl
Karosserie und Rahmen	Torsionssteifer Plattformrahmen, mit dem Aufbau zu einer selbsttragenden Karosserie verschweißt; Ausführung mit festem Dach oder Faltdach. Drei Türen: zwei seitliche Türen mit Doppelfenstern, von denen das vordere drehbar und das andere durch Handkurbel versenkbar ist. Eine absperrbare Türe rückwärts. Die hinteren Seitenfenster sind als Schiebefenster gestaltet. Verstellbare, vorklappbare Vordersitze, deren Rückenlehnen in der Schräge eingestellt bzw. ganz nach hinten umgelegt werden können. Gepäckraum hinter der Fondsitzbank, von der rückwärtigen Türe aus zugänglich. Rückenlehne der Fondsitzbank nach vor umlegbar, wodurch eine bis zu den Vordersitzen reichende Ladefläche entsteht. Zusätzlicher Gepäckraum unter der vorderen Haube, Handschuhfach und Kartenfach am Armaturenbrett.
Fahrgestell	
Federung vorne	Eine querliegende Blattfeder
Federung hinten	Schraubenfedern mit progressiv wirkenden Gummihohlfedern
Stoßdämpfer	Vorne und hinten doppeltwirkende hydraulische Teleskopstoßdämpfer
Lenkung	Schneckenlenkung als Einzelradlenkung mit geteilten Spurstangen
Lenkradumdrehungen	2,8
Kleinster Wendekreisdurchmesser	8,6 m
Räder	Scheibenräder mit Tiefbettfelgen 3,50 × 12
Bereifung	Niederdruckreifen 135–12; Luftdruck: Besetzung 3 – 4 Personen, vorne 1,2 atü, hinten 1,8 atü; Besetzung 1 – 2 Personen, vorne 1,2 atü, hinten 1,6 atü
Bremsen	Fußbremse: Hydraulische Vierradbremse, Trommel 180 mm Ø, Gesamtbremsbelagfläche 452 cm². Handbremse: Mechanisch auf die Hinterräder wirkend.
Radstand	1.940 mm
Spurweite	vorne 1.120 mm, hinten 1.135 mm
Nachlauf (Vorderachse)	9°
Sturz (Vorderachse)	4–7 mm
Vorspur (Vorderachse)	2 mm
Maße und Gewichte	
Länge über alles	3.185 mm
Breite über alles	1.360 mm
Höhe unbelastet	1.410 mm
Ladefläche	bei aufgestellter Fondsitzbanklehne: Länge 525 mm, Breite 1.050 mm; bei umgelegter Fondsitzbanklehne: Länge 1.200 mm, Breite 1.050 mm
Leergewicht (betriebsfertig)	560 kg
Zulässige Belastung	340 kg
Nutzlast (einschließlich Mitfahrer)	270 kg
Zulässiges Gesamtgewicht	900 kg
Betriebsstoff	
Kraftstoffverbrauch je nach Fahrweise	5,5–7 l auf 100 km
Normverbrauch	5,2 l
Ölverbrauch	0,3 l pro 1.000 km
Füllmengen	
Kraftstoffbehälter	24 Liter, davon 5 Liter Reserve
Motor	1,75 l Motoröl bei Neufüllung
Hinterachse mit Getriebe	2 Liter Getriebeöl
Lenkung	0,120 Liter Getriebeöl
Bremse	ca. 0,250 Liter Bremsflüssigkeit
Fahrleistungen	
Höchstgeschwindigkeit	112 km/h
Steigfähigkeit bei voller Belastung	im 1. Gang 30%, im 2. Gang 16%, im 3. Gang 8%, im 4. Gang 4%

Die richtige Kraft an jedem Ort: Der Stationärmotor Baureihe ST 600

Die ausgezeichneten Allroundeigenschaften des Puch-Kleinwagen-Boxermotors, insbesondere der gute Drehmomentverlauf und die ausgesprochene Zähigkeit im Dauerbetrieb, gepaart mit geringem Verbrauch, prädestinierten ihn als Stabilmotor für die verschiedensten Antriebszwecke. Durch seine günstigen Abmessungen und das geringe Gewicht wurde der Steyr-Puch-Stabilmotor zur Antriebsquelle für Kleintraktoren, Motorboote, Pumpen und Beregnungsanlagen, Kompressoren für Straßenbauzwecke, Notstromaggregate, Mischmaschinen und Bauaufzüge, Feuerlöschgeräte, Kreissägen und Mähdrescher u.v.a.m.

Der Motor entsprach in den Hauptabmessungen und in seinen technischen Grundzügen dem des Puch 650 bzw. 700 Kombi. Er wies exakt wie diese Motoren ein Bohrungs-Hubverhältnis von 80/64 mm und damit einen Hubraum von 643 cm³ auf. Doch hier wurde er als „ST 600“ bezeichnet. Die Dauerleistung betrug 17 PS bei 3.000 U/min, das max. Drehmoment 4 mkp bei 2.100–3.000 U/min, die Abregelung konnte für den jeweiligen Einsatzzweck in diesem Bereich gewählt werden.

Notstromaggregat mit Puch-Motor 643 cm³, Typ ST 600, 15 PS bei 3.000 U/min Dauerleistung nach DIN 6270.

Als besondere technische Eigenheit führten die Puchwerke zu diesem Motor aus:
Der in unserem Kleinwagen und Allradwagen vieltausendfach bewährte Viertaktmotor wurde durch zweckbestimmte Abänderungen für industrielle Zwecke in der Stabilmotoren-Baureihe ST 600 dienstbar gemacht. Durch die Anwendung des Boxer-Motorenprinzips konnte der Motor besonders kurz, stabil sowie raum- und gewichtssparend ausgeführt werden. Dadurch zeichnet er sich durch ausgeglichenen, vibrationsfreien Lauf aus, der die Aufhängung bzw. das Fundament nur gering beansprucht. Die Bauart bringt eine sehr kurze, gedrungene Kurbelwelle mit sich, die ebenso wie die Nockenwelle geschmiedet und gehärtet ist. Trotz der bereits erwähnten Formsteifheit der Kurbelwelle ist diese dreimal gelagert, und zwar in zwei Bleibronze-(Dreistoff-)Hauptlagern und einem Hilfslager aus Spezial-Aluminium-Legierung.
Das Motor-Gehäuse ist in Leichtmetall-Druckguss gefertigt und besitzt dadurch besondere Festigkeit bei geringem Gewicht. Die Zylinderköpfe sind ebenfalls im Leichtmetall-Druckgussverfahren – mit eingeschrumpften Ventilsitzringen – hergestellt und mit schräghängenden Ventilen ausgestattet. Dadurch ist ein halbkugelförmiger Verbrennungsraum mit günstigem Kerzensitz und idealen Verbrennungsbedingungen gegeben, woraus ein sparsamer Verbrauch resultiert. Das gegenüber dem Auspuffventil größer gehaltene Einlassventil ist am Sitz gehärtet, das Auslassventil am Sitz gepanzert und am Schaft verchromt. – In Graugusszylindern laufen Leichtmetallkolben.
Der Motor ist als Drosselmotor ausgelegt, dadurch wird eine lange Lebensdauer garantiert. Seine Gebläseluftkühlung – auf Wunsch mit zusätzlichem Flachrohrölkühler im Luftstrom – macht ihn unabhängig von klimatischen Verhältnissen. Das Schmiersystem wird durch einen Micronic-Feinstölfilter im Hauptölstrom geschützt, das Ansaugsystem

durch eine Papierfilterpatrone im Ansauggeräuschdämpfer. – Die Instandhaltung des an sich anspruchslosen Motors wird durch die gute Zugänglichkeit der Aggregate, wie Zündkerze, Vergaser, Zündverteiler, Ölfilter-Gehäuse usw. noch erleichtert.

Der Steyr-Puch-Stabilmotor ST 600 wurde serienmäßig in folgenden Ausführungsarten geliefert:

ST 600: Flansch-Ausführung zum Anflanschen an anzutreibende Maschinen. Normalausführung mit Zündverteiler und Lichtanlassmaschine bei Batteriezündung.

ST 600 S: ST 600 mit Standböcken zur Befestigung an einer Grundplatte.

ST 600 Da: ST 600 angeflanscht am Anbaugetriebe für direkte Kraftübertragung mit nicht ausrückbarer elastischer Kupplung.

ST 600 Db: wie ST 600 Da, jedoch mit ausrückbarer Einscheiben-Trockenkupplung.

ST 600 Ea: ST 600 angeflanscht am einfach übersetzten Anbaugetriebe mit dem Motor entgegengesetzter Drehrichtung des Antriebsstummels, mit nicht ausrückbarer elastischer Kupplung.

ST 600 Eb: wie ST 600 Ea, jedoch mit ausrückbarer Einscheiben-Trockenkupplung.

ST 600 Ua: ST 600 angeflanscht an doppelt übersetztes Anbaugetriebe mit dem Motor gleicher Drehrichtung, mit nicht ausrückbarer elastischer Kupplung.

ST 600 Ub: wie ST 600 Ua, jedoch mit ausrückbarer Einscheiben-Trockenkupplung.

Um die richtige Anpassung an möglichst viele Betriebsgegebenheiten zu ermöglichen, wurde der Motor in folgenden fixen Übersetzungsstufen geliefert:
Einfache Übersetzungen ins Langsame bei den Ausführungen ST 600 Ea und ST 600 Eb und doppelte Übersetzungen ins Langsame bei den Ausführungen ST 600 Ua und ST 600 Ub 1:2 und 1:3.
Weitere Zwischenwerte und Übersetzungen ins Schnelle konnten auf Sonderbestellung geliefert werden.
Und die nachfolgend angeführten Zusatzeinrichtungen konnten bei allen Ausführungen geliefert werden:
W 1: Flachrohrölkühler
W 2: Mechanische Kraftstoffförderpumpe
W 4: Drehzahlregler
W 5: Nicht ausrückbare elastische Verbindungskupplung
W 6: Ausrückbare Einscheiben-Trockenkupplung Fichtel & Sachs K 5

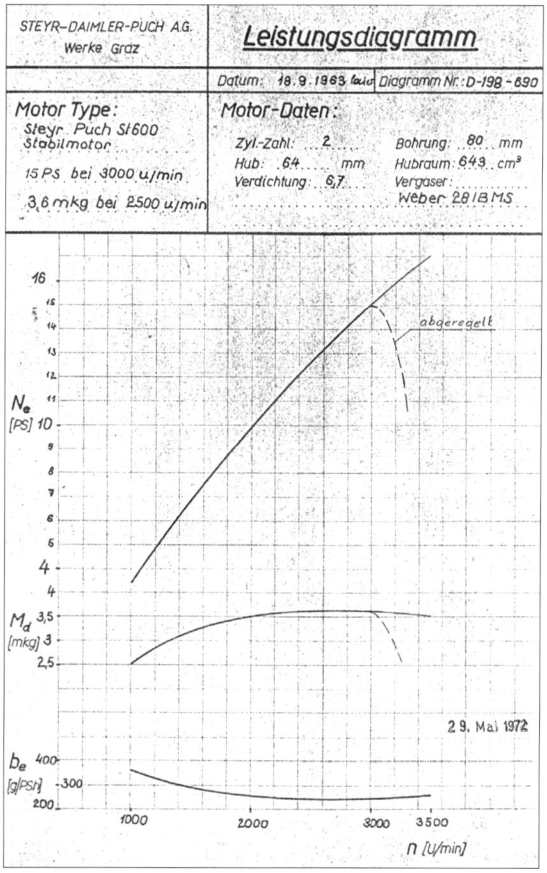

Motor Steyr-Puch ST 600 Stabilmotor, Arbeitsmaschine für Bau und Gewerbe. Bohrung/Hub (mm): 80/64, Hubraum 643 cm³, Leistung (PS bei U/min): 15/3.000, Drehmoment (mkp bei U/min): 3,6/2.500, Vergaser: Weber 28/BMS.

Alles in allem betrachtet war der Stabilmotor ein erfolgreiches Beispiel für die Adaptierung eines Motorkonzeptes, das seine Flexibilität und Universalität weit über das Ausmaß damals üblicher Kleinwagentriebwerke bewies.

Tabellenteil Steyr-Puch-Kleinwagen

Bau- und Erkennungsmerkmale der Steyr-Puch-Kleinwagen

Typ, Baujahr	Motor	Getriebe	Fahrgestell	Karosserie außen	Karosserie innen
Steyr-Puch 500, Auslieferung Herbst 1957	493 cm³, 16 PS, 1 Heiztopf	4 Vorwärtsgänge, 3 Gänge synchronisiert, 1. Gang nicht	Einzelradaufhängung, vorne Blattfeder, hinten Schraubenfedern, Leichtmetall-Trommelbremsen, hinten Pendelachse	selbsttragend (Mod. Fiat), keine Kurbelfenster, keine seitlichen Zierleisten, Klappverdeck (Faltdach), Türen hinten angeschlagen	Rücksitzpolster eingehängt, keine Passform-Bodenmatten, Benzinhahn, Blinker, Lichtschalter, Zündschloss am Armaturenträger
Steyr-Puch 500, Jänner 1958	geändertes Ölfiltergehäuse	4 Vorwärtsgänge, 3 Gänge synchronisiert, 1. Gang nicht	Einzelradaufhängung, vorne Blattfeder, hinten Schraubenfedern, Leichtmetall-Trommelbremsen, hinten Pendelachse	Kurbelfenster, seitliche Zierleisten, Tapezierung zweifarbig, Klappverdeck (Faltdach)	Passform-Bodenmatten
Steyr-Puch 500 D, 1959	stärkere Kurbelwelle, Ölfiltertopf aus Blech, 2 Heiztöpfe	4 Vorwärtsgänge, 3 Gänge synchronisiert, 1. Gang nicht	Einzelradaufhängung, vorne Blattfeder, hinten Schraubenfedern, Leichtmetall-Trommelbremsen, hinten Pendelachse	Blechdach von Puch, „D"-Schriftzug vorne und hinten	Handschuhfach im Armaturenbrett
Steyr-Puch 500 DL, 1959 (D_1)	19,8 PS, anderer Vergaser, auf Wunsch Saxomat-Kupplungsautomat	4 Vorwärtsgänge, 3 Gänge synchronisiert, 1. Gang nicht	Einzelradaufhängung, vorne Blattfeder, hinten Schraubenfedern, Leichtmetall-Trommelbremsen, hinten Pendelachse	vorne und hinten andere Leuchten, Zierkappen, „DL"-Schriftzug vorne und hinten, dachförmige Scheinwerferringe	Liegesitze, Innenspiegel, Scheibenwaschanlage (händisch zu pumpen)
Steyr-Puch 500 D, Steyr-Puch 500 DL 1960/61	Motorgehäuse, Ölpumpe geändert	4 Vorwärtsgänge, 3 Gänge synchronisiert, 1. Gang nicht, Getriebegehäuse verstärkt	Einzelradaufhängung, vorne Blattfeder, hinten Schraubenfedern, Leichtmetall-Trommelbremsen, hinten Pendelachse	Front mit anderen Blinkern und Puch-„Adler", bei hinteren Leuchten geänderter Alu-Unterteil	Fußbodenwannen hinter Vordersitzen
Steyr-Puch 500 D 1962	493 cm³, 16 PS	4 Vorwärtsgänge, 3 Gänge synchronisiert, 1. Gang nicht	Einzelradaufhängung, vorne Blattfeder, hinten Schraubenfedern, Leichtmetall-Trommelbremsen	selbsttragend (Mod. Fiat), Typen-Schriftzug nur mehr am Motordeckel, hinten neue 3-Kammer-Leuchten	Lenkstockschalter, Blinker- und Abblend-Fernlichtbetätigung mit linker Hand, Zündschloss am Armaturenbrett, Knieschutzleiste, Benzinkontrolllicht, verschiedene Innenausstattungen lieferbar

Typ, Baujahr	Motor	Getriebe	Fahrgestell	Karosserie außen	Karosserie innen
Steyr-Puch 650 T 1962	643 cm³, 19,8 PS	4 Vorwärtsgänge, 3 Gänge synchronisiert, 1. Gang nicht	verstärkte Achsstummeln, stärkere Lenkgelenke und vorderer Bremszylinder größer	wie oben	wie oben
Steyr-Puch 650 TR, 1964	660 cm³, 27 PS, Vergaser, Saugrohr, Ventile, Kolben, polierte Pleuel, kleinere Schwungscheibe	geänderter 1. und 2. Gang, längere Gesamtübersetzung, verschiedene Gang- und Hinterachs-Übersetzungen möglich	hinten kürzere Federn, diverse Stabilisatoren	„TR"-Zeichen am Ende des Motordeckel-Schriftzuges	wie oben
Unverändert bis Herbst 1966, Technik und Ausführung wie 1962 bis Herbst 1966. Herbst 1966–1968 nachstehende Änderungen:					
Steyr-Puch 500 D	493 cm³, 16 PS	siehe Bj. 1962	siehe Bj. 1962	Türen vorne angeschlagen, höhere Windschutzscheibe, kurzes Faltdach, geänderte Heckleuchten, auf Wunsch einschraubbares Polyesterdach, Gummimatte auf Heiztunnel	siehe Bj. 1962
Steyr-Puch 650 T	643 cm³, 19,8 PS	wie oben	wie oben	wie oben	wie oben
Steyr-Puch 650 TR Europa	660 cm³, 30 PS	siehe Bj. 1964	wie oben	wie oben	wie oben
Steyr-Puch 650 TR II	660 cm³, 40 PS, mit geänderter Nockenwelle, Monte Carlo-Auspuffanlage und Gruppe-2-Tuning-Maßnahmen (1966)	siehe Bj. 1964	wie oben	wie oben	wie oben, Zusatzinstrumente im Armaturenbrett
Steyr-Puch 500 1969–1971	493 cm³, 16 PS	Fiat 500 unsynchronisiert	vorne Einzelrad-Blattfeder, hinten Schraubenfeder, Dreieckslenker	entspricht Fiat 500 Nuova, Wagen kam komplett zusammengebaut, nur ohne Motor, Motordeckel und Heckblech. In Graz wurden Motor, Auspuffanlage, Heckblech und Motordeckel montiert	
Steyr-Puch 500 S	493 cm³, 19,8 PS	wie oben	wie oben		
Steyr-Fiat 126 Puch, Fiat 126, Motor Steyr-Puch, Bj. 1973–74, die letzten Lagerstücke 1975	643 cm³, 25 PS	3 Gänge synchronisiert, 1. Gang nicht	wie oben	Wagen kam komplett zusammengebaut, nur ohne Motor, Motordeckel und Heckblech. In Graz wurden Motor, Auspuffanlage, Heckblech und Motordeckel montiert. Keine Auspuffheizung, sondern Benzinheizung (Standheizung), gegen Aufpreis mit Zeitschaltuhr	
Den Kombi gab es von spät 1959 bis 1968 fast unverändert					
Steyr-Puch 700 C Kombi	643 cm³, 25 PS, auf Wunsch Saxomat	vollsynchron ZF 4 Vorwärtsgänge	gleich wie 650 T, nur 10 cm längerer Radstand	Kombi, die frühen Modelle mit Faltdach, später ein Blechdach von Puch, 1966–68 keine oberen seitlichen Zierleisten, von Anfang an mit höherer Windschutzscheibe	gleich wie 650 T, Lastschutz-Gitter, umlegbare hintere Sitzlehne
Steyr-Puch 700 E Kombi, E = Economic	643 cm³, 19,8 PS	3., 4. Gang anders übersetzt (kürzer)			
Sehr viele Varianten für Post, Bundesheer, Gendarmerie etc.					

Steyr-Puch-Kleinwagen-Gesamtproduktion (gesamt 1957–1976: 59.940 Stück)

Jahr / Modell	1957	1958	1959	1960	1961	1962	1963	1964	1965	1966	1967
500	1.087	7.873	8.334	7.906	4.911	3.628	2.376	1.331	979	620	–
500 neu	–	–	–	–	–	–	–	–	–	–	491
500 S	–	–	–	–	–	–	–	–	–	–	–
650 (T, TR)	–	–	–	–	–	1.113	1.968	918	682	364	343
700 C	–	–	–	5	3.310	1.059	1.324	1.033	722	557	377
700 E	–	–	–	–	–	296	214	1	–	–	–
126	–	–	–	–	–	–	–	–	–	–	–
Summe Kleinwagen	1.087	7.873	8.334	7.911	8.221	6.096	5.882	3.283	2.383	1.541	1.211
Kleinwagen-Motoren	–	3	10	30	45	68	138	120	73	358	299
Stabilmotoren	–	–	–	–	–	–	–	–	–	–	–

Jahr / Modell	1968	1969	1970	1971	1972	1973	1974	1975	1976	1977	Summe
500	–	–	–	–	–	–	–	–	–	–	39.045
500 neu	324	407	314	180	100	–	–	–	–	–	1.816
500 S	–	737	858	470	281	13	–	–	–	–	2.359
650 (T, TR)	186	–	–	–	–	–	–	–	–	–	5.574
700 C	179	–	–	–	–	–	–	–	–	–	8.566
700 E	–	–	–	–	–	–	–	–	–	–	511
126	–	–	–	–	–	316	1.468	284	1	–	2.069
Summe Kleinwagen	689	1.144	1.172	650	381	329	1.468	284	1	–	59.940
Kleinwagen-Motoren	256	44	540	3.994	3.256	3.297	2.699	2.586	2.213	1.814	22.504
Stabilmotoren	–	228	71	–	362	in den Stückzahlen der Kleinwagenmotoren enthalten					insgesamt

Steyr-Puch-Kleinwagen-Inlandverkauf

Jahr / Modell	1957	1958	1959	1960	1961	1962	1963	1964	1965	1966	1967
500	929	7.291	7.801	6.951	4.879	4.234	3.640	2.340	1.440	909	–
500 neu	–	–	–	–	–	–	–	–	–	–	725
500 S	–	–	–	–	–	–	–	–	–	–	
650 (T, TR)	–	–	–	–	bei 500er-PKW inkludiert						
700 C	–	–	–	–	2.832	1.578	1.400	1.112	671	533	384
700 E	–	–	–	–							
126	–	–	–	–	–	–	–	–	–	–	–
Summe Kleinwagen	929	7.291	7.801	6.951	7.711	5.812	5.040	3.452	2.111	1.442	1.109
Kleinwagen-Motoren inkl. Stabilmotoren	–	3	10	30	45	68	138	120	73	358	299

Jahr / Modell	1968	1969	1970	1971	1972	1973	1974	1975	1976	Summe
500	–	–	–	–	–	–	–	–	–	40.414
500 neu	633	1.146	1.061	603	437	258	–	–	–	4.863
500 S							–	–	–	
650 (T, TR)		–	–	–	–	–	–	–	–	bei 500er inkludiert
700 C	218	–	–	–	–	–	–	–	–	8.728
700 E		–	–	–	–	–	–	–	–	
126	–	–	–	–	–	–	1.241	545	–	1.786
Summe Kleinwagen	851	1.146	1.061	603	437	258	1.241	545	–	55.791
Kleinwagen-Motoren inkl. Stabilmotoren	256	155	99	230	362	329	258	459	21	3.313

Bei der Puch 600 Multicar-Projektstudie handelte es sich um ein Projekt zur billigen Personenbeförderung für große Betriebsgelände wie z.B. Großbaustellen, Eisen- und Stahlwerke oder Mineralienabbau.

Nummernschlüssel des Steyr-Puch-Kleinwagens	
Motornummern	
510.0001 – 510.6199	„500“
510.6200 – 511.2399	„500“
511.2400 – 511.8599	„500“
511.8600 – 512.4799	„500“
512.4800 – 512.9453	„500“
513.0000 – 513.1132	„500“
515.0001 – 515.6075	„500“
515.6076 – 516.2276	„500“
516.2277 – 516.2730	„500“
518.0001 – 518.6200	Kombi
518.6201 – 518.8969	Kombi
520.0001 – 520.5991	650 T und 700 E
Fahrgestellnummern	
185.4339 – 286.1789	Fiat 500 A
299.2002 – 309.2553	Fiat
504.0001 – 504.6200	Kombi
504.6201 – 504.9101	Kombi
510.0001 – 510.6199	„500“
510.6200 – 511.2399	„500“
511.2500 – 511.8590	„500“
511.8591 – 512.4790	„500“
512.4791 – 513.0989	„500“
513.0990 – 513.7190	„500“
513.7191 – 514.3389	„500“
514.3390 – 514.5441	„500“
Fahrzeugnummern	
500.5501 – 501.7799	„500“
501.7800 – 502.9000	„500“
502.9001 – 503.5137	„500“
503.5138 – 504.1338	„500“, „650“
504.1339 – 504.7500	„500“
504.7501 – 505.0733	„500“
505.1000 – 505.4592	„500“
540.0001 – 540.6170	Kombi
540.6171 – 540.9089	Kombi

Vergaser-Einstelltabelle

	500 D	500 DL	500 DL bzw. 500 D Deutschland	500 DL bzw. 500 D Deutschland	500 DL bzw. 500 D Deutschland	500 DH	500 DH	650 T	650 T	650 T Deutschland	650 T Deutschland
Vergaser	Weber 28 IBMS	Weber 32 ICS 5	Weber 32 ICS 3	Solex 32 PCI	Solex 40 PID	Solex 32 PCI	Weber 32 ICS 4	Weber 32 ICS 6	Solex 40 PID	Weber 32 ICS TI	Solex 40 PID
Pos.-Nr.	501.1.0876.0	Zwischenausführung, nicht mehr verwendet	502.1.08.022.0	502.1.08.001.0	502.1.08.023.0	502.1.08.601.0	502.1.08.602.0	502.1.08.701.0	502.1.08.703.0	502.1.08.710.0	502.1.08.709.0
Durchmesser	28	32	32	32	40	32	32	32	40	32	40
Lufttrichter	22	27	25	25	25	27	27	20	23	22	27
Hauptdüse	125 (130)*	137	135	110	117,5	115	137	112	X 107,5	130	X J35
Korrekturdüse	270	250	230	240	100	220	270	270	100	270	50
Leerlaufdüse	45 (40)*	60	55	g 45	g 60	g 45	52	55	g 50	50	55
Leerlaufluftdüse	225 (150)*	1,75	1,75	1,1	1,6	1,1	1,75	1,75	1,6	1,75	1,6
Centratore, Nebenlufttrichter-Kanal)	3,0	3,0	3,0	Mischrohrträger 5,5	2,5 ø	Mischrohrträger 5,5	4,5	3,0	2,5 ø	4,0	2,5 ø
Gemischaustritt					4,1 ø				4,1 ø		1,8 ø
Mischrohr	F7	F 17	F 17	Nr. 39	K 18296	39	F 18	F 18	K 18296	FIS	K 18296
Einspritzpumpe				Nr. 74*	mit Ventil ohne Anreicherung	Nr. 74*			mit Ventil ohne Anreicherung		mit Ventil ohne Anreicherung
Einspritzmenge			0,2–0,3 cm^3/Hub	0,2+0,1 cm^3/Hub	0,4–0,6 cm^3/Hub	0,2+0,1 cm^3/Hub	0,2–0,3 cm^3/Hub	0,2–0,3 cm^3/Hub	0,4–0,6 cm^3/Hub	0,2–0,3 cm^3/Hub	0,4–0,6 cm^3/Hub
Belüftungsbutze					060				060		060
Beschleunigerdüse		60	50				60	50		60 ohne Nase	
Pumpenkolben/ Hub		10 mm	10 mm				10 mm	10 mm		10 mm	
Rücklaufdüse		90	90	75 statt Saugventil		75 statt Saugventil	90	100		70	
Pumpeneinspritzrohr				0,9 cal	kurz 0,5 cal	0,9 cal			kurz 0,5 cal		kurz 0,5 cal
Schwimmernadelventil	1,25 mit Kugel	1,50 mit Kugel	1,50 mit Kugel		1,50 mit Kugel, Dichtung 1,0 mm	1,50	1,50 mit Kugel	1,50 mit Kugel	150 mit Kugel, Dichtung 1,0 mm	1,50 mit Kugel	1,50 mit Kugel, Dichtung 1,0 mm
Schwimmergewicht	9 gr	25 gr	25 gr	5,7 gr	7,3 gr	5,7 gr	25 gr	25 gr	7,3 gr	25 gr	7,3 gr
Schwimmereinstellung	7 mm Abstand vom Deckel* mit Dichtung	2 mm Abstand vom Deckel* ohne Dichtung	2 mm Abstand vom Deckel* ohne Dichtung				2 mm Abstand vom Deckel* ohne Dichtung	2 mm Abstand vom Deckel* ohne Dichtung		2 mm Abstand vom Deckel* ohne Dichtung	
Niveau				15,5 mm* ohne Dichtung	14–16 mm* ohne Dichtung	15,5 mm* ohne Dichtung			14–16 mm* ohne Dichtung		14–16 mm* ohne Dichtung
Startdüse	F 5/110										
Ventilfeder für Starterventil		160 gr bei 7 mm	160 gr bei 7 mm				160 gr bei 7 mm	160 gr bei 7 mm		160 gr bei 7 mm	
Belüftung für Schwimmergehäuse		2 × 8 mm	2 × 8 mm				2 × 8 mm	2 × 8 mm		2 × 8 mm	
Belüftung für Korrekturdüse		4,3	4,3				4,3	4,3		4,3	
Bypass (Übergang)		2 Bohrungen 2 ø 1,65 ø	3 Bohrungen 2 ø 1,7 ø 1,7 ø	2 Bohrungen 1,5 ø 1,2 ø	2 Bohrungen 1,2 ø 1,6 ø 1 Schlitz 0,65/1,5	2 Bohrungen 1,5 ø 1,2 ø	2 Bohrungen 2 ø 1,65 ø	2 Bohrungen 2 ø 1,65 ø	2 Bohrungen 1,2 ø 1,6 ¢ 1 Schlitz 0,65	2 Bohrungen 2 ø 1,65 ø	2 Bohrungen 1,2 ø 1,6 ø 1 Schlitz 0,65/1,5

700 C	700 C	700 E	700 PH Hölbl-Sport	700 AP	700 AP	700 AP	ST 600 Stabilmotor	500 Sport	650 TR I	650 TR II	
Weber 32 ICS 1	Solex 40 PID	Weber 32 ICS 7	Solex 40 PID	Weber 32 ICS*	Weber 32 ICS–HS**	Pallas Zenith 32 NDIx	Weber 28 IBMS	Pallas Zenith 32 NDIx	Pallas Zenith 32 NDIx	Pallas Zenith 32 NDIx	* Tropen-Ausführung gleiche Einstellung; ** Ausführung mit Ansaugschnorchel
504.1.08.020.0	504.1.08.040.0	504.1.08.301.0	504.1.08.860.0	700.1.08.100.0	700.1.08.250.0	700.1.08.015.0	630.1.08.011.0	503.1.08.060.0*	503.1.08.034.0	503.1.08.210.0*	* Grundeinstellung (separate Abstimmung notwendig)
32	40	32	40	32	32	2 × 32	28	2 × 32	2 × 32	2 × 32	
27	27	20	30	27	27	2 × 22	22	2 × 25	2 × 22	2 × 27	
125	x 125	105	x 160	135**	130	2 × 110	137	2 × 125	2 × 110	2 × 135	* bis Oktober 1964; ** bei Höhen über 1.500 m HD 125
230	50	215	100	240	220	2 × 240	270	2 × 280	2 × 260	2 × 250	
55	g 50	50	g 57,5	50	50	2 × 45	45 (40)*	2 × 45	2 × 45	2 × 45	* bei Leerlaufdüse 40 Leerlaufluftdüse 150
1,75	1,6	1,75	1,6	1,75	1,75	2 × 80	225 (150)*	2 × 80	2 × 80	2 × 80	** bei Leerlaufluftdüse 150 Leerlaufdüse 40
4,5	2,5 ø	3,0	2,5 ¢	4,5	4,5		3,0				
	4,1 ø		4,1 ø								
F 18	K 18296	F 18	K 18296	F 18	F 18	2 × 6 S	F 7	2 × 65	2 × 65	2 × 65	
	mit Ventil ohne Anreicherung		neutral			**		*	***	*	* Abschaltpunkt 29° o. 3 mm Drosselklappe; ** Abschaltpunkt 17° o. 1,5 mm Drosselklappe; *** Abschaltpunkt 25° o. 2,6 mm Drosselklappe
0,2–0,3 cm³/Hub	0,4–0,6 cm³/Hub	0,2–0,3 cm³/Hub	1,3–1,5 cm³/Hub	0,2–0,3 cm³/Hub	0,2–0,3 cm³/Hub	0,4+0,1 cm³/Hub		0,1–0,15 cm³/Hub	0,1–0,15 cm³/Hub	0,1–0,15 cm³/Hub	
	060		040								
60		50		60	60	2 × 40		2 × 70	2 × 40	2 × 70	
10 mm		10 mm		10 mm	10 mm	ohne Bypass		mit Bypass 0,8 ø*	mit Bypass 0,8 ø	mit Bypass 1,2 ø*	* bei Burgessanl. o. Bypass
70		100		70	70						
	kurz 0,5 cal		kurz, offen			2 ø / Austritt 0,6 cal		Austrittsöffnung 2 mm ø	Austrittsöffnung 0,6 cal	Austrittsöffnung 2 mm ø	
1,50 mit Kugel	1,50 mit Kugel, Dichtung 1,0 mm	1,50 mit Kugel	1,50 mit Kugel, Dichtung 1,0 mm	1,50 mit Kugel	1,50 mit Kugel	1,75	1,25 mit Kugel	1,75	1,75	1,75	
25 gr	7,3 gr	25 gr	7,3 gr	25 gr	25 gr	28,7 gr	9 gr	28,7 gr	28,7 gr	28,7 gr	
2 mm Abstand vom Deckel* ohne Dichtung		2 mm Abstand vom Deckel* ohne Dichtung		2 mm Abstand vom Deckel* ohne Dichtung	2 mm Abstand vom Deckel* ohne Dichtung		7 mm Abstand vom Deckel* ohne Dichtung				* bei geschlossenem Ventil
	14–16 mm* ohne Dichtung		14–16 mm* ohne Dichtung			17,3 mm* ohne Dichtung		17,3 mm* ohne Dichtung	17,3 mm* ohne Dichtung	17,3 mm* ohne Dichtung	* Schwimmer eingelegt, gemessen ab Dichtfläche
						190	F 5/110	190	190	190	
160 gr bei 7 mm		160 gr bei 7 mm		160 gr bei 7 mm	160 gr bei 7 mm						
2 × 8 mm		2 × 8 mm		2 × 8 mm	2 × 8 mm	Belüftungssteg		Belüftungssteg	Belüftungssteg	Belüftungssteg	
4,3		4,3		4,3	4,3						
2 Bohrungen 2 ø 1,65 ø	2 Bohrungen 1,2 ø 1,6 ø 1 Schlitz 0,65	2 Bohrungen 2 ø 1,65 ø	2 Bohrungen 1,2 ø 1,6 ø 1 Schlitz 0,65/1,5	2 Bohrungen 2 ø 1,65 ø	2 Bohrungen 2 ø 1,65 ø	Bohrsys. 32 ob. Bhrg. 1,0 ø, unt. Bhrg. 0,9 ø		Bohrsys. 32 ob. Bhrg. 1,0 ø, unt. Bhrg. 0,9 ø	Bohrsys. 32 ob. Bhrg. 1,0 ø, unt. Bhrg. 0,9 ø	Bohrsys. 32 ob. Bhrg. 1,0 ø, unt. Bhrg. 0,9 ø	bei Weber IBMS und ICS Drosselklappe 85°, bei Solex PID und PCI Drosselklappe 8°

Steyr-Puch-Kleinwagenexporte

Jahr / Exportland	1958	1959	1960	1961	1962	1963	1964	1965	1966	1967	1968	1969	1970	1971	1972	1973	1974	1975	Summe
Deutschland		811	504	111	276	432	167	138	8	28	13	17	52	11			19	10	2597
Portugal		5								19	40								64
England			12				1		11	10									34
Finnland			28	133	141	1													303
USA										1									1
Ungarn					1	5	4	39	59	52	15	19	15	9	6		3		227
Südafrikanische Union	1					1													2
Spanien						1			4	2									7
Luxemburg							1												1
ČSSR							1												1
Guatemala							1												1
Japan							1												1
Rumänien								1											1
Polen								4	1	1		1							7
Schweiz								1		1									2
Freilassing*				208	173														381
Frankreich									14	6									20
Griechenland									2	10	10	12						1	35
Israel									1	1									2
Kan. Inseln										3									3
Schweden										11	28	6	1						46
Holland											1								1
Summe Kleinwagen	1	816	544	452	591	440	176	183	100	145	107	55	68	20	6	–	22	11	3.737

* Direktauslieferung nach Deutschland über die Steyr-Daimler-Puch-Tochtergesellschaft in Freilassing. Die anderen Fahrzeuge wurden über die Firma Liedl ausgeliefert.

Steyr-Puch 700 C im Einsatz als Müllfahrzeug.

Exporte Steyr-Puch-Kombiwagen 700

Jahr / Land	1961	1962	1963	1964	1965	1966	1967	1968	Summe
Deutschland	1		20	18	5				44
Finnland	185	3							188
USA	1								1
Port. Ostafrika			6						6
Ungarn			3	1		6	2		12
Guatemala				1	2				3
Australien				1					1
Indien					1				1
Griechenland						2	18	4	24
Spanien						1			1
Schweiz							1		1
Schweden							3	8	11
Summe	187	3	29	21	8	9	24	12	293

Schmiermittel-Tabelle für Steyr-Puch 500 Mod. Fiat

Verbraucher	Schmiermittel	Viskosität SAE Nr.	Richtige Schmiermittelsorte (Firmennamen in alphabetischer Reihenfolge)								
			B. P. Benzin-Petroleum A.G.	Castrol Austria Ges.m.b.H.	Esso Standard Austria	Gasolin Ges.m.b.H.	Hicol Hildebrand & Co.	Mobil Oil Austria A.G.	ÖROP Handels-A.G.	SHELL Austria A.G.	VALVOLINE OIL Company Ges.m.b.H.
Motor	Motoröl	bei Temp. über 25° C SAE 30	Energol HD Motor Oil SAE 30	Castrol XL SAE 30	Esso Motor Oil SAE 30	Motanol Autoöl – HD 30	Hicolub Motor Oil SAE30 oder HD 30	Mobil A (SAE 30)	Super Oropol „100 MS“ SAE 30	SHELL × 100 Motor Oil 30	VALVOLINE Motor Oil 30 o. Super HPO 30
		bei Temp. von -5° C bis 25°C SAE 20	Energol HD Motor Oil SAE 20	Castrolite SAE 20/20 W	Esso Motor Oil SAE 20	Molanol Autoöl – HD 20	Hicolub Motor Oil 20/20W o. HD20/ HD20W	Mobil Arctic (SAE 20)	Super Oropol „100 MS“ SAE 20	SHELL × 100 Motor Oil 20/20W	VALVOLINE Motor Oil 20 o. Super HPO 20
		bei Temp. unter -5° C SAE 10	Energol HD Motor Oil SAE 10	Castrol Z SAE 10	Esso Motor Oil SAE 10	Motanol Autoöl – HD 10	Hicolub Motor Oil 10/10 W o. HD 10/HD 10 W	Mobil 10 W (SAE 10)	Super Oropol „100 MS“ SAE 10 W	SHELL × 100 Motor Oil 10 W	VALVOLINE Motor Oil 10 o. Super PHO 10
Getriebe	Getriebeöl	bei Temp. über 5° C SAE 90	Energol Transmis. Oil EP, SAE 90	Castrol Hypoy 90	Esso Gear Oil XP COMP 90	GASOLIN Spezial-Getriebeöl 90	Hicol Gear Oil EP 90	Mobilube GX-90	ÖROP-Hypoid-Getriebeöl SAE 90	SHELL Spirax 90 EP	VALVOLINE Getriebeöl X-18
		bei Temp. unter 5° C SAE 80	Energol Transmis. Oil EP, SAE 80	Castrol Hypoy 80	Esso Gear Oil XP COMP 80	GASOLIN Spezial-Getriebeöl 80	Hicol Gear Oil EP 80	Mobilube GX-80	ÖROP-Hypoid-Getriebeöl SAE 80	SHELL Spirax 80 EP	VALVOLINE Getriebeöl X-18
Lenkgehäuse	Getriebeöl	SAE 90	Energol Transmis. Oil EP, SAE 90	Castrol Hypoy 90	Esso Gear Oil XP COMP 90	GASOLIN Spezial-Getriebeöl 90	Hicol Gear Oil EP 90	Mobilube GX-90	ÖROP-Hypoid-Getriebeöl SAE 90	SHELL Spirax 90 EP	VALVOLINE X-18/90
Schmiernippel an den Achsschenkeln	Abschmierfett	–	Energrease WH/L	Castrolease AP Grease	Esso Abschmierfett	GASOLIN Mehrzweckfett	Hicol Gear Oil EP 90	Mobilgrease MP	ÖROP-Fett LORENA U 6	SHELL RETINAX A	VALVOLINE X-18/90
Vorderradlager	Radlagerfett	–	Energrease WH/L	Castrolease AP Grease	Esso Radnabenfett	GASOLIN Mehrzweckfett	Hicol Radnabenfett	Mobilgrease MP	ÖROP-Fett LORENA U 6	SHELL RETINAX A	VALVOLINE Grease BG 2
Kugellager des Dynastarters	Heißlagerfett	–	Energrease WH/L	Castrolease AP Grease	Esso Heißlagerfett	GASOLIN Walzlagerfett	Hicol Radnabenfett	Mobilgrease MP	ÖROP-Fett LORENA U 6	SHELL RETINAX A	VALVOLINE Grease BG 2
Stoßdämpfer	Stoßdämpferöl	–	Energol HD Motor Oil SAE 30	Castrol Z SAE 10	Zerice 36	GASOLIN Spezialöl DK 30 S	Hicol Stoßdämpferöl PR	Mobil Oil 10 W SAE 10 W	ÖROP-Stoßdämpferöl	SHELL DONAX A 1	VALVOLINE Motor Oil 10 SAE 10

Steyr-Puch-Haflinger

Einzigartiges Geländegefährt: Philosophie des Steyr-Puch-Haflinger

Haflinger-Prototyp 1957.

Parallel zur Entwicklung des Steyr-Puch-Kleinwagens beschäftigte sich eine Konstruktionsgruppe unter Dipl.-Ing. Erich Ledwinka mit der Konstruktion eines geländegängigen, allradgetriebenen Kleinwagens. Dieser sollte vor allem für die Anforderungen des österreichischen Bundesheeres ausgelegt sein, aber auch für ausländische Militärkräfte sowie Behörden und Privatbenutzer interessant sein. Aufgrund dieser Zielgruppe war es von Haus aus klar, dass es sich dabei um ein Spezialfahrzeug mit extremer Geländegängigkeit, geringem Gewicht und großer Wendigkeit handeln würde. Als Antriebseinheit wurde der auf 643 cm^3 vergrößerte Zweizylinder-Boxermotor des Kleinwagens gewählt, wie er dann auch im Steyr-Puch 650 T, 700 C und E sowie im Stabilmotor verwendet wurde.

Der Steyr-Puch-Haflinger war somit ein leichter, für den Personen- und / oder Materialtransport geeigneter Geländewagen mit außergewöhnlichen Konstruktionsmerkmalen, der sich grundlegend von der Auslegung und den Komponenten damaliger leichter Geländefahrzeuge unterschied.

Das Maß der Dinge zu jener Zeit war noch immer der klassische Jeep aus dem Zweiten Weltkrieg, der aufgrund einer militärischen Ausschreibung der US-Army entstanden war. Das bedeutete: Leiterrahmen, Frontmotor in wassergekühlter Ausführung mit relativ großem Hubraum und Hinterachsantrieb bei Straßenfahrt, zuschaltbarer Vorderachsantrieb bei Geländefahrt. Die starren Achsen waren mit Halbelliptik-Blattfedern aufgehängt. Die Epigonen dieser Bauweise wie beispielsweise Jeep-Nachfolgemodelle sowie der berühmte *Land Rover* aus Großbritannien, die fernöstlichen „Jeeps" oder der russische *GAZ* wurden nach demselben Prinzip gebaut.

Die Thondorfer gingen jedoch beim Haflinger einen ganz anderen Weg: einzeln gefederte, unabhängig aufgehängte Räder, Heckmotor und Heckantrieb sowie zuschaltbarer Vorderachsantrieb und für totale Geländegängigkeit zwei händisch zuschaltbare Differenzialsperren. Die weiteren Komponenten wie Zentralrohrrahmen, Pendelachsen und luftgekühlter Motor wiesen die Handschrift von Dipl.-Ing. Erich Ledwinka, dem Sohn und engsten Mitarbeiter von Prof. Hans Ledwinka, auf.

Zur Erinnerung an den großen österreichischen Automobilpionier Prof. Hans Ledwinka seien hier kurz jene Baumerkmale aufgelistet, die sich dem Wesen nach auch im Haflinger und später auch beim Pinzgauer orten lassen.

Haflinger-Prototyp.

Hans Ledwinka begann um die Jahrhundertwende als Konstrukteur in der Automobilfabrik Ignaz Schustala in Nesselsdorf (heute Tatra) und wirkte bereits beim Bau des ersten Nesselsdorfer Automobiles, des Wagens mit der Bezeichnung „Präsident", mit. 1922 ging Ledwinka einen ganz neuen und revolutionären Weg beim Bau eines kleinen, leichten und dennoch leistungsfähigen Automobils, dem Typ Tatra 11. Alle bis dahin gebauten und bekannten Kleinwagen waren im Prinzip nichts anderes als maßstäblich verkleinerte Normalautos, die selbstverständlich auch deren Bauelemente vom Leiterrahmen über den wassergekühlten Reihenmotor bis zu den schweren Starrachsen und zum komplizierten Karosserieaufbau aufwiesen. In entsprechend teurer und gleichermaßen ungeeigneter Weise. Denn der kleine Motor kochte bei langer Bergauffahrt infolge der geringeren Kühlmittel- und Drehmomentreserve leichter als der große. Der Leiterrahmen war aufwendig in der Herstellung, dabei schwer, verwand sich und leitete die Torsionsbeanspruchung auf die Karosserieelemente weiter. Und auch die Achsen waren verhältnismäßig schwer und infolge der großen ungefederten Massen unkomfortabel.

Das Ledwinka-Konzept

Hans Ledwinka bediente sich beim kleinen Tatra eines gebläsegekühlten Zweizylinder-(später Vierzylinder-)Boxermotors. Damit hatte er zunächst einmal ein ruhiges Laufverhalten infolge des guten Massenausgleichs sowie ein verbessertes Kühlverhalten bei

Bergauffahrt erreicht. Denn je steiler der Berg, desto niedriger der Gang und daher umso höher die Drehzahl des Motors. Das bedeutete eine hohe Umdrehungszahl des Gebläserades und damit eine große Kühlluftmenge.

An die Stelle des Leiterrahmens trat ein Zentralrohrrahmen, der nicht nur extrem torsionssteif war, sondern auch eine freiere Gestaltung der Karosserieform erlaubte. Und schließlich kam als Antriebseinheit eine Pendelachse zur Anwendung, die im Vergleich zur Starrachse nicht nur wesentlich geringere ungefederte Massen, sondern auch gewisse Vorteile bei den damaligen Wegeverhältnissen, die heute unter dem Sammelbegriff *Offroad* eingestuft werden, aufwies. Diese Konzeption bewährte sich auf sensationelle Weise und der „Tatritschek" errang bald die Popularität eines echten Volksautomobils.

Erich Ledwinka, der langjährige enge Mitarbeiter seines Vaters, war bei Steyr-Daimler-Puch beschäftigt. Er sah auch bei der Konstruktion des Steyr-Puch-Haflinger die große Chance für den Einsatz der Bauprinzipien des luftgekühlten Boxermotors, des Zentralrohrrahmens und der Pendelachsen bei einem Geländefahrzeug; der Haflinger war geboren.

Die Technik des Steyr-Puch-Haflinger

Bei der Entwicklung des Haflinger strebte man an, ein Fahrzeug mit kleinem Gewicht und minimalsten Abmessungen bei einer Nutzlast von 400 bis 500 kg und mit besonders guter Geländegängigkeit zu schaffen. Diese Forderungen konnten nur dank eines einzigartigen Konstruktionsprinzipes verwirklicht werden, das von der Standardbauweise anderer Geländewagen abweicht. Besondere konstruktive Maßnahmen waren zur Lösung der gestellten Aufgabe erforderlich, sodass in diesem Zusammenhang zunächst einige allgemeine Betrachtungen über die vorliegenden Probleme und die grundsätzliche Bauweise anzustellen wären. Die nachfolgende Beschreibung des Haflinger ist teilweise einer Presseaussendung der Steyr-Daimler-Puch AG entnommen.

Grundlagen der Konstruktion

Die für die Bewegung eines Fahrzeuges nötige Umfangskraft an den Treibrädern ist u. a. abhängig von der Radbelastung, vom Bodenkontakt, vom Haftreibungskoeffizienten zwischen Rad- und Fahrbahnoberfläche, sowie von Antriebsleistung und Kraftübertragung.

In erster Linie ist bei der Festlegung des Gesamtgewichtes des Fahrzeuges zu berücksichtigen, dass die für die jeweiligen Bodenverhältnisse erforderliche Flächenbelastung des Rades am Boden eingehalten wird. Für die Flächenbelastung des Rades auf

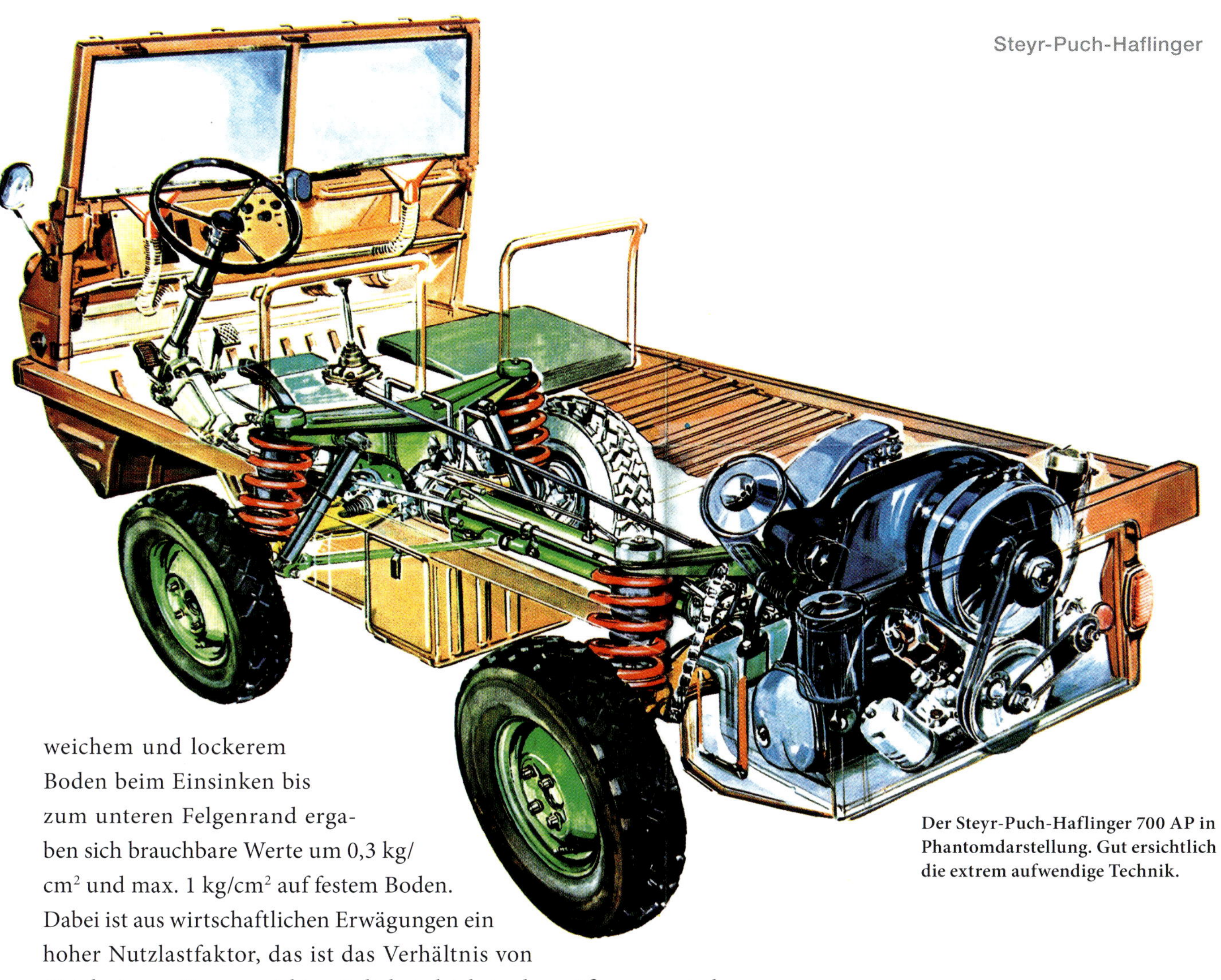

Der Steyr-Puch-Haflinger 700 AP in Phantomdarstellung. Gut ersichtlich die extrem aufwendige Technik.

weichem und lockerem Boden beim Einsinken bis zum unteren Felgenrand ergaben sich brauchbare Werte um 0,3 kg/cm^2 und max. 1 kg/cm^2 auf festem Boden. Dabei ist aus wirtschaftlichen Erwägungen ein hoher Nutzlastfaktor, das ist das Verhältnis von Nutzlast zum Eigengewicht, möglichst gleich 1 oder größer, anzustreben.

Besondere konstruktive Beachtung gilt der Radaufhängung und Federung, um sicherzustellen, dass tatsächlich alle Räder den Bodenkontakt dauernd behalten. Die Radaufhängung steht mit der Federung in engstem Zusammenhang. Und eine weiche, schnell ansprechende Federung verlangt kleine ungefederte Massen der Räder bzw. der Achse. Eine sichere Bodenhaftung des Rades setzt die Möglichkeit einer unabhängigen Radbewegung und Einzelradfederung voraus. Diese beiden Bedingungen erfüllt in hohem Maße die Einzelradaufhängung. Systeme, bei denen u. a. das Momentanzentrum nahe dem Wagenschwerpunkt liegt, die wenig Lagerstellen aufweisen und die am Rad die Seitenführungskraft bei zunehmender Radlast ausreichend erhöhen, sind zu bevorzugen. Eine gute Lösung stellt hierfür die Pendelhalbachse, allgemein Schwingachse genannt, dar.

Das zwischen Rad und Fahrgestell eingeschaltete Federelement soll weiche Federung und große Federwege ermöglichen. Um auch bei Auftreten größerer Belastungen genügend hohe Federrückstellkräfte und Federwege zu erreichen und den Federweg nicht durch harte Anschläge begrenzen zu müssen, sieht man Federelemente mit pro-

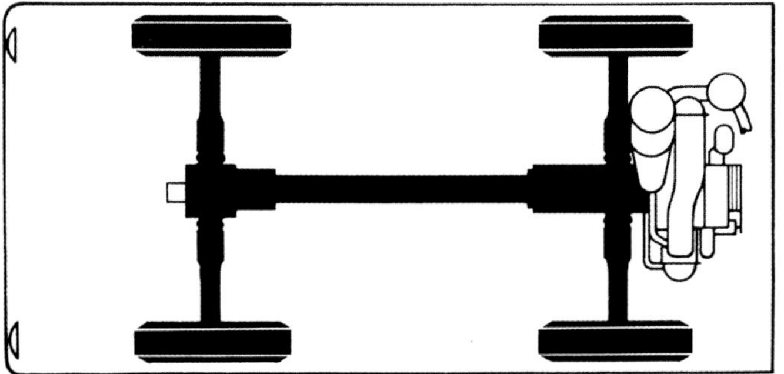

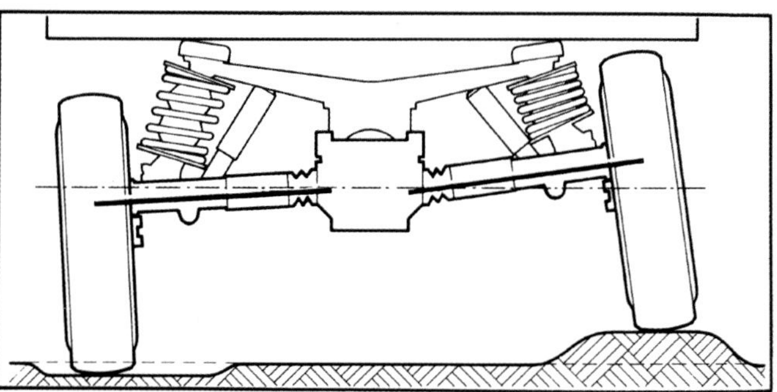

Das Geheimnis der extremen Geländegängigkeit des Haflingers: Allradantrieb mit 100%-Differenzialsperren, Portalachsen und Einzelradaufhängung vorne und hinten.

gressiver Wirkung vor. Die durch Stöße von der Fahrbahn auf die Räder eingeleiteten Fahrzeugschwingungen werden durch Stoßdämpfer abgeschwächt, die jeweils auf ein vorliegendes Federungssystem und die Einsatzart des Fahrzeuges abzustimmen sind.

Der Reifen ist ebenfalls in der Lage, einen wesentlichen Teil der Federungsaufgaben zu übernehmen, wobei dieser Anteil umso höher ist, je größer das Luftvolumen und je weicher der Reifen ist. Eine Steigerung der Reifenfederung erhöht jedoch den Rollwiderstand sowie die Lenkkräfte.

Der Reifen als wesentlichstes Element des Fahrzeuges hat schließlich sämtliche Kräfte zwischen Fahrzeug und Fahrbahn zu übertragen, die vertikal sowie in Längs- und Querrichtung des Fahrzeuges wirken. Das Gesamtgewicht des Fahrzeuges ruht auf den Reifen, die sich zu ellipsenähnlichen Flächen auf der Fahrbahn abplatten (Reifenaufstandsfläche). Großvolumige Reifen mit wenig Luftdruck zeigen besonders große Berührungsflächen mit dem Boden, verhindern ein tiefes Einsinken des Fahrzeuges auf weichem Boden, senken die Werte für Flächenbelastung und steigern Bodenhaftung und Seitenführung.

Um die für die Fortbewegung des Fahrzeuges nötige Vortriebskraft zu übertragen, müssen die Reifen geeignete Laufflächenprofile aufweisen, die es ermöglichen, den Haftreibungskoeffizienten zwischen Rad und Fahrbahnoberfläche zu erhöhen; z.B. geben hohe durchlaufende Querrippen gute Antriebsverhältnisse auf weichem, lehmigem Boden; seichte, gestaffelte Querrippen mit durchlaufendem Mittelsteg sind günstig im Sand und Schnee.

Die Überwindung der Fahrbahnwiderstände bei einer angemessenen Geschwindigkeit erfordert eine entsprechende Antriebsleistung. Diese muss in erster Linie zum Fahrzeuggesamtgewicht abgestimmt sein. Als brauchbarer Wert hat sich eine Leistung von mindestens 20 PS/t erwiesen, wobei jedoch höhere Werte wie etwa 30 PS/t angestrebt werden. Dabei soll der Motor einen möglichst großen Drehzahlbereich und flachen bzw. mit fallender Drehzahl ansteigenden Drehmomentverlauf aufweisen. Das vorgesehene System der Kühlung, Schmierung und Brennstoffförderung muss unabhängig von Schräglage und Fahrgeschwindigkeit des Fahrzeuges einwandfrei arbeiten.

Der Haflinger war vor allem für den Geländeeinsatz konzipiert worden und erfreute sich besonders bei der Jägerschaft großer Beliebtheit.

Das Fahrgestell des Haflingers zeigt den klaren Aufbau der Aggregate am Zentralrohrrahmen.

Die Kraftübertragung erfolgt üblicherweise über ein Zahnrad-Schaltgetriebe und Kegelrad-Achsgetriebe auf alle Räder. Guter Wirkungsgrad wird erreicht, wenn eine möglichst kleine Anzahl von Zahnrädern im Eingriff stehen und wenig Übertragungsgelenke vorhanden sind. Das Schaltgetriebe soll einen ausreichend großen Bereich der Übergangsstufen aufweisen. Ein großer Vorteil liegt in der Sperrbarkeit der Achsdifferenziale. Auch soll eine große Bodenfreiheit erreicht werden.

Steyr-Puch-Haflinger, Schema des Fahrzeugantriebes.

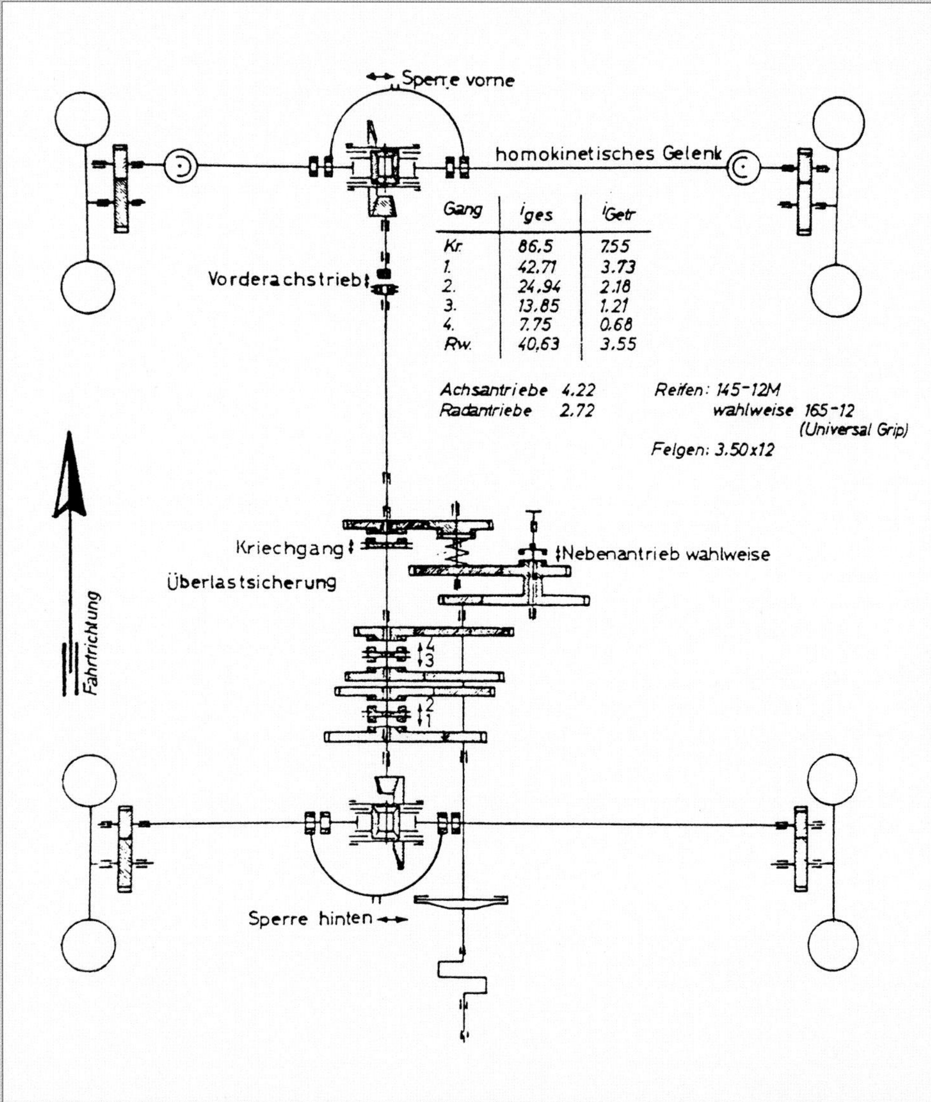

Kenndaten und Temperaturverlauf am Haflinger-Motor bei Volllast und 28° C Lufttemperatur.

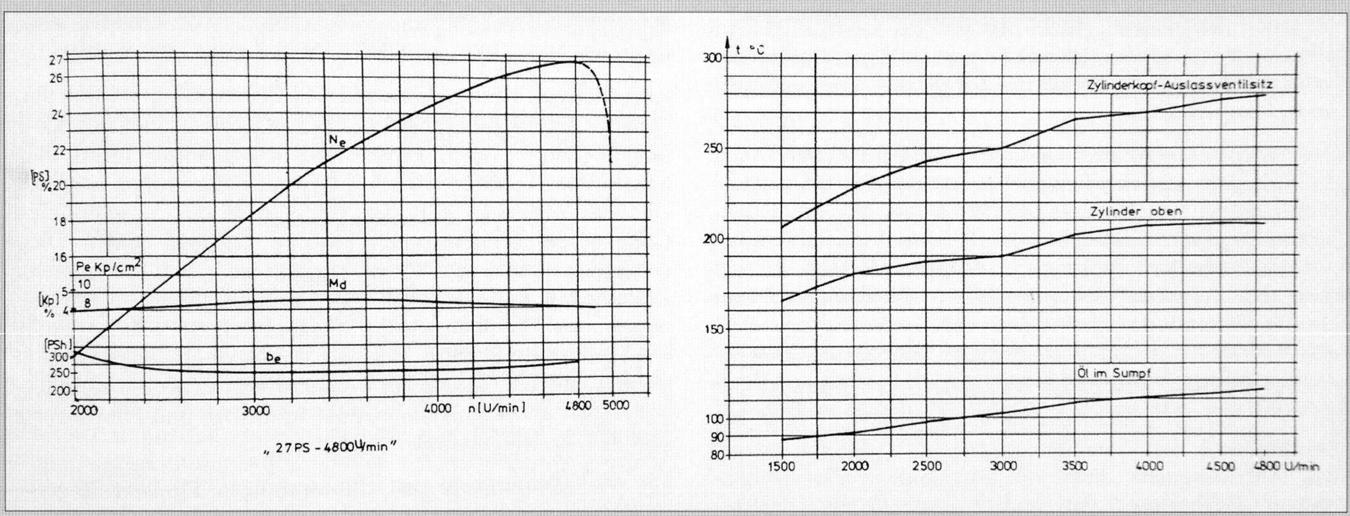

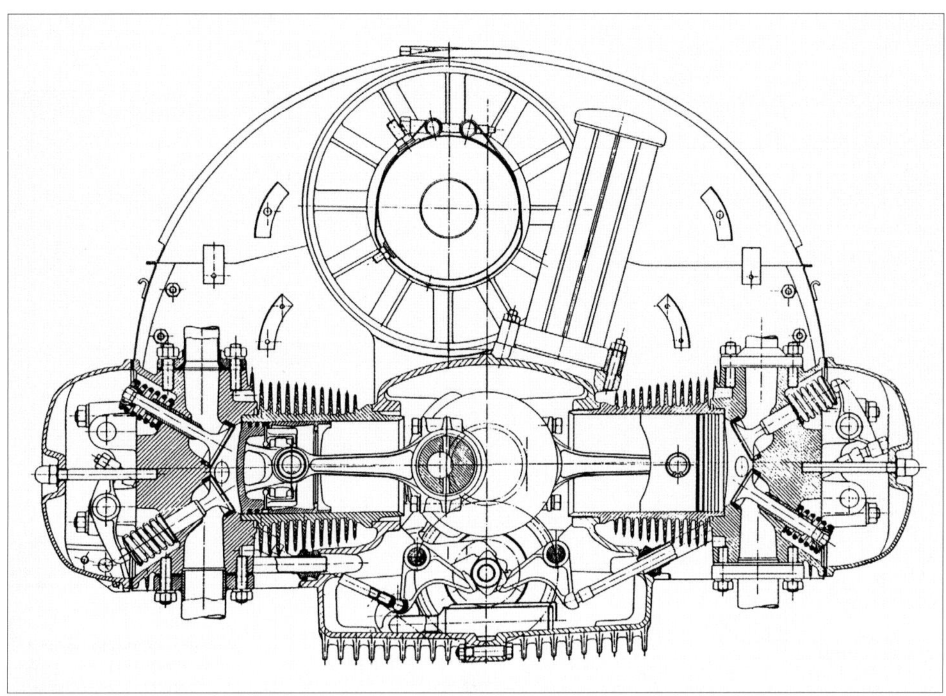

Haflinger-Motor, Schnittbild.

Der Steyr-Puch-Haflinger besitzt einen Zentralrohrrahmen als Rückgrat. An den beiden Rohrenden sind die Achsantriebsgehäuse angeflanscht, an denen die vier Pendelhalbachsen angelenkt sind. Über den Pendelachsen sind an den Achsgehäusen kastenförmige Querträger befestigt, an welchen sich unten die Schraubenfedern abstützen und oben Gummielemente für die Auflage der Karosserie bzw. den Aufbau befinden. Die somit geschaffene verwindungsfreie Karosserieauflage schützt die Karosserie vor zusätzlichen Beanspruchungen, wie sie bei Geländefahrten stets auftreten.

Der Motor

Als Antriebsquelle dient ein luftgekühlter Zweizylinder-Viertakt-Boxermotor, der im Fahrzeugheck am Getriebeachsantriebsaggregat angeflanscht ist. Der Motor ist gut zugänglich und gegen Schmutz dicht verschalt. Er ist mit 80 mm Bohrung und 64 mm Hub ein ausgesprochener „Kurzhuber“ von 643 cm^3 Hubraum. Bei einer Verdichtung von 7:1 leistet die Maschine 24 PS bei der mittels Drehzahlregler begrenzten Drehzahl von 5.400 U/min. Das Drehmoment liegt zwischen 2.300 und 4.000 U/min knapp über 4 mkg.

Konstruktion, Materialauswahl und Bearbeitungsart sind für höchste Betriebssicherheit und lange Lebensdauer des Motors ausgelegt. Im Leichtmetall-Kurbelgehäuse lagert die hartnitrierte Kurbelwelle in Dreistoff-Bleibronze-Lagern. Die verrippten Graugusszylinder tragen die reich verrippten Leichtmetall-Zylinderköpfe mit halbkugeligem Verbrennungsraum. Die hängenden, schräggestellten Ventile besitzen verchromte Schäfte, der Sitz des Auslassventiles ist gepanzert und sein Schaft zur besseren Wärmeabfuhr wesentlich stärker als beim Einlassventil. Ventilsitze und Führungen sind aus Spezialgrauguss.

Die Stahlpleuelstange mit dünnwandigen Dreistoff-Lagerschalen trägt den Vollschaft-Leichtmetallkolben. Die Ventile werden über Winkel- und Kipphebel und über Stoßstangen von der im Ölsumpf laufenden, durch Zahnräder angetriebenen, im Einsatz gehärteten Nockenwelle betätigt. Der Ventilantriebsmechanismus, insbesonders Nockenform und Ventilfedern sind so ausgelegt, dass ein einwandfreier Ventil-Bewegungsablauf bis zu einer Motordrehzahl von max. 6.500 U/min erreicht wird.

Die Motorschmierung ist als Druckumlaufschmierung mittels Zahnradpumpe ausgebildet. Der im Kühlluftstrom liegende Ölkühler, zusammen mit dem im Ölhauptstrom angeordneten Ölfeinfilter gewährleisten auch unter schwersten Betriebsbedingungen einwandfreie Schmierung und Kühlung. Ein schnelllaufendes Axialgebläse sorgt mit Luftführungsblechen für reichliche Zylinder- und Kopf-Kühlung. An den kritischen Stellen des Zylinderkopfes, das ist in Ventilnähe, beträgt die Temperatur max. 250° C bei Volllast und höchster Drehzahl. Am Zylinder werden oben max. 220° C gemessen, bei max. Temperaturunterschieden von 20 bis 40° C am Gesamtumfang des Zylinders, je nach Lage zum Verbrennungsraum. Dabei beträgt die Kühlluft-Eintrittstemperatur ca. 50° C bei einer Kühlluftmenge von ca. 20 m³/min. Die Öltemperatur im Sumpf erreicht ca. 110° C. Damit wurden sehr günstige thermische Verhältnisse der Maschine geschaffen.

Ein Spezial-Geländevergaser mit besonderer Schwimmerkammer-Anordnung sorgt für sichere Kraftstoffzufuhr an den Düsen auch in extremen Lageänderungen des Fahrzeuges. Mit dem Vergaser ist ein als Ölbadluftfilter ausgebildeter Ansauggeräuschdämpfer verbunden. Eine mechanische Membranförderpumpe sorgt für die Kraftstoffzufuhr zum Vergaser.

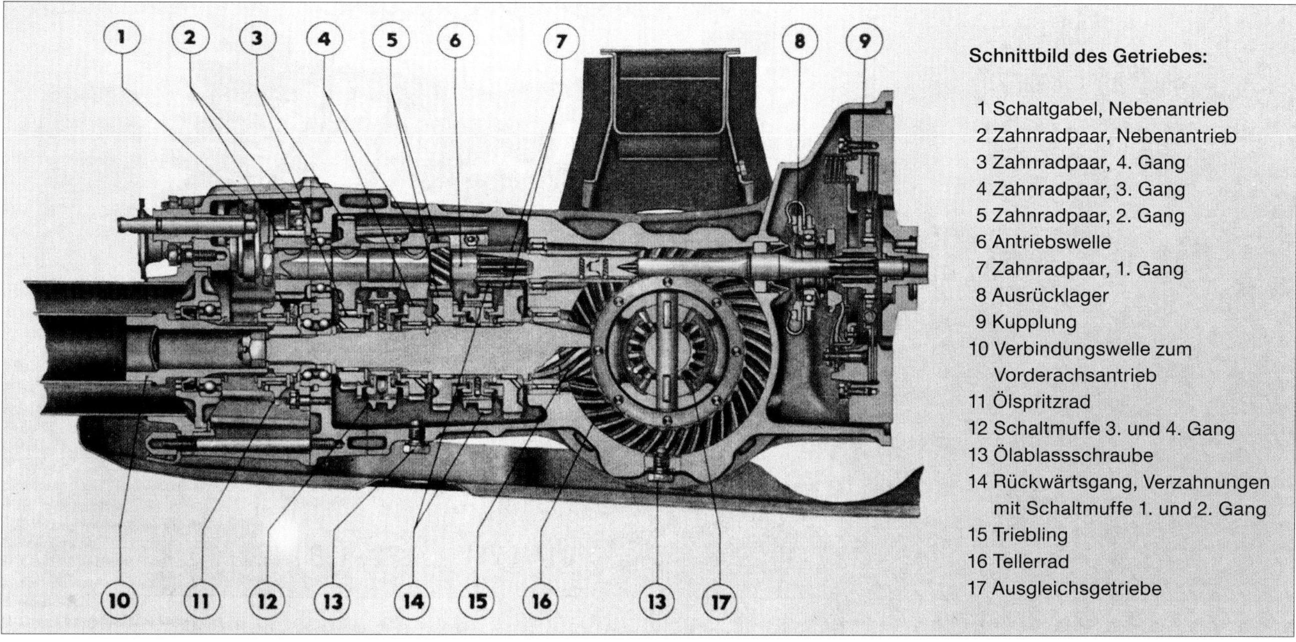

Schnittbild des Getriebes:

1 Schaltgabel, Nebenantrieb
2 Zahnradpaar, Nebenantrieb
3 Zahnradpaar, 4. Gang
4 Zahnradpaar, 3. Gang
5 Zahnradpaar, 2. Gang
6 Antriebswelle
7 Zahnradpaar, 1. Gang
8 Ausrücklager
9 Kupplung
10 Verbindungswelle zum Vorderachsantrieb
11 Ölspritzrad
12 Schaltmuffe 3. und 4. Gang
13 Ölablassschraube
14 Rückwärtsgang, Verzahnungen mit Schaltmuffe 1. und 2. Gang
15 Triebling
16 Tellerrad
17 Ausgleichsgetriebe

Die elektrische Anlage besteht aus einer kombinierten 12 V / 240 Watt-Lichtanlassmaschine und dem Zündverteiler der Batteriezündung. Lichtanlassmaschine und Laufrad des Kühlgebläses laufen auf einer Welle mit doppelter Kurbelwellendrehzahl und sind mittels Doppelkeilriemen von der Kurbelwelle aus angetrieben. Es ist ein mechanischer Fliehkraftregler vorgesehen, der die Höchstdrehzahl des Motors auf 4.500 U/min begrenzt.

Getriebe und Achsantrieb

Als Kupplung findet eine Einscheiben-Trockenkupplung mit Kugellager-Ausrücklager Verwendung. An sie schließt sich das Viergang-Schaltgetriebe, bei welchem alle vier Vorwärtsgänge sperrsynchronisiert sind, an. Es ist als sogenanntes indirektes Getriebe ausgebildet, wobei die Abtriebswelle gleichzeitig die Ritzelwelle des Achskegelradtriebes bildet.
Die losen, schrägverzahnten Getrieberäder laufen auf Nadellagern auf der Ritzelwelle. Die einzelnen Getriebestufen sind wie folgt übersetzt: 1. Gang = 3,73:1, 2. Gang = 2,18:1, 3. Gang= 1,30:1, 4. Gang= 0,71:1, Retourgang = 3,55:1.

Der Einbau eines hoch übersetzten 5. Ganges ist (wahlweise) vorgesehen und als Kriechgang bekannt. Seine Übersetzung beträgt 7,55:1. Der Kriechgang ermöglicht ein sehr langsames Fahren im schweren und exponierten Gelände und gibt somit dem Fahrer eine erhöhte Sicherheit. Im Antriebsschema sind neben dem Antriebsverlauf auch die Anordnung und Übersetzungsstufen aller Getrieberäder zu ersehen. Zusätzlich kann ein Nebenantrieb für diverse Geräte eingebaut werden, der in Abhängigkeit von der Motordrehzahl eine Übersetzung von 1,65:1 und ein max. Drehmoment von 6,5 mkg bei 1.820 U/min aufweist. Der Vorderradantrieb ist in der Verlängerung der

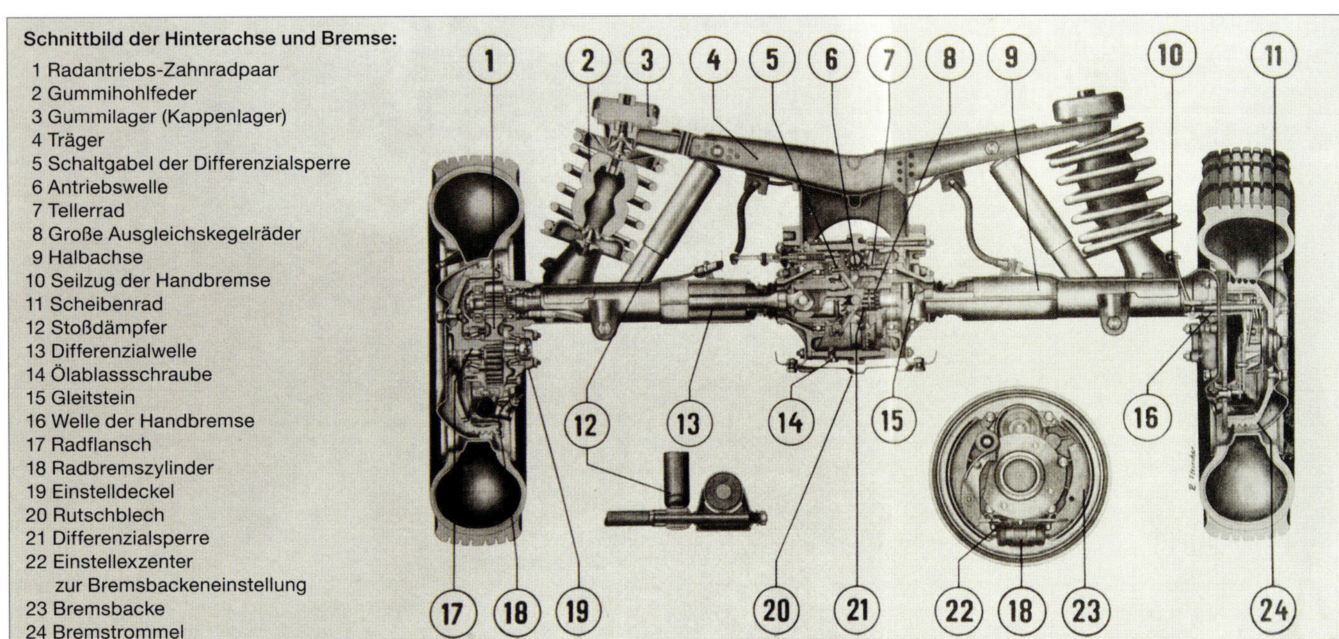

Schnittbild der Hinterachse und Bremse:

1 Radantriebs-Zahnradpaar
2 Gummihohlfeder
3 Gummilager (Kappenlager)
4 Träger
5 Schaltgabel der Differenzialsperre
6 Antriebswelle
7 Tellerrad
8 Große Ausgleichskegelräder
9 Halbachse
10 Seilzug der Handbremse
11 Scheibenrad
12 Stoßdämpfer
13 Differenzialwelle
14 Ölablassschraube
15 Gleitstein
16 Welle der Handbremse
17 Radflansch
18 Radbremszylinder
19 Einstelldeckel
20 Rutschblech
21 Differenzialsperre
22 Einstellexzenter zur Bremsbackeneinstellung
23 Bremsbacke
24 Bremstrommel

Der Vorderradantrieb des Haflingers ist vollgekapselt und weist eine Raduntersetzung (Portalachse) auf.
Vorderradantriebsgelenk ausbauen:
1 Spurstange
2 Kronenmutter
3 Unterer Abschlussdeckel
4 Mutter zum Keil
5 Ölablassschraube

Getriebeantriebswelle nach vorn über eine im Zentralrohr liegende gelenklose Verbindungswelle angeschlossen.

Schaltgetriebe und Hinterachskegeltrieb sind gemeinsam in einem Leichtmetall-Gehäuse untergebracht und bilden somit das Getriebe-Achsaggregat. Der Radantrieb erfolgt vom Schaltgetriebe über spiralverzahnte Kegelräder mit einer Übersetzung von 4,22:1 (9 × 38) und Kegelrad-Ausgleichsgetriebe mittels Antriebswelle zu der in Radebene liegenden Stirnradübersetzung. Durch diese seitlichen Stirnradvorgelege erzielt man eine zusätzliche Übersetzung in den Größen von 2,38:1, 2,72:1 bzw. 3:1, die wahlweise den jeweiligen Geländebedingungen durch Austausch der Räder angepasst werden kann. Durch diese Portalbauweise der Achse erreicht man größere Bodenfreiheit.

Die seitlichen Antriebswellen laufen in rohrförmigen Stahlblechkörpern, den eigentlichen Schwingachsen, die direkt am Achsgehäuse schwenkbar gelagert sind. Die Antriebswelle zum Vorderradantrieb verläuft geschützt innerhalb des zentralen Fahrgestell-Tragrohres, welches das hintere Getriebe-Achsantriebs-Gehäuse mit dem Vorderachsgehäuse miteinander verbindet. Die vorderen Antriebselemente sind gleich mit denen in der Hinterachse, nur ist vorn bei den Radantriebswellen je ein homokinetisches Gelenk zwischengeschaltet, bestimmt für Radeinschlag beim Lenken bzw. zur Kraftübertragung beim Allradbetrieb.

Allrad und Sperren während der Fahrt zuschaltbar

Der Vorderradantrieb kann während der Fahrt zu- und abgeschaltet werden. Dies geschieht durch Herausziehen eines Handgriffes, der zwischen den beiden Vordersitzen liegt. Im vorderen wie im hinteren Achsantrieb sind Differenzialsperren vorgesehen. Diese können einzeln mittels Handgriffen, ähnlich wie beim Vorderradantrieb, auch während der Fahrt ein- und ausgeschaltet werden.

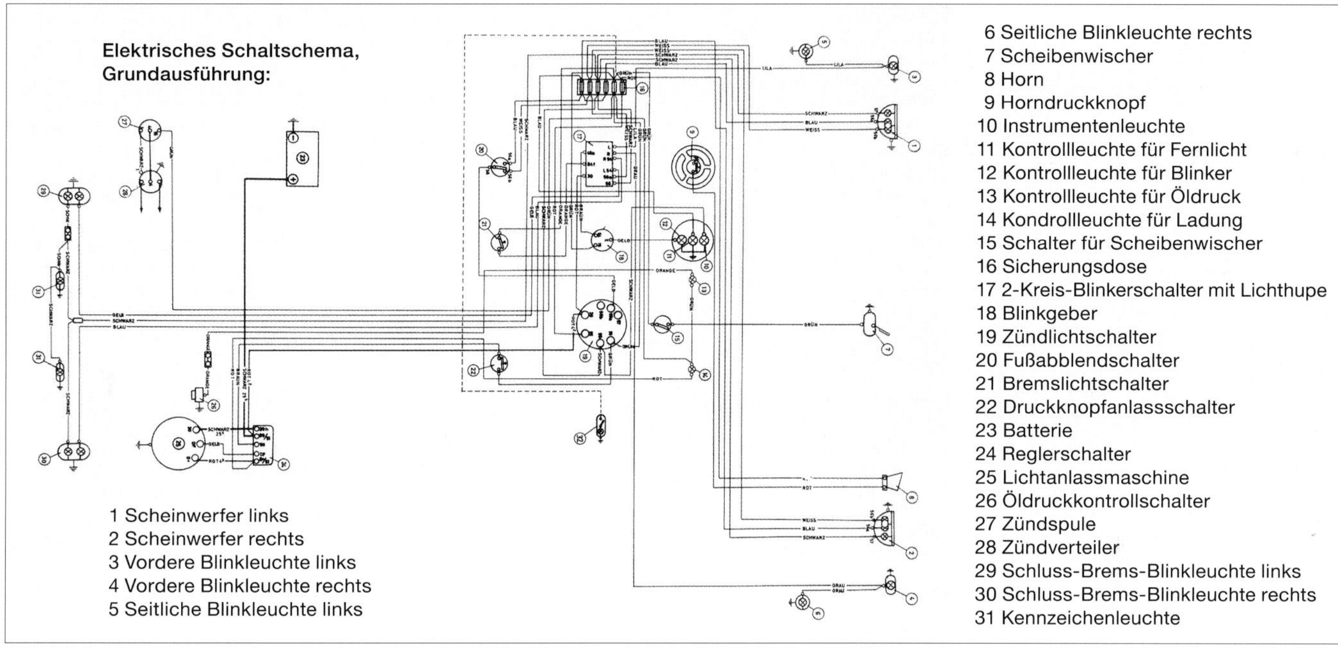

Elektrisches Schaltschema, Grundausführung:

1 Scheinwerfer links
2 Scheinwerfer rechts
3 Vordere Blinkleuchte links
4 Vordere Blinkleuchte rechts
5 Seitliche Blinkleuchte links
6 Seitliche Blinkleuchte rechts
7 Scheibenwischer
8 Horn
9 Horndruckknopf
10 Instrumentenleuchte
11 Kontrollleuchte für Fernlicht
12 Kontrollleuchte für Blinker
13 Kontrollleuchte für Öldruck
14 Kondrollleuchte für Ladung
15 Schalter für Scheibenwischer
16 Sicherungsdose
17 2-Kreis-Blinkerschalter mit Lichthupe
18 Blinkgeber
19 Zündlichtschalter
20 Fußabblendschalter
21 Bremslichtschalter
22 Druckknopfanlassschalter
23 Batterie
24 Reglerschalter
25 Lichtanlassmaschine
26 Öldruckkontrollschalter
27 Zündspule
28 Zündverteiler
29 Schluss-Brems-Blinkleuchte links
30 Schluss-Brems-Blinkleuchte rechts
31 Kennzeichenleuchte

Neben diesen drei Handgriffen sind Getriebeschalthebel und Handbremshebel, also auch zwischen den beiden Vordersitzen, untergebracht, so dass sie mühelos und schnell erreicht werden können.
Da es sich beim Haflinger um einen Vollschwingachswagen handelt, sind alle vier Räder unabhängig voneinander abgefedert. Die Federung erfolgt durch Schraubenfedern, kombiniert mit je einer innenliegenden Gummihohlfeder, wodurch eine sehr progressive Federungscharakteristik erreicht wird. Zusammen mit dem doppelt wirkenden hydraulischen Teleskopstoßdämpfer ergeben sie ein sehr ausgeklügeltes Federungs- und Dämpfungssystem und verleihen dem Fahrzeug einen hohen Fahrkomfort und Sicherheit auf der Straße und im Gelände.

Nur für dienstlichen Gebrauch
A l'usage exclusif du service

SCHWEIZERISCHE ARMEE / ARMEE SUISSE

ALN des Kataloges / NSA du catalogue: 7610-775-0051

Klein-Geländelastwagen 0,4t-4x4
Petit Camion Tout-Terrain 0,4t-4x4
ALN / NSA 2320-775-0001
1967

Ersatzteilkatalog des Haflingers für die Schweizerische Armee.

Lenkung, Bremsen, Reifen

Als Lenkung dient eine kräftige Globoid-Schneckenlenkung mit geteilten Spurstangen. Selbst bei eingeschaltetem Vorderradantrieb bleibt sie äußerst leichtgängig, und sie gewährleistet durch ihren großen Einschlag eine besonders gute Wendigkeit des Fahrzeuges. Der kleinste Wendekreisdurchmesser beträgt 7 m bzw. 8,75 m beim Typ 703 AP.
Die als hydraulische Vierradbremse ausgelegte Fußbremse weist bei einem Trommeldurchmesser von 215 mm eine gesamte Bremstrommelfläche von 1.080 cm² auf und ist somit sehr reichlich dimensioniert. Die Bremstrommeln bestehen aus Leichtmetall, sind reichlich verrippt und besitzen eingegossene Graugussringe. Die Handbremse wirkt mechanisch auf die Hinterräder.
Spezialgeländereifen der Größe 145-12″ mit besonders griffigem, durchlaufendem Querstollenprofil auf Felgen 3,50 × 12″ sind serienmäßig vorgesehen. Der Reifendruck beträgt je nach Belastung 1,3 bis 1,5 atü. Für Sonderzwecke, z. B. Fahrten im Sand, sind großvolumige Spezialreifen der Größe 165-12″ mit seichtem Sonderprofil vorgesehen.

Aufbau

Der Aufbau ist als selbsttragende ebene Plattform ausgebildet und besteht aus profilgepressten, stark versickten Stahlblechen und Längsträgern und einer rundumlaufenden Randverstärkung. Am vorderen Plattformende ist eine Stirnwand angebracht, die alle Armaturen, Scheinwerfer und die abklappbare Windschutzscheibe trägt.

Die beiden Vordersitze sind auf der Plattform über den Vorderrädern längsverschiebbar gelagert. Pedale und Lenkgetriebe sitzen auf dem muldenförmigen Plattform-Vorderteil. Zwei weitere Sitze sind aufklappbar und sonst in zwei mit Deckeln verschließbaren Mulden in der Plattformladefläche untergebracht; somit ist der Haflinger rasch für Personentransporte bereitgestellt. Kraftstoffbehälter, Reserverad, Batterie und Werkzeugkasten sind an der Unterseite der Plattform angeordnet. Am hinteren Ende der Plattform ist der Motor durch den oberen, bzw. hinteren Motorraumdeckel gut zugänglich. Die Plattform weist eine Ladefläche von 1,96 × 1,25 m auf und ist damit auch für den Materialtransport geeignet. Der Plattformaufbau ist auf vier Punkten mittels Gummilagern mit den Federträgern des Rohrfahrgestelles verbunden und leicht abnehmbar. Die genannte Plattform kann mit einem abklappbaren Planenverdeck und vier Türen ausgerüstet werden. Es besteht auch die Möglichkeit, verschiedenartige Aufbauten je nach Verwendungszweck auf die Plattform aufzusetzen.

Die Hauptabmessungen des Typs 700 AP (in Klammern Typ 703 AP) betragen für die Länge 2.830 mm (3.170 mm), Breite 1.350 mm (detto), Höhe mit Planenverdeck 1.740 mm (detto), Höhe der Plattform-Ladefläche 720 mm (detto). Der Radstand beträgt 1.500 mm (1.800 mm) und die Spurweite 1.130 mm (detto). Das Leergewicht ist 600 kg (720 mm) und die Nutzlast 400 kg bzw. 500 kg. Bei einem Gesamtgewicht von 1.100 kg bezwingt der beladene Haflinger Steigungen bis zu 65 Prozent auf festem Boden. Der tiefliegende Schwerpunkt des Fahrzeuges erlaubt es, Hänge bis 45 Prozent Neigung in der Schrägfahrt sicher zu bewältigen. Die Bodenfreiheit an der tiefsten Stelle, das ist die Unterseite des Achs- und Motorgehäuses, beträgt 240 mm, zwischen den Achsen 350 mm und die Wattiefe 500 mm. Der Haflinger weist einen Böschungswinkel vorne von 45° und hinten von 40° auf.

Fahrleistungen

Die Fahrleistungen sind je nach der Übersetzung in den Stirnradvorgelegen verschieden. Die max. Geschwindigkeit liegt zwischen 52 und 64 km/h und die max. Steigfähigkeit auf trockenem, griffigem Boden zwischen 65 und 50 Prozent. Der Normverbrauch beträgt für Straßenfahrt 8,5 1/100 km. Bei Fahrten in schwerem Gelände liegt der Verbrauch bei 3 bis 5 l/Stunde. Mit diesen außerordentlich günstigen Werten steht er in wirtschaftlicher Hinsicht an der Spitze der kleinen Geländefahrzeuge.
Die ganze Anordnung von Motor und Getriebeaggregaten lässt erkennen, dass die Zugänglichkeit zu allen Teilen sehr gut ist. Die Bedienung und Wartung ist so klar und einfach, dass sich jeder Fahrer in ganz kurzer Zeit mit dem Fahrzeug zurechtfindet und es in seiner ganzen Leistungsfähigkeit ausnutzen kann.

Haflinger in der Grundausführung (oben) und mit Planenaufbau (unten).

Oben: Steyr-Puch-Haflinger 700 AP. Unten: Dieser Steyr-Puch-Haflinger ist eine Sonderanfertigung auf Privatinitiative von Herrn Dipl.-Ing. Heinz Ahlgrimm-Siess, einem langjährigen Techniker der Puchwerke in Graz.

Haflinger-Parade: Auffahrt von Steyr-Puch-Haflingern bei einer Oldtimer-Veranstaltung.

Für die Verwendung von geländegängigen Fahrzeugen kommt ein weiter Kreis des Wirtschafts- bzw. Berufslebens in Frage, wobei einzelne auf diesen Fahrzeugtyp absolut angewiesen sind. Es sei hier vor allem auf die Forst- und Landwirtschaft hingewiesen, wobei besonders der Bergbauer in den Alpenländern für diese Fahrzeuge große Verwendungsmöglichkeiten besitzt. Im gesamten Bauwesen werden Geländefahrzeuge bevorzugt eingesetzt, hier vor allem für die Beförderung von Montagetrupps und Material. Einen sehr weit verbreiteten Verwendungszweck stellt die Versorgung entlegener Orte dar, wobei hier vor allem auf die Entwicklungsländer hingewiesen werden muss.

Speziell in den Tropen ist das Geländefahrzeug das Hauptverkehrsmittel. Als Beförderungsmittel für den Arzt, in Verbindung mit dem Krankentransport, stehen solche Fahrzeuge in großer Zahl in Verwendung. Als Einsatzfahrzeug bei Katastrophen, wie z. B. Hochwasser oder Feuer, sind die Möglichkeiten mit diesem Fahrzeug nahezu unbegrenzt. Nicht zuletzt soll noch die Verwendungsmöglichkeit für die Touristik bzw. für die Jagd genannt werden. In Kommunalbetrieben werden diese Fahrzeuge sehr zahlreich, besonders mit Spezialgeräten eingesetzt und dienen hier zur Straßenreinigung, Schneeräumung usw. Die Polizei bzw. Gendarmerie sowie der Zoll- und Grenzschutz haben Fahrzeuge dieser Art in Verwendung und sind dadurch in der Lage, ihre Einsätze raschest durchzuführen. Schließlich möge der militärische Einsatz genannt werden, aus dem wohl die gesamte Geländewagenentwicklung einen entscheidenden Impuls erhielt.

Technische Daten des Steyr-Puch-Haflinger 700 AP:			
Motor			
Bauart	Viertakt-Boxermotor, luftgekühlt, OHV (overhead valves)		
Zylinderzahl	2		
Bohrung/Hub	80/64 mm		
Gesamthubraum	643 cm^3		
Motorleistung	24 PS bei 4.500 U/min abgeregelt		
Drehmoment	4,2 mkp bei 3.000 U/min		
max. Verdichtungsverhältnis	7:1		
Ventilanordnung	hängend, schräggestellt, mittels Stoßstangen betätigt		
Nockenwelle	zentral, im Ölsumpf angeordnet, Zahnradantrieb		
Kurbelwellenlager	Mehrstofflager auf hartnitrierten Zapfen		
Schmiersystem	Druckumlaufschmierung		
Ölfilter	im Hauptstrom, Micronic-Einsatz		
Ölkühlung	Flachrohr-Ölkühler im Kühlluftstrom		
Ölfüllung des Kurbelgehäuses	2 Liter		
Kühlung	Luftkühlung mittels Axial-Druckgebläse		
Elektrische Anlage	Batteriezündung, Lichtanlassmaschine 12 Volt, 240 Watt		
Vergaser	Fallstrom-Geländevergaser		
Kraftstoffförderung	mechanische Membranförderpumpe		
Luftfilter	Ölbadluftfilter		
Lage im Fahrzeug	im Heck, fliegend am Getriebeachsaggregat angeflanscht		
Kraftübertragung			
Kupplung	Einscheiben-Trockenkupplung		
Schaltgetriebe	indirektes Vierganggetriebe, in allen Vorwärtsgängen zwangssynchronisiert, ein Rückwärtsgang, Einbau eines Nebenantriebes und 5. Ganges als Kriechgang möglich, Nebenantrieb motorabhängig, Übersetzung 1,65:1 ins Langsame		
Getriebeanordnung	Schaltgetriebe mit Hinterachsantrieb in einem Gehäuse vereinigt		
Achsantrieb	Vierradantrieb mittels Spiralkegelräder über Kegelraddifferenzial und Radantriebswellen zu der im Rad liegenden Stirnradübersetzung, Vorderachsantrieb erfolgt mittels Antriebswelle, gelenklos vom Hinterachsantrieb		
Übersetzungen			
Schaltgetriebe	3,73/2,18/1,30/0,71; rückwärts 3,55:1		
Achsantrieb	4,22:1 (9:38)		
Radantrieb	je nach Wunsch: 3,0 (13:39)/2,72 (14:38)/2,38 (16:38):1		
Gesamtübersetzungen bei Radantrieben	3,0:1	2,72:1	2,38:1
	1. Gang: 47,2:1	42,7:1	37,4:1
	2. Gang: 27,6:1	25:1	21,9:1
	3. Gang: 16,5:1	14,9:1	13,1:1
	4. Gang: 9,0:1	8,15:1	7,1:1
	Rückwärtsgang: 44,9:1	40,6:1	35,5:1
Höchstgeschwindigkeit im 4. Gang bei Motordrehzahl 4.500 U/min	52 km/h	58 km/h	64 km/h

größte Steigfähigkeit im 1. Gang auf trockenem, griffigem Boden	65%	58%	50%
Hang-Schrägfahrt max.	45%		
Differenzialsperre	in beiden Achsantrieben vorgesehen und von Hand während der Fahrt einschaltbar		
Fahrgestell			
Rahmenkonstruktion	Zentralrohrrahmen mit den beiden Achsantriebsgehäusen und den vier Pendelhalbachsen, Einzelradaufhängung aller vier Räder mittels gegabelter Pendelachsen (Vollschwingachsen)		
Federung	vorne und hinten mittels Schraubenfedern und zusätzlich progressiv wirkenden Gummihohlfedern, doppelt wirkende hydraulische Teleskopstoßdämpfer		
Bremsanlage	Fußbremse als Vierrad-Öldruckbremse, reich verrippte Leichtmetallbremstrommeln mit eingegossenem Spezialgraugussring, geschweißte Bremsbacken mit Exzenternachstellung, Handbremse mechanisch auf die Hinterräder wirkend		
Lenkung	Globoid-Schneckenlenkung als Einzelradlenkung mit geteilten Spurstangen		
Räder und Reifen	Scheibenräder mit Felgen 3,50 × 12 und Reifen 145-12″ mit griffigem Spezialprofil oder wahlweise Reifen 165-12″		
Maße			
Radstand	1.500 mm		
Spurweite	1.130 mm, vorne und hinten		
Bodenfreiheit	240 mm unter Achsgehäuse im belasteten Zustand		
Bauchfreiheit	300 mm		
Wattiefe	500 mm		
Wendekreisdurchmesser	7 m		
Böschungswinkel	vorne 45°, hinten 40°		
größte Länge/Breite	2.830 mm/1.350 mm		
größte Höhe	1.740 mm mit Planenverdeck		
Ladefläche	1,96 m^2 (1.540 × 1.275 mm) hinter den beiden Vordersitzen		
Tankinhalt	30 l		
Gewichte			
Leergewicht	offener Aufbau ca. 600 kg		
Nutzlast	500 kg		
zulässiges Gesamtgewicht	1.100 kg		
Achslast	500 kg vorne, 600 kg hinten		
Anhängelast	ca. 300 kg brutto, ungebremst		
Fahrleistungen			
Höchstgeschwindigkeit	64 km/h bzw. 52 km/h bei 4.500 U/min je nach Radübersetzung		
Kraftstoffverbrauch	8,5 l/100 km Normverbrauch auf Straße bei ca. 45 km/h, 3 bis 5 l/Stunde bei Geländefahrt		
Weitere Übersetzungsmöglichkeiten und Fahrleistungen. Auf Wunsch wird das Fahrzeug mit einem Kriechgang (5-Gang-Getriebe) ausgestattet. Übersetzung Kriechgang: 7,55.			
Übersetzungen			
Achsübersetzungen	4,22 (9:38)		
Stirnradübersetzungen	2,38 (16:38),		2,21 (14:31)

Gesamtübersetzungen		Getriebe	Gesamtübersetzung	Höchstgeschwindigkeit		Getriebe	Gesamtübersetzung	Höchstgeschwindigkeit
	1. Gang	6,83	68,44	bis 7 km/h	1. Gang	6,83	63,70	bis 8 km/h
	2. Gang	3,73	37,38	bis 13 km/h	2. Gang	3,73	34,80	bis 14 km/h
	3. Gang	1,84	18,47	bis 27 km/h	3. Gang	1,84	17,20	bis 29 km/h
	4. Gang	1,12	11,23	bis 44 km/h	4. Gang	1,12	10,40	bis 48 km/h
	5. Gang	0,71	7,11	bis 70 km/h	5. Gang	0,71	6,60	bis 75 km/h
	Retourgang	3,55	35,55		Retourgang	3,55	33,15	
	Nebenantrieb		Übersetzung 1:1,77		Nebenantrieb		Übersetzung 1:1,77	

Abweichende technische Daten Steyr-Puch-Haflinger 700 AP, Behördenausführung (österr. Bundesheer)	
Motor	
Bauart	Zweizylinder-Viertakt-Boxermotor, luftgekühlt
Bohrung	80 mm
Hub	64 mm
Hubraum	643 cm³
Verdichtungsverhältnis	6,7:1 (8:1 bei Tropenausführung)
Leistung	22 PS bei 4.500 U/min (nach DIN)
Max. Drehmoment	4 mkp bei 2.500 U/min
Drehzahlregler	begrenzte Höchstdrehzahl bei 4.500 U/min
Zündzeitpunkteinstellung	7 mm vor O.T., gemessen an der Doppelriemenscheibe
Ventile	hängend
Ventilspiel	Einlass 0,15 mm, einzustellen bei kalter Maschine, Auslass 0,15 mm, einzustellen bei kalter Maschine
Schmierung	Druckumlaufschmierung (Zahnradpumpe mit Ölkühler und Ölfeinfilter im Hauptstrom)
Ölinhalt	2 Liter
Kraftstoffförderung	mechanische Kraftstoffpumpe
Vergaser	Spezial-Gelände-Fallstromvergaser, Typ Pallas Zenith 32 NDIX. Einstellung: Lufttrichter 2 × 22, Hauptdüse 2 × 115, Luftkorrekturdüse 2 × 240, Leerlaufdüse 2 × 45 oder Spezial-Gelände-Fallstromvergaser, Typ Weber 32 ICS. Einstellung: Lufttrichter 27, Hauptdüse 135, Luftkorrekturdüse 240, Leerlaufdüse 50
Luftfilter	Ölbad-Luftfilter
Elektrische Anlage (auf Wunsch funkentstört)	Batteriezündung. Lichtanlassmaschine Bosch 12 V/240 W, Regler mit Anlassrelais, Batterie 12 V/42 Ah, Zündspule Bosch, Zündkerzen Bosch W 225 T1 oder gleichwertige Bosch-Zündverteiler mit Fliehkraftverstellregler

Abweichende technische Daten Steyr-Puch-Haflinger 703 APT / 703 APTL / 703 APT/3 / 703 APTL/3 – Exportmodelle	
Maße Ausführung Typ 703: Radstand 1.800 mm, größte Länge 3.170 mm	
Motor	
Bauart	Zweizylinder-Viertakt-Boxermotor, luftgekühlt
Bohrung	80 mm
Hub	64 mm
Hubraum	643 cm³
Verdichtungsverhältnis	7,8:1
Leistung	25 PS bei 4.800 U/min (nach DIN)
Max. Drehmoment	4,5 mkp bei 3.500 U/min
Drehzahlregler	Beginn der Abregelung 4.800 U/min, Ende der Abregelung 5.200 U/min
Zündzeitpunkteinstellung	0 ± 2 mm vor O.T., gemessen an der Doppelriemenscheibe

Ventile	hängend
Ventilspiel	Einlass 0,20 mm, einzustellen bei kalter Maschine, Auslass 0,20 mm, einzustellen bei kalter Maschine
Schmierung	Druckumlaufschmierung (Zahnradpumpe mit Ölkühler und Ölfeinfilter im Hauptstrom)
Motorentlüftung	geschlossene Kurbelgehäuseentlüftung
Kraftstoffförderung	mechanische Kraftstoffpumpe
Vergaser	Spezial-Gelände-Fallstromvergaser, Typ Zenith 32 NDIX. Einstellung: Lufttrichter 22, Hauptdüse 110, Luftkorrekturdüse 240, Leerlaufdüse 45, Starterkraftstoffdüse 190
Luftfilter	Zyklonfilter, Ölbadluftfilter, Micronic-Papierluftfilter
Elektrische Anlage (auf Wunsch funkentstört)	Batteriezündung. Lichtanlassmaschine Bosch 12 V/240 W, Regler mit Anlassrelais, Batterie 12 V/55 Ah, Zündspule Bosch, Zündkerzen Bosch W 225 T1 oder gleichwertige Bosch-Zündverteiler mit Fliehkraftverstellregler
Lage des Motors	im Heck des Fahrzeuges fliegend am Getriebe-Achsantriebs-Aggregat angeflanscht
Kupplung	
Bauart	Einscheiben-Trockenkupplung, Typ KS 180 der Fa. Fichtel & Sachs
Getriebeachsantriebsaggregat	
Schaltgetriebe	5 Vorwärtsgänge (sperrsynchronisiert), 1 Rückwärtsgang
Abweichende technische Daten Steyr-Puch-Haflinger 703 AP / 700 APL / 703 APL / 700 AP/3 / 703 AP/3 / 700 APL/3 / 703 APL/3 – Exportmodelle	
Motor	
Bauart	Zweizylinder-Viertakt-Boxermotor, luftgekühlt
Bohrung	80 mm
Hub	64 mm
Hubraum	643 cm^3
Verdichtungsverhältnis	7,8:1
Leistung	27 PS bei 4.800 U/min (nach DIN)
Max. Drehmoment	4,5 mkp bei 3.500 U/min
Drehzahlregler	Beginn der Abregelung 4.800 U/min, Ende der Abregelung bei 5.200 U/min
Zündzeitpunkteinstellung	0 ± 2 mm vor O. T., gemessen an der Doppelriemenscheibe
Ventile	hängend
Ventilspiel	Einlass 0,15 mm, einzustellen bei kalter Maschine, Auslass 0,15 mm, einzustellen bei kalter Maschine
Schmierung	Druckumlaufschmierung (Zahnradpumpe mit Ölkühler und Ölfeinfilter im Hauptstrom)
Motorentlüftung	geschlossene Kurbelgehäuseentlüftung
Kraftstoffförderung	mechanische Kraftstoffpumpe
Vergaser	Spezial-Gelände-Fallstromvergaser, Typ Zenith 32 NDIX. Einstellung: Lufttrichter 22, Hauptdüse 110, Luftkorrekturdüse 240, Leerlaufdüse 45, Leerlaufluftdüse 80, Starterkraftstoffdüse 190
Luftfilter	Zyklonfilter-Ölbadluftfilter, Micronic-Papierluftfilter
Elektrische Anlage (auf Wunsch funkentstört)	Batteriezündung, Lichtanlassmaschine Bosch 12 V/240 W, Regler mit Anlassrelais, Batterie 12 V/55 Ah, Zündspule Bosch, Zündkerzen Bosch W 225 T1 oder gleichwertige Bosch-Zündverteiler mit Fliehkraftverstellregler
Lage des Motors	im Heck des Fahrzeuges, fliegend am Getriebeachsantriebsaggregat angeflanscht
Kupplung	
Bauart	Einscheiben-Trockenkupplung, Typ KS 180 der Fa. Fichtel & Sachs
Getriebe-Achsantriebs-Aggregat	
Schaltgetriebe	5 Vorwärtsgänge (sperrsynchronisiert), 1 Rückwärtsgang

Der Steyr-Puch-Haflinger mit Spezial-Wagenfront ohne Aufbau als Luftlandefahrzeug bei einem Manöver des Österreichischen Bundesheeres 1957.

Haflinger-Parade und Haflinger-Ausstellung im „Ersten österreichischen Motorradmuseum“ des Autors im Jahr 2009.

Haflinger, US-Version „Pathfinder“. Augenfälligstes Merkmal dieser Exportversion waren die auffällig großen „Sealed Beam“-Scheinwerfer. Die Ausführung mit großen Scheinwerfern gab es auch für die Schweizer Armee.

RN
43 RN 11

Oben: Rechtsgesteuerte Ausführung des Steyr-Puch-Haflingers. Links: Der Haflinger im Einsatz als Schleppfahrzeug für Hubschrauber der Royal Navy vor Hongkong Ende der 1960er-Jahre.

Haflinger und Puch 500 neu in gemischter Fertigung, Aufnahme um 1968.

Wüstenschiff und Höhenweltrekordler: Steyr-Puch-Haflinger auf Expeditionen

Mit dem neuen Geländewagen Steyr-Puch-Haflinger hatten die Fernreisenden und Expeditionsteams ein geradezu ideales Fahrzeug zur Verfügung. Zu der erstklassigen Qualität, welche höchste Zuverlässigkeit abseits der Zivilisation garantierte, kam noch die handliche Größe dazu, die die Chance bot, im Falle des Versandens oder sonstigen Steckenbleibens mit relativ geringen Schiebekräften wieder flott zu werden. Die geringe Spurweite sowie die kurze Gesamtlänge des Wagens und die damit verbundene – im Vergleich mit den damaligen am Markt befindlichen Geländefahrzeugen – unerreichte Handlichkeit machten erst Expeditionen wie die Fahrt in die Anden möglich. Denn auf den schmalen Steigen und Saumpfaden, wo man mit jedem anderen Wagen längst hätte kapitulieren müssen, bahnte sich der Haflinger mit Besatzung und Gepäck unbeirrbar seinen Weg.

16.000 Kilometer durch Afrika

Eine der ersten Fernfahrten mit dem steirischen Geländeprofi unternahm das bereits auf Puch 500 wüstenerprobte Ehepaar Holzmann, welches am Weihnachtsabend 1961 zu einer Afrikatour startete und bis 12. April 1962 unterwegs war. Dabei wurden Ägypten, der Sudan, der Tschad, Äthiopien, Niger und Libyen durchquert. Die über 16.000 Kilometer führende Fahrt brachte keinerlei wie immer geartete Probleme mit dem Wagen mit sich. Vor allem durch die Weiten der Sahara pflügte sich der Haflinger unverdrossen durch, weder Sand noch Geröll und Felsen konnten ihm an Fahrwerk und Mechanik etwas anhaben. Im Sudan führte Herr Holzmann Servicearbeiten am Motor

Oben: Die Holzmann-Expedition im Sudan mit Polizisten. Rechts: Motorkontrolle unter den sachkundigen Blicken der sudanesischen Bevölkerung.

Blick auf die Ruinen von Siwa.

Holzmann-Expedition auf Haflinger mit Polyester-Führerhaus und festem Aufbau in Siwa, 1962.

durch, wobei er zur Vereinfachung dieser Angelegenheit gleich den Motor ausbaute und auch die Luftleitbleche abbaute und den Sand entfernte. So dramatisch das Foto, das diese Situation zeigt, auch ausschaut, es handelte sich lediglich um Vorsichtsmaßnahmen, für die keinerlei zwingende Notwendigkeit bestand.

Durch die Atacama-Wüste in Südamerika

Die sensationellste Leistung erbrachte der Wagen jedoch bei der Österreichisch-argentinischen Llullayacu-Expedition 1961 in den Anden, in der Hochwüste der Atacama. Die Expeditionsmitglieder waren Mathias Rebitsch aus Innsbruck als Leiter, der bereits zwei erfolgreiche Himalaya-Expeditionen und vier Anden-Expeditionen hinter sich hatte, und Ing. Luis Veigl aus St. Johann in Tirol. Dieser hervorragende Bergsteiger war auch Berggefährte Hermann Buhls. Ziel der Expedition war die Erforschung von Bauresten aus der Zeit der Inkas auf der Spitze des 6.000 Meter hohen Cerro Cellan. Die bisherigen Forschungsergebnisse Rebitschs, der sich seit 1956 mit diesem Ausgrabungskomplex beschäftigt hatte, ließen für eine neuerliche Forschungsarbeit die Auffindung des „missing link" erwarten, nämlich den Nachweis eines Sakralkomplexes, in

dem Menschenopfer (vorwiegend Edelknaben) sowie Tieropfer für den indianischen Sonnengott dargebracht worden waren. 1958 grub Rebitsch mit dem Argentinier Sergio Domicelj zum ersten Mal an bisher unentdeckten Mauerwerken – in zermürbender Spatenarbeit tagelang gegen Sturm und Kälte bis zum körperlichen Zusammenbruch. Die Arbeiten konnten jedoch nicht vollendet werden.
1961 sollte die begonnene Arbeit zu einem erfolgreichen Ende gebracht werden. Am 16. Februar 1961 erfolgte die Anfahrt vom Bergwerk „La Casualidad" aus 4.080 Meter zum Fuße des Llullayacu. Das Hauptlager in 5.050 Meter wurde erreicht. Der erste „Angriff" dauerte bis 29. Februar.

Höhenweltrekord

An der Ost-Geröllflanke des Llullayacu erreichten die Expeditionsteilnehmer mit dem Haflinger eine Höhe, die der geeichte Höhenmesser mit 5.680 Metern auswies. Das bedeutete für den kleinen Wagen aus Österreich die Erringung des absoluten Höhenweltrekordes für Automobile. Während der gesamten Dauer der Expedition in dieser großen Höhenlage diente der Haflinger als fahrbares Lager, das den Forschern Schutz vor den eisigen Stürmen und dem Frost in diesen unwirtlichen Gegenden bot.
Als besonderer Vorteil erwies sich der luftgekühlte Motor des Wagens in dieser wasserlosen Hochwüste mit ihren extremen Temperaturgegensätzen – nach 30 Grad Tageshitze folgten bis zu 20 Grad minus in der Nacht. Sandstürme, Vereisung, wüstenhafte Trockenheit und tropische Feuchtigkeit vermochten ihm nichts anzuhaben.
Die wissenschaftliche Ausbeute der erfolgreichen Expedition gipfelte darin, dass der Sinn der bis dahin rätselhaften Steinsetzungen am Llullayacu geklärt werden konnte. Es steht danach fest, dass diese Anlage in so unwirklich scheinender Höhe von 6.700 Metern als altindianische Opferstätte und Signalstation diente. Sie wurde gegen Ende des 15. Jahrhunderts errichtet.

Karakorum-Expedition

Und auf einer weiteren Extremtour hatte sich der Haflinger zu bewähren: bei der 1. Steirischen Karakorum-Himalaya-Expedition 1964. Diese fand vom 14. März bis 14. August 1964 statt. Die Expeditionsteilnehmer berichteten den Steyr-Daimler-Puchwerken:
Der Wagen hat sich auf unserer Expedition hervorragend bewährt. Besonders die Ersteigung der drei Siebentausender Shachaur, Udren Zorn und Nadir Shah in Chitral wäre ohne den Einsatz des Haflingers kaum möglich gewesen. Trotz der notwendigen Überbelastung beim Einsatz in Chitral hatten wir weder am Fahrgestell noch am Motor Schwierigkeiten. Durch seine große Wendigkeit, seine geringe Breite, sein niedriges Eigengewicht und seine Luftkühlung war unser Wagen allen anderen Fahrzeugen, die sonst in diesen Gebieten eingesetzt werden, absolut überlegen. Insgesamt wurden 13.070 Kilometer in 359,18 Stunden zurückgelegt. Der durchschnittliche Verbrauch betrug 12 Liter/100 km. Aufgetretene Schäden: acht Reifenschäden, ein Radmutterbolzen, ein Kupplungsseil, Zündungssicherungen. Den Herren vom Versuch danken wir für die hervorragende Betreuung.

Atacama-Expedition 1961 ins Llullayacu-Gebiet in den Anden. Mathias Rebitsch und Luis Veigl stellten dabei mit dem Haflinger mit 5.680 Metern einen Höhenweltrekord für Automobile auf.

Die österreichische Motor-Gemse: Presselob und Kundenpost

Die Medien nahmen sich des Steyr-Puch-Haflingers in weitaus geringerem Ausmaß an, als dies beim Steyr-Puch-Kleinwagen der Fall gewesen war. Das ist insoferne verständlich, als die Klientel für den gegenüber dem Kleinwagen fast dreimal so teuren Haflinger vor allem bei den Behörden zu finden war und es ja zu Zeiten des Haflingers noch keinen „Geländewagenboom" bei Privatkunden gab. So ist es nicht weiter verwunderlich, dass der Wagen hauptsächlich anlässlich von militärischen Manövern oder Militärparaden erwähnt wurde.

Die *Kleine Zeitung* vom 8. Juni 1958 zeigte erstmals den Puch-Haflinger. Es handelte sich dabei um ein Vorserienmodell.

Bei der Vorstellung im Jahre 1958 berichtete die österreichische Fachzeitschrift *Austro-Motor* unter dem Titel: *Das motorische Gebrauchspferd: Steyr-Puch ‚Haflinger' Typ 700 AP, ein Kleingeländewagen* unter anderem das Folgende:

Auf der Frankfurter Automobilausstellung wurde der Weltöffentlichkeit zum ersten Male der neue allradgetriebene leichte Geländewagen Steyr-Puch ‚Haflinger' gezeigt und vorgeführt. Damit ist auch Steyr-Daimler-Puch dem Beispiel einiger ausländischer Autowerke gefolgt und hat – der regen Nachfrage nach einem leichten Mehrzweck-Fahrzeug nachkommend – dieses geländegängige Transportfahrzeug geschaffen, das durch seine günstigen Abmessungen und durch die relativ kleinen Raddrücke geeignet ist, überall dort eingesetzt zu werden, wo schwieriges Gelände vorherrscht.

Der Wagen wurde über zehntausende Kilometer in den österreichischen Alpen, in überseeischen Ländern und in Tropengebieten erprobt und hat überall seine Bewährungsprobe bestanden.

Aufbau: Der Steyr-Puch ‚Haflinger', Typ 700 AP, wird in einer Grundausführung und je nach Verwendungszweck in einigen Sonderausführungen erzeugt, darunter auch für normale Geländeverhältnisse in einer vereinfachten Variante, dem ‚Steyr-Puch-Landwagen', Typ 700 LP (Anm.: der sogenannte Landwagen), *der nur mit Hinterradantrieb ausgestattet ist, einen auf 1.800 mm verlängerten Radstand besitzt und dadurch eine größere Ladefläche erhielt. Die Grundausführung besteht aus einer Plattform aus Stahlblech mit zwei über der Vorderachse liegenden, verstellbaren Sitzen. Die Stirnwand trägt außen die Scheinwerfer und innen die Bedienungsorgane und Armaturen.*

Die an die Vordersitze anschließende Ladefläche ist 2 m² groß; in der Ladefläche sind Wannen zur Unterbringung von zwei zusätzlichen Klappsitzen vorgesehen. Die Plattform ist auf vier über den Achsen liegenden Gummilagern am Fahrgestell befestigt.

Auf Wunsch gibt es zusätzliche Sonderausrüstungen und verschiedene Sonderausführungen des Aufbaues. Schließlich auch noch vom Getriebe aus einen Nebenantrieb, der bei einer Motordrehzahl von 3.000 U/min mit 1.820 U/min läuft und als Stationärmotor zum Antrieb von Kompressoren, Gebläsen, Seilwinden und verschiedenen landwirtschaftlichen Maschinen und Geräten verwendet werden kann.

In der Kundenpost des Werkes in Thondorf langten unter anderem folgende Briefe zum Steyr-Puch-Haflinger ein:

Steyr-Puch-Haflinger mit festem Führerhaus als Begleitwagen beim Manx 3-Days-Trial auf der Isle of Man im Juni 1965.

Dr. Karl Wünsche, Tierarzt, Bad Hofgastein, Österreich:
Seit Mitte Dezember 1959 fahre ich den von Ihnen gelieferten ‚Puch-Haflinger' als Praxiswagen. Wie Sie wissen, befindet sich mein Praxisgebiet abseits der Straße und der Großteil meiner Patienten war bisher im Winter nur zu Fuß erreichbar, da die Nebenwege nur für Schlitten befahrbar waren. Mit dem ‚Haflinger' konnte ich im heurigen, sehr schneereichen Winter fast alle Patienten ohne Schneeketten erreichen. Nur wo sehr steile, vereiste Wegstrecken zu bewältigen waren, musste ich Ketten montieren.
Besonders erfreulich ist seine geradezu phantastische Startfreudigkeit. Der Wagen steht den ganzen Winter über im Freien und auch bei Temperaturen unter –25° springt er sofort an. Die enorme Bremsfähigkeit des Motors gibt ein unbedingtes Gefühl der Sicherheit, sowohl bei steilen Bergabfahrten als auch auf der vereisten Straße. Ich glaube, im ‚Haflinger' ein geradezu ideales Kraftfahrzeug für die tierärztliche Praxis im Hochgebirge gefunden zu haben und möchte den Puchwerken zu ihrer Konstruktion gratulieren.

Staatsbesuch von Queen Elizabeth II. im Mai 1969; am Rücksitz der damalige Landeshauptmann von Tirol, Eduard Wallnöfer.

Alfred Hubertus Neuhaus, Inhaber der Fa. August Neuhaus & Cie., Schwetzingen, Deutschland:
Ich bin gerne bereit, Ihnen zu bestätigen, dass ich mit dem von Ihnen gekauften ‚Steyr-Puch-Haflinger Allrad-Geländewagen' bis jetzt nur die allerbesten Erfahrungen im praktischen Jagdbetrieb gemacht habe.
Der Wagen wird hauptsächlich in einem recht unwegsamen Revier eines deutschen Mittelgebirges, zwischenzeitlich jedoch auch im Hochgebirge verwendet. Die Leistungsfähigkeit dieses Fahrzeuges übertrifft meiner Auffassung alle anderen zur Zeit gebräuchlichen Geländewagen.

Für kommunale Zwecke gab es den Haflinger als Klein-LKW auch mit Straßenreifen, Ladefläche und der serienmäßigen Kunststoffkabine.

Ludwig Rexroth, Fabrikant, Lohr am Main, Deutschland:
Am 28. Juni 1963 habe ich von Ihnen einen ‚Haflinger Allrad-Geländewagen' für meine Jagd im Spessart erhalten.
Der Wagen wird im schwierigen Gelände eingesetzt und hat sich bis jetzt voll bewährt. Auch im unwegsamsten Gelände hat mich der Wagen noch nicht im Stich gelassen. Ich kann diesen Allrad-Geländewagen deshalb nur empfehlen.

Haflinger-Kommunalvariante.

Divine Word, Wewak, Neuguinea:

Schon seit ungefähr zwei Jahren läuft Ihr Geländewagen vom Typ 700 AP zu unserer vollsten Zufriedenheit hier im Busch von New Guinea.
Ihr Wagen ist uns unentbehrlich geworden für Krankentransporte und Missionsarbeit. Er bewährt sich oft besser als … und ist bedeutend billiger im Verbrauch. Es ist für uns natürlich hier mitten im Urwald wesentlich, da der ganze Treibstoff von der Küste ins Landesinnere hineingeflogen werden muss.

Pyrkerhöhe, 950 m, Bad Hofgastein, Österreich:
Ich habe seit Dezember 1959 einen ‚Steyr-Puch-Haflinger', welcher mir bis jetzt anstandslos die wertvollsten Dienste leistete. Ich habe eine Fremdenpension auf einem Berg, wo es in den Wintermonaten ganz unmöglich wäre, mit einem anderen Fahrzeug hinzukommen. Das Phantastische ist die Starteigenschaft des Wagens; auch in der strengsten Winterkälte springt er sofort an.
Ich kann den Puchwerken herzlichst gratulieren für die gute Konstruktion.

Konstrukteur und Techniker Helmuth Krainz, der 45 Jahre in den Puchwerken gearbeitet hat, erinnerte sich beim Haflinger-Treffen 1999 in Thondorf: 1970 bekam der Haflinger eine neue Plattform aus VÖEST-Stahl.

Variationen eines Plateaus: Serientypen des Steyr-Puch-Haflinger

Der Steyr-Puch-Haflinger AP, wie er im vollen Wortlaut hieß, wobei A für Allrad und P für Plateau stand, war aufgrund seiner Konzeption mit dem geraden Plateau ideal für die individuelle Gestaltung von Aufbauten. Die Karossiers brauchten sich aufgrund des getrennten Zentralrohrchassis keinerlei Sorgen um die Festigkeit des Wagens machen. Keine Frage, dass sich die Aufbaufirmen in aller Welt des kleinen Thondorfer Geländekraxlers gerne annahmen und ihm nahezu jede Art von Aufbau, vom Kommunalfahrzeug über den militärischen Raketenträger bis zum Löschfahrzeug, verpassten. Dazu kamen ab Werk etliche unterschiedliche technische Ausführungsvarianten, sodass es bereits bei den serienmäßig gelieferten Wagen eine beachtliche Vielfalt von Ausführungen gab.

Typenbezeichnungen und Varianten des Steyr-Puch Haflinger:
700 AP Grundausführung, 1.500 mm Radstand
703 AP Grundausführung, 1.800 mm Radstand
700 APL Grundausführung mit Nebenantrieb, 1.500 mm Radstand
703 APL Grundausführung mit Nebenantrieb, 1.800 mm Radstand
700 APT Tropenausführung, 1.500 mm Radstand
703 APT Tropenausführung, 1.800 mm Radstand
700 APTL Tropenausführung mit Nebenantrieb, 1.500 mm Radstand
703 APTL Tropenausführung mit Nebenantrieb, 1.800 mm Radstand
700 AP/3 Grundausführung mit Polyesterfahrerhaus, 1.500 mm Radstand
703 AP/3 Grundausführung mit Polyesterfahrerhaus, 1.800 mm Radstand
700 APL/3 Polyesterfahrerhaus mit Nebenantrieb, 1.500 mm Radstand
703 APL/3 Polyesterfahrerhaus mit Nebenantrieb, 1.800 mm Radstand
700 APT/3 Polyesterfahrerhaus, Tropenausführung, 1.500 mm Radstand
703 APT/3 Polyesterfahrerhaus, Tropenausführung, 1.800 mm Radstand
700 APTL/3 Polyesterfahrerhaus, Tropenausführung mit Nebenantrieb, 1.500 mm Radstand
703 APTL/3 Polyesterfahrerhaus, Tropenausführung mit Nebenantrieb, 1.800 mm Radstand
Sonderaufbau (Aluminium) Preining, 1.800 mm Radstand
Alle Ausführungen Rechts- oder Linkslenkung

Haflinger-Ausführung *Pathfinder* mit offenem Aufbau für den USA-Markt.

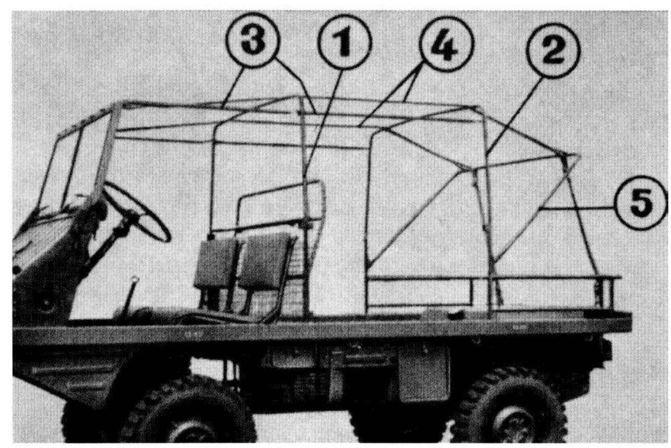

Links: Späteres Planenverdeck, geliefert vor allem für das österreichische Bundesheer. Verdeck montieren: Verdeckbogen vorne (1), Verdeckbogen hinten (2), Verbindungsstangen (3), Längsgurte (4), angelenkter Verdeckbogen (5).
Rechts: Verdeck montieren: Schlaufen beim Windschutz (1), Halteriemen beim vorderen Verdeckbogen (2), Schlaufen beim hinteren Verdeckbogen (3), Schlaufen bei der Galerie (4).

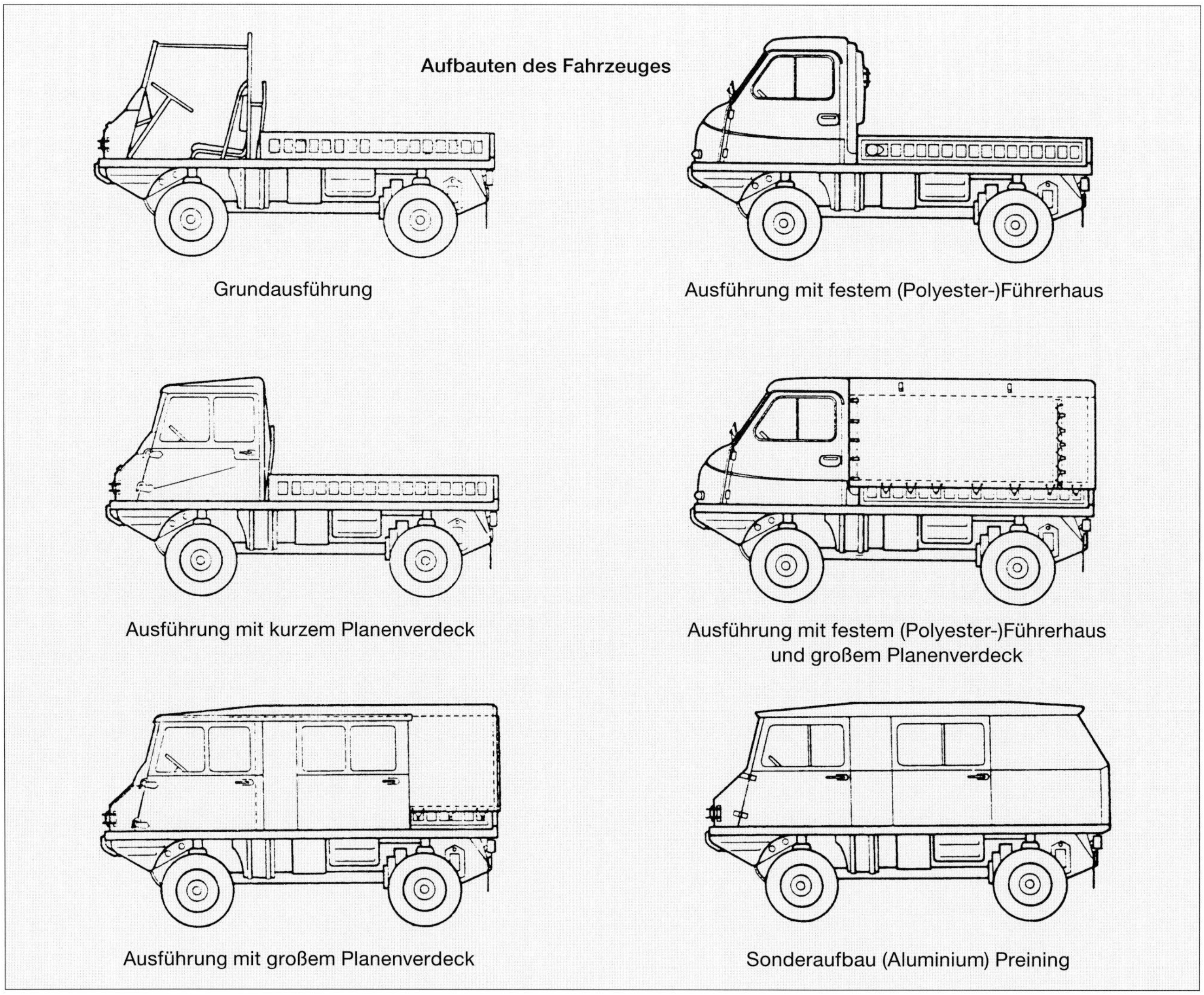

Aufbauten des Fahrzeuges

Grundausführung

Ausführung mit festem (Polyester-)Führerhaus

Ausführung mit kurzem Planenverdeck

Ausführung mit festem (Polyester-)Führerhaus und großem Planenverdeck

Ausführung mit großem Planenverdeck

Sonderaufbau (Aluminium) Preining

Tabellenteil Steyr-Puch-Haflinger

Anmerkungen zu den Produktionszahlen und dem Inlandsverkauf des Steyr-Puch-Haflinger: Die Differenz zwischen den im Inland verkauften Wagen und der Gesamtproduktion beträgt 13.730 Stück. Da es sich beim Haflinger nicht nur um einen Geländewagen für Privatkunden handelte, sondern vor allem um ein Fahrzeug, das in beträchtlichen Stückzahlen bei den Armeen verschiedener Länder eingesetzt wurde, gab das Werk keine Exportstückzahlen oder Exportländer bekannt. Sicher ist, dass der Haflinger in großen Stückzahlen von den Militärs in der Schweiz und in Jugoslawien gekauft wurde.

Nummernschlüssel des Steyr-Puch-Haflinger	
Motornummern	
535.0001 – 535.6200	Haflinger
535.6201 – 536.1999	Haflinger
536.2000 – 536.7525	Haflinger
Fahrgestellnummern	
535.0001 – 535.6200	Haflinger
535.6201 – 536.2399	Haflinger
536.2400 – 536.3412	Haflinger
555.0001 – 555.1600	Haflinger, 1.800 mm Radstand
555.1601 – 555.3596	Haflinger, 1.800 mm Radstand
Fahrzeugnummern	
530.0001 – 530.6200	Haflinger
530.6201 – 531.2399	Haflinger
531.2400 – 531.3088	Haflinger
550.0001 – 550.1600	Haflinger, 1.800 mm Radstand
550.1601 – 550.3605	Haflinger, 1.800 mm Radstand

Dieses Holzmodell einer Haflinger-Studie zeigt, wie der Haflinger aus einfachen, abgekanteten Blechen vor allem in Entwicklungsländern gefertigt hätte werden können. Die Mechanik wäre von Steyr-Puch geliefert worden. Ähnliche Überlegungen wurden später auch beim Puch H 2 bzw. Puch-Mercedes G angestellt.

Produktionszahlen Steyr-Puch-Haflinger										
Jahr	1958	1959	1960	1961	1962	1963	1964	1965	1966	
Stückzahl	8	158	1.092	1.025	2.609	881	1.088	805	788	
Jahr	1967	1968	1969	1970	1971	1972	1973	1974	–	Summe
Stückzahl	941	1.774	1.190	1.625	1.005	651	557	450	–	**16.647**

Inlandsverkauf Steyr-Puch-Haflinger										
Jahr	1958	1959	1960	1961	1962	1963	1964	1965	1966	
Stückzahl	3	72	773	443	198	252	360	133	48	
Jahr	1967	1968	1969	1970	1971	1972	1973	1974	1975	Summe
Stückzahl	91	87	55	78	91	81	79	65	8	**2.917**

Oben: Haflinger-Sonderausführung mit Schwimmkörper. Unten: Kommunalhaflinger als Schneepflug.

Oben: Haflinger mit Alu-Leichtkarosserie der Firma Preining. Unten: Sonderausführung mit Gitterrädern für indonesische Reisfelder.

Haflinger-Sonderausführung mit Panzerabwehr-Lenkwaffe BANTAM.

Rechte Seite: Fahrzeugweihe der MIVA (Missions-Verkehrs-Arbeitsgemeinschaft) am 29. Oktober 1960 in Maria Taferl.
Haflinger für Neuguinea, Timor, Südrhodesien, Ghana und Bolivien.

Unten: Übergabe von Haflingern an das ÖBH am 25. März 1960.

HAFLINGER

Oben: Für das Projekt „Landwagen“ war auch ein geschlossener Kastenaufbau vorgesehen. Es lief unter der Entwicklungsnummer 710 und es sollten Motoren von Puch oder von Fiat eingebaut werden können. SDP stoppte jedoch dieses Projekt.

Projektstudie „Landwagen“. So hätte der Steyr-Puch-Haflinger weiterentwickelt werden können.

Der Steyr-Puch 700 LP Landwagen war als leichter Pritschenwagen mit Polyesterkabine konzipiert und hatte den bewährter Kleinwagenmotor mit einer Leistung von 22 PS im Heck. Es war kein Allradantrieb vorgesehen.

STEYR-PUCH LANDWAGEN TYP **700 LP**

Universaltransporter für Straße, Feldwege und Gelände

- LUFTGEKÜHLTER BOXERMOTOR
- 22 DIN-PS Dauerleistung
- Steigfähigkeit bis 50 %
- Geschwindigkeit bis 76 km/h
- Geringes Eigengewicht mit 610 kg
- Zuladung 500 kg, Ladefläche 2,35 m²
- Abnehmbares Planenverdeck oder festes Fahrerhaus
- Differentialsperre
- Vollsynchronisiertes 4-Gang-Getriebe
- Nebenantrieb für Zusatzaggregate
- Einzelradfederung durch Schwingachsen
- 200 mm Federweg
- Schraubenfedern, kombiniert mit Gummihohlfedern und doppelwirkenden hydraulischen Stoßdämpfern

STEYR-DAIMLER-PUCH AKTIENGESELLSCHAFT
ÖSTERREICH

STEYR WIEN GRAZ

Steyr-Puch-Pinzgauer – das letzte Puch-Automobilmodell

Das geländegängigste Radfahrzeug der Welt: Philosophie des Steyr-Puch-Pinzgauer

Der Geländewagenmarkt der 1960er-Jahre hatte Platz für ein größeres Allradfahrzeug, dessen hervorragendste Eigenschaft ein optimales Nutzlastverhältnis (Nutzlast zu Leergewicht) war. Der Haflinger wies den hervorragenden Wert von 0,81 auf. Aber die technischen Gegebenheiten des Wagens, so z. B. seine geringen Abmessungen und seine – absolut gesehen – geringe Nutzlast, waren für verschiedene Anwendungsgebiete (vor allem im militärischen Nachschubbereich) ein echter Nachteil. Es lag also für die Thondorfer auf der Hand, aufgrund des guten Images, das sie sich mit dem Haflinger geschaffen hatten, nach den bewährten Bauprinzipien ein Geländefahrzeug der 1 bis 1,5 Tonnen-Nutzlast-Klasse zu bauen. Dabei kam es darauf an, sich extremen Leichtbaues zu bedienen und – einen neuen Motor zu schaffen.

Pinzgauer-Prototyp Nr. 1, 1965.

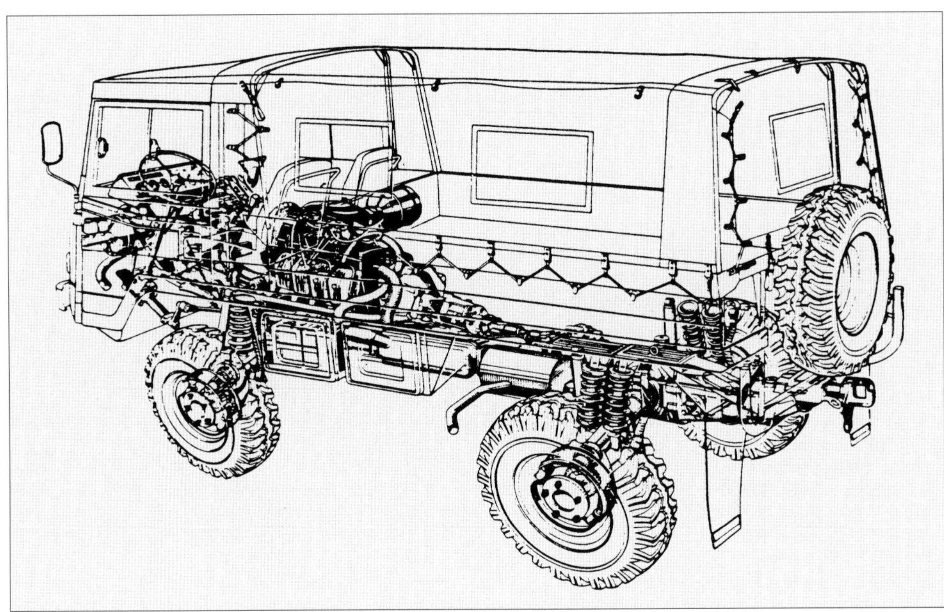

Steyr-Puch-Pinzgauer, Typ 710 M.

Der neue Geländewagen, der ebenso wie sein Vorgänger *Haflinger* auf den Namen einer österreichischen Pferderasse getauft wurde, erblickte offiziell am 17. Mai 1971 anlässlich einer Pressekonferenz das Licht der Öffentlichkeit. Die Vorarbeiten für den Wagen hatten jedoch schon viel früher begonnen, als nämlich Marktanalysen ergeben hatten, dass die Nachfrage nach Fahrzeugen dieser Art und Größe den Anlauf einer Serienproduktion sinnvoll erscheinen ließ. Aufbauend auf erste Entwürfe 1962, war 1965 der erste fahrbereite Prototyp fertig.

Schon in der frühen Entwicklungsphase wurden auch voraussichtliche Kunden, darunter auch die Gruppe für Rüstungsindustrie in der Schweiz, mit Prototypen beliefert. Das beweist ganz klar, dass Steyr-Puch die Entwicklung des Fahrzeuges von der Marktseite her unter Einbindung der Kundenwünsche betrieben hat. Der Pinzgauer war mit einem Reihenmotor mit Luftkühlung ausgerüstet, der, zum Unterschied vom Haflinger, im Fahrzeugbug untergebracht war. Aus Platz- und Schwerpunktgründen wurde der Motor seitlich geneigt zwischen Fahrer- und Beifahrersitz eingebaut und wies – nach Abbau der Schutzhaube und der beiden Sitze – eine hervorragende Zugänglichkeit für Wartungsarbeiten auf.

Die Grunddaten des Motors waren: leicht langhubiges Bohrungs-/Hubverhältnis von 92/94 mm, Gesamthubraum 2,5 Liter, Verdichtungsverhältnis 8,0:1, eine Motorleistung von 95 PS bei einer Nenndrehzahl von 4.000 U/min und einem maximalen Drehmoment von 19 mkp bei 2.000 U/min. Diese Leistungs- und Drehmomentdaten wurden dann nach den jeweiligen Einsatzerfordernissen variiert (siehe technische Daten). Das Chassis wies die bewährte Zentralrohrrahmeneinheit auf. Aber zum Unterschied vom Haflinger stützten sich die Federelemente und die Stoßdämpfer auf der Plateauwanne des Wagens ab. Man kann also die Bauweise als „halbselbsttragend“ bezeichnen.

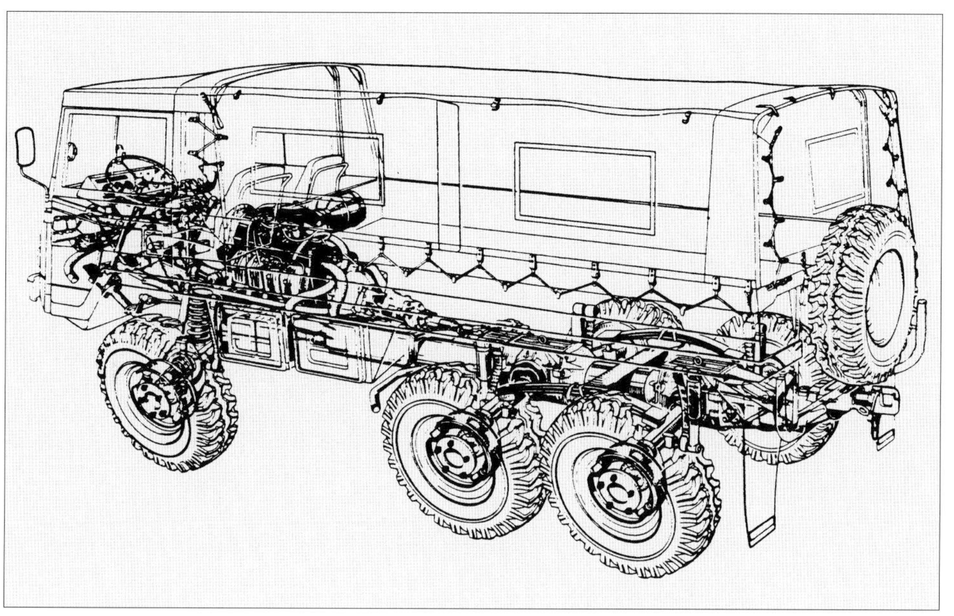

Steyr-Puch-Pinzgauer, Typ 712 M.

Beim Eintonnen-Typ 710 (4 × 4) war das Nutzlastverhältnis 0,67 und verbesserte sich beim Typ 712 mit einer Gesamtzuladung von eineinhalb Tonnen auf ausgezeichnete 0,75. Zusammen mit den extrem langen Federwegen der einzeln aufgehängten Räder und der immensen Bodenfreiheit war der Pinzgauer bald die Sensation auf dem Geländewagenmarkt. Fachjournalisten verliehen dem liebevoll „Pinzi" genannten Wagen bald taxfrei den Titel „Geländegängigstes Radfahrzeug der Welt". Aber die Puchwerke wollten und mussten verkaufen, und da aufgrund der speziellen Eigenschaften des Wagens vorwiegend ans Militär. Keine Frage, dass der Pinzi, wo immer er auftauchte, ein potenzieller Sieganwärter bei militärischen Ausschreibungen war. Direkte Konkurrenten waren vor allem der *Unimog* von Daimler-Benz und der *Laplander* (später C202) von Volvo.

Der Spartenleiter und Werksdirektor Dr. Egon Rudolf erzählte dem Autor einmal folgende Geschichte:
Es gab Anfang der siebziger Jahre eine Militärvorführung für die schwedische Armee, zu der auch die Steyr-Daimler-Puch AG. mit ihren LKW und dem Pinzgauer eingeladen waren. Bei der Heimfahrt gab es bei der Schiffsverladung einen Riesenwirbel, weil die Lagerhalle aufgebrochen worden war und – ausgerechnet – der Pinzgauer fehlte. Nach hektischen Recherchen der Behörden und betulichen Beschwichtigungsversuchen der offiziellen Stellen ‚tauchte' der verschwundene Wagen nach zwei Tagen endlich auf. Als ihn die österreichische Delegation in Empfang nahm, wies der Wagen diskrete, aber für den Fachmann unübersehbare ‚Gebrauchsspuren' auf, die dem Kenner anzeigten, dass der Wagen genau auf seine Geländefähigkeiten wie vorderer und hinterer Böschungswinkel, Bauchfreiheit, Stufen-Kletterfähigkeit usw., natürlich ebenfalls von Fachleuten, abgetastet worden war.
Dass kurze Zeit später der *Laplander* von Volvo mit einer gewissen Ähnlichkeit mit dem *Pinzgauer* auf den Markt kam, ist sicherlich außer dem Zufall nur der Tatsache

Fahrgestell des Steyr-Puch-Pinzgauer, Typ 712 6 × 6.

zuzuschreiben, dass Frontlenker-Geländewagen in derselben Gewichtsklasse so und nicht anders ausschauen müssen.

Die Dissertation von Dipl.-Ing. Dr. Erich Ledwinka mit dem Titel *Probleme des Geländefahrzeuges unter besonderer Berücksichtigung der österreichischen Entwicklungsbeiträge* beschrieb den Pinzgauer eingehend. 1967 gab es bereits zehn Vorserien-Pinzgauer. Ledwinka hat in seinem Konstruktionskonzept auch die wesentlichen technischen Merkmale der beim *Haflinger* bewährten Bauweise aufgenommen, das sind:

- Zentralrohrfahrgestell mit Einzelradaufhängung aller Achsen 4 × 4 und 6 × 6
- Allradantrieb durch gleiche Triebachsen vorne und hinten mit während der Fahrt schaltbaren Differenzialsperren
- luftgekühlter Motor (Vierzylinder OHV)
- vielstufiges Schaltgetriebe und schaltbares Gruppengetriebe
- Plattformaufbau in Frontlenkerbauart
- Portalachsen (Stirnradgetriebe in den Achsen) zur Erhöhung der Bodenfreiheit

Fahrgestell

Der *Steyr-Puch-Pinzgauer* ist ein allradgetriebenes Mehrzweck-Fahrzeug, das für den Transport von 10 Personen oder von Lasten bis 1.000 kg, gleich wie der *Haflinger,* auch abseits fester Fahrwege, einsetzbar ist. Das Fahrgestell ist als biege- und verwindungssteifes Zentralrohrfahrgestell ausgebildet, bei welchem die beiden Triebachsen mit dem Tragrohr starr verblockt sind. Das Motor-Getriebe-Aggregat ist am Fahrgestell, in Nähe der Vorderachse, mittels Gummilagern befestigt. Ebenfalls ist der, als Frontlenker gebaute Plattformaufbau am Fahrgestell aufgesetzt. Diese Bauweise verleiht auch dem *Pinzgauer* einen großen Nutzraum bei kleinen Abmessungen und eine Einstieg- und Lademöglichkeit auch von rückwärts, sowie eine geschützte Motorlage.

Motor

Für die Unterbringung des Motors wurde der Raum in Nähe der Vorderachse und möglichst unter den Frontsitzen festgelegt. Für diese Raumverhältnisse eignet sich nur ein liegender Reihenmotor. Die guten Erfahrungen mit einem luftgekühlten Motor beim *Haflinger* waren der Anlass, auch für den *Pinzgauer* einen luftgekühlten Motor zu wählen.

Der neuentwickelte Pinzgauer-Motor ist ein luftgekühlter Vierzylinder-Reihenmotor, der seitlich, fast bis zur horizontalen Lage der Zylinder geneigt ist. Sein Hubvolumen beträgt 2,5 l bei einer Bohrung von 92 mm, einem Hub von 94 mm und einem Verdichtungsverhältnis von 8:1. Er leistet 95 PS bei 4.000 U/min und besitzt ein Drehmoment von 19 mkp bei 2.000 U/min. Der effektive Mitteldruck beträgt 8,6 kp/cm^2 und die spezifische Leistung 38 PS/1. Der Drehmomentverlauf zeigt einen Anstieg von ca. 20 Prozent im Drehzahlbereich von 2.000 bis 4.000 U/min. Der große nutzbare Drehzahlbereich von 1.500 bis 4.000 U/min macht den Motor sehr elastisch, was für das Fahren im Gelände von großem Vorteil ist.

Das aus Leichtmetall gegossene Kurbelgehäuse besteht aus zwei Gehäusehälften, deren Trennebene durch die Hauptlager verläuft. Mittels langer Dehnschrauben werden diese beiden Gehäusehälften und damit auch die Lagerhälften starr verbunden. Die im Kurbelgehäuse fünffach gelagerte Kurbelwelle ist im Gesenk geschmiedet, sie besteht aus legiertem Vergütungsstahl DIN 42 Cr Mo 4 und ist auf 90 bis 120 kp/mm^2 vergütet. Alle Lagerzapfen sind induktionsgehärtet und erreichen eine Härte von 54–60 Rockwellhärte HRC. Als Hauptlager dienen Aluminium-Dreistofflager, die aus dünnwandigen Stahlstützschalen mit einer Auflage aus einer Aluminium-Zinn-Legierung und einer dünnen Weißmetall-Laufschicht bestehen. Die Schmierölzufuhr zu den Lagern erfolgt durch die im Kurbelgehäuse gebohrten Ölkanäle. Die Kurbelwelle besitzt acht angeschmiedete Gegengewichte, wodurch eine Entlastung der Grundlager und des Motorgestelles sowie ein günstiger Massenausgleich von 40 Prozent der hin- und hergehenden und 100 Prozent der rotierenden Massen erzielt wird.

Der Motor des Steyr-Puch-Pinzgauer.

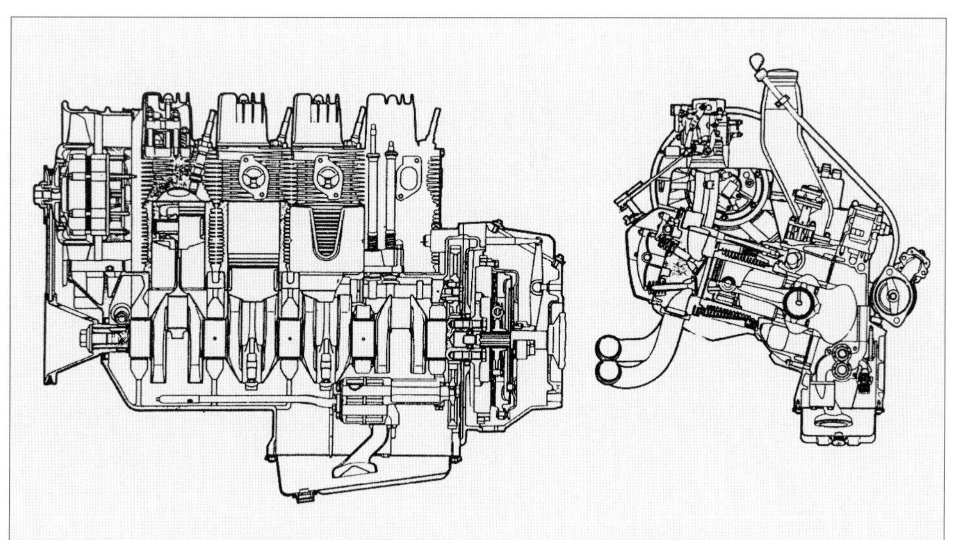

Die geschmiedeten Stahlpleuel sind auf dünnwandigen Aluminium-Dreistofflagerschalen gelagert. Das Öl zu den Lagern wird vom Kurbelzapfen aus durch entsprechende Ölbohrungen zugeführt. Im großen Pleuelauge ist eine dünne Bohrung vorgesehen, durch welche das Schmieröl intermittierend auf den Kolbeninnenboden und auf die Zylinderlauffläche spritzt. Dadurch wird die Kolbentemperatur bis auf 300° C gesenkt und die Laufeigenschaft des Kolbens im Zylinder verbessert.

Als Kolben wurde auch hier ein Aluminium-Regelkolben gewählt. Der eingegossene Stahlstreifen bewirkt zufolge der auftretenden Bimetallwirkung eine geringere Wärmeausdehnung des Kolbens. Dadurch ist es möglich, den Kolben mit einem engen Spiel in den Graugusszylinder einzubauen. Umfangreiche Motorlaufversuche wurden durchgeführt, um dieses enge Kolbeneinbauspiel und die richtige Kolbenpassform festzulegen. Der Kolben ist mit zwei Dichtringen und einem Ölabstreifring ausgestattet.

Der stark verrippte Zylinderkopf wird aus einer warmfesten Aluminium-Legierung in der Kokille gegossen. Der Brennraum erhielt eine halbkugelförmige Form, im Hinblick auf gute, klopffreie Verbrennung und günstigen Kraftstoffverbrauch. Die diametral angeordneten Saug- und Auslasskanäle sind nach dem Querstromprinzip ausgebildet. Der sorgfältig geformte Ansaugkanal und die gewählte Einlassventilgröße sind auf bestmögliche Füllung der Zylinder ausgelegt und sorgen somit für guten Mitteldruck und Drehmoment im gesamten Drehzahlbereich. Auch wird eine Drallwirkung und damit eine günstige Durchwirbelung des Brennstoffgemisches im Brennraum erreicht.

Die Ventile sind in einem Winkel von 40° zueinander geneigt und sitzen auf formgedrehten Ventilsitzringen. Die Querstromanordnung der Gaskanäle und die in Richtung parallel zur Ventilebene über die Kühlrippen geführte Kühlluft bewirken günstige thermische Verhältnisse am Zylinderkopf. Die Ventile werden von der im Kurbelgehäuse gelagerten Nockenwelle über Hartgussstößel, Stoßstangen und Kipphebel betätigt. Die Ventilfedern sind auf erhöhte Motordrehzahl bis etwa 5.500 U/min abgestimmt. Der Antrieb der Nockenwelle erfolgt durch Zahnräder vom schwungradseitigen Kurbelwellenende aus. Das gibt die geringsten Auswirkungen der Kurbelwellenschwingungen auf die Nockenwelle.
Die verrippten Graugusszylinder werden gemeinsam, jeweils mit dem zugehörigen Kopf mittels langer Dehnschrauben am Kurbelgehäuse befestigt. Damit werden Wärmedehnungen weitgehend kompensiert. Außerdem kann jeder Kopf einzeln abgehoben werden.

Die Druckumlaufschmierung besorgt eine Zahnradpumpe, die das Öl durch den Ölfeinfilter und durch den Ölkühler in den Hauptölkanal drückt und somit die Haupt- und Pleuellager versorgt. Vom Hauptölkanal werden auch die Nockenwellen- und Stößellager versorgt. Weiters gelangt das Schmieröl vom Stößel direkt zur Kontaktfläche des Nockens und durch die hohlen Stoßstangen zu den Kontaktstellen der Kipphebel. Eine zweite Zahnradpumpe saugt das vorne im Kurbelgehäuse gesammelte Öl ab und

Luftbild des Puchwerkes II, 1968.

fördert es in die Ölwanne. Diese Maßnahme ist für die Geländegängigkeit unerlässlich. Der Ölkühler liegt im Kühlluftstrom, wobei die Öldurchflussmenge thermostatisch in Abhängigkeit von der Öltemperatur gesteuert wird. Dadurch wird das Öl schnellstens auf Betriebstemperatur gebracht. Bei niedrigen Außentemperaturen wird der Ölkühler abgeschaltet, während er bei hohen Außentemperaturen und hohen Motorbelastungen seine Funktion der Ölkühlung übernimmt. Die Einhaltung der richtigen Öltemperatur hat bekanntlich einen wesentlichen Einfluss auf das Verschleißverhalten des Motors. Ein Axialgebläse fördert die notwendige Kühlluft zu den Zylindern und zu den Köpfen und sorgt für deren Kühlung. Das Kühlgebläse ist seitlich am vorderen Motorende befestigt. Das aus Kunststoff hergestellte Gebläselaufrad sitzt auf der Welle des Wechselstrom-Generators und wird mittels Gummikeilriemen von der Kurbelwelle aus angetrieben.

Vorgesehen sind ferner zwei lageunempfindliche Fallstrom-Doppelvergaser, die in Zusammenwirken mit dem sorgfältig geformten Ansaugrohr eine gleichmäßige Gemischverteilung für die einzelnen Zylinder ergeben. Die Verbrennungsluft wird in einem Micronicfilter gereinigt. Die Leistung des Wechselstrom-Generators beträgt 900 Watt bei einer Betriebsspannung der elektrischen Anlage von 24 Volt. Der Batteriezündverteiler besitzt, wie üblich, eine Fliehkraft- und Unterdruck-Zündpunktverstellung.

Wechsel- und Gruppengetriebe

Das Wechselgetriebe ist ein in Zusammenarbeit mit der Zahnradfabrik Friedrichshafen für diesen Zweck entwickeltes Fünfgang-Stirnradgetriebe, bei welchem alle fünf Vorwärtsgänge sperrsynchronisiert sind. Auch ist ein Rückwärtsgang vorgesehen. Der 5. Gang ist als direkter Gang und der 1. Gang mit einer Übesetzung von 5,33:1 ausgelegt. Die Schaltung ist als Fernschaltung mittels Schaltrohr ausgebildet. Als Kupplung ist eine Einscheiben-Trockenkupplung vorgesehen, die durch eine hydraulische Kraftübertragung betätigt wird. Das Getriebegehäuse besteht aus Leichtmetallguss. Das Getriebe ist am Motor angeflanscht und bildet mit ihm gemeinsam das Motor-Getriebe-Aggregat, welches am Fahrgestell auf drei Gummielementen aufliegt.

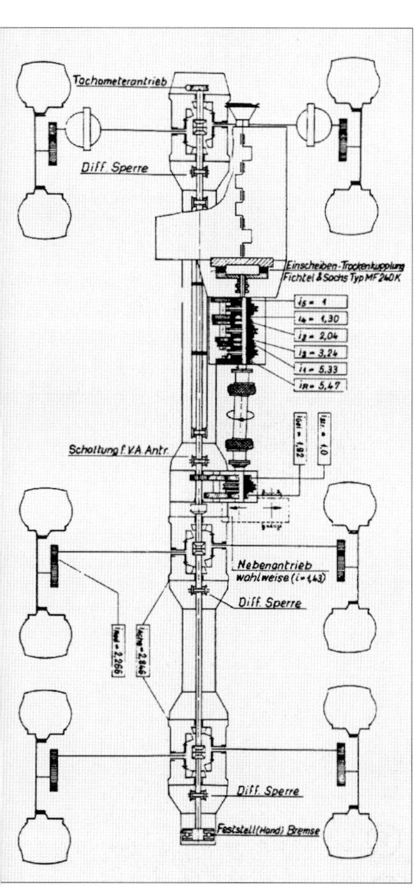

Antriebsschema des Steyr-Puch-Pinzgauer 6 × 6.

Das Gruppengetriebe besitzt zwei schaltbare Gänge für den Wechsel bei Gelände- und Straßenfahrt und bewirkt die Verteilung des Kraftflusses auf Hinter- und Vorderachse. Es ist als Dreiwellengetriebe ausgebildet, wobei auf der Antriebswelle die Schaltvorrichtung mit Synchronisierung sitzt und die Abtriebswelle die Anschlusselemente zu den Achsantriebswellen trägt. Die Gangschaltung erfolgt mechanisch von Hand aus und kann auch während der Fahrt vorgenommen werden. Der Schaltsprung beträgt 1,92. In Verbindung mit dem Wechselgetriebe stehen zehn Vorwärtsgänge und zwei Rückwärtsgänge zur Verfügung. Weiters trägt die Abtriebswelle eine Schalteinrichtung für das Zu- und Abschalten der Vorderachsantriebswelle. Die zugehörige Schaltung erfolgt von Hand mittels hydraulischer Übertragung und kann ebenfalls während der Fahrt erfolgen. Der Anbau eines Nebenabtriebes ist vorgesehen, der bei Fahrt wie auch im Stand in Betrieb genommen werden kann.

Das Gehäuse des Gruppengetriebes besteht aus Leichtmetallguss und ist zwischen Hinterachsgehäuse und Tragrohr zu einer tragenden Einheit verblockt. Die Kraftübertragung vom Motor-Getriebe-Aggregat zum Gruppengetriebe geschieht über eine kurze Gelenkwelle.

Antriebsachsen

Die beiden gleichartigen Antriebsachsen sind als gelenklose Doppelkegelrad-Pendelachsen ausgebildet und bestehen im Wesentlichen aus den Achsgehäusen samt den inneren Triebsätzen und den gegabelten Pendelhalbachsen samt ihren Radträgern. Das Achsantriebsgehäuse ist zweiteilig ausgeführt, wobei Ober- und Unterteil gleich und in Leichtmetall-Druckguss hergestellt sind. In diesem Gehäuse sind die beiden Spiralkegelradtriebe und die Gabelenden der Halbachsen gelagert. Für jedes Rad ist zum Antrieb ein eigenes Kegelradpaar vorgesehen, wobei das Tellerrad in der Halbachsgabel und der Triebling auf der zentralen Antriebswelle gelagert ist. Die Trieblingswelle verläuft horizontal durch das Achsgehäuse hindurch und ruht in den beiden Lagerdeckeln, die das Gehäuse beidseitig abschließen. Auf der Trieblingswelle sitzt außer den beiden Trieblingen noch das Kegelraddifferenzial. Dieses ist mit einer Sperreinrichtung ausgestattet, welche mittels hydraulischer Kraftübertragung von Hand aus zu betätigen ist, wobei der Schaltvorgang auch während der Fahrt vorgenommen werden kann.

Pinzgauer-Antriebsstrang 6 × 6.

Pinzgauer-Fertigung um 1975.

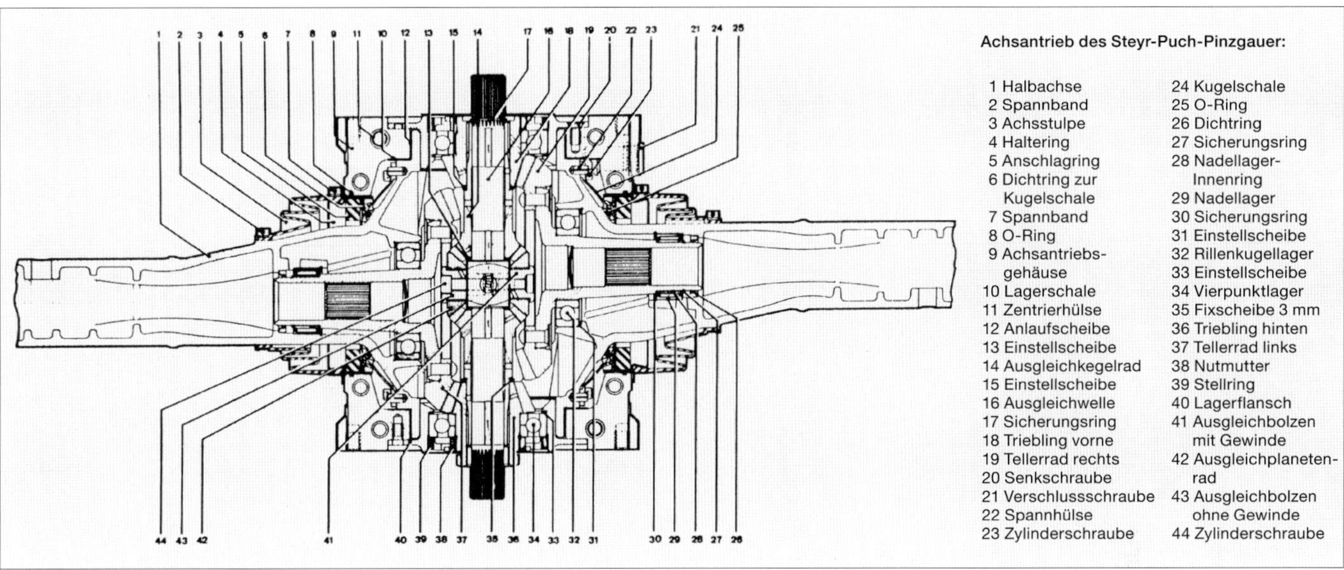

Die Pendelhalbachsen sind mit ihren halbringförmigen Gabelenden auf den Lagerdeckeln der Trieblingswellenlager gelagert, worauf die Halbachsen alle auftretenden Fahrkräfte abstützen. Bei der Pendelbewegung der Halbachsen um diese Lagerstellen rollt gleichzeitig das Tellerrad am Triebling ab, wobei der Zahneingriff der Kegelräder und damit der Radantrieb in jeder Achslage erhalten bleibt.

Am äußeren Halbachsende ist der Radträger angebracht, in dessen Gehäuse ein Stirnradtrieb eingebaut ist. Dadurch kommt das Achsantriebsgehäuse höher zu liegen und bildet somit die Portalachse mit größerer Bodenfreiheit. Der Radantrieb erfolgt vom Kegelradpaar über die im Halbachsrohr laufenden Radantriebswellen zum Stirnantrieb in Radnähe. Während der Hinterachsantrieb ohne Gelenk erfolgt, ist an der Radantriebswelle der Vorderachse zum Zwecke des Radeinschlages ein Gelenk erforderlich. Dabei handelt es sich hier um ein homokinetisches Kugelgelenk der Bauart „Rzeppa". Das Gelenk ist vollkommen geschützt innerhalb der abgedichteten Gelenkkugel des Radträgers untergebracht. Die Welle des großen Stirnrades trägt den Radflansch, an dem die gusseiserne Bremstrommel und das bereifte Rad befestigt sind.

Der Antrieb der beiden Achsen erfolgt vom Gruppengetriebe aus mittels einer kurzen Welle auf die Hinterachse und einer langen Antriebswelle auf die Vorderachse. Diese lange Welle läuft innerhalb des Tragrohres, wo sie vollkommen geschützt ist.

Hinterradaufhängung beim Pinzgauer 710 4 × 4.

Radaufhängung und Federung

Die Einzelradaufhängung erfolgt mittels der Pendelhalbachsen. Progressiv wirkende Schraubenfedern, die eine mit der Belastung ansteigende Charakteristik aufweisen und durch zusätzliche Gummihohlfedern unterstützt werden, verleihen dem Fahrzeug eine weiche Federung mit großen Feder- bzw. Radwegen von ca. 200 mm. Hierdurch wird sowohl bei leerem als auch bei beladenem Fahrzeug eine weiche und komfortable Fe-

Hinterradaufhängung des Steyr-Puch-Pinzgauer, Typ 712 6 × 6 mit Halbelliptikfedern.

derung erreicht. Die Schwingungsdämpfung erfolgt durch reichlich dimensionierte, doppelt wirkende hydraulische Teleskopdämpfer.
Die großvolumige Bereifung trägt wesentlich zur Erhöhung der Geländegängigkeit bei. Auf Grund zahlreicher Fahr- und Zugversuche wurde ein geeigneter Niederdruckreifen mit Geländeprofil gewählt, der sich sowohl für Geländefahrt als auch für Straßenfahrt bestens eignet. Es handelt sich dabei um Reifen mit der Bezeichnung 245-16 All-Service auf der Tiefbettfelge 6,50-16.

Die am Tragrohr befestigten Querträger dienen zur Auflage, unter Zwischenschaltung von Gummielementen, der selbsttragenden Plattformkarosserie. Das Motor-Getriebe-Aggregat liegt in Vorderachsnähe in Gummilagern am Tragrohr und ist somit unter den Vordersitzen des Frontlenker-Fahrerhauses untergebracht. In dieser Lage ist der Motor weitgehend gegen Beschädigung und Verschmutzung während der Fahrt geschützt. Um die Einbauhöhe des Reihenmotors möglichst niedrig zu halten, wurde die Zylinderreihe zur Seite geneigt. Wegen der elastischen Motoraufhängung ist eine Gelenkwelle zwischen Schalt- und Gruppengetriebe vorgesehen. Ansonsten laufen alle Antriebswellen innerhalb des Tragrohres und der Achsrohre und sind somit gegen jedwede Beschädigung geschützt. Die konzentrierte Unterbringung aller mechanischen Antriebsaggregate unterhalb des Plattformaufbaues bzw. in Tragrohrnähe hat zur Folge, dass der Schwerpunkt des Fahrzeuges tief zu liegen kommt.

Lenkung und Betätigungen

Als Lenkung wird eine leichtgängige Schneckenrollen-Lenkung verwendet, die über die geteilten Spurstangen auf die Vorderräder wirkt und derart ausgelegt ist, dass eine genaue Lenkkinematik auch bei großen Federungsausschlägen beibehalten wird. Vorne in der Fußwanne des Aufbaues ist das Lenkgetriebe eingebaut und sind die Pedale gelagert. Der Getriebe- und Gruppengetriebe-Schalthebel und die Stockhandbremse sind zwischen den Vordersitzen angeordnet. Das Zu- und Abschalten des Vorderradantriebes, wie auch das Ein- und Ausschalten der Differenzialsperren erfolgt mittels kurzer Handhebel, die in Nähe des Armaturenbrettes liegen. Die Übertragung der Hebelstellung auf die Schaltelemente in den einzelnen Triebwerksaggregaten erfolgt hydraulisch über Geber- und Nehmerzylinder. Da das Ein- und Ausschalten des Vorderradantriebes und der Differenzialsperren mit einer zeitlichen Verzögerung erfolgt, wird der eingeschaltete Zustand durch eine aufleuchtende Kontrolllampe angezeigt. Der Schaltvorgang ist sehr leichtgängig und kann während der Fahrt ohne Zugkraftunterbrechung vorgenommen werden.

Bremsen und Bremsbetätigung

Die Radbremsen sind an der Vorderachse als Duplex-Innenbackenbremsen und an der Hinterachse als Duo-Servo-Innenbackenbremsen ausgeführt. Die Grauguss-Bremstrommeln haben einen Durchmesser von 285 mm und eine Breite von 76 mm. Die Bremsbacken sind alle gleich ausgebildet. Die Bremsen sind weitgehend gegen Eindringen von Schmutz abgedichtet.

Oben: Standard-Pinzgauer 4 × 4 K der Schweizer Armee. Unten: Pinzgauer 6 × 6 K für die Serienerprobung.

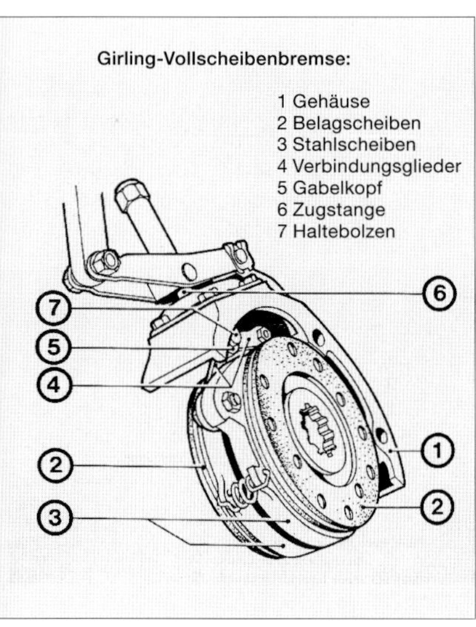

Beim Steyr-Puch-Pinzgauer ist die Feststellbremse als Scheibenbremse ausgeführt.

Die Betätigung der Radbremsen erfolgt hydraulisch, unterstützt von einem Unterdruck-Bremshilfsgerät. Die Betätigung ist zweikreisig ausgebildet, wobei ein Kreis auf die Vorderräder, der andere Kreis auf die Hinterräder wirkt. Das Unterdruckgerät ist gut zugänglich im Fußraum des Fahrerhauses angebracht. Überdies ist eine Kontrollleuchte vorgesehen, die aufleuchtet, wenn an einem Bremskreis ein Flüssigkeitsverlust auftritt. Die Handbremse wirkt mechanisch mittels Seilzug auf die am Hinterachsgehäuse angebrachte Doppelscheibenbremse. Die Bremsscheibe sitzt auf der Achsantriebswelle und erfasst somit bei eingeschaltetem Vorderradantrieb alle vier Räder. Auch auf den größten Steigungen ist sie als Haltebremse voll ausreichend. Da diese Scheibenbremse vollkommen geschlossen ist, bleibt sie auch nach Wasserdurchfahrten voll wirksam.

Karosserie-Aufbau

Der Aufbau ist als selbsttragende Plattform in Frontlenkerbauart ausgebildet und besteht wie beim Haflinger aus profilgepressten, stark versickten Stahlblechen und Längsträgern und aus einer rundumlaufenden Randverstärkung. Unter Zwischenschaltung von Gummilagern sitzt der Aufbau auf Querträgern des Zentralrohr-Fahrgestelles. Das verwindungs- und biegesteife Rohrfahrgestell schützt den Aufbau vor Beanspruchungen, die durch Stöße beim Fahren im Gelände auftreten. Die Frontlenkerbauart verleiht dem Fahrer eine gute Sicht und ermöglicht die Ausbildung einer großen nutzbaren Ladefläche, trotz kleiner Abmessungen des Fahrzeuges. Die beiden Vordersitze sind auf der Plattform über den Vorderrädern längsverschiebbar gelagert. Nach dem Wegklappen der Vordersitze kann der Motorraumdeckel geöffnet werden, der Motor ist dann frei zugänglich. Die vordere Stirnwand trägt das Armaturenbrett mit allen Instrumenten, die Scheinwerfer und den abklappbaren Windschutz.

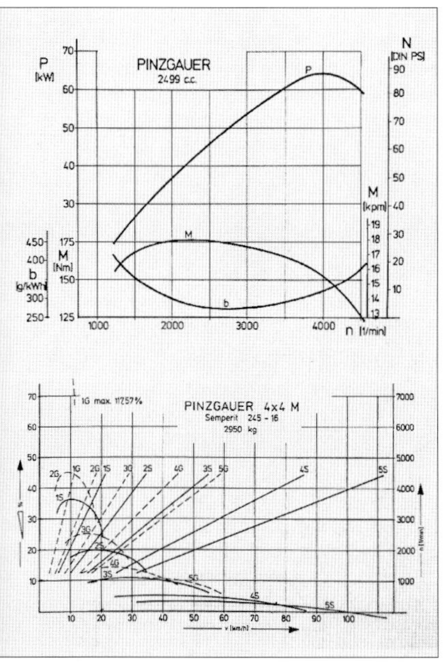

Leistungs- und Gangdiagramm des Steyr-Puch-Pinzgauer.

Die Plattformladefläche ist auf ihrer ganzen Länge von 2.300 mm zwischen den Hinterrädern vertieft ausgebildet, wobei diese Vertiefung als Fußmulde für die Längssitze dient. Nach Umklappen der Längssitze wird die Vertiefung abgedeckt und es entsteht eine durchlaufende ebene Ladefläche. Der Aufbau wird als zweitürige und als viertürige Variante ausgeführt, weiters ist eine Hecktüre vorgesehen. Mittels Planenverdeck oder festen Aufsatzes kann das Fahrzeug geschlossen dargestellt werden. Zum Schutze der Insassen sind zwei Überrollbügel vorgesehen. Kraftstoffbehälter, Batterie und Werkzeugkasten sind an der Plattformunterseite angeordnet, das Reserverad ist an der Hecktür befestigt.

Fahrleistungen und Fahrverhalten

Die Höchstgeschwindigkeit des Pinzgauers beträgt 105 km/h. Unter Beibehaltung der vollen Vortriebskraft kann mit der Kleinstgeschwindigkeit von ca. 4 km/h gefahren werden. Auf trockenem, griffigem Boden werden Steigungen von 70 Prozent bewältigt. Das Fahren im lockeren Schnee ist bis zu einer Höhe von 800 mm möglich, Das Durchqueren von Wasserläufen bis zu einer Tiefe von 600 mm kann anstandslos erfolgen. Der Normverbrauch bei Straßenfahrten beträgt ca. 15 l/100 km, der Kraftstoffverbrauch bei Geländefahrten wurde mit 6 bis 8 l/h gemessen.

Der Steyr-Puch-Pinzgauer, Typ 710 M 4 × 4 in voller Aktion, gefahren vom Autor im Herbst 1977. Oben: Auch Pinzgauer können fliegen! Unten: Der „Pinzi“ hebt die Hinterbeine, überschlagen hat er sich nicht.

Pinzgauer-Flotte im Einsatz beim Ski-Weltcup 1981 in Schladming.

Fahrversuche, aber auch Vergleichsfahrten mit Konkurrenzfahrzeugen haben erwiesen, dass der Pinzgauer die günstigsten Geländefahreigenschaften besitzt, und zwar insbesondere in Bezug auf Fahrkomfort, Seitenstabilität und Vortriebskraft. Die weiche Federung und die kleinen ungefederten Massen der Schwingachse lassen keine harten Stöße, auch beim Fahren im schweren Gelände, verspüren. Infolge der handlichen Betätigungen und der exakten Lenkung bietet der Pinzgauer eine dem Personenwagen ähnliche Fahrweise, auch lässt er sich auf schlechten Wegstrecken mit hoher Durchschnittsgeschwindigkeit fahren. Auf nasser und insbesondere auf vereister Fahrbahn verleiht der Vierradantrieb dem Fahrzeug eine sichere Fahrtrichtungshaltung.

Über eine Million Kilometer Erprobungsfahrten in den österreichischen und Schweizer Alpen, in Schneegebieten auch über den Polarkreis hinaus, auf Sandstrecken bei einer Durchquerung der Sahara und in Tropengebieten Afrikas, sowie bei Dauerfahrten auf Autobahnen haben eine Anzahl von Versuchs-Pinzgauern zurückgelegt. Weiters wurden diese Versuchsfahrzeuge über 500 Stunden im schweren Gelände härtesten Dauerfahrten unterzogen. Überrollversuche seitlich und nach rückwärts, sowie Frontalauffahrt auf ein festes Hindernis bei 60 km/h wurden durchgeführt, um die Sicherheitseinrichtungen zu überprüfen. Die dabei gewonnenen guten Versuchsergebnisse haben die Serienreife des Pinzgauers bestätigt.

Parallel zu der Ausführung des Pinzgauers mit zwei getriebenen Achsen wurde eine Ausführung mit drei getriebenen Achsen entwickelt, wobei eine weitere Antriebsachse gleicher Bauart angeschlossen wurde. Der gleiche Aufbau wurde entsprechend verlängert. Mit diesem Pinzgauer 6 × 6 kann eine Nutzlast von 1.500 kg transportiert werden.

Oben: Ein Pinzgauer unweit des Gasthauses Steirischer Jockl. Unten: Pinzgauer Turbo D 6 × 6 beim Alpengasthof am Schöckl.

Technische Daten des Steyr-Puch-Pinzgauer, Typ 710 4 × 4, Typ 712 6 × 6					
Motor-Varianten	Verdichtungsverhältnis	Leistung bei 4.000 U/min		Drehmoment bei 2.000 U/min	
	ROZ min	kW	PS (DIN)	Nm	kpm
Standard I	1:7,5 87	64	87	177	18
Standard II	1:7,8 91	66	90	182	18,5
Tropenausführung I	1:7,5 87	63	85,5	181	18,4
Tropenausführung II	1:7,2 78	61,4	83,5	178,5	18,2
Vorserie und frühe Modelle	1:7,0 87	54,7	74,0	171,5	17,5

Motor			
Bauart	Vierzylinder-Viertakt-Reihenmotor, luftgekühlt		
Bohrung	92 mm		
Hub	94 mm		
Hubraum	2.499 cm³		
Zündfolge	1 – 2 – 4 – 3		
Zündzeitpunkteinstellung			
bei kaltem Motor	1–3 mm nach o.T. (gemessen an der Keilriemenscheibe)		
bei warmem Motor	0–2 mm vor o.T. (gemessen an der Keilriemenscheibe)		
Kurbelwelle	5-fach gelagert		
Steuerung Kurbelwellenmarkierung zur Nockenwellenmarkierung	1. Zylinder o.T. (Zylinder 1, riemenscheibenseitig)		
Ventile	hängend		
Ventilspiel	Einlass 0,2 mm, einzustellen bei kaltem Motor, Auslass 0,2 mm, einzustellen bei kaltem Motor		
Schmierung	Druckumlaufschmierung (Zweifach-Zahnradpumpe mit Ölkühler und Ölfeinfilter im Hauptstrom)		
Kühlung	Axial-Gebläse-Luftkühlung		
Kraftstoffförderung	mechanische Kraftstoffpumpe		
Vergaser	2 Gelände-Fallstrom-Doppelvergaser, Typ Zenith 36 NDIX		
Vergaser, Vorserie und frühe Modelle	Typ Solex 32 NDIX		
Vergasereinstellung	4 × 4	6 × 6	4 × 4 und 6 × 6
pro Vergaser 36 NDIX	Standard	Standard	Tropenausführung
Hauptdüse	125	135	140
Luftkorrekturdüse	170	230	230
Leerlaufdüse	55	55	60

Vergasereinstellung	4 × 4	6 × 6	4 × 4 und 6 × 6
pro Vergaser 36 NDIX	Standard	Standard	Tropenausführung
Leerlaufluftdüse	110	130	130
Pumpendüse	80	80	80
Starterkraftstoffdüse	80	80	80
Mischrohr	4N	4N	4N
Starterluftbohrung	5 mm ø	5 mm ø	5 mm ø
Einspritzmenge pro Hub	1,5 cm^3 ± 0,1 cm^3	1,5 cm^3 ± 0,1 cm^3	1,4 cm^3 ± 0,1 cm^3
Länge der Pumpenstange	80 mm	80 mm	80 mm
Pumpenstange-Einhängepunkt im Pumpenhebel	innen	innen	Mitte
Schwimmernadelventil	175	175	175
Niveau von der Trennfläche des Vergasers, gemessen (ohne Dichtung) bei Prüfdruck 1,8 m WS	16,5 mm ± 1 mm	16,5 mm ± 1 mm	16,5 mm ± 1 mm
Luftfilter	Micronic-Feinstfilter mit vorgeschaltetem Zyklon, Tropenausführung: zusätzlicher Zyklon an der Stirnwand außen		
Elektrische Anlage	Batteriezündung, Betriebsspannung 24 V, Zündstromkreis entstört, Entstörungsgrad NA 10, Drehstromlichtmaschine Bosch 28 V 35 A, Spannungsregler Bosch, Hochspannungszündspule Bosch, Zündkerzen Champion × MN-12, Bosch-Zündverteiler mit Fliehkraftverstellung, Batterien 2 Stück 12 V/66 Ah		
Kupplung	Einscheiben-Trockenkupplung		
Getriebe, Achsantrieb (Vorserie und frühe Modelle)			
Schaltgetriebe	mechanisch		
Anzahl der Gänge	4 Vorwärtsgänge (synchronisiert), 1 Rückwärtsgang		
Übersetzungen	5,66/3,0/1,70/1,0/R 5,17		
Zwischengetriebestufen	2, synchronisiert		
Übersetzungen	Straßengang 0,87, Geländegang 1,73		
gesamter Schaltsprung	11,26		
Antriebsachsen	2 gelenklose Doppelkegeltrieb-Pendelachsen, Übersetzung 2,92		
Radantriebe	Stirnradgetriebe, Portalachse		
Übersetzung	2,27		
Gesamtübersetzung der Achsantriebe	6,63		
Ausgleichsgetriebe	Kegelradausgleichsgetriebe an der Trieblingswelle, von Hand während der Fahrt sperrbar an beiden Achsen		
Getriebeserie Fünfgang			
Wechselgetriebe	am Motor angeflanscht, 5 sperrsynchronisierte Vorwärtsgänge, 1 klauengeschalteter Rückwärtsgang		
Gruppengetriebe	als Zusatz- und Verteilergetriebe im Fahrgestell am zentralen Tragrohr und am Hinterachsantrieb angeflanscht; 2 sperrsynchronisierte Gänge		
Achsantrieb	mittels Spiralkegelräder über Kegelraddifferenzial und Radantriebswellen zu der im Radantriebsgehäuse liegenden Stirnradübersetzung		

Vorderachsantrieb	Kegelraddifferenzial, homokinetisches Gelenk (System Rzeppa). Gelenkloser Antrieb vom Gruppengetriebe. Portalachsen. Hinterradantrieb im Zentralrohr. Vorderrad hydraulisch während der Fahrt zu- und abschaltbar.
Differenzialsperren	An allen Achsen. Zuschaltung einzeln oder gemeinsam während der Fahrt.
Radaufhängungen	Einzelradaufhängung, Pendelachsen
Federung	Schraubenfedern mit Gummihohlfedern Typ 710 4 × 4. Hinterachsen mit Längsblattfedern und Gummihohlfedern Typ 712 6 × 6. Federwege max. 200 mm.
Stoßdämpfer	Doppelt wirksame hydraulische Stoßdämpfer pro Rad.
Bremsen	Betriebsbremse hydraulisch wirksame Zweikreis-Innenbackenbremse mit mechanisch angesteuertem Unterdruck-Bremskraftverstärker, Trommeldurchmesser 285 mm, 1.718 cm² Gesamtbremsfläche Typ 710, bzw. 2.520 cm² Typ 712. Handbremse: mechanisch wirkende Zweischeibenbremse auf die Kardanwelle.
Lenkung	ZF-Gemmer-Lenkung, 5 Umdrehungen von Anschlag zu Anschlag, kleinster Wendekreisdurchmesser 9,5 m Typ 710 bzw. 11,5 m Typ 712.
Räder und Bereifung	Stahlscheibenräder mit unsymmetrischen Tiefbettfelgen, 6,50 K × 16″, Reifen 245-16 PR Gelände oder 7,50-16 XS Sandreifen.
Fahrgestell	Zentralrohrrahmen mit angeflanschtem Getriebe und Pendelachsen sowie Zughaken für Anhänger.
Aufbau	Stahlblech-Plattform, stark verrippt, mit Behältern für Batterien und Werkzeug. Verschiedene Aufbauten möglich (siehe Seiten 346, 347).

Übersetzungen Typ 710 4 × 4						
Gänge	Terrain	Wechselgetriebe	Zusatzgetriebe	Achsantrieb	Radantrieb	Gesamtübersetzung
1. Gang	Straße	i = 5,33	i = 0,88	37:13; i = 2,846	34:15; i = 2,266	i = 30,262
	Gelände	i = 5,33	i = 1,69	37:13; i = 2,846	34:15; i = 2,266	i = 58,117
2. Gang	Straße	i = 3,24	i = 0,88	37:13; i = 2,846	34:15; i = 2,266	i = 18,396
	Gelände	i = 3,24	i = 1,69	37:13; i = 2,846	34:15; i = 2,266	i = 35,328
3. Gang	Straße	i = 2,04	i = 0,88	37:13; i = 2,846	34:15; i = 2,266	i = 11,582
	Gelände	i = 2,04	i = 1,69	37:13; i = 2,846	34:15; i = 2,266	i = 22,244
4. Gang	Straße	i = 1,30	i = 0,88	37:13; i = 2,846	34:15; i = 2,266	i = 7,381
	Gelände	i = 1,30	i = 1,69	37:13; i = 2,846	34:15; i = 2,266	i = 14,175
5. Gang	Straße	i = 1,0	i = 0,88	37:13; i = 2,846	34:15; i = 2,266	i = 5,678
	Gelände	i = 1,0	i = 1,69	37:13; i = 2,846	34:15; i = 2,266	i = 10,904
R-Gang	Straße	i = 5,47	i = 0,88	37:13; i = 2,846	34:15; i = 2,266	i = 31,057
	Gelände	i = 5,47	i = 1,69	37:13; i = 2,846	34:15; i = 2,266	i = 59,643
Übersetzungen Typ 712 6 × 6						
Gänge	Terrain	Wechselgetriebe	Zusatzgetriebe	Achsantrieb	Radantrieb	Gesamtübersetzung
1. Gang	Straße	i = 5,33	i = 1,0	37:13; i = 2,846	34:15; i = 2,266	i = 34,390
	Gelände	i = 5,33	i = 1,92	37:13; i = 2,846	34:15; i = 2,266	i = 66,026
2. Gang	Straße	i = 3,24	i = 1,0	37:13; i = 2,846	34:15; i = 2,266	i = 20,904
	Gelände	i = 3,24	i = 1,92	37:13; i = 2,846	34:15; i = 2,266	i = 40,136
3. Gang	Straße	i = 2,04	i = 1,0	37:13; i = 2,846	34:15; i = 2,266	i = 13,162
	Gelände	i = 2,04	i = 1,92	37:13; i = 2,846	34:15; i = 2,266	i = 25,272
4. Gang	Straße	i = 1,30	i = 1,0	37:13; i = 2,846	34:15; i = 2,266	i = 8,388
	Gelände	i = 1,30	i = 1,92	37:13; i = 2,846	34:15; i = 2,266	i = 16,104
5. Gang	Straße	i = 1,0	i = 1,0	37:13; i = 2,846	34:15; i = 2,266	i = 6,452
	Gelände	i = 1,0	i = 1,92	37:13; i = 2,846	34:15; i = 2,266	i = 12,388
R-Gang	Straße	i = 5,47	i = 1,0	37:13; i = 2,846	34:15; i = 2,266	i = 35,292
	Gelände	i = 5,47	i = 1,92	37:13; i = 2,846	34:15; i = 2,266	i = 67,762

Hauptabmessungen und Gewichte	Typ 710 M + K	Typ 712 M + K	Vorserie und frühe Modelle Typ 710
Radstand	2.200 mm	200 + 980 mm	2.200 mm
Spurweite vorne	1.440 mm	1.440 mm	1.400 mm
Spurweite hinten	1.440 mm	1.440 mm	1.400 mm
Größte Länge	4.175 mm	4.955 mm	3.950 mm
Größte Breite	1.760 mm	1.760 mm	1.650 mm
Größte Höhe (unbelastet)	2.045 mm	2.045 mm	–
Höhe des Plateaus (beladen)	930 mm	930 mm	900 mm bzw. 650 mm
Länge der Ladefläche	2.250 mm	3.030 mm	Vertiefung
Breite der Ladefläche	1.590 mm	1.590 mm	–
Ladefläche	3,5 m^2	4,8 m^2	3,4 m^2
Bodenfreiheit unter dem Achsantriebsgehäuse (beladen)	335 mm	335 mm	330 mm
Wattiefe	700 mm	700 mm	500 mm
* Leergewicht (je nach Ausführung)	1.960 kg – 2.100 kg	2.330 kg – 2.600 kg	1.400 kg (Plateau)
* Zulässige Achslast vorne	1.550 kg – 1.600 kg	1.450 kg – 1.550 kg	–
* Zulässige Achslast hinten	1.550 kg – 1.900 kg	2.600 kg – 2.700 kg	–
* Zulässiges Gesamtgewicht	2.800 kg – 3.500 kg	3.900 kg – 4.200 kg	2.400 kg
Anhängerbetrieb ungebremst	750 kg	750 kg	–
Anhängerbetrieb auflaufgebremst	je nach Anhängevorrichtung bis zu 5.000 kg		
* siehe Typschild			
Kraftstoffverbrauch			
Straßenfahrt	18 (19)* l/100 km (Normverbrauch)		
Geländefahrt	ca. 6 (8)* – 10 l/Stunde		
Fahrleistungen			
Höchstgeschwindigkeit	100 km/h (96 km/h)*	98 km/h bei 3.900 U/min (Abregelung)	
Minimalgeschwindigkeit	4 km/h (3,5 km/h)*		
Steigfähigkeit	auf festem Boden bis an die Haftgrenze der Reifen		
* (Typ 712)			
Füllmengen und Viskosität			
Kraftstoffbehälter	75 l (auf Wunsch 125 l beim Typ 710 M und 712 M)		
Motor	Neufüllung: 7 l RD-Motoröl (Sommer SAE 30, Winter SAE 10) (Spezifikation MIL-L-2104 B), Ölwechsel: ca. 6,5 l		
Wechselgetriebe	Ölwechsel: 2 l Getriebeöl SAE 80 mit Nebenantrieb, 2,3 l Getriebeöl SAE 80 (Spezifikation MIL-L-2105)		
Gruppengetriebe	Ölwechsel: 2,3 l Getriebeöl SAE 80 (Spezifikation MIL-L-2105)		
Achsantrieb	Ölwechsel: je 2 l Getriebeöl SAE 80 (Spezifikation MIL-L-2105)		
Radantrieb hinten	Ölwechsel: je 0,35 l Getriebeöl SAE 80 (Spezifikation MIL-L-2105)		
Radantrieb vorne	Ölwechsel: je 0,4 l Getriebeöl SAE 80 (Spezifikation MIL-L-2105)		
Lenkung	0,45 l Getriebeöl SAE 80 (Spezifikation MIL-L-2105)		
Bremse	0,5 (0,55 l)* Bremsflüssigkeit (SAE Spezifikation J 1703)		
Kupplung	0,2 l Bremsflüssigkeit (SAE Spezifikation J 1703)		
Sperren	0,4 l (0,43 l)* Bremsflüssigkeit (SAE Spezifikation J 1703)		* (Typ 712)

Der Steyr-Puch-Pinzgauer im Einsatz als „Ballontransporter“ in den Ötztaler Alpen.

Pinzgauer auf Wüstenerprobung.

Ausführungsformen des Steyr-Puch-Pinzgauer – ab Werk

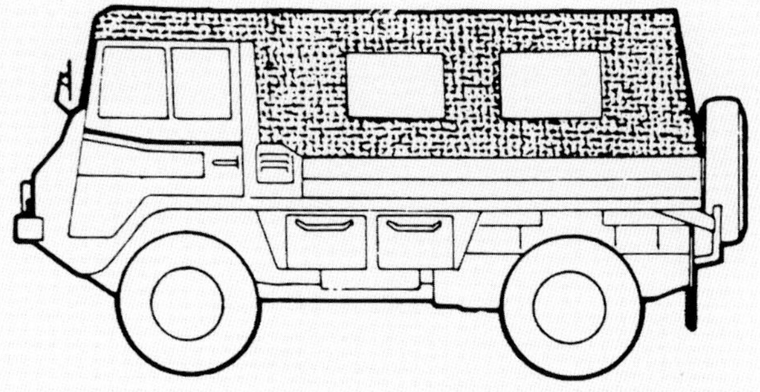

Typ 710 M – Mannschaftstransporter, Materialtransporter

Typ 710 K – Kommandofahrzeug, Funkfahrzeug

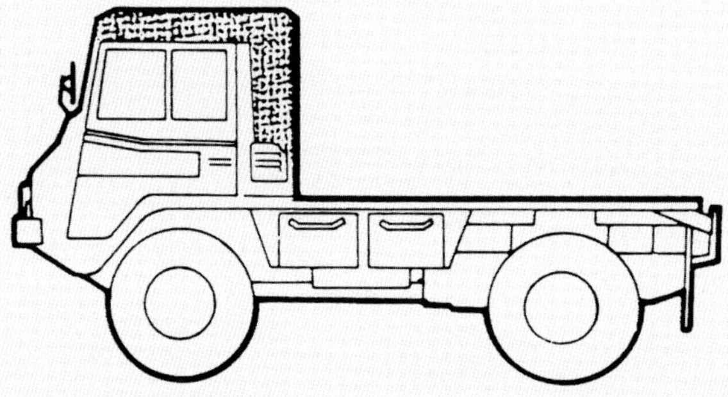

Typ 710 T – offenes Plateau (Pritsche)

Typ 710 AMB – Ambulanz

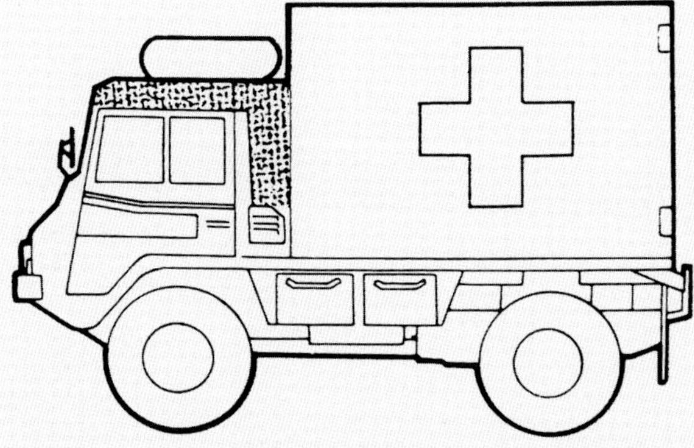

Typ 710 T – mit abnehmbarem Shelter (Sanitätsausführung)

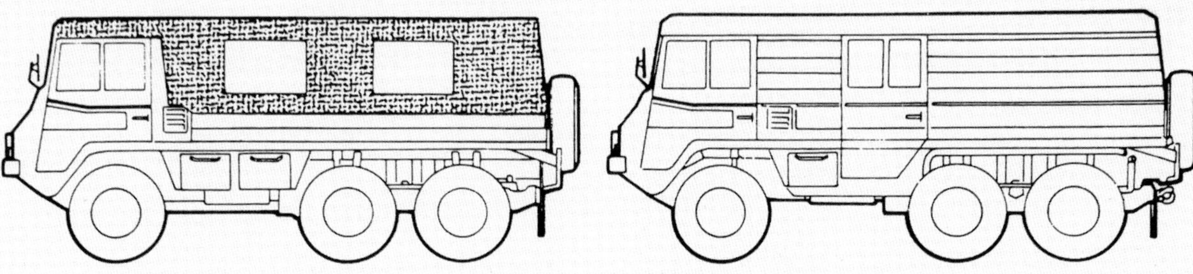

Typ 712 M – Mannschaftstransporter, Materialtransporter

Typ 712 K – Kommandofahrzeug, Funkfahrzeug

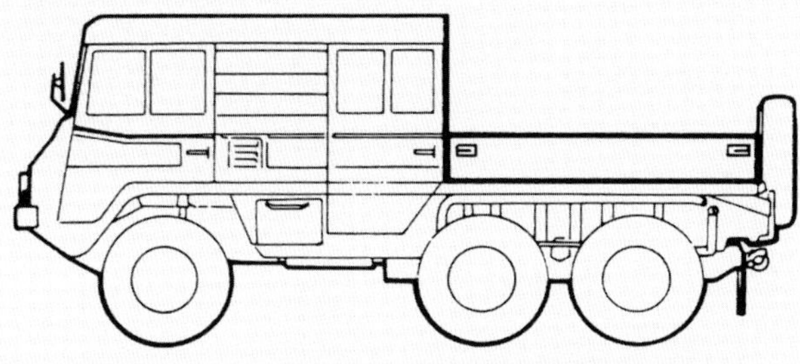

Typ 712 K – Doppelkabine mit Plateau (Pritsche)

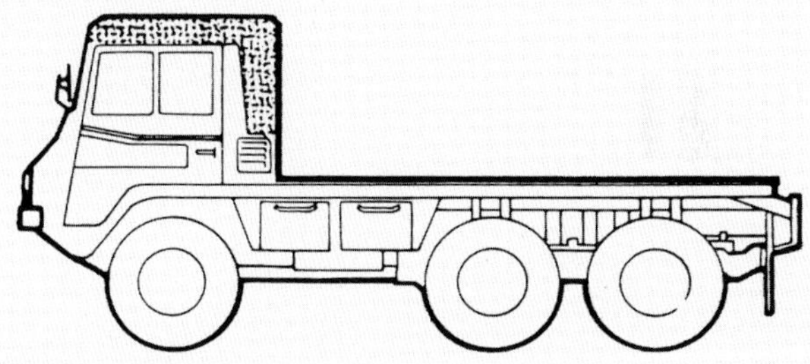

Typ 712 T – offenes Plateau (Pritsche)

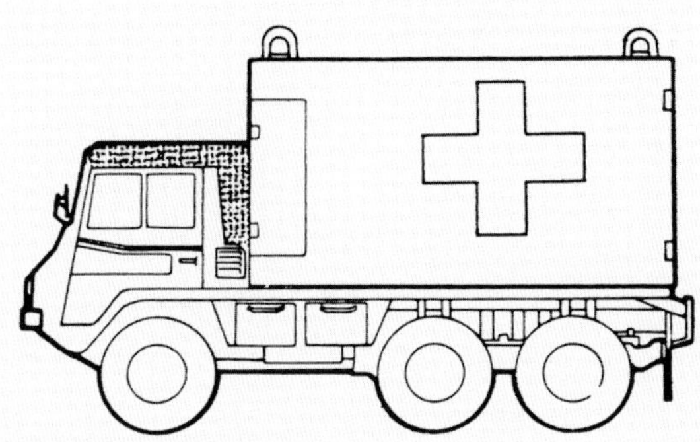

Typ 712 T – mit abnehmbarem Shelter (Sanitätsausführung)

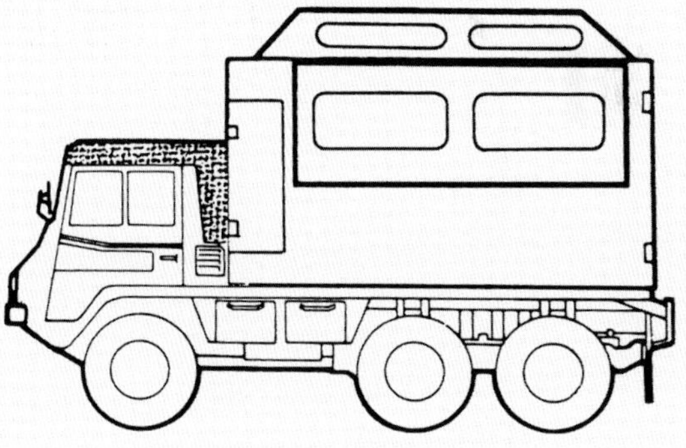

Typ 712 W – mit Werkstättenaufbau

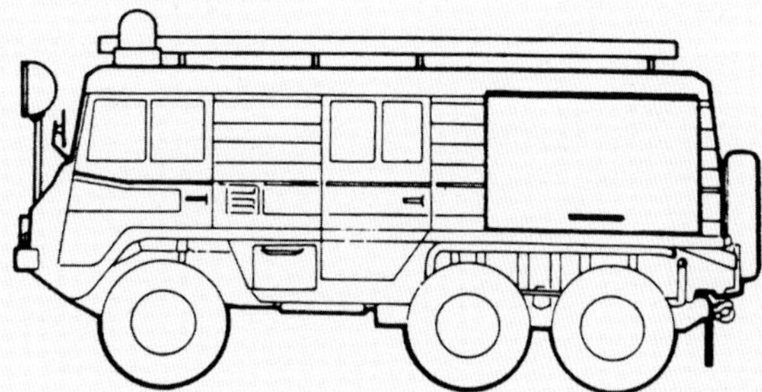

Typ 712 FW – Feuerwehr KLF (Kleinlöschfahrzeug)

Aufbauvariationen

Typ 710 M (Typ 712 M)

Der Aufbau hat zwei Vordertüren mit Schiebefenster und eine Hecktüre ohne Türoberteil. Der Boden des Laderaumes ist der Länge nach zwischen den Hinterrädern 825 mm breit und vertieft. Die an den Längsseiten angebrachten 4 (6)* Sitzpolster für 8 (12)* Personen bilden nach Umklappen der Lehnen und der Sitze eine durchgehende Ladefläche. Seitlich und neben der Hecktüre aufgeschraubte Bordwände begrenzen mit der festen vorderen Querbordwand die Ladefläche. Hinter den Vordertüren und am Heck ist je ein kräftiger, ca. 300 mm breiter überrollbogenartig ausgebildeter Verdeckboden aufgeschraubt.

Das kurze Vorder- oder Fahrerhausverdeck hat in der Rückwand eine aufrollbare Plane und reicht vom Windschutz bis über den vorderen Verdeckbogen. Das hintere, über die Ladefläche reichende Verdeck mit vier Seitenfenstern ist am Vorderverdeck ab- und anknöpfbar und seitlich aufrollbar. Die aufrollbare Heckklappe mit Fenster reicht über die ganze Fahrzeugbreite. Das Verdeck wird mittels Gummistrippen gehalten.

Typ 710 K (Typ 712 K)

Der Aufbau hat zwei Vordertüren mit Schiebefenster, zwei Seitentüren mit Schiebefenster und eine Hecktüre mit Fensteroberteil. Alle Türen sind absperrbar. Der Boden des Nutzraumes ist T-förmig, d. h. zwischen den Seitentüren und zwischen den Hinterrädern bis zur Hecktür vertieft. Zwischen den Seitentüren sind in Fahrtrichtung drei Einzelsitze, nicht verstellbar, mit umklappbarer Lehne nebeneinander montiert. Zwischen Vorder- und Seitentüren sind Seitenbordwände mit der Querbordwand fest angebracht. Hinter den Seitentüren und neben der Hecktüre sind Bordwände aufgeschraubt. Ein verschweißter Stahlblechaufsatz ist am Windschutzrahmen und an den Bordwänden dicht verschraubt und reicht über das ganze Fahrzeug. In den Bereichen über den Sitzen ist der Dachaufbau überrollbogenartig, mittels entsprechender Versteifung, verstärkt.

Typ 710 M und K, Vorserie und frühe Modelle

Als Mannschaftswagen (Typ M) zehnsitzig, als Kommandeurswagen (Typ K) fünfsitzig.

Wunschausführung

Nebenantrieb (Antriebsdrehzahl = 0,671 × Motordrehzahl), Heiz- und Lüftungsgerät (Eberspächer), Anhängevorrichtung: wahlweise Zughaken oder Anhängekugel, Dachluke über dem Beifahrersitz – nur beim Typ „K"; 2 (4)* Notsitze hinter den Einzelsitzen – nur beim Typ „K"; Klimaanlage – nur beim Typ „K".

* (Typ 712)

Pinzgauer in Zivil, Typ 712 6 × 6.

Modellpflege des Steyr-Puch-Pinzgauer: Der Pinzgauer in Zivil

Anlässlich der IAA, der Internationalen Automobilausstellung in Frankfurt, im Jahre 1979 wurde der Pinzgauer in seiner endgültigen Zivilversion ausgestellt. Der Pressedienst der Steyr-Daimler-Puch AG merkte dazu unter anderem an:
Steyr-Puch auf der IAA 1979: ‚Pinzgauer' – ganz in Zivil. Der Steyr-Puch ‚Pinzgauer' wird nunmehr auch in Zivilausführung angeboten. Als Zwei- und Dreiachser mit geschlossenem Leichtaufbau bietet er unveränderte Technik, jedoch mit einem den gehobenen Ansprüchen privater Käufer angepassten Interieur und entsprechender Farbgebung. So wird er jetzt auch zivilen Benützern zu atemberaubenden Cross-Impressionen verhelfen. Verstellbare, körpergerecht geformte Sitze in der Fahrerkabine, gepolsterter Überrollbügel über den Köpfen von Fahrer und Beifahrer, wahlweise robustes, hellbeiges Kunstleder oder pflegeleichte atmungsaktive Strapazstoffe – das sind einige dieser Details. Die gestreckte Linienführung der Karosserie wird durch horizontale Farbflächen unterstrichen, die seitliche Scheuerleiste in die farbliche Auflösung integriert. Auf beigem Grundton stehen blaugrüne oder orange Seitenstreifen zur Wahl.

Beeindruckender Beweis der Wattiefe beim Furten von Gewässern.

Auch reißende Gebirgsbäche können den Pinzgauer nicht aufhalten.

Im Wagenfond gab es bei der Zivilausführung zwei quer zur Fahrtrichtung montierte Sitzbankreihen, die Ladefläche im Heck war mit Teppichboden ausgeschlagen. Man konnte aber auch zwei längsliegende Sitzbankreihen ordern, ebenso gab es als Aufbauvariante anstelle des geschlossenen Leichtaufbaues das Planenverdeck zu kaufen.

Der Pinzgauer mit Einspritzmotor und Turbolader

Zu Beginn der achtziger Jahre war es klar, dass der Steyr-Puch-Pinzgauer etlicher Modellpflegemaßnahmen, vor allem auf dem Gebiete der Antriebsquelle, bedurfte. Mehr Kraft und Laufkultur waren gefordert. Und auch die künftigen strengeren Abgasvorschriften für die neunziger Jahre tauchten in der technischen Diskussion immer konkreter auf.

Wollte man beim bisherigen luftgekühlten Vierzylindertriebwerk bleiben, so konnten die technischen Maßnahmen sich nur auf die Gemischaufbereitung beziehen. Und als technische Modeströmung zu Beginn der achtziger Jahre bot sich der Turbolader als leistungssteigernde Maßnahme für Benzinmotoren an.

Grundsätzlich waren beim Pinzgauer-Motor die technischen Grenzen durch die Brennraumgestaltung mit der *Doppelquetschkante,* der Ventilsteuerung mit Stößeln und Kipphebeln sowie der Luftkühlung mittels Gebläse klar abgesteckt. Das Ergebnis der Modellpflegemaßnahmen war daher umso beachtlicher und wurde im Jahre 1983 der Öffentlichkeit präsentiert.

Der modellgepflegte Motor hatte die Typenbezeichnug 715 E und wurde als *vergrößerter Pinzgauer-Motor mit Kraftstoffeinspritzung* bezeichnet. Dieser Motor erfüllte die österreichischen Abgasvorschriften ohne Katalysator bis 1991. Der Motor 715 E wurde in der Normalausführung ohne Turbolader geliefert, optional gab es auch die Ausführung mit Turbo.

Motor 715 E für den Pinzgauer mit Einspritzung und wahlweise Turbolader.

Technische Daten Pinzgauer-Motor 715 E
Motor: luftgekühlter Vierzylinder-Viertaktmotor
Bohrung/Hub: 95,25/94,00 mm
Hubraum: 2.679 cm^3
Verdichtungsverhältnis: 7,8:1
Leistung: 77,2 kW/4.000 min^{-1}, 105 PS/4.250 min^{-1}
Drehmoment: 196 Nm/2.800 min^{-1}, 20,6 kpm/2.300 min^{-1}
Kraftstoffeinspritzung: Bosch K-Jetronic
Schmierung: Druckumlaufschmierung mit zwei Ölpumpen, Ölkühler im Hauptstrom und Feinst-Hauptfilter.

Abweichende technische Daten mit Turbolader
Lader: Garret oder KKK
Leistung: 84,6 kW/4.000 min^{-1}, 115 PS/4.000 min^{-1}
Drehmoment: 206 Nm/3.000 min^{-1}, 21 kpm/3.000 min^{-1}

Der Steyr-Puch-Pinzgauer 710 KL 4 × 4 wurde erstmals in Frankfurt auf der IAA 1981 vorgestellt: ein perfekter Profi-Country-Crosser mit Servolenkung, Klimaanlage, H 4-Halogenscheinwerfern, 7.50-R-16-Bereifung und De-Luxe-Innenausstattung mit Velours-Polsterung und Teppich-Vollauskleidung. Das Luxusfahrzeug für den verwöhnten Offroad-Fan.

Der Pinzgauer als Mustang: Pinzgauer-Ausführung USA

Mit dem neuen leistungsstarken, modellgepflegten und hubraumstärkeren Triebwerk mit wahlweisem Turbolader hatte man nun ein gutes Argument, um den umsatzstarken USA-Geländewagenmarkt als neuen Abnehmer für den Superkraxler aus Graz zu erschließen. Man nahm dafür ausschließlich den Typ 710 (4 × 4) mit geschlossenem Leichtaufbau und verpasste ihm einen weiteren Touch von Luxus: Fünftürige Karosserie mit zwei integrierten Überrollbügeln. Fahrer- und Beifahrersitz als körpergerechte Schalensitze ausgebildet, Stoffüberzüge in zur Wagenfarbe passendem Dessin, 3-Punkt-Sicherheitsgurte mit Einhandbedienung. Drei Sitze im Wagenfond in gleicher Ausstattung, Mittelsitz mit Bauchgurt.

Vollkommen schallisolierter Wageninnenraum, voll geschäumtes Sicherheits-Armaturenbrett mit Frischluft- und Heizdüsen, rundum dunkel getöntes Glas, Sport-Lederlenkrad, Hochleistungsheizung, Scheibenwisch-Waschanlage mit drei Wischerarmen, zwei Wischgeschwindigkeiten und Intervallschaltung, Instrumenten-Vollausstattung mit Tachometer mit Tageskilometerzähler, Drehzahlmesser, Öldruckmanometer, Voltmeter, Tankuhr und Ladedruckanzeiger für die Turboversion. Die Wunschausstattung umfasste folgende Optionen: Turbolader, Klimaanlage, elektrische Seilwinde, Stereo-Kassetten-Anlage mit vier Lautsprechern, Servolenkung.

Die Fahrleistungen des USA-Pinzgauer betrugen für die stehende *Quartermile* (ca. 400 m) 23 Sekunden bzw. 20 für die Turboversion. Der Spritverbrauch wurde mit 15,7 bis 16,8 Litern auf 100 km angegeben.

Mit der entsprechend aufwendigen Arbeit an der Karosserie zur Erreichung der amerikanischen Zulassungsnormen stand dem Verkauf nur mehr der exorbitant hohe Verkaufspreis sowie das nicht vorhandene Vertriebsnetz entgegen. Gespräche mit der Chrysler Corporation, welche den Pinzgauer in den USA vertreiben hätte sollen, brachten nicht das erwartete Ergebnis, so dass der USA-Pinzgauer in den Jahren 1983 bis 1985 nicht über das Kleinstserienstadium hinauskam.

Die Letztversion des Pinzgauers: der Pinzgauer Turbo D

Pinzgauer Turbo D, automatischer Niveauregler beim Modell 4 × 4.

Anlässlich der 51. IAA im Jahr 1985 präsentierte die Steyr-Daimler-Puch AG die komplett überarbeitete Version des Pinzgauers mit Turbo-Dieselmotor.

Nach mehr als 20.000 Einheiten des Pinzgauers wurde der überarbeitete Wagen vorgestellt. Es war an dem neuen Konzept seit etwa Mitte 1982 gearbeitet worden und es wurden alle notwendigen Veränderungen berücksichtigt, die im Laufe der 15-jährigen Lebensdauer des Wagens erforderlich geworden waren. Aufgrund der Tatsache, dass es sich um jährliche Produktionsgrößen von maximal 2.000 Exemplaren handeln würde, war der Zukauf eines Antriebsaggregates unumgänglich geworden. Benzinangebot war keines in Sicht, daher entschlossen sich die Grazer, auf das Sechszylinder-Triebwerk des VW LT zurückzugreifen. Dies umso mehr, da ja bereits die erfolgreiche Kooperation mit VW zur Herstellung des Syncro-Busses bestand. Und noch ein wichtiger Aspekt wurde mit dem Zukauf dieses Motors gelöst: die Abgasfrage. Denn dieses Großserientriebwerk würde garantiert immer auf den letzten Stand der Abgasgesetzgebung gebracht werden.

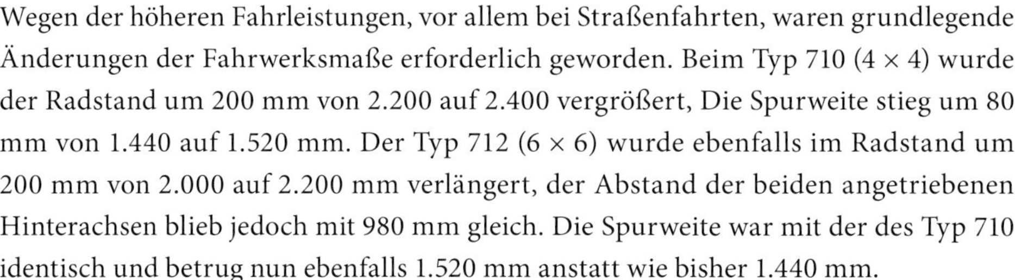

Wegen der höheren Fahrleistungen, vor allem bei Straßenfahrten, waren grundlegende Änderungen der Fahrwerksmaße erforderlich geworden. Beim Typ 710 (4 × 4) wurde der Radstand um 200 mm von 2.200 auf 2.400 vergrößert, Die Spurweite stieg um 80 mm von 1.440 auf 1.520 mm. Der Typ 712 (6 × 6) wurde ebenfalls im Radstand um 200 mm von 2.000 auf 2.200 mm verlängert, der Abstand der beiden angetriebenen Hinterachsen blieb jedoch mit 980 mm gleich. Die Spurweite war mit der des Typ 710 identisch und betrug nun ebenfalls 1.520 mm anstatt wie bisher 1.440 mm.

Optisch wirkte der neue Pinzgauer damit wesentlich wuchtiger und „eckiger“ als der alte, der vor allem für die Militärkundschaft in aller Welt unverändert weitergebaut wurde. Das augenfälligste Merkmal des neuen Pinzgauers war jedoch die Fahrzeugschnauze, die komplett neu gestaltet werden musste, um dem flüssigkeitsgekühlten Motor und dessen Kühler Platz zu bieten. Dennoch blieb die Optik unverwechselbar und Pinzgauer-typisch!

Trotz der zu erwartenden geringen Stückzahlen entschlossen sich die Grazer zu diesem mutigen Schritt einer de facto Neukonstruktion, um vom Prestige her des Pinzgauers

Oben: Pinzgauer Turbo-Diesel, Modell 4 × 4 K mit Klimaanlage in der Sahara.
Links: Pinzgauer Turbo-Diesel, Modell 6 × 6 K.

Kompetenz als bester Geländewagen Europas zu unterstreichen. Dies hatte zu diesem Zeitpunkt besondere Bedeutung, da man die Grazer Produktionsstätte als den idealen Partner für die Autohersteller aus aller Herren Länder in Bezug auf die Lösungskompetenz von Allradversionen der jeweiligen Großserienfahrzeuge puschte.

Selbstverständlich waren auch Konkurrenzgründe für die Entwicklung des neuen Pinzgauers ausschlaggebend, ebenso wie beschäftigungspolitische Aspekte. Marktuntersuchungen hatten darüber hinaus zum damaligen Zeitpunkt die Chance auf neue zivile Abnehmer in europäischen Ländern aufgezeigt, da vor allem in Italien.

Pinzgauer Turbo-Diesel 4 × 4 modellgepflegt.

Technische Daten Pinzgauer Turbo D

Manuell zuschaltbarer Allradantrieb, Differenzialsperren vorne und hinten (100%) während der Fahrt zu- und abschaltbar, 5-Gang- mit 2-Gang-Verteilergetriebe, auf Wunsch ZF-Viergangautomat mit Überbrückungskupplung, verwindungsfreies Zentralrohrchassis mit Pendelachsen, vorne Schraubenfedern mit progressiv wirkenden Gummihohlfedern, hydraulische Stoßdämpfer, hinten zusätzlich automatische Niveauregulierung, Servolenkung, 4 Scheibenbremsen, L/B/H: 4.480/1.800/2.045 mm, Radstand 2.400 mm, Spur 1.520 mm, Bodenfreiheit 335 mm, Überhangwinkel v/h: 40/45 Grad, Leergewicht: 2.630 kg. Nutzlast 520 kg. Gesamtgewicht: 3.500 kg. Steigfähigkeit 100%, Wattiefe 700 mm, Wendekreis 11,5 m, Anhängelast: 5 t (Gelände 1,5 t). Tankinhalt 120 l. Spitze: 124 km/h. Basispreis: ATS 717.560,–.

Motor: 6-Zylinder-Reihendieselmotor mit Turboaufladung und Wasserkühlung, Bohrung/Hub: 76,5/86,4 mm, Hubraum 2.383 cm^3, Leistung: 77 kW (106 PS) bei 4.250 U/min, maximales Drehmoment: 195 Nm bei 2.500 U/min, Kraftstoffart: Diesel.

Elektrische Anlage: Standard-Ausführung: 12 Volt/88 Ah. Auf Wunsch: 24 Volt-Anlage.

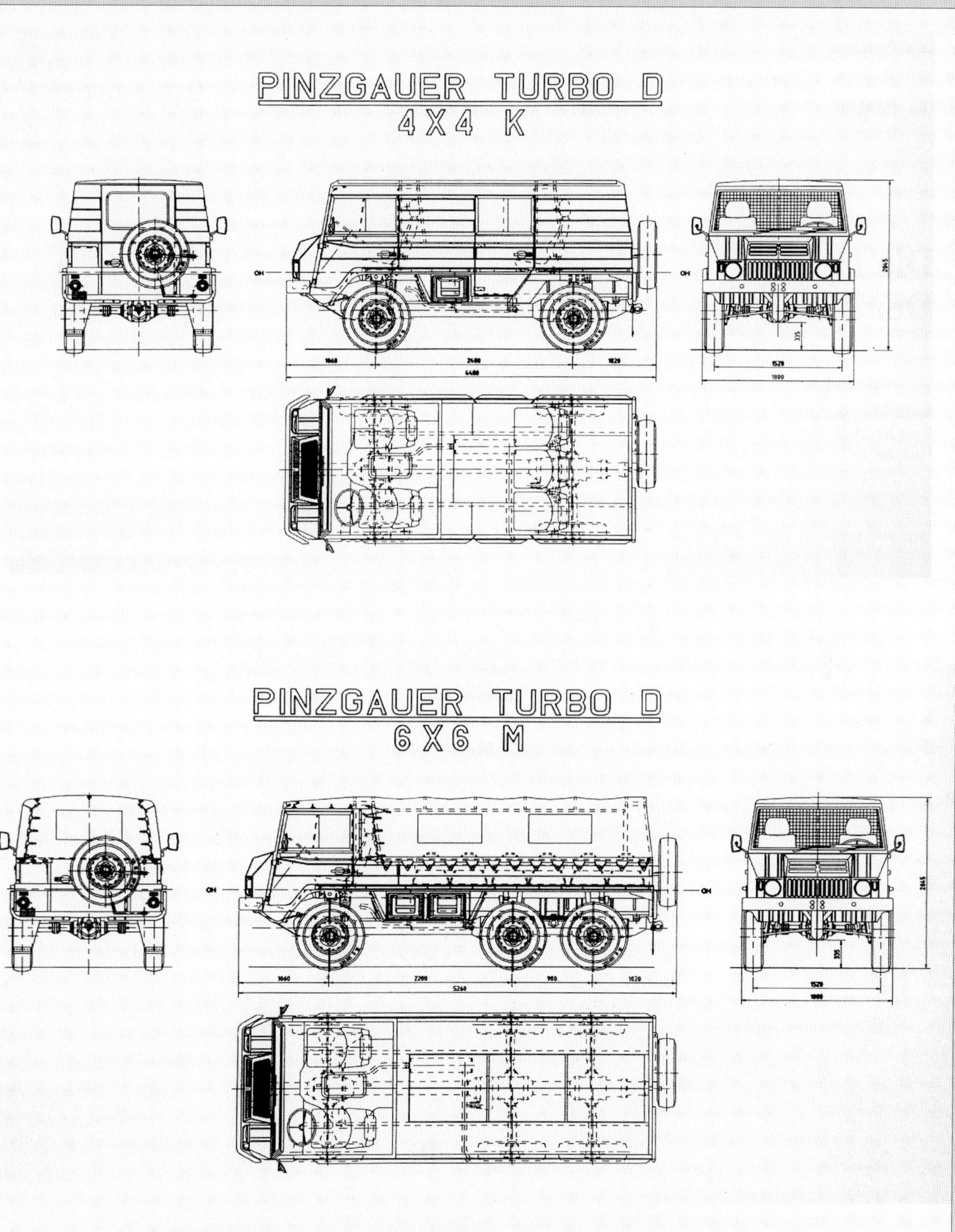
PINZGAUER TURBO D
4X4 K
1060
2400
1020
4480
2045
335
1520
1800
PINZGAUER TURBO D
6X6 M
1060
2200
980
1020
5260
2045
335
1520
1800

Füllmengen: M-Modelle: Treibstoff 145 Liter, Motorenöl (Erstfüllung) 7 Liter, Folgefüllung 6 Liter, Kühlflüssigkeit 20 Liter. K-Modelle: Treibstoff 120 Liter, Motorenöl (Erstfüllung) 7 Liter, Folgefüllung 6 Liter, Kühlflüssigkeit 20 Liter.

Kraftübertragung: Vollsynchronisiertes Fünfgang-Schaltgetriebe. Übersetzungen: 1. Gang 4,25, 2. Gang 2,505, 3. Gang 1,48, 4. Gang 1,0, 5. Gang 0,747, Rückwärtsgang 4,03 oder wahlweise Viergang-Automatikgetriebe mit Überbrückungskupplung. Übersetzungen: 1. Stufe 2,73, 2. Stufe 1,56, 3. Stufe 1,0, 4. Stufe 0,73, Rückwärtsgang 2,09. Zweistufiges Gruppengetriebe, Übersetzungen: 1,061 und 2,452 (Gelände-Untersetzung). Achsantrieb über Kegelraddifferenzial, Übersetzung: 2,846 (13:37). Radantrieb, Übersetzung: 2,23 (13:29). Vorderachse mit vollständig gekapselten Gleichlaufgelenken.

Federung: Schraubenfeder vorne und hinten (4 × 4) bzw. Blattfedern hinten (6 × 6). Zusätzlich Gummihohlfedern mit progressivem Kraftverlauf und doppelt wirkende Stoßdämpfer. Automatische Niveauregelung beim Modell 4 × 4.

Aufbau: Selbsttragender Aufbau in verschiedenen Ausführungen:

- geschlossener Aufbau aus Stahlblech mit 5 Türen (K-Modelle)
- offener Aufbau mit Planenverdeck und 3 Türen (M-Modelle)
- Trägerfahrzeug mit Sonderaufbauten (Ambulanz-Shelter etc.)

Heizung: Warmwasserheizung, wahlweise zusätzlich zweiter Wärmetauscher und Standheizung.

Grazer Geländekaiser in aller Welt: Steyr-Puch-Pinzgauer-Exporte

Da der Pinzgauer ebenso wie der Haflinger von den Militärkräften verschiedener Staaten gekauft wurde, gibt es ebenso wie beim Haflinger keine Exportaufstellungen des Wagens. Jedenfalls existiert ein internes Schriftstück der Steyr-Daimler-Puch AG – Bereich Graz vom 9. März 1979, aus dem hervorgeht, dass die ersten Großkunden die Schweizer Armee sowie das österreichische Bundesheer waren. Nach einer ausführlichen Tropenerprobung des Pinzgauers durch die Versuchsabteilung des Werkes Graz, die in der Sahara und in den Äquatorzonen Afrikas im Jahre 1973 durchgeführt wurde, wurde mit dem Verkauf an afrikanische und arabische Armeen begonnen.

Aber auch auf dem lateinamerikanischen Kontinent konnten Verkaufserfolge verbucht werden. Als besonders instruktives Beispiel möge der Einsatz in Kakaoplantagen dienen, wo der Pinzgauer die bis dahin gebräuchlichen konventionellen Geländefahrzeuge aus dem Felde schlug. Vor allem waren dafür seine hohe Nutzlast sowie die gute Übersicht für den Lenker durch die Frontlenkerbauart maßgeblich. In den tropischen und subtropischen Einsatzgebieten war zunächst eine gewisse Reserviertheit der Kun-

Geröll und unwegsames Gelände in aller Welt sind das Zuhause des Pinzgauers.

den gegenüber der Luftkühlung des Motors festzustellen. Doch das ausreichend groß dimensionierte Gebläse wurde mit Außentemperaturen bis 55 Grad Celsius spielend fertig. Die Steyr-Puch-Verkäufer kamen mit dem Pinzgauer oft in Gebieten und für Einsatzzwecke zum Zug, wo bisher zur Lösung der Transportaufgaben entweder Materialseilbahnen oder Helikoptereinsatz erforderlich waren.

Aber auch bei extrem materialmordenden Einsätzen schlug der Pinzgauer die Konkurrenz aus dem Feld. So wurde beispielsweise nach etlichen Fehlinvestitionen in konventionelle Geländefahrzeuge seitens der Leitung eines großen Braunkohle-Tagbaues in Deutschland auf Pinzgauer als Servicewagen für die Förderanlagen umgestellt. Infolge der rauen Einsatzbedingungen, die durch den teilweise schlammigen Kohlenstaub, der sich überall an der Mechanik der Fahrzeuge festsetzte und durch die Schmirgelwirkung extremen Verschleiß hervorriefen, konnten sich Konkurrenzfahrzeuge oft nur tageweise im Einsatz halten. Und das oft nur durch aufwendige Dauerreparaturen an den offen laufenden Kardangelenken und Antriebsteilen sowie an verendenden Getrieben, von Motorschäden gar nicht zu sprechen. Nur der Pinzgauer war diesem Betrieb auf Dauer gewachsen.

Pinzgauer 712 M 6 × 6, der beim UNO-Einsatz auf den Golanhöhen auf eine Mine auffuhr.

Bestens bewährte sich der Pinzgauer auch im Einsatz der österreichischen UNO-Truppen vor allem auf den Golanhöhen sowie bei der ehemaligen Jugoslawischen Armee und dem Schweizer Heer. Natürlich war der Pinzgauer „Standardausrüstung" beim österreichischen Bundesheer.

Pinzgauer-Montage im Einserwerk, Puchstraße.

Die Pinzgauer-Produktion und der Verkauf erreichten 1985 und 1986 einen Tiefstand, der einerseits mit der Marktsättigung des – in absoluten Zahlen gesehen – doch sehr geringen Interessentenkreises zu erklären ist, andererseits benötigte der Turbo D-Pinzgauer eine gewisse Anlaufzeit, um in die Fußstapfen des luftgekühlten Benziners treten zu können.

Aufgrund der geringen Stückzahlen und der aufwendigen Mechanik waren die Anschaffungskosten eines Pinzgauers ab 500.000,– Schilling für Privatkunden kaum interessant, insbesondere auch wegen des doch enden wollenden Komforts, des Laufgeräusches und des hohen Benzinverbrauchs. Darüber hinaus durfte der Typ 712 6 × 6 nicht mit dem österreichischen „B-Führerschein“ gefahren werden. Mit denselben Problemen hatte trotz des sparsameren Turbo-Dieselmotors auch der Turbo D-Pinzgauer zu kämpfen. 1994 sorgte ein unerwarteter Großauftrag der britischen Armee für Freude in Graz und politischen Ärger für die Regierung auf der Insel.

Eine wesentliche Maßnahme zur Erhöhung der Nutzungsdauer des Pinzgauers war die „Retrofit“-Maßnahme des Werkes. Diese sah vor, gebrauchte Pinzgauer wieder werksoriginal aufzubereiten und damit die Lebensdauer entscheidend zu verlängern. Eine durchaus sinnvolle Maßnahme bei so einem teuren Spezialfahrzeug.

Der Turbo D wurde aufgrund der geringen Stückzahlen im sogenannten „Einserwerk" in der Puchstraße im Einschichtbetrieb gefertigt. Der Sechszylinder-Dieselmotor aus dem VW-LT-Transporter hatte selbstverständlich auch ein Ablaufdatum. Dafür verantwortlich zeichneten nicht nur die technische Weiterentwicklung des Triebwerks, sondern auch die immer strengeren Abgasbestimmungen - nicht nur in der EU. All diese Zwänge erforderten grundsätzliche Überlegungen für die Zukunft des Pinzgauers mit der wichtigsten Komponente, einem preisgünstigen und modernen und für die zukünftigen Abgas- und Umweltbestimmungen geeigneten Großserienmotor.

Im Endeffekt scheiterten alle Bemühungen. Auch der konzerneigene in Steyr entwickelte M1 mit Lärmkapselung und Dieselmotor mit Pumpe-Düse-Einspritzung schied schließlich aus. So blieb als kommerziell zielführende Lösung nur mehr der Verkauf der Pinzgauer-Produktion im Jahr 2000 an die ATL (Automotive Technik Ltd.) in Großbritannien. Nach mehreren Übernahmen durch andere Firmen endete die Pinzgauer-Produktion im Jahr 2008 endgültig. Rückblickend betrachtet hatte das letzte völlig eigenständig entwickelte und gefertigte Puch-Automobil ein Schicksal wie die Dinosaurier erlitten: zu groß, zu schwer – ganz einfach nicht mehr zeitgemäß.

Die letzte österreichische Fertigungsstätte dieses letzten Puch-Automodells, die „Halle P" im ehemaligen „Einserwerk" in der Puchstraße, wurde unter Denkmalschutz gestellt und ist heute im Eigentum der Stadt Graz. Seit 2012 befindet sich hier das Johann Puch-Museum, welches aufgrund einer Privatinitiative entstanden ist.

Das große Staunen: Der Steyr-Puch-Pinzgauer im Spiegel der Presse

Mit dem Pinzgauer hatten die Puch-Leute dasjenige Radfahrzeug gebaut, das jeden, der einen PKW lenken konnte, zum Geländeprofi machte. Mit dem Pinzgauer befindet man sich plötzlich an Geländestellen, zu denen man nur mit Mühe zu Fuß vordringen kann. Und genau diese erstaunlichen Entdeckungen machten die meisten Journalisten, die den Pinzgauer fuhren.

Automobil-Revue: Pinzgauer für die Schweiz

Im Sommer 1971 widmete die Schweizer *Automobil-Revue* dem Pinzgauer unter dem Titel *Pinzgauer – jüngstes Zugpferd unserer Heeresmotorisierung* einen Artikel und wies darauf hin, dass die Schweizer Armee demnächst mit diesen Fahrzeugen ausgerüstet werde:

Demnächst wird die Armee mit einem neuen Typ von Geländefahrzeugen in großen Stückzahlen beliefert, das aus den österreichischen Steyr-Daimler-Puchwerken stammt.

Die Neuerscheinung beansprucht nicht nur wegen ihrer originellen, von den bisherigen Armee-Geländefahrzeugen abweichenden technischen Konzeption, sondern auch wegen der späteren Einführung auf dem zivilen Markt besonderes Interesse, handelt es sich doch um einen Fahrzeugtyp, der mit dem Personenwagenführerschein zu fahren ist.

Mehr Steigfähigkeit geht nicht. Pinzgauer-Testbericht in der deutschen Zeitschrift *Auto Motor Sport*.

Auto Motor Sport: Der Mut setzt die Grenzen

Am 23. Juni 1976 druckte die deutsche Fachzeitschrift *Auto Motor Sport* unter dem Titel *Alpenkönig* einen Fahrbericht über den Pinzgauer:

Allesüberwinder durch kompromisslose Technik. Zweitausendfünfhundertmal im Jahr verkauft die Steyr-Daimler-Puch AG. ein kleines Lastauto, das allen anderen Autos der Welt davonfahren kann – sofern die Fahrbahn schlecht genug ist. Mit der Konstruktion von Autos, die im schwierigen Gelände allenfalls noch von Raupenfahrzeugen bezwungen werden können, beschäftigen sich die Puch-Entwickler schon eine ganze Weile sehr erfolgreich. Die erste Lektion zum Thema Geländefahrzeugbau erteilten die Österreicher ihrer konservativen Konkurrenz 1958 mit dem Haflinger. Denn der kletterte mit winzigen Rädern (12 Zoll) und winzigem Motor (650 cm^3) dem etablierten Jeep-Set davon.

Puchs zweite Geländeauto-Generation namens Pinzgauer kam bei nun offensichtlich reicheren Eltern zur Welt. Denn der Pinzgauer erbte zwar das Fahrwerkskonzept des Haflingers, ansonsten aber ist er eine Neukonstruktion von der ersten bis zur letzten Schraube. Puch übernahm das Frontlenkerkonzept des Haflingers mit allen wesentlichen stilistischen Merkmalen auch für den Pinzgauer. Die Vorzüge der Kistenform überzeugen nachdrücklich: man kann viel reinladen und gut raussehen. Die Relation von Größe und Fassungsvermögen ist beim Pinzgauer einmalig. Die kurze Ausführung mit zwei Achsen ist 4,17 Meter lang und kann bis zu zehn Personen befördern. Zum Vergleich: Der fünfsitzige Audi 80 bringt es auf 4,19 Meter.

Das Geld steckt hier nicht im Luxus sondern in der Technik. Instrumente? Tachometer, Benzinuhr und ein paar Signalleuchten genügen vollauf. Das übrige Interieur: Der reine Maschinenbau, keine Spur von Styling, aber perfekte Ergonometrie. Das ist kein 50.000 Mark-Interieur üblicher Art, sondern ein Arbeitsplatz, dessen Gestaltung fast 20 Jahre Geländepraxis bestimmen. Was immer hier betätigt wurde, das fühlt sich solid an und funktioniert mit jenem Schliff, zu dem die obere Preisklasse verpflichtet.

Motor: Der Zweck heiligt die Sonderkonstruktion. Wer gar 2.500 Triebwerke im Jahr braucht, der lässt üblicherweise die Finger vom kostspieligen Konstruieren und Selbermachen. Nur was Puch sucht, hatte weltweit kein Motorenbauer parat. Also machten sie ihren Idealmotor selbst.

Fahreigenschaften: Der Mut setzt die Grenzen. Ausgeprägte Handlichkeit kennzeichnet den fast zwei Tonnen schweren Pinzgauer auch im Fahrbetrieb. Er lässt sich darum auf der Straße mühelos und nach gewisser Eingewöhnung auch rasch dirigieren. Das Fahrverhalten entspricht weitgehend dem eines Lieferwagens dieser Gewichtsklasse. Die Vielzahl der Pendelachsen bereitet dem Piloten keine bösartigen Überraschungen, was Puch auf Schnellfahrversuche auf dem Österreichring zurückführt. Der zugwillige Motor sorgt im Straßenverkehr sogar für ein gewisses Temperament.

Sehr viel eindrucksvoller freilich kommen die Qualitäten des Motors im Gelände zum

Vorschein. Denn dort imponiert er ständig durch seine Eigenschaft, Vollgas in praktisch jedem Gang in Zugkraft umzusetzen. Bei eingelegter Geländeübersetzung darf man dem Pinzgauer dann ruhig alpine Bergpfade anbieten, die von Fußgängern meist nur noch auf allen Vieren bezwungen werden.
Genau so souverän wie der Motor bewältigt das Fahrwerk die übelsten Hindernisse. Die mächtigen Reifen klettern, unterstützt von der langhubigen Federung, über Felsbrocken von bedenklichem Kaliber. Tatsächlich erledigt der Pinzgauer die meisten Geländeprobleme ohne viel Zutun des Fahrers allein. Und diese Eigenschaft, nicht unbedingt eines routinierten Piloten zu bedürfen, schätzen namentlich die Einkäufer von Armeen.
Der Pinzgauer kann Leute und Material an Stellen befördern, die sonst nur Hubschraubern zugänglich sind. Und diesen Kostenvergleich gewinnt das Auto mit 100:1.

Auch eine Möglichkeit, beim Pinzgauer das Rad ohne Wagenheber zu wechseln.

Selbstversuch: Fall- und Steigbericht

Schließlich hatte der Autor als Mitarbeiter der österreichischen Fachzeitschrift *autorevue* die Möglichkeit, einen Pinzgauer 710 M mit Planenverdeck ausführlich zu testen. Der Bericht über die Fahrt erschien im Heft 9 im September 1977 und enthielt unter dem Titel *Der schräge Otto* folgende Passagen:
Fall- und Steigbericht: Puch Pinzgauer. Über kaum ein Fahrzeug aus heimischer Fertigung wissen die Leute so wenig und vermuten so viel – zumeist Falsches – wie über den Puch Pinzgauer. Beispielsweise glauben sie oft, es gibt ihn nur gegen Auftrag und nur für das Bundesheer. Dieses ist unwahr. Wahr ist vielmehr, dass ihn jedermann im Laden (allerdings mit Lieferfrist – wie bei anderen Autos auch) kaufen kann.
Weiters ist es ein Gerücht, dass für den Pinzi die Gesetze der Physik in Bezug auf die Steigfähigkeit aufgehoben seien. Tatsache ist vielmehr, dass die Grenzen derart verschoben sind, dass man meint, sie existieren nicht mehr.
Bei Betrachtung durch Laienaugen erscheint der Pinzgauer als Koffer auf stelzenartigen Rädern. Doch dann gehts dem Betrachter wie dem, der sich ein modernes Gemälde ansieht: Entweder verliebt er sich darin oder er zieht verwirrt von dannen. Auf den Pinzgauer übertragen: Erst nach und nach erkennt man die geradezu klassische Schönheit der von einem ‚Gelände-Bertone' geschaffenen Keil-Schnauze, die ihre Funktionalität beim Durchbruch durchs Unterholz beweist und darüber hinaus das Abklappen der Frontscheibe bei 35 Krügeln im Schatten erlaubt.
Oder, ja, oder man murmelt etwas von Nutzfahrzeug und bleibt dabei. Und richtigerweise ist der Pinzgauer dem gedachten Einsatzzweck nach ein Nutzfahrzeug.
Natürlich kamen sie alle mit ins ‚Glanda', die lieben Freunde mit den Jeeps, Dodges, VW-Kübelwagen (original Weltkrieg!) und VW-Kübelwagen (181) der Jetztzeit – im Fachjargon Rommel-Verschnitt genannt. Denn sie wollten Augenzeugen sein, wie der Puch-Überkoffer ‚ohdabert' (nicht mehr weiter kann, stecken bleibt, am Ende ist). Doch dieses Schauspiel wurde ihnen nicht geboten.
Wie erlebt man denn nun so eine Geländerunde im Cockpit des Wagens?
Also: Sitzposition eher aufrecht, Rückenlehnen der Sitze sind aus gutem Grund anatomisch geformt. Gurte unbedingt anlegen: Nicht, weils die Obrigkeit befiehlt, sondern weil

man sonst plötzlich wie eine nasse Dreier (Anm.: billige, filterlose Zigarette) *in einer Ecke des Führerhauses hängt. Die Puch-Ingenieure haben dafür auch in weiser Voraussicht Kopfschutzpolster über Fahrer- und Beifahrersitz am Überrollbügel befestigt. Das Motorgeräusch ist turbinenartig und jede Unterhaltung abtötend. Sanft fährt der Wagen an und schiebt sich über den holprigen Feldweg dahin. Doch du spürst nichts. Die extrem langhubige Schraubenfederung schluckt alles bis zu mittleren Schützengräben. Und jetzt: Gähnende Leere vor uns – Steilabbruch (ja keine Sperre zuschalten – ansonsten Roulade). Der Pinzi taucht hinunter, der Horizont kippt weg, die Hinterhand wird federleicht. Der Wagen nimmt Fahrt auf, Motorheulton verstärkt sich – Jet im Landeanflug. Ganz sanft und streichelweich auf die Bremse. Die Glaskanzel will sich in den Boden bohren. Doch nein, das Saugen der Stoßdämpfer nimmt man während des In-den-Sitz-gepresst-Werdens nur am Rande auf. Formatfüllend Erde vor der Frontscheibe: Der Gegenhang ist da. Der mit ‚Aurauchn' genommen werden muss, weil leicht gatschig, Eiger-Nordwand-steil und zum Glück kurz. Die Physik reißt unheimlich an mir und will mich erst durch die Scheibe und dann durch die Rückenlehne drücken.*

Jetzt – nur der Himmel über uns, der Magen will durch den Mund ins Freie. Jump – der Wagen setzt nach kurzem Flug auf. Ausrollen lassen und happy sein. Das ‚geländegängigste Radfahrzeug der Welt' hat gezeigt, was es kann.

Pinzgauer-Testbericht aus den USA.

Car and Driver: Pinzgauer erklimmt einen Baum, wenn du tapfer genug bist

Der amerikanische Journalist David E. Davis jr. brachte im Juli 1978 in der großen amerikanischen Auto-Zeitschrift *Car and Driver* sein Erstaunen auf den Punkt:

Er kommt vom Band und fährt dort, wo zuvor nur Indianer und Wildtiere waren. Der Pinzgauer ist wie ein gutes Trialmotorrad – es mag nicht schnell sein, aber es erklimmt einen Baum, wenn du nur tapfer genug bist.

Sein begeisterter Artikel lautete schlicht und einfach „Pinzgauer!". Weiters schrieb er:

Wenn du dich deiner Kleider entledigst, die Haare in Brand steckst und dann majestätisch durch die Versammlung der Töchter der Amerikanischen Revolution schreitest, dann hast du etwas von jenem Gefühl, das dich befällt, wenn du mit dem Car and Driver-Pinzgauer durch das Land fährst – eine große, bewegliche Kiste, die es niemals verfehlt, Beobachter lächeln zu machen und das Herz von Geländewagenfans schneller schlagen zu lassen. Der Pinzgauer wird in Graz vom Steyr-Daimler-Puch-Konzern gebaut und begann seine Karriere als ‚koste-wenig, mache-alles und fahre-überall' Personen- und Materialtransporter für die Schweizer Armee.

Nach Abwicklung der Zollformalitäten, während derer der Pinzgauer in dem stählernen Transportcontainer blieb, kletterte meine Frau durch die Hecktüre in den Fahrersitz und zündete das Triebwerk. Während der Warmlaufphase sortierte sie die Bedienungshebel, fand den Retourgang und fuhr eine saubere Linie aus dem Container, nicht ohne eine stählerne Haltetrosse abzureißen, mit der der Wagen während der Überfahrt gesichert war. Der Pinzgauer war nicht einmal fünf Minuten im Land der Freiheit gelaufen und hatte bereits eine Tat von Samson-ähnlicher Stärke vollführt!

Ich habe alle Arten von Allradantrieben gefahren, aber der Pinzgauer ist einmalig. Er wurde als kompromisslose Offroad-Maschine für eine Alpenarmee konstruiert. Er ist *weder ein modifizierter Leicht-LKW, noch hat er irgendetwas mit einem PKW zu tun. Er ist groß, schwer zu besteigen und nervtötend laut auf langen Überlandfahrten und er wird sicher teurer als 30.000 $ sein, wenn er in den USA ankommt. Aber er funktioniert. Du musst ihn nicht wie einen der Allerwelts-Geländewagen aus Amerika zu Vic Hickey oder Bill Strope senden, um ihn mit all den Dutzenden Zubehör- und Umbauteilen ausstatten zu lassen, damit aus ihm ein ernsthaftes Gerät wird.*

auto-revue: Und führe uns nicht in Versuchung

Und im Heft 4/1981 der *auto-revue* nahm sich Philipp Waldeck unter dem Titel *Und führe uns nicht in Versuchung* des Typs 712 K (6 × 6) in Zivilausführung an, den ihm der Autor, damals bereits als Pressebetreuer der Steyr-Daimler-Puch AG zuständig für die Produkte des Werkes Graz, im Panzerübungsgelände Loretto überreichte. Der Bericht Waldecks ist authentisch, vergnüglich und – wahr:

Mein Instruktor, ein Abgesandter der Steyr-Werke, lockte mich in den Steinbruch von Loretto. Dort werden Kürassier-Panzer ausführlich getestet und dann nach Chile nicht ausgeliefert. An diesem Tag bewegte sich kein Raupenfahrzeug in diesem Grand Canyon des Burgenlandes. Nur ein Puch 240 G stand da, mit dem ich angereist war, und ein mächtiges sechsrädriges Gefährt. Es strahlte faszinierende Brutalität aus, eine mehrschneidige Herbheit, die durch eine hübsche, zivile Streifenlackierung nur noch unterstrichen wurde.

Auf dieses Fahrzeug wies mein Begleiter, dessen erste drei Sätze die Geläufigkeit eines trainierten Vortrags verrieten.

Erster Satz: ‚Wir sehen hier den berühmten großen Bruder des kleinen Haflinger. Den Pinzgauer. Es ist dies ein glücklich gewählter Name, handelt es sich doch beim Pinzgauer um eine nicht zu Unrecht gerühmte Pferderasse. Dieser Pinzgauer hat Räder. Und einen liegenden Vierzylinder-4-Takt-Reihenmotor mit 2,5 Liter Hubraum. Zwei Varianten – abgestimmt auf die je nach Einsatzort verschiedenen Benzin-Qualitäten – bieten 87 oder 92 PS. Gemischzuführung über zwei Gelände-Fallstrom-Doppelvergaser, Marke Zenith 36 NDIX.‘

Ich dachte: Hm.

Zweiter Satz: ‚Entlang dem übrigens mit erheblichem Aufwand hergestellten Zentralrohr laufen – wie in jeder Wirbelsäule, sage ich gern – die Nervenbahnen und der Kraftfluss. In das verwindungssteife Zentralrohrchassis sind das Gruppengetriebe und die Achsantriebe miteinbezogen. Einzelradaufhängung mit Pendelachsen. Unser Testwagen, der sechsrädrige Typ (6 × 6), hat vorne Schraubenfedern und hinten Blattfedern. Überdies weist dieses beste aller Geländeautos – läuft das Tonband? – unter seiner schmucken selbsttragenden Karosserie jenes Trans-Axle-System auf, das für ideale Gewichtsverteilung sorgt und bislang nur im Sportwagenbau anzutreffen war.‘

Ich dachte: Hm.

Dritter Satz: ‚Und da fahrn ma jetzt runter.‘

Ich schlenderte nach vorn, an die Kante des Abgrunds und sah in die lehmige Tiefe. Es war im wesentlichen eine fünfzig Meter lange Senkrechte, die am Talboden mit einem sauberen Knick in eine Waagrechte überging. Mitten in der Falllinie, auf halbem Hang,

Wie mit Steigeisen bezwingt der „Pinzi“ einen steilen Geröllpfad.

Der „Pinzi" in Zivil im Einsatz für extremes Sportvergnügen.

warf sich eine schiefe Bodenwelle auf. Links und rechts der steinigen, lässigen Rinne wuchsen Gräser und Krüppelsträucher. Eine Sekunde lang narrte mich ein Spuk. Ich sah, wie sie sich verwandelten, in Ölbäume, Judasbäume, verreckte Zypressen, gespaltene Pinien. Ich habe solche Erscheinungen nicht oft, nur dann, wenn ich an wahnsinnige Maler oder an Biblisches denke, an Kalvarienberge oder Kreuzwege, vor allem Kreuzwege.
‚Da', fragte ich, und wedelte vage in die Tiefe, ‚da fahren wir also runter?'
‚Ja', sagte er.
‚Also fahrns, mein Guter', sagte ich gleißnerisch, ‚ich werde Sie genau beobachten und mir alles abschauen.'
‚Von draußen könnens nix beobachten. Von draußen könnens nix abschauen. Habns a Angst?'
Damit traf er einen heiklen Nerv. ‚I wo', sagte ich mit dem spitzen Mund, den sich Breitmaulfrösche zulegen, wenn sie den Storch sehen.
Der Wagen – Pinzi, wie ihn die Steyr in Verkennung seines Charakters zärtlich nennen – sprang vor, schob sich auf die Kante zu, dann verschwand die Kante unter dem Bug, nur mehr der Himmel war zu sehen. Als der Vorderwagen abkippte und die Oberkante des Gegenhangs gerade aus der Unterkante der Windschutzscheibe wuchs, sagte der Fahrer mit jener unnatürlichen Ruhe, die uns Angst verrät: ‚Wir haben die Zweite gewählt, den zweiten Gang von insgesamt zehn Gängen.'
So ist das also, dachte ich. Nun muss ich auch noch meinen letzten Traum korrigieren. Ich hatte immer eine konkrete Vorstellung davon gehabt, wie ich sterben wollte. So wie Tony Perkins in ‚Phaedra'. Es war genau dies mein letzter Wille: Aston Martin, fünfter Gang, 250 km/h, in Saintes-Maries-de-la-Mer, gradaus ins Wasser.
Nun würde es ein wenig anders sein: Pinzi, zweiter Gang, vierzig km/h, Steinbruch, gradaus in den Dreck.
Zwei Stunden später stürzte ich mich zum fünfzigsten Mal in die Lehmschlucht hinab. Den Instruktor hatte ich inzwischen verloren. Er war kurz auf den Beifahrersitz gerutscht und nach den ersten Proberunden ausgestiegen. Mangel an Kurzweil und Vertrauen, nehme ich an. Beides war ungerecht: Erstens sang ich unterhaltsame Lieder, die das anfängliche zage Pfeifen abgelöst hatten, und deren Texte rasch an Lockerheit gewannen. Zweitens fuhr ich phantastisch und intelligent.

Euro-Trans: Für die Ewigkeit gebaut

Auch der neue Pinzgauer mit dem flüssigkeitsgekühlten Turbodiesel fand seinen Niederschlag in der Presse. Einer der interessantesten Artikel erschien in der österreichischen Fachzeitschrift *Euro-Trans* in Heft 3/89, hatte den Titel *Darf es etwas steiler sein?* und wies u. a. folgende Passagen auf:

Zugegeben, der Preis dafür, der Beste sein zu können (und nicht nur zu wollen) hat monetäre Einflüsse für den End-User, zu Deutsch: Unter S 600.000,– gibts mit Grazer Pinzi-Technik nicht einmal ein nacktes Planenfahrerhaus. Der von uns getestete Typ 710 K 4 × 4 hatte einen Ganzstahlaufbau mit 2 Überrollbögen, 5 Türen, 2 Vordersitzen und Seitenfenstern auch hinten sowie drei bequeme Rücksitze (alle mit Stoffbezug und Sicherheitsgurten) und stellt sich auf S 717.560,–, als Ausgangsbasis. Natürlich gibt es dazu eine ellenlange Sonderzubehörliste, die tatsächlich viel Nützliches enthält. Erwähnt seien nur die Zusatzheizung für die Fondpassagiere (rund S 21.000,–), diverse Anhängekupplungen, Tropenbatterien und die Klimaanlage. Die Preise für all die 100 Kleinigkeiten, die das Leben mit dem Pinzi noch lebenswerter machen, sind sehr moderat. Woraus geschlossen werden kann, dass die wesentliche Technik zu unbegrenzter Fortbewegung auf (fast) jedem Terrain nicht nur schon im besagten Basispreis steckt, sondern auch ihr Geld wert sein muss. Nein halt, wir hatten einfach, weil sie so gut zu diesem Auto passt (sagen die Techniker) noch den hervorragenden ZF-Viergangautomaten an Bord, der allerdings S 19.250,– Mehrpreis erfordert. Durchaus zu Recht, wie wir meinen, denn er nimmt einen Haufen Arbeit ab.

Der Pinzi ist für die Ewigkeit gebaut, er lässt sich auf Söhne und Töchter vererben. Deshalb trabt er seit geraumer Zeit auch mit einem unempfindlichen 6-Zylinder-Turbodiesel an, der 105 PS leistet. Damit läuft er auf der Autobahn immerhin schon ehrlich gestoppte 124 km/h Spitze – wenn es flach dahingeht. Eigentlich brav für ein leer 2,6 t schweres Gerät mit Semperit-Geländehammerln. Erstaunlich auch seine leise Gangart für ein Fahrzeug mit ‚Mittelmotor'. Natürlich gibt es gewisse Frequenzen im oberen Drehzahlbereich, die störende Innengeräusche anlocken.

Die Besonderheit beim 4 × 4 ist die automatische Niveauregulierung. Je nach Beladung hebt ein pneumatisches System den Aufbau an oder senkt ihn ab. Damit bleibt der Schwerpunkt des Pinzis konstant, er hat gestreckte Achslage, egal, ob er leer oder beladen ist. Es gibt immer volle Federwege, auch härtere Geländerempler von unten kommen an der Hinterachse nicht durch. Dazu gibts noch einen belastungsabhängigen Bremskraftregler hinten und Scheibenbremsen an allen vier Rädern. Und eine Servolenkung, die Steuern ohne jeden Krafteinsatz ermöglicht. In Summe ein Fortschritt made in Austria, mit dem die Grazer ruhig mehr auf den Busch klopfen könnten.

Was fehlt dem Pinzi eigentlich? Haltegriffe über Kopf auf der Beifahrerseite und für die Fondpassagiere mussten wir im Testauto leider missen, sie stehen aber auf der Aufpreisliste. Der Scheibenwischer wurde modernisiert, handfeste Kombihebel sorgen für klaglose Funktion. Scheibenwaschanlage und Scheinwerferreinigung sind im Gelände wichtig, doch leider auch aufpreispflichtig. Dafür gibt es praktische Schiebefenster, hinten enorme Beinfreiheit, den angemessenen Gepäckraum, alles umsonst. Und dass die Türen nur mit einiger Kraftanstrengung zu schließen sind, hat etwas mit der Dichtigkeit des Autos

(Wattiefe 700 mm) zu tun. Es soll also nicht der Eindruck entstehen, dass wir nur auf Extrapreisen herumreiten, aber wenn du vom teuersten Gerät in die Niederungen herkömmlicher Kraxler heruntersteigst, die vieles vom Nützlichen bereits im Basispreis inhaliert haben, gibt es vielleicht Missverständnisse bei Leuten, die wie im Supermarkt gerne Preise vergleichen.
Daher: Finger weg davon, den Pinzi in eine Reihe mit den Geländewagen zu stellen, um die man sich landauf, landauf jetzt so reißt. Der Pinzi ist nichts für Freaks, er ist was für Profis.

Wüstenprofi – Eisprofi: Der Steyr-Puch-Pinzgauer auf Expeditionen in aller Welt

Wie bereits beim Haflinger „rissen" sich förmlich die vom Fernweh geplagten Extremreisenden genauso wie Forscher um den Pinzgauer. Dies umso mehr, da der Wagen infolge seiner größeren Abmessungen und der stärkeren Motorleistung auch eine entsprechende Zuladung an Ausrüstungsgegenständen erlaubte. Aus der Vielzahl von Expeditionsberichten, die in der Werbeabteilung der Steyr-Daimler-Puch AG in Wien lagerten, wählte der Autor zwei der hervorragendsten für dieses Buch aus. Die anderen Berichte und Fotos fielen, ebenso wie all jenes Archivmaterial, das nicht noch vor dem großen Brand des Steyr-Hauses in Wien am Kärntner Ring für dieses Buch ausgehoben worden war, unwiederbringlich den Flammen zum Opfer. Im Sommer 1990 wurde die Brandruine endgültig abgerissen, so dass heute nichts mehr an die langjährige Hauptverwaltung dieses Konzerns erinnert.

Von Alaska bis Feuerland

Das Schweizer Expeditionsteam Ludwig Maurer aus Basel fuhr mit seinem Pinzgauer 712 M (6 × 6) von Alaska bis Feuerland und erstattete darüber einen minutiösen technisch-wissenschaftlichen Bericht. Die Fahrt begann am 1. Juni 1976 in Miami, Florida/USA und endete am 2. März 1978 mit der Einschiffung des Wagens in Buenos Aires/Argentinien, von wo er nach Valencia/Spanien verschifft wurde und am 1. April 1978 wieder in Basel ankam.
Die markantesten Punkte seiner Reise am amerikanischen Kontinent waren: 26. Juni 1976, 11.858 km (Start mit 3.997 km). Summit, Glacier National Park/USA. 10. Juli 1976, 15.432 km – Peace River/Kanada. 4. August 1976, 23.917 km – Anchorage/Alaska. 10. August 1976, 25.363 km – Whitehorse/Kanada, Alaska-Highway. 28. August 1976, 30.076 km – Paradise Valley/Kanada. 14. September 1976, 36.210 km – San Francisco/USA. 25. Oktober 1976, 47.362 km – La Paz, Baja California/Mexiko. 31. Oktober 1976, 49.053 km – Mexico City. 14. November 1976, 51.507 km – Veracruz/Mexiko. 23. November 1976, 54.200 km – Flores/Guatemala. 4. Dezember 1976, 55.507 km – La Union/Nicaragua. 15. Jänner 1977, 56.720 km – San José/Costa Rica. 9. Februar 1977, 58.300 km – Panama City/Panama.
Beim Verladen auf das Schiff in Panama wurde der Pinzgauer ziemlich ramponiert

Der Pinzgauer im Expeditionseinsatz in der Sahara.

und die hintere Türfalle abgerissen. Am 12. Februar 1977 wurden die Expeditionsteilnehmer aus Seenot gerettet, der Pinzgauer blieb auf dem Schiff zurück, das steuerlos auf dem Meer trieb. Am 6. März 1977 wurde das Schiff mit dem Pinzgauer in Puerto Bolivar/Ecuador eingeschleppt und wegen Nichtbezahlung der Abschleppgebühr samt Ladung gerichtlich beschlagnahmt. Erst am 23. März wurde der Wagen ausgefolgt, der als einziges von sieben Fahrzeugen ohne Probleme ansprang.

3. April 1977, 59.462 km – Santo Domingo/Ecuador. 5. Mai 1977, 61.198 km – Tumbes/Peru. 18. Mai 1977, 63.288 km – Huarez/Peru, Pass mit 4.200 Metern bezwungen. 15. Juni 1977, 65.359 km – Chosica/Peru, 3.200 Meter, 2 Grad C, am nächsten Tag San Mateo, Abra Anticona, 4.843 m. 4. Juli 1977, 68.202 km – La Paz/Bolivien. 22. Juli 1977, 70.430 km – Mariscal Estigarribia/Paraguay, 40 Grad Celsius. 16. August 1977, 72.632 km – Pampa del Infierno/Argentinien. 1. September 1977, 76.649 km – Buenos Aires/Argentinien. 28. September 1977, 79.482 km – Florianopolis/Uruguay. 1. Oktober 1977, 80.626 km – Rio de Janeiro/Brasilien. 29. Oktober 1977, 90.271 km – Corumba/Brasilien. 11. Dezember 1977, 95.570 km – Santiago de Chile. 26. Dezember, 102.805 km – Bariloche/Argentinien. Und am 27. Jänner 1978, endlich Feuerland: 107.726 km, Lapataia, Tierra del Fuego/Argentinien, das Ende der Welt. 5. Februar 1978, 109.309 km – Fitz Roy/Argentinien. 17. Februar 1978, 112.037 km – Bahia Blanca/Argentinien. 2. März 1978, 113.576 km – Buenos Aires, Einschiffung nach Europa.

Die Leistungsanforderungen an den Wagen waren außerordentlich hoch. Unter anderem wurden in Peru 95 Prozent der Strecke Offroad gefahren und dabei fast zwei Monate lang laufend Pässe bis zu 4.000 m Höhe überwunden. In Bolivien waren alle Straßen ohne befestigten Belag. Dabei wurden in acht Fahrtagen 18 Pässe bis zu 4.500 m Höhe überwunden.

Während dieser unfassbaren Strapazen für den Wagen gab es keine einzige ernsthafte Funktionsstörung, so dass die Fahrt gefährdet gewesen wäre. Als einziges „Wehwehchen“ stellte sich die Stoßdämpferbefestigung der vorderen Hinterachse heraus, weil das Gewindeloch für den 16 mm Befestigungsbolzen ausgerissen war. Auch wurden stärkere Stoßdämpfer moniert und zu Ende der Fahrt wurde der Kurbelwellen-Simmering zur Kupplung undicht, sodass das Expeditionsteam in Basel mit verölter Kupplung einlief. Alles in allem ein Qualitätsbeweis allererster Güte für das sechsrädrige Wunderpferd aus Graz.

Für die Kundschaft des Puch-Pinzgauers in den arabischen Ländern gab es selbstverständlich auch eine Betriebsanleitung in arabischer Sprache.

Als die Sahara noch Abenteuer war

Eine große Sahara-Expedition machte der Schweizer H. J. Meilinger aus Egersried im Jahr 1979. Er hatte mit dem Pinzgauer 712 M (6 × 6) das ideale Fahrzeug für sein Vorhaben gefunden. Die Besatzung bestand aus dem Ehepaar Meilinger, an Treibstoff wurden 970 Liter im Wagen und 130 Liter im Tank mitgeführt. Wasservorrat 150 Liter (ausreichend für 4 Wochen und 2 Personen). Öl 20 Liter. Ausrüstung und Lebensmittel bis zu einer totalen Nutzlast von 1,35 Tonnen, wobei das Gewicht für die Verpackung aller Flüssigkeiten nur rund 80 kg betrug. Er berichtete am 3. März 1980 über die Expedition nach Graz:

Der Pinzgauer in der von mir gewählten Ausrüstung für extreme Saharafahrten war zu bisher nie erreichten Leistungen fähig. Dennoch konnten nicht alle Vorteile, die sich gegenüber anderen Fahrzeugen und Konzeptionen boten, voll ausgeschöpft werden. Doch war es sehr beruhigend, um diese Reserven zu wissen.

Auch nach dieser Reise möchte ich erwähnen, dass den gegebenen Verhältnissen entsprechend (extremes Wüsten-Gelände, hohe Beladung und wochenlanges Operieren in Gebieten, die ohne jeden Kontakt zur Außenwelt sind) die Fahrweise defensiv sein musste und auf keinen Fall mit derjeniger rallye- oder vorführmäßiger Einsätze vergleichbar war. Auf dieser Reise waren ins Zielgebiet geplant: vier Wochen Aufenthalt in einer völlig abgelegenen Region, ca. 3.000 km pistenloses Gelände, wovon 70 Prozent äußerst schwierig mit hohen Dünen, steinigem Plateau-Gelände und engen, tiefen und sandigen Queds mit sperrenden Felsriegeln war. Leider konnten wir infolge der politischen Verhältnisse sowie militärischer Sperrgebiete unser Vorhaben nicht zur Gänze durchführen, jedoch wurden 4.000 km in dem beschriebenen Terrain zurückgelegt.

Auf der Strecke von total 9.000 km trat nicht die geringste technische Schwierigkeit auf. Der Benzinverbrauch über die Gesamtdistanz lag im angegebenen Rahmen (24,6 l/100 km) mit Extremwerten von 34 und 18,8 l/100 km. Der Reifendruck wurde häufig dem Terrain entsprechend angepasst, zwischen 1,0 und 2,6 atü.

So war es möglich, Steigungen zu befahren und Passagen zu finden, die m. E. von keinem selbständig operierenden Fahrzeug bisher gemeistert wurden. Wir mussten niemals Sandbleche oder Schaufeln benutzen.

Anzumerken wäre noch, dass die Michelin S 7,50 × 16 Sandreifen noch nicht die ideale Bereifung für den Pinzgauer im Sand darstellen. Vielleicht könnte ein günstigerer Querschnitt auf den vorhandenen Felgen eine Verbesserung bringen.

Produktionszahlen Steyr-Puch-Pinzgauer										
Jahr / Modell	**1967**	**1968**	**1969**	**1970**	**1971**	**1972**	**1973**	**1974**	**1975**	
2-Achser-Typ 710 / 3-Achser-Typ 712	10	–	8	–	167	927	1443	1750	2006	
Motoren	–	–	–	–	–	2	–	–	–	
Jahr / Modell	**1976**	**1977**	**1978**	**1979**	**1980**	**1981**	**1982**	**1983**	**1984**	**1985**
2-Achser-Typ 710	2430	1445	444	799	933	312	856	649	185	90
3-Achser-Typ 712			167	147	361	580	888	977	467	326
Motoren	–	–	–	–	–	–	–	–	–	–
Turbo D 2- und 3-Achser	–	–	–	–	–	–	–	–	–	6
Jahr / Modell	**1986**	**1987**	**1988**	**1989**	**1990**					
Alle Modelle nicht mehr aufgeschlüsselt	65	308	629	131	687					

Unverbindliche Verkaufspreise für allradgetriebene Geländefahrzeuge – gültig ab 1981 01 01

Grundausführung:

Motor 64 kW (87 DIN-PS) bei 4000/U min, 2.499 l Hubraum, 5-Gang-Getriebe mit zweistufigem Gruppengetriebe, Allradantrieb, Differentialsperren in allen Achsen, Frischluftheizung, 24 Volt Anlage, Drehstromlichtmaschine 28 V 35 A. Funkentstört NA 10, Reifen 245 – 16,6 pr mit Geländeprofil, Anhängevorrichtung, Farbe: khakigrau oder beige

unverb. Preise ab Werk	exkl. UST	inkl. UST
Type 710 M 4 x 4		
Trägerfahrzeuge (Shelterausführung) ohne Aufbauten	S 366.680,-	S 432.682,-
Mannschaftsausführung LKW mit Planenverdeck und einklappbaren Sitzbänken zul. Gesamtgewicht 3.050 kg Nutzlast 1.000 kg	S 384.500,-	S 453.710,-
Type 710 K 4 x 4		
Trägerfahrzeug (Shelterausführung) ohne Aufbauten	S 392.000,-	S 462.560,-
LKW mit festem Aufbau Kastenwagen, 5-türig, 2-sitzig zul. Gesamtgewicht 3.100 kg Nutzlast 1.000 kg	S 413.600,-	S 488.048,-
Type 710 KL 4 x 4		
Kombinationskraftwagen mit geschlossenem Aufbau, 5-türig, 5-sitzig, Komfortausstattung zul. Gesamtgewicht 3.100 kg Nutzlast 1.000 kg	S 430.400,-	S 559.520,-

Alle Preise und Angaben freibleibend und unverbindlich, Konstruktions- und Ausführungsänderungen vorbehalten.

Unverbindliche Verkaufspreise für allradgetriebene Geländefahrzeuge – gültig ab 1981 01 01

Grundausführung:

Motor 64 kW (87 DIN-PS) bei 4000 U/min, 2,499 l Hubraum, 5-Gang-Getriebe mit zweistufigem Gruppengetriebe, Allradantrieb, Differentialsperren in allen Achsen, Frischluftheizung, 24 Volt Anlage, Drehstromlichtmaschine 28 V 35 A, funknahentstört NA 10, Reifen 245 – 16,6 pr mit Geländeprofil, Anhängevorrichtung, Farbe: khakigrau oder beige.

unverb. Preise ab Werk	exkl. UST	inkl. UST
Type 712 M 6 x 6		
Trägerfahrzeug (Shelterausführung) ohne Aufbauten	S 423.400,-	S 499.612,-
Mannschaftsausführung LKW mit Planenverdeck und einklappbaren Sitzbänken zul. Gesamtgewicht 3.900 kg Nutzlast 1.500 kg	S 444.500,-	S 524.510,-
Type 712 K 6 x 6		
Trägerfahrzeuge (Shelterausführung) ohne Aufbauten	S 465.600,-	S 549.408,-
LKW mit geschlossenem Aufbau 5-türig, 2-sitzig zul. Gesamtgewicht 4.100 kg Nutzlast 1.500 kg	S 504.500,-	S 593.310,-

Alle Preise und Angaben freibleibend und unverbindlich. Konstruktions- und Ausführungsänderungen vorbehalten.

Pinzgauer-Preise 1981.

Teil III:

Kooperationsprodukte, Engineering und Komponentenbau

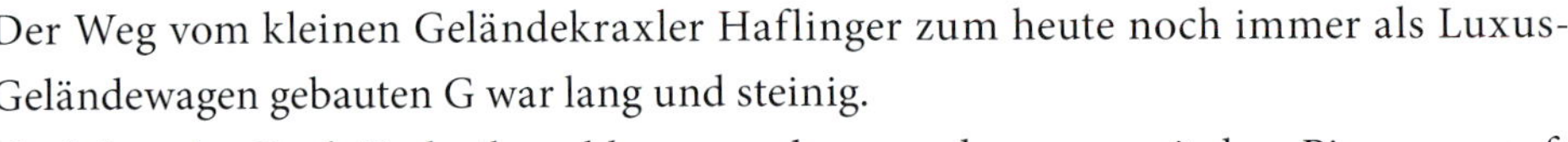

Vom Haflinger zum G

Der Weg vom kleinen Geländekraxler Haflinger zum heute noch immer als Luxus-Geländewagen gebauten G war lang und steinig.
Nachdem den Puch-Technikern klar geworden war, dass man mit dem Pinzgauer aufgrund seiner Größe und der irgendwo zwischen Pritschen- und Kastenwagen angesiedelten Optik kaum mehr zivile Käuferschichten erschließen konnte, suchte man nach neuen Wegen. Mit dem bisherigen Konzept des Zentralrohrrahmens samt den voll gekapselten Pendelachsen in Portalbauweise und dem eigenen teuren Motor hatte man technisch und kostenmäßig den Plafond erreicht. Mit diesem exklusiven Konzept konnte man auf Dauer keine Automobilproduktion in Graz aufrechterhalten. Der Pinzgauer war zu perfekt im Gelände, nach den laufend steigenden Anforderungen des Straßenverkehrs zu langsam und als Frontlenker mit extrem hohem Einstieg und dem lauten Motor zwischen den Vordersitzen zu unkomfortabel, zu sehr Nutzfahrzeug – weit weg von den in zunehmendem Maße auftretenden Allrad-PKW, die von vielen Marken und Herstellern forciert wurden.

Um diesen neuen Herausforderungen gerecht zu werden, mussten neue Wege gesucht und gefunden werden. Eine völlige Abkehr von den bisherigen Konstruktionsprinzipien war notwendig geworden. Der Arbeitstitel für das neue Geländefahrzeug lautete *Haflinger 2* bzw. *H 2*. Die besonderen Aspekte, die zu beachten waren, waren sowohl der vorhandenen Kundschaft im militärischen Bereich ein hochwertiges Geländeautomobil mit den gewohnt professionellen Eigenschaften anzubieten, als auch zivile Interessenten zu gewinnen.

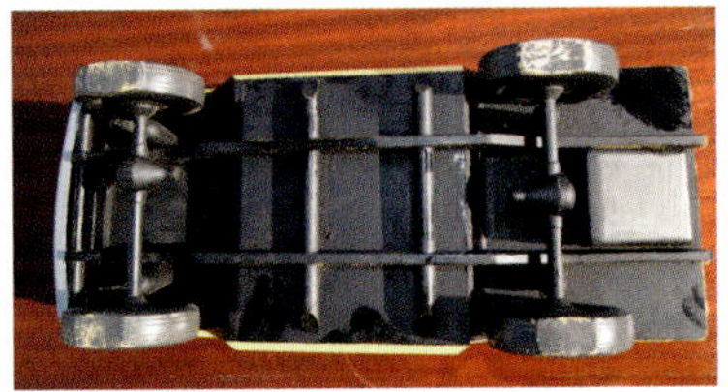

Puch H 2-Prototyp als offener Mannschaftswagen mit umklappbarer Windschutzscheibe. Wahlweise auch mit Faltverdeck oder Hardtop. Das unterste Bild zeigt die Untersicht des Wagens mit Leiterrahmen und angetriebener Vorder- und Hinterachse. Motor und Verteilergetriebe sind noch nicht bestimmt. Holzmodell für Konstruktionsbesprechungen.

Sehr schnell wurde klar, dass man möglichst viele Großserienteile von einem anderen Hersteller verwenden musste, um die Kosten in leistbarem Rahmen halten zu können. Eine extrem schwierige Aufgabe für einen zwar hochkompetenten Automobilhersteller, der jedoch bisher nur Spezialkundschaft bedient hatte und daher naturgemäß weder über Marken-Autohäuser in den einzelnen Vertriebsgebieten noch über ein zugehöriges Werkstättennetz verfügte. Der Aufbau eines europäischen oder gar außereuropäischen Vertriebsnetzes für Puch-Automobile war schlichtweg illusorisch.

Puch-Mercedes G springen nicht:

Die offizielle internationale Pressekonferenz zur Vorstellung des neuen Puch-Produktes G fand – gemeinsam mit Daimler-Benz am 8. und 9. Februar 1979 in Toulon statt. Die Fahrpäsentation fand am Freitag, dem 9. Februar an der Rennstrecke Circuit Paul Ricard und im umliegenden Gelände statt. Es hatten an den vorhergehenden Tagen bereits die Journalisten aus den europäischen Vertriebsgebieten von Daimler-Benz teilgenommen, und wir Österreicher, Schweizer und aus den COMECON-Ländern (Verteidigungsbündnis ehemaliger Ostblock-Länder), also dem Vertriebsgebiet von Puch, hatten den letzten Fahrtag.

Es gab zunächst eine Instruktionsfahrt auf der Rennstrecke, danach im umliegenden Gelände mit streng vorgeschriebenem Offroad-Kurs. Und hier gestehe ich nach 40 Jahren eine gar nicht sooosehr Jugend-Sünde: Ich habe mich nicht an die Instruktionen gehalten.

Auf der Asphaltstrecke von Paul Ricard, na ja eh keine große Angelegenheit, der G – für uns mit Puch-Logos und Graphics, die Instruktoren allerdings alles deutsche DB-Leute. Also Gelände. Nach der Instruktionsrunde mit teutonischen Hinweisen wie *‚Achtung Bergabfahrt, 3. Geländegang einlegen, nicht bremsen, kein Gas‘* schwoll uns Buben der Kamm. Ich gestehe: Die *Kurier*-, die *Krone*- und natürlich die *auto revue*-Kollegen wollten mehr haben. Samt Fotografen. Also machten wir uns auf den Weg in verbotene Gefilde. Der Herbert Völker von der *auto-revue* sagte: *‚Jetzt happ amoi urndlich mit dem Wagl, es wird finster, der Fotograf bringt kane g'scheitn Büldln haam‘*. Wir suchten eine Sprungschanze – und fanden auf einem Waldweg einen Erdhaufen, der denkbar ungeeignet war, auf einer Lichtung endete und daher aus fotografischen Gründen ausgewählt wurde. Ich schob einige Meter am Weg zurück, Gas – und rumpelte über die Sprungschanze. Mööóh … Herbert: *‚Geh bitte, du sollst springen und net herumeiern.‘* Inzwischen hatten sich einige andere Wagenbesatzungen (ebenfalls auf Abwegen) höchst interessiert auf Beobachtungsposten platziert.

Ich nahm abermals Anrand, uije dachte ich, das war jetzt a bisserl schnell. Die Wagenfront schob sich himmelwärts, die Baumkronen am Horizont wichen der Nachmittagssonne. Endlich senkte sich der Wagen, der Einschlag in die Wiese war mächtig. Der Motor war aus, das Auto knisterte und ich saß trotz Gurt irgendwie seltsam im Wagen.

Als erster hatte sich Bernd Schilling, unser unvergesslicher Fotograf gefasst. *‚Ganz guat, jetzt aber von der anderen Seite‘*. Hmm. Die anderen Burschen schauten allerdings ein bisschen komisch. Ich startete und versuchte zu reversieren. Klang irgendwie angestrengt, so als ob man einen Eisenhaufen umschaufelt. Dann stieg ich aus. Der Fahrersitz war glatt aus der Halterung gerissen, mein Kollege Dr. Werner Roth von der Presseabteilung der SDP AG hatte die Farbe verändert. Seitdem hieß er in Insiderkreisen nur mehr Dr. Weiß. Und der Herbert meinte: *‚Sehr guat, des wird a feines Titelbild‘*.

Nur: nach kürzester Zeit waren unverkleidete – also im DB-Overall und nicht in grüne Puch-Farben gekleidete Instruktoren da, nahmen das Auto mit und fuhren unter dumpfen Drohungen weg. Szenewechsel am Sammelplatz. Menschenmenge und in der Mitte DB-General Dr. Werner Breitschwerdt (der 1986 u.a. wegen der Peinlichkeiten zur Feier „100 Jahre Automobil“ das Feld räumen musste), erregt auf meinen Kollegen Anton Zimmermann vom *Kurier* einredend. Anton, 150 kg schwer, 198 cm hoch, ganz ruhig wie ein Fels in der Brandung. Aufgeregtes Getuschel zwischen dem österreichischen Pressechef Hans Stadlinger und einem deutschen Pressemanager, der roten Kopfes dem großen DB-Boss etwas ins Ohr flüsterte. Dieser verstummte blitzartig in seiner Suada und knickte förmlich ein. Er hatte nämlich den scheinbaren Delinquenten mit mir wegen unserer damaligen roten Bärte verwechselt. Nur der Zimmermann war stattlicher als ich und hatte keinen Puch G gekillt.

Fazit der Sache: Als ich bei der nachfolgenden Abschluss-Pressekonferenz auch noch auf die Frage eines Schweizer Kollegen nach einem *‚klingenderen Namen wie Haflinger statt G‘* deutlich in die bleierne Stille vorschlug, den Wagen „Jellinek“ (der österreichische Konsul Emil Jellinek hatte um die Jahrhundertwende bei der Bestellung etlicher 100 PS Daimler-Wagen den Namen Mercedes kreiert) zu benennen, krümmten sich die Daimler-Manager, die wissenden Kollegen brüllten vor Lachen und ich war bei diesem deutschen Premium–Autohersteller endgültig im „Bierverschiss“ gelandet. Und: Es durften keine extremen Sprungfotos vom G mehr in den Medien gebracht werden, die Pressechefs mussten diese von den Fotografen gegen ein Abstandshonorar aufkaufen und vernichten.

Ein weiterer Puch H 2-Prototyp, bereits sehr nahe am G.

1972 traten die Entwicklungsarbeiten am H 2 in ein konkretes Stadium. Die ersten Entwürfe basierten auf einer Zweckform mit Frontmotor und einer aus einem rechteckigen Aufbau bestehenden Stationswagenkarosserie mit Verdeck oder festem Dach. Im Hinblick auf eine Lieferung in Entwicklungsgebiete bzw. in Gebiete mit hohen Zollschranken sollte die Karosserie eine möglichst gerade Linienführung aufweisen, um allenfalls vor Ort mit einfachen Abkantwerkzeugen gefertigt werden zu können.

Puch G oder: Wenn zwei dasselbe planen

Technische Hauptzielrichtung war es, extreme Geländegängigkeit mit hervorragender Straßencharakteristik in einem Fahrzeug zu vereinen. Und um es kurz zu machen und sämtliche nachfolgende technischen, logistischen, kaufmännischen und vertriebsmäßigen Probleme, die sich zwangsläufig aus einem Kooperationsprodukt ergeben – der Teufel steckt wie so oft im Detail – außen vor zu lassen, gab es bei der Daimler-Benz AG (heute Daimler AG) ähnliche Überlegungen. Im Nutzfahrzeug-Geländewagensektor gab es den „Urmeter" aller geländegängigen Transporter bei DB, den Unimog. Auch hier war man bei den Überlegungen zu einem Nachfolgemodell Richtung geländegängiger PKW – nämlich weit über die einfache „Verallradisierung" von Modellen aus dem laufenden PKW-Programm hinaus – mit ähnlichen technischen Überlegungen beschäftigt wie SDP. Es sollte ein hochspezialisierter Geländewagen mit PKW-Komfort gebaut werden.

Wenn man nun der Fama glaubt, bahnten sich die ersten Kontakte der beiden Firmen auf Technikerebene bei den diversen militärischen Prüfungsfahrten an, wo mit Pinzgauer bzw. Unimog entsprechende Fahrzeuge im Wettbewerb standen. Man kannte einander und wusste um die technische Kompetenz des Mitbewerbers. Und damit lagen auch die Vorteile einer allfälligen Kooperation für die beiden Firmen auf der Hand, die in etwa so aussehen sollte: Allradkonzept, Erprobung und Bau des neuen Geländewagens G auf Basis der H2-Entwicklung von SDP. Begrenztes und kleines Verkaufsgebiet in Europa. Motoren, Achsen und Ausstattung aus dem Leichttransporter-Programm von Daimler-Benz, eigenständige neue Optik des G, verschiedene Radstände und Aufbauten. Vertrieb weltweit über das Verkaufsnetz von DB.

So kam es nach eingehenden Kontaktgesprächen zu einer Kooperationsvereinbarung über den Bau des neuen Wagens, welche als europäische Entscheidung mit zukunftsweisender Wirkung anzusehen war. Wie weitreichend und positiv diese Entscheidung für beide Partner war, erkennt man aus der Tatsache, dass der G nach gründlichen technischen Überarbeitungen in der 5. Generation – jedoch mit der ihm eigenen und unverwechselbaren Charakteristik und nur als Mercedes G – bei Drucklegung dieses Buches ins 40. Produktionsjahr geht.

Beginn der G-Fertigung im Jänner 1979 in Graz-Thondorf.

Spezialprodukt mit Großserienteilen: Philosophie Puch G

Aus den Konsultationen der beiden Partner Steyr-Daimler-Puch und Daimler-Benz sowie der im Jahr 1973 geschlossenen Grundsatzvereinbarung zur Kooperation beider Häuser folgte der Beschluss, Geländewagen gemeinsam zu entwickeln und zu fertigen. Zu diesem Zweck wurde 1977 eine neue Gesellschaft gegründet, die GFG (Geländefahrzeug-Gesellschaft) mit Sitz in Graz, zu deren Geschäftsführer seitens Daimler-Benz der Jurist Dr. Siegfried Sobotta und von Steyr-Daimler-Puch der ehemalige Entwicklungschef des Konzerns Dr. Fritz Ehrhart bestellt wurden. Beide Firmen waren zu je 50% Inhaber der GFG.

Dipl.-Ing. Dr. techn. Gerfried Zeichen, der damalige Leiter des Geschäftsbereiches Zweirad- und Geländefahrzeuge der SDP AG in Graz, führte anlässlich der Pressevorstellung des G im Februar 1979 aus:
Mit der heutigen Vorstellung eines neuen Geländewagenkonzeptes präsentieren Daimler-Benz und Steyr-Daimler-Puch das Ergebnis des bereits vor vier Jahren bis ins Detail geplanten Autoprojektes, das in jüngster Zeit Ausgangsbasis und Vorbild für weitere mögliche Autoproduktionen in Österreich geworden ist.
Die technische und unternehmerische Konzeption war von der Aufgabenstellung geprägt, durch eine gezielte Zusammenarbeit von Spezialisten neue Wege in Entwicklung und Produktion zu beschreiten und dem Automobilbau durch eine neue Fahrzeuggeneration dynamische Fortschrittsimpulse zu geben.

G-Rohbau um 1980.

Puch G in schwerem Gelände.

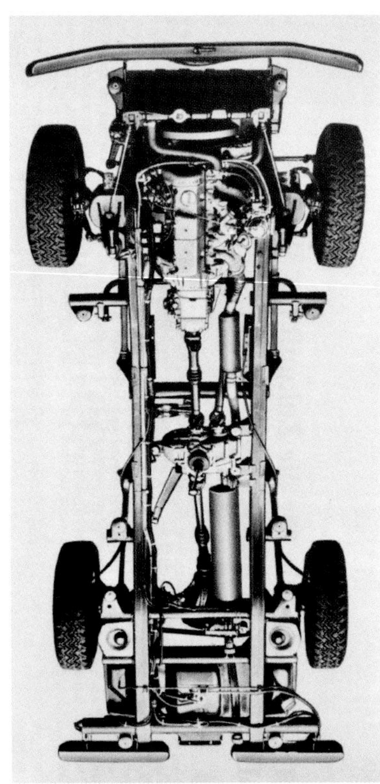

Chassis und Aggregate des Puch G.

Mit der Gründung einer gemeinsamen Geländefahrzeuggesellschaft, an der die Partner zu je 50% beteiligt sind, wurden ein ständiger konsequenter Erfahrungsaustausch und eine relativ rasche und ökonomische Verwirklichung der hochgesteckten Ziele erreicht.
Die Wahl des Produktionsstandortes fiel aus mehreren Gründen auf die Puchwerke in Graz-Thondorf. Dort waren schon anfangs der siebziger Jahre Kapazitäten für den Geländewagenbau aufgebaut und eine interessante, kostengünstige Kombination einer Kleinserienfertigung für Spezialautos mit der Großserienfertigung einer Zweiradproduktion erreicht worden. Das Grundverständnis für den qualitativ hochwertigen und zuverlässigen Mercedes-Fertigungsstandard war in Graz durch die Leistungen der dort produzierten Geländewagen vom Typ Haflinger und Pinzgauer gegeben.
Die Puchwerke in Graz, mit 4.500 Mitarbeitern der zweitgrößte operative Bereich der Steyr-Daimler-Puch AG, besitzen ein verkehrs- und materialflussgünstiges Werksareal von insgesamt 690.000 m². Davon sind – nach der Errichtung einer neuen Fertigungshalle für das neue Produkt – 190.000 m² mit Produktionsstätten bebaut.
Wie schon in der Einleitung angedeutet, sollte diese neue Geländewagen-Generation und die Zusammenarbeit zweier so qualitätsorientierter Fahrzeugbauer auch auf dem Gebiet des Qualitätsstandards und der Langlebigkeit der Produkte neue Maßstäbe setzen.
Klarerweise haben zunächst die verwendeten Groß-Serienaggregate aus der Daimler-Benz-Produktion bereits die Qualitätslatte sehr hoch gelegt. Aber auch den für Geländewagen spezifischen Neuteilen werden außergewöhnliche Eigenschaften abverlangt. Insbesondere das vollsynchronisierte Verteilergetriebe in Leichtbauweise wird mit neuartigen Fertigungs- und Messanlagen hergestellt.
Ein weiterer Schwerpunkt wurde bei den Korrosionsschutzmaßnahmen gesetzt. Obwohl die gewählte Rahmenbauweise bereits von der Konstruktion her einen gewaltigen Lebens-

Bei flotter Fahrt im Gelände konnte der Puch G schon „alle Viere" lüften.

dauervorsprung gegenüber selbsttragenden Karosserien mit sich bringt, werden die neuesten Erkenntnisse und Verfahren der Oberflächenbehandlung eingesetzt.

Seitens der Daimler-Benz AG definierte Dipl.-Ing. Werner Breitschwerdt, 1979 Chef der Gesamtentwicklung und Forschung, anlässlich der Vorstellung der Geländewagen-Baureihe die Beweggründe für Daimler-Benz zum Einstieg in dieses Projekt wie folgt:
Im Rahmen unserer Bemühungen zur Minimierung des unternehmerischen Risikos haben wir vielfältige Überlegungen zur Diversifikation angestellt. Wir sind dabei zu dem Ergebnis gekommen, dass es nicht gut wäre, uns mit anderen Branchen zu befassen. Vielmehr haben wir auf unserem ureigenen Gebiet, dem Motoren- und Fahrzeugbau, noch genügend Möglichkeiten zur Ausweitung und Ergänzung unseres Programms.
Untersuchungen unserer Marktforschung haben schon vor Jahren darauf hingewiesen, dass in Zukunft mit einer Steigerung des Bedarfs an Geländewagen zu rechnen sei. Gleichzeitig wurde deutlich, dass der Schwerpunkt des Bedarfs auf dem voll geländetüchtigen Gebrauchsfahrzeug für den Personen- und Gütertransport liegen würde. Es lag daher nahe, unsere Erfahrungen im Bau von allradgetriebenen Nutzfahrzeugen auf eine neu zu entwickelnde Geländewagen-Baureihe zu übertragen, mit der unser Angebot ergänzt und vervollständigt werden sollte.
Im Zuge der Realisierung des Geländewagen-Projektes stellten wir fest, dass die Steyr-Daimler-Puch AG in Österreich ähnliche Absichten hatte wie wir. Man verfügt dort über einen reichen Erfahrungsschatz in der Entwicklung und Fertigung geländegängiger Fahrzeuge. Viele von Ihnen werden neben den Baustellen-LKW und den Traktoren die für spezielle Einsatzzwecke entwickelten Typen ‚Haflinger' und ‚Pinzgauer' kennen. Nachdem zwischen unseren Häusern bereits eine Zusammenarbeit auf anderen Sektoren

bestand, beschlossen wir, unsere Aktivitäten auch auf dem Geländewagen-Sektor zu koordinieren. 1973 wurde zunächst eine Grundsatzvereinbarung getroffen. 1977 folgte die Gründung einer gemeinsamen Tochtergesellschaft, an der beide Häuser mit je 50% beteiligt sind. Sie hat ihren Sitz in Graz und heißt Geländefahrzeug Gesellschaft mbH. Hersteller der neuen Geländewagen auch im zulassungsrechtlichen Sinn ist die Geländefahrzeug Gesellschaft mbH in Graz, kurz GFG genannt. Die Aggregate wie Motoren, Achsen, Lenkungen usw. werden von den verschiedenen Daimler-Benz-Werken in Deutschland nach Österreich an die GFG geliefert. Rahmen und Aufbau werden von der GFG in Graz selbst gefertigt, wo auch die Endmontage der Fahrzeuge erfolgt.

Fassen wir nun noch einmal zusammen: Die Steyr-Daimler-Puch AG hatte auf dem Gebiet der Geländefahrzeugherstellung eine reiche Erfahrung in allen Fahrzeugkategorien. So sei auf die Vorkriegs-Allradentwicklungen von Steyr mit den Geländewagen der Type 640, oder das Pendant von Austro-Daimler, den Typ ADG aus dem Jahr 1936 hingewiesen. Auch auf die Kriegsentwicklungen wie z. B. den RSO (Raupenschlepper Ost) sei in diesem Zusammenhang verwiesen, ebenso auf die Allrad-LKW-Entwicklung bei Steyr, die ihre Wurzeln bereits in der Zeit des Zweiten Weltkrieges hatte. Dazu kam noch die reiche Erfahrung von Puch mit den Typen Haflinger und Pinzgauer.

Die Daimler-Benz AG hatte auf dem Gebiet der geländegängigen Nutzfahrzeuge mit Allrad-Antrieb, vom schweren LKW bis hin zum geländegängigen UNIMOG jahrzehntelange Erfahrung. Ausschlaggebend für die Entscheidung zum Bau des neuen, gemeinsamen Produktes war vor allem das Vorhandensein gleichgerichteter Überlegungen bei beiden Firmen. Bei Puch ging es um den Haflinger-Nachfolger, Daimler-Benz wollte das Verkaufsprogramm um einen Geländewagen ausweiten.

Die „eckige“ Karosserieform des G ist zeitlos

Dabei wurde seitens der Daimler-Benz AG der G dem Nutzfahrzeugsektor zugeordnet und auch über die Nutzfahrzeugabteilung vertrieben. Diese Zuordnung zum Nutzfahrzeugsektor war durch verschiedene innerbetriebliche Entscheidungsgründe, vor allem Kapazitätsfragen bedingt, aber wurde auch von der Überlegung in der Anfangsphase der Konstruktionsarbeit getragen, den Wagen über den weltweiten Nutzfahrzeugvertrieb von Daimler-Benz in den Entwicklungsländern abzusetzen. Und diese Grundsatzüberlegung führte auch zur markanten, eckigen Karosserieform des G, denn es gab – ebenfalls zu Beginn der gemeinsamen Arbeit am neuen Projekt – eine Überlegung, in einige Entwicklungsländer lediglich die Hightech-Komponenten des Wagens zu liefern und die Karosserie im Land herstellen zu lassen. Dies sollte – nach diesen ursprünglichen Überlegungen – weitestgehend mit billigen Abkantpressen an Stelle teurer Tiefziehpressen geschehen. Die ersten Prototypen nach diesem „Abkantverfahren“ entsprachen jedoch nicht den Erwartungen der beiden Partner, so dass die Karosserieform unter dem Team des Daimler-Benz-Chefdesigners Bruno Sacco zur endgültigen, typisch hochaufragenden Silhouette „geschönt“ wurde.

Fertigungsstraße Puch G, 1982.

In der Fertigung gab es dann jedoch noch etliche Probleme mit den aus der Anfangszeit übergebliebenen geraden Flächen, beispielsweise mit dem geraden Windschutzscheibenrahmen. Bei Karosserien ist nichts schwieriger herzustellen, als eine gerade Kante. Denn eine geometrische und technisch einwandfreie Gerade wird vom menschlichen Auge nämlich als gekrümmte Linie empfunden, lediglich eine tatsächlich vorhandene Wölbung gaukelt dem Auge eine Gerade vor. Und diese minimalen Wölbungen sind teurer (vom Werkzeug und Karosserieblech her) als tiefgezogene, stark gekrümmte Flächen.

Bei besagtem Windschutzscheibenrahmen ist ein relativ hoher Handarbeitsanteil für Zinnarbeit erforderlich, um die „optische Krümmung" nach dem vorgegebenen Qualitätsaudit sicherzustellen. Überhaupt erwies sich im Zuge der Arbeiten am gemeinsamen Projekt, dass jede Art von „einfachen" oder gar „billigen" Lösungen am G nicht zielführend war.

Der Leiter der Entwicklung Nutzfahrzeuge der Daimler-Benz AG, Dipl.-Ing. Arthur Mischke, führte dazu aus:

Nach sorgfältiger Abwägung der Konzepte wurde eine Einigung über den für richtig erachteten Weg erzielt. Die Verteilung der Aufgaben wurde entsprechend den Kapazitäten und Erfahrungen auf den einzelnen Fachgebieten sowie sonstiger Voraussetzungen beider Häuser vorgenommen. Es war selbstverständlich, dass dabei alle Möglichkeiten des Hauses Daimler-Benz voll ausgeschöpft wurden, im Konstruktionsbereich, in der Stilistikabteilung, in der Berechnung und in starkem Maße im Versuchsbereich.

Steyr-Daimler-Puch steuerte seine Erkenntnisse aus dem Bau von geländegängigen Fahrzeugen bei und hatte, von der Arbeitskapazität her, zum einen insbesondere die konstruktive Bearbeitung der Rohbaukarosserien als einen Aufgabenschwerpunkt, zum anderen die zum Gesamt-Fahrzeug führenden Zusammenbauten. Die Aggregate und deren Umfeld, ausgenommen das Verteilergetriebe, wurden bei Daimler-Benz entwickelt.

Während die Schwerpunkte der Versuchs- und Abstimmungsarbeiten aufgrund der Tatsache, dass die Daimler-Benz AG über ein hochentwickeltes Prüfstands- und Messzentrum mit modernsten computergesteuerten Einrichtungen verfügt, in Untertürkheim lag, fanden parallel dazu Fahrversuche in Graz statt.

Neue Generation von Allradantrieb

Das Verteilergetriebe des G war eine Novität im Geländewagenbau. Es war ein in Leichtbauweise hergestelltes vollsynchronisiertes Verteilergetriebe mit geschliffenen Zahnrädern (für extrem leisen Lauf und höchste Funktionspräzision), das es ermöglichte, ohne Anzuhalten und ohne zu Kuppeln zwischen Zwei- und Vierradantrieb zu wechseln. Auch konnte man ohne Fahrtunterbrechung die Gruppenuntersetzung einschalten.

Damit war bei Puch die dritte Generation der Allradentwicklung geschaffen worden. Bei der ersten Generation (beispielsweise Jeep) musste für jede Antriebsartänderung das Fahrzeug zum Stillstand gebracht und damit neu angefahren werden, was immer wieder zum Steckenbleiben im Gelände führte. Die zweite Generation (Pinzgauer) hatte bereits die Allradzuschaltung ohne Fahrtunterbrechung, aber für den Wechsel der Gruppenuntersetzung musste angehalten werden. Die Grundsatzüberlegung, die Wahl der Antriebsart dem Fahrer zu überlassen, wurde beim G bis zur Generation 1990 mit permanentem Allradantrieb beibehalten.

Die Technik des Puch G

Positionierung

Ein optimaler Geländewagen muss, nach der Aufgabenstellung und für die berechtigten Erwartungen der Benutzer solcher Fahrzeuge, alle physikalisch gegebenen Möglichkeiten zur Fortbewegung auch abseits der Straßen technisch voll ausnützen können.

Puch G-Innenraum 1985.

Dies bedeutet zunächst konkret die Anwendung von Differenzialsperren, nicht nur sogenannter Sperrdifferenziale. Die Differenzialsperren in der Hinter- und Vorderachse wirken formschlüssig, sperren also 100-prozentig. Ein Rad treibt entsprechend der physikalisch gegebenen Adhäsionsgrenze auch dann, wenn die anderen gar keine Traktion auszuüben vermögen, weil sie z. B. auf blankem Eis, im Schlamm oder auf Öl stehen. Die sonst in Geländewagen vielfach üblichen Sperrdifferenziale „sperren" dagegen nur kraftschlüssig bis zu einem begrenzten Prozentsatz, mit allen Nachteilen bezüglich der Traktionsfähigkeit.

Eine Besonderheit stellt das Verteilergetriebe dar, das voll synchronisiert ist, also während der Fahrt zugeschaltet werden kann, so dass beim Übergang auf einen schwierigeren Geländeabschnitt nicht erst angehalten werden muss. Man kann problemlos und ohne Geräusche umschalten.

Bei eingelegtem Geländegang wird die Gesamtübersetzung mehr als verdoppelt. Auch im Straßengang kann, ohne Übersetzungsänderung, der Vorderradantrieb zugeschaltet werden. Bei Einschaltung des Vorderradantriebes ist eine direkte Verbindung beider Achsen, ohne Differenzialwirkung, hergestellt.

Die starren Achsen ergeben den Vorteil einer gleichbleibenden Bodenfreiheit. Bei einem Geländewagen mit Einzelradaufhängung ist demgegenüber der Freigang zum Boden vom Einfederungszustand abhängig. Wenn ein Hindernis im Augenblick einer starken Einfederung überfahren wird, kann eine gefährliche Situation durch Aufsetzen entstehen, während beim G die Überfahrbarkeit besser abgeschätzt werden kann.

Die äußere Form war dem Zweck als Geländewagen unterzuordnen. Der Einsatz in schwierigem Gelände und in Forsten mit engen Wegen bestimmte in erster Linie die Breite des Fahrzeuges. Die erforderliche Bodenfreiheit, die Sitzhöhe und ausreichende Kopffreiheit für den Transport von Personen, worin sich der Puch G vor allem im hinteren Bereich entscheidend von vielen Konkurrenten positiv abhebt, legte die Fahrzeughöhe fest. Der Wunsch nach bequemer Zugänglichkeit zu allen Sitzplätzen, auch zu den Fondsitzen, erforderte, Türen im Fondbereich bei langem Radstand und im Heckbereich vorzusehen, die mit den erforderlichen Abmessungen die Aufteilung der Seitenflächen und der Heckpartie vorgaben.

Die Forderungen aus Exportländern nach CKD-Montage (Completely Knocked Down = alle Fahrzeug-Komponenten werden einzeln angeliefert und im Importland zusammengebaut) und Industrialisierungsvorhaben zur Eigenfertigung in Entwicklungsländern, sowie der Wunsch nach einfacher Reparaturmöglichkeit im gesamten Karosseriebereich, auch unter sehr schwierigen Verhältnissen in Ländern ohne ausgebaute Infrastruktur, beeinflussten ebenfalls die äußere Karosserieform.

Trotz aller genannten Vorgaben, die eine freie Gestaltungsmöglichkeit bereits erheblich einengten, haben Stilisten eine eigenwillige, sehr prägnante und ansprechende Zweckform gefunden. Es konnte aus den vorher angeführten Gründen keine modische Straßenkarosserie werden, sondern ein zeitloser Karosseriekörper, der mit einer entsprechenden Innenausstattung den Geländewagen-Anforderungen sowie auch gehobenen Ansprüchen gerecht wird.

Volle Straßentauglichkeit

Zur Bedingung für ein vielseitiges, auch für lange Straßenfahrten – z. B. vor und nach der eigentlichen Geländefahrt – voll verwendbares Fahrzeug ergaben sich folgende Gesichtspunkte: Das Recht des Fahrzeugbenutzers auf größtmögliche aktive Sicherheit verbot Kompromisse. Ein gutes Straßenfahrzeug entsteht nicht allein dadurch, dass man weiche Federungen einbaut. Dies mag bei Geradeausfahrt oder langsamer Kurvenfahrt genügen, wie eine ganze Reihe von Fahrzeugen, die auf begrenzt beherrschbare Verkehrssituationen ausgelegt sind, demonstrieren.

Ein Geländefahrzeug mit guten Straßeneigenschaften muss bei allen Belastungen auf kurvenreichen Straßen und bei hohen Geschwindigkeiten sicher sein, mehr noch bei unvorhergesehen notwendig werdenden Ausweichmanövern, was im sogenannten Wedeltest geprüft wurde. Hierauf wurde das Fahrwerk, also Federung und Dämpfung, Achsführung, Lenkung usw., mit Vorrang ausgelegt. Schraubenfedern vorn und hinten – hier progressiv wirkend – geben die erforderliche Weichheit. Diese wird aber begrenzt durch die Forderung nach gleichbleibendem Fahrverhalten bzw. Handling.

Eine große Rolle spielt dabei das Eigenlenkverhalten, worunter das Selbstlenken des Fahrzeuges ohne Betätigung der Lenkung nach Einleitung von Querkräften, z. B. bei

Puch G-Ausführung 1988.

Kurvenfahrten, zu verstehen ist. Beeinflusst wird dieses durch Federung, Achsführung, Reifendruck, Verwindung des Fahrzeugs etc.

Alle G-Modelle wurden nach ausführlichen Analysen und systematischen Versuchen so in ihren Komponenten abgestimmt, dass immer ein leicht untersteuerndes bis neutrales Fahrverhalten gegeben ist. Der Fahrer wird nicht durch abweichende Reaktionen, z. B. durch plötzliches Selbsteindrehen in der Kurve, überrascht. Dies ist eine für uns selbstverständliche Forderung der aktiven Sicherheit, und erst dadurch, und nicht nur durch Komfort allein, wird auch ein Geländewagen ein gutes Straßenfahrzeug für sichere und komfortable Fahrten.

Puch G – Wegbereiter der SUVs (Sport Utility Vehicles)

Die Puch G-Modelle erfüllen aber noch mehr als die zwei Grundforderungen nach voller Verwendbarkeit im Gelände und auf der Straße:

- Sie sind im wahrsten Sinne des Wortes allumfassend nutzbare Personenkraftwagen mit optimaler wirtschaftlicher Einsatzmöglichkeit. Zugleich sind sie echte Nutzfahrzeuge, gedacht für den weltweiten Einsatz vom arktischen Norden bis in die heißen Länder Afrikas, von Südamerika bis Ostasien und Australien. Auch die Zielrichtung auf diese Einsatzzwecke hat das Raum- und Nutzlastangebot, die unterschiedlichen Radstände und die Art der verschiedenen Aufbauten mitbestimmt. Es ist verständlich, dass all diese Überlegungen auch ihren Niederschlag in der stilistischen Note der Fahrzeuge gefunden haben.
- Die Puch G-Modelle stellen eine Geländewagen-Familie dar, die mit breit angelegtem Motorisierungsspektrum für jeden Verwendungszweck im Stadt-, Überland- und Fernreiseverkehr, die auch von der Leistung her mit jeder Geländeschwierigkeit und jeder Steigung, mit allen Schlamm-, Sand- und Schneeverhältnissen fertig wird, solange noch ein einziges Rad Vortriebskraft auf den Boden bringen kann.
- Diese Geländewagen-Familie markanter stilistischer Prägung wird sehr stark durch die besondere Betonung der Funktion bestimmt, sowohl für den Freizeitspaß als auch gleichzeitig für den geschäftlichen Gebrauch, für die Touristik im weitesten Sinne des Wortes, die Jagd, den privaten und gewerblichen Transport sowie den Einsatz abseits von Straßen und Wegen, nicht zuletzt auch als Zweitwagen mit dem „besonderen Touch".
- Die Rahmenbauweise ist eine logische Folge des beabsichtigten Anwendungsspektrums. Sie erlaubt die praktisch unbegrenzte Variation der Aufbauten vom offenen Fahrzeug mit Planenverdeck über den mehrtürigen Wagen mit festem Aufbau bis zum Fahrgestell mit der Möglichkeit verschiedener Sonderaufbauten. Diese Bauart ist besonders vorteilhaft für Tropenländer, für schwierige Einsätze, unter anderem auch deshalb, weil Rahmenkonstruktionen sehr korrosionsresistent sind. Es erübrigt sich in diesem Zusammenhang, auf die Vorteile bezüglich problemloser Reparaturen, was besonders in den Entwicklungsländern wichtig ist, näher einzugehen.
- Diese Geländewagen sind keine PKW mit deren arttypischen Formen, denen ein Antrieb für alle vier Räder hinzugefügt wurde. Sie sind Vollblut-Geländefahrzeuge mit einer für ihre Klasse nicht nur maximalen Geländegängigkeit, sondern – dank der Federung und Achskinematik – auch einer optimalen Geländeschnelligkeit. Das bedeutet: Überwindung schwieriger, unebener Strecken mit hoher Geschwindigkeit unter größtmöglicher Schonung der Insassen.
- Schwierigkeiten hinsichtlich der Realisierung der Entwicklungsziele bereitete es, diese Fahrzeuge trotz ihrer grobstolligen Reifen und konzeptionell bedingt großen ungefederten Massen mit allen positiven Straßeneigenschaften zu versehen. Zusätzlich waren die großen Differenzen zwischen leerem und voll beladenem Fahrzeug, Gesamtgewichte bis 2,8 t sowie stark unterschiedliche Schwerpunkthöhen, zu berücksichtigen.

- Zur universellen Verwendbarkeit gehört ein ergonomisch optimierter Arbeitsplatz hinter dem Lenkrad mit guter Sicht nach allen Richtungen, mit einer funktionsgerechten Bedienbarkeit aller Betätigungselemente und störungsfreier Ablesbarkeit der Instrumente. Die aufrechte Sitzhaltung und die Kopffreiheit sind bei rauen Geländefahrten besonders günstig.

Zuverlässigkeit
Neben der konsequenten Verfolgung der Gesamtkonzeption galten die Bemühungen der Sicherung einer hohen Zuverlässigkeit durch eine optimierte Entwicklung. Das Entwicklungsprinzip war es, mehrfache Sicherheiten einzuschalten. Erreicht wurde dies durch das Zusammenwirken dreier Komponenten in der Konstruktions- bzw. in der parallel laufenden Erprobungsphase, nämlich

- durch rechnerische Analysen,
- durch Prüfstanduntersuchungen,
- durch Straßen- bzw. Geländeversuche.

Aus der Vielzahl der intensiven rechnerischen Untersuchungen nur einige Hinweise: Bereits im Konzeptstadium wurden mathematische Simulationen als Nachbildung der physikalischen Vorgänge durchgeführt, die mittels Computer-Großprogrammen eine gute Annäherung an die Realität ergaben. Umfangreiche dynamische Finite-Elemente-Untersuchungen, statt der üblichen statischen, berücksichtigten alle Belastungen und auch höherfrequente Erregungen von der Fahrbahn her. Damit war es möglich, schon in der Konstruktionsphase gezielte Verstärkungen an hochbeanspruchten Stellen oder aber sinnvolle Abmagerungen an wenig belasteten Stellen zu bestimmen. Der aktiven Sicherheit wurde bei den umfassenden theoretischen Analysen besonderes Gewicht gegeben. Die vorgesehenen Antriebsaggregate wurden einer speziellen Prüfstanderprobung unterzogen, um die Brauchbarkeit für den Einsatz im Geländewagen zu testen. Sie wurden dann, soweit erforderlich, auf die Einsatzbedingungen hin modifiziert.
Für die Festigkeitsermittlung wurde die im Bereich der Nutzfahrzeug-Entwicklung seit mehreren Jahren erfolgreich benutzte Simulationstechnik eingesetzt. Prozessrechnergesteuerte, nach der Analogtechnik arbeitende, servohydraulisch betriebene Prüfanlagen ermöglichten es dabei, die in den Radaufstandspunkten wirkenden Kräfte in den drei Koordinatenrichtungen einzuleiten.
Als einfaches Beispiel hier ein Resultat der Hydropulsuntersuchungen bei der Optimierung des Geländewagen-Rahmens. Es handelte sich um die Partie an der Hinterachse zur Aufnahme der Federkräfte und der Seitenführungskräfte des Querlenkers. Die Feder- und Panhardstabkonsolen, zunächst als Abkantteile, dann als einfache Pressteile konstruiert, wurden in der Endstufe der Entwicklung als Pressteile mit verbesserter Krafteinleitung in den Rahmen und Kraftaufteilung auf zwei Querträger ausgeführt. Damit konnte die Lebensdauer auf dem Prüfstand von zuerst unter 50 Stunden auf zuletzt über 750 Stunden gebracht werden. Diese letzte Lösung wurde serienmäßig angewandt. Solche Detailverbesserungen wurden in großer Anzahl am Rahmen sowie auch an der Karosserie vorgenommen.

Puch G Puch G

Stationwagen 2850 — Kastenwagen 2400/2850

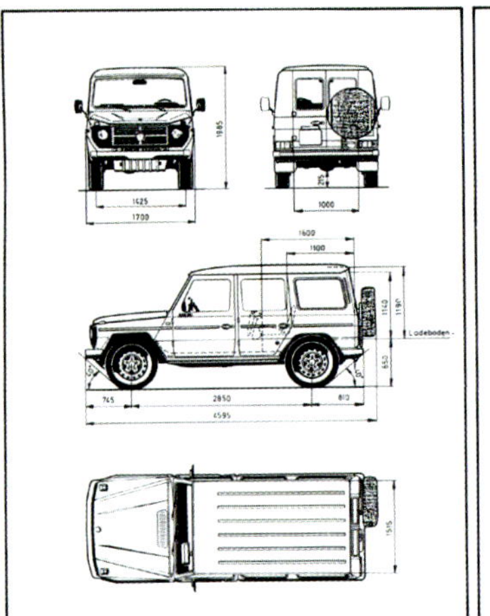

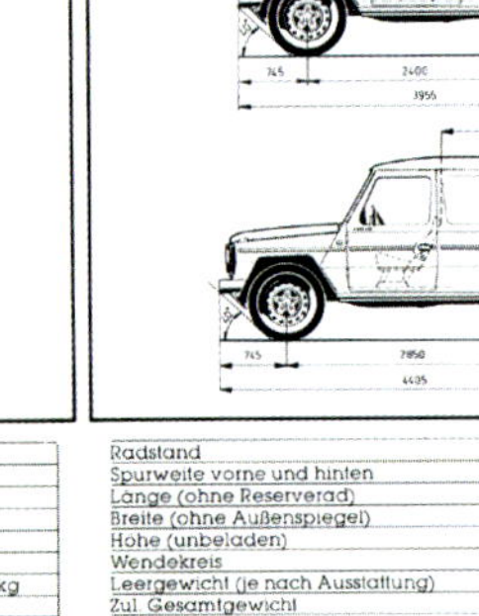

Stationwagen 2850

Radstand	2 850 mm
Spurweite vorne und hinten	1 425 mm
Länge (ohne Reserverad)	4 395 mm
Breite (ohne Außenspiegel)	1 700 mm
Höhe (unbeladen)	1 975 mm
Wendekreis	13,0 m
Leergewicht (je nach Ausstattung)	1 905 - 1 975 kg
Zul. Gesamtgewicht	2 800 kg
Bodenfreiheit	215 mm
Reifendimension	205 R 16
Überhangwinkel vorn	40°
Überhangwinkel (ohne Kupplung) hinten	40°
Laderaum (Fondsitz in Betriebsstellung)	1 340 dm³
Laderaum (Fondsitz umgelegt)	2 590 dm³
Tankinhalt (Reserve)	75 l (11 l)

Kastenwagen 2400/2850

Radstand	2 400/2 850 mm
Spurweite vorne und hinten	1 425 mm
Länge (ohne Reserverad)	3 945/4 395 mm
Breite (ohne Außenspiegel)	1 700 mm
Höhe (unbeladen)	1 995/1 985 mm
Wendekreis	11,4/13,0 m
Leergewicht (je nach Ausstattung)	0/0*)
Zul. Gesamtgewicht	2 500/2 800 kg
Bodenfreiheit	215 mm
Reifendimension	205 R 16
Überhangwinkel vorn	40°
Überhangwinkel (ohne Kupplung) hinten	40°
Laderaum (Fondsitz in Betriebsstellung)	–
Laderaum (Fondsitz umgelegt)	1 870/2 650 dm³
Tankinhalt (Reserve)	75 l (11 l)

240 GD

Motor	Vierzylinder-Vorkammer-Diesel OM 616
Ventilanordnung	hängend
Hubraum	2399 ccm
Motorleistung	53 kW/72 PS bei 4400/min
Höchstdrehzahl	5300/min
Bohrung/Hub	90,9/92,4 mm
Verdichtungsverhältnis	21 : 1
höchstes Drehmoment	137 Nm/14 kpm bei 2400/min
Einspritzpumpe	Bosch-Vierstempel-Pumpe mit Spritzversteller
Ölfüllung im Motor max./min.	6,5 l max./5,0 l min.
Kühlung	Wasserumlauf, Thermostat
Elektrische Anlage	Drehstrom-Lichtmaschine 14 V/55 A
Batterie-Kapazität	12 V/88 Ah
Höchstgeschwindigkeit	120 km/h

300 GD

Motor	Fünfzylinder-Vorkammer-Diesel OM 617
Ventilanordnung	hängend
Hubraum	2998 ccm
Motorleistung	65 kW/88 PS bei 4400/min
Höchstdrehzahl	5100/min
Bohrung/Hub	90,9/92,4 mm
Verdichtungsverhältnis	21 : 1
höchstes Drehmoment	172 Nm/17,5 kpm bei 2400/min
Einspritzpumpe	Bosch-Fünfstempel-Pumpe mit Spritzversteller
Ölfüllung im Motor max./min.	6,5 l max./5,0 l min.
Kühlung	Wasserumlauf, Thermostat
Elektrische Anlage	Drehstrom-Lichtmaschine 14 V/55 A
Batterie-Kapazität	12 V/88 Ah
Höchstgeschwindigkeit	123 km/h

*) Diese Angaben lagen bei Redaktionsschluß dieser Druckschrift nicht vor, werden aber ab Verkauf des Fahrzeugs auf alle Fälle vorhanden sein.

Puch G Puch G

Offener Geländewagen 2400 — Stationwagen 2400

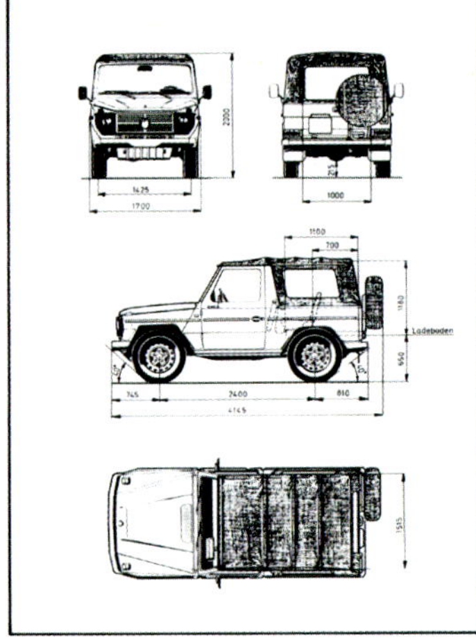

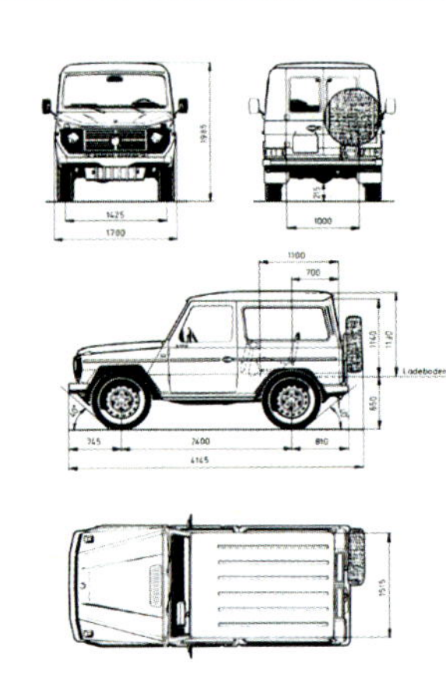

Offener Geländewagen 2400

Radstand	2 400 mm
Spurweite vorne und hinten	1 425 mm
Länge (ohne Reserverad)	3 945 mm
Breite (ohne Außenspiegel)	1 700 mm
Höhe (unbeladen)	2 000 mm
Wendekreis	11,4 m
Leergewicht (je nach Ausstattung)	1 720 - 1 740 kg
Zul. Gesamtgewicht	2 500 kg
Bodenfreiheit	215 mm
Reifendimension	205 R 16
Überhangwinkel vorn	40°
Überhangwinkel (ohne Kupplung) hinten	40°
Laderaum (Fondsitz in Betriebsstellung)	765 dm³
Laderaum (Fondsitz umgelegt)	1 740 dm³
Tankinhalt (Reserve)	75 l (11 l)

Stationwagen 2400

Radstand	2 400 mm
Spurweite vorne und hinten	1 425 mm
Länge (ohne Reserverad)	3 945 mm
Breite (ohne Außenspiegel)	1 700 mm
Höhe (unbeladen)	1 985 mm
Wendekreis	11,4 m
Leergewicht (je nach Ausstattung)	1 800 - 1 870 kg
Zul. Gesamtgewicht	2 500 kg
Bodenfreiheit	215 mm
Reifendimension	205 R 16
Überhangwinkel vorn	40°
Überhangwinkel (ohne Kupplung) hinten	40°
Laderaum (Fondsitz in Betriebsstellung)	743 dm³
Laderaum (Fondsitz umgelegt)	1 730 dm³
Tankinhalt (Reserve)	75 l (11 l)

Sie wählen Ihre Motorvariante

230 G

Motor	Vierzylinder-Vergaser M 115
Ventilanordnung	hängend
Hubraum	2307 ccm
Motorleistung	66 kW/90 PS bei 5000/min
Höchstdrehzahl	6000/min
Bohrung/Hub	93,75/83,6 mm
Verdichtungsverhältnis	8,1 : 1
höchstes Drehmoment	167 Nm/17 kpm bei 2500/min
Vergaser	Stromberg-Schrägstrom-Vergaser 175 CD
Ölfüllung im Motor max./min.	5,5 l max./4,0 l min.
Kühlung	Wasserumlauf, Thermostat
Elektrische Anlage	Drehstrom-Lichtmaschine 14 V/55 A
Batterie-Kapazität	12 V/55 Ah
Höchstgeschwindigkeit	131 km/h

280 GE

Motor	Sechszylinder mit Benzineinspritzung M 110 E
Ventilanordnung	hängend
Hubraum	2746 ccm
Motorleistung	115 kW/156 PS bei 5250/min
Höchstdrehzahl	6300/min
Bohrung/Hub	86,0/78,8 mm
Verdichtungsverhältnis	8 : 1
höchstes Drehmoment	220 Nm/22,4 kpm bei 4250/min
Einspritzpumpe	mechanische Benzineinspritzung mit Luftmengenmessung
Ölfüllung im Motor max./min.	6,5 l max./5,0 l min.
Kühlung	Wasserumlauf, Thermostat
Elektrische Anlage	Drehstrom-Lichtmaschine 14 V/55 A
Batterie-Kapazität	12 V/55 Ah
Höchstgeschwindigkeit	150 km/h

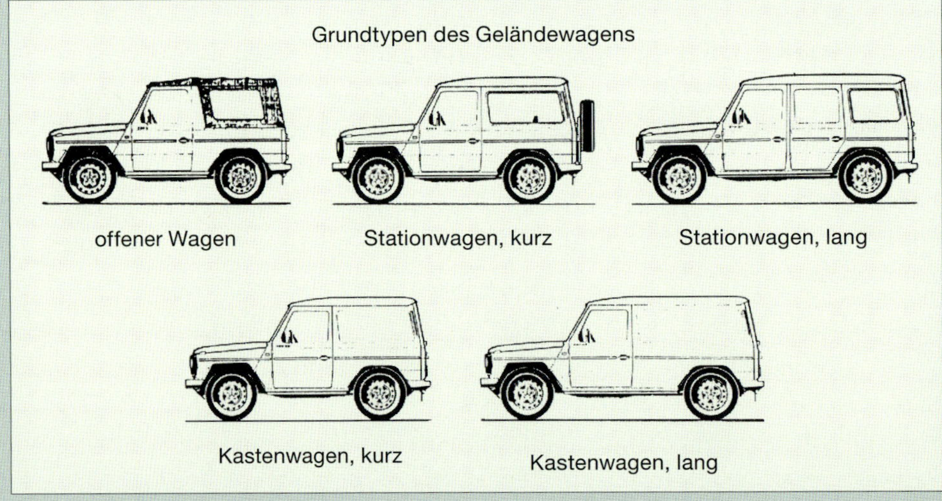

Grundtypen des Geländewagens

Technische Daten 230 G, 230 GE, 280 GE bis 1990				
Motor				
Fahrzeugtyp	**230 G**	**230 G**	**230 GE**	**280 GE**
Motor	115	115	102	110
Baumuster	115.973	115.973/I	102.981	110.994
Arbeitsverfahren	Viertakt-Vergaser		Viertakt-Benzineinspritzung	
Zylinderanordnung, stehend in Reihe	4 Zylinder	4 Zylinder	4 Zylinder	6 Zylinder
Bohrung	93,75 mm	93,75 mm	95,5 mm	86,0 mm
Hub	83,6 mm	83,6 mm	80,25 mm	78,8 mm
Gesamthubraum	2.307 cm^3	2.307 cm^3	2.299 cm^3	2.746 cm^3
abgerundet	2.277 cm^3	2.277 cm^3	2.276 cm^3	2.717 cm^3
Verdichtung, ca.	8,0	9,0	9,0	8,0
Kompressionsdruck – mindestens (gemessen bei warmem Motor), ca.	7,5 bar	8,5 bar	8,5 bar	8,5 bar
Nutzleistung nach DIN in kW bei 1/min	66/5.000	75/5.250	92/5.000	115/5.250
(PS bei 1/min)	(90/5.000)	(102/5.250)	(125/5.000)	(156/5.250)
Max. Drehmoment in Nm (kpm)	167 (17) bei 2.500/min	172 (17,5) bei 3.000/min	186 (19) bei 4.000/min	226 (23) bei 4.250/min
Leerlaufdrehzahl	850 ± 50/min	850 ± 50/min	800 ± 50/min	850 ± 50/min
Zündfolge	1–3–4–2	1–3–4–2	1–3–4–2	1–5–3–6–2–4
Unterbrecher-Kontaktabstand	0,4–0,5 mm	0,4–0,5 mm	–	–
Schließwinkel, im Leerlauf	53°	53°	–	–
Zündzeitpunkt-Grundeinstellung				
Prüfung auf Abriss	7° v.o.T.	7° v.o.T.		
Prüfung mit Stroboskop (bei 1/min ohne Unterdruckverstellung)	45° v.o.T./4.500	40° v.o.T./4.500	32° v.o.T./4.500	30° v.o.T./3.500
Motor – Baumuster	115.973	115.973/I	102.981	110.994
Zündkerzen	Bosch W 7 DC Beru 14-7 DU Champion N9Y	Bosch W 7 DC Beru 14-7 DU Champion N9Y	Bosch H 7 D Beru 14 K-7 D Champion BN9Y	Bosch W 7 D Beru 14-7 D Champion N9Y
Elektrodenabstand	0,8 mm	0,8 mm	0,8 mm	0,8 mm
Motor 115				
Vergaser	Stromberg-Vergaser 175 CD			
Motor 102, 110				
Einspritzanlage	KA-Einspritzanlage			
Ventilanordnung	hängend, je Zylinder 1 Einlass- und 1 Auslassventil			
Ventilspiel bei kaltem Motor	115	115	102	110
Einlassventile	0,10 mm	0,10 mm	0,15 mm	0,10 mm
Auslassventile	0,25 mm	0,25 mm	0,30 mm	0,25 mm
Ventilspiel bei warmem Motor (60° ± 15°C)	115	115	102	110
Einlassventile	0,15 mm	0,15 mm	0,20 mm	0,15 mm
Auslassventile	0,30 mm	0,30 mm	0,35 mm	0,30 mm
Schmiersystem	Druckumlaufschmierung			
Ölpumpe	Zahnradpumpe			
Ölfilter	Hauptstromfilter			
Öldruck, Leerlauf	mindestens 0,5 bar (0,5 kp/cm^2)			

Kühlung	
Kühlsystem	Wasserumlaufkühlung
Temperaturregelung	Dehnstoff-Thermostat
Kühlmitteltemperatur	70–95°C
Kupplung	
Bauart	Einscheiben-Trockenkupplung
Kupplungsbetätigung	hydraulisch
Getriebe	
Motor 102, 115	
Bauart	Synchrongetriebe G 1/17-4/4,628
Baumuster	711.2
Anzahl der Gänge	4 Vorwärtsgänge, 1 Rückwärtsgang
Übersetzungen	i = 4,628/2,462/1,473/1,0
Motor 110	
Bauart	Synchrongetriebe G 1/18-4/4,043
Baumuster	711.1
Anzahl der Gänge	4 Vorwärtsgänge 1 Rückwärtsgang
Übersetzungen	i = 4,043/2,206/1,381/1,0; Rw = 3,787; Sonderwunsch: MB-Automatic-Getriebe W 4 A 018
Motor 102, 110, 115	MB-Automatic-Getriebe W 4 A 018
Baumuster	720.1; 4 Vorwärtsgänge, 1 Rückwärtsgang; i = 4,007/2,392/1,463/1,1; Rw = 5,495
Verteilergetriebe	
Bauart	VG 080
Baumuster	750.6
Übersetzung	i = 1/2,14
Lenkung	
230 G, 230 GE	mechanische Lenkung L 1,5 Z II
Baumuster	762.2; Sonderwunsch: Servolenkung LS 2 B
280 GE	Servolenkung LS 2 B
Baumuster	765.5
Antrieb für Lenkhelfpumpe	Schmalkeilriemen 12,5 × 1.000
Vorderachse	
230 G	Hypoidachse AL 0/1C-1,3
Baumuster	730.3
Übersetzung	i = 5,33; Sonderwunsch: i = 4,88; Hypoidachse AL 0/1CS-1,3 (mit Differenzialsperre)
Baumuster	730.3; i = 5,33; 4,88
230 GE, 280 GE	Hypoidachse AL 0/1CS-1,3
Baumuster	730.3; Sonderwunsch: i = 4,4; Hypoidachse (mit Differenzialsperre)
Baumuster	730.3; i = 4,88; 4,4
Vorspur (am Felgenhorn gemessen)	0 ± 0,5 mm
Radsturz	1°
Spreizung	9°
Nachlauf	5°; für die Angaben von Sturz, Nachlauf und Spreizung in Winkelgrad ist eine Toleranz von max. ± 20° zulässig
Hinterachse	
230 G	Hypoidachse HL 0/5-1,8
Baumuster	741.5

Übersetzung	i = 5,33; Sonderwunsch: i = 4,88; Hypoidachse HL 0/5S-1,8 (mit Differenzialsperre)	
Baumuster	741.5; i = 5,33; 4,88	
230 GE, 280 GE	Hypoidachse HL 0/5-1,8	
Baumuster	741.5	
Übersetzungen	i = 4,88; Sonderwunsch: i = 4,4; Hypoidachse HL 0/5S-1,8 (mit Differenzialsperre)	
Baumuster	741.5; i = 4,88; 4,4	
Elektrische Anlage		
Drehstromgenerator		
Leistung	14 V/55 A	
Generatorantrieb	Schmalkeilriemen 9,5 × 960	
Starter, Bauart	Schub-Schraubtrieb	
Leistung	12 V/1,5 kW	
Batterie 230 G	12 V/55 Ah; Sonderwunsch: 12 V/66 Ah	
Batterie 230 GE, 280 GE	12 V/66 Ah	
Lampen (DIN 72601)		Sockel
Scheinwerfer	Glühlampen H 4/12 V 60/55 W	P 43 t DIN 49737
Nebelscheinwerfer	Glühlampen YC 12 V/55 W	PK 22 s
Standleuchten	Glühlampen HL 12 V/4 W	BA 9 s DIN 49715
Blinkleuchten vorne und hinten, Rückfahrleuchten, Nebelschlussleuchte	Glühlampen P 25-1 12 V/21 W	BA 15 s DIN 49720
Brems- und Schlussleuchten	Glühlampen P 25-2 12 V/21/5 W	BAY 15 d DIN 49720
Blinkleuchten seitlich	Glühlampen HL 12 V/4 W	BA 9 s DIN 49715
Kennzeichenleuchten	Glühlampen L 12 V/5 W	BA 15 s DIN 49720
Innenleuchten	Glühlampen K 12 V/10 W	SV 8,5-8 DIN 49705
Instrumentenbeleuchtung	Glühlampen W 5/1,2 12 V/1,2 W	W2 × 4,6 d DIN 49632
Kontrollleuchten	Glühlampen H 12 V/2 W	BA 9 s DIN 49715
Sicherungen	8 und 16 Ampere	
Gewichte (kg)	230 G 4 × 4/24, 230 GE 4 × 4/24, 280 GE 4 × 4/24	230 G 4 × 4/28, 230 GE 4 × 4/28, 280 GE 4 × 4/28
zulässige Achslast vorne	1.200	1.300
zulässige Achslast hinten	1.600	1.800
zulässiges Gesamtgewicht	2.500	2.500
Hauptabmessungen (mm)	230 G 4 × 4/24, 230 GE 4 × 4/24, 280 GE 4 × 4/24	230 G 4 × 4/28, 230 GE 4 × 4/28, 280 GE 4 × 4/28
Radstand	2.400	2.850
Kleinster Wendekreisdurchmesser	11,4 m	13 m
Spurweite vorne, ca.	1.425	1.425
Spurweite hinten, ca.	1.425	1.425
Technische Daten 240 GD, 300 GD		
Motor		
Fahrzeugtyp	**240 GD**	**300 GD**
Motortyp	OM 616	OM 617
Arbeitsverfahren	Viertakt-Diesel	
Zylinderanordnung	4 Zylinder stehend in Reihe	5 Zylinder stehend in Reihe
Bohrung	90,9 mm	
Hub	92,4 mm	

Fahrzeugtyp	240 GD	300 GD
Gesamthubraum	2.399 cm³	2.998 cm³
abgerundet	2.350 cm³	2.938 cm³
Verdichtung, ca.	21	
Kompressionsdruck – mindestens (gemessen bei warmem Motor)	16,7 bar (17 kp/cm²)	
Nutzleistung nach DIN	53 kW (72 PS)	65 kW (88 PS)
max. Drehmoment in Nm (kpm)	137 (14) bei 2.400/min	172 (17,5) bei 2.400/min
Leerlaufdrehzahl, ca.	750/min	700/min
Einspritzfolge	1–3–4–2	1–2–4–5–3
Abspritzdruck der Einspritzdüsen, neue Düsen	115–123 bar (117–125 kp/cm²)	
gelaufene Düsen	mindestens 100 bar (102 kp/cm²)	
Förderbeginn (Grundeinstellung)	24° v.o.T.	
Ventilanordnung	hängend je Zylinder 1 Einlass- und 1 Auslassventil	
Ventilspiel bei kaltem Motor	Einlass 0,10 mm, Auslass 0,30 mm	
Ventilspiel bei warmem Motor (60° ± 15°C)	Einlass 0,15 mm, Auslass 0,35 mm	
Schmiersystem	Druckumlaufschmierung	
Ölpumpe	Zahnradpumpe	
Ölfilter	Papier-Hauptstromfilter	
Öldruck		
Leerlauf	mindestens 0,5 bar (0,5 kp/cm²)	
Kühlung		
Kühlsystem	Wasserumlaufkühlung	
Temperaturregelung	Dehnstoff-Thermostat	
Kühlmitteltemperatur	70–95° C	
Kupplung		
Bauart	Einscheiben-Trockenkupplung	
Kupplungsbetätigung	hydraulisch	
Getriebe		
Bauart	Synchrongetriebe G 1/17-4	
Anzahl der Gänge	4 Vorwärtsgänge, 1 Rückwärtsgang	
Übersetzungen	i = 4,628/2,462/1,473/1,0; Rw = 4,348; Sonderwunsch: MB-Automatic-Getriebe W4A018; 4 Vorwärtsgänge, 1 Rückwärtsgang; i = 4,007/2,392/1,463/1,1; Rw = 5,495	
Verteilergetriebe		
Bauart	VG 080	
Übersetzung	i = 1/2,14	
Lenkung		
240 GD	mechanische Lenkung L 1,5 Z II; Sonderwunsch: Servolenkung LS 2 B	
300 GD	Servolenkung LS 2 B	
Antrieb für Lenkhelfpumpe	Schmalkeilriemen 12,5 × 1.145	
Vorderachse		
Fahrzeugtyp	**240 GD**	
Bauart	Hypoidachse AL 0/1C-1,3	
Übersetzungen	i = 5,33; Sonderwunsch: i = 4,88; Hypoidachse AL 0/1CS-1,3 (mit Differenzialsperre); i = 5,33; 4,88	

Fahrzeugtyp	**300 GD**	
Bauart	Hypoidachse AL 0/1C-1,3	
Übersetzungen	i = 4,88; Sonderwunsch: i = 5,33; Hypoidachse AL 0/1CS-1,3 (mit Differenzialsperre); i = 4,88: 5,33	
Vorspur (am Felgenhorn gemessen)	0 ± 0,5 mm	
Radsturz	1°	
Spreizung	9°	
Nachlauf	5°, für die Angaben von Sturz, Nachlauf und Spreizung in Winkelgrad ist eine Toleranz von max. ± 20° zulässig	
Hinterachse		
Fahrzeugtyp	**240 GD**	
Bauart	Hypoidachse HL 0/5-1,8	
Übersetzungen	i = 5,33; Sonderwunsch: i = 4,88; Hypoidachse HL 0/5S-1,8 (mit Differenzialsperre); i = 5,33; 4,88	
Fahrzeugtyp	**300 GD**	
Bauart	Hypoidachse HL 0/5-1,8	
Übersetzungen	i = 4,88; Sonderwunsch: i = 5,33; Hypoidachse HL 0/5S-1,8 (mit Differenzialsperre); i = 4,88; 5,33	
Elektrische Anlage		
Drehstromgenerator, Leistung	14 V/55 A	
Generatorantrieb	Schmalkeilriemen 12,5 × 1.030	
Starter		
Bauart	Schub-Schraubtrieb	
Leistung	12 V/2,0 kW	
Batterie	12 V/88 Ah	
Fahrzeugbeleuchtung (DIN 72601)	Glühlampen	Sockel
Scheinwerfer	A 12 V 45/40 W; Sonderwunsch: H 4/12 V 60/55 W	P 45 t-41 DIN 49737 P 43 t-38 DIN 49737
Standlichter	HL 12 V/4 W	BA 9 s DIN 49715
Nebelscheinwerfer	YC 12 V/55 W	PK 22 s
Blinkleuchten vorne und hinten, Rückfahrleuchten, Nebelschlussleuchte	P 25-1 12 V/21 W	BA 15 s DIN 49720
Brems- und Schlussleuchten	P 25-2 12 V21/5 W	BAY 15 d DIN 49720
Blinkleuchten seitlich	W 10 5 12 V/5 W	W 2,1 × 9,5 d DIN 49632
Kennzeichenleuchten	L 12 V/5 W	SV 8,5-8 DIN 49705
Innenleuchten	K 12 V/10 W	SV 8,5-8 DIN 49705
Instrumentenbeleuchtung		
Zeituhr und Drehzahlmesser	J 12 V 2 W	BA 7 s DIN 49710
Kombiinstrument und Tachometer	W 5/1,2 12 V 1,2 W	W 2 × 4,6 d DIN 49632
Kontrollleuchten		
Ladekontrollleuchte	W 10/3 12 V 3 W	W 2,1 × 9,5 d DIN 49632
Kontrollleuchte für Differenzialsperren	H 12 V 2 W	BA 9 s DIN 49715
Kontrollleuchte für Anhängerblinklicht	H 12 V 2 W	BA 9 s DIN 49715
alle übrigen Kontrollleuchten	W 5/1,2 12 V 1,2 W	W 2 × 4,6 d DIN 49632
Sicherungen	8 A und 16 A	
Bremsanlage (siehe Seite 392)		

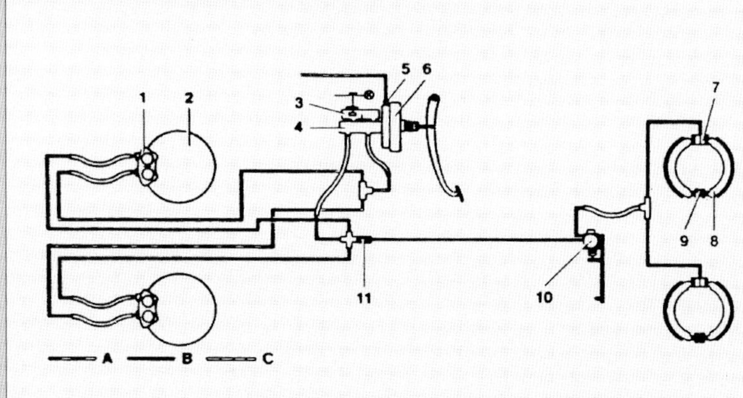

Bremsanlage

A = Vorderradbremse (Scheibenbremse untere Kolben der Bremszangen)
B = Vorderradbremse (Scheibenbremse obere Kolben der Bremszangen) und Hinterradbremse (Trommelbremse)
C = Unterdruck

1 Bremszange
2 Bremsscheibe
3 Vorratsbehälter
4 Hauptbremszylinder
5 Rückschlagventil
6 Bremsgerät
7 Radbremszylinder
8 Bremsbacken
9 automatischer Nachsteller
10 automatischer Bremskraftregler
11 Vordruckventil

Synchronisiertes Verteilergetriebe des Puch G, Kraftfluss und Schaltbilder

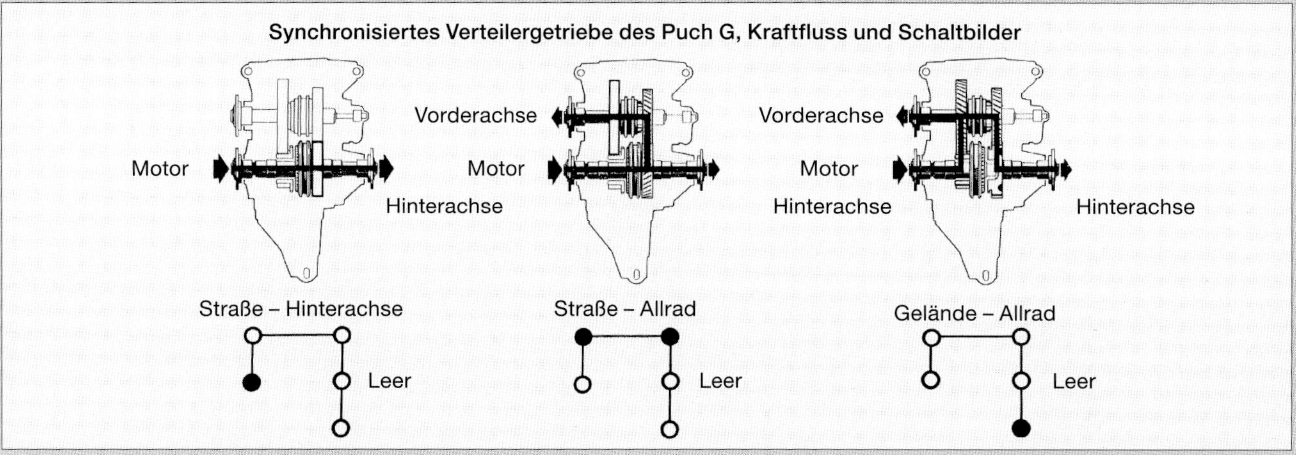

Gewichte in Kilogramm (Klammerwerte bei Zulassung als Nutzfahrzeug)						
Fahrzeugtyp	**240 GD**			**300 GD**		
Baumuster	1	3	6	1	3	6
Eigengewicht	1.804 (1.744)	1.864 (1.864)(1.804)[1]	1.960 (1.950)	1.840 (1.780)	1.900 (1.900)(1.840)[1]	1.996 (1.986)
zulässige Belastung	696 (756)	636 (636) (696)[1]	840 (850)	660 (720)	600 (600) (660)[1]	804 (814)
zulässige Nutzlast	628 (688)	568 (568) (628)[1]	772 (782)	592 (652)	532 (532) (592)[1]	736 (746)
zulässige Achslast vorne	1.200	1.200	1.300	1.200	1.200	1.300
zulässige Achslast hinten	1.600	1.600 (1.680)	1.800	1.600	1.600 (1.680)	1.800
zulässiges Gesamtgewicht	2.500	2.500	2.800	2.500	2.500	2.800

[1] zweisitzig

Hauptabmessungen (mm)	**240 GD 1, 300 GD 1**	**240 GD 3, 300 GD 3**	**240 GD 6, 300 GD 6**
größte Länge	4.145	4.145	4.595
größte Breite	1.700	1.700	1.700
größte Höhe	2.000	1.985	1.975
Radstand	2.400	2.400	2.850
kleinster Wendekreisdurchmesser	11,4 m	11,4 m	13,3 m
Spurweite vorne, ca.	1.425	1.425	1.425
Spurweite hinten, ca.	1.425	1.425	1.425
Bodenfreiheit	215	215	215

Typ G 1

Typ G 3

Typ G 4

Typ G 6

Puch G-Typen.

G-Preise 1988.

Verrechnungspreise für Grundausstattung

			ö. S. excl. Mwst.
OFFENER WAGEN zweitürig, Radstand 2400 mm			
230 GE	4-Zylinder-Einspritzmotor (KAT)	90 kW / 122 PS / 2299 cm3	399.500,—
280 GE	6-Zylinder-Einspritzmotor	110 kW / 150 PS / 2746 cm3	410.900,—
250 GD	5-Zylinder-Dieselmotor	62 kW / 84 PS / 2497 cm3	388.500,—
300 GD	5-Zylinder-Dieselmotor	65 kW / 88 PS / 2998 cm3	386.500,—
STATION WAGEN kurz dreitürig, Radstand 2400 mm			
230 GE	4-Zylinder-Einspritzmotor (KAT)	90 kW / 122 PS / 2299 cm3	408.500,—
280 GE	6-Zylinder-Einspritzmotor	110 kW / 150 PS / 2746 cm3	419.000,—
250 GD	5-Zylinder-Dieselmotor	62 kW / 84 PS / 2497 cm3	396.500,—
300 GD	5-Zylinder-Dieselmotor	65 kW / 88 PS / 2998 cm3	394.500,—
STATION WAGEN lang fünftürig, Radstand 2850 mm			
230 GE	4-Zylinder-Einspritzmotor (KAT)	90 kW / 122 PS / 2299 cm3	457.000,—
280 GE	6-Zylinder-Einspritzmotor	110 kW / 150 PS / 2746 cm3	467.500,—
250 GD	5-Zylinder-Dieselmotor	62 kW / 84 PS / 2497 cm3	444.500,—
300 GD	5-Zylinder-Dieselmotor	65 kW / 88 PS / 2998 cm3	442.500,—
KASTENWAGEN dreitürig, Radstand 2850 mm			
230 GE	4-Zylinder-Einspritzmotor (KAT)	90 kW / 122 PS / 2299 cm3	415.000,—
280 GE	6-Zylinder-Einspritzmotor	110 kW / 150 PS / 2746 cm3	426.000,—
250 GD	5-Zylinder-Dieselmotor	62 kW / 84 PS / 2497 cm3	403.500,—
300 GD	5-Zylinder-Dieselmotor	65 kW / 88 PS / 2998 cm3	401.500,—
PICK-UP mit Plane zweitürig, Radstand 2850 mm			
230 GE	4-Zylinder-Einspritzmotor (KAT)	90 kW / 122 PS / 2299 cm3	395.000,—
250 GD	5-Zylinder-Dieselmotor	62 kW / 84 PS / 2497 cm3	383.000,—
300 GD	5-Zylinder-Dieselmotor	65 kW / 88 PS / 2998 cm3	381.500,—
DOPPELKABINE zweitürig, Radstand 2850 mm			
230 GE	4-Zylinder-Einspritzmotor (KAT)	90 kW / 122 PS / 2299 cm3	Preis
250 GD	5-Zylinder-Dieselmotor	62 kW / 84 PS / 2497 cm3	auf
300 GD	5-Zylinder-Dieselmotor	65 kW / 88 PS / 2998 cm3	Anfrage
FAHRGESTELL MIT FAHRERHAUS zweitürig, Radstand 3120 mm			
230 GE	4-Zylinder-Einspritzmotor (KAT)	90 kW / 122 PS / 2299 cm3	468.500,—
250 GD	5-Zylinder-Dieselmotor	62 kW / 84 PS / 2497 cm3	455.500,—
300 GD	5-Zylinder-Dieselmotor	65 kW / 88 PS / 2998 cm3	453.500,—

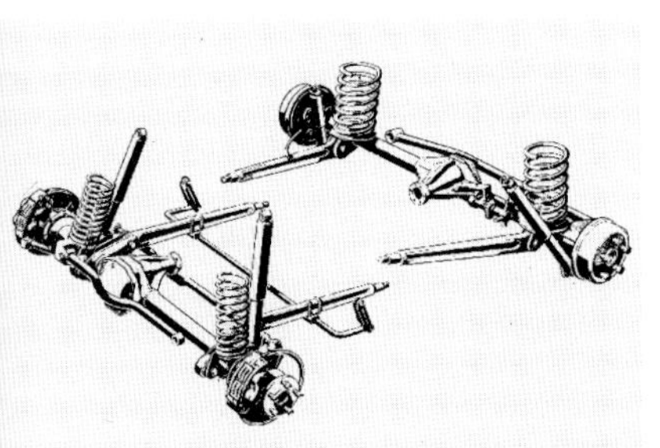

Vorderachs- und Hinterachsführung des Puch G mit schraubengefederten Starrachsen.

Gelände- und Straßenversuche wurden zu einem zweifachen Zweck durchgeführt. Einmal musste die empirische Basis für rechnerische Prüfstandsuntersuchungen geschaffen werden. Hierzu wurde die Größe der auftretenden Belastungen auf einer Anzahl repräsentativer Gelände- und Straßenkurse in Form von Fahrkollektiven ermittelt. Ein weiterer Grund für die Fahrversuche war, auch aus der Fahrpraxis direkte Zuverlässigkeitshinweise unter allen Einsatzbedingungen zu bekommen.

Funktionsuntersuchungen

Für die Qualität der G-Modelle war, neben der Lebensdauer, das Funktionieren auch unter extremen Bedingungen ein entscheidendes Kriterium. Als Beispiel sei die Möglichkeit des Einsatzes unter schwierigsten klimatischen Verhältnissen herausgegriffen: In Afrika, nördlich des Polarkreises und auf den Prüfständen wurde nachgewiesen, dass die Fahrzeuge unter Hitze- und Staubeinwirkung genauso einwandfrei funktionieren wie bei Kälte, Schnee und Eis, und das bei Außentemperaturen von −40° C bis +50° C.

Puch 300 GD/1 mit dem von Puch entwickelten Hardtop.

Puch G (offen mit Planenverdeck, kurzem Radstand) in voller Aktion.

Puch 300 GD/6 mit langem Radstand.

Systemtechnik

Ein weiteres Merkmal der G-Geländewagen ist die Systemtechnik, auch Baukastenprinzip genannt. Die Fahrzeuge fügen sich nahtlos ins Daimler-Benz-PKW- und Nutzfahrzeugprogramm ein. Dies bedeutet, dass eine sehr große Anzahl an Teilen und Aggregaten, teilweise mit spezifischen Adaptionen, aus schon vorhandenen Großserienfertigungen übernommen werden konnte. Dieser Verbund mit dem PKW- und Transporterprogramm von Daimler-Benz durch die Systemtechnik stellt die gute Ersatzteilversorgung mit weltweitem Service, die vereinfachte Wartung und kostengünstige Reparaturen sicher. Auch innerhalb der Geländewagenfamilie wurde die Systemtechnik weitgehend angewandt. Insgesamt ergeben sich durch Kombination von Karosserieteilen fünf Grundtypen vom Zwei- bis zum Zehnsitzer. Zusätzlich erlaubt das für sich fahrfähige Fahrgestell natürlich auch Aufbauten aller Art, die zum Beispiel geeignet sind für Feuerwehr, Krankentransport oder sonstige Sonderaufgaben.

Modellversionen des Puch G

Winter 1982: Teddy Podgorski, damaliger Sportchef und späterer ORF-Generalintendant, „musste" als Autofan natürlich einen Puch G fahren.

Zu Beginn dieses Kapitels ist als wesentlichste Anmerkung zu beachten, dass sich der Puch G für die den Puchwerken zugeteilten Vertriebsgebiete Österreich, Schweiz, das ehemalige Jugoslawien, die COMECON (RGW-Rat für gegenseitige Wirtschaftshilfe)-Länder und etliche afrikanische Länder nicht nur während der Zeit der GFG, sondern vor allem nach Auflösung dieser Gesellschaft durchaus eigenständig und keineswegs identisch mit dem Mercedes G entwickelte. **In diesem Kapitel werden ausschließlich die Varianten des Puch-Wagens und nicht die der Daimler-Benz-Modelle beschrieben.**

Wie bereits erwähnt, ging man schon in der Anfangsphase der GFG sehr schnell vom Konzept des „Arbeitstieres" weg und versuchte vor allem auf dem zivilen Markt mit dem neuen Wagen zu punkten. Doch auch dort gab es ein beachtliches Potenzial an Interessenten, die den Puch G als reines Nutzfahrzeug einsetzen wollten. So wurden die Varianten mit kurzem und langem Radstand sowohl in der geschlossenen Version als auch mit Planenverdeck mit LKW-Zulassung, entsprechend den Zulassungsbedingungen des jeweiligen Landes, verkauft. So mussten die G-Modelle, die als „Steuer-LKW" in Österreich fuhren, ein Trenngitter zwischen Fahrersitzreihe und Laderaum sowie fensterlose Seitenteile aufweisen. Auch der Schweizer Generalvertrieb Frey forderte vom Werk eine Spezialversion mit dem griffigen Namen „Worker", und dazu wurde immer ein erklecklicher Prozentsatz an Fahrzeugen ohne Aufbau, nur mit Fahrerkabine ausgeliefert. Hier konnte der Kunde aufgrund des massiven, aus geschlossenem Kastenprofil gefertigten Leiterrahmens jede gewünschte Aufbauvariante innerhalb der vorgegebenen Gewichtslimits ausführen lassen.

Eine nicht zu vernachlässigende Rolle spielt der militärische Bereich des G im In- und Ausland. So entwickelte man in Thondorf für das österreichische Bundesheer einen Kommandeurswagen und einen Mannschaftswagen mit Planenaufbau und vollkommen umklappbarer Frontscheibe. Dazu waren etliche Modifikationen erforderlich, vor allem mussten „werkzeugfallende“ Teile geschaffen werden, so dass hier eine eigene Kleinserie entstand. Auch für die ehemalige jugoslawische Armee wurden etliche Varianten des Wagens ausgeliefert.

Österreich-Ausstattungspaket

Bereits nach einjähriger Bauzeit des Puch G wurde anlässlich der Ausstellung „Allrad 80“ in Salzburg ein Österreich-Ausstattungspaket für die G-Modelle präsentiert. Eine Untersuchung unter Österreichs Autofahrern hatte nämlich einen starken Trend zum komplett ausgestatteten Wagen ergeben. Und der G litt natürlich ausstattungsmäßig unter seiner Herkunft aus der Nutzfahrzeugdivision von Daimler-Benz. Auch das Angebot der grundausgestatteten Versionen war eher kein Verkaufserfolg. Es wurde also eine komplette Ausstattungspalette zum Preis von rund 22.000,– Schilling serienmäßig angeboten. Diese enthielt u. a. eine Differenzialsperre hinten (Aufpreis für die vordere Differenzialsperre 3.250,– ohne MWSt), Halogen-Scheinwerfer, einen Ölwannenschutz, Automatikgurten, Kopfstützen vorne, Sicherheitsgurte für die Rücksitzbank, eine Zeituhr, Tankverschluss und Zeituhr versperrbar sowie Warndreieck und Verbandskasten. Ein ganz wichtiger Aspekt des Österreich-Paketes waren die von Semperit speziell für den G entwickelten Reifen der Dimension 215-80 R16. Und das Reserverad wurde bei der Österreich-Ausstattung an der Hecktür schwenkbar auf einem eigenen Gestell angebracht, so dass man bei einer Reifenpanne das schmutzige Rad nicht im Wageninneren verstauen musste.

Verteilergetriebe-Prüfstand des G in Graz 1979–1990.

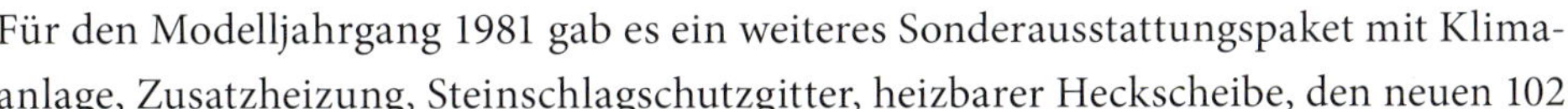

Für den Modelljahrgang 1981 gab es ein weiteres Sonderausstattungspaket mit Klimaanlage, Zusatzheizung, Steinschlagschutzgitter, heizbarer Heckscheibe, den neuen 102

Puch 280 GE/3 mit Sonderlackierung, Breitreifen, LM-Felgen und Luxusausstattung für die Schweiz 1983.

Puch 280 GE/1 mit Hardtop, Breitreifen und Leichtmetallfelgen.

PS-Motor 230 G, Baumuster 115973/I, ZF-Getriebe mit Nebenabtrieb, Handgasregulierung für den Nebenabtrieb, einen Lüfter mit höherer Leistung, Heckscheibenwaschanlage, Kopfstützen für Rücksitze usw.

1981 mit Viergang-Automatik

1981 gab es außer diesen Ausstattungsmerkmalen noch zwei weitere wichtige Neuerungen, die am Genfer Salon präsentiert wurden. Es waren dies das Viergang-Automatikgetriebe, lieferbar für den 280 GE und 300 GD, sowie auf Wunsch eine einflügelige Hecktüre für die geschlossenen Varianten.

Mit der für den 280 GE und 300 GD lieferbaren Viergang-Automatik wollten die Grazer speziell jenen Kundenkreis ansprechen, der von der Alltagslimousine auch diesen Komfort verlangte. Diese Vierbereichsautomatik stammte ebenso wie bei den Daimler-Benz-Limousinen von ZF, musste aber selbstverständlich für den Geländewagen speziell abgestimmt werden. Auch wollten die Thondorfer das weite und gewinnbringende Gebiet der Fahrzeugveredelung nicht kampflos den privaten Veredelungsbetrieben wie beispielsweise Kaan in Graz oder Hoyer in München überlassen, sondern zeigten in Genf ihre Variante zum Thema. Es war dies ein kurzer, offener 280 GE (280 GE/1) mit weinroter Sonderlackierung und speziellem Stufendesign in Inkagold aus der hauseigenen Designwerkstatt von Friedrich Spekner. Dazu ein abnehmbares Hardtop in wärme- und schallisolierender Sandwich-Bauweise, Sportsitze, Kotflügelverbreiterungen und Breitreifen auf hochglanzpolierten Alufelgen 7J-15. Diese Ausstattungsdetails konnten einzeln oder im Paket ab Werk geordert werden.

1981 entschlossen sich auch die beiden 50%-Partner der GFG, diese Gesellschaft aufzulösen und die Zusammenarbeit über den G auf eine neue, langfristige Basis zu stellen. Diese Vereinbarung sah in groben Zügen so aus, dass die Steyr-Daimler-Puch AG

Puch 230 G/1, kurzer Radstand, 1981.

als Hersteller des Wagens in den Grazer Werksanlagen fungierte und Daimler-Benz für sein Vertriebsgebiet die jeweilige Stückzahl an G-Modellen in den entsprechenden Ausführungen orderte. Puch erzeugte unabhängig davon für sein Vertriebsgebiet ebenfalls die erforderlichen Stückzahlen.

1982 umfasste das Österreich-Paket des Wagens folgende weitere attraktive Sonderausstattung: neue Generation der Recarositze, Fondsitzbank mit Automatikgurten und drei Kopfstützen, eine Bodenformmatte zur leichteren Reinigung nach dem Geländeeinsatz sowie ein gepolstertes Armaturenbrett mit Haltegriff. Für die Fans exklusiven Interieurs gab es den Puch G ab Werk (mit Ausnahme der Kastenwagen-Versionen) mit schwarzer oder brauner Lederausstattung zu kaufen.

Die Modellpflegemaßnahmen 1982 hatten folgenden Umfang:

- Lenkrad mit Pralltopf und integrierter Hupenbetätigung, Kombischalter am Lenkstock.
- Drehschalter für die Beleuchtung rechts von der Lenksäule in der Mittelkonsole.
- Schieberegler für Heizung und Lüftung sind bei eingeschalteten Scheinwerfern beleuchtet, neu geformter Aschenbecher.
- Hartschaumhimmel mit Textilbezug.
- Neue Fahrer- und Beifahrersitze mit ergonomischer Formgebung.
- Verriegelung der Beifahrertür und der Fahrgasttüren im Fond war jetzt auch bei geöffneten Türen möglich. Dazu gab es eine Kindersicherung an den Fondtüren.
- Tankschloss mit dem Zündschlüssel zu öffnen.
- 7 Liter-Wasserbehälter für Scheibenwasch- und Scheinwerfer-Reinigungsanlage.
- Verstärkter schwenkbarer Reserveradhalter.
- Make-up-Spiegel auf der Beifahrer-Sonnenblende.
- Erweiterung der Standard- und Sonderlackierungen.

Werksbild mit G-Produktionshalle und Anbau Halle 1 um 1985.

Puch 230 GE

1982 wurde auch der alte Vierzylinder mit Vergaser der Type 230 abgelöst (nur mehr auf Wunsch für gewisse Exportmärkte erhältlich) und durch den neuen 2,3 Liter-Einspritzmotor Type M 102 ersetzt. Die Leistung war auf 92 kW (125 PS) angestiegen, das Drehmoment betrug 192 Nm (19,6 kpm) bei 4.000 U/min. Der Wagen hieß nunmehr 230 GE und hatte folgende Neuerungen:

- temperaturabhängigen Visco-Lüfter,
- Kraftstoffabschaltung im Schubbetrieb,
- vergrößerte Ölwanne,
- Batterie mit 66 Ah Kapazität.

Der neue Puch 230 GE konnte wie bisher mit drei Aufbauten als offener Planenwagen (nur mit kurzem Radstand), als Stationswagen (kurzer oder langer Radstand) sowie als Kastenwagen (kurzer oder langer Radstand) geliefert werden.

1982 wurde der Puch G zum meistverkauften österreichischen Geländewagen in der 300.000,– Schilling-Preisklasse.

Im Jahr 1983 begann der Fahrversuch in Graz, das Fünfgang-Getriebe der Mercedes-Limousinen für den Geländewagen zu adaptieren, und für den Modell-Jahrgang 1984 gab es für das österreichische Verkaufsgebiet, ein Jahr vor den Mercedes G-Modellen, das Fünfgang-Getriebe zu kaufen.

Puch 230 GE/6 mit langem Radstand, 1982.

Diese Tatsache ist dadurch zu erklären, dass nach der Auflösung der GFG jeder der beiden Partner seine Modellpalette noch freier in die Richtung hin entwickeln konnte, die den Kundenwünschen seines Vertriebsgebietes entsprach. So konnte vor allem in der Schweiz und in Österreich eine verstärkte Nachfrage nach den Fünfgang-Getrieben geortet werden. Und in die Schweiz wurde im Jahr 1984 der G in der Grundausstattung mit dem Fünfgang-Getriebe geliefert, das Viergang-Automatikgetriebe gab es gegen Aufpreis. Für die Steyr-Daimler-Puch AG war Dipl.-Ing. Friedrich Rohr für den Puch G in allen Belangen sowohl in technischer als auch kaufmännischer Hinsicht zuständig.

Puch 230 GE mit Katalysator

Mit den in den Hauptvertriebsgebieten des G in naher Zukunft zu erwartenden schärferen Abgasbestimmungen waren für Daimler-Benz als Motorenlieferant und Hauptabnehmer der G-Modelle die Weichen voll auf katalytische Abgasreinigung der Benzinmodelle gestellt. Da in der Generalplanung der PKW-Motorenpalette die Ablösung des bereits etwas betagten Sechszylinders mit den beiden obenliegenden Nockenwellen unmittelbar bevorstand, war das erste G-Modell mit Katalysator der Typ 230 GE. Er wurde im Mai 1985 mit folgendem Kurztext der österreichischen Presse vorgestellt:
Der Puch 230 GE 4V präsentierte sich der Öffentlichkeit am Genfer Automobilsalon 1985 erstmals mit dem Motor 230 E mit katalytischer Abgasreinigungsanlage. Der Daimler-Benz-4-Zylinder-Benzineinspritzmotor mit 2.299 cm^3 entwickelt in dieser Ausführung 90 kW (122 DIN-PS) und entspricht selbstverständlich allen neuen und besonders umweltfreundlichen Abgasversionen.
1985 standen als Antriebsaggregate für den G die beiden Benziner-Varianten als Vierzylinder, 230 GE (wahlweise mit Katalysator) sowie der Sechszylinder 280 GE, zur Verfügung, als Dieselaggregat gab es nur mehr den Fünfzylinder-Typ 300 GD. Das alte 240er-Vierzylinderaggregat hatte endgültig ausgedient.

50.000 G

Am 27. Februar 1987 lief offiziell der 50.000ste G vom Band. Zu diesem Jubiläum meldete das Mitarbeiter-Magazin der Steyr-Daimler-Puch AG *betrieb-aktuell* unter anderem das Folgende:
50.000ster G lief in Graz-Thondorf vom Band. *In Graz gab es kürzlich auch Grund zum Feiern: In Anwesenheit von Vertretern der Bundesregierung und des Landes Steiermark sowie von Vorstandsmitgliedern der Daimler-Benz AG sowie unseres Unternehmens lief der 50.000ste Geländewagen G vom Band. Vorstandsdirektor Dipl.-Ing. Jürgen Stockmar betonte in diesem Zusammenhang die Bedeutung der Zusammenarbeit mit Daimler-Benz als langfristige Säule des Werkes Graz.*
Sowohl Daimler-Benz als auch Steyr-Daimler-Puch haben für den G von der Entwicklung- bis zur Verkaufstätigkeit die volle eigenständige Produktverantwortung. Die Fertigung erfolgt allerdings ausschließlich in Graz. Auch die Lieferung der Fahrzeuge in zerlegtem Zustand an Montagestellen beispielsweise in Frankreich, Indonesien oder Griechenland wird direkt von Graz aus durchgeführt.

Feier zur Produktion des 50.000sten G am 27. Februar 1987.

Offizielle G-Produktionsliste: Mercedes G/Puch G-Produktion (komplette Fahrzeuge und ckd-Lieferungen)	
Jahr	Stückzahl
1979–1983	32.192
1984	7.268
1985	8.662
1986	8.078
1987	8.330
1988	7.587
1989	6.715
1990	ca. 11.000
Gesamt	ca. 89.832

Plakette anlässlich des 50.000sten G. Mit Mercedes-Emblem. Kooperationspartner Daimler-Benz hatte den Löwenanteil in seinem Vertriebsgebiet übernommen.

Rund 1.200 Mitarbeiter sind im Bereich G beschäftigt. Aber auch für ganz Österreich wirkt sich diese Zusammenarbeit mit Daimler-Benz positiv aus. Durch den Export des G wird unsere Handelsbilanz um nicht weniger als 1,2 Milliarden Schilling entlastet. Außerdem hat auch die gesamte österreichische Automobilindustrie und Automobilzulieferindustrie durch diese Kooperation an Bedeutung gewonnen, da die Möglichkeit zur Entwicklung und Ausweitung der bisher bestehenden Beziehungen zu internationalen Automobilkonzernen verbessert wurde.
Daimler-Benz-Vorstand Dr. Niefer sprach in seiner Jubiläumsrede von einem gelungenen Konzept, das durch das Zusammentreffen zweier auf dem Allradsektor erfahrener Entwicklungsmannschaften, dem Vorhandensein entsprechender Produktionskapazitäten sowie hervorragend ausgebildeter Arbeitskräfte realisiert werden konnte. Darüber hinaus betonte Dr. Niefer die Bedeutung der Zusammenarbeit mit Österreich für Daimler-Benz und hob die Wichtigkeit der Geländewagenbaureihe G als Produktergänzung zum traditionellen Mercedes-Benz-Programm in Vergangenheit und Zukunft hervor.

Aus der Pressemappe zum Jubiläum ging weiters hervor, dass außer den 50.000 Komplettfahrzeugen weitere 7.200 Fahrzeuge in komplett zerlegtem Zustand (ckd – completely knocked down) ausgeliefert worden waren. Die Produktion pro Schicht betrug zu diesem Zeitpunkt 27 Fahrzeuge.

Die Produktpalette des G war inzwischen auf drei Radstände, fünf Motoren, acht Aufbauten, drei Getriebe und 2.640 Ausstattungsmöglichkeiten angewachsen, wie Dr. Niefer betonte. Zu den beiden traditionellen Radständen mit 2.400 mm und 2.850 mm kam für Sonderaufbauten der Radstand 3.120 mm. Die Motorenpalette umfasste die drei Benziner, den Vierzylinder 230 GE mit oder ohne Katalysator und den 280er-Sechszylinder, sowie die beiden Fünfzylinder-Diesel 250 GD und 300 GD. Die acht Aufbauvarianten waren: offener Wagen kurz, offener Wagen lang, Stationwagen kurz dreitürig, Stationwagen lang fünftürig, Kastenwagen dreitürig, Radstand 2.850 mm, Pick-up mit Plane zweitürig, Radstand 2.850 mm, Doppelkabine zweitürig, Radstand 2.850 mm, sowie das Fahrgestell mit Fahrerhaus, zweitürig, Radstand 3.120 mm.

Ab 1990: neues Allradkonzept

Der Puch G wurde im Frühjahr 1990 in komplett überarbeiteter Form der Öffentlichkeit vorgestellt. Die äußeren Merkmale des Wagens, vor allem seine charakteristische, hochbeinige und dennoch bullige Silhouette war völlig unverändert geblieben, nur geringe Faceliftig-Maßnahmen an der Karosserie deuteten auf den Modelljahrgang 1990 hin. Dafür war im „Innenleben" des Wagens kein Stein auf dem anderen geblieben. Die wichtigste technische Änderung war der Übergang vom händisch zuschaltbaren Allradantrieb auf permanenten Vierradantrieb mit sperrbarem Mitteldifferenzial. Diese wichtige Änderung war notwendig geworden, weil die Klientel des Wagens ganz einfach auf diesem Komfortplus bestand und sich nicht den Kopf über Zu- oder Wegschalten des Allradantriebes, trotz der einfachen Handhabung des Einhebel-Verteilergetriebes, zerbrechen wollte. Dazu kam auch die Veränderung des Marktes in den letzten elf

Jahren, die eine händische Zuschaltung des Allradantriebes bei Autos in der Preisklasse des G ganz einfach nicht mehr erlaubte. Die Lösung mit dem sperrbaren Mitteldifferenzial und nicht mit der im Hause entwickelten Viscokupplung war deshalb gewählt worden, weil man von der bewährten Konzeption der perfekten Straßentauglichkeit und der absoluten Geländetauglichkeit mit der Möglichkeit des starren Durchtriebes aller Räder (die 100%-Differenzialsperren waren beibehalten worden) keinesfalls Abstriche machen wollte.

Dem langjährigen G-Fan fehlte also beim „Betreten" des Wagens das bislang augenfälligste Merkmal des Verteilergetriebe-Schalthebels. Dafür hatte sich die Wohnlandschaft des Wagens endgültig in die Bereiche der Luxuslimousinen erhoben. Neue Armaturenlandschaft der Mercedes-Benz Luxusklasse, exklusive Tapezierung, neue Sitze mit optimalem Seitenhalt (Lederausstattung auf Wunsch) sowie tiefe Teppiche im Innenraum und im Wagenheck, die kein Stück nackten Bleches mehr hervorlugen ließen, haben den neuen G endgültig – auch preislich – in die absolute Luxus-Geländewagenklasse entschweben lassen.
In der Motorenpalette wurde mit dem neuen Modell der bisher nur mehr für den G gelieferte 280er durch den 300er (mit Abgaskatalysator) ersetzt. Der neue Motor, der selbstverständlich aus dem PKW-Programm von Mercedes-Benz erst nach sorgfältiger Abstimmung auf den Geländewagen übernommen wurde, leistete im G 125 kW (170 PS) und war deutlich sparsamer als die alte Doppelnocker-Maschine, die bei den G-Besitzern im Rufe des „Schluckspechtes" mit Verbräuchen von deutlich über 20 Liter auf 100 km stand.

Beide Benziner-Varianten wiesen nunmehr diese in den Hauptabnehmerländern bindend vorgeschriebene Abgasreinigung auf. Für die Freunde des bisherigen G war jedoch kein Grund zur Sorge: Der G mit händisch zuschaltbarem Allradantrieb wurde – mit eingeschränkter Variantenvielfalt – weiterhin geliefert. Der Vertrieb des G in Österreich erfolgte über die *Steyr-Fiat-Handels-Ges.m.b.H.* und die *Steyr-Daimler-Puch-Fahrzeugtechnik Ges.m.b.H.* in Graz, die eine Tochtergesellschaft der nunmehr ausschließlich als Holding fungierenden *Steyr-Daimler-Puch AG* war.

Puch G-Messmaschine zur Prüfung der Rundum-Kippsicherheit des Puch G im Jahr 1992.

Sicherheitstechnik beim Puch G

Am 14. Juni 1992 stellte die Steyr-Daimler-Puch-Fahrzeugtechnik Ges.m.b.H. im Einserwerk in der Puchstraße in der Halle C die neue Abteilung für Sicherheitstechnik vor. Diese Abteilung für Fahrzeugsicherheit versetzte die Firma auch in die Lage, den Automobilherstellern in aller Welt ein Homologationsservice anzubieten. Ein spezielles hauseigenes Forschungsprojekt namens SISI (Side Impact Safety Improvement) hatte die Erhöhung der passiven Sicherheit im Falle eines Seitenaufpralls zum Ziel. Mit allen anderen Sicherheitsüberprüfungen, beispielsweise der Türeindrückanlage, dem Innenraum-Pendel oder der Rundum-Kippsicherheitsanlage (insgesamt 17 an der Zahl), konnte Puch auch den G-Typ entscheidend in Bezug auf aktive und passive Sicherheit weiterentwickeln.

Neueste Luxusversion des Mercedes G-Typs, karossiert als Landaulett mit abnehmbarem Dach.

G-Man Friedrich Rohr in Graz meinte zum neuen G: *Wir glauben, mit der zweiten Generation des G den europäischen Geländewagen geschaffen zu haben.* Nun, wie recht Rohr mit diesen nahezu prophetischen Worten hatte, beweist die nunmehr fünfte Generation des G. Leider ist der Name Puch G inzwischen nur mehr eine nostalgische Erinnerung, denn dieser Luxus-SUV ist nur als Mercedes G käuflich.

Der G hatte zu Beginn seiner Laufbahn bereits rund 90% seiner Gene von der Entwicklung des Puch H2 mitbekommen. Er war, wie beschrieben, genau für den harten und fordernden Einsatz beim Militär, den Behörden und in Entwicklungsländern konzipiert worden. Auch ausstattungsmäßig war der Wagen auf der eher spartanischen Nutzfahrzeugseite.

Sehr schnell etablierten sich daher Spezialfirmen, die dem G ausstattungsmäßig auf die Sprünge halfen. Einer der Ersten, die sich mit dem Komfortleben des G beschäftigten, war Richard Kaan in Graz. Er war als Techniker in das Werk eingetreten und kümmerte sich zunächst um die serienmäßige Innenausstattung. Er erinnert sich an ein aufregendes Erlebnis um 1980, als er am Stuttgarter Flughafen mit einer Rolle von Zeichnungen, die er als Handgepäck umgehängt hatte, plötzlich einen Maschinengewehrlauf eines Antiterror-Polizisten an seiner Seite spürte. Penibel genau folgte er den Anweisungen, sich ganz langsam umzudrehen, die Rolle abzunehmen und den Inhalt vorzuzeigen. Er versichert glaubhaft, sich nie mehr sosehr gefürchtet zu haben wie damals.

Spezialaufbau des Puch G auf dreiachsigem Fahrwerk, gebaut im Puchwerk Graz in Kleinserie für australische Feuerwehreinheiten.

Kaan machte sich bald mit einer eigenen Firma zur Innenausstattung sowie zum Tuning des G selbstständig und erzählte eine weitere außergewöhnliche Begebenheit: Ein reicher amerikanischer Börsenmakler, Mr. Ed McCab, wollte einen sehr komfortablen 280er GE, ausgestattet einmal „mit allem", um an der Paris-Dakar-Rallye 1990 teilzunehmen. Er fand sich in Graz mit Candice Jones, einer Freundin ein, um die Umbauten zu beobachten und die wesentlichsten einfachen Servicearbeiten zu lernen. Der Wagen hatte ein Automatikgetriebe wegen des besseren Drehmomentverlaufes beim Anfahren im Sand. Nun, McCab dürfte kein ganz einfacher Mensch gewesen sein, denn er wollte bei der Rallye nur fahren. Damit er nicht anhalten musste, hatte er eine Trinkflasche an Bord und eine Leerflasche – für das Gegenteil. Nach Stunden sagte seine Beifahrerin, dass er anhalten solle, sie müsse mal. Er reagierte nicht. Weitere Stunden später wurde die Sache dringend. Er reichte ihr die leere Flasche mit den Worten: *Think you are a man*. Sie soll seit damals nicht mehr mit ihm gesprochen haben. Dies insbesondere auch deshalb, weil er in seinem Fahrwahn am Steuer eingeschlafen war und in eine Düne fuhr. Der Motor lief, dank Automatik, bis der Tank leer war. Die beiden wurden in dieser „Vornavizeit" nach zwei Tagen von der Suchmannschaft, natürlich weitab von der Route gerettet. Sein Abenteuer hat er im Buch *Against Gravity* (gegen die Schwerkraft) festgehalten.

Und die bis heute verrückteste und aufwendigste Mercedes G-Version spielte 2014 neben Michael Douglas (Madec) und Jeremy Irvine (Ben) die Hauptrolle in dem Reißer *In der Schusslinie (Beyond the Reach)*: Ein dreiachsiger Mercedes G mit Portalachsen und einem Mördermotor. Das Fahrzeug, mit dem der schwerreiche Madec zur Jagd fährt, ist ein in Deutschland zugelassener Mercedes-Benz G 63 AMG 6 × 6, die AMG-Luxusvariante der Mercedes-Benz G-Klasse mit Achtzylindermotor und 6 × 6-Antrieb als Pickup. Es gibt auch weitere Dreiachser bis zur gepanzerten Version.

Puch G bei der Rallye Paris – Dakar

Diese Rallye war in den 1980er-Jahren berühmt-berüchtigt. Der Start erfolgte in der Neujahrsnacht unter dem Eiffelturm in Paris und endete Wochen später im Senegal am westlichsten Punkt des schwarzen Kontinents. Dazwischen lagen 10.000 bis 15.000 Kilometer härtester Beanspruchung für Mensch und Material. Sie wurde infolge der spektakularen Unfälle, der großen Namen von Fahrern und Marken sowie der unglaublichen Härte, die erforderlich war, um durchzukommen, entsprechend von den internationalen Medien gepuscht. Für Amateure bedeutete bereits das Ankommen eine übermenschliche Leistung. Und nur Werksteams mit immensem Einsatz von Material und einer Armada von Begleitfahrzeugen hatten überhaupt eine Chance, auf den vorderen Plätzen gewertet zu werden.

Thierry Sabine, der Erfinder und Spiritus Rector dieser Wahnsinnsfahrt, tüftelte von Jahr zu Jahr neue, teilweise völlig unerforschte Gebiete in Afrika aus und trieb die Teilnehmer der Fahrt mit gnadenloser Härte und im Höllentempo durch die Etappen. In diesen Jahren konnte es sich kaum ein bedeutender Hersteller von Motorrädern, Autos und Lastwagen leisten, bei Paris – Dakar nicht zu starten. Und sei es „nur" als Begleitfahrzeug. Denn – und das war eine besondere Teufelei Sabines – diese mussten voll in der Wertung mitfahren. Und deren Besatzungen mussten dann, anstatt sich in den kargen Nachtstunden ihre „Wunden zu lecken", die Fahrzeuge der „Stars" reparieren und dann schon wieder, ohne geschlafen zu haben, zur nächsten Etappe starten.

Als Thierry Sabine 1986 während der Rallye bei einem Hubschrauberabsturz ums Leben kam, hatte die Rallye infolge ihrer vielen Toten bereits in den Medien ein Negativ-Image abbekommen. Heute findet diese Fahrt in Südamerika – medial betrachtet – als Schatten ihrer selbst statt.
1981 fand erstmals ein werksmäßiger Einsatz der Puch und Mercedes G bei Paris – Dakar statt. Zwei Puch G fungierten dabei als Begleitwagen der BMW-Motorradmannschaft. Ein Wagen fiel aus, der zweite wurde in der Kategorie der Benziner am dritten Platz gewertet. Ein weiterer Mercedes 300 GD wurde Gesamtsieger in seiner Klasse und gleichzeitig Fünfter im Gesamtergebnis aller Klassen.
1982 gab es bereits 33 Starter auf Puch bzw. Mercedes G und 1983 holte sich der ehemalige Formel I-Pilot und Langstreckenweltmeister Jacky Ickx auf einem 280 Mercedes G den Gesamtsieg der Rallye Paris – Dakar.

Herbert Völker, Chefredakteur der österreichischen Fachzeitschrift *auto-revue* hat in diesen beiden Jahren die Rallye „im Auge des Wirbelsturms" miterlebt. Er fuhr – außer der Wertung zwar – aber jeden Meter von Anfang bis Ende mit. Zweimal. Und so lautete sein Schlussurteil im Jahr 1983 über den Puch G:

Unser Wüstentier. Steirische Wochen in Afrika. 38 Puch oder Mercedes G orgelten durch die Wüste, als rasendes Service oder im Kampf um den Gesamtsieg. Puch stellte der Autorevue denselben 280 GE, mit dem wir schon im Vorjahr Paris – Dakar gefahren waren, nun ein zweites Mal zur Verfügung. Der G hatte also 25.000 km am Tacho, hauptsächlich afrikanische Kilometer, die dreifach zählen, als wir ihn wiederbekamen.
Dreizehntausend Kilometer später übergaben wir ihn neuerlich in Dakar den Piraten von der Schifffahrtslinie, und sie bedachten ihn mit wohlwollenden Blicken, denn er sah gesund und kräftig aus und hatte im Heck vier Leichtmetallkisten, in denen man Güter des gehobenen Bedarfs vermuten durfte.
Auf den dreizehntausend Kilometern zwischen Graz und dem Schiff hatten wir einen Dämpfer gewechselt, zwei Liter Öl nachgeschüttet und eine respektable Menge von Benzin, zuerst Shell, später Marke Jingle Bells, weil's so hübsch klingelte. Und sonst NICHTS, NICHTS, NICHTS.
Wir fuhren zwar außerhalb der Wertung, weil wir zum Fotografieren vorausfahren und anhalten mussten, schwammen aber zwangsläufig im Rallyetempo mit – ansonsten käme man vorerst in die Finsternis (mit extrem erschwerter Navigation), danach in einen unaufholbaren Rückstand, weil es diesmal keinen einzigen Ruhetag gab.
Paris – Dakar nun schon zum zweiten Mal im gemäßigten Rallyetempo zu fahren und dabei keinen einzigen ernsthaften Defekt zu erleben, ist natürlich sensationell und das Eindrucksvollste, was ich über den G aussagen kann.
Vielleicht sollten wir die nüchterne Quintessenz noch einmal wiederholen und mit einer stillen Verbeugung nach Graz im Raum stehen lassen: Dieses Auto fuhr nun schon das zweite Paris – Dakar ohne Defekt, ohne eine einzige kritische Situation. Es ist schön, solche Freunde zu haben.

Herbert Völker mit seinem Puch 280 GE vor dem Start zur Rallye Paris – Dakar im Dezember 1981 im tief verschneiten Maurer Wald in Wien. Mit diesem Wagen fuhr er 1982 und 1983 die volle Distanz der Rallye ohne Defekt durch.

Puch 280 GE als Begleitwagen des BMW-Motorradteams bei der Rallye Paris – Dakar 1981.

Der Weg in die Zukunft

Die Art der Zusammenarbeit mit der Daimler-Benz AG, die zum „gemeinsamen Kind", dem Geländewagen „G" führte, war erfolgreich und zeigte einen gangbaren Weg für künftige Kooperationen mit anderen Automobilherstellern in Europa und in Übersee auf.

Der Name „Steyr-Daimler-Puch" hatte traditionell bei den großen Autofabriken einen hervorragenden Ruf und – durch die relative Kleinheit des Betriebes – einen immensen Vorteil: Man sah in Puch keinen „echten" Konkurrenten, da eben die Stückzahlen – schon von der Kleinwagenzeit her – ganz einfach zu gering waren und die Produkte zu spezialisiert, um ein Konkurrenzverhältnis zu den Großserienherstellern hervorzurufen. Scheiterte an dieser Kleinheit seinerzeit der Europa- und Weltverkauf des Puch-Kleinwagens, so erwies sich diese Konstellation Anfang der 1980er-Jahre als Segen für Puch. Denn nun konnte man sich als *der* Partner und Spezialist für die Großen präsentieren, der in der Lage war, jene Marktnischen der Großfirmen abzudecken, die aus produktionstechnischen und herstellungskostenmäßigen Gründen nicht im eigenen Haus zu bewerkstelligen waren.

Der damalige Werksdirektor Dipl.-Ing. Dr. Egon Rudolf legte anlässlich des Produktionsbeginnes des VW-Syncro-Busses am 7. Dezember 1984 im Rahmen eines ausführlichen Interviews die Philosophie der Kooperationspolitik der Puchwerke dar:
Die Entwicklungsanalyse der letzten zehn Jahre hatte die Notwendigkeit der Umstrukturierung der Produktion in Graz, weg vom Zweirad, hin zum Automobil klar aufgezeigt. Dieses ‚zweite Standbein' Autoproduktion wurde bereits mit der Produktion des Kleinwagens aufgebaut und weiter erfolgreich ausgebaut. Und im Endeffekt knüpfte man ja damit nur an die traditionsreiche Automobilfertigung in Graz seit Beginn dieses Jahrhunderts an.

Anfang 1985 gab es in Graz fünf grundsätzliche Geschäftszweige:
1. Ursächliche Weiterführung des Allradgedankens für hochspezialisierte Fahrzeuge wie den Pinzgauer und damit Abdeckung einer Marktnische.
2. Kooperation mit Großfirmen zur Entwicklung und Fertigung eigener Spezialfahrzeuge unter Einsatz von Großserienaggregaten, eben dem Puch-Mercedes G.
3. „Verallradisierung" von bestehenden Großserienfahrzeugen wie dem VW-Syncro-Bus mit Produktionsauftrag.
4. Entwicklung und Fertigung von Allradkomponenten für namhafte Hersteller wie beispielsweise das „Allradset" für den Fiat-Panda 4 × 4 oder den Honda-Civic-Shuttle (Anm.: alte Ausführung mit händisch zuschaltbarem Allradantrieb). Dabei zählt vor allem das Fertigungsknow-how.
5. Reines Allrad-Engineering mit dem Ziel, neue Partner anzusprechen und ihnen das Puch-Entwicklungs- und Fertigungsknow-how anzubieten, für den Einsatz aktueller und künftiger Serien.

Als gute Basis für die Akquisition potentieller Partner sprach Rudolf dabei die hohe Bekanntheit der beiden bisherigen Hauptkooperationspartner Daimler-Benz und VW an. Kernpunkt aller künftigen Entwicklungen war die über dreißigjährige eigene Erfahrung im PKW-Bau (ab dem Puch-Kleinwagen) sowie das eigene hochtechnisierte Produkt in Spitzenqualität, der Pinzgauer. Rudolf sah in dieser Konstellation auch gewisse Parallelen zu Porsche und zum Weissacher Entwicklungszentrum dieser Firma.

Für die Zukunft des Allradantriebes sah Rudolf drei Hauptanwendungsgebiete:
1. Mit der Hand zuschaltbare Antriebe für hochkarätige Geländefahrzeuge wie beim G und beim Pinzgauer.
2. Selbsttätige Zuschaltsysteme mit hohem Bedienungskomfort für Großserienfahrzeuge wie den VW-Bus.
3. Hightech-Allradsysteme mit ABS-Tauglichkeit und variabler Kraftverteilung sowie Schlupfregelungssystemen für hochmotorisierte Luxusfahrzeuge.

Er verwies im Rahmen dieses Gespräches auch noch auf die Gruppe „Vorausentwicklung", der für künftige Allradantriebe höchste Bedeutung zukäme. Leiter dieser Abteilung war Dipl.-Ing. Jürgen Stockmar, der bald darauf Rudolfs Nachfolger als Leiter des Grazer Werkes wurde.

Der VW-Syncro-Bus im Gelände.

Kooperationsprodukte mit dem VW-Konzern: Syncro-Bus, Golf Country und Noriker

Unter Nutzung der bereits vorhandenen Allradkompetenz in Graz entschloss sich der VW-Konzern Anfang der 1980er-Jahre, den am Markt sehr erfolgreich etablierten VW-Transporter „Bully“ mit Allradantrieb auszurüsten. Außer den rein technisch-kommerziellen Fakten könnte auch die Tatsache, dass der Wiener Dr. Ernst Fiala als Vorstandsvorsitzender bei VW in Wolfsburg das Sagen hatte, zu dieser Kooperation beigetragen haben. Auch die Verwendung des Sechszylinder-Diesels vom VW LT als Antriebsaggregat für den Pinzgauer Turbo D konnte als gutes Omen für die neuerliche Kooperation gesehen werden.

Nach erfolgreichem Abschluss eines Entwicklungsauftrages zur Herstellung eines permanenten Allradantriebes (weltweit erster serienmäßiger Einbau einer Viscokupplung), der mit wenig Adaptierungsaufwand in das bestehende 4×2-Basisfahrzeug zu integrieren war, wurde die gesamte Fertigung des T3 4×4 (Syncro) nach Graz vergeben. Die Teileanlieferung erfolgte aus der Großserie des VW-Werkes Hannover, das Allradaggregat wurde in Graz gefertigt.

Mit der Fertigung des VW-Syncro-Bus-Programmes übernahm Puch einen kleinen, aber wichtigen Part der Produktpalette des VW-Konzerns. Die VW-Transporter der Baureihe T3 mit wassergekühlten Heckboxermotoren wurden zur Gänze in einer eigens aus dem Boden gestampften Fertigungshalle erzeugt. Dabei wurden die neuesten

Erste VW-Rohkarosse, Dezember 1984.

Erfahrungen der Kleinserienproduktion angewendet und der Transport der Komponenten mit Hochförderbändern bewerkstelligt. Die Taktzeit betrug 24 Minuten und es konnten alle Varianten des VW-Transporterprogrammes von der Pritsche bis zum Luxusbus „Caravelle" gefertigt werden. Die Rohkarosserien wurden in zerlegtem Zustand aus Deutschland angeliefert und in Graz nach dem Qualitätsaudit wie in Hannover aufgebaut. Ebenso wurden die Aggregate einbaufertig geliefert. Das Verteilergetriebe mit der Visco-Kupplung und der gesamte vordere Antriebsstrang wurde in Graz gefertigt und endmontiert. Alle Allradbusse von VW wurden ausschließlich in Graz gebaut.

Getriebefertigung für den VW T3 Syncro-Allrad „Bully". Es gab alle Karroserievarianten – vom Kastenwagen-Aufbau bis zum luxuriösen „Caravelle"-Kleinbus.

VW Golf Country

Zu Beginn des Jahres 1990, als die Ablöse des Transporters der Baureihe T3 beschlossene Sache war, wurden infolge der geringeren Absatzzahlen auch die zweiradgetriebenen Busse zur Gänze in Graz gebaut. Zu Beginn des Jahres 1990 wurde vom VW-Konzern ein weiteres Projekt mit Fertigung aller Exemplare an die Grazer vergeben: der VW Golf Country. Dabei handelt es sich im Prinzip um das „aufgepeppte" Modell des VW Golf Syncro mit höherer Bodenfreiheit und außenliegendem Reserverad. Die Erhöhung der Bodenfreiheit erfolgt im Prinzip durch die Einführung eines aus Rohren hergestellten Hilfsrahmens.
Aufgrund der enttäuschend niedrigen Verkaufszahlen des VW Golf Country wurde die Produktion lange vor Erreichung des Break Even (d. h. der Wagen hatte noch nicht die Produktionskosten eingespielt) eingestellt. Automobilhistoriker sprechen heute von einem schweren strategischen Fehler, denn der Golf Country war der Schrittmacher einer heute so begehrten Fahrzeugkategorie, nämlich des kleinen SUVs.

VW Golf Country, gebaut bei SFT (Steyr-Daimler-Puch-Fahrzeugtechnik Ges.m.b.H.) in Graz.

Die Verwandlung eines Golf-Syncro in einen „Cowboy" gilt zu Recht als Vorläufer einer Fahrzeuggeneration, die später unter dem Sammelbegriff der kleinen SUV (Sport Utility Vehicle) eine breite Verwendung fand. Diese Verwandlung, die von den Technikern

VW-Fertigung in der Halle 1 ab 1984.

Der VW Golf als mächtiger Ranger in der Prärie. Ein toller „kleiner" SUV, wie er in die heutige Zeit passt. Leider um Jahrzehnte zu früh.

Diese Teile machten den VW Golf hoch und mächtig, vom Hilfsrahmen bis zum Unterfahrschutz.

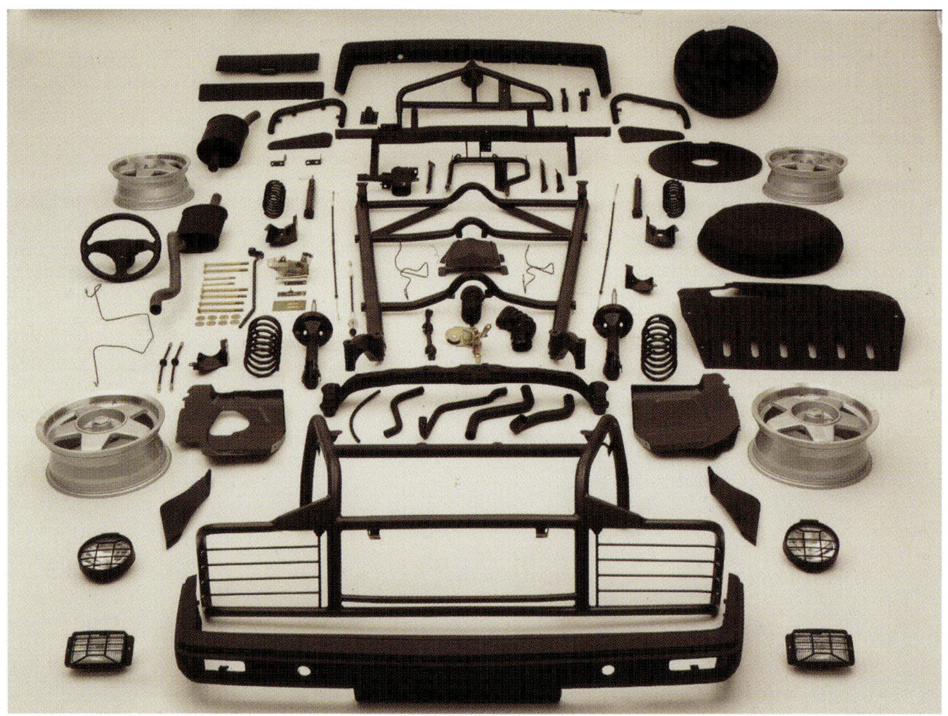

in Graz bewerkstelligt wurde, erfolgte nicht nur durch ein optisches „Aufpeppen" (Rammschutz, Steinschlaggitter vor den Scheinwerfern, Leichtmetallfelgen, außenliegendes klappbares Reserverad), sondern auch durch eine Höherstellung des Fahrzeuges. Bei diesem Projekt wurden die fertigen Fahrzeuge aus der Serie in Deutschland nach Graz angeliefert und entsprechend adaptiert.
Produktionsbeginn (SOP = Start of Production): 1990.
Produktionsende (EOP = End of Production): Oktober 1991.
Gefertigte Stückzahlen: 7.713 Einheiten.

Oben: VW T3 4 × 4, Ausführung als Pritschenwagen mit einfacher Kabine.
Links: Wüstenerprobung.

VW-Transporter T3 4 × 4

Produktionsbeginn (SOP): 5. Dezember 1984.
Produktionsende (EOP): 25. November 1992.
Gefertigte Stückzahlen: 61.905 Einheiten CBU (= Komplettfahrzeuge),
63.915 Einheiten mit den SKD-Lieferungen (= halbzerlegte Fahrzeuge),
davon 45.478 Einheiten T3 4 × 4 und 18.437 Einheiten T 3 2 × 2 (Auslauffertigung T3).

Oben: Noriker, Prototyp, 1990 von SFT (Steyr-Daimler-Puch-Fahrzeugtechnik Ges.m.b.H.) entwickelt. Leichtes, geländegängiges Nutzfahrzeug mit permanentem Allradantrieb auf Basis des VW LT. 6-Zylinder-Turbodiesel, 2.384 cm³, 75 kW bei 4.300 U/min. 5 Gänge, zweistufiges Verteilergetriebe mit 100% sperrbarem Längsdifferenzial.
Rechts: Noriker 4 × 4.

Oben: Der Noriker mit den modifizierten Karosserievarianten des VW LT war bereits ziemlich weit entwickelt, es war bereits dieser Werksprospekt am Markt. Das Projekt wurde dennoch nicht verwirklicht.
Rechts: Noriker 4 × 4.

Noriker

Ein weiteres hochspezialisiertes Produkt mit VW war ebenfalls angedacht: der Noriker. Dabei handelte es sich um ein Allradfahrzeug unter Verwendung der VW LT Karosserievarianten, vom geschlossenen Kastenwagen bis zur offenen Pritsche. Die Vorarbeiten waren bereit sehr weit gediehen. Die Vorausentwicklung hatte begonnen, als aus heute nicht mehr nachvollziehbaren Gründen nach zwei bereits in Erprobung stehenden Prototypen das Aus für dieses Projekt kam.

Geschäftsfelder der Puchwerke in Graz

Die Unterlagen für diesen letzten Abschnitt, der sich mit der Automobilfertigung in Graz Thondorf bis zum heutigen Tag befasst, wurden mir von Herrn Ing. Dr. Erich Mayer zur Verfügung gestellt. Er war ab 1985 bei Steyr-Daimler-Puch / MAGNA als Personaldirektor tätig. Mit seinem Buch „PUCH Werk II – im Wandel der Zeit“ (Weishaupt Verlag) hat er einen wesentlichen Beitrag zur Dokumentation der jüngeren Unternehmens- und Produktionsgeschichte des Grazer Standortes geleistet.

Ich bedanke mich für seine kollegiale Hilfe sehr herzlich.
Friedrich Ehn

Engineering – Komponentenbau – Fahrzeugproduktion

Die dem griechischen Philosophen Heraklit zugeschriebene Wendung „Panta rhei“ (Alles fließt), in übertragenem Sinn ganz allgemein angewandt auf die Entwicklung der Automobilindustrie, gilt im Besonderen auch für die Puchwerke (ehem. Standorte Graz Puchstraße und Thondorf, heute nur mehr Puchwerk Thondorf) in Graz.

Die im Lauf der Zeit sich ständig verändernden ökonomischen Rahmenbedingungen führen zwangsläufig dazu, dass Unternehmen ihre Produkte immer wieder neu anpassen und Marktchancen finden müssen, um die Zukunft des Firmenstandortes nachhaltig sichern zu können.

Dies zeigten schon die frühen Jahre des Unternehmens, noch unter der persönlichen Ägide des Johann Puch, in den Pioniertagen des Automobilismus. Der Gründer der Puchwerke Graz war einer der großen Fahrzeug- und Motorenbauer in Mitteleuropa. Technische Neuerungen, eine breite Produktpalette, standardisierte Fertigungsverfahren und hohe Qualität etablierten seinen Namen in der nationalen und internationalen Automobilwelt. Schon in den Jahren vor und dann verstärkt während des Ersten Weltkriegs bewerkstelligte die Firma Puch die komplette Motorisierung der k.k. Armee und war deren wichtigster Fahrzeug-Lieferant.

Jahrzehnte später hatten die Grazer mit den Modellen Steyr-Puch 500 bis 700 wieder die richtigen Fahrzeuge zur rechten Zeit parat und waren in Alltag und Sport mit den besten Kleinwagen Europas führend dabei. Die hohe technische Kompetenz zeigte sich auch beim geländegängigsten Radfahrzeug der Welt, dem *Pinzgauer* – „Made by Puch in Graz“.

In diesem Kapitel sollen nun die Veränderungsprozesse des Werkes anhand der vielen unterschiedlichen Projekte und Produkte gezeigt werden, mit denen sich das Unternehmen in der jüngeren Vergangenheit international neu positionierte und profilierte.

Die Erfolgsmodelle *Haflinger* und *Pinzgauer* haben den Namen „PUCH“ als Spezialist für Allradlösungen weltweit etabliert, doch von den Stückzahlen her bewegte man sich weiter nur im Kleinserienbereich. Dies teilweise auch noch in einer Stoßfertigung, ohne kontinuierliche Auslastung, was sich wirtschaftlich negativ auswirkte. Überlegungen zum Einbau möglichst vieler Gleichteile, abgeleitet von einem Serienprodukt, konnten den Projekten hinsichtlich Synergie und Kostenreduktion keine signifikanten Verbesserungen bringen. Auch die weltweiten ökonomischen Folgen der „Ölkrise“, explodierende Benzin-Preise, schwindende Verkaufszahlen und dazu laufende Änderungen auf Gesetzesebene zur Hebung der Verkehrssicherheit bzw. von Umweltstandards stellten für das Unternehmen finanziell immer größere und kaum überwindbare Hürden dar.

Erst die „Allradisierung“ der unterschiedlichen Fahrzeug-Typen von OEM’s (Original Equipment Manufacturer = Originalhersteller) und die Engineering-Kompetenz zur Entwicklung und Produktion von kompletten Fahrzeugen, gepaart mit der Fertigung von innovativen Allradsystemen und diversen Spezialkomponenten, brachte dem Puchwerk den entscheidenden wirtschaftlichen Durchbruch am Markt.

Erste Erfolge im Bereich Komponenten zeigten sich im Jahre 1982 mit dem Projekt Panda 4 × 4, wo man zum Exklusivlieferanten für 4 × 4-Komponenten innerhalb der gesamten Fiat-Lancia-Alfa-Gruppe aufstieg. Sehr bald folgten weitere Großkunden wie der VW-Konzern, Daimler-Benz, Opel, Chrysler, Renault, aber auch asiatische Hersteller wie Nissan und Honda.

Kooperation mit Fiat: Fiat-Panda 4 × 4 und Lancia 4 × 4

Durch die langjährige gute Zusammenarbeit mit dem Fiat-Konzern war es naheliegend, dass es mit der neuen Allrad-Kooperationsline des Puchwerkes auch zur „Verallradisierung“ von Fiat-Produkten kommen musste. Das erste Fahrzeug war Fiats Kleinster, der Panda. Für diesen Wagen lieferten die Grazer ein mittels Hand zuschaltbares Verteilergetriebe, das die Kraft des kleinen Fronttrieblers über eine Kardanwelle auf die Hinterachse übertrug. Mit dieser Fertigung und Zulieferung für Fiat eröffneten die Puchwerke in Graz das Geschäftsfeld „Komponenten“. Für die Lancia-Modelle lieferte Puch als Allrad-Komponente eine eigens entwickelte Syncro-Kupplung, die zum Unterschied von der für den VW-Syncro-Bus verwendeten Ausführung keine Distanzhalter zwischen den Kupplungslamellen verwendet.

Fiat-Panda 4 × 4.

Fiat-Panda 4 × 4-Aggregatmontage ab 1982.

Auslagerung des Geschäftsfeldes Komponentenbau

Durch neue Gesamtfahrzeug-Aufträge und die Ausweitung des Komponenten-Geschäftes wurde der Platz im Puchwerk Thondorf immer knapper. Daher wurde für den Bereich Fertigung ein eigenes Werk in Lannach errichtet, das ab Juni 1999 in Betrieb ging. Mit Fertigstellung eines neuen Werkes in Ilz wurde der Komponentenbau sukzessive an die zwei neuen Standorte ausgelagert. In Thondorf konzentrierte man sich auf die Bereiche Engineering und Fahrzeugproduktion.

Nach der Übernahme der bereits ein Mal strukturbereinigten Reste des Steyr-Daimler-Puch-Konzerns und damit auch der Puchwerke in Graz durch den MAGNA-Konzern, wurde der Restrukturierungsprozess weiter fortgesetzt. Infolgedessen wurde der Bereich Komponenten mit dem in Amerika von MAGNA übernommenen Getriebe-Unternehmen *New Venture Gear* verschmolzen. Diese Gruppe *MAGNA Powertrain* ist heute ein erfolgreiches, weltweit agierendes Unternehmen auf dem Gebiet der Getriebe-Entwicklung und Getriebe-Produktion, mit einer großen Anzahl von Standorten in Europa, Amerika und Asien.

Die Zukunft liegt in der Fahrzeugproduktion

Nach dem Eigentümerwechsel im Jahre 1998 wurde – wie bereits erwähnt – die Entwicklung und Produktion von Allradsystemen als eigene Gruppe im MAGNA-Konzern etabliert. In Graz verblieb aber genug Knowhow im Engineering, um den Kunden stets maßgeschneiderte Lösungen anbieten zu können.

Die Unternehmens-Kompetenz reicht hier von der Entwicklung und Produktion der Prototypen über die Klein- und Mittelserien bis hin zur Großserie, und dies alles in einem eng verzahnten, flexiblen und damit wirtschaftlichen Fertigungsverbund. Jedes realisierte Projekt vergrößert auch das Knowhow der Puchwerke. Die Zusammenarbeit mit beinahe allen OEM's weltweit garantiert ein Schritthalten auf dem neuesten Stand der Technik.

Am Beginn des Geschäftsfeldes *Fahrzeugproduktion* stand richtungweisend das Projekt Puch-Mercedes G in Form einer Kooperation, die bis heute erfolgreich in Graz fortgesetzt wird. Abgesehen davon gibt es eine ganze Reihe weiterer bereits abgeschlossener oder aktuell in Produktion stehender Automobil-Projekte, denen – gewissermaßen zur Vervollständigung der Unternehmens-Chronologie bis zum Erscheinen dieses Buches – ihr gebührender Platz eingeräumt werden soll, auch wenn es sich dabei um keine Puch-Fahrzeuge im engeren Sinn mehr handelt.

Werkspräsentation des Bitter in Thondorf. Links im Bild Werksdirektor Dr. Egon Rudolf.

Projekt Bitter (Opel Senator)

Auf Basis des Opel Senator fertigte das Werk für den Automobilenthusiasten Erich Bitter in einer Spezialanfertigung die sportliche Limousine CD mit maseratimäßigem Aussehen, italienischem Design und üppiger Lederausstattung. Wegen wirtschaftlicher Schwierigkeiten auf der Kundenseite musste die Produktion allerdings vorzeitig abgebrochen werden.
Produktionszeitraum: 1987.
Gefertigte Stückzahlen: 200 Einheiten.

Audi V8L

Mit der Konversion einer Audi 100-Limousine in eine Langversion (Audi V8L) konnte das Unternehmen den Eintritt in die Premiumklasse schaffen. In perfektionistischer Tüftelarbeit von ausgesuchten Spezialisten (es waren in diesem Projekt nur rund 20 Mitarbeiter im direkten Fertigungsbereich beschäftigt) wurde das Fahrzeug neben weiteren Detailoptimierungen um exakt 317 mm verlängert. Als „Manufaktur" im Kleinstseriebereich erreichte die Stückzahl in diesem limitierten Projekt den Wert von max. einem Fahrzeug pro Tag. In regelmäßigen Qualitätsaudits platzierte sich das abgelieferte Produkt aber immer im Spitzenfeld, bis hin zur Nummer eins im internen Qualitätsranking des Audi-Konzerns. Damit war dieses Fahrzeug eine ausgezeichnete Visitenkarte des Werkes, das die handwerklichen Fähigkeiten seiner Mitarbeiter hervorragend unter Beweis stellte.
Produktionsbeginn (SOP): 1990. Produktionsende (EOP): 1994.
Gefertigte Stückzahlen: 270 Einheiten.

Endmontage der im Puchwerk Thondorf gebauten Audi V8L.

Der auf Basis des VW Golf GT 2 gefertigte Treser. Ausführung als Cabrio oder Hatchback.

Treser

Auf Basis des VW-Polo entwickelte die deutsche Tuning-Firma Treser ein schnittiges, offenes Funcar. Mit einer für die damalige Zeit innovativen Lösung, das Cabriodach im Kofferraum verstauen zu können, setzte dieses Fahrzeug neue Maßstäbe. Für das Grazer Werk als Umsetzer in Entwicklung und Produktion brachte dieses Projekt einen beträchtlichen Knowhow-Zuwachs, speziell im Bereich Verdeck-Dichtheit und Karosseriesteifigkeit. Wegen wirtschaftlicher Schwierigkeiten auf der Kundenseite musste das Projekt aber relativ bald eingestellt werden.
Produktionszeitraum: 1993.
Gefertigte Stückzahlen: 245 Einheiten.

Chrysler Voyager

Nachdem in Amerika das Erfolgsprodukt Chrysler Voyager den Turnaround für den finanziell angeschlagenen Chrysler-Konzern einläutet hatte, dauerte es nicht lange, dieses Erfolgsprodukt auch in Europa zu platzieren. Zur Vermeidung hoher Importzölle war eine europäische Wertschöpfung von mindestens 40 Prozent nachzuweisen. Nach anfänglichem Zögern, diesen Großauftrag überhaupt anzunehmen, konnte sich das Werk in Graz gegen andere Konkurrenten durchsetzen. Ausschlaggebend dafür war nicht nur das gut ausgebildete Fachpersonal am Standort, sondern auch der absehbare EU-Beitritt Österreichs und damit die Möglichkeit, erhebliche Fördermittel für das Projekt lukrieren zu können. Zur Risikominimierung einigte man sich im Jahre 1989

Chrysler Voyager AWD, Modell 1991. Das Eurostar-Werk, das dieses Modell baut, befindet sich in Graz-Thondorf. Die Steyr-Daimler Puch AG ist zu 50% Eigentümer dieses Unternehmens.

auf die Gründung des 50:50 Joint Ventures (JV) Eurostar, mit Produktionsstandort direkt im Gelände des Puchwerkes. Im Zuge einer neuerlichen Restrukturierung der verbliebenen Reste des vormaligen Steyr-Daimler-Puch-Konzerns durch Magna, wurde ein 50%-Anteil am JV Eurostar im Jahre 1999 an Chrysler verkauft. Zur Unterbringung anderer Fertigungen entschloss man sich im Jahr 2002, das Eurostar-Werk zu 100 % wieder zu übernehmen. Dadurch konnte die Produktion des Chrysler Voyager aus den bisherigen Fabrikationshallen übersiedelt und in eine gemischte Fertigung mit dem Jeep Grand Cherokee integriert werden.

Von Projektstart an beschäftigte sich das Engineering in Graz mit der „Europäisierung“ des Produktes und begleitete jedes Fahrzeugmodell in die Serienbetreuung. Mit dem Start des Projektes entstand im Umfeld des Grazer Werkes auch eine starke Zulieferindustrie, die wiederum für andere Fertigungsprojekte äußerst hilfreich war. Wegen der langen Zeitspanne des Produktionslaufes kam es zu vielen Modelländerungen, die von der Engineeringseite her immer wieder zu begleiten waren.

Zur Vervollständigung des Bildes ist noch anzumerken, dass im Jahre 2001 und 2002 im Eurostar-Werk, das damals noch zu 100 % im Eigentum von Chrysler stand, in einer gemischten Fertigung mit dem Chrysler Voyager der PT Cruiser gefertigt wurde. Wegen geringer Marktnachfrage und hoher Produktionskosten wurde die Fertigung aber nach 29.001 Einheiten eingestellt.

Produktionsbeginn (SOP): 28. Oktober 1991.
Produktionsende (EOP): 28. November 2007.
Gefertigte Stückzahlen: 618.979 Einheiten.

Beginn der Jeep Grand Cherokee-Produktion am 4. Oktober 1994.

Jeep Grand Cherokee-Modelle ZG / WG / WJ / WH

Die positiven Erfahrungen des Hauses Chrysler bei der Umsetzung des JV „Eurostar“ und die gute Marktakzeptanz des Erfolgsproduktes Jeep Grand Cherokee führten rasch dazu, dieses Produkt in Graz, direkt in den Puchwerken in Thondorf, produzieren zu lassen. Die Zulieferindustrie in Standortnähe und der Beitritt Österreichs zur EU begünstigte diese Entwicklung enorm.

Nach nicht einmal 12 Monaten Vorlauf konnte am 4. Oktober 1994 die Produktion beginnen. Mit den vertraglich fixierten Lieferzahlen rückte man von der Kleinserienproduktion in das mittlere Stückzahlsegment vor. Die Entwicklung der Rechtslenkerversion, der Einbau von Dieselmotoren und die Übernahme der Weltproduktion dafür sicherten als Alleinstellungsmerkmale dem Standort eine dauerhafte und erfolgreiche Zusammenarbeit mit dem OEM. Auch alle Modelländerungen sowie die Einsteuerung der unterschiedlichsten Modellvarianten konnten in Graz bestens umgesetzt werden, was den Ruf des Hauses als kompetenter und verlässlicher Partner weiter gefestigt hat.

Bedingt durch die globale Wirtschaftskrise von 2008 und den dadurch ausgelösten Veränderungs- bzw. Konzentrationsprozess speziell in der Automobilindustrie, musste die Zusammenarbeit mit dem Hause Chrysler im Jahre 2010 allerdings beendet werden.

Produktionsbeginn (SOP): 4. Oktober 1994.
Produktionsende (EOP): 30. April 2010.
Gefertigte Stückzahlen: 389.270 Einheiten.

Der 50.000ste allradgetriebene Mercedes-Benz-E-Klasse-4-matic (Typ WS 210) läuft vom Band. Im Vordergrund rechts Magna-Manager Siegfried Wolf.

Ein Bild sagt mehr als 1.000 Worte: Produktionsende am 13. Dezember 2006 für den Mercedes-Benz WS 211 4 matic.

Mercedes-Benz-E-Klasse-4-matic (WS 210, WS 211)

Der stark steigenden Nachfrage nach Allradfahrzeugen in den 1990er-Jahren konnte sich kein Originalhersteller (OEM) entziehen. Als weltweit anerkannter Spezialist für Allradlösungen war das Grazer Werk kompetenter Partner bei der Umsetzung zukunftsweisender Lösungen. Aus der „Verallradisierung" der Mercedes-Benz-Klassen S, E und C (Projekt SEC) ergab sich für den Standort Graz die Gelegenheit, auch die Fertigungsumfänge für die allradgetriebenen Mercedes-Benz-E-Klasse-4-matic-Einheiten zu bewerkstelligen, und zwar sowohl für das viertürige Stufenheck-Modell als auch die fünftürige Kombiausführung; beide Varianten mit einem 2,8- bzw. 3,2 V6-Zylindermotor der neuesten Mercedes-Motor-Generation. Der Fertigungsumfang umfasste neben der Herstellung der Allradgetriebe die Adaptierung der aus der Großserie angelieferten Rohkarosse, die Lackierung und die Endmontage. Nach einer gewissen Marktsättigung und einem Abflachen der Produktionsstückzahlen für die 4-matic wurden auch 4 × 2-Fahrzeuge in den Fertigungsprozess eingesteuert.

Produktionsbeginn (SOP): 11. November 1996.
Produktionsende (EOP): 13. Dezember 2006.
Gefertigte Stückzahlen: 190.895 Einheiten, davon Baureihe WS 210: 97.584 Einheiten, Baureihe WS 211: 93.311 Einheiten.
4 × 4-Fahrzeuge: 150.843 Einheiten, 4 × 2-Fahrzeuge. 40.052 Einheiten.

Karosseriebau des Mercedes M-Geländewagenmodells im Grazer Puchwerk Thondorf.

Mercedes-Benz-M-Klasse

Speziell für den amerikanischen Markt hat der Daimler-Benz-Konzern die M-Klasse entwickelt und erfolgreich in seinem neuen Werk in Tuscaloosa / USA in Produktion gebracht. Auch in Europa kam das Fahrzeug gut an. Als die amerikanischen Fertigungskapazitäten nicht mehr ausreichten und wohl auch zur Vermeidung von europäischen Einfuhrzöllen, ging man auf die Suche nach einem europäischen Partner, den man in den Puchwerken fand. Mit der unkonventionellen und investitionsschonenden Lösung, die Fabrikation von mehreren, in ihrer Konstruktion ähnlichen Automobilen in einem gemeinsamen Hauptzusammenbau zu bewerkstelligen, wurde die M-Klasse in die Fertigung des Jeep Grand Cherokee integriert. Etwa zeitgleich erfolgte die Fusion von Daimler-Benz mit Chrysler zum Daimler-Chrysler-Konzern. Damit wurde das Projekt gleich zur Probe aufs Exempel, ob es überhaupt möglich ist, unterschiedliche Logistiksysteme und Qualitätsanforderungen etc. zu harmonisieren: Graz zeigte, dass und vor allem wie es in der Praxis funktionieren kann.
Nach Auslaufen der limitiert angesetzten Fertigung in Graz wurde die freie Kapazität dazu genutzt, in einer gemeinsamen Fertigung neben dem Jeep auch den vom Eurostar-Werk transferierten Voyager im Fertigungsverbund zu erzeugen.

Produktionsbeginn (SOP): 26. Mai 1999.
Produktionsende (EOP): 12. Juli 2002.
Gefertigte Stückzahlen: 77.099 Einheiten.

Trotz der 95.000 in Graz gebauten Einheiten dieses Saab Cabrio-Modells, Baureihe 9.3, konnte diese technisch innovative schwedische Firma nicht den Folgen der Weltwirtschaftskrise von 2008 widerstehen. Das Projekt musste 2009 eingestellt werden.

Saab 9.3er-Cabriolet

Die langjährige Engineering-Kompetenz des Werkes Graz führte dazu, im Jahre 2000 mit dem traditionsreichen schwedischen Automobilhersteller Saab ein geradezu heimlich ablaufendes Projekt zur Entwicklung und Produktion eines Cabriolets auf Basis des Saab 9.3er zu starten. Mit einem hochautomatisierten eigenen Rohbau mit eigener Montagelinie, wofür die letzten Teile der Komponentenfertigung aus der Halle 3 in Thondorf an die neuen Standorte in Lannach bzw. Ilz übersiedelt wurden, wurde speziell für dieses Cabrio eine neue Fertigungseinheit auf dem letzten Stand der Technik entwickelt.

Obwohl von der gesamten Fachpresse für sein schnittiges Design und die hohe Qualität wortreich gelobt, gelang es diesem Fahrzeug trotz bester Marktakzeptanz nicht, dem Saab-Konzern die nötige Finanzkraft zu verschaffen, um die Folgen der Weltwirtschaftskrise des Jahres 2008 durchstehen zu können. Mit der Insolvenz des Kunden musste das Projekt 2009 leider eingestellt werden.

Produktionsbeginn (SOP): 17. Juli 2003.
Produktionsende (EOP): 3. Dezember 2009.
Gefertigte Stückzahlen: 95.418 Einheiten.

Mit diesem Wagen dieses deutschen Premiumherstellers gelang der Vorstoß in die Großserienproduktion. 605.498 Einheiten verließen die Bänder des Puchwerkes in Thondorf.

BMW X3

Mit der X-Linie stieg das Haus BMW massiv in den Allradbereich ein und der BMW X 3 sollte eine Marktlücke im aufstrebenden Segment der SUV-Fahrzeuge (= Sport Utility Vehicles) füllen. Vorbild war der BMW X5, ein Fahrzeug, speziell für den amerikanischen Markt konzipiert. Abgeleitet von der BMW X5-Technologie wurde auf Basis einer BMW 3er-Plattform ab Herbst 2000 in kürzester Zeit das neue Fahrzeugmodell in Graz entwickelt und ab Sommer 2003 in die Serienfertigung gebracht. Mit diesem Fahrzeug stieg das Unternehmen erstmals in die Großserienproduktion ein und hatte damit alle neuen Herausforderungen hinsichtlich Prozesssicherheit, IT und vor allem Logistik mit eigener Steuerung der Zulieferanten zu bewältigen. Neben der Gesamtfahrzeugintegrationsentwicklung war das Engineering während der Laufzeit der Produktion mit der Serienbetreuung, aber auch mit der Entwicklung von Modelländerungen beauftragt.

Die Unterbringung der BMW X3-Produktion erfolgte im vormaligen Betriebsareal von Eurostar, von wo im Jahre 2002 die Fertigung des Chrysler Voyager in eine gemischte Fertigung mit dem Jeep Grand Cherokee ausgelagert wurde.

Produktionsbeginn (SOP): 2. September 2003.
Produktionsende (EOP): 25. August 2010.
Gefertigte Stückzahlen: 605.498 Einheiten.

Chrysler 300 C

Ein weiteres erfolgreiches Kooperationsprodukt aus der Zusammenarbeit mit Chrysler, der Typ 300 C. Gemeinsam gefertigt mit Voyager und Jeep im Puchwerk Graz Thondorf.

Als einziger Produktionsstandort von Chrysler-Fahrzeugen in Europa zeigten die Puchwerke mit ihren flexiblen Fertigungsansätzen, wie man investitionssparend mehrere Automobil-Modelle über einen Hauptzusammenbau fertigen kann. Ein Paradebeispiel dafür lieferte das Unternehmen mit der Integration der Chrysler-Limousine 300 C, die gemeinsam mit dem Jeep Grand Cherokee und dem Minivan Voyager über einen einzigen Hauptzusammenbau gefertigt wurde.

Produktionsbeginn (SOP): 1. Juni 2005.
Produktionsende (EOP): 30. April 2010.
Gefertigte Stückzahlen: 74.647 Einheiten.

Auch der „große" Jeep kam aus Graz.

Jeep Commander

Die Spezialität des Grazer Werkes, mehrere Fahrzeuge über einen einzigen Hauptzusammenbau zu produzieren, erfuhr eine weitere Steigerung, als man zu den bereits im Verbund gefertigten Fahrzeugen Jeep, Voyager und 300 C auch noch die Fertigung des Jeep Commander hinzufügte.

Produktionsbeginn (SOP): 16. Jänner 2006.
Produktionsende (EOP): 1. Juli 2009.
Gefertigte Stückzahlen: 19.801 Einheiten.

Der Mercedes SLS, ein Supersportwagen für die Edelschmiede AMG, gefertigt im Puchwerk in Graz.

Mercedes-Benz SLS AMG-Aluminiumkarosserie

Auch wenn die Fertigung der lackierten Aluminiumkarosserie für den Mercedes-Benz SLS kein Fahrzeugprojekt in engerem Sinn darstellt, so ist dies doch ein Musterbeispiel dafür, wie man durch meisterhaftes handwerkliches Können Kunden nachhaltig an ein Unternehmen binden kann. Als „Flügeltürer" im oberen Preissegment war dieses Automobil nicht nur für die Fachpresse eine garantierte Topmeldung, sondern es begeisterte gut betuchte Kunden auch durch seine Eleganz und Technik. Hier galt es für die Grazer Autobauer, eine Aluminiumkarosse zu entwickeln und zu fertigen und diese endlackiert dem Kunden Mercedes-AMG abzuliefern.

Extrem hohe Qualitätsanforderungen an Oberflächengüte und Maßhaltigkeit stellten kein leichtes Unterfangen dar. Der erstmalige, weltweit einzigartige Einsatz des manuellen CMT-Schweißens (Cold Metal Technology) war eine zusätzliche Herausforderung bei diesem Projekt. Durch die 40%ige Gewichtseinsparung, verglichen mit einer herkömmlichen Stahlkarosse, ergab sich für dieses Automobil ein Gesamtgewicht von lediglich 241 Kilogramm pro Karosserie.

Produktionsbeginn (SOP): 30. November 2009.
Produktionsende (EOP): Juni 2014.
Gefertigte Stückzahlen: 11.720 Einheiten.

Aston Martin Rapide.

Aston Martin Rapide

Mit dem neuen Kunden Aston Martin und der Projekt-Entwicklung für das viertürige Luxus-Coupé und das Cabrio Aston Martin Rapid zeigte das Grazer Werk einmal mehr seine ingenieurmäßige und handwerkliche Kompetenz. Nicht nur bei der Herstellung der Alu-Leichtbaukarosse waren durch den flächendeckenden Einsatz von Klebetechnik ganz spezielle Herausforderungen zu meistern. Handwerkliches Geschick auf höchstem Niveau verlangten auch die luxuriösen Ausstattungsdetails, damit die hohen Qualitätsstandards des OEM erreicht und die Erwartungen der anspruchsvollen Kunden in diesem Premium-Segment erfüllt werden konnten.

Produktionsbeginn (SOP): 25. Mai 2010.
Produktionsende (EOP): 31. Mai 2012.
Gefertigte Stückzahlen: 2.697 Einheiten.

Der Sportflitzer Peugeot RCZ wurde nicht nur in Graz gefertigt, sondern musste sich dort auch auf der „Marterstrecke“ bewähren: Nichts durfte scheppern, quietschen oder klappern!

Peugeot RCZ

Aufbauend auf den Erfahrungen aus einem anderen schon weitgehend virtuell konzipierten Engineering-Projekt, entschloss man sich, das neue Modell Peugeot 308 RCZ für den Kunden PSA ebenfalls „virtuell“, d.h. unter hohem IT-Einsatz zu fertigen, vor allem um die Entwicklungszeiten abzukürzen und teure Prototypen einzusparen. Dem stylischen Aussehen und den sehr guten Fahreigenschaften dieses Automobils wurden höchste mediale Aufmerksamkeit und internationale Anerkennung zuteil: 2009 wurde es auf der IAA in Frankfurt zum „Most Beautiful Car of the Year“ gewählt.

Produktionsbeginn (SOP): Jänner 2010 (Serienstart).
Produktionsende (EOP): 18. September 2015.
Gefertigte Stückzahlen: 68.073 Einheiten.

Diese beiden speziellen MINI-Versionen (Konzernmutter BMW) wurden von 2010 bis 2016 in Graz gebaut.

MINI Countryman

Die ersten konkreten Überlegungen zur Entwicklung eines MINI-„SUV“ gab es schon im Jahr 2005. Nach einer Findungsphase, gemeinsam mit dem Hause BMW, wurde das Werk in Graz 2007 offiziell mit der Serienentwicklung und Produktion beauftragt. Das neue Fahrzeug etablierte sich am Markt als MINI-„SAV“ (Sports Activity Vehicle), einer jungen Generation von kleinen, sportlich orientierten Fahrzeugen. Mit vier Türen, einer großen Heckklappe, fünf Sitzmöglichkeiten und optionalem Allrad war es das erste MINI-Modell, das außerhalb von England gebaut wurde.

Da bereits in der Auslaufphase der BMW X3-Klasse eine sukzessive Umstellung der Fertigungslinien vorgenommen worden war, konnte die Produktion des neuen MINI Countryman gewissermaßen nahtlos hochgefahren werden.

Produktionsbeginn (SOP): September 2010.
Produktionsende (EOP): 11. Oktober 2016.
Gefertigte Stückzahlen: 563.831 Einheiten.

MINI Paceman.

MINI Paceman

Mit dem Modell MINI Paceman, einer sportlichen Coupé-Version, deren Produktion ab November 2012 erfolgte, wurde die Modellpalette um ein weiteres Fahrzeug ergänzt. Charakteristische Unterscheidungsmerkmale zum MINI Countryman sind beim MINI Paceman neben dem exklusiven Design eine verbesserte Fahrdynamik und neue Außenfarben. Zusammen mit einer modellgepflegten Variante des MINI Countryman und der Spezialversion Countryman John Coopers Works (leistungsstärkerer Motor, sportliches Interieur, schwarze Sportsitze mit roten Kontrastnähten), wurde die Produktion in einer Mixfertigung aufgenommen.

Produktionsbeginn (SOP): 2. November 2012.
Produktionsende (EOP): 11. Oktober 2016.
Gefertigte Stückzahlen: 42.392 Einheiten.

Seit 1. März 2017 läuft der 5er-BMW (siebente Generation) in Graz vom Band.

BMW 5er-Serie (Projekt G30)

Eine strategische Partnerschaft zwischen dem Grazer Werk in Thondorf und der BMW-Gruppe verhinderte nach dem Auslaufen der MINI-Modelle eine Fertigungslücke. Mit dem 5er-BMW konnte eine kontinuierliche Auslastung gewährleistet werden. In ihrer siebenten Generation gilt diese Modellreihe als eine der sportlichsten Business-Limousinen der Welt. Die hohe Modell-Variantenvielfalt sowie die Komplexität der Steuerungsprozesse im Produktionsablauf bringen für die Belegschaft zahlreiche neue Herausforderungen. Die Fertigung ist als Splittfertigung zwischen dem deutschen Werk in Dingolfing und dem Werk in Graz eingerichtet.

Produktionsbeginn (SOP): 1. März 2017.

Jaguar E-Pace (Bild) und Jaguar I-Pace stärken seit 2017 bzw. 2018 den Produktionsstandort Graz.

Jaguar E-Pace

Eine Partnerschaft mit dem britisch-indischen Automobilhersteller Jaguar Land Rover Ltd. (JLR) und dessen Initiative zur Erneuerung seiner Modellpalette führte zu einer Fülle von Entwicklungs- und Produktionsinitiativen, von denen auch das Werk in Graz erheblich profitierte. Durch die Vergabe der Produktion des neuentwickelten Fahrzeuges Jaguar E-Pace an den Standort Graz wurde ein neues Kapitel mit dem neuen Kunden JLR aufgeschlagen. Das Fahrzeug, ein 4.395 mm langer SUV-Allrad (wahlweise auch in einer 2WD-Ausführung) mit drei Diesel- und zwei Benzinmodellen soll am Markt wieder an die seinerzeitigen Erfolge von Jaguar / Land Rover auf dem internationalen Markt anschließen.

Produktionsbeginn (SOP): September 2017.

Jaguar I-Pace.

Jaguar I-Pace

Auch mit der Entwicklung des Jaguar I-Pace geht man in Graz innovative Wege, da es sich dabei um ein neues, zur Gänze als Elektrofahrzeug konzipiertes Automobil handelt und nicht um ein für Elektroantrieb adaptiertes Serienfahrzeug. Als erster E-SUV von JLR setzt das Fahrzeug mit 400 PS, einem Drehmoment von 696 Nm und einer Reichweite von bis zu 480 km neue Maßstäbe. Dank seiner aerodynamisch optimierten Form weist dieses Elektrofahrzeug nur einen sehr niedrigen Luftwiderstand auf. Eine hochwertige Innenausstattung hebt diesen innovativen Elektro-SUV ins obere Preissegment.

Produktionsbeginn (SOP): 23. April 2018.

Die neueste Version des offenen BMW Z4-Sportwagens läuft seit November 2018 von den Grazer Bändern.

BMW Z4 (Projekt G29)

Mit dem neuen zweisitzigen BMW Z4 Roadster fand ein weiteres neues Spitzenprodukt aus dem Hause BMW Eingang ins Grazer Werk. Die klassischen Proportionen der langen Motorhaube bei kurzem Heck geben dem Fahrzeug ein originelles, überaus schnittiges Aussehen. Mit dem Produkt selbst ist man bereits wohl vertraut, da man für das Vorgängermodell E 86-Z4 bereits Entwicklungsarbeit und SQA-Aufgaben geleistet hat. In gemischter Fertigung mit dem BMW der 5er-Serie läuft dieses Produkt seit November 2018 vom Band.

Produktionsbeginn (SOP): 2. November 2018.

Toyota Supra (J29).

Toyota Supra (J29)

Das (bis zur Drucklegung dieses Buches) jüngste Entwicklungsprojekt entstammt der Kooperation der BMW-Gruppe mit Toyota, die einerseits den BMW Z4 und andererseits den Toyota Supra hervorgebracht hat. Beim Toyota Supra handelt es sich um ein sportliches Coupé auf der gleichen Plattform wie der Z4, allerdings in alternativem, eigenem Design. Charakteristisch für dieses Fahrzeug ist das rundliche Heck und das „Double Bubble"-Dach, das dem Automobil seine ganz individuelle Anmutung verleiht. In Fachkreisen gilt das Fahrzeug als konzeptionelles Nachfolge-Modell des seinerzeitigen Supra MK IV, auch wenn inzwischen lange 17 Jahre vergangen sind. In einer gemischten Fertigung läuft die Produktion gemeinsam mit dem Z4 und dem BMW der 5er-Serie.

Produktionsbeginn (SOP): 1. März 2019.

Die technischen Maßeinheiten im Wandel der Zeit:

Die technischen Daten zu den Fahrzeugen in diesem Buch sind den originalen Werksunterlagen entnommen und daher in denjenigen Einheiten angegeben, die bei der „Geburt“ des jeweiligen Fahrzeuges normgerecht waren. Die Nomenklatur der Maßeinheiten umspannt somit einen Zeitraum von rund 120 Jahren.
Doch selbst der Leser (gilt selbstverständlich auch in der weiblichen Form), der die letzten Jahrzehnte hindurch in der Technik ganz allgemein und speziell im Fahrzeugbau mit dem Thema Technische Daten – samt den oftmals durch das Gesetz vorgeschriebenen Änderungen der Bezeichnungen – konfrontiert war, ist vielleicht verwirrt, wenn ein und dasselbe technische Faktum in unterschiedlichen Einheiten angegeben wird.
PS, HP, kW, mkp, kpm, mkg, kgm, Nm, min^{-1} oder was?

Nun, die Begriffe der Motorleistung haben wir schon auf Seite 110 geklärt. Doch in den technischen Datenblättern steht noch viel mehr drin:

Längenmaße: Die Karosserie- oder Fahrwerksmaße werden in mm (Millimeter) angegeben. Ebenso die Bohrung und der Hub von Verbrennungsmotoren. Trotz des bei uns geltenden Metrischen Maßsystems haben sich Dimensionen in Zoll (″) (1 Zoll = 25,4 mm) – beispielsweise bei der Reifendimension – durchgesetzt.

Kilometer (km): Diese Maßeinheit wird in Ländern mit metrischem Maßsystem als Entfernungsangabe für zurückgelegte Wegstrecken verwendet. Eng an diese Kilometerangabe ist die Geschwindigkeit geknüpft. Diese wird in Kilometern pro Stunde (km/h) angegeben.

Flächen- und Hohlmaße: Flächen- und Rauminhaltsangaben sind auf die Einheit cm (Zentimeter) bezogen. Beispielsweise wird die Fläche des Bremsbelages in cm^2 (Quadratzentimetern) angegeben. Der Hubraum wird in cm^3 (Kubikzentimetern) angegeben. Oftmals auch mit Bezug auf 1.000 cm^3 oder auch allgemein als 1 Liter bekannt. Somit hat der Puch 500 mit 493 cm^3 nahezu einen halben Liter Hubraum. Treibstoff- oder Füllmengen (z.B. Ölinhalt des Motors usw.) werden hingegen in l (Liter) angegeben.

Kraft, Masse, Gewichtskraft: Die Einheit der Masse ist das kg (Kilogramm) oder umgangssprachlich der/das Kilo. Kann sich jeder vorstellen. Das Kilogewicht hat immer die gleiche Masse, hier oder beispielsweise auf dem Mond. Nur auf der Erde übt das 1 Kilogewicht auf seine Unterlage eine andere Gewichtskraft aus als am Mond, denn auf der Erde wird es mit der Erdbeschleunigung von 9,81 m/s^2 (Gravitation) angezogen und drückt daher auf die Unterlage mit einer Kraft von 1 kp (Kilopond). Nur den Mathematikern passten diese „Erdverhältnisse“ der Kraft mit der Zahl 9,81 nicht, daher haben sie als Einheit der Kraft das N (Newton) mit einer Formel aus kg, m und s definiert. In der Praxis gilt die Umrechnung 1 N = 10 dkg (Dekagramm) oder 10 N = 1 kg.

Druck: Früher war es einfach: 1 kg pro cm^2 = 1 at (Atmosphäre). Es wurde noch unterschieden in atü (Atmosphären Überdruck also Gesamtdruck minus 1 at) oder ata (Atmosphären absolut). Kann man sich leicht vorstellen, und atü steht auch heute noch auf den Reifendruck-Messgeräten. Gesetzlich gilt jedoch das Pascal, eine rein rechnerisch abgeleitete Einheit (1 Pa = 1 N pro 1 Quadratmeter), die in der Praxis bei hohen Drücken zwangsläufig infolge ihrer winzigen Größe mit Zehnerpotenzen arbeiten muss.

Verdichtung: Beim Verbrennungsmotor wird das angesaugte Benzin-Luft-Gemisch bzw. die Luft beim Dieselmotor durch den Aufwärtshub des Kolbens im Zylinder zusammengedrückt und – vereinfacht ausgedrückt – am Oberen Totpunkt (OT) gezündet und ab dem Unteren Totpunkt (UT) ausgestoßen. Das Maß des „Zusammendrückens“ der Frischgase bis zur Zündung ist das sogenannte Verdichtungsverhältnis, das in einer dimensionslosen Verhältniszahl ausgedrückt wird. Verdichtung 8:1 (auch 1:8 oder nur 8 geschrieben) bedeutet beispielsweise, dass das Benzin-Luft-Gemisch am OT von seinem ursprünglichen, unverdichteten Volumen auf 1/8 desselben zusammengepresst wird.

Drehzahl: Die klassische Bezeichnung lautete U/min, also Umdrehungen pro Minute. Da jedoch Umdrehungen rechnerisch dimensionslos sind, haben die Mathematiker daraus die schöne Bezeichnung min^{-1}, also Minuten hoch minus 1 gemacht.
Somit gilt: 1.000 min^{-1} sind 1.000 U/min.

Drehmoment: Darunter versteht man eine Kraft, multipliziert mit (der Länge von) einem Hebelarm (z.B. Drehmomentschlüssel). Frühere Bezeichnungen waren m × kg oder mkg (Meterkilogramm) bzw. mkp (Meterkilopond). Heute wird das Drehmoment in Nm (Newtonmeter) angegeben. Einfache, praxisgerechte Umrechnung: 10 Nm = 1 kgm/1 kpm.

Übersetzung: Diese tritt zwischen Zahn- oder Kettenrädern auf. Dieses Drehzahlverhältnis wird in einer dimensionslosen Zahl angegeben. Z. B. Haflinger 1. Gang: 3,73:1 bedeutet, dass sich die Motorwelle 3,73 Mal drehen muss, um die Getriebewelle im 1. Gang ein Mal zu drehen. Die Schreibweise war auch oft: 1. Gang = 3,73. Dieses Übersetzungsverhältnis trägt die Bezeichnung i.
Oftmals wird auch die Anzahl der Zähne von Zahnrädern angegeben, z. B: 9 × 38 = 4,22:1. i = 4,22.
Zahlen über 1 bedeuten eine Übersetzung „ins Langsame“, unter 1 „ins Schnelle“.

Index

G

H

I

J

K

L

M

PUCH
Puch

Weishaupt Verlag • A-8342 Gnas 27 • T +43-3151-8487 • F +43-3151-84874
E-Mail: verlag@weishaupt.at • Internet: www.weishaupt.at

Friedrich F. Ehn

Das neue PUCH-Buch

Die Zweiräder von 1890–1987

ISBN 978-3-7059-0501-6
22,5 x 26,5 cm, 648 Seiten, über 1.000 Abb., durchgehender Farbdruck, Hardcover, Coverfoto & Coverdesign: Gottfried Frais, € 59,–

Friedrich F. Ehn

KTM – Weltmeistermarke aus Österreich

ISBN 978-3-7059-0034-9
2. Aufl., 22,5 × 26,5 cm, 328 Seiten, über 500 teils farbige Abb., Hardcover mit Schutzumschlag, geb., € 49,90

Klinger / Winter

101 Jahre österr. Motorradhersteller 1899–2000

ISBN 978-3-7059-0093-6
22,5 × 26,5 cm, 248 Seiten, ca. 300 teils farb. Abb., Hardcover mit Schutzumschlag, geb., € 49,90

Friedrich F. Ehn

Lohner – Roller und Mopeds

ISBN 978-3-7059-0070-7
22,5 × 26,5 cm, 272 Seiten, 500 großteils farb. Abb., Hardcover mit Schutzumschlag, geb., € 49,90

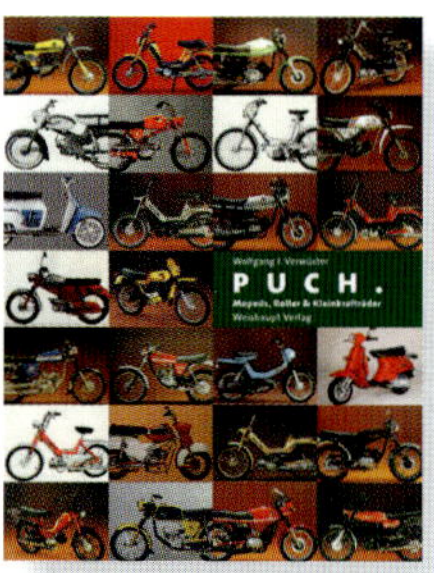

Wolfgang J. Verwüster

PUCH

Mopeds, Roller und Kleinkrafträder

ISBN 978-3-7059-0254-1
4. Aufl., 22,5 × 29 cm, 264 Seiten, über 550 farbige Abb., Hardcover, geb., € 48,–

Egon Rudolf

PUCH

Eine Entwicklungsgeschichte

ISBN 978-3-7059-0259-6
2. Aufl., 17,5 × 24,5 cm, 208 Seiten, 300 teils farbige Abb., Hardcover mit Schutzumschlag, geb., Mit beiliegender DVD (ca. 17,37 min Spielzeit), € 29,80

Karl-Heinz Rauscher / Franz Knogler

LKW aus Steyr

ISBN 978-3-7059-0089-9
2. Aufl., 20,5 x 28,5 cm, 240 Seiten und ca. 400 großteils farb. Abb., Hardcover mit Schutzumschlag, € 39,90

Karl-Heinz Rauscher / Franz Knogler

Das Steyr-Baby und seine Verwandten

PKW aus Steyr / Neuauflage

ISBN 978-3-7059-0382-1
2., völlig überarbeitete und erweiterte Auflage, 20,5 × 28,5 cm, 304 Seiten, 495 teils farbige Abb., Hardcover mit Schutzumschlag, geb., € 49,90

Walter Ulreich

Das Steyr-Waffenrad

ISBN 978-3-900310-83-7
22,5 × 26,5 cm, 264 Seiten, 180 z. T. farbige Abb., mit drei faksimilierten Waffenrad-Katalogen, Hardcover mit Schutzumschlag, geb., With an English Summary, € 61,80

Walter Ulreich / Wolfgang Wehap

Die Geschichte der PUCH-Fahrräder

ISBN 978-3-7059-0381-4
2. Aufl., 22,5 × 26,5 cm, ca. 320 Seiten mit zahlreichen Farbabb., Hardcover mit Schutzumschlag, geb., € 48,–

Erich Mayer

PUCH

Werk II – im Wandel der Zeit
Eine steirische Industriegeschichte

ISBN 978-3-7059-0505-4
2. Aufl., 20,5 cm × 28,5 cm, 288 Seiten, 330 großteils farbige Abb., Hardcover, geb., € 39,90

Wolfgang Wehap

Der Löwe mit dem Sportlerherz

Die Geschichte der Junior-Fahrradwerke

ISBN 978-3-7059-0399-9
22,5 x 26,5 cm, 256 Seiten mit 455 farbigen Abb., Hardcover mit Schutzumschlag, € 45,–